Nutrition et alimentation des chevaux

Nouvelles recommandations alimentaires de l'Inra

Nutrition et alimentation des chevaux

Nouvelles recommandations alimentaires de l'Inra

Ouvrage collectif
coordonné par William Martin-Rosset

Éditions Quæ

Collection *Savoir-faire*

Guide pour la description des sols
Denis Baize, Bernard Jabiol
2011, 448 p.

L'ombrine ocellée (*Sciaenops ocellatus*)
Biologie, pêche, aquaculture et marché
Jean-Claude Falguière
2011, 144 p.

Méthodes de création de variétés en amélioration des plantes
André Gallais
2011, 286 p.

Histologie illustrée du poisson
Franck Genten, Eddy Terwinghe, André Danguy
2011, 505 p., édition numérique

Bio-informatique. Principes d'utilisation des outils
Denis Tagu, Jean-Loup Risler, coord.
2010, 280 p.

Nutrition minérale des ruminants
François Meschy
2010, 212 p.

Éditions Quæ
RD 10, 78026 Versailles Cedex, France

© Éditions Quæ, 2012   ISBN : 978-2-7592-1668-0   ISSN : 1952-1251

Table des matières

Remerciements

L'élaboration des nouvelles bases de la nutrition et de l'alimentation est non seulement issu du travail des chercheurs cités en tant qu'auteurs, et qui sont actuellement impliqués dans le domaine, mais également de la contribution par le passé d'autres chercheurs : J. Andrieu, Jocelyne Aufrère, J.P. Barlet, Geneviève Bigot, C. Béranger, J.P. Dulphy, R. Jarrige, G. Liénard, D. Macheboeuf, J.L. Tisserand, M. Vermorel et J. Vernet pour l'Inra et M. Jussiaux pour l'IFCE.

Un tel ouvrage repose sur de nombreuses études expérimentales souvent complexes et longues. Elles n'ont pu être réalisées que grâce à un travail technique rigoureux et opiniâtre réalisé par les équipes des installations expérimentales de l'Inra (dirigée à Theix par H. Dubroeucq, avec la contribution de ses collaborateurs, notamment M. Dumont Saint Priest, A. Guittard, J.P. Pezant et M. Pezant) et de la station expérimentale de l'IFCE (dirigée par G. Arnaud puis par L. Wimel).

La réalisation de l'ouvrage doit aussi beaucoup d'une part à la secrétaire de l'Inra qui en a assuré, avec beaucoup de ténacité, le secrétariat éditorial, et d'autre part à Caroline Dandurand et Dominique Bollot des Éditions Quae qui en ont assuré l'édition avec patience et compétence.

À toutes et à tous, Merci.

Avant-propos

Jusque dans les années 1970, l'alimentation du cheval était basée sur des systèmes nutritionnels établis chez les ruminants : pour l'énergie, les systèmes UF (unités fourragères) scandinaves en Europe du Nord et UF Leroy en France, le système EA (équivalent amidon) en Allemagne et dans certains pays d'Europe Centrale, le système TDN (*total digestible nutrient*) en Amérique du Nord, et pour l'azote : les systèmes protéines vraies digestibles (PVD) puis les matières azotées digestibles (MAD) selon les pays. Dès que les recherches ont repris sur le cheval, il a été rapidement établi que ces systèmes n'étaient pas adaptés aux équidés, qui bien qu'herbivores comme les ruminants, sont également monogastriques comme le porc.

L'Institut national de la recherche agronomique (Inra) a donc élaboré dans les années 70-80 des systèmes nutritionnels spécifiques au cheval, originaux en termes de concepts et de démarche.

Ainsi, la valeur énergétique des aliments a été évaluée en énergie nette et exprimée en unité fourragère cheval (UFC) pour des raisons pratiques : possibilité pour les utilisateurs de substituer, au moment du calcul des rations, les aliments entre eux sur des bases simples et surtout très concrètes. La valeur azotée est évaluée en quantité globale d'acides aminés et exprimée en matières azotées digestibles cheval (MADC) pour les mêmes raisons que précédemment. Ces concepts originaux ont été confirmés grâce aux études de digestion et de métabolisme conduites à l'Inra de Theix dans les années 80 et 90. Les travaux réalisés ces dernières années (1990 et 2000) ont permis de développer les méthodes et outils de prévision de la valeur nutritive des aliments fermiers et industriels.

Les besoins nutritionnels des animaux ont été déterminés au centre Inra de Theix/ Clermont-Ferrand (Puy de Dôme) en utilisant les méthodes expérimentales et les outils les plus modernes. Ils ont été validés en parallèle par de nombreux essais d'alimentation sur différentes races de chevaux, utilisant un large éventail d'aliments et de rations, en reliant les apports nutritionnels mesurés aux performances réalisées effectivement par les animaux. Ces essais à long terme ont été réalisés à la station expérimentale de l'IFCE à Chamberet (Corrèze) dans les conditions normales d'élevage, à l'ENE de Saumur (Maine et Loire) et au CEZ de Rambouillet (Yvelines) dans les conditions pratiques de l'utilisation du cheval. On peut toutefois regretter de n'avoir pu effectuer que des observations sur des chevaux de courses.

La démarche utilisée a donc été très lourde en termes de complexité des études et de moyens mis en œuvre, et très longue puisque les travaux de recherche ont été réalisés simultanément pour établir la valeur alimentaire des aliments et leurs conditions d'utilisation en respectant leurs cycles de production, de transformation et de conservation, et pour évaluer les besoins des animaux en s'insérant dans les cycles normaux d'élevage et/ou d'utilisation des chevaux. Les essais ont été réalisés sur un grand nombre d'animaux et ont été répétés plusieurs années pour tenir compte de la variabilité individuelle des performances des animaux et de l'influence des variations annuelles des conditions d'environnement physique sur la valeur des aliments (fourrages) et les performances des animaux. Cette démarche a permis d'établir des apports alimentaires recommandés moyens pour chaque catégorie d'animaux : jument, étalon, jeunes chevaux et chevaux au travail, de selle, de trait, dans une moindre mesure les poneys et aussi modestement l'âne (l'extrapolation du cheval au poney ou à l'âne étant totalement erronée). Il a été tenu compte ces dernières années et dans la mesure du possible, des différents types d'utilisation des races de selle (course, sport, loisirs) voire des disciplines pour la compétition. Concernant les disciplines pour la compétition, les observations de terrain ont été réalisées par les Écoles nationales vétérinaires (ENV) d'Alfort et de Nantes sur les chevaux de sport en France et par l'Inra dans certains centres d'entraînement pour les chevaux de course, ou rapportées aussi dans les deux cas dans la littérature scientifique et technique. Il faut signaler dans le cas de l'âne, la contribution significative de l'ENESAD et du Cirad pour proposer les premières informations scientifiques sur l'alimentation de cet équidé, dont plusieurs dizaines de millions travaillent dans les pays en voie de développement et que nous ne pouvions oublier dans un tel ouvrage. Les apports alimentaires recommandés ainsi établis correspondent à des stratégies alimentaires propres à chaque catégorie d'animaux et situations pratiques majeures rencontrées sur le terrain.

Les recommandations alimentaires proposées tiennent compte également des conditions de bien-être du cheval : santé et comportement des animaux. Les premières études sur les interactions nutrition et santé ostéoarticulaire, mises en place dans les années 2000 avec le concours de chercheurs vétérinaires des ENV d'Alfort et de Lyon, ont permis d'établir les premiers seuils de risque pour prévenir certaines pathologies telles que l'ostéochondrose chez le jeune cheval. Des modalités de gestion comportementale du cheval, au cours de sa période d'élevage et lorsqu'il est conduit en box, ont été proposées grâce aux études réalisées sur le comportement à l'Inra, au CNRS, à l'IFCE, mais aussi dans d'autres pays.

Les apports alimentaires recommandés optimisent l'efficacité de l'utilisation des aliments et des rations par les animaux. Ils participent ainsi à la réduction des rejets qui ont été évalués par l'Inra pour situer le cheval par rapport aux autres animaux de rente dans la préservation de l'environnement.

Les travaux conduits ces dernières années, conjointement par l'Inra, le CNRS et l'IFCE, ont permis de déterminer les capacités du cheval à utiliser les ressources pâturées et son impact sur les couverts végétaux en vue de préciser son rôle sur la préservation de la biodiversité. Les travaux se poursuivent actuellement pour mieux évaluer la part de l'herbe pâturée dans la couverture des besoins nutritionnels des différents types d'animaux d'élevage dans le cadre de systèmes de conduite étudiés précédemment.

L'ensemble des données scientifiques et techniques publiées dans cet ouvrage est déjà utilisé dans le cadre du réseau national REFERences par les zootechniciens et les économistes de l'Institut de l'élevage (IE), en lien étroit avec l'Inra et l'IFCE, pour décrire puis modéliser le fonctionnement des exploitations agricoles élevant des chevaux ou des centres équestres utilisant des chevaux et ainsi montrer en termes économiques le poids important du poste alimentation dans le bilan annuel d'exploitation et la nécessité d'utiliser ces nouvelles connaissances pour améliorer très significativement la rentabilité de toutes ces structures.

L'Inra avait publié en 1984 les bases scientifiques des nouveaux systèmes nutritionnels et les premières recommandations alimentaires. En 1990, les recommandations ont été développées et leurs conditions d'applications précisées en proposant notamment une méthode et un logiciel de calculs des rations (*ChevalRation*) avec le concours d'enseignants du CEZ. L'ouvrage publié aujourd'hui expose les bases scientifiques actualisées des systèmes nutritionnels Inra, des besoins nutritionnels des animaux et des apports alimentaires recommandés qui en découlent replacés dans le cadre de stratégies alimentaires actuelles. Cet ouvrage est clairement dédié aux enseignants, aux cadres du développement, aux vétérinaires praticiens et aux étudiants voire aux utilisateurs les plus avertis et/ou qui veulent progresser rapidement et durablement. Il est complété par l'ouvrage *Alimentation des chevaux* destiné à tous les utilisateurs, couplé avec un autre guide pratique *Notation de l'état corporel des chevaux* (coédition IE – IFCE – Inra) et d'autre part par un logiciel de calculs des rations, *ÉquInration*. L'ensemble de ces publications est le fruit d'une collaboration intense et de long terme avec les organismes et structures mentionnées précédemment.

Les utilisateurs disposent donc aujourd'hui, pour le cheval, comme pour les autres espèces de rente, des informations et outils nécessaires pour faire face à une compétitivité technico-économique accrue pour ceux qui visent le haut niveau comme pour les autres utilisateurs qui produisent et utilisent des chevaux à un coût plus limité, dans le respect des conditions de bien-être du cheval et de l'environnement dans les deux cas.

Les travaux de recherche dans ce domaine, comme dans ceux des autres sciences équines, ont été réalisés depuis les années 70 grâce à la clairvoyance sur l'évolution de la filière équine de H. Blanc pour les Haras Nationaux et P. Mauléon pour l'Inra. L'État a alors financé directement ou indirectement l'essentiel du coût réel des recherches, situation unique en Europe et inverse à ce qui prévaut en Amérique du Nord. Cela a permis, en France, de conduire des programmes de recherche structurés et structurants sur la durée, sous l'impulsion et dans le cadre d'un fort partenariat Inra – IFCE auxquels se sont associés d'autres organismes : CNRS, IE, Cirad, LCH et des établissements d'enseignements supérieurs. Mais cet ouvrage n'est pas une fin en soi. Il faut que ces connaissances et les outils proposés soient transférés rapidement et massivement auprès des utilisateurs dans le cadre de la formation initiale et/ou continue, ce qui est insuffisamment réalisé à ce jour malgré les efforts plus ou moins récents de différents acteurs. Le cheval doit ainsi bénéficier de l'important effort de recherche réalisé en France pour effectuer les mêmes progrès que les autres espèces de rente dans les mêmes conditions. Enfin, il faut que les recherches se poursuivent. Mais est-ce que l'Inra en aura la volonté et encore les moyens ?

1

Principes de la nutrition des chevaux

William Martin-Rosset, Lucile Martin

Les apports alimentaires recommandés par l'Inra reposent sur une démarche scientifique double et conduite en parallèle. L'étude de la physiologie et du métabolisme du cheval et de la biologie des principales fonctions d'entretien et de productions (gestation, lactation, croissance et travail) a été réalisée en utilisant les méthodes et les outils les plus modernes (calorimétrie, marqueurs, chevaux appareillés, etc.) pour évaluer les besoins nutritionnels et l'utilisation digestive et métabolique des nutriments destinés à couvrir ces besoins. Parallèlement, des essais d'alimentation ont été systématiquement réalisés dans des conditions expérimentales d'élevage ou d'utilisation mais proches de la pratique afin d'une part de valider les phénomènes physiologiques et métaboliques observés précédemment, et d'autre part d'établir des apports alimentaires recommandés pour les différents types de chevaux et fonctions, en tenant compte des effets de différents facteurs de variation. Cette double démarche, originale et conduite simultanément par la même équipe de recherche, a permis d'établir des principes modernes de rationnement appliqués et applicables. Il est bien évident que cette démarche a intégré aussi tous les acquis scientifiques obtenus dans le monde.

Dépenses et besoins énergétiques et azotés
Capacité d'ingestion et apports recommandés

Définitions et méthodes

Au cours de leur période d'élevage, les chevaux sont en production pendant la majeure partie du temps. La femelle est successivement en croissance puis gestante et allaitante. Le mâle est en croissance continue ou discontinue de la naissance jusqu'à la mise au travail à 2 ou 4 ans. Au cours de la période d'utilisation, le cheval adulte travaille intensivement en vue et au cours des courses ou des compétitions, ou plus modérément voire occasionnellement dans le cadre de l'équitation de loisirs.

Définitions

Les besoins et les apports alimentaires sont clairement distingués dans la démarche Inra. Les besoins correspondent aux dépenses physiologiques de nutriments mesurées expérimentalement chez le cheval dans les différentes situations physiologiques (repos, productions). Les apports correspondent à la quantité de nutriments qui sont apportés par la ration appropriée pour satisfaire les besoins. Ces apports tiennent compte de la valeur nutritive des aliments évaluée dans les systèmes Inra et de la capacité d'ingestion du cheval, ou quantité de nutriments consommée. Les apports alimentaires recommandés correspondent à la quantité de nutriments apportée par la ration ajustée pour atteindre l'objectif de production ou d'utilisation des chevaux qui peut être inférieure, égale ou supérieure, à celles des besoins à un moment du cycle d'élevage ou d'utilisation selon les objectifs techniques et/ou économiques.

Méthodes d'évaluation

Les besoins sont classiquement mesurés par la méthode factorielle. Pour l'entretien, les besoins sont évalués sur un nombre limité d'animaux (6 par groupe en général) par la mesure des dépenses sur une période relativement courte (plusieurs jours) par calorimétrie pour l'énergie, des bilans pour l'azote et les minéraux, puis en utilisant les rendements de l'utilisation des nutriments pour l'énergie et l'azote, ou les coefficients de digestibilité pour les minéraux et vitamines. Par exemple pour la lactation, les besoins sont évalués à partir de la production laitière mesurée, des quantités de nutriments sécrétés dans le lait et des rendements d'utilisation ou de la digestibilité de ces nutriments.

Les apports sont évalués à l'aide de la méthode globale, dite des essais d'alimentation réalisés avec un grand nombre d'animaux (> à 10 par groupe) pendant une longue période (plusieurs mois correspondant au cycle d'élevage ou d'utilisation) pour prendre en compte la variabilité individuelle, les races, les effets des facteurs environnementaux chez des animaux en bonne santé et bien conduits. Les quantités ingérées de nutriments sont alors reliées aux performances réellement réalisées. Cette relation est spécifique à la fonction biologique considérée : lactation, croissance… Pour chaque fonction biologique la relation est étudiée pour une gamme étendue de performances : différents niveaux de production laitière, de croissance, travail, chez des animaux recevant différents types de régimes alimentaires.

Ces relations sont modélisées pour calculer les besoins et les apports en nutriments pour chaque fonction et dans une gamme de situations étendue correspondant aux principales situations pratiques.

Dépenses d'entretien

Énergie

Les besoins d'entretien correspondent à la quantité d'énergie nécessaire pour couvrir les dépenses correspondantes à la vie et à l'activité d'un cheval qui n'assure aucune production ou travail et se maintient à poids constant et sans variation de composition corporelle. Le besoin est proportionnel au poids métabolique ($PV^{0,75}$) du cheval.

Le métabolisme de base, qui en est sa composante principale, correspond à la dépense énergétique de l'animal à jeun, au repos dans sa zone de neutralité thermique. Il se compose de deux parties d'importance comparable associées d'une part au fonctionnement des organes vitaux (système nerveux, cœur, poumons, foie, reins, etc.), d'autre part au maintien de l'intégrité des cellules et des tissus (renouvellement des protéines, des lipides, transport des ions, etc.).

Au métabolisme de base s'ajoutent les dépenses liées à l'ingestion et à la digestion des aliments, à l'excrétion des déchets toxiques, à la thermorégulation et à l'activité physique spontanée. Il faut souligner à ce propos que chez les équidés, à la différence de l'homme et des ruminants, la station debout n'entraîne pas d'augmentation de la dépense énergétique par rapport à la position couchée grâce à un système très efficace de ligaments suspenseurs. Le cheval dort aussi confortablement debout que couché.

La dépense a été mesurée par calorimétrie indirecte et par des essais d'alimentation au cours desquels on a déterminé la quantité d'énergie nécessaire pour maintenir le cheval à poids constant pendant une période assez longue.

Le besoin a été établi chez le hongre à 84 kcal d'énergie nette (EN)/kg $PV^{0,75}$ soit 0,0373 UFC/kg $PV^{0,75}$ à partir des données de la bibliographie et des mesures effectuées par l'Inra. Mais ce besoin est plus élevé chez le mâle, les races de selle et de sang (tableau 1.1), et inférieur de 16 p. 100 chez le poney. La variabilité individuelle est élevée : elle est en moyenne de 8 p. 100 ; ce qui traduit probablement des différences de tonus musculaire et d'activité liées au tempérament des animaux. Elle est également supérieure chez les jeunes chevaux par rapport aux chevaux d'âge (+ 11 p. 100).

La dépense énergétique est affectée par les variations climatiques qu'elles soient élevées ou très basses, bien que le cheval soit capable de s'adapter. Le cheval

Tableau 1.1. Variation des dépenses d'entretien avec le sexe, la race et l'activité.

	Sexe		Races			
	Mâle	Femelle	Trait	Selle	Sang	Poney
Au repos	+ 10	0	0	+ 5	+ 10	− 10 à − 15/selle
Au travail	-	-	+ 5 à + 10	+ 10 à + 25	+ 30 à + 40	+ 5 à + 10
Étalon						
• Repos			+ 5	+ 15	+ 20	+ 5 à + 10
• Monte			+ 10	+ 20	+ 25	+ 10 à + 15

subit les effets de la température ambiante, conduction, convexion, radiation et évaporation, mécanismes qui ont pour effet d'augmenter ou de diminuer la quantité de chaleur qu'il doit éliminer ou conserver pour maintenir une température corporelle constante de 38 °C. Une zone de neutralité thermique (ZNT) a été déterminée chez le cheval selon les zones climatiques. En zone tempérée, la ZNT est de + 5 °C à + 25 °C, tandis qu'elle est de − 15 °C à + 10 °C en zone froide chez le cheval adulte acclimaté dans chacune des deux zones climatiques considérées. La durée d'acclimatation aux températures chaudes ou froides est en moyenne de trois semaines chez le cheval adulte au repos. Elle serait seulement de deux semaines chez le cheval adulte au travail. Dans les conditions froides, l'acclimatation du cheval adulte est efficace dans la ZNT car le cheval produit beaucoup d'extra-chaleur au cours de la digestion des aliments, 20 à 40 p. 100 de l'énergie ingérée et d'autant plus élevée que la proportion de foin dans la ration est élevée. Mais la dépense énergétique augmente rapidement en dehors de la ZNT, de 2,5 % par degré Celsius en dessous de la ZNT établie en zone très froide à − 9 à − 15 °C ce qui peut conduire à des augmentations de la dépense d'entretien de 10 à 30 p. 100. La dépense peut être également augmentée de + 8 à 10 p. 100 en été (+ 19 °C) chez le cheval adulte non tondu conduit en box en zone tempérée comparée à celle mesurée en hiver (+ 7 °C). En revanche, la dépense serait légèrement diminuée chez le cheval tondu.

Azote

À l'entretien, 15 g d'azote/kg $PV^{0,75}$ et par jour seraient synthétisés soit 1 600 g de protéines pour un cheval adulte de 500 kg. Le cheval synthétise 3 à 5 fois plus de protéines que d'acides aminés ingérés, comme les autres herbivores. La plupart des acides aminés impliqués dans la synthèse proviennent de la dégradation propre des protéines corporelles comme chez les autres espèces animales.

Dans cette situation physiologique, l'organisme de l'animal subit des pertes d'azote dans l'urine et dans les fèces, même s'il reçoit une ration parfaitement équilibrée, quant à la teneur et à la composition en protéines, comme en constituants énergétiques, minéraux, etc. Ces pertes endogènes sont engendrées par le fonctionnement digestif et métabolique de l'organisme. Les pertes d'azote urinaire endogène sont représentées par les produits (urée, ammoniac, etc.) du catabolisme d'une partie des acides aminés, résultant de leur apport excédentaire lors de l'absorption post-prandiale et du renouvellement des protéines de l'organisme. La perte d'azote fécal endogène provient du fait que l'azote des sécrétions digestives (enzyme, urée, mucus) et des cellules épithéliales desquamées n'est pas intégralement récupéré. Une partie est excrétée dans les fèces directement et, surtout, sous forme de protéines microbiennes. Chez un animal donné, elle augmente avec la quantité de matière sèche ingérée et avec la teneur en parois (cellulose brute) de la ration. Ces pertes endogènes correspondent aux valeurs minimales lorsque l'animal consomme une ration contenant peu de protéines mais qui est correcte à tous les autres points de vue.

La dépense d'entretien a été établie d'une part à partir de l'ensemble des données de la bibliographie obtenues au cours des bilans azotés dont on a tiré les quantités d'azote nécessaires pour que la somme des pertes azotées soit égale à la quantité d'azote ingérée, et d'autre part d'essais d'alimentation où les apports azotés devaient permettre (avec l'énergie) aux chevaux de maintenir leur poids constant.

À l'entretien, les pertes urinaires sont estimées à 128-165 mg d'azote/kg $PV^{0,75}$ tandis que les pertes fécales seraient de 3 g d'azote/kg MS. Les pertes par desquamation de la peau et la sueur seraient respectivement de 35 mg d'azote/kg $PV^{0,75}$ et de 1 g d'azote/l.

La dépense azotée d'entretien a été aussi établie à 2,8 g MADC/kg $PV^{0,75}$, ce qui correspond à une teneur moyenne de la ration de 5 % de MADC/MS. Elle est donc le plus souvent excédentaire, ce qui est dans certaines limites un avantage pour favoriser la prolifération de la population microbienne du gros intestin et la digestion des parois végétales. La dépense azotée d'entretien doit être beaucoup moins tributaire du tempérament de l'animal que la dépense énergétique, bien qu'elle soit en partie liée à celle-ci. C'est pourquoi l'apport azoté est exprimé par rapport à l'apport énergétique pour tenir compte des variations. Ce rapport a été fixé d'après les travaux de Kellner à 60-70 g MADC/UFC.

Le besoin en acides aminés indispensables est seulement connu pour la lysine : 0,054 g/kg PV soit pour un cheval de 500 kg de 0,054 × 500 kg = 27 g tandis que le besoin azoté est de 296 g MADC/jour. Le besoin en lysine représente donc 27/296 = 9,1 % du besoin azoté. Et le besoin d'entretien en lysine retenu quel que soit le poids vif du cheval est de 9,1 % (ou 0,091) du besoin azoté ainsi calculé : Lys (g/j) = besoin en g MADC × 0,091.

Dépenses de production

Les dépenses de production viennent s'ajouter aux dépenses d'entretien chez la jument, le jeune cheval, le cheval au travail. Le rapport des dépenses totales (entretien + production) aux dépenses d'entretien exprimées en UFC caractérise le niveau de production de l'animal. Il est égal à 1 lorsque l'animal est à l'entretien mais il augmente en même temps que la quantité produite : lait, poids, travail (tableau 1.2).

Gestation

La jument est fécondée normalement au cours du premier mois qui suit la précédente mise bas. L'embryon se fixe à la paroi de l'utérus 150 jours après la fécondation. Il se développe (en terme pondéral) lentement jusqu'au 6ᵉ mois puis très rapidement au-delà. Les gains de poids du fœtus représentent respectivement 10 et 90 p. 100 du gain total pour les deux périodes considérées. Ce développement fœtal s'accompagne de la mise en place et du développement des annexes (placenta, liquides fœtaux et enveloppes), utérus et mamelle qui représentent 70 à 45 p. 100 du poids du fœtus avant et après le 6ᵉ mois de gestation.

Tableau 1.2. Niveau de production des principaux types de chevaux : rapport entre les dépenses énergétiques totales (UFC) et la dépense énergétique d'entretien (UFC).

Niveau	Juments	Jeune cheval Élevage – entraînement		Adulte Travail	
1,0	Entretien			Repos total	
	Gestation				
1,15	7ᵉ mois	12 mois			
1,3	11ᵉ mois	12 mois		Loisirs	
			Courses		
1,4		24 mois	18 mois		
1,5	Lactation	36 mois			Sports
1,6	6ᵉ mois		Sports		
			36 mois		
1,7			18 mois		
1,8					
1,9	4ᵉ mois				Courses
			42 mois		
2,0					
2,1	1ᵉʳ mois				
		24 mois			
2,2	2ᵉ mois				
2,3					

La consommation d'oxygène du placenta et de l'utérus est élevée dès le milieu de la gestation et jusqu'à la fin. Les besoins énergétiques du fœtus sont couverts à 85 p. 100 et 15 p. 100 par du glucose et du lactate jusqu'au 8-9ᵉ mois, puis les lipides sont mobilisés au cours des derniers mois de gestation en particulier lorsque la jument est sous-alimentée.

Les dépenses de gestation de la jument correspondent au métabolisme et à l'accroissement pondéral du conceptus composé du fœtus, des enveloppes et liquides fœtaux, du placenta, de la paroi utérine et de la mamelle qui se développe au cours des dernières semaines. Les dépenses sont très faibles au cours des six premiers mois de gestation. Elles s'accroissent ensuite très rapidement car le conceptus s'enrichit en protéines, graisses et minéraux. Ces dépenses restent cependant quantitativement inférieures à celles d'entretien de la jument (tableau 1.2). Elles sont 1,3 à 1,8 fois plus élevées que celles de l'entretien pour l'énergie et l'azote respectivement au cours du 11ᵉ mois de gestation, et de 1,1 à 2,2 pour les minéraux. Mais le développement du fœtus et sa vitalité à la naissance, comme sa santé post-natale, sont très sensibles aux équilibres nutritionnels et carences notamment en minéraux, oligoéléments et vitamines.

Lactation

Après chaque fécondation, la glande mammaire, *e.g.* mamelle, entreprend un cycle de croissance et de différenciation tissulaire qui se déroule en trois étapes : croissance pendant la gestation, sécrétion au cours de la lactation et involution au moment du sevrage. Ces évolutions sont placées sous contrôle hormonal : progestérone et œstrogènes pendant la gestation, prolactine et ocytocine au début et au cours de la lactation. L'involution est essentiellement un processus autolytique favorisé par des lysosomes et des cellules phagocytaires pour permettre le remplacement du parenchyme par des tissus conjonctifs adipeux.

La mamelle est fonctionnelle dans la plupart des cas au cours des jours qui précèdent la mise bas, puisque le colostrum peut quelquefois perler au bout des trayons (en pratique, on dit que la jument « met les chandelles »). La mamelle prélève dans le sang les nutriments nécessaires pour synthétiser les constituants du lait : du glucose pour le lactose, de l'acétate, du butyrate et des acides gras longs pour les matières grasses et des acides aminés pour les protéines. La mamelle prélève aussi de l'eau, des sels minéraux et des immunoglobulines pendant la phase colostrale. La composition du lait varie au cours de la lactation en fonction du mois, mais également avec les conditions d'alimentation, les races et les individus.

Les dépenses de lactation dépendent des quantités de lait produites et de sa composition chimique. Elles sont très élevées, respectivement 2,1 et 3,2 fois l'entretien pour l'énergie (tableau 1.2) et l'azote au cours du premier mois de lactation car la jument produit 3,2 kg de lait/100 kg de PV. Elles sont maximales au 2e mois puis diminuent progressivement à partir du 3e mois. Les dépenses énergétiques sont couvertes par du glucose car le lait est riche en lactose mais aussi partiellement par des lipides d'origine corporelle (graisses de réserve) même si le lait est pauvre en matières grasses lorsque les conditions d'alimentation sont défavorables. Les dépenses en protéines sont couvertes par les acides aminés de la ration. Les dépenses en minéraux sont aussi très élevées, 1,3 à 3,4 fois les dépenses d'entretien.

Croissance

Le cheval est en croissance jusqu'à l'âge de 4-5 ans car c'est une espèce à croissance rapide dès le plus jeune âge après une période fœtale de 11 mois. Le cheval atteint sa puberté à 15-18 mois. Au cours de cette période, le cheval change de forme : il s'inscrit dans un rectangle debout au cours de la première année, un carré au cours de la 2e année puis dans un rectangle couché ensuite (voir chapitre 5). Les tissus, les régions anatomiques et les organes augmentent de poids à des vitesses propres. Le squelette se développe très précocement suivi par la musculature tandis que les tissus adipeux se développent plus tardivement, mais très rapidement (figure 1.1). La composition corporelle du jeune cheval évolue donc avec l'âge, de même que la composition du gain de poids vif journalier. Pendant cette période, la teneur en protéines reste relativement constante tandis que celles des lipides et de l'eau augmentent et diminuent corrélativement. La teneur en minéraux augmente.

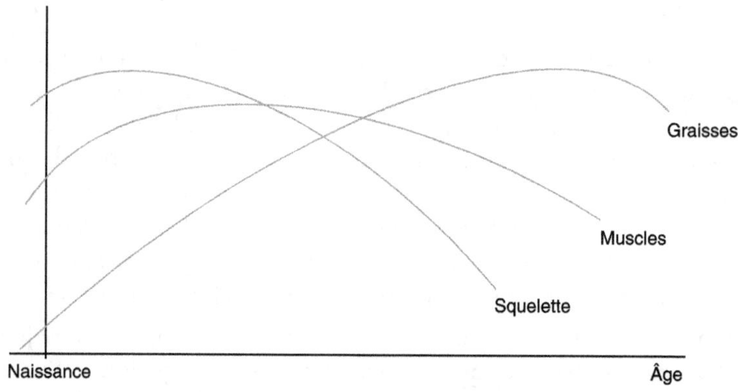

Figure 1.1. Développement des tissus avec l'âge.

Les dépenses nutritionnelles sont donc évaluées à partir des teneurs en nutriments fixés dans le croit journalier (énergie, protéines, minéraux) et du gain de poids journalier. Ces dépenses sont plus limitées par rapport à celles d'entretien car elles ne représentent que 1,2 à 1,5 fois celles-ci pour l'énergie (tableau 1.2) du jeune cheval à 1 et 3 ans respectivement, 1,2 à 1,9 fois pour l'azote et de 0,6 à 1,7 fois pour les minéraux.

Travail

Le cheval au repos a une activité physique spontanée relativement importante qui s'ajoute aux dépenses d'entretien. Le cheval utilise surtout de l'acétate et des acides gras longs d'origine corporelle pour couvrir alors ses dépenses énergétiques. La marche d'une demi-heure ne modifie pas la contribution des nutriments énergétiques. La dépense énergétique du cheval en période d'activité est donc supérieure à la dépense d'entretien *sensu-stricto* : celle-ci peut représenter 1,3 à 2,2 fois celle de l'entretien pour l'énergie (tableau 1.2), 1,4 à 2,2 pour l'azote et de 1,1 à 4,0 pour les minéraux selon la race, le sexe et le type d'utilisation.

Le déplacement du cheval au travail entraîne une augmentation des dépenses énergétiques par rapport au repos, qui résulte du travail des muscles squelettiques, mais aussi du travail des appareils cardio-respiratoires et autres organes, et de l'accroissement du tonus de tous les autres muscles.

L'exercice d'intensité modéré (trot à 300 m/min ou galop à 350 m/min) met en jeu un métabolisme aérobie. Le cheval couvre ses dépenses en augmentant le catabolisme oxydatif du glucose et surtout des acides gras longs (figure 1.2). Ces sources énergétiques sont oxydées de façon complète car le métabolisme aérobie est prédominant. Les dépenses énergétiques dépendent de la durée du travail. Dans les conditions pratiques, elles représentent instantanément, *e.g.* au cours de l'heure d'effort, 10 à 20 fois celles de l'entretien (tableau 6.8, chapitre 6), mais à l'échelle de la journée 1,7 à 1,9 fois celles de l'entretien car le cheval ne travaille qu'1 à 2 heures par jour en moyenne, sauf dans le cas de courses d'endurance. Dans ce dernier cas, une partie importante de la dépense est couverte par les réserves corporelles (graisses surtout).

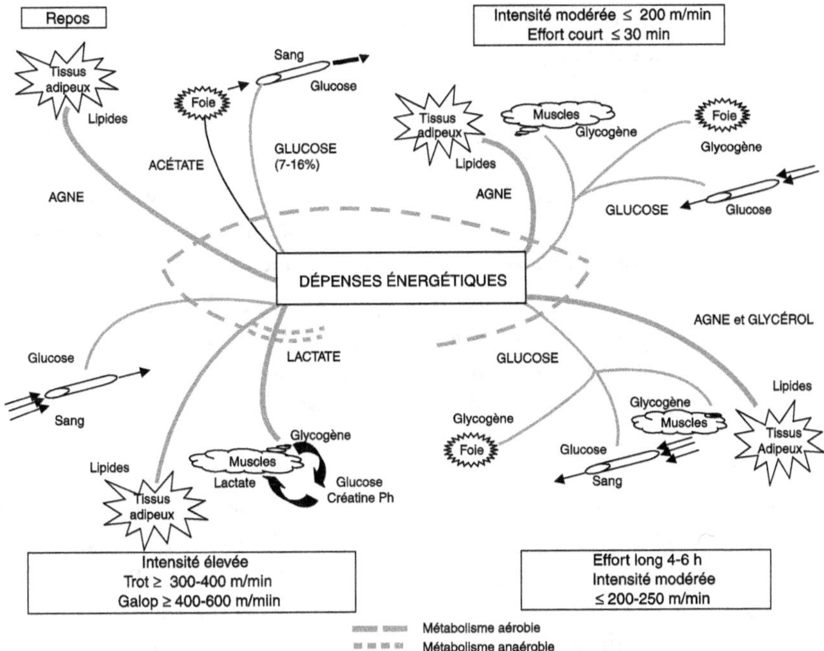

Figure 1.2. Sources d'énergie utilisées selon la vitesse au cours de l'effort.

Aux vitesses élevées, les muscles utilisent préférentiellement le glucose issu du glycogène musculaire (figure 1.2). Et le métabolisme anaérobie de la créatine phosphate et du glucose vient s'ajouter au métabolisme aérobie qui, bien que maximum, ne peut plus faire face à l'augmentation des dépenses avec la vitesse. Le métabolisme du glucose anaérobie se traduit par la conversion en lactate qui s'accumule dans les muscles et dans le sang et provoque une acidose métabolique à l'origine de la fatigue. Les dépenses énergétiques instantanées d'une heure d'effort intense à très intense représentent de 35 à 60 fois la dépense instantanée d'entretien car le cheval couvre ses dépenses en mobilisant ses réserves corporelles. Les dépenses énergétiques à l'échelle de la journée se multiplient par 2,0-2,5 fois les dépenses d'entretien sur un nombre de jours plus ou moins importants selon la durée de l'effort.

Les dépenses azotées sont beaucoup plus limitées, inférieures aux dépenses énergétiques et elles sont liées à celles-ci.

Capacité d'ingestion

Les chevaux, comme les autres animaux, consomment des aliments pour couvrir leurs dépenses énergétiques. Leur capacité d'ingestion augmente donc avec leurs dépenses énergétiques. C'est pourquoi on exprime la capacité d'ingestion en poids de matière sèche ingérée par kilo de poids métabolique : g MS/kg $PV^{0,75}$. Mais la capacité d'ingestion varie également avec le volume digestif disponible, lui-même lié à la taille des animaux. C'est pourquoi la capacité d'ingestion est aussi exprimée par rapport au poids vif : kg de MS/100 kg de PV.

La capacité d'ingestion du jeune cheval augmente avec son poids et sa taille car le tube digestif (gros intestin en particulier) se développe surtout à partir de 12-18 mois au cours de la 2ᵉ saison de pâturage suivant la naissance. Mais la capacité d'ingestion peut être plus élevée chez le jeune cheval, conduit selon un modèle de croissance discontinue, après une période d'alimentation restreinte, pour réaliser une croissance compensatrice lorsque l'alimentation est plus libérale.

La capacité d'ingestion des juments augmente avec les dépenses en lactation ou en gestation. En lactation, l'ingestion augmente rapidement dès la mise bas. Elle n'est jamais limitante pour la production laitière lorsque l'alimentation est libérale, même avec des rations à base de fourrages, sauf si les fourrages sont très pauvres ($\leq$ 5 % MAT/g MS), et les pailles, même si la ration doit être complémentée par un aliment concentré dans tous les cas. Elle est plus faible en gestation et notamment au cours des dernières semaines surtout si la qualité des fourrages est médiocre, en raison de l'encombrement lié au développement du fœtus. De la même manière, la capacité d'ingestion des chevaux au travail augmente avec les dépenses énergétiques.

La capacité d'ingestion est soumise aux facteurs environnementaux. Elle augmente avec le froid et diminue avec la chaleur. Elle diminue aussi avec le stress induit par le transport, les changements de milieu physique et social.

La capacité d'ingestion est également sensible aux équilibres nutritionnels (insuffisance de l'abreuvement, complémentation azotée et minérale insuffisante) ou digestifs induits par un parasitisme d'origine alimentaire.

La capacité d'ingestion est variable, en moyenne 20 p. 100, entre animaux de même race, âge, poids, recevant le même régime alimentaire et réalisant la même performance. Cette variabilité peut traduire des différences de capacité et d'efficacité digestive et/ou de régulation et d'efficacité métabolique.

On utilise aussi souvent en nutrition le terme « niveau d'alimentation » pour caractériser l'ingestion des animaux. Le niveau d'alimentation est exprimé par rapport à la situation d'entretien, soit par les apports alimentaires exprimés en matière organique digestible (mod) par kg $PV^{0,75}$ (32 g mod/kg $PV^{0,75}$ correspondant à l'entretien), soit par les apports énergétiques exprimés en UFC par kg $PV^{0,75}$ (0,0373 UFC/kg $PV^{0,75}$ correspondant à l'entretien).

Besoin en eau

Besoins liés à l'élimination des déchets : fèces, urine

La quantité d'eau perdue par les fèces varie de 7 à 9 l par jour chez un cheval de 400 à 500 kg, à l'entretien, recevant des aliments en quantité limitée. La proportion d'eau dans les fèces varie entre 70 et 80 p. 100 pour les régimes riches en concentré et entre 75 et 85 p. 100 pour les régimes à base de fourrages, mais la quantité d'eau excrétée par jour dans les fèces est surtout liée à la quantité de substances indigestibles excrétées. C'est ce qui explique que la quantité d'eau fécale soit liée positivement à la teneur en glucides pariétaux du régime, négativement à sa digestibilité, et positivement au niveau de l'alimentation.

La quantité d'eau perdue par l'urine varie entre 4 et 22 l par jour chez un cheval de 400 à 500 kg, à l'entretien. Elle est liée à la quantité de déchets du métabolisme à éliminer par l'animal. On a ainsi pu relier l'excrétion d'eau urinaire à la quantité d'aliments ingérée ou digérée, à la teneur en matières azotées du régime lorsque celle-ci est en excès par rapport aux besoins, à la quantité d'urée éliminée par le rein et à l'apport de certains ions : Na, Cl, K. C'est pourquoi une consommation excessive de blocs à lécher ainsi que de mélasse ou sous-produits de distillerie riches en potassium induit la polyurie chez le cheval.

Besoins liés à la dissipation de chaleur

Le cheval perd, comme les autres espèces, de l'eau par voie pulmonaire, sous forme vaporisée, et par voie cutanée, par perspiration, c'est-à-dire diffusion d'eau à travers la peau, ou par transpiration au niveau des glandes sudoripares. Ces dernières sont bien développées et efficaces chez le cheval, qui peut ainsi maintenir plus aisément sa température corporelle que les bovins ou les porcins, en cas de forte production de chaleur ou de température extérieure élevée.

Selon les conditions de mesures (repos ou travail), l'importance des pertes en eau par les voies pulmonaire et cutanée se situe entre 2 et 40 l par jour, ce dernier chiffre étant atteint lors d'une activité physique très intense. Le facteur prépondérant de variation de ces pertes est en effet la production de chaleur par l'animal, due en premier lieu à sa dépense énergétique musculaire et secondairement aux quantités d'aliments ingérées. La quantité d'eau évaporée semble évoluer linéairement avec la quantité de travail de même nature effectuée mais, pour une même dépense énergétique, être plus élevée lorsque le travail est plus intense.

L'évaporation dépend également du milieu extérieur, l'augmentation de la température accroît la quantité de chaleur à dissiper et donc d'eau à évaporer. La différence de besoins en eau entre l'hiver et l'été, en pays tempérés, se situerait aux alentours de 10 l pour un cheval de 400 à 500 kg ; il est cependant probable que comme chez le ruminant, l'accroissement du besoin en eau est d'autant plus important pour une même augmentation de température que celle-ci est élevée.

Besoins liés aux productions

Les quantités d'eau exportées par jour ne dépassent pas 2 l dans les produits de la conception en fin de gestation ou de gain de poids du poulain en croissance, mais peuvent atteindre 15 à 30 l dans le lait en début de lactation et encore 5 à 10 l juste avant le tarissement.

Il apparaît donc que les besoins en eau des chevaux et la répartition de l'excrétion d'eau entre l'urine, les fèces, l'évaporation et les productions dépendent largement de la situation physiologique et de l'activité de l'animal. Un exemple tiré de la bibliographie permet de l'illustrer (tableau 1.3).

Tableau 1.3. Bilan de l'eau chez le cheval de 450 kg. L'eau expirée et perspirée a été déterminée par différence entre l'eau totale ingérée et l'eau excrétée dans les fèces et l'urine. L'eau métabolique n'a pas été prise en compte. Régime : fourrages (25 à 50 p. 100) et concentrés (50 à 75 p. 100).

Niveau d'activité	Repos	Travail
Eau ingérée (kg)		
Aliments	0,9	1,2
Boisson	16,3	23,3
Total	17,2	24,5
Eau excrétée en p. 100 de l'eau ingérée		
Fèces	40,1	37,6
Urine	37,4	27,6
Expirée et perspirée	22,5	34,8

Ces besoins dépendent en outre de l'individu (coefficient de variation souvent supérieur à 10 p. 100 pour des chevaux recevant la même ration) et subissent des fluctuations journalières (coefficient de variation sur 30 jours compris entre 20 et 25 p. 100 selon la nature du régime et la saison).

Couverture des dépenses : apports alimentaires et réserves corporelles

Sources de nutriments

Les organes et tissus couvrent leurs besoins en prélevant dans le sang circulant les nutriments nécessaires à leur fonctionnement et à leurs synthèses. Les nutriments circulant dans le sang sont soit de nature endogène soit de nature exogène.

Les nutriments issus directement de la digestion des aliments constituent la source exogène. Ils sont disponibles après prélèvement et/ou remaniement par la paroi digestive et le foie. Les nutriments sont en excédent par rapport aux dépenses après le repas. Une partie est alors mise en réserve dans les muscles (acides aminées) ou dans les graisses (acides gras longs).

Entre deux repas, les quantités de nutriments absorbés sont inférieures aux dépenses. La couverture est alors assurée par des sources endogènes : acide aminés provenant du catabolisme des protéines musculaires et acides gras longs issus de la mobilisation des graisses de réserve.

C'est cet équilibre dynamique qui permet d'assurer la couverture des dépenses tout en maintenant les constantes du milieu intérieur (l'homéostasie). Les apports alimentaires couvrent donc les dépenses soit de façon directe et instantanée après leur absorption, soit de façon indirecte et différée après la mise en réserve.

Apports alimentaires recommandés

Les apports fournis dans cet ouvrage constituent les apports journaliers recommandés pour satisfaire les besoins des différentes catégories de chevaux à différents niveaux de production (voir chapitres 3 à 8). Ils concernent surtout l'alimentation hivernale car c'est la plus facile à quantifier. Les animaux sont supposés en bonne santé et recevant des régimes alimentaires équilibrés. Ces apports alimentaires doivent permettre aux animaux de réaliser les performances attendues puisqu'ils ont été établis dans le cadre d'essais d'alimentation qui relient les performances réellement réalisées aux quantités de nutriments consommés. Mais ces apports peuvent aussi couvrir tout ou partie des besoins selon l'importance des besoins instantanés ou la stratégie technico-économique visée. Dans tous les cas, les apports seront totalement couverts à moyen terme : semaine (travail – voir chapitres 6 et 8), période été/hiver (croissance – voir chapitres 5, 6 et 8), cycle de production (gestation, lactation – voir chapitres 3 et 8).

Les jeunes chevaux

Les apports alimentaires ont pour objet de permettre de réaliser le gain de poids espéré pour une catégorie de chevaux définie par la race, le sexe et l'âge (voir chapitres 5, 6 et 8). Des différences positives et/ou négatives peuvent être observées entre la prévision et la performance mesurée en raison du potentiel génétique individuel, car la performance représente la moyenne de la population étudiée dans le cadre des essais expérimentaux qui ont permis d'établir la relation apports alimentaires et performances. Dans une autre situation, le jeune cheval peut réaliser au cours de l'hiver une croissance inférieure à celle prévue par les apports alimentaires effectués parce que l'alimentation est volontairement restreinte, puisqu'il peut réaliser au cours de l'été une croissance supérieure dite compensatrice lorsque l'alimentation au pâturage est libérale.

Les juments allaitantes

On distinguera deux types de femelles reproductrices : les juments destinées à produire des chevaux athlètes (course ou sport) et les juments destinées à produire des chevaux de loisirs ou de trait (voir chapitre 3).

Les dépenses de lactation augmentent immédiatement après la mise bas et atteignent leur maximum au cours du 2e mois. La capacité d'ingestion s'accroît aussi très rapidement. Elle est peu limitante même avec des régimes à base de fourrages de qualité bonne ou moyenne pour couvrir les besoins de lactation et de reproduction puisque la jument doit être fécondée au cours du premier mois de lactation. Dans le cas de juments de races de course ou sport qui mettent bas au cours ou en fin de l'hiver respectivement, les besoins sont alors couverts intégralement par la ration hivernale puis au pâturage. La jument est maintenue dans un état corporel constant. En revanche, dans le cas de juments de races de loisirs ou surtout de trait, la jument est alimentée pour des raisons économiques (réduction des coûts) avec des quantités limitées de fourrages conservés en hiver (et d'aliments concentrés). Le déficit, surtout énergétique, est alors comblé par la mobilisation des réserves corporelles. En été, la jument reconstitue au pâturage les réserves mobilisées en hiver. La jument doit donc atteindre des états corporels maximal au sevrage du poulain et optimal à la mise bas pour assurer la viabilité et la croissance de son poulain, et permettre la fécondation qui suit le poulinage (voir chapitre 3, figures 3.10 à 3.11).

Le cheval au travail

Le cheval athlète doit, au cours de la période de préparation, atteindre une note d'état corporel optimale de 3, concomitante avec l'état de forme optimale pour maximiser la performance (voir chapitre 2, tableau 2.2). Chez le cheval de loisirs ou de trait, la note d'état corporel peut varier de 3,0 à 3,5.

Les besoins du cheval au travail augmentent avec l'intensité du travail. La capacité d'ingestion s'accroît aussi. Elle est assez peu limitante même avec des régimes à base de fourrages de qualité bonne (athlète) ou moyenne (loisirs et trait) pour satisfaire les besoins. Et la ration est toujours complémentée avec un aliment concentré dont la proportion varie de 10 à 60 p. 100 de la quantité de matière sèche totale ingérée. Lorsque les besoins instantanés (journée) sont très élevés, comme chez le cheval d'endurance voire de concours complet ou de course, le cheval couvre à court (journée) et moyen terme (jours suivants) le déficit par la mobilisation de ses réserves corporelles. Celles-ci sont restaurées au cours des jours suivant la course ou la compétition par la ration qui est encore distribuée en quantité élevée même si le travail diminue logiquement après les épreuves. Les quantités d'énergie à apporter pour restaurer un état corporel optimal ont été établies (voir chapitre 2, tableau 2.5).

Expression des besoins et des apports

Les constituants des aliments sont transformés au cours de la digestion en nutriments qui sont absorbés au niveau du tube digestif pour être utilisés par les tissus ou sécrétés dans le lait. Ces différentes étapes s'accompagnent de différentes pertes car les constituants des aliments ne sont pas entièrement digérés. Les nutriments circulant dans le sang sont utilisés par les tissus en produisant aussi des déchets, leur rendement d'utilisation est donc inférieur à 1.

La valeur nutritive des aliments et les apports alimentaires recommandés sont donc évalués et exprimés en tenant compte de ces limites physiologiques et métaboliques :

– en énergie nette qui représente le contenu énergétique des aliments déduction faite de toutes les pertes digestives et déchets métaboliques. Elle est exprimée pour des raisons pratiques en unité fourragère (voir paragraphe « Nutrition énergétique » p. 41, et p. 49) ;

– en matières azotées digestibles dans l'intestin grêle sous forme d'acides aminés et utilisées par la microflore digestive du gros intestin ou matières azotées digestibles cheval (MADC, voir paragraphe « Nutrition azotée » p. 51, et p. 58) ;

– en quantités de minéraux présents dans les aliments (teneurs), mais les apports recommandés sont beaucoup plus élevés car ils tiennent compte des pertes et déchets (voir paragraphe « Nutrition minérale » p. 63).

Les réserves corporelles : rôle et importance

Les réserves corporelles jouent un rôle de tampon entre les apports alimentaires et les dépenses énergétiques lorsque les apports sont insuffisants à court ou à moyen terme. Elles sont constituées essentiellement de lipides localisés dans les tissus adipeux ou graisses, et dans une moindre mesure entre ou dans les muscles.

Le poids des tissus adipeux a été mesuré par dissection anatomique après abattage à l'Inra. Le poids total des tissus adipeux dissécables varie chez le cheval de selle d'un coefficient de 1 à 8 selon l'état d'engraissement évalué par une note d'état respectivement de 1 à 4,5 sur une grille de 0 à 5 selon la méthode Inra-HN-IE décrite chapitre 2 ; ce qui représente de 2,5 à 12,9 p. 100 du poids vif (tableau 1.4). Le poids de dépôts adipeux totaux dissécables (DAT) peut être estimé avec une bonne précision à partir de la note d'état corporel (NEC) à l'aide de l'équation établie par l'Inra :

$$\text{DAT (kg)} = 5{,}868 \text{ Exp. } 0{,}563 \text{ NEC} \qquad R^2 = 0{,}990 \qquad n = 20$$

Le contenu énergétique (CE) de la carcasse (muscles + dépôts adipeux totaux dissécables) est très élevé : il varie de 1 à 3 lorsque la note d'état corporel s'accroît de 1 à 4,5 (tableau 1.4). Il peut être estimé avec une bonne précision à partir de la NEC à l'aide d'une équation.

$$\text{CE (MCal)} = 1{,}901 \text{ Exp. } 0{,}373 \text{ NEC} \qquad R^2 = 0{,}993 \qquad n = 20$$

Tableau 1.4. Composition corporelle et contenu énergétique du cheval de selle (d'après Martin-Rosset *et al.*, 1990, 2008).

NEC[1]	Poids vif (kg)	Dépôts adipeux totaux[2] dissécables (kg)	(p. 100)	Muscles (kg)	Énergie[3] (Mcal)
1,0	404,5	9,39	2,3	185,97	303,90
2,0	443,0	16,68	3,8	194,95	383,87
2,5	476,7	23,34	4,9	209,91	461,67
3,0	516,7	31,84	6,1	232,01	577,52
3,5	547,5	44,41	8,1	250,01	716,30
4,0	573,5	56,36	9,8	259,42	889,33
4,5	557,5	72,14	12,9	238,96	980,41

[1] Note d'état corporel évalué selon la méthode d'estimation Inra-HN-IE, 1997 (voir chapitre 2).

[2] Dépôts adipeux totaux dissécables = dépôts sous-cutanés + dépôts internes à la cavité abdominale et les organes + dépôts intermusculaires.

[3] Contenu énergétique total : dépôts adipeux dissécables mesurés par bombe calorimétrique après broyage de tous les tissus adipeux dissécables (sous-cutanés + internes + intermusculaires) et les muscles (inclus les dépôts adipeux intramusculaires).

Pour un cheval de selle de 500 kg de poids vif ayant une NEC optimale de 3,0 ou 3,5, les dépôts adipeux totaux représentent respectivement 6,1 et 8,1 p. 100 du poids vif et le contenu énergétique des dépôts adipeux et des muscles varient de 559 à 645 Mcal d'énergie nette.

Les apports alimentaires recommandés tiennent compte de l'objectif de NEC à atteindre aux points clés du cycle d'élevage ou d'utilisation du cheval (voir chapitres 3 à 8) grâce à l'évaluation des variations du contenu énergétique de sa carcasse. Au plan pratique du rationnement, il est possible d'établir la quantité d'énergie nette exprimée en UFC qu'il faut éventuellement apporter en plus ou moins selon les situations (voir chapitre 2).

Ingestion et digestion des aliments

Les chevaux se nourrissent, comme tous les herbivores, essentiellement de fourrages pâturés et/ou conservés, soit naturels (ex. prairie permanente), soit cultivés (ex. ray-grass), voire pour partie de sous-produits de plantes cultivées et de pailles de céréales.

La quantité d'énergie que les chevaux tirent des fourrages offerts à volonté dépend :
– de leur ingestibilité : c'est-à-dire de la quantité que l'animal peut consommer spontanément ;
– de leur digestibilité : c'est-à-dire de la proportion de fourrage et plus précisément de sa matière organique, qui disparaît dans son tube digestif (voir chapitre 12). Celle-ci est très variable comme l'indique les tables de la composition et de la valeur nutritive des aliments, chapitre 16.

Les fourrages destinés aux animaux à forts besoins sont complémentés par des aliments riches en constituants digestibles pour équilibrer les rations d'un point de vue nutritionnel car ils sont riches en protéines et autres constituants intra-cellulaires, ce sont les fruits, graines, racines et leurs sous-produits. L'apport d'aliments complémentaires a aussi des conséquences sur l'ingestion des fourrages. Mais la proportion de fourrages dans la ration ne peut être inférieure à 20 p. 100 afin de préserver l'équilibre comportemental du cheval confiné et un bon fonctionnement de son tube digestif.

Ingestion d'aliments

Le cheval, comme l'homme et tous les animaux, consomme des aliments et de l'eau, d'abord pour couvrir ses dépenses nutritionnelles, mais aussi pour trouver un équilibre psychique associé aux perceptions sensorielles et à un état de rassasiement. Ainsi, la consommation volontaire d'aliments varie avec le poids et le tempérament de l'animal, son état physiologique et son activité musculaire, elle est modulée par l'état d'engraissement de l'animal. Pour un animal doté de besoins déterminés, elle varie aussi avec les caractéristiques physico-chimiques des aliments qui agissent sur leur valeur nutritive et sur leur appétibilité. Enfin, l'appétence du cheval est liée aux qualités organoleptiques des aliments (appétibilité) et aux conditions de vie de l'animal, par exemple son maintien en confinement.

Afin de préciser l'importance relative de ces différents facteurs, on examinera dans un premier temps le comportement alimentaire du cheval et ses variations. On détaillera ensuite les facteurs liés à l'animal ou à l'alimentation agissant sur les quantités ingérées.

Comportement alimentaire

Le comportement alimentaire du cheval est différent selon qu'il est au pâturage ou à l'écurie. Au pâturage, le cheval est en liberté, le plus souvent avec des congénères et dispose d'herbe en permanence. Il peut régler ses activités alimentaires, essentiellement selon les disponibilités en herbe, mais il subit l'influence de son environnement. À l'écurie, il est à l'attache ou en box et reçoit une ration dont la nature peut être très variable ; ses activités alimentaires sont beaucoup plus liées à l'intervention de l'homme.

Au pâturage

Le comportement du cheval au pâturage a été bien étudié sur des animaux en liberté (sauvages) ou semi-liberté (domestiques) (voir chapitre 10).

La durée journalière de pâturage est supérieure à 12 heures car le cheval consacre beaucoup de temps à la mastication. Le pâturage peut se prolonger la nuit et représenter de 20 à 50 p. 100 de la durée d'ingestion, et occuper 30 p. 100 de la période nocturne. Le pâturage du troupeau s'effectue en 3 à 5 cycles séparés par des périodes de repos chez les adultes (18-20 p. 100 de la période diurne) le plus souvent en station debout. Le début et la fin des cycles de pâturage sont liés au lever et au coucher du soleil et réglés aussi par l'animal dominant.

Le comportement de pâturage est soumis à l'influence de l'environnement (climat, social, etc.) et des disponibilités en herbe. En zones tempérées, la durée de pâturage augmente un peu en automne par rapport à l'été mais surtout elle représente une proportion plus élevée de la période diurne qui se raccourcit avec l'avancement de la saison. Les cycles de pâturage fusionnent et le pâturage se prolonge la nuit en automne. La durée de pâturage diurne diminue avec les grandes chaleurs, fréquemment accompagnées de la présence d'insectes en été. Le temps de pâturage maximum serait atteint à une température de 18 °C en zone tempérée. L'accroissement de l'humidité, une pluie faible ou intermittente, augmente la durée de pâturage diurne. Toutefois celle-ci diminue par pluie et/ou vents violents. Toutes les perturbations du pâturage sont reportées la nuit ou les jours suivants avec une ampleur qui varie avec la rusticité du type génétique. L'accroissement du chargement (ou animaux à l'hectare) paraît entraîner un allongement de la durée du pâturage diurne. En revanche, l'association du cheval au bovin dans des rapports de 1 pour 1 ou pour 3 mais pour un même chargement global exprimé en kg de poids vif par hectare, n'accroît pas significativement le temps de pâturage diurne des chevaux, mais semble limiter le nombre de cycles de pâturage (fusion).

Le comportement alimentaire du cheval au pâturage varie aussi avec le choix des espèces végétales disponibles (voir chapitre 10). Le ray-grass, la fétuque des prés, la fétuque rouge sont généralement appréciés ; le pâturin des prés, le dactyle et l'agrostide vulgaire, la fléole et le trèfle blanc à un degré moindre ; le vulpin, la houlque laineuse et surtout le brome sont peu recherchés. Les mélanges sont toujours plus appréciés, notamment lorsqu'ils comprennent du trèfle blanc. Dans le cas de végétations complexes (réserves naturelles), les choix alimentaires dépendent de l'utilisation du territoire et de la quantité d'herbe disponible. Dans le cas de prairies naturelles entretenues, le cheval choisit la végétation la plus accessible (hauteur) si la valeur nutritive est satisfaisante, ou il peut combiner le pâturage de végétation haute et courte pour assurer non seulement la couverture de ses besoins énergétiques (végétation haute) mais aussi azotés (végétation courte) (voir chapitre 10).

À l'auge

La durée de mastication totale dans le cas d'un régime à base de fourrages distribués à volonté varie de 9 à 13 heures chez le cheval ou le poney, contre 14 à 16 heures (ingestion et rumination) chez le bovin ou le mouton. Elle est très variable entre chevaux, et pour un même cheval d'un jour à l'autre. Aucune corrélation n'a pu être établie au niveau individuel ou journalier entre la durée d'ingestion et les quantités ingérées. Le cheval effectue en moyenne 11 à 12 repas par jour. Un grand repas suit chacune des distributions journalières ; lorsque celles-ci sont au nombre de deux, les deux grands repas représentent au total 40 p. 100 de la durée totale d'ingestion.

L'ingestion nocturne est importante et peut représenter un tiers de la durée d'ingestion (figure 1.3). Les repas nocturnes s'effectuent de préférence au cours de la première partie de la nuit. Ils s'intercalent entre chacun des 3 à 4 cycles de sommeil et peuvent représenter de 32 à 40 p. 100 du temps nocturne.

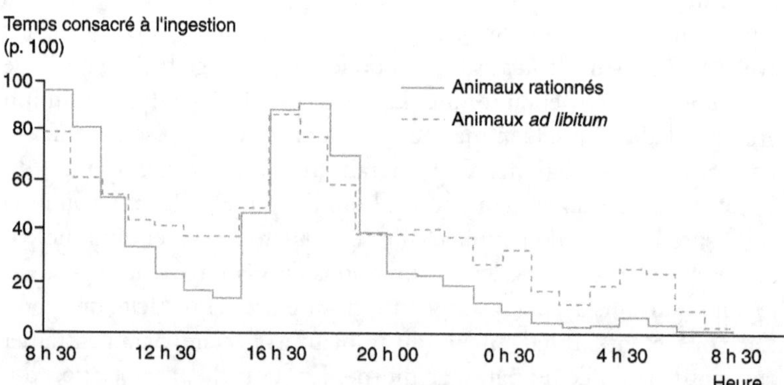

Figure 1.3. Répartition de l'ingestion chez le cheval à l'écurie au cours du nycthémère. L'alimentation est constituée de foin distribué à volonté et complété par 2 kg d'avoine offerts en deux repas (d'après Doreau, 1978).

Au cours de l'ingestion, la mastication très fine des fourrages s'accompagne d'une forte imbibition de salive (en moyenne 4 l de salive/kg de foin) qui varie selon la nature et la teneur en matière sèche des aliments. La durée unitaire d'ingestion (temps nécessaire pour ingérer un kilo de matière sèche) est élevée, en moyenne 40 à 55 min/kg de matière sèche de foin. L'ingestion d'un kilo de foin nécessite 3 000 à 3 500 coups de mâchoire. Il est dégluti en 80 bols alimentaires.

Lorsqu'on limite les quantités offertes d'aliments, la durée totale d'ingestion se réduit significativement car la vitesse d'ingestion varie peu. La durée d'ingestion nocturne décroît fortement (figure 1.3). Les repas qui suivent les distributions d'aliments s'allongent au détriment des petits repas et représentent au total environ deux tiers de la durée d'ingestion. Dans ces conditions, on comprend que le cheval alimenté en quantité limitée n'aura pas une activité alimentaire nocturne aussi importante qu'on le souhaite pour lui procurer en particulier un certain équilibre psychique, même si on prend la précaution de distribuer le soir une grande partie de la ration de fourrages.

La mastication d'un kilo d'aliment concentré ou de céréales, quelle que soit leur forme de présentation, ne demande que 10 à 20 min et seulement 800 à 1 200 coups de mâchoire. Elle est probablement plus longue lorsque les animaux sont alimentés à volonté uniquement avec des céréales ou des aliments en granulés. Des poneys répartissent l'ingestion de leur ration quotidienne en 10 à 20 repas, tant diurnes que nocturnes ; celle-ci peut durer au total 6 à 8 heures. Il semble que l'animal alimenté à volonté avec des régimes concentrés auxquels il est habitué règle son ingestion selon un rythme circadien qui lui est propre et qui, probablement, dépend peu de la nature de l'alimentation. Ces régimes entraînent des comportements particuliers : mâchonnage du bois de l'auge ou du bat-flanc, coprophagie.

Les préférences alimentaires sont mesurées par présentation simultanée de deux ou plusieurs aliments aux chevaux. Le passé de l'animal joue un rôle prépondérant sur ses choix. Ainsi, entre un foin long et un foin haché, le cheval préfère celui auquel il est habitué ; il en est de même pour la comparaison entre différentes céréales. Cependant, il semble que les granulés tendres soient plus appréciés que les durs. L'addition de produits sucrés, tels le saccharose ou la mélasse, accroît notablement l'appétibilité des aliments. La détermination des concentrations de rejet de solutions salées, amères ou acides, montre que les poulains réagissent aux mêmes seuils que les moutons. Il ressort de toutes ces études que la variabilité individuelle reste importante.

Quantités d'aliments ingérés

La quantité de matière sèche ingérée pour un animal donné dans une situation physiologique donnée dépend de trois catégories de facteurs :
– des caractéristiques de l'animal qu'on peut désigner par le terme de capacité d'ingestion ; celle-ci est d'abord déterminée par les dépenses énergétiques et peut ainsi augmenter avec le travail, la production laitière, etc. Elle dépend aussi de l'appétit de l'animal, qui est lié à son format, et de son état sanitaire ;

– des caractéristiques des aliments, qu'on peut désigner par le terme d'ingestibilité ; elles agissent au niveau buccal (caractéristiques organoleptiques ou appétibilité), digestif (encombrement) ou métabolique (bilan énergétique) ;
– des conditions de milieu, de nature climatique (température), sociale (dominance), parasitaire, etc.

Ingestibilité des fourrages

L'ingestibilité des foins se situe entre 75 et 115 g de MS/kg $PV^{0,75}$ soit 1,5 à 2,0 kg MS pour les fourrages verts de graminées chez le cheval à l'entretien. Le stade de maturité et le numéro de cycle des fourrages verts ou de foins ne font pas varier leur ingestibilité (figure 1.4). C'est pourquoi aucune relation significative entre l'ingestibilité et la teneur en parois végétales (cellulose brute ou NDF-ADF) n'a pu être mise en évidence pour prévoir l'ingestibilité des foins et des fourrages. Quelques rares mesures ont permis de montrer que l'ingestibilité des foins de légumineuses est supérieure de 10 à 20 p. 100 à celle des foins de graminées.

L'ingestibilité des ensilages d'herbe est inférieure à celle des fourrages verts ou des foins. Elle s'accroît avec la teneur en matière sèche des ensilages passant de 40 g MS/kg $PV^{0,75}$ (0,8 kg MS/100 kg PV) pour des ensilages directs à 22 % de MS sans conservateur à 90 g MS/kg $PV^{0,75}$ (1,8 kg MS/100 kg PV) pour des ensilages pré-fanés à 36 % de MS. L'ingestibilité des ensilages mi-fanés, ou mi-foins, sous forme de balles rondes enrubannées est encore plus élevée : 108 g MS/kg $PV^{0,75}$

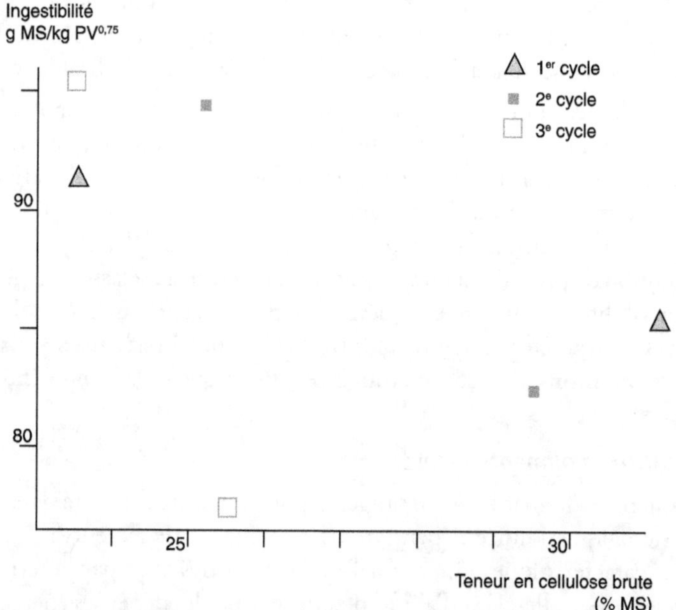

Figure 1.4. Ingestibilité chez le cheval de selle à l'entretien d'une même prairie naturelle en vert au cours de différents cycles de végétation (d'après Chenost et Martin-Rosset, 1985).

(2,3 kg MS/100 kg PV) pour des mi-foins enrubannés à 50 % de MS minimum. L'ingestibilité des ensilages de maïs plante entière varie de 50 à 80 g MS/kg $PV^{0,75}$ (1,0-1,6 kg MS/100 g PV) lorsque leur teneur en matière sèche passe de 25 à 40 %.

L'ingestibilité des pailles est limitée et très variable, de 40 à 95 g MS/kg $PV^{0,75}$ (0,8 à 2,0 kg MS/100 kg PV) respectivement pour celles issues de la culture des céréales ou des plantes fourragères respectivement.

Capacité d'ingestion

La capacité d'ingestion varie selon l'état et le stade physiologique en interaction avec la nature des fourrages.

Chez le jeune cheval, la quantité de matière sèche ingérée augmente avec le poids vif mais moins rapidement que celui-ci. Elle est fortement reliée au poids métabolique mais également au format (tableau 1.5). La variation s'exprime toujours dans le même sens quel que soit le fourrage de base offert (ensilage d'herbe préfanés, mi-fanés ou ensilage de maïs) mais les niveaux d'ingestion observés sont propres à chaque type de fourrage en raison de leur ingestibilité spécifique.

Tableau 1.5. Capacité d'ingestion du jeune cheval de selle alimenté avec des régimes à base de foin (50 à 80 p. 100), de paille (10 à 25 p. 100) et d'aliment concentré (10 à 25 p. 100) (d'après Bigot *et al.*, 1987).

Âge	Poids moyen	Quantités ingérées	
(mois)	(kg)	Par 100 kg PV (kg MS)	Par kg $PV^{0,75}$ (g MS)
6 – 2	190 – 310	2,3 – 2,6	97 – 108
18 – 24	290 – 310	2,2 – 2,3	100 – 104
30 – 36	515 – 525	2,1 – 2,2	100 – 105

Chez la jument, la capacité d'ingestion varie peu pendant la gestation, 74 à 95 g MS/kg $PV^{0,75}$ (ou 1,4 à 1,8 kg MS/100 kg PV) car elle est limitée par le développement de l'utérus gravide qui comprime le gros intestin. Après la mise bas, la capacité d'ingestion augmente fortement dès les premières semaines, 125 g de MS/kg $PV^{0,75}$ (ou 2,5 kg MS/100 kg PV) pour atteindre un maximum de 160-170 g MS/kg $PV^{0,75}$ (ou 3,0-3,5 kg MS/100 kg PV).

Chez l'animal au travail, les fourrages sont dans la plupart des cas distribués en quantités limitées, à l'exception sans doute du cheval d'endurance à certaines périodes (entre deux compétitions, période de repos ou début d'entraînement).

Digestion

Le cheval est un herbivore, son appareil digestif se caractérise par un estomac peu volumineux et un intestin bien développé comprenant deux parties : l'intestin grêle et le gros intestin (figure 1.5a).

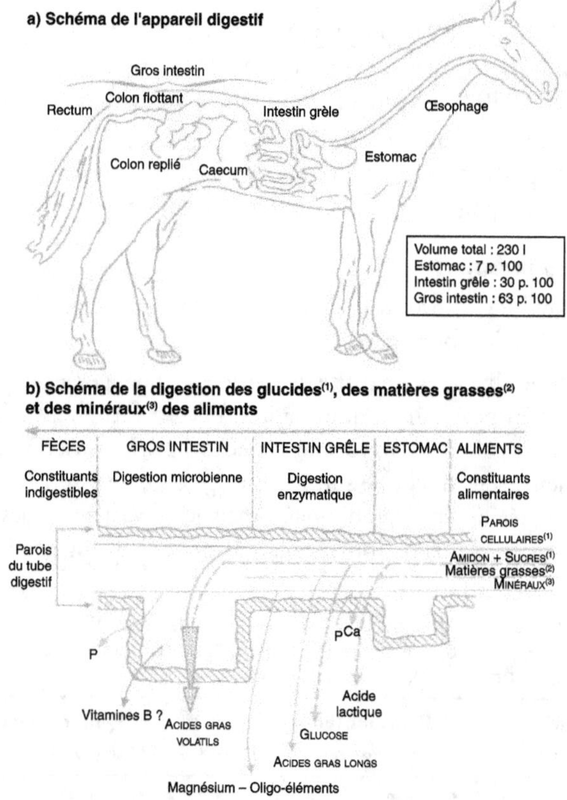

Figure 1.5. Appareil digestif du cheval et digestion.

Temps de séjour des aliments

Les aliments séjournent en moyenne 30 heures dans le tube digestif du cheval, en particulier dans le gros intestin (24 heures en moyenne). Le temps de séjour varie peu avec le niveau d'alimentation : limité/à volonté chez le cheval à l'entretien (tableau 1.6). En revanche, il est plus long et un peu plus court chez la jument respectivement en lactation ou en gestation (tableau 1.6). Il est plus court chez le cheval de selle que chez le cheval de trait (tableau 1.6).

Tableau 1.6. Temps de séjour dans le tube digestif du cheval : effets du niveau d'alimentation, de l'état physiologique, de la race (d'après Miraglia *et al.*, 1992).

Races de chevaux	Sexe	Niveau alimentation	Temps de séjour (h) moyen
Selle	Hongre	Entretien (1,1)	25,2
		À volonté (1,5)	25,9
Trait	Juments taries	Entretien (1,2)	36,5
		À volonté (1,7)	31,5
	Juments gestantes	À volonté (1,7)	20,9
	Juments allaitantes	À volonté (2,5)	22,2

Digestion dans les différents compartiments

Dans la bouche, les aliments subissent une mastication et une humidification par la salive (insalivation) importantes (40 à 50 l/jour) et indispensables pour la déglutition et une bonne digestion ultérieure.

L'estomac a une faible capacité (15-18 l environ). Il ne se remplit qu'aux deux tiers mais se vidange au fur et à mesure de la consommation d'aliments. Il se ferme de façon étanche à la fin du repas, ce qui interdit toute possibilité de vomissement.

La digestion gastrique ne concerne qu'une fraction limitée des constituants alimentaires, en particulier des fourrages. Les matières azotées y subissent un début d'hydrolyse sous l'effet de la pepsine du suc gastrique (10 à 30 l/jour). La cellulose de certains aliments (sons finement broyés par exemple) peut subir un début de digestion. La digestion des autres constituants y est en revanche très limitée, glucides avec une production d'acides gras volatils (0,4 g/l seulement et constitués à 90 % d'acide acétique surtout) et/ou d'acide lactique, ou nulle (matières grasses, minéraux). Le pH varie de 4 à 6 selon l'heure du repas. En conséquence, les implantations et proliférations microbiennes ne sont pas inhibées.

L'intestin grêle est très long (16 à 24 m) mais le passage des aliments ne dure que 1 à 3 heures. Il est le siège de la sécrétion continue de bile (5 l/jour), bien que le cheval soit dépourvu de vésicule biliaire, de sucs pancréatiques (7 l/jour), et discontinue de sucs intestinaux (5 à 7 l/jour) qui permet toute la digestion des constituants des aliments (figure 1.5b).

Les sucres (glucose, fructose, saccharose), le lactose et les matières azotées y sont en très grande partie digérés sous l'action des enzymes digestifs pour fournir à l'animal des nutriments énergétiques (glucose, acides gras longs, acide lactique), ou protéiques (acides aminés) (figure 1.5b). Une grande partie de l'azote non protéique, notamment l'urée, est absorbée bien avant de parvenir dans le gros intestin et va rejoindre l'urée déjà présente dans le sang. Soixante-dix à 95 p. 100 des sucres des fourrages et des concentrés, et de l'amidon des céréales sont digérés dans l'intestin grêle lorsque le niveau d'alimentation est inférieur à 2, à l'exception du maïs grain entier. La proportion est d'autant plus élevée que l'amidon a subi des traitements technologiques – broyage de l'orge et du maïs, floconnage, expansion, extrusion – mais une partie de l'amidon pourrait échapper à la digestion enzymatique lorsque l'apport dépasse 200 g/100 kg PV par repas. Dans le cas des protéines, les proportions digérées dans l'intestin grêle varient de 30 p. 100 pour les fourrages très riches en parois peu digestibles, à 60-90 p. 100 pour les grains, graines et leurs sous-produits. Elle s'élèverait à 80 p. 100 pour les matières grasses dans la mesure où leur digestibilité réelle dans l'ensemble du tube digestif serait à 90 à 95 p. 100.

Les minéraux sont surtout absorbés dans l'intestin grêle sauf le phosphore. Le calcium est absorbé dans la partie antérieure de l'intestin grêle, tandis que le magnésium, le sodium, le potassium et les oligoéléments sont absorbés tout au long de l'intestin grêle. Le phosphore est absorbé partiellement à la fin de l'intestin grêle mais surtout dans le côlon (figure 1.5b).

Le gros intestin, compartiment le plus volumineux (de 180 à 220 l) du tube digestif du cheval, est toujours plein. Il contient les résidus de la digestion enzymatique des aliments qui y séjournent en moyenne 24 heures. Il renferme une population microbienne importante et très active qui transforme, au cours d'un processus de fermentation, les constituants des aliments non digérés dans l'intestin grêle en éléments nutritifs.

La population microbienne dans le gros intestin serait comprise entre 5 et 7×10^9 germes par gramme de contenu digestif selon le compartiment (cæcum et côlon). Les types de bactéries rencontrés les plus fréquemment identifiés sont *Streptococcus, Bactéroïdes* et *Lactobacillus*, tandis que les protozoaires sont relativement moins présents (10^2 à 10^5). La densité des bactéries cellulolytiques est de 6 fois plus élevée dans le cæcum que dans le côlon, c'est-à-dire l'inverse de leurs volumes respectifs : 30 et 180 l. Les bactéries protéolytiques seraient au nombre de 2 à 8×10^5 par gramme de contenu digestif. Les conditions physico-chimiques (pH de 6 à 7, potentiel d'oxydo-réduction, anaérobiose, température et brassage) sont favorables à la fermentation des constituants des aliments qui ont échappé à la digestion enzymatique. La dégradation des parois végétales, ou cellulolyse, se traduit par la production d'acides gras volatils : 3 g/l en moyenne dans le cæcum et le côlon. Le mélange est composé d'acétate (70-75 p. 100) de propionate (18-23 p. 100) et de butyrate (5-7 p. 100) qui sont absorbés dans ces compartiments pour couvrir de 30 à 70 p. 100 des besoins énergétiques de l'animal selon la nature de la ration, en particulier la proportion d'aliment concentré. Quinze à 30 p. 100 des matières azotées d'origine alimentaire, auxquelles se rajoutent les matières azotées endogènes, parviennent dans le gros intestin où elles sont dégradées en acides aminés et en ammoniac réutilisés pour la synthèse de protéines microbiennes, ou recyclées *via* le cycle de l'urée après absorption sous forme d'ammoniac. Les bactéries sont capables de synthétiser de 2,5 à 0,8 mg de protéines/gramme de contenu digestif sec/heure dans le cæcum et le côlon respectivement. Les acides aminés d'origine alimentaire ou d'origine microbienne sont absorbés très marginalement dans le gros intestin. En revanche, l'ammoniac en excédent est absorbé puis transformé en urée au niveau du foie. La quantité d'urée produite augmente avec la quantité d'azote ingérée. L'urée est excrétée à la fois dans l'urine par le rein, et dans le contenu digestif par simple diffusion à travers la paroi et par l'intermédiaire des sécrétions digestives (salive, etc.). Elle y est hydrolysée en ammoniac par la population microbienne du gros intestin au même titre que les acides aminés alimentaires et endogènes. L'azote de l'urée peut donc être réabsorbé soit directement sous forme d'ammoniac, soit marginalement sous forme d'acides aminés, ou enfin d'ammoniac produit par la dégradation ultérieure des protéines microbiennes. Le cheval serait capable d'excréter près de 50 p. 100 de son urée endogène dans son intestin, par diffusion directe à partir du sang : soit 90 g d'urée équivalent à 250 g de protéines par jour. L'urée endogène présente dans le gros intestin serait utilisée pour environ 50 p. 100. L'urée exogène sous différentes formes (urée, biuret, phosphate di-ammonique) serait également utilisée par le cheval avec un rendement de 25 p. 100.

La microflore du gros intestin effectue la synthèse de l'ensemble des vitamines du groupe B, c'est pourquoi la supplémentation n'est pas proposée.

Régulation et expression de la quantité ingérée

Facteurs en jeu et mécanismes

L'ajustement de l'ingestion en fonction de la dépense énergétique s'effectue d'une part à court terme, c'est-à-dire au niveau du repas ou de la journée, d'autre part à long terme ce qui permet à l'animal de corriger une éventuelle inadéquation entre les besoins et les apports énergétiques. Elle est réalisée au niveau du système nerveux central, l'hypothalamus, où on a pu distinguer un centre de la prise de nourriture dans la partie latérale et un centre de la satiété dans la partie ventro-médiane.

À court terme, les qualités organoleptiques des aliments sont apparemment importantes chez le cheval. Celui-ci préfère les aliments ayant un goût sucré type carottes. Dans le cas des fourrages, le cheval paraît indifférent à la forme de présentation longue *vs* hâchée. Le cheval préférerait par ordre décroissant l'ensilage, le mi-foin et le foin offert au même stade de maturité sans qu'une explication claire puisse être donnée.

Une limitation des quantités ingérées liée à l'effet d'encombrement de la ration n'est pas retenue. La faible capacité de l'estomac ne provoque pas l'arrêt de l'ingestion. La motricité efficace sous l'effet de la prise de nourriture, au niveau de l'estomac, de l'intestin grêle et du cæcum, contribue certainement à empêcher l'encombrement de ces compartiments lors du repas. En revanche, un volume excessif de contenu digestif dans le côlon peut entraîner une limitation de l'ingestion mais seulement dans le cas de fourrages pauvres type paille. Le rétrécissement de la courbure pelvienne du côlon replié pourrait être à l'origine du ralentissement.

Les produits terminaux de la digestion peuvent provoquer l'arrêt du repas ou les différer. C'est le cas du glucose et de certains acides gras volatils (acétate, propionate), bien que les résultats obtenus soient contradictoires. La localisation des récepteurs à ces métabolites est encore mal connue. En revanche, l'utilisation métabolique du glucose et des acides gras pourrait donner un signal de reprise d'ingestion après une phase de satiété.

À long terme, semaines et/ou mois, le cheval peut réguler plus ou moins son ingestion par rapport à ses besoins énergétiques selon qu'il est à l'entretien ou en production. À l'entretien, l'ajustement s'effectue à très long terme, plus ou moins efficacement selon la nature des aliments offerts (figure 1.6). Un état d'engraissement excessif entraîne une réduction significative de la consommation de foin (phase 3). En revanche, la consommation d'aliments concentrés est toujours

Poids vif (kg)
450
400
Quantités ingérées (kg MS)
10
5
Aliment concentré
Foin
Foin
0
30
60
90
120
150
Durée de l'expérience (jours)

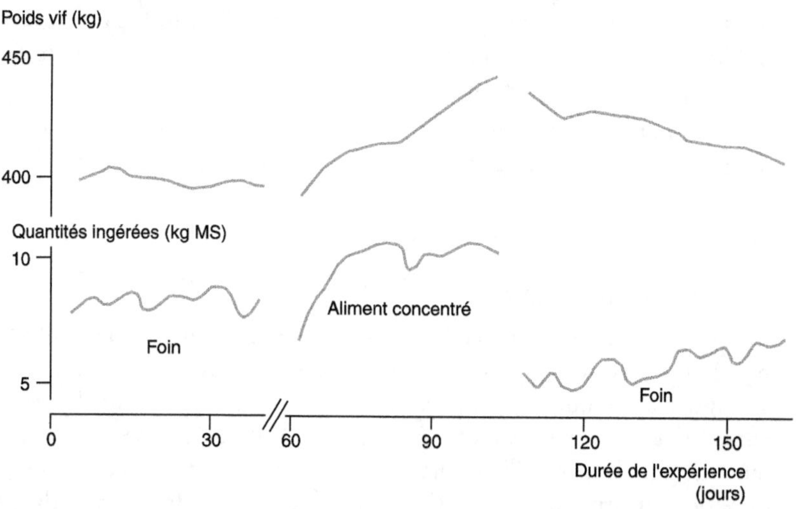

Figure 1.6. Liaison entre la consommation d'aliments et l'état d'engraissement du cheval (d'après Meyer, 1980).

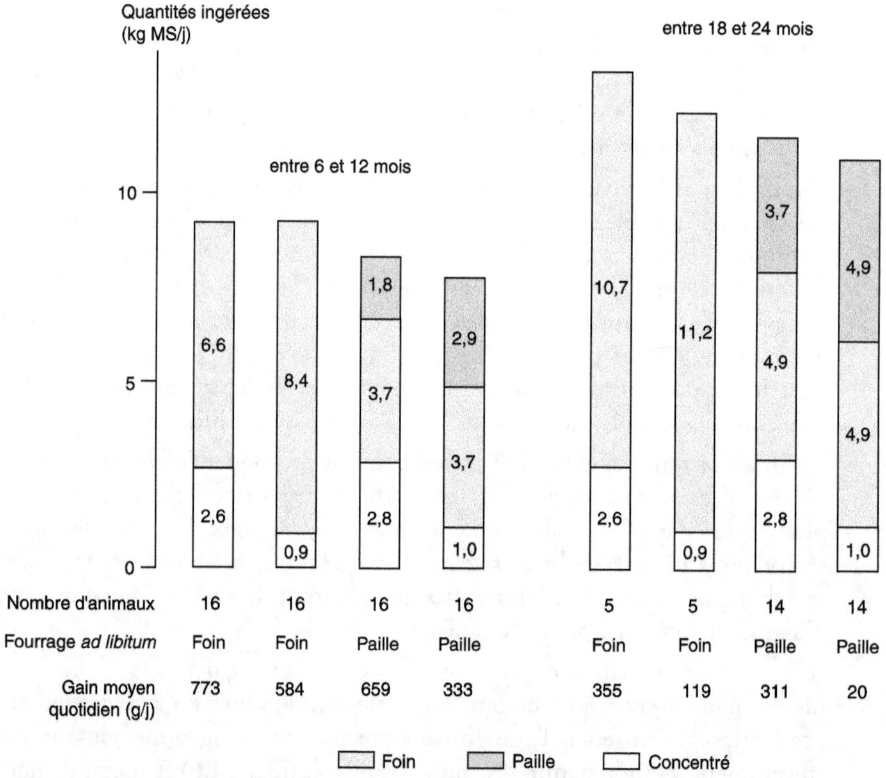

Quantités ingérées (kg MS/j)
entre 6 et 12 mois
entre 18 et 24 mois
10
5
0
6,6
2,6
8,4
0,9
1,8
3,7
2,8
2,9
3,7
1,0
10,7
2,6
11,2
0,9
3,7
4,9
2,8
4,9
4,9
1,0
Nombre d'animaux
16
16
16
16
5
5
14
14
Fourrage ad libitum
Foin
Foin
Paille
Paille
Foin
Foin
Paille
Paille
Gain moyen quotidien (g/j)
773
584
659
333
355
119
311
20
Foin
Paille
Concentré

Figure 1.7. Influence du niveau d'apport d'aliment concentré et de la nature du fourrage sur la quantité de matière sèche ingérée par des pouliches de race de trait (d'après Martin-Rosset et Doreau, 1984).

plus élevée que celle de foin malgré un état d'engraissement élevé et croissant. L'ajustement n'est donc pas parfait.

En revanche, cet ajustement est plus efficace chez le cheval en production bien que partiellement (figure 1.7). Le jeune cheval âgé de 1 ou 2 ans, alimenté avec le (ou les) même(s) foin(s) de base complémenté(s) avec deux niveaux d'apports en aliment concentré, est capable, sur la base de la quantité de matière sèche totale ingérée, de compenser à 90-100 p. 100 la différence modérée de densité énergétique de la ration mais sans réaliser les mêmes croissances car la quantité d'énergie ingérée reste différente. Toutefois, le jeune cheval ne parvient pas à compenser la quantité de matière sèche totale ingérée et à réaliser les mêmes performances lorsque la différence de densité énergétique de la ration est élevée suite à l'introduction de paille de céréales.

Rations à base de fourrage (≥ 75 p. 100)

Le stade végétatif d'un fourrage donné est le facteur principal de sa digestibilité mais pas de son ingestibilité chez le cheval, à l'exception des fourrages très pauvres (≤ 5 % MAT/MS). Mais il peut y avoir des différences d'ingestibilité d'un même fourrage récolté au même stade de maturité mais conservé selon différentes méthodes (ensilage, enrubannage, fanage).

La quantité d'énergie retirée par le cheval en production dépend donc essentiellement de sa digestibilité propre (valeur énergétique) et de sa teneur en azote (% MAT/MS). Lorsque les besoins augmentent, le cheval est capable d'accroître son ingestion pour tenter de les couvrir, ainsi la jument allaitante consomme plus de fourrages que la jument tarie. Et la jument allaitante consomme plus de fourrages au cours des premiers mois de lactation qu'en fin de lactation. Mais les performances réalisées, croissance chez le jeune cheval ou production laitière chez la jument par exemple, seront directement liées à la quantité d'énergie ingérée.

Rations mixtes de fourrages et de concentrés : substitution des concentrés aux fourrages

La ration des chevaux en production est toujours complémentée par un aliment concentré pour leur permettre d'atteindre les performances souhaitées en couvrant les besoins correspondants.

Dans le cas des jeunes chevaux, des juments, voire de certains chevaux de travail (endurance), la ration à base de fourrages est le plus souvent distribuée à volonté.

Lorsque la quantité d'aliment concentré s'accroît de x kg de matière sèche dans la ration, la quantité de fourrage consommée diminue de y kg de matière sèche (figure 1.8). On appelle taux de substitution (S) du concentré au fourrage le rapport y/x, qui traduit la diminution de la consommation de fourrage par kg de matière sèche d'aliment concentré. La valeur observée chez le jeune cheval ou la jument varie entre 0,3 et 2,4 en fonction de la nature (ensilage, foin, paille) et de la qualité du fourrage (valeur nutritive) (figure 1.8 et voir chapitre 2).

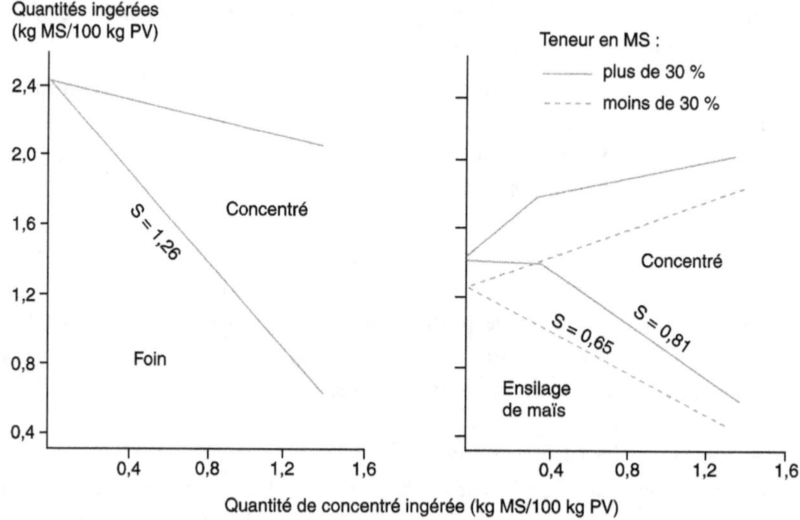

Figure 1.8. Influence de la quantité d'aliments concentrés sur les quantités de fourrage et de matière sèche totale ingérée par des jeunes chevaux entre 6 et 12 mois (d'après Agabriel *et al.*, 1982).

Dans le cas de la jument allaitante, la substitution fourrage concentré varie de 1,2 à 2,4 respectivement avec des régimes à base de foin ou paille complémentés avec des proportions de concentré dans la ration variant de 20 à 50 p. 100.

Ingestion d'eau

Les animaux essaient d'ajuster leur consommation d'eau à leurs besoins, les variations de teneur en eau de l'organisme d'un jour à l'autre sont en effet très faibles. L'eau consommée a deux origines :

– l'eau des aliments : ceux-ci ont une teneur en eau variant entre 10 et 15 % pour les concentrés et les fourrages secs, pouvant atteindre 85 % pour l'herbe verte et près de 90 % pour les betteraves fourragères. En outre, le catabolisme des éléments nutritifs de la ration dans l'organisme conduit à une production d'eau dite métabolique. Ainsi, 100 g de glucides, lipides et protéines catabolisés conduisent respectivement à une production de 55, 107 et 41 g d'eau. Un cheval à l'entretien (qui catabolise donc la totalité des nutriments métabolisables) consommant 10 kg de foin produirait ainsi 2 à 3 l d'eau métabolique alors que sa ration contient à peine plus d'un litre d'eau ;

– l'eau de boisson : elle vient en complément de l'eau apportée par les aliments pour couvrir les besoins en eau. Il a été montré que les chevaux alimentés avec un même fourrage de luzerne verte ou séchée consommaient respectivement 30 à 2 l d'eau contenue dans le fourrage, mais 18 et 40 l d'eau de boisson. Les quantités totales d'eau consommée étaient alors voisines.

Afin d'exprimer les quantités d'eau permettant de couvrir les besoins du cheval, il est pratique de les rapporter à la quantité de matière sèche ingérée. Toutes deux sont assez étroitement liées, car les besoins en énergie et en eau varient globalement dans le même sens. Pour des animaux à l'entretien, les besoins en eau rapportés à la matière sèche sont indépendants de leur poids vif. Cependant, pour des chevaux au travail ou des juments en lactation, les besoins en eau augmentent plus vite que les besoins en matière sèche (voir chapitre 2, tableau 2.7).

Lorsqu'il dispose d'eau en permanence, le cheval boit plus de 80 p. 100 de sa consommation journalière dans les heures qui suivent les distributions d'aliments. L'abreuvement, lorsqu'il n'est pas permanent (par exemple lorsque l'eau est distribuée au seau), doit donc être effectué à chaque distribution d'aliments.

Nutrition énergétique

Les connaissances ont beaucoup évolué depuis les années 1970. Il s'agit donc de faire le point de celles-ci sur l'utilisation métabolique de l'énergie. Pour la digestion, on se référera au paragraphe « Ingestion et digestion des aliments » p. 28 afin de dégager les lois permettant d'évaluer la valeur énergétique réelle, l'énergie nette des aliments, qui est exprimée en unité fourragère cheval (UFC). Nous indiquerons ensuite les bases des besoins énergétiques exprimés en UFC. Les apports recommandés en UFC sont présentés dans les chapitres correspondant à chaque production (chapitres 3 à 8).

Utilisation de l'énergie des aliments

Les différentes étapes de l'utilisation de l'énergie des aliments

L'utilisation des aliments par les animaux se traduit, au cours des processus digestifs et métaboliques qui se déroulent, par des pertes à chaque étape qui diminuent la valeur énergétique brute (EB) ou initiale des aliments (figure 1.9).

Les constituants organiques des aliments (voir chapitre 12) ne sont pas digérés complètement. Une partie est excrétée dans les fèces (EF), de 30 à 65 p. 100 pour les fourrages (très bons fourrages *vs* pailles de céréales) et selon l'état de maturité de chaque fourrage, et de 10 à 30 p. 100 pour les aliments concentrés, riches en amidon (céréales). L'énergie digestible est donc la différence entre l'énergie brute contenue dans les aliments et l'énergie perdue dans les fèces. La digestibilité de l'énergie (dE) est le rapport entre l'énergie digestible (ED) et l'énergie brute (EB) de l'aliment.

$$ED = EB - EF \qquad dE = ED/EB \text{ ou } dE = (EB - EF)/EB$$

La digestibilité des aliments varie de 30 p. 100 à 90 p. 100 respectivement pour la paille et le maïs grain. La digestibilité est le facteur majeur déterminant la valeur énergétique des aliments.

Les aliments subissent ensuite des fermentations au cours de la digestion microbienne dans le gros intestin avec une perte d'énergie sous forme de gaz méthane (EG) qui représente 2 p. 100 de l'énergie brute. Une fraction des produits

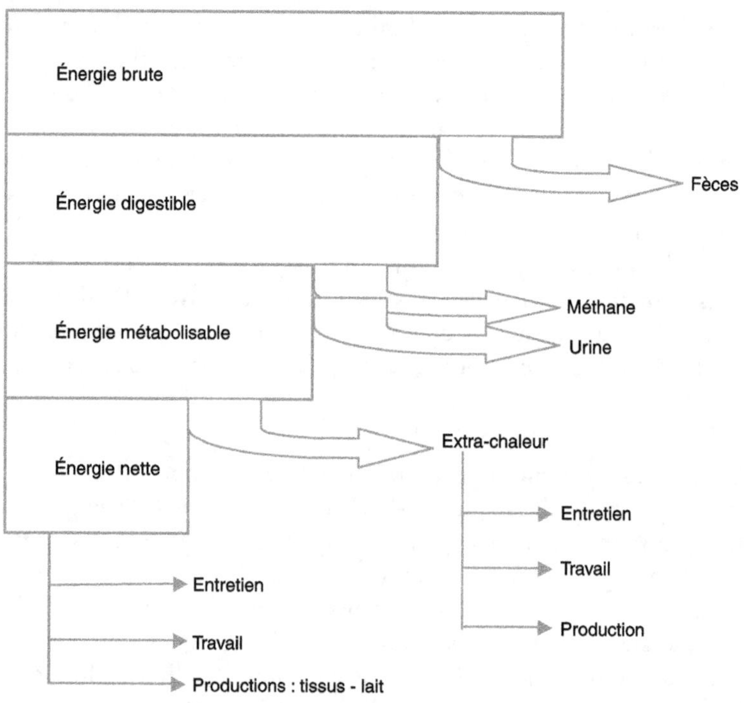

Figure 1.9. Schéma général de l'utilisation de l'énergie par le cheval.

terminaux absorbés au cours de la digestion des aliments n'est pas utilisée par l'organisme. Celle-ci est éliminée, notamment sous forme d'urée dans l'urine. L'énergie urinaire (EU) représente une moyenne de 4 p. 100 de l'énergie brute. Elle est d'autant plus importante que la teneur en matières azotées est élevée.

L'énergie potentiellement utilisable par l'organisme est l'énergie métabolisable (EM).

$$EM = EB - EF - EG - EU \quad ou \quad EM = ED - EG - EU$$

La proportion d'énergie métabolisable dans l'énergie digestible (EM/ED) varie largement avec la nature des aliments : 78 à 80 p. 100 pour les tourteaux d'oléagineux, 84-88 p. 100 pour les fourrages, 91 p. 100 pour les pailles et 90-95 p. 100 pour les céréales. En revanche, la teneur en énergie métabolisable des aliments est considérée comme constante quelle que soit la fonction pour laquelle elle est utilisée.

Les produits finaux de la digestion des aliments sont utilisés par les tissus pour couvrir les dépenses énergétiques d'entretien et de production, c'est l'énergie nette (EN). Mais une fraction d'EN est perdue sous forme d'extra-chaleur (C) qui correspond au coût de fonctionnement des tissus, au coût énergétique des synthèses et au coût énergétique de l'ingestion.

L'extra-chaleur, et par voie de conséquence l'énergie nette, dépendent d'une part de la nature et de la proportion des produits terminaux de la digestion (ou nutriments après absorption), et d'autre part de la fonction pour laquelle ils sont utilisés (entretien, croissance, lactation, travail, etc.). La transformation de l'énergie métabolisable en énergie nette, dépensée ou produite, s'effectue donc avec un certain rendement K = EN/EM qui n'atteint jamais 100 p. 100. Il varie d'une part avec la fonction pour laquelle l'énergie est utilisée, d'autre part selon la nature des produits terminaux de la digestion et donc avec la composition des aliments.

Les substrats énergétiques et leur métabolisme

Sources

Les substrats énergétiques utilisés par l'organisme proviennent d'une part des nutriments issus de la digestion des aliments et d'autre part des réserves corporelles (notamment lipides) en situation de sous-alimentation.

La part de l'énergie totale fournie par les produits terminaux de la digestion des fourrages et des concentrés a été établie à partir de leur teneur dans les aliments et de leur digestibilité réelle dans les différents compartiments digestifs (tableau 1.7).

Le glucose et le lactate fournissent de 11 à 56 p. 100 de l'énergie totale absorbée respectivement pour les fourrages et les aliments concentrés. Les acides gras volatils représentent de 71 à 25 p. 100 de l'énergie totale absorbée respectivement pour les mêmes catégories d'aliments considérés. Ces pourcentages varient avec la proportion relative des principaux acides gras volatils : 60 à 76 p. 100 pour l'acide acétique ; 14 à 25 p. 100 pour l'acide propionique ; 10 à 15 p. 100 pour l'acide butyrique. Les acides gras longs des aliments fournissent de 3 à 10 p. 100 pour l'énergie totale ingérée, voire 15 à 20 p. 100 lorsque le régime est enrichi en lipides alimentaires ou que l'animal mobilise une partie de ses réserves corporelles. Les acides aminés représentent de 10 à 13 p. 100.

Tableau 1.7. Estimation des proportions (p. 100) d'énergie absorbée fournie par les principaux produits terminaux de la digestion et leur rendement d'utilisation K (d'après Vermorel et Martin-Rosset, 1997).

	Glucose + lactate	Acides gras volatils	Acides gras longs	Acides aminés	Km[a][b]
Maïs	63	21	8	8	0,800
Orge	58	27	5	10	0,785
Avoine	48	26	15	11	0,778
Bon foin de pré	12	71	5	12	0,654[b]
Foin de luzerne	13	62	5	21	0,660[b]
Mauvais foin de pré	9	82	3	6	0,610[b]

a. Km = rendement de l'énergie métabolisable en énergie nette à l'entretien.

b. Inclus la correction pour le coût de l'ingestion des fourrages.

Utilisation des substrats dans l'organisme et rendement d'utilisation

Une partie de l'énergie absorbée est utilisée seulement.

Les différents produits terminaux de la digestion sont absorbés dans les compartiments digestifs où ils sont produits. L'épithélium intestinal en utilise une fraction pour ses dépenses énergétiques et ses synthèses propres. L'épithélium du cæcum métabolise très peu de butyrate en corps cétoniques. À l'exception des acides gras à chaînes longues (> 14) qui sont transportés par la voie lymphatique, presque tous les produits absorbés passent dans le sang de la veine porte qui les amène au foie. Celui-ci en capte une partie pour son propre métabolisme énergétique et ses synthèses : glycogène à partir du glucose, glucose à partir du propionate, protéines à partir des acides aminés et triglycérides à partir des acides gras longs. L'acétate et le butyrate sont en revanche peu métabolisés en corps cétoniques (figure 1.10).

Au cours de la phase d'absorption, les produits terminaux de la digestion amenés par le sang porte sont en large excédent par rapport aux possibilités métaboliques du foie. Ils passent dans la circulation générale et sont utilisés par les tissus périphériques. Ce qui n'est pas oxydé comme source d'énergie est utilisé pour les synthèses de glycogène, de lipides et de protéines. Le tissu musculaire stocke du glycogène formé à partir du glucose et accroît sa synthèse de protéines. Le tissu adipeux synthétise des triglycérides à partir des acides gras, glucose, de l'acétate et du butyrate. La quantité d'énergie stockée sous forme de triglycérides, principalement dans les vacuoles lipidiques du tissu adipeux, est beaucoup plus importante que celle mise en réserve sous forme de glycogène hépatique et musculaire.

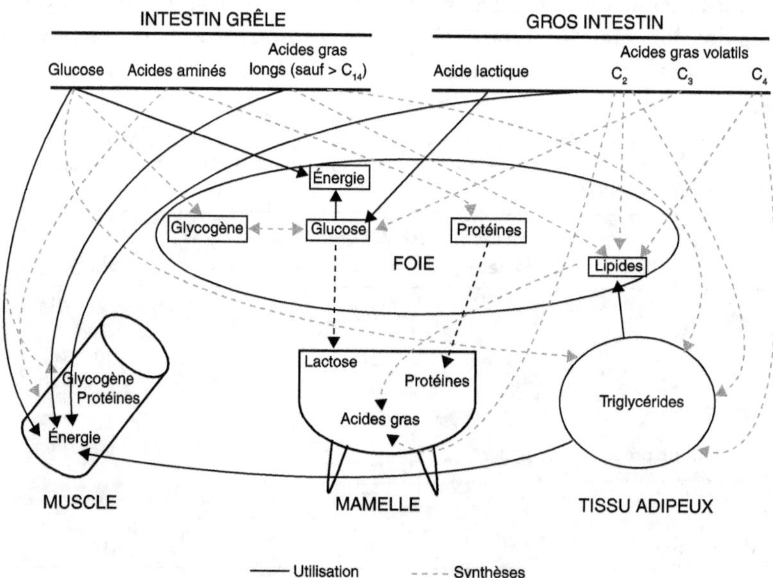

Figure 1.10. Schéma simplifié du métabolisme chez le cheval.

Ce stockage est stimulé par la sécrétion d'insuline qui augmente fortement lors de l'ingestion du repas.

À l'entretien, l'énergie nette d'un substrat peut être assimilée à la quantité d'énergie libre (ATP) qui est utilisée au cours de son catabolisme pour couvrir les différentes composantes de la dépense d'entretien. Cette quantité d'énergie libre n'est malheureusement pas mesurable, étant en grande partie dégradée sous forme de chaleur qui vient s'ajouter à la chaleur de la fraction non utilisable de l'énergie métabolisable. Lorsque l'animal est à jeun, il tire l'énergie libre nécessaire de ses réserves corporelles, lipides essentiellement. C'est pourquoi au plan nutritionnel on définit l'énergie nette d'un aliment pour l'entretien par la quantité d'énergie des réserves corporelles qu'il permet d'épargner lorsqu'il est consommé par l'animal à jeun. Les mesures réalisées chez le cheval montrent que le rendement de l'énergie métabolisable pour l'entretien varie avec la composition de la ration comme chez les ruminants et les autres espèces. À l'entretien, le cheval utilise comme source d'énergie principale l'acétate et les acides gras longs provenant des lipides corporels (acides gras non estérifiés), et dans une moindre mesure le glucose, et surtout les acides aminés avec des rendements respectifs de 80, 63, 85 et 70 p. 100. Le rendement (ou ratios) d'utilisation de l'énergie des aliments, et *a fortiori* des rations, va dépendre des rendements pondérés des différents nutriments issus de la digestion des aliments et donc de leur composition chimique. Il a été établi qu'il varie de 80 p. 100 pour le maïs à 60-62 p. 100 pour les foins et 43-45 p. 100 pour les pailles. En d'autres termes, le rendement varie dans le même sens que la digestibilité et donc que la concentration en énergie métabolisable, et en sens inverse de la teneur en parois végétales (teneur en cellulose brute).

Au travail, l'énergie recouvrée sous forme de travail mécanique dit externe (locomotion, traction) ne représente qu'une petite partie de l'énergie qui a été dépensée en sus de l'entretien (figure 1.11). D'abord, le rendement de la production d'énergie libre (ATP) est limité, 30 à 40 p. 100 pour les acides aminés et le glucose respectivement, l'acétate étant intermédiaire. Ensuite, le rendement de l'ATP pour produire du travail mécanique (externe) a varié de 17 à 55 p. 100 selon l'intensité du travail. Enfin, environ 25 p. 100 de l'énergie dépensée par le muscle locomoteur lors de la contraction musculaire sont utilisés pour assurer différents processus physiologiques (travail interne). Cette dépense d'énergie libre réalisée pour ces différentes utilisations s'accompagne d'une perte d'énergie métabolisable sous forme de chaleur qui représente 75 p. 100 de la perte d'énergie métabolisable. Le rendement net de l'utilisation de l'énergie pour le travail varie de 15 à 28 p. 100. En vue de l'application, il a été montré dès la fin du XIXe siècle que l'énergie des fourrages était utilisée beaucoup moins efficacement pour le travail que celles des céréales (25 p. 100 en valeur relative). Ces essais ont montré une différence du rendement de l'utilisation de l'énergie des différents aliments étudiés pour le travail, qui est très semblable à celle observée pour l'entretien. Ceci est très compréhensible dans la mesure où les dépenses liées au travail seront couvertes par du glucose, des acides gras, de l'acétate en proportions différentes selon l'intensité de l'effort.

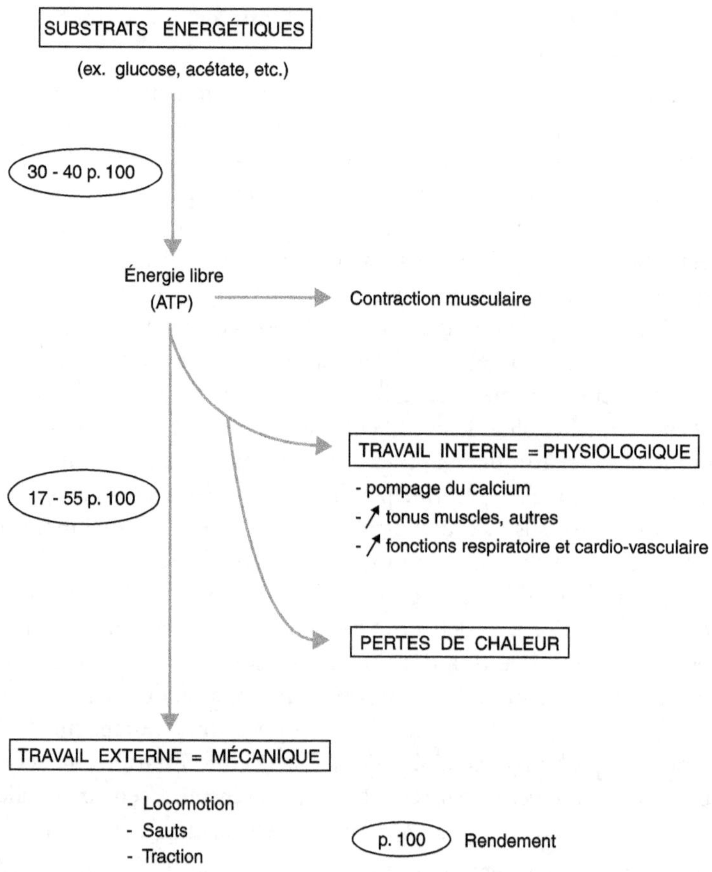

Figure 1.11. Utilisation de l'énergie pour le travail.

En gestation, le conceptus (fœtus + annexes : enveloppes, utérus, placenta) utilise essentiellement du glucose (voir chapitre 3). Le glucose contribue à la synthèse de ses réserves de glycogène, de certains acides aminés non indispensables, du glycérol et d'une partie des acides gras. Le rendement pondéré de l'utilisation de ces différents nutriments pour la croissance tissulaire du fœtus et de ses annexes dépend aussi de la composition chimique des aliments et de la ration. Il est faible (25 p. 100).

En lactation, la glande mammaire prélève dans le sang des quantités importantes de glucose pour la synthèse du lactose et d'autres constituants du lait, et probablement comme source d'énergie. La mamelle prélève aussi dans le sang de l'acétate, du β hydroxybutyrate et des acides aminés avec des taux d'extraction de 20 à 40 p. 100. L'acétate fournit 20 p. 100 de son énergie. Il est le principal précurseur des acides gras du lait, le complément venant essentiellement des lipoprotéines plasmatiques. Le rendement pondéré de l'utilisation des différents nutriments pour la lactation dépend aussi de la composition des aliments et rations, mais il est élevé et se rapproche de celui de l'entretien (65 p. 100). L'efficacité de l'utilisation de l'énergie pour la synthèse du lactose est élevée. Les acides gras provenant de la digestion des matières grasses alimentaires ne sont pas remaniés et ils sont utilisés très efficacement pour la synthèse des matières grasses du lait. Il est probable que l'efficacité d'utilisation de l'énergie pour la synthèse des protéines du lait est élevée.

Chez l'animal en croissance, la quantité de protéines synthétisées est beaucoup plus importante que chez l'adulte. La synthèse pour l'accroissement corporel s'ajoute à celle du renouvellement proprement dit qui est plus rapide que chez l'adulte. La quantité de protéines synthétisées est donc plus importante que celles fixées. Elle varie dans le même sens que cette dernière, donc en général que le gain de poids. Elle est liée positivement à l'apport azoté et à l'apport énergétique, les deux ayant des effets additifs. Une grande proportion des acides aminés absorbés est utilisée pour la synthèse de protéines, le reste est dégradé en glucose ou en énergie pour le fonctionnement des tissus. Mais la synthèse protéique est coûteuse en énergie car l'efficacité de l'utilisation de l'énergie pour la croissance, et *a fortiori* pour l'engraissement, est limitée et aussi très variable selon la proportion de glucose et d'acide acétique disponibles dans l'organisme. Le rendement de l'utilisation de l'énergie pour la croissance et l'engraissement varie dans le même sens que celui pour l'entretien mais il est plus faible (35 à 55 p. 100). Et le rendement de l'énergie des aliments est plus faible pour constituer des réserves corporelles que pour les utiliser.

Utilisation de l'énergie métabolisable des aliments

Le coût énergétique de l'ingestion des aliments et du fonctionnement du tube digestif est plus élevé pour les fourrages que pour les aliments concentrés, et pour les fourrages âgés riches en parois végétales lignifiées que pour les fourrages jeunes. Les constituants des aliments non digérés dans l'intestin grêle sont fermentés par la population microbienne du gros intestin avec production d'acides gras volatils, de biomasse microbienne, de méthane et de chaleur de fermentation. Les dépenses énergétiques supplémentaires d'ingestion et de fonctionnement du tube digestif, et la perte d'énergie sous forme de chaleur de fermentation, s'ajoutent à l'extra chaleur produite, en accroissant les différences de valeur énergétique nette des aliments. Les pertes d'énergie lors de l'utilisation des nutriments par les tissus et les organes, c'est-à-dire lors du passage de l'énergie métabolisable à l'énergie nette, sont plus élevées pour les acides gras volatils issus de la digestion des fourrages que celles liées à l'utilisation du glucose, des acides gras et des acides aminés provenant de la digestion des aliments concentrés.

L'énergie métabolisable des aliments est utilisée plus efficacement pour l'entretien (de 54 à 76 p. 100) et la lactation (65 p. 100), que pour la croissance et l'engraissement (35 à 55 p. 100), et pour le travail (15 à 28 p. 100).

C'est pour la situation de l'entretien que nous disposons des données les plus complètes et les plus récentes. Par ailleurs, les dépenses énergétiques d'entretien représentent de 50 à 90 p. 100 des dépenses totales énergétiques chez la jument allaitante ou gestante respectivement, de 60 à 90 p. 100 pour le cheval en croissance ou à l'engrais et enfin de 70 à 80 p. 100 chez le cheval au travail. C'est pourquoi nous avons choisi la situation d'entretien comme situation de référence pour estimer la valeur énergie nette des aliments. De plus, l'efficacité de l'énergie métabolisable pour l'entretien et le travail dépend dans les deux cas de l'énergie libre, ATP produite par le catabolisme oxydatif des nutriments. Dans les deux cas, les aliments ont donc pour objet de reconstituer les réserves corporelles utilisées ultérieurement sous forme d'ATP pour couvrir les dépenses d'entretien au cours de la journée et celles liées à l'effort au cours du travail. Les variations de rendement des différents nutriments et donc des aliments sont les mêmes pour l'entretien et le travail, même si les valeurs absolues de rendement sont différentes (figure 1.12). Le rendement (K) de l'utilisation de l'énergie des aliments à l'entretien (m) est dénommé Km.

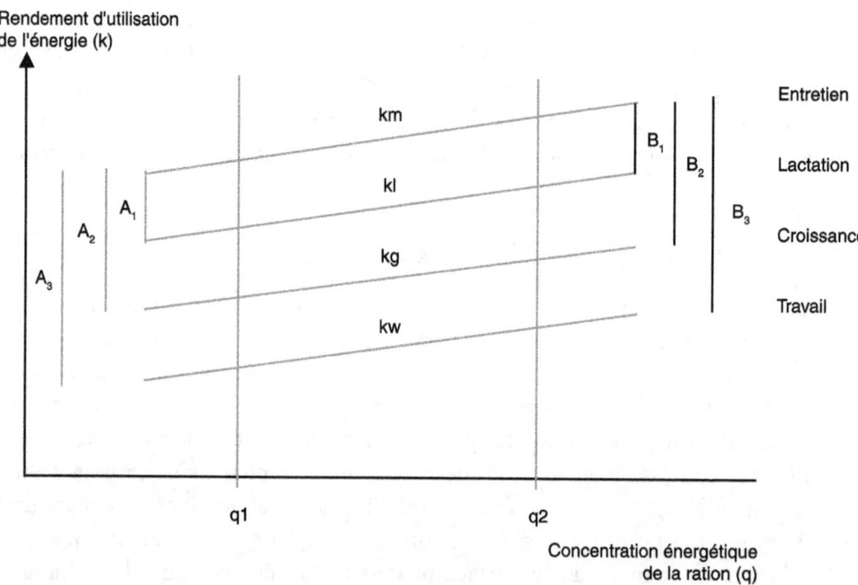

Figure 1.12. Variations relatives du rendement d'utilisation de l'énergie pour les différentes fonctions.

Pour une même fonction, la variation du rendement de l'utilisation de l'énergie pour cette fonction par rapport à la variation du rendement de l'énergie pour l'entretien doit être la même quand la concentration énergétique de la ration augmente :
Lactation (kl)/entretien (km) $A_1 = B_1$;
Croissance (kg)/entretien (km) $A_2 = B_2$;
Travail (kw)/entretien (km) $A_3 = B_3$.
Les variations relatives du rendement de l'énergie pour les différentes fonctions par rapport à celle du rendement de l'énergie de chaque fonction sont aussi supposées être les mêmes quand la concentration énergétique de la ration augmente de q1 à q2.

Système de l'unité fourragère cheval (UFC)

Évaluation de la valeur énergétique des aliments

La valeur énergétique d'un aliment correspond à la quantité d'énergie nette d'un kilo de cet aliment qui contribue à couvrir les dépenses d'entretien et de production des animaux.

La valeur est mesurée en kilocalories (kcal) par kilo d'aliment. À des fins pratiques (substitution entre aliments), elle est rapportée à celle d'un aliment de référence, un kilo d'orge moyenne à 87 % de matière sèche, et exprimée en unité fourragère cheval (UFC) :

$$\text{Valeur énergétique d'un aliment (UFC)} = \frac{\text{Énergie nette (kcal) d'un kilo d'aliment}}{\text{Énergie nette (kcal) d'un kilo d'orge}}$$

La valeur énergétique nette d'un kilo d'orge à 87 % de MS est établie comme indiquée ci-dessous :
– énergie brute (EB) : 3,85 Mcal/kg brut
– énergie digestible (ED) :

ED = EB × dE   dE = 0,80   ED = 3,08 Mcal/kg brut
– énergie métabolisable (EM) :

EM = ED × EM/ED   EM/ED = 0,931   EM = 2,87 Mcal/kg brut
– énergie nette (EN) :

EN = EM × Km   Km = 0,785   EN = 2,250 Mcal/kg brut

Une unité fourragère cheval (1 UFC) est donc la valeur énergétique d'un kilo brut d'orge standard pour l'entretien, soit 1 UFC = 2 250 kcal.

La valeur énergétique nette des différents aliments est calculée en utilisant la démarche générale de base décrite dans le tableau 1.8. Les détails de la démarche, notamment les jeux d'équations utilisées dans les étapes intermédiaires, sont donnés chapitre 12.

Tableau 1.8. Démarche de base pour le calcul de la valeur UFC des aliments.

Énergie brute : EB
Énergie digestible : ED = EB × digestibilité de l'énergie (dE)
Énergie métabolisable : EM = ED × EM/ED
   EM/ED (%) = 84,07 + 0,0165 CB − 0,0276 MAT + 0,0184 GC
Énergie Nette : EN = EM × Km_c : efficacité utilisation EM pour l'entretien

Km =
- \+ Fourrages
- \+ Céréales – graines légumineuses
- \+ Sous-produits céréales
- \+ Tourteaux

Variables des quatre différentes équations :
Composition chimique
± éléments digestibles
(voir chapitre 12)

Kmc =
- Km corrigé pour le coût d'ingestion des fourrages
- Kmc = Km − Δ Km
- Δ Km = -0,20 CB (en %) + 2,50
- Ou Δ Km = − 0,14 (76,4 − dE %)

Valeur UFC/kg d'aliments
$$UFC = \frac{EM \times Km_c}{2\ 250}$$

Expression des besoins et des apports énergétiques recommandés

Les besoins et les apports énergétiques recommandés sont également exprimés en UFC pour les différentes fonctions : entretien, gestation, lactation, croissance, engraissement et travail.

Calculs des apports énergétiques recommandés

Les apports énergétiques correspondant à une fonction de production sont ajoutés à ceux de l'entretien, en tenant compte éventuellement de la constitution de réserves corporelles (voir chapitres 3 à 8) pour déterminer les apports énergétiques totaux.

Apports totaux = apports entretien + apports de production ± Δ (réserves corporelles)

Les besoins ont été établis en utilisant deux méthodes :
– les essais d'alimentation (méthode globale) ;
– la mesure des dépenses physiologiques et du rendement avec lequel elles sont couvertes par l'énergie (méthode factorielle) (tableau 1.9).

Le besoin d'entretien est proportionnel à la taille et donc au poids métabolique de l'animal. La dépense énergétique varie beaucoup avec le tempérament, la race, le sexe (tableau 1.1) et l'environnement (voir paragraphe « Dépenses et besoins énergétiques et azotés – Capacité d'ingestion et apports recommandés » p. 15).

Tableau 1.9. Rendement de l'utilisation métabolique de l'énergie métabolisable et des besoins pour les différentes fonctions.

Entretien	
Rendement (p. 100)	50 à 80
Besoin (UFC/j/kg $PV^{0,75}$)	$0,0373^1$-$0,0392^2$-$0,0410^3$
Gestation	
Rendement (p. 100)	25
Besoins (UFC/j/100 kg PV)	0,06-0,28
Lactation	
Teneur en matières grasses (g/kg)	10-20
Rendement (p. 100)	65
Besoins (UFC/kg lait)	0,23-0,29
Croissance	
Teneur en lipides du gain de poids vif vide (g/kg)	100-180
Besoins (UFC/kg de gain de poids vif)	$1,3$-$2,4^4$
Travail	
Rendement (p. 100)	15 à 25
Besoins (UFC/heure)	0,2 à 4,5

[1] Trait ; [2] selle ; [3] sang ; [4] période : 6-12 mois.

Les besoins de production ont été établis soit à partir de la composition des produits et des rendements de l'utilisation métabolique de l'énergie métabolisable quand elle était connue par la méthode factorielle (gestation, lactation), soit en reliant la quantité d'UFC consommée à la performance mesurée dans le cadre d'essais d'alimentation (croissance, engraissement). Dans le cas du travail, le besoin est établi à partir de la consommation d'oxygène mesurée au cours de l'effort. Dans tous les cas, les apports ont ensuite été mesurés dans le cadre d'essais d'alimentation pour prendre en compte les effets de différents facteurs de variation. Ces apports peuvent correspondre ou non aux besoins selon la stratégie d'élevage (sous alimentation hivernale de la jument de trait) ou selon l'importance instantanée (jour) des besoins qui ne peuvent être satisfaits qu'à moyen terme (semaine) (pour le travail, l'endurance par exemple).

Nutrition azotée

Le cheval perd quotidiennement de l'azote dans les fèces, l'urine, la peau, la sécrétion lactée, la sueur. Le cheval synthétise aussi en permanence des quantités importantes de protéines à partir des acides aminés à l'entretien ou en production en suivant des voies et des lois du métabolisme protéique semblables à celles des autres espèces animales. Mais le cheval couvre les besoins correspondant à ces dépenses selon des modalités originales car intermédiaires entre celles des monogastriques et celles des ruminants, en tant qu'herbivore monogastrique. Les acides aminés nécessaires à la couverture des besoins du cheval sont fournis par la digestion et l'absorption au niveau de l'intestin grêle, tandis que les microbes du gros intestin utilisent l'azote alimentaire résiduel pour couvrir ses besoins propres après remaniement de celui-ci en protéines microbiennes. Le système MADC (matières azotées digestibles cheval) tient compte de cette complexité pour évaluer la valeur azotée des aliments chez le cheval.

Métabolisme azoté

Les protéines de l'organisme

Les protéines représentent 21 à 22 % de la masse corporelle délipidée du cheval adulte, soit de 17 à 19 p. 100 du poids de l'animal selon son état d'engraissement. Un peu plus de la moitié serait dans la masse musculaire (protéines myofibrillaires sarcoplasmiques, etc.), près de 30 p. 100 sous forme de collagène dans les tissus conjonctifs, le squelette, la peau et les phanères, 7 à 8 p. 100 dans la paroi digestive et le foie, 3 p. 100 dans le sang, etc. La masse des protéines de l'animal « standard » serait composée de 66 p. 100 de protéines cellulaires, de 30 p. 100 de collagène et 4 p. 100 de kératine. Il n'y a pas de tissus spécialisés pour le stockage des protéines excédentaires contrairement aux tissus adipeux pour l'énergie. Les enzymes, les hormones, etc. sont des protéines fonctionnelles présentes en faibles quantités.

Synthèse et dégradation des protéines corporelles

Toutes les protéines sont en permanence dégradées et remplacées, mais à des vitesses extrêmement différentes. Les enzymes, les hormones, le fibrinogène, les lipoprotéines du sang, etc. ont une durée de vie très courte et sont souvent dégradés à mesure qu'ils effectuent leur mission. Les cellules de l'épithélium intestinal sont renouvelées à un rythme très rapide, leur durée de vie étant de 2 à 3 jours. Il en est de même pour les protéines du foie. Les protéines des fibres musculaires sont renouvelées à une vitesse variable selon leur catégorie, mais en moyenne de l'ordre de 1 à 2 p. 100 par jour. Chez l'animal adulte, c'est le collagène qui se renouvelle le plus lentement. Il faut ajouter à cela la pousse et le remplacement des phanères (poils, etc.) dont la kératine est la protéine de base.

La quantité de protéines synthétisées par jour serait de l'ordre de 15 g/kg $PV^{0,75}$ soit de 1 600 à 2 250 g de protéines pour un poids vif passant de 500 à 800 kg. Les acides aminés utilisés pour la synthèse des protéines tissulaires et fonctionnelles proviennent des acides aminés absorbés après digestion enzymatique des protéines alimentaires, mais surtout des acides aminés vis-à-vis de la dégradation même des protéines corporelles.

Rapportée au poids métabolique, la quantité de protéines synthétisées par jour par l'animal en croissance est beaucoup plus élevée que chez l'adulte, jusqu'à trois fois plus dans les premières semaines de la vie. La synthèse pour l'accroissement corporel s'ajoute à celle pour le renouvellement proprement dit (qu'on mesure chez l'animal maintenu en bilan N nul) qui est plus rapide que chez l'adulte. La quantité totale de protéines synthétisées est beaucoup plus élevée que la quantité de protéines fixées. Elle varie dans le même sens que cette dernière, donc en général que le gain de poids. Elle est liée positivement à l'apport azoté et à l'apport énergétique, les deux ayant des effets additifs. C'est dans le muscle qu'elle a été la mieux étudiée. Une fixation maximum de protéines musculaires nécessite une synthèse protéique élevée mais, paradoxalement, elle est aussi associée à une dégradation rapide des protéines.

Le métabolisme protéique est contrôlé par les hormones. L'insuline, l'hormone de croissance, les androgènes, les œstrogènes ont une action anabolisante, et les glucocorticoïdes une action catabolisante.

Métabolisme des acides aminés

La masse musculaire contient plus de la moitié de chaque acide aminé libre, tandis que le sang représente moins de 5 p. 100 ; les parois digestives et le foie sont intermédiaires.

Le pool total des acides aminés libres est alimenté par les acides aminés absorbés dans l'intestin et, surtout, par les acides aminés provenant de la dégradation des protéines, qui sont réutilisés sur place ou transportés vers les autres organes par le sang. Le pool total des acides aminés libres de l'organisme est infime, de l'ordre de 1 p. 100, par rapport à celui des protéines corporelles. Il est de beaucoup inférieur au flux d'acides aminés qui est utilisé chaque jour pour la synthèse des protéines (de 10 à 100 fois chez l'animal à l'entretien). La durée de vie libre des acides aminés est courte, mais variable.

Le sang assure le transport des acides aminés et leurs échanges entre l'épithélium intestinal, le foie, la masse musculaire et le rein. La teneur du plasma en acides aminés libres est influencée par tous les facteurs qui agissent sur les apports ou sur les prélèvements effectués par les tissus et les organes.

La teneur du plasma en acides aminés libres augmente quelques heures après l'ingestion du repas, et d'autant plus que la ration était riche en protéines. Cette augmentation est atténuée par les prélèvements importants de la paroi intestinale et du foie. La masse musculaire est en bilan positif. Environ 10 h après le repas, la synthèse de protéines diminue et la dégradation augmente dans tout l'organisme. Le foie continue à être en bilan positif tandis que tous les tissus périphériques passent en bilan négatif, surtout la masse musculaire qui subit une perte nette de tous les acides aminés, surtout d'alanine et de glycine, forme de transport de l'azote et du carbone musculaire vers le foie et aussi la paroi digestive et le rein. Au cours du jeûne entre deux repas, la teneur plasmatique en acides aminés tombe à un minimum, puis s'accroît à nouveau fortement. La teneur en acides aminés indispensables reflète la qualité des protéines alimentaires.

Les acides aminés qui ne sont pas utilisés pour la synthèse sont dégradés rapidement. Leur squelette carboné est oxydé directement ou utilisé pour la production de glucose dans le foie (néoglucogenèse), d'acides gras et de corps cétoniques. La quantité d'acides aminés catabolisés augmente avec les apports alimentaires, notamment lorsque les apports sont excédentaires par rapport aux quantités nécessaires à la synthèse protéique. Ils sont oxydés préférentiellement par le foie comme source d'énergie. L'excrétion d'urée augmente. Le catabolisme est également accru lorsque la composition du mélange en acides aminés est déséquilibrée. Certains acides aminés non indispensables (glutamate, aspartate, alanine) et les acides ramifiés (leucine, isoleucine et valine) peuvent être oxydés de façon notable dans la plupart des tissus. Les acides aminés ramifiés sont surtout catabolisés dans les muscles.

Au cours de l'exercice, la synthèse protéique diminue et le catabolisme protéique augmente dans le muscle mais aussi dans les viscères. L'entraînement diminuerait le catabolisme des acides aminés pendant l'effort chez le cheval d'endurance. La concentration sanguine en urée, créatinine et acide urique, augmente pendant l'effort et se poursuit pendant plusieurs heures durant les premières heures de repos. L'urée est surtout éliminée par la sueur puisque la vitesse de son excrétion rénale n'est pas accrue pendant l'effort.

Métabolisme de l'urée

Le foie transforme en urée les groupements aminés de tous les acides aminés catabolisés (production d'énergie, de glucose ou de corps cétoniques) et aussi la majeure partie de l'ammoniac absorbé dans le tube digestif. La quantité d'urée produite augmente avec la quantité d'azote ingérée. L'urée est excrétée à la fois dans l'urine par le rein, et dans le contenu digestif par simple diffusion à travers la paroi et par l'intermédiaire des sécrétions digestives (salives, etc.). Elle y est hydrolysée rapidement en ammoniac par la population microbienne du gros intestin, au même titre que les acides aminés alimentaires et endogènes. Son azote peut donc être en partie réabsorbé, soit directement sous forme d'ammoniac, soit sous forme d'acides aminés issus de la synthèse microbienne, ou d'ammoniac produit par la dégradation des protéines microbiennes (figure 1.13).

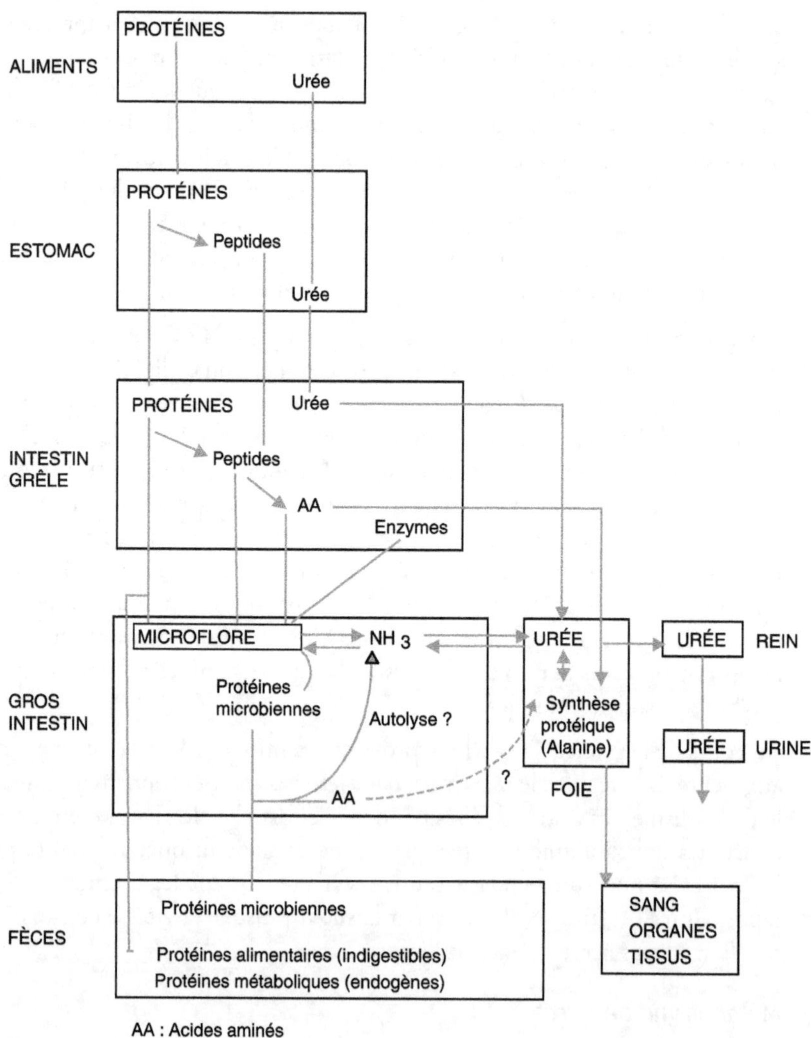

Figure 1.13. Digestion et métabolisme des matières azotées (adapté de Robinson et Slade, 1974).

La proportion d'urée produite par le foie qui est excrétée dans le gros intestin serait de deux tiers, dont il récupérerait environ la moitié de l'azote.

Dans les conditions normales, le foie capte en totalité l'ammoniac absorbé, auquel s'ajoute celui produit par la paroi intestinale elle-même à partir d'acides aminés tels que la glutamine. Il le transforme surtout en urée mais il peut aussi l'utiliser par transamination pour synthétiser des acides aminés non indispensables (alanine). Certains acides aminés indispensables pourraient aussi être synthétisés si les squelettes carbonés correspondants sont disponibles. Le recyclage de l'urée endogène est donc un mécanisme d'épargne qui permet à l'animal de mieux tirer parti de l'azote alimentaire lorsqu'il n'en consomme pas assez. Il apporte aussi de l'azote à la population microbienne du gros intestin qui peut en manquer dans les mêmes conditions.

Pertes et besoins azotés

Dans la situation physiologique d'entretien, l'organisme animal subit des pertes inévitables d'azote dans l'urine et dans les fèces, même s'il reçoit une ration parfaitement équilibrée quant à la teneur et la composition des protéines, comme en constituants énergétiques, minéraux, etc. Ces pertes, dites endogènes, sont engendrées par le fonctionnement digestif et métabolique de l'organisme.

La perte d'azote urinaire endogène est représentée par les produits (urée, ammoniac, etc.) du catabolisme d'une partie des acides aminés, résultant de leur apport excédentaire lors de l'absorption post-prandiale et du renouvellement des protéines de l'organisme. Rapportée au poids, elle doit diminuer avec l'âge, en même temps que la vitesse de renouvellement des protéines. La perte d'azote fécal endogène résulte du fait que l'azote des sécrétions digestives (enzymes, urée, mucus) et des cellules épithéliales desquamées n'est pas entièrement récupéré. Une partie est excrétée dans les fèces directement et, surtout, sous forme de protéines microbiennes. Chez un animal donné, elle augmente avec la quantité de matière sèche ingérée et avec la teneur en parois (cellulose brute) de la ration.

Ces pertes endogènes correspondent aux valeurs minimales observées lorsque l'animal consomme une ration contenant peu ou pas de protéines mais correcte à tous les autres points de vue. Elles n'ont jamais été mesurées dans ces conditions chez le cheval. Elles ont été estimées par extrapolation des relations entre les quantités d'azote excrétées et la quantité d'azote ingérée. Les pertes d'azote urinaire endogène ont été évaluées entre 128 et 165 mg par kilo de poids métabolique $P^{0,75}$. Les pertes d'azote fécal endogène ont été estimées à 3 g par kilo de matière sèche ingérée à partir de 145 essais de digestibilité.

L'animal subit aussi des pertes d'azote inévitables par la peau : remplacement des cellules desquamées, sécrétions cutanées, pousse continue des phanères (poils, sabots, etc.). En l'absence de mesures directes, d'ailleurs très difficiles, chez le cheval, elles ont été évaluées à 35 mg/kg de poids métabolique $P^{0,75}$, soit le double de la valeur admise pour les bovins. Il s'y ajoute les pertes par la sueur, laquelle contiendrait environ 1 g d'azote par litre mais sensiblement plus lorsque l'apport alimentaire d'azote est excédentaire. Ces pertes ne sont pas connues mais elles pourraient être importantes. Il a été constaté ainsi que la quantité d'azote qui n'est pas excrétée dans les fèces et l'urine augmente avec le travail fourni et les quantités ingérées d'aliments, donc d'azote.

Les quantités de protéines fixées par le cheval en croissance ou en gestation, ou produites par la jument en lactation sont précisées dans les chapitres correspondants de cet ouvrage (voir chapitres 3 et 5). La somme des dépenses d'entretien et de production représente la dépense d'azote journalière ou besoin net d'azote. Elle doit être couverte par les acides aminés (ainsi que l'ammoniac) absorbés dans l'intestin. Cela s'effectue avec des pertes urinaires (urée) et fécales exogènes qui viennent s'ajouter aux pertes endogènes. Ces pertes sont minimales et, corrélativement, le rendement de l'utilisation métabolique des protéines (ou des matières azotées) digestibles de la ration est maximum quand la concentration de ces protéines dans la ration, leur composition en acides aminés indispensables, les apports d'énergie et d'autres nutriments sont parfaitement ajustés aux besoins quantitatifs et qualitatifs de l'animal.

La carence en protéines ou en certains acides aminés indispensables se traduit par des troubles généraux plutôt que spécifiques. Le plus précoce serait une perte d'appétit, qui entraîne une sous-nutrition énergétique. Viendraient ensuite un amaigrissement des adultes, des perturbations de la reproduction, une diminution du poids et de la vitalité des poulains à la naissance, une réduction de la croissance et du développement.

Utilisation digestive des matières azotées

Les constituants azotés des aliments sont répartis en deux catégories : les constituants non protéiques et les protéines. Les constituants non protéiques représentent 15 à 20 p. 100 de l'azote des fourrages verts. Cette proportion est plus élevée dans les tiges que dans les feuilles, dans les légumineuses que dans les graminées. Leur teneur est accrue dans les foins et surtout les ensilages (voir chapitre 12). Les protéines des fourrages sont localisées dans les chloroplastes essentiellement et sont bien pourvues en acides aminés indispensables. Elles représentent 75 à 80 p. 100 de l'azote total, mais cette proportion est diminuée dans les ensilages. Les protéines des grains et des graines sont déposées surtout sous forme de corpuscules dans les tissus de réserves. Elles sont moins bien équilibrées en acides aminés indispensables que celles des fourrages.

Digestibilité et absorption dans l'intestin grêle

La digestibilité apparente des matières azotées dans l'intestin grêle augmente avec la quantité d'azote de la ration comme le montre la figure 1.14 où sont rassemblés les résultats les plus sûrs.

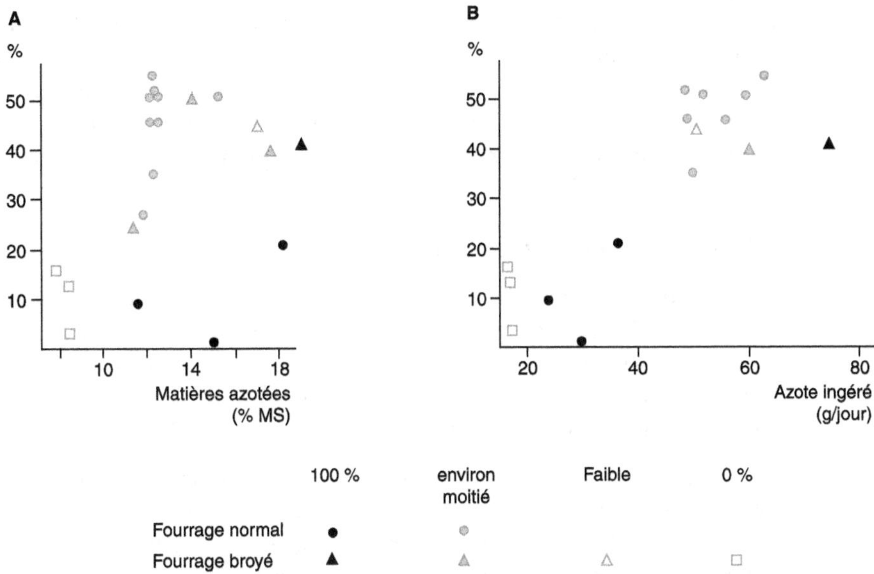

Figure 1.14. Digestibilité apparente (en p. 100) de l'azote ingéré dans l'intestin grêle des équidés en relation avec : A) la teneur en matières azotées de la ration (poney, cheval, âne) et B) la quantité d'azote ingérée par jour (poney). (Résultats obtenus avec des marqueurs, par Reitnour *et al.*, 1969 ; Hertel *et al.*, 1970 ; Hintz *et al.*, 1971 ; Wolter et Gouy, 1976 ; Klendshoj *et al.*, 1979 ; Haley *et al.*, 1979 ; Gibbs *et al.*, 1979 ; Martin-Rosset *et al.*, 1987).

La digestibilité apparente des matières azotées des fourrages varie de 15 à 30 p. 100 tandis que celle des aliments concentrés s'étend de 50 à 80 p. 100. Mais la digestibilité réelle, en s'affranchissant de l'azote d'origine endogène est beaucoup plus élevée : 40 à 60 p. 100 pour les fourrages et de 60 à 90 p. 100 pour les aliments concentrés (voir chapitre 12). La digestibilité réelle de l'azote des fourrages (qui pourtant surestime celle des protéines du fait de la digestion très élevée des constituants non protéiques) apparaît nettement inférieure à celle des aliments concentrés. Les protéines des aliments concentrés sont d'autant mieux digérées dans l'intestin grêle qu'elles viennent en contact plus complet, et de plus longue durée, avec les enzymes digestifs. Cette mise en contact est facilitée par les actions qui rompent les parois des cellules, notamment le broyage des aliments, lors de leur préparation et lors de leur mastication. Elle est plus facile pour les cellules à parois minces des tissus des réserves des graines que pour les tissus chlorophylliens des fourrages, dont l'accessibilité est freinée par la présence d'épidermes plus ou moins épais (graminées) et de tissus de soutien et doit diminuer au fur et à mesure que la plante vieillit.

Les acides aminés issus de la digestion enzymatique des protéines et l'urée éventuelle contenue dans la ration sont absorbés à travers la paroi de l'intestin grêle pour être ensuite captés par le foie et utilisés par les organes et tissus ou excrétés dans l'urine (figure 1.13).

En conclusion, la digestibilité réelle des protéines des aliments dans l'intestin grêle a été fixée pour les différentes catégories d'aliments d'après les résultats les plus sûrs obtenus dans le cadre d'études de digestion avec des chevaux appareillés et l'utilisation de marqueurs et/ou de sachets mobiles, notamment à l'Inra (voir chapitre 12), pour contribuer dans une première étape à déterminer la valeur azotée des aliments.

Digestibilité et absorption dans le gros intestin

La digestibilité apparente des matières azotées alimentaires encore intactes ou en cours de dégradation plus ou moins avancée, qui arrivent de l'intestin grêle, ainsi que les constituants endogènes qui les accompagnent ou qui sont sécrétés par la paroi digestive, varie de 70 à 80 p. 100. La digestibilité réelle est très élevée, 80 à 95 p. 100 selon les aliments.

De cette dégradation, la population microbienne tire les acides aminés, les peptides et surtout l'ammoniac, qui sont nécessaires à la synthèse de ses propres protéines (figure 1.13). Les corps bactériens sont dégradés partiellement à leur tour au cours de leur séjour, notamment dans le côlon, mais une bonne partie est excrétée dans les fèces. Les corps bactériens représentent environ 50-60 p. 100 de l'azote total excrété, tandis que le restant est composé d'azote endogène (3 g/kg MS de fèces), d'azote ammoniacal (5-8 p. 100 de l'azote fécal) et d'azote alimentaire fixé aux parois indigestibles. Les produits terminaux de ce métabolisme des protéines alimentaires résiduelles et des substances endogènes que le cheval peut absorber dans son gros intestin sont l'ammoniac et une quantité très marginale d'acides aminés provenant pour l'essentiel de la lyse des corps microbiens. L'ammoniac est en grande partie absorbé pour rentrer dans le cycle entéro-hépatique et contribuer à couvrir surtout les besoins azotés propres de la microflore, en cas d'insuffisance d'azote alimentaire résiduel parvenant dans le gros intestin. L'absorption d'acides aminés pour couvrir les besoins de l'animal hôte est très faible.

Le système des MADC

La valeur azotée des aliments dépend :

– de la quantité d'acides aminés absorbés dans l'intestin grêle ou protéines digestibles dans l'intestin grêle (PDIa) d'origine alimentaire pour couvrir les besoins de l'animal hôte ;

– et de la quantité d'azote ammoniacal et plus marginalement d'acides aminés alimentaires disponibles dans le gros intestin et utilisés réellement pour couvrir les besoins azotés propres de la microflore du gros intestin. Les acides aminés provenant de la dégradation des protéines alimentaires résiduelles dans le gros intestin jouent aussi un rôle mais bien plus limité que celui de l'ammoniac. Néanmoins, on a dénommé globalement PDI microbien ou PDIm l'azote ammoniacal et aminé utilisé dans le gros intestin.

La teneur en MAD est le premier critère mesurable de la quantité d'acides aminés absorbés apportés par l'aliment. Mais c'est un critère insuffisant parce qu'il ne fait pas la part des acides aminés et de l'ammoniac dans les produits terminaux absorbés. Il traduit en partie les différences de digestion entre les fourrages et les grains ou les graines car la valeur PDI ou MADC = PDIa + PDIm.

À teneur en MAT égale, la teneur en MAD des fourrages est en effet nettement inférieure à celle des aliments concentrés parce qu'il est alors excrété dans les fèces plus de protéines microbiennes, de constituants endogènes et de protéines alimentaires qui ont échappé à la digestion. Ces différences rendent donc compte d'une partie des différences dans la valeur PDI calculée (tableau 1.10). Mais il n'en reste pas moins que 100 g de MAD des fourrages apportent moins de PDI que 100 g de MAD de grains et graines (figure 1.15).

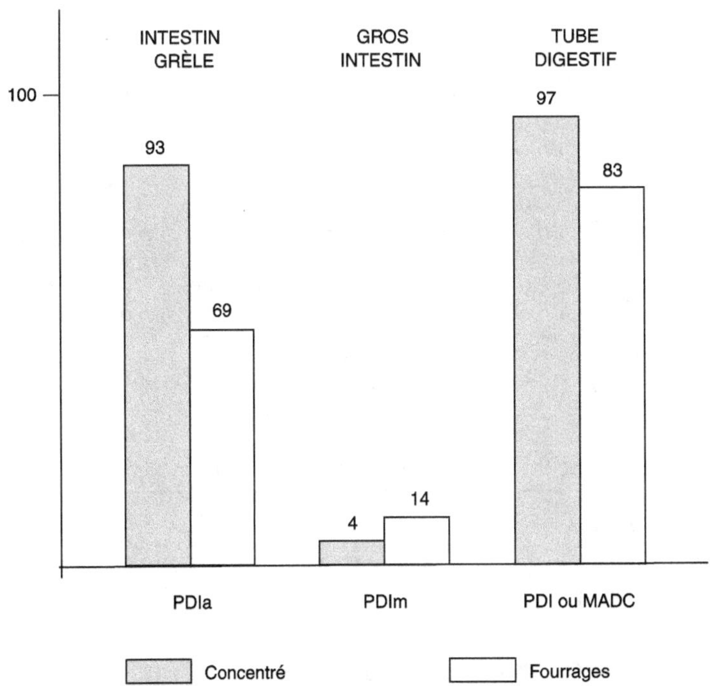

PDIa : protéines digestibles dans l'intestin grêle, d'origine alimentaire
PDIm : protéines digestibles dans le gros intestin, d'origine microbienne et alimentaires (résiduelles)
PDI : protéines digestibles totales dans le tube digestif (PDIa + PDIm)

Figure 1.15. Évaluation comparée pour 100 g de MAD de la valeur azotée des fourrages et des aliments concentrés exprimée en MADC.

Tableau 1.10. Principe de l'évaluation des quantités d'acides aminés absorbables exprimés en MADC ou PDI (protéines digestibles dans l'intestin grêle PDIa ou dans le gros intestin PDIm) dans le tube digestif du cheval : comparaison entre fourrages et concentrés (valeur en g/kg de matière sèche).

	Matières azotées		Intestin grêle			Gros intestin				Intestin total	
	Totales (g)	Non aminés (g)	Entrée[1] (g)	Dig. réelle	PDIa (g)	Entrée[1] (g)	Dig. réelle	PDIm[2] (%)	PDIm (g)	PDI ou MADC (g)	MAD (g)
Aliment concentré riche (cellulose brute 8 %)	180	9	171	0,85	145	26	0,90	10	2	147	148
								30	7	152	
				0,75	128	43		10	4	132	
								30	12	140	
Herbe et pâturage jeune	180	18	162	0,70	113	49	0,80	10	4	117	128
								30	12	125	
				0,60	97	65		10	5	102	
								30	16	113	
Mélange orge-maïs	110	5	105	0,85	89	16	0,90	10	1	90	90
								30	4	93	
				0,75	79	26		10	2	81	
								30	7	86	
Foin de graminées (épiaison)	110	11	99	0,50	50	49	0,75	10	4	54	65
								30	11	61	
				0,40	40	59		10	4	44	
								30	13	53	
Ensilage de graminées (épiaison)	110	28	82	0,50	41	41	0,75	10	3	44	65
								30	9	50	
				0,40	33	49		10	4	37	
								30	11	44	

[1] Entrée : en gramme de matières azotées aminées d'origine alimentaire.

[2] Pourcentage des protéines d'origine alimentaire disparues qui sont dégradées et absorbées sous forme d'ammoniac principalement.

Tableau 1.11. Formules de base pour le calcul de la valeur MADC des aliments.

MAT

MAD = MAT × dN

    dN = digestibilité apparente de l'azote (N)

MADC = MAD × K

    K* = coefficient de correction propre à chaque aliment :

    Kf pour les différentes catégories de fourrages*

        (f1 – f2 – f3 – f4)

    Kc pour les différentes catégories d'aliments concentrés*

        (c1 – c2 – c3 – c4 – c5 – c6)

* K : les valeurs sont indiquées chapitre 12, tableau 12.17.

Il a été tenu compte des différences fourrages/concentrés en diminuant (correction) la teneur en MAD des fourrages. Pour cela, on a utilisé d'une part le principe établi en 1984 (voir tableau 1.10) et d'autre part la digestibilité réelle mesurée expérimentalement dans l'intestin grêle par l'Inra et des hypothèses d'utilisation de l'azote alimentaire résiduel remanié sous forme de protéines microbiennes dans le gros intestin. Mais les aliments concentrés ont également des teneurs en MAD très différentes (car les parois sont plus ou moins digestibles) si on compare par exemple les céréales à leurs sous-produits. Les protéines sont également plus ou moins accessibles aux enzymes digestifs. On a également tenu compte de cette particularité au sein même des aliments concentrés selon le même principe que pour les fourrages (voir tableau 1.10) mais en utilisant les digestibilités réelles mesurées expérimentalement par l'Inra sur les aliments concentrés. Cela conduit à corriger pour tous les aliments la valeur MAD par un coefficient K spécifique à chaque catégorie d'aliments (tableau 12.17).

Cette expression de la valeur azotée MADC (MADC corrigée ou MAD Cheval) permet de tenir compte des connaissances actuelles, de mieux comparer les aliments entre eux et de les substituer les uns aux autres dans le calcul des rations, comme dans le cas du système UFC. Dans certaines circonstances, une alimentation correspondant à des besoins élevés par exemple, il faudra en plus tenir compte de la teneur en acides aminés indispensables des aliments.

Les besoins en MADC des animaux et les apports recommandés

Les besoins et les apports azotés recommandés sont également exprimés en MADC pour les différentes fonctions (entretien ou de production). Ils correspondent aux quantités de MADC que l'alimentation doit apporter pour compenser les pertes et/ou les dépenses et assurer la meilleure efficacité de la ration tout en préservant la santé et la capacité de reproduction. La ration est supposée équilibrée pour les autres nutriments.

Les besoins ont été établis en utilisant trois méthodes : les essais d'alimentation ; les mesures de bilan azoté ; la mesure des dépenses physiologiques et du rendement avec lequel elles sont couvertes par les MADC (méthode factorielle) lorsque la teneur en azote de la ration et sa composition en acides aminés sont optimales. La ration doit être par ailleurs adéquate, d'abord en énergie mais aussi dans ses autres constituants quelle que soit la méthode.

Le besoin d'entretien est proportionnel à la taille de l'animal, c'est-à-dire son poids métabolique. La dépense azotée d'entretien doit être beaucoup moins tributaire du tempérament de l'animal que la dépense énergétique, bien qu'elle soit en partie liée à celle-ci. On tient compte, si nécessaire, de ces variations en exprimant l'apport azoté par rapport à l'apport énergétique (tableau 1.12).

Tableau 1.12. Rendement de l'utilisation métabolique des matières azotées digestibles cheval et besoins pour les différentes productions.

Entretien	
Besoins	
g MADC/kg PV^{0,75}	2,8
g MADC/UFC	60-70
Gestation	
Rendement (p. 100)	55
Besoins (g MADC/j/100 kg PV)	13-47
Lactation	
Teneur en protéines (g/kg)	20-35
Rendement (p. 100)	55
Besoins (g MADC/kg lait)	22-44
Croissance	
Teneur en protéines (g/kg de poids vif vide)	180-220
Besoins (g MADC/kg de gain de poids vif)	440-450
Travail	
Besoins (g MADC/UFC)	60-70

Les besoins de production s'ajoutent aux besoins d'entretien.

Besoin total (g MADC/j) = besoin d'entretien + besoin de production

Les besoins de production ont été établis soit à partir de la composition des produits et des rendements de l'utilisation métabolique des MADC par la méthode factorielle (gestation, lactation), soit en reliant la quantité de MADC consommée à la performance mesurée dans le cadre d'essais d'alimentation (croissance, engraissement). Dans le cas du travail, la dépense azotée est reliée à la dépense énergétique.

Dans tous les cas, les apports ont été validés dans le cadre d'essais d'alimentation. Ces apports correspondent aux besoins des animaux.

Équilibre de la ration en acides aminés

Le cheval n'est pas capable de synthétiser, ou à une vitesse insuffisante, les neuf acides aminés indispensables (AAI) : leucine, isoleucine, valine, méthionine, phénylalanine, thréonine, lysine, tryptophane et histidine (la tyrosine et la cystine étant semi indispensables). La somme des AAI doit représenter de 46 à 55 p. 100 des protéines musculaires, soit environ 37 p. 100 des protéines totales de l'organisme et un peu plus de la moitié de celles du lait de jument.

La couverture en AAI est essentiellement assurée par la digestion des protéines alimentaires dans l'intestin grêle. Le cheval peut donc être tributaire de la qualité de ces protéines. Les céréales sont moins bien pourvues en AAI que les fourrages. Mais le cheval absorberait dans le gros intestin en quantités certainement très faibles des acides aminés libérés par l'autolyse des protéines microbiennes lesquelles sont bien pourvues en AAI, les acides aminés soufrés étant les plus limitants. C'est sans doute pourquoi le cheval à l'entretien (adulte, hors période de travail) n'est pas sensible à la qualité des protéines alimentaires. Par ailleurs, le cheval peut utiliser des constituants azotés non protéiques (urée).

En revanche, le cheval en production est beaucoup plus sensible car les besoins sont élevés. La jument doit avoir besoin de matières azotées mieux équilibrées qu'à l'entretien car le lait produit est riche en AAI. Le jeune cheval répond à la qualité de protéines alimentaires par des croissances plus élevées surtout au cours de la première année. Le poids à accorder à la qualité des protéines dans la ration doit diminuer avec l'âge de l'animal, au fur et à mesure que sa capacité de croissance diminue et qu'il reçoit un régime plus riche en fourrages. Chez le cheval au travail, le besoin en acides ramifiés serait suspecté en situation d'efforts très intenses. Actuellement, seul le besoin en lysine a été déterminé et fait l'objet de recommandations.

Nutrition minérale

Les éléments minéraux indispensables sont répartis en deux catégories :
– les macroéléments ou éléments minéraux majeurs : calcium (Ca), phosphore (P), magnésium (Mg), sodium (Na), potassium (K), chlore (Cl) et soufre (S) dont les concentrations dans les aliments et rations sont exprimées en g/kg ou pourcentage (%) ;
– les oligoéléments ou éléments traces : fer (Fe), zinc (Zn), manganèse (Mn), cuivre (Cu), cobalt (Co), iode (I), molybdène (Mo), sélénium (Se) dont les concentrations sont exprimées en ppm ou mg/kg.

Ces éléments ont un rôle structural (le squelette par exemple) ou fonctionnel, physiologique (la pression osmotique cellulaire par exemple) et métabolique (l'activations d'enzymes par exemple).

Ils sont apportés par les aliments en quantités très variables (voir chapitres 9, 12 et 16) souvent insuffisantes et/ou déséquilibrées, et la ration doit être supplémentée par un complément minéral. Les apports doivent respecter une limite maximum de tolérance.

Éléments minéraux majeurs

Rôle et absorption

Calcium et phosphore

Dans le squelette et les dents sont localisés 99 p. 100 du calcium et 80 p. 100 du phosphore corporel. Ils sont associés pour constituer la substance minérale osseuse ou hydroxapathite. Les teneurs de l'os en calcium et en phosphore atteignent environ respectivement 35 et 15 %.

Tableau 1.13. Rôle des principaux minéraux.

	Rôle	Interactions
Magnésium	Métabolisme énergétique Contraction musculaire Cofacteur enzymatique Stabilisation de l'ADN et des protéines Intégrité du squelette	Excès de Phosphore : diminution de l'absorption de magnésium Antagoniste du calcium
Potassium	Influx nerveux Contraction musculaire Contrôle de la pression osmotique	Excès de sodium : diminution de l'absorption du potassium
Sodium	Influx nerveux Contraction musculaire Contrôle de la pression osmotique	Interaction avec le potassium
Cobalt	Cofacteur de la vitamine B_{12}	Interactions avec le fer, zinc, manganèse et l'iode
Cuivre	Synthèse du collagène (formation du squelette) Cofacteur des enzymes intervenant dans le métabolisme du fer Synthèse protéique Conduction nerveuse Cofacteur de la SOD	Antagonisme avec le zinc, calcium et le fer au niveau de l'absorption (carences secondaires)
Fer	Constituant de l'hémoglobine Transport de l'oxygène	Interactions avec le cuivre, manganèse, zinc, cadmium et cobalt
Iode	Synthèse des hormones thyroïdiennes	Interactions avec le cuivre, phosphore, cobalt, molybdène, calcium et fluor
Manganèse	Cofacteur enzymatique (métabolisme protéique et glucidique) Formation du cartilage épiphysaire et de la matrice osseuse Synthèse des chondroïtines sulphates	Interactions avec le calcium, cuivre, phosphore, fer, cobalt, molybdène, sodium et magnésium
Sélénium	Anti-oxydant Cofacteur de la vitamine E	Interactions avec le cuivre et le zinc
Zinc	Cofacteur enzymatique (métabolisme protéique et glucidique) Cofacteur de la SOD	Antagonismes avec le calcium, cuivre, molybdène, sodium, phosphore, potassium, fer, cobalt, chrome et sélénium

Le calcium a également une fonction extra osseuse fondamentale et variée dans l'organisme (perméabilité membranaire, contraction musculaire, excitabilité neuromusculaire, coagulation sanguine, activation de nombreuses enzymes, etc.) tandis que le phosphore est nécessaire au transfert d'énergie lors du passage de l'Adénosine de Phosphate (ADP) à l'Adénosine Triphosphate (ATP) et à la synthèse de phospholipides, phosphoprotéines et nucléotides (tableau 1.13). Le rôle du calcium est si important qu'il est absorbé essentiellement au début de l'intestin grêle tandis que l'absorption du phosphore a lieu à la fois au niveau de l'intestin grêle et du gros intestin, dans des proportions qui varient selon la teneur en phosphore de la ration et de la nature du régime. Les rations trop riches en phosphore peuvent avoir un effet négatif sur l'absorption du calcium. De même les phytates et les oxalates ont un effet négatif sur l'absorption du calcium car ils forment avec ce dernier des complexes qui ne sont pas assimilables.

Le calcium est absorbé par un processus de diffusion passive (ou facilitée) et par transport actif dont l'importance relative n'est pas connue. L'absorption du calcium et du phosphore diminue peu avec l'âge et elle varie également peu avec la fonction physiologique (tableau 1.14).

Tableau 1.14. Digestibilité réelle moyenne des minéraux majeurs (p. 100).

Minéraux	Entretien	Travail	Gestation	Lactation	Croissance
Calcium	50	50	50	50	50
Phosphore	35	35	35	35	45
Magnésium	40	40	40	45	–
Sodium	90	90	90	90	90
Potassium	80	50	80	50	50
Chlore	100	100	100	100	–

En général, on considère qu'un rapport moyen Ca/P de 1,5 est correct chez le cheval. Plus globalement, on recommande de ne pas dépasser les limites inférieures et supérieures respectivement de 1 et 3, ce qui laisse en réalité une large marge de variation. Un déséquilibre du rapport phosphocalcique associé à un apport alimentaire inadapté (insuffisant ou excessif) sera à l'origine de troubles osseux qui peuvent compromettre la croissance du poulain (voir chapitre 2).

Magnésium

Le magnésium représente seulement 0,05 % de la masse corporelle. Il est présent essentiellement dans le squelette (60 p. 100) et dans les muscles (30 p. 100). Le magnésium participe à la contraction musculaire et intervient comme activateur de plusieurs enzymes (tableau 1.13). Le magnésium est absorbé essentiellement au niveau de l'intestin grêle (figure 1.16). L'absorption du magnésium est bonne mais elle peut être diminuée par un excès de calcium. L'absorption varie peu avec l'âge et la fonction physiologique (tableau 1.14).

Potassium

La masse corporelle contiendrait environ 28 000 mEq de potassium répartis essentiellement dans les muscles (75 p. 100), et seulement 5 p. 100 dans le squelette, le sang et le contenu digestif, mais 10 p. 100 dans les autres tissus. Le potassium est un cation intracellulaire qui est impliqué fortement dans l'équilibre acido-basique et la pression osmotique. Il joue également un rôle dans l'excitabilité musculaire (tableau 1.13).

L'absorption du potassium est élevée surtout à l'entretien et en gestation (tableau 1.14). Une augmentation des quantités ingérées accroît la digestibilité apparente.

Sodium

Le squelette est riche en sodium (51 p. 100 de la réserve corporelle) tandis que les muscles et le sang ne représentent que 11 p. 100 et la peau 9 p. 100. Le contenu digestif constitue également une réserve significative de 12 p. 100. L'ensemble représenterait environ 14 000 mmol chez un cheval de 500 kg.

Un flux important de sodium (200 à 400 g/l chez un cheval de 500 kg) dans la lumière de la partie terminale de l'intestin grêle s'écoule par l'intermédiaire des sucs digestifs (pancréatique en particulier) et des produits de la digestion. 95 p. 100 de ce sodium sont réabsorbés (figure 1.16). L'absorption du sodium est très élevée (tableau 1.14) et l'excrétion rénale et fécale varie dans le même sens que les quantités ingérées de cet élément.

Il joue un rôle important en particulier dans la contraction musculaire et le contrôle de la pression osmotique.

Chlore

C'est un anion extracellulaire qui intervient dans l'équilibre acido-basique et la régulation osmotique. Il joue un rôle important dans la formation de l'acide chlorhydrique du suc gastrique indispensable à la digestion dans l'estomac.

L'absorption du chlore est très élevée (tableau 1.14). Le chlore est généralement associé au sodium. L'absorption ne varie pas lorsque la concentration de la ration en chlorure de sodium augmente.

Soufre

Aucun déficit de soufre dans la ration des chevaux n'a été signalé à ce jour. Bien qu'il soit un constituant majeur de toutes les protéines (acides aminés soufrés : cystéine et méthionine) et d'enzymes, 85 à 90 p. 100 des sulfures des plantes utilisées pour l'alimentation sont sous forme organique (acides aminés des protéines).

Les principales voies du métabolisme minéral et leur régulation

La mesure des quantités de minéraux ingérés et excrétés n'est pas suffisante pour déterminer leur utilisation par un animal. En effet, comme le montre la figure 1.16, dans le cas contraire du calcium, seule la partie réellement absorbée au niveau digestif est utilisable pour la construction des tissus osseux, la minéralisation du fœtus, la sécrétion lactée et les sécrétions digestives. Une partie des minéraux absorbés est éliminée dans l'urine ou dans la sueur. La rétention osseuse d'un élément est la différence entre l'accrétion (quantité de cet élément fixée par l'os, Vo^+) et la résorption (quantité de cet élément libérée par l'os, Vo^-). Ces deux paramètres, ainsi que l'absorption intestinale et l'excrétion rénale, sont soumis à une régulation hormonale efficace.

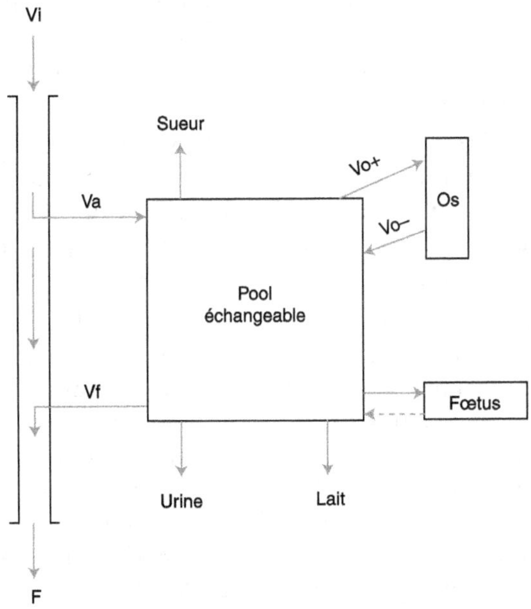

Figure 1.16. Schéma des principales voies du métabolisme calcique chez la jument. Les symboles représentent les quantités de calcium ingérées (Vi), aborbée au niveau de l'intestin (Va), excrétées par voie fécale endogène (Vf), fixées sur l'os (Vo⁺) et libérées par l'os (Vo⁻).

L'absorption intestinale du calcium et du phosphore est stimulée par la 1,25-dihydroxyvitamine D_3 (1,25- $(OH)_2D_3$, métabolite actif de cette vitamine) selon un processus indépendant pour chaque élément. Il est très mal connu pour le phosphore. Il fait intervenir la synthèse d'une protéine vectrice (Ca BP) pour le calcium. La 1,25- $(OH)_2D_3$ stimule également l'accrétion (action antirachitique) et la résorption osseuse. La synthèse de 1,25- $(OH)_2D_3$, qui consiste en une hydroxylation préférentielle au niveau du carbone situé en position 1 de la molécule de 25-hydroxyvitamine D_3 (hydroxylation réalisée au niveau des cellules des tubules rénaux), est d'autant plus intense que les concentrations plasmatique en calcium et/ou en phosphore sont plus faibles. En outre, la 25-hydroxylase hépatique est active chez le poulain nouveau-né, chez lequel une injection de 1 α-OHD$_3$ (dérivé synthétique, devant être hydroxylé en 1,25-(OH)$_2$D$_3$ pour être actif) provoque une élévation des concentrations plasmatiques en calcium et en phosphore.

Jusqu'à ces dernières années, on considérait que l'action principale de l'hormone parathyroïdienne était de stimuler le catabolisme osseux, stimulation pouvant entraîner des déformations dans certains cas pathologiques. On sait en effet que la « maladie des ânes des meuniers », caractérisée par une courbure exagérée des os des arcades zygomatiques et des branches ascendantes du maxillaire inférieur, résulte d'un hyperparathyroïdisme nutritionnel, provoqué par une alimentation à base de son, riche en phosphore, pauvre en calcium. Il en est de même pour l'affection connue sous le nom de *Big Head Disease* sur les chevaux de sport aux États-Unis. Plus récemment, les expériences basées sur des perfusions intraveineuses prolongées (pendant plusieurs semaines) de très faibles doses d'hormone parathyroïdienne indiquent que celle-ci est capable de stimuler l'anabolisme osseux de façon non négligeable.

La calcitonine, sécrétée par les cellules thyroïdiennes parafolliculaires, inhibe le catabolisme osseux. Cet effet physiologique est particulièrement important pour éviter une déminéralisation excessive du squelette de la jument gestante ou allaitante et pour combattre l'hypercalcémie et/ou l'hyperphosphatémie au cours des périodes d'intense absorption intestinale de ces éléments.

Calcitonine et hormone parathyroïdienne agissent également au niveau rénal : elles augmentent l'excrétion urinaire des phosphates (en diminuant leur réabsorption tubulaire) et abaissent ainsi la phosphatémie. Les concentrations de l'urine du cheval en calcium (20 mg/100 ml) et en phosphore (4 à 18 mg/100 ml, selon la ration alimentaire) sont élevées. Le cheval peut ainsi excréter des quantités importantes de ces minéraux par voie urinaire. Des poulains d'un an, pesant 300 kg, recevant une ration renfermant 0,2 % de calcium, excrètent quotidiennement 20 à 30 g de cet élément dans 6 à 8 l d'urine. L'ingestion calcique et l'excrétion de calcium par voie urinaire varient dans le même sens. L'importance des reins dans l'homéostasie calcique du cheval est soulignée par le fait que chez celui-ci, une insuffisance rénale ou une néphrectomie entraînent une hypocalcémie contrairement à l'hypocalcémie survenant dans les mêmes conditions chez les autres mammifères, et résultant d'un blocage de la synthèse des métabolites actifs de la vitamine D$_3$.

La régulation hormonale du magnésium est très mal connue, chez le cheval comme chez les autres mammifères. Il semble que de nombreux facteurs endocriniens interviennent de manière non spécifique sur ce cation bivalent.

Les concentrations plasmatiques en sodium et en potassium sont essentiellement sous le contrôle de l'aldostérone, stéroïde sécrété par la zone la plus externe (glomérulée) du cortex surrénalien. Elle stimule la réabsorption tubulaire rénale des ions sodium et leur absorption intestinale, alors qu'elle favorise l'excrétion urinaire du potassium.

Grâce à l'ensemble de ces régulations, le cheval possède normalement une concentration plasmatique de calcium de 11-12 mg/100 ml, de magnésium de 1-1,5 mg/100 ml, de phosphore minéral de 2-8 mg/100 ml, de sodium de 310 mg/100 ml et de potassium de 1,8 mg/100 ml. Si les apports alimentaires sont satisfaisants, l'état physiologique de l'animal ne modifie pas ces constantes plasmatiques. Si ces dernières varient, elles le font à la suite de désordres physiologiques graves, d'où l'intérêt d'offrir aux animaux des rations fournissant des quantités adéquates de minéraux.

Les besoins nets et les apports recommandés

Les besoins du cheval en éléments minéraux majeurs ont été calculés à l'aide d'une méthode factorielle consistant à évaluer d'abord les besoins nets pour l'entretien et les différentes fonctions de production puis à les diviser par la digestibilité réelle (coefficient d'absorption) des différents éléments lorsque celle-ci était connue (tableau 1.14). Les besoins nets correspondent aux dépenses physiologiques liées à l'entretien, la composition du gain de poids, la composition chimique du conceptus, du lait, de la sueur, mesurées expérimentalement par la méthode des bilans (figure 1.16).

Les besoins ainsi calculés ont pu être dans certains cas majorés légèrement par sécurité pour tenir compte de certaines incertitudes, et quand des résultats issus d'essais d'alimentation étaient disponibles pour les préciser. Ils constituent les apports recommandés fournis dans les chapitres 3 à 8 où ils sont exposés en grammes par jour. Ils sont aussi indiqués en grammes par kilo de matière sèche ingérée, concentrations dans le chapitre 2, tableau 2.1.

Le besoin d'entretien journalier en calcium est de 0,040 g/kg PV/j car la perte endogène est de 20 mg/kg PV/j et la digestibilité du calcium est de 50 p. 100 (ou 0,50) soit :

$$\frac{0,020 \text{ g/PV (kg)}}{0,50} = 0,040 \text{ g/kg PV/j.}$$

Le besoin d'entretien journalier en phosphore est de 0,028 g/kg PV/j car la perte endogène est de 10 mg/kg PV/j et la digestibilité est de 35 p. 100 (ou 0,35) soit :

$$\frac{0,010 \text{ g/PV (kg)}}{0,35} = 0,028 \text{ g/kg PV/j.}$$

Le besoin d'entretien journalier en magnésium est de 0,015 g/kg PV/j car la perte endogène est de 6 mg/kg PV/j et la digestibilité du magnésium est de 40 p. 100 (ou 0,40) soit :

$$\frac{0,006 \text{ g/PV (kg)}}{0,40} = 0,015 \text{ g/kg PV/j.}$$

Le besoin d'entretien journalier en sodium est de 0,020 g/kg PV/j car la perte endogène est de 18 mg/kg PV/j et la digestibilité du sodium est de 90 p. 100 (ou 0,90) soit :

$$\frac{0,018 \text{ g/PV (kg)}}{0,90} = 0,020 \text{ g/kg PV/j}.$$

Le besoin d'entretien journalier en potassium est de 0,060 g/kg PV/j car la perte endogène est de 48 mg/kg PV/j et la digestibilité du potassium est de 80 p. 100 (ou 0,80) soit :

$$\frac{0,048 \text{ g/PV (kg)}}{0,80} = 0,060 \text{ g/kg PV/j}.$$

Le besoin d'entretien journalier en chlore est de 0,050 g/kg PV/j car la perte endogène est de 50 mg/kg PV/j et la digestibilité du potassium est de 100 p. 100 (ou 1) soit :

$$\frac{0,050 \text{ g/PV (kg)}}{1} = 0,050 \text{ g/kg PV/j}.$$

Oligoéléments

Les oligoéléments sont présents en petite quantité dans les tissus vivants où ils jouent essentiellement un rôle catalytique varié : absorption, transport sanguin, stockage cellulaire, élimination ou recyclage (tableau 1.13). Leur défaut provoque le blocage ou la diminution de l'efficacité de différentes voies métaboliques. Leur coefficient d'absorption est peu connu.

Rôle physiologique et métabolique

Cuivre

Le cuivre intervient dans l'action de différentes enzymes impliquées dans la mobilisation des réserves de zinc ou de fer, pour la synthèse d'hémoglobine et de la myoglobine (tableau 1.13).

Il participe à la détoxification du superoxyde. Il contribue à la préservation de l'intégrité de la mitochondrie.

Cobalt

Le cobalt intervient dans la synthèse de vitamine B_{12} et par cette voie il agit sur l'hématopoïèse et la formation des cellules sanguines en interactions avec le cuivre et le zinc (tableau 1.13).

Fer

Trente-trois grammes de fer sont présents chez un cheval de 500 kg. Il joue un rôle majeur dans le transport d'oxygène et la respiration cellulaire (tableau 1.13). C'est pourquoi on en retrouve 60 p. 100 dans l'hémoglobine, 20 p. 100 dans la myoglobine. C'est également un élément de différentes enzymes.

Manganèse

Le manganèse est impliqué dans le métabolisme des glucides et des lipides, mais aussi au niveau de la formation du cartilage *via* la synthèse de sulfate de chondroïtine (tableau 1.13).

Sélénium

Le sélénium joue un rôle essentiel dans le métabolisme de l'hormone thyroïdienne car l'enzyme qui intervient dans la production de la triodothyronine (T_3) est une sélénoenzyme présente dans la thyroïde, le foie et les reins. Le sélénium entre aussi dans la constitution d'une enzyme, la peroxydase du glutathion, qui catalyse la destruction des peroxydes au niveau des membranes cellulaires (tableau 1.13).

Iode

Il s'agit d'un oligoélément qui intervient aussi au niveau de la thyroïde (tableau 1.13). L'iode est nécessaire à la synthèse de thyroxine (T_4) ou de la thriodothyronine (T_3), hormones thyroïdiennes, en diminuant l'activité de la peroxydase du glutathion quand l'apport de sélénium est insuffisant.

Autres éléments

Il n'y a pas d'informations suffisantes, à ce jour, sur le chrome, le fluor et le silicium pour en tenir compte rationnellement.

Besoins et apports recommandés

Les besoins des chevaux sont assez mal connus. La plupart des besoins sont déduits des rations étudiées dans le cadre d'essais d'alimentation et ils sont donc exprimés en mg par kilo de matière sèche de ration : il s'agit de besoins bruts. Ils sont fournis sous forme d'apports recommandés journaliers (mg/j) pour chaque type d'animaux (voir chapitres 3 à 8, les tableaux) ou en termes de concentration (mg/kg MS) de la ration journalière (voir chapitre 2, tableau 2.1) car ils intègrent de fait la digestibilité réelle des oligoéléments. Les apports recommandés proposés dans les chapitres 3 à 8 correspondent à la concentration en minéraux multipliée par la quantité ingérée de matière sèche propre à chaque situation physiologique.

Les besoins journaliers d'entretien en oligoéléments sont exprimés par kg de matière sèche ingérée : cuivre (10 mg), zinc (50 mg), cobalt (0,2 mg), sélénium (0,2 mg), manganèse (40 mg), fer (80 mg), iode (0,2 mg).

Alimentation vitaminique

Les vitamines sont des composés organiques indispensables au métabolisme des animaux supérieurs car elles ne sont pas synthétisées par l'organisme, ou bien cette synthèse en produit des quantités insuffisantes. Par conséquent, les vitamines doivent faire l'objet d'un apport exogène, généralement *via* l'alimentation.

Tableau 1.15. Les vitamines : manifestations cliniques des déficits et excès.

Vitamine	Déficit	Excès
Vitamine A	Anorexie, troubles ostéo-articulaires, retard de croissance, poil piqué, hyperkératose, fatigue, xérophtalmie, troubles de la reproduction, résorption fœtale, augmentation de la pression LCR, ataxie	Retard de croissance, anorexie, Erythème, fragilité osseuse
Vitamine D	Rachitisme, ostéomalacie, ostéoporose	Hypercalcémie, calcinose, Anorexie, boiteries
Vitamine E	Stérilité (mâle), dermatoses, immunodéficiences, anorexie, myopathies	Risques faibles, antagonisme Vitamine K ?
Vitamine K	Risques faibles, augmentation du temps de coagulation, hémorragies	Risques faibles, anémie ?
Vitamine B_1 (thiamine)	Anorexie, perte pondérale, parésie, convulsions	Chute de la pression sanguine, arythmie respiratoire, bradycardie
Vitamine B_2 (riboflavine)	Retard de croissance, ataxie, vomissement, Dermatose, conjonctivite, bradycardie, coma	Faible toxicité
Vitamine B_3 (niacine)	Anorexie, diarrhée, retard de croissance, ulcérations buccales et pharyngées, hémorragies, troubles nerveux	Faible toxicité, hématémèse, convulsions
Vitamine B_6 (pyridoxine)	Anorexie, diarrhée, retard de croissance, ulcérations buccales et pharyngées, hémorragies, troubles nerveux	Faible toxicité, anorexie, ataxie
Acide pantothénique	Anorexie, diminution de la cholestérolémie, diminution de la lipémie Tachycardie, coma, baisse de la réponse immunitaire (anticorps)	
Acide folique	Anorexie, perte pondérale, anémie hypochrome, augmentation du temps de coagulation, leucopénie, glossite Augmentation fer plasmatique, baisse de la réponse immunitaire	
Biotine	Hyperkératose	Pas de toxicité observée
Vitamine B_{12} (cobalamine)	Anémie, diarrhée	Altération des réflexes
Vitamine C	Synthèse hépatique	
Choline	Stéatose hépatique (jeunes), augmentation du temps de prothrombine, atrophie du thymus, retard de croissance, anorexie	

Cependant, toutes les vitamines connues ne sont pas indispensables chez le cheval car certaines font l'objet d'une synthèse endogène suffisante, on parlera donc de relativité du besoin vitaminique.

On distingue deux grands groupes de vitamines en fonction de leurs caractères chimiques : les vitamines liposolubles (A D E K) et les vitamines hydrosolubles (groupe vitaminique B : 8 facteurs actuellement retenus) et vitamine C (tableau 1.15).

Vitamines liposolubles

Vitamine A

Le β-carotène synthétisé par les plantes constitue la principale source de vitamine A pour les mammifères. Cette forme d'apport nécessite l'hydrolyse de la molécule puis son absorption intestinale, cette dernière étape étant soumise à une régulation importante. L'enzyme qui catalyse la scission du β-carotène est une di-oxygénase (caroténase) très peu active chez le cheval qui nécessite donc des apports alimentaires réguliers en vitamine A.

La teneur en lipides des régimes affecte le statut vitaminique A. Si la ration est pauvre en lipides, l'apport de vitamine A est souvent faible et celle-ci est en plus mal absorbée. Le cheval peut donc souffrir de carence en vitamine A qui se manifeste par une diminution de l'appétit, une fragilité osseuse, une hyperostose, une atteinte cutanée, des troubles hépatiques, des anomalies du développement embryonnaire (si la jument est gestante), une dégénérescence musculaire et une augmentation du temps de coagulation (tableau 1.15).

Vitamine D

La vitamine D est une vitamine dont l'importance est étroitement liée au calcium. La forme métaboliquement active est dihydrocholéchalciférol hydroxylé en position 25 au niveau hépatique et en position 1 au niveau rénal (1,25-dihydrocholécalciférol ou 1,25-DHCC) métabolite encore appelé calcitriol. Il s'agit d'une hormone stéroïde.

L'ergocalciférol (vitamine D_2) est présent dans les aliments du cheval car synthétisé dans les végétaux sous l'action des UV à partir de l'ergostérol présent dans les végétaux, tandis que le cholécalciférol (vitamine D_3) est soit ingéré dans l'alimentation, soit synthétisé dans la peau sous l'action des UV solaires, à partir du 7-déhydrocholestérol. Vitamine D_2 et vitamine D_3 subissent ensuite exactement les mêmes transformations pour aboutir à un composé unique : le calcitriol.

Les signes de carence en vitamine D sont très souvent confondus avec ceux de la carence en calcium. Il s'agit principalement chez le cheval d'une diminution de l'appétit, d'un élargissement des cartilages de croissance (poulain), d'une déminéralisation de l'os puis de rachitisme (jeune) ou d'ostéomalacie (adulte) (tableau 1.15).

Le cheval est très peu exposé au risque de carence sauf cas exceptionnels (poulains élevés en bâtiments sans aucun accès extérieur et ration carencée en vitamine D). En revanche, une supplémentation inadaptée peut conduire à une situation d'excès, qui sera d'autant plus délétère que l'apport en vitamine A sera insuffisant. L'excès en vitamine D se manifeste par une diminution de l'appétit, des troubles de la croissance, un poil piqué, une anémie et de l'hyperostose (tableau 1.15).

Vitamine E

Le terme de « vitamine E » regroupe en réalité un ensemble de composés appelés tocophérols. La vitamine E joue dans l'organisme un rôle anti-oxydant majeur car elle empêche la peroxydation des lipides membranaires.

Le risque de déficit en vitamine E existe chez le cheval souvent en l'absence de possibilité de pâturage ou de la consommation d'aliments concentrés de mauvaise qualité. Les signes cliniques principaux sont des troubles de la reproduction, une dystrophie musculaire, une diminution de la performance chez le sportif, etc. La carence en vitamine E peut également entraîner une fragilité membranaire des hématies entraînant une réduction de leur durée de vie et une hémolyse excessive (tableau 1.15).

La vitamine E agit associée au sélénium et il est parfois difficile de distinguer une carence vitaminique d'une insuffisance d'apport en sélénium. Il semble d'ailleurs que la carence en sélénium soit plus fréquente que le manque de vitamine E.

Vitamine K

La vitamine K intervient dans l'hémostase pour convertir la prothrombine en thrombine ainsi que dans la synthèse de l'ostéocalcine, une protéine osseuse impliquée dans le processus de minéralisation. Cette vitamine est synthétisée au niveau colique par la microflore endogène puis absorbée. Ainsi, normalement aucun apport exogène n'est nécessaire chez le cheval. Dans certaines conditions néanmoins, un apport thérapeutique peut être recommandé voire indispensable. Il s'agit principalement de l'ingestion de certains facteurs antagonistes (anti-coagulants, coumariniques en particulier), de la destruction massive de la microflore colique par des antibiotiques (rare !) ou bien lors de la présence de moisissures ou d'aflatoxine dans les aliments. Lors d'intoxication par les anti-coagulants, la forme la plus active est la vitamine K_1, tandis que, lors de malabsorption intestinale, la vitamine K_3 (ménadione) a les effets les plus significatifs. L'apport de vitamine K n'aurait également aucun effet lors de saignement à l'effort chez le cheval de sport.

Vitamines hydrosolubles

Vitamine C

Le cheval réalise une synthèse hépatique autonome de l'acide ascorbique et, de ce fait, la carence en vitamine C est très rare. Il n'existe pas de besoin défini chez le cheval.

Groupe vitaminique B

Le groupe vitaminique B est un ensemble de cofacteurs enzymatiques impliqués dans de multiples réactions métaboliques (tableau 1.15). Il s'agit de facteurs, rarement stockés dans l'organisme, dont le besoin est couvert par l'apport alimentaire journalier ou bien par les synthèses intestinales microbiennes endogènes abondantes chez le cheval. Chez cette espèce, les risques de carence en vitamines du groupe B sont donc faibles.

Thiamine B_1

La thiamine, sous sa forme active le pyrophosphate de thiamine, est principalement impliquée dans le métabolisme des acides α-cétosiques et la voie des pentoses phosphates (décarboxylation oxydative et non-oxydative, transacétylation). Les signes de déficit se manifestent en premier lieu par de la dysorexie. Les autres signes cliniques associés ne sont guère spécifiques : retard de croissance, perte pondérale et coprophagie. En phase terminale, apparaissent des signes neurologiques variés : dépression du système nerveux central, parésie, ataxie, convulsions toni-cloniques, faiblesse musculaire marquée, anomalies cardiovasculaires, mais le cheval synthétise de la thiamine au niveau intestinal et les risques de carence sont très faibles.

Riboflavine B_2

La riboflavine est un précurseur enzymatique important impliqué dans les réactions d'oxydo-réduction. Les cellules l'utilisent sous forme de mono ou di-nucléotide (FAD ou FMN). Les excès sont éliminés par voie urinaire. Chez la plupart des espèces, la riboflavine est synthétisée par les bactéries coliques, mais l'intensité de la synthèse varie selon les animaux et le régime alimentaire, en particulier l'apport glucidique. Des déficits en riboflavine ainsi que des excès n'ont jamais été décrits chez les chevaux.

Niacine B_3

La niacine est un cofacteur impliqué dans de nombreuses réactions biochimiques : des réactions d'oxydoréduction, participation aux modifications post-transcriptionnelles des protéines, synthèse de l'ADP-ribose. Tous ces rôles sont essentiels à la cellule. En général, les animaux satisfont leur besoin en niacine par ingestion de nicotinamide et d'acide nicotinique et pour partie par synthèse endogène à partir du tryptophane. L'efficacité de la conversion tryptophane-niacine est de l'ordre de 60:1. Cette conversion nécessite également de la vitamine B_1, B_2 et B_6. Chez le cheval, aucun besoin en niacine n'a été déterminé.

Acide pantothénique

L'acide pantothénique intervient sous forme d'acétyl-coenzyme A ou d'acylprotéines dans le métabolisme cellulaire et il est présent dans tous les aliments. On le considère comme non toxique. Son apport n'est pas documenté chez le cheval.

Pyridoxine B$_6$

La vitamine B$_6$ intervient dans les réactions de transamination qui conduisent à la synthèse et au catabolisme des protéines. La vitamine B$_6$ peut interagir avec le récepteur aux hormones stéroides et ainsi moduler leur action.

Comme pour les autres vitamines de ce groupe, les risques de carence ou d'excès sont rares chez le cheval. Cependant, quelques études ont décrit des déficits qui se sont manifestés par différents signes cliniques : altérations du système nerveux central (SNC), dermatites, glossites et anémie.

Biotine B$_8$

La biotine est le co-facteur de quatre importantes carboxylases impliquées dans le métabolisme lipidique, protéique, glucidique et énergétique. Comme pour les autres vitamines du groupe B, les déficits sont rares et peu documentés.

Acide folique – folates

Il s'agit d'un groupe de composés appelés également vitamines B$_9$. Ils interviennent comme donneurs ou accepteurs de molécules dans les réactions intermédiaires du métabolisme. Les folates constituent un groupe de composés synthétisés par les plantes mais aussi par les micro-organismes du tractus digestif. Le déficit chronique en folates se manifeste par une anémie proche de celle observée lors d'une carence en cobalamine. De même que pour la vitamine B$_{12}$, la carence est exceptionnelle chez le cheval car il existe une importante synthèse par la flore digestive.

Cobalamine B$_{12}$

La cobalamine est la dernière des vitamines découvertes, mais les signes de carence sont connus depuis le XIXe siècle. Il s'agit d'un co-facteur enzymatique important impliqué dans les réactions de synthèse de la méthionine et du méthylmalonyl-coenzyme A (synthèse des lipides). Elle intervient entre autres dans le métabolisme de l'ADN, la synthèse de l'hémoglobine et le métabolisme des catécholamines. Il existe un stockage hépatique et une production endogène par la flore colique, ce qui autorise des apports alimentaires irréguliers.

Chez le cheval, la vitamine B$_{12}$ est l'objet d'une synthèse endogène en grande quantité et la carence est exceptionnelle. Cette synthèse requiert du cobalt mais à des niveaux d'apport qui semblent très faibles (1 µg/kg de poids corporel). Il peut toutefois exister des situations à risque. C'est le cas des poulains dont les mères sont en mauvais état ou des chevaux présentant des maladies chroniques (hémorragies, diarrhées chroniques, etc.).

Tout déficit en cobalamine secondaire à une affection digestive doit être compensé par une administration par voie parentérale (250 µg/kg IM par semaine pendant 8 semaines). Cet apport est indispensable au succès de la thérapeutique (antibio-thérapie, extraits pancréatiques, etc.) mise en place. Il est nécessaire ensuite de contrôler la cobalaminémie à l'arrêt des apports exogènes.

Choline

La choline est impliquée dans le métabolisme lipidique, notamment au niveau hépatique. La carence entraîne une atrophie du thymus et un dysfonctionnement hépatique. Celui-ci entraîne une diminution de la synthèse protéique, qui se manifeste par une hypoalbuminémie marquée et une infiltration graisseuse du foie (plus de synthèse des lipoprotéines). Le besoin n'est pas connu chez le cheval.

Besoins et apports recommandés

Les besoins sont mal connus chez le cheval en dehors des vitamines majeures A, D, E. Ils sont exprimés soit en Unité Internationale (UI) pour les vitamines liposolubles, soit en mg pour les vitamines hydrosolubles. Les apports recommandés journaliers sont fournis pour chaque type d'animaux (voir chapitres 3 à 8, les tableaux) ou sous forme de concentration (UI ou mg/kg MS) de la ration (voir chapitre 2, tableau 2.1).

Troubles majeurs de la santé

Des troubles peuvent apparaître lorsque les apports en minéraux et/ou oligo-éléments sont insuffisants, qu'ils ne sont pas équilibrés entre eux, ou que leur absorption intestinale est perturbée, enfin que le contrôle hormonal de leur métabolisme est déréglé. Les apports en vitamines majeures sont aussi concernés dans certaines situations (tableau 1.15).

Pathologies ostéo-articulaires

Ces pathologies sont les plus insidieuses. Elles résultent d'erreurs d'apports en minéraux et/ou vitamines voire d'oligoéléments.

L'ostéofibrose

C'est l'affection la plus sévère et commune liée à une carence en calcium associée le plus souvent à un excès de phosphore. Elle atteint aussi bien les jeunes chevaux que les adultes. Elle est le résultat d'un hyperparathyroïdisme secondaire qui induit une déminéralisation de l'os initialement normal avec transformation hypertrophique en tissu fibreux.

À certains endroits, l'os est le siège d'une modification appelée métaplasie fibreuse, qui est une sorte de prolifération anarchique des tissus fibreux pouvant se traduire par un épaississement ou une déformation locale de la surface osseuse. L'os devient également plus fragile. Ces lésions s'observent soit au niveau de la tête (épaississement symétrique des os de la face, « tête d'hippopotame », observée autrefois chez les ânes de meuniers) ou, le plus souvent, au niveau des membres (suros, éparvins, tares dures d'une façon générale, bien connues des cavaliers).

Lorsque ces déformations siègent au niveau des articulations ou des gaines tendineuses, elles entraînent des boiteries sévères, permanentes ou intermittentes.

Le rachitisme

Le rachitisme se traduit par des anomalies dans le développement et la croissance osseuse et des déformations du squelette (hypertrophie des têtes osseuses) chez le jeune cheval. Il s'agit d'un défaut de minéralisation de l'os consécutif à des carences en calcium et en phosphore associées à une insuffisance de vitamine D. Mais cette pathologie est relativement rare par rapport à l'ostéofibrose.

L'ostéomalacie

Elle a les mêmes causes que le rachitisme mais elle concerne les os qui ont achevé leur croissance et qui subissent une reminéralisation insuffisante. Elle ne provoque pas de déformations importantes.

L'ostéochondrose

Il s'agit d'une pathologie osseuse en plein développement chez les jeunes chevaux athlètes destinés aux courses ou aux sports puisque 30 p. 100 des chevaux seraient atteints d'après les enquêtes épidémiologiques. Elle est caractérisée par un défaut d'ossification endochondrale qui se traduit de différentes manières selon le site où le défaut se manifeste ; les plus courantes sont l'ostéochondrose disséquante d'origine cartilagineuse et le kyste osseux sous chondral.

La pathologie est de nature multifactorielle. Elle peut être d'ordre génétique car l'héritabilité est en moyenne de $h^2 = 0{,}30$, traumatique ou la conséquence d'un défaut de vascularisation du cartilage épiphysaire. Elle peut être aussi d'ordre nutritionnel. Des niveaux d'apports alimentaires maximaux avec une concentration énergétique trop élevée en raison d'une proportion de céréales, et donc d'amidon, trop importante et représentant respectivement 40 p. 100 de la ration et plus de 30 % de la matière sèche de la ration sont des éléments déterminants. Des déséquilibres dans les apports en minéraux, déséquilibre du rapport Ca/P et surtout un déficit en cuivre, sont des facteurs aggravants. C'est pourquoi il faut respecter les stratégies de croissance et des apports alimentaires recommandés correspondants équilibrés (voir chapitre 5).

L'ostéoporose

L'ostéoporose est caractérisée par des déformations osseuses liées à une insuffisance de la synthèse et de la structuration de la trame osseuse. Elle peut se traduire par des fractures car les os deviennent poreux en raison d'une insuffisance de minéralisation. L'insuffisance des apports azotés constitue assez rarement la cause principale. Les déficits en zinc ou cuivre associés à des excès de calcium sont le plus souvent incriminés.

Pathologies musculaires

La maladie du muscle blanc du poulain

Une seule carence en oligoélément a une importance primordiale chez le cheval : c'est la carence en sélénium. Elle est responsable de la maladie du muscle blanc qui peut être observée très tôt, quelques semaines après la naissance ou sur les animaux plus âgés (yearling). Elle est liée à l'apparition de zones de dégénérescence musculaire de coloration blanchâtre (d'où le nom courant de la maladie) au niveau des muscles squelettiques ou du cœur, provoquant des difficultés locomotrices plus ou moins importantes, ou une mort brutale par insuffisance cardiaque.

Chez les chevaux de boucherie âgés, la carence en sélénium favorise également les lésions de fibrolipomatose qui représentent une cause importante de saisies à l'abattoir.

La carence en sélénium est liée à une déficience des fourrages en sélénium, elle-même dépendant d'une carence des sols. On peut y remédier par apport de sélénium dans le condiment minéral ou par injection de composés sséléniés à la jument en gestation ou en lactation. Ces apports doivent être faits de façon très rigoureuse, tout excès de sélénium pouvant aboutir à une très grave intoxication. L'apport en vitamine E associé au sélénium a un effet adjuvant.

La myopathie enzootique du cheval adulte

Elle a la même cause que la précédente. Elle se manifeste par la production d'urine rouge brun à l'occasion d'un stress environnemental (froid, transport) qui révèle alors la situation de déficit chronique en sélénium.

Pour en savoir plus

Agabriel J., Trillaud-Geyl C., Martin-Rosset W., Jussiaux M., 1982. Utilisation de l'ensilage de maïs par le poulain de boucherie. *Inra Prod. Anim.*, 49, 5-13.

Bigot G., Trillaud-Geyl C., Jussiaux M., Martin-Rosset W., 1987. Élevage du cheval de selle du sevrage au débourrage : alimentation hivernale, croissance et développement. *Inra Prod. Anim.*, 69, 45-53.

Chenost M., Martin-Rosset W., 1985. Comparaison entre espèces (mouton, cheval bovin) de la digestibilité et des quantités ingérées des fourrages verts. *Ann. Zootech.*, 34, 291-312.

Doreau M., 1978. Comportement alimentaire du cheval à l'écurie. *Ann. Zootech.*, 29, 299-304.

Macheboeuf D., Marangi M., Poncet C., Martin-Rosset W., 1995. Study of nitrogen digestion from different hays by the mobile nylon bag technique in horses. *Ann. Zootech.*, 44, Suppl. 219.

Martin-Rosset W., Doreau M., 1984. Consommation d'aliments et d'eau. *In : Le cheval* (Jarrige R., Martin-Rosset W., eds.), Inra éditions, Paris, 333-354.

Martin-Rosset W., Vermorel M., Doreau M., Tisserand J.L., Andrieu J., 1994. The french horse feed evaluation systems and recommended allowances for energy and protein. *Livest. Prod. Sci.*, 40, 37-56.

Martin-Rosset W., Tisserand J.L., 2004. Evaluation and expression of protein allowances and protein value of feeds in the MADC system for the performance horse. *In : Proceeding 1st European Workshop Equine Nutrition EAAP Publications*, n° 111, Wageningen Academic Publishers, Wageningen, The Netherlands, 103-140.

Martin-Rosset W., Vermorel M., 2004. Evaluation and expression of energy allowances and energy value of feeds in the UFC system for the performance horse. *In: Proceeding 1st European Workshop Equine Nutrition EAAP* Publications, n° 111, Wageningen Academic Publishers, Wageningen, The Netherlands, 29-60.

Martin-Rosset W., Vernet J., Dubroeucq H., Arnaud G., Picard A., Vermorel M., 2008. Variation of fatness and energy content of the body with body condition score in sport horses and its prediction. *In : Proceeding 4th European Workshop Equine Nutrition EAAP* Publications, n° 125, Wageningen Academic Publishers, Wageningen, The Netherlands, 167-178.

Martin-Rosset W., Macheboeuf D., Poncet C., Jestin M., 2012. Nitrogen digestion of a large range of hays by mobile nylon bag technique in horses. *In : Proceeding 6th European Workshop Equine Nutrition, EAAP Publications* (in press), Wageningen Academic Publishers, Wageningen, The Netherlands.

Meyer H., 1980. Ein Beitrag Zur Regulation Der Futteraufnahme bein Pferd. *Dtsch. Tieräztl. Wschr*, 87, 404-408.

Miraglia N., Poncet C., Martin-Rosset W., 1992. Effect of feeding level, physiological state and breed on the rate of passage of particulate matter through the gastrointestinal tract of the horse. *Ann. Zootech.*, 41, 69.

Robinson D.W., Slade L.M., 1974. The current status of knowledge on the nutrition of equines. *J. Anim. Sci.*, 39, 1045-1066.

Vermorel M., Martin-Rosset W., 1997. Concepts, scientific bases, structure and validation of the French horse net energy system (UFC). *Livest. Prod. Sci.*, 261-275.

2

Bases du rationnement

William Martin-Rosset, Luc Tavernier, Catherine Trillaud-Geyl, Jacques Cabaret

Le rationnement consiste à choisir des aliments et à en calculer les quantités nécessaires à distribuer pour apporter aux animaux tous les éléments nutritifs dont ils ont besoin. La ration ainsi constituée doit couvrir les dépenses d'entretien et de production (lait, gain de poids, travail, etc.) et maintenir les animaux en bonne santé.

Le calcul des rations nécessite de connaître :
– les besoins nutritionnels des animaux ou les apports alimentaires recommandés en énergie, protéines, minéraux, oligoéléments et vitamines donnés dans les chapitres 3 à 8 ;
– les conditions d'utilisation des aliments, c'est-à-dire l'ingestibilité ou quantité d'aliments que le cheval peut spontanément consommer sans risques digestif ou sanitaire (voir chapitres 9 et 12) ;
– la valeur nutritive des aliments caractérisée par leurs valeurs énergétique et azotée, leurs teneurs en minéraux et oligoéléments données dans les chapitres 12 et 16 (et ses annexes) ;
– le prix des aliments exprimés en kg ou calculé par rapport à leur valeur nutritive exprimée en UFC et par 100 g de MADC pour mieux le comparer.

Besoins nutritionnels et apports alimentaires recommandés

Les apports alimentaires recommandés proviennent d'essais d'alimentation réalisés à l'Inra et l'Institut français du cheval et de l'équitation (IFCE) dans les conditions normales d'élevage.

Différence entre besoins nutritionnels et apports alimentaires recommandés

En règle générale, les quantités d'éléments nutritifs apportés par la ration, ou apports alimentaires, doivent couvrir exactement les besoins nutritionnels des animaux. Toutefois, il n'est pas toujours possible (pour des raisons physiologiques)

"

ou souhaitable (pour des raisons économiques) de satisfaire intégralement chaque jour les besoins nutritionnels des animaux.

En pratique, les apports alimentaires sont dans la plupart des cas supérieurs aux besoins nutritionnels pour tenir compte de la variabilité des besoins entre individus placés dans la même situation, des conditions de milieu ou de l'état sanitaire qui ne sont pas toujours optimaux, et enfin des déséquilibres de la ration entraînés par un choix plus ou moins judicieux d'aliments ou par des erreurs d'importance limitée dans l'estimation de leur valeur nutritive.

Les apports alimentaires peuvent cependant être inférieurs aux besoins nutritionnels, par exemple pour les juments de trait en période hivernale (fin de gestation – début de lactation) car l'alimentation est coûteuse, et pour le cheval de selle effectuant un travail très intense car il ne peut pas consommer ponctuellement une quantité suffisante d'aliments pour satisfaire ses besoins nutritionnels sans risque sanitaire (digestif : colique, métabolique : myoglobinurie, etc.).

On admet que ces animaux sont capables de supporter un déficit temporaire en énergie relativement important et long (plusieurs mois en hiver) dans le cas de la jument de trait, ou limité et court (quelques jours) dans le cas des chevaux au travail, en maigrissant temporairement, c'est-à-dire en utilisant une partie des graisses (réserves corporelles) accumulées au pâturage pour la jument ou pendant les périodes de repos et de préparation pour le cheval de selle. C'est pourquoi on ne parlera dans ce chapitre que d'apports alimentaires recommandés pour tenir compte de ces contraintes physiologiques ou économiques.

Les tables d'apports alimentaires recommandés

Les apports alimentaires journaliers recommandés sont indiqués dans des tableaux conçus pour permettre un calcul facile des rations journalières. Ces tableaux sont distincts pour les races de selle, les races de trait et les poneys. Pour chaque race, différents formats ont été retenus, sur la base du poids vif (hongres ou juments adultes) :
– races de selle : 450-500-550-600 kg ;
– races de trait : 700-800 kg ;
– races de poneys : 200-300-400 kg.

Dans tous les cas, la jument, l'étalon, le hongre et le jeune en croissance ou à l'engrais (trait) ont été distingués dans les différentes situations physiologiques qui leur sont propres (entretien, gestation ou lactation, monte ou repos sexuel, croissance ou engraissement (trait), repos ou travail). Le rationnement pratique proposé a été établi à partir d'essais d'alimentation réalisés pendant la période hivernale, la seule étudiée jusqu'ici. Ces tables sont données dans les chapitres spécialisés correspondant à la jument (voir chapitre 3), l'étalon (voir chapitre 4), le cheval en croissance (voir chapitre 5), le cheval au travail (voir chapitre 6), le cheval de boucherie (voir chapitre 7). Des indications sont proposées pour les poneys (voir chapitre 8).

Énergie, matières azotées, macroéléments

Les tableaux ainsi établis proposent des apports alimentaires journaliers totaux pour :
– l'énergie (exprimés en UFC) ;
– les matières azotées (exprimées en g de MADC) ;
– les minéraux majeurs : calcium (Ca), phosphore (P), magnésium (Mg), potassium (K), sodium (Na) et chlore (Cl) exprimés en grammes ;
– les oligoéléments : cuivre (Cu), zinc (Zn), cobalt (Co), sélénium (Se), fer (Fe), iode (I) exprimés en milligrammes ;
– et les vitamines : A-D-E exprimées en unités internationales (UI).

Ils correspondent aux cas suivants :
– cheval à l'entretien ;
– jument en gestation ou lactation : entretien + gestation ou lait ;
– étalon en période de monte ou hors monte ;
– cheval en croissance : entretien + croissance ;
– cheval au travail : entretien + travail ;
– cheval de trait à l'engrais : entretien + engraissement.

Les apports alimentaires recommandés en 1984 dans l'ouvrage *Le cheval* ont été réactualisés en 1990 dans l'ouvrage *Alimentation des chevaux*, à nouveau en 2011, et aussi complétés dans ce dernier cas.

Les apports recommandés pour l'entretien

Ils correspondent à un cheval n'ayant aucune production, en particulier n'ayant pas travaillé depuis plusieurs semaines, pour bien distinguer du cas du cheval de compétition arrêté momentanément (fatigue, ennui de santé, etc.) mais effectuant un travail léger d'entretien (voir chapitre 6).

Exemple 2.1

Les apports alimentaires journaliers recommandés pour l'entretien d'un cheval de selle de 500 kg sont les suivants (d'après le tableau 6.14) :

UFC	MADC	Calcium	Phosphore	Sodium
4,1	267 g	20 g	14 g	10 g

Exemple 2.2

Les apports alimentaires journaliers recommandés pour l'entretien d'un cheval de trait d'un poids adulte de 700 kg sont les suivants (d'après le tableau 6.18) :

UFC	MADC	Calcium	Phosphore	Sodium
5,1	357 g	28 g	20 g	14 g

Les apports recommandés des juments gestantes et allaitantes

Les apports recommandés peuvent être supérieurs, inférieurs ou égaux aux besoins nutritionnels selon qu'il s'agit de races de trait ou de selle, selon l'état physiologique : mois de gestation ou de lactation (voir chapitre 3). Pour les poneys les apports correspondent aux besoins en raison du manque d'information (voir chapitre 8).

Exemple 2.3

Les apports alimentaires journaliers recommandés pour une jument de selle de 500 kg au 1er mois de lactation sont les suivants (d'après le tableau 3.7) :

UFC	MADC	Calcium	Phosphore	Sodium
8,5	956 g	56 g	49 g	13 g

Les apports recommandés pour les étalons

Ils sont donnés en période de monte ou de repos sexuel, y compris une heure de travail léger de détente par jour (voir chapitre 4).

Exemple 2.4

Étalon de selle de 500 kg de poids vif en période de monte, effectuant un service moyen (d'après le tableau 4.2) :

UFC	MADC	Calcium	Phosphore	Sodium
7,6	547 g	35 g	21 g	19 g

Les apports alimentaires des jeunes en croissance (races de trait et de selle) ou à l'engrais (races de trait uniquement)

Ils sont recommandés pour un âge donné. Le poids vif et le croît indiqués correspondent à la moyenne attendue au cours de la période d'élevage ou d'engraissement (voir chapitres 5 et 7). Pour le cheval de selle en croissance, on a tenu compte, à partir de l'âge de 2 ans et demi, des dépenses liées à l'activité physique propre à chaque race : course/sport.

Exemple 2.5

Les apports alimentaires journaliers recommandés pour un cheval de selle en croissance âgé de 8 à 12 mois (1er hiver suivant le sevrage) d'un format adulte de 500 kg conduit en box (d'après le tableau 5.8) pour un croît journalier moyen espéré de 750 g, sont :

UFC	MADC	Calcium	Phosphore	Sodium
5,1	567 g	37 g	25 g	7 g

Les apports recommandés pour le travail

Ils sont donnés pour plusieurs intensités précisées dans le chapitre 6 et des durées correspondant aux situations pratiques les plus courantes observées en loisirs, sport, course et trait.

Exemple 2.6

Les apports alimentaires journaliers recommandés pour un cheval de club de 500 kg effectuant un travail moyen journalier (2 heures/jour) sont les suivants (d'après le tableau 6.14) :

UFC	MADC	Calcium	Phosphore	Sodium
7,8	562 g	35 g	21 g	18 g

Si l'on souhaite calculer les apports nécessaires dans des conditions particulières de travail, il faut ajouter aux apports recommandés pour l'entretien (indiqués dans les tableaux 6.12 à 6.15) les apports calculés pour le travail effectué, sur la base des apports recommandés par heure de travail indiqués sur la figure 6.11 du chapitre 6 pour les chevaux de selle (loisirs, sport, course). En ce qui concerne les poneys, il faut se reporter aux tableaux 8.1, 8.4 et 8.7 dans lesquels figurent les apports pour les situations courantes.

Exemple 2.7

Les apports alimentaires journaliers recommandés pour un cheval de club d'un poids vif adulte de 500 kg effectuant 2 h de travail journalier comprenant une heure de travail très léger et une heure de travail intense sont les suivants :

UFC	MADC	Calcium	Phosphore	Sodium
7,1	497 g	38 g	25 g	28 g

Minéraux - oligoéléments et vitamines

Les apports journaliers recommandés sont fournis dans les tableaux des chapitres 3 à 8, mais ils peuvent être aussi calculés à partir des données du tableau 2.1 de ce chapitre, où ils sont exprimés par kg de matière sèche de ration (voir chapitre 13, mode de calcul p. 499).

Poids vif et état corporel

Le rationnement doit s'effectuer en fonction du poids vif. L'état corporel est un bon indicateur de la qualité du rationnement.

Tableau 2.1. Concentration nutritive de la ration des chevaux (par kg de matière sèche pour les consommations figurant dans les tableaux d'apports alimentaires journaliers recommandés des chapitres 3 à 8).

	Adultes			Juments		Jeunes[3]		
	Repos Travail léger	Travail Monte modérée	Travail Monte très intense	fin[1] gestation	début[2] lactation	6-12 mois	18-24 mois	32-36 mois
Énergie								
UFC	0,45-0,65	0,50-0,65	0,55-0,75	0,50-0,60	0,55-0,65	0,60-0,95	0,60-0,80	0,50-0,65
Azote								
MADC (g)	30-50	40-50	50-55	35-60	60-65	60-100	35-55	25-35
Lysine (g)	3,0-4,0	4,0-4,5	4,5-5,0	4,5-5,5	5,5-6,0	5,0-10,0	3,5-5,5	3,0-3,5
Macroéléments (g)								
Ca	2,0-3,0	2,5-3,5	3,5-4,0	3,5-4,5	3,5-4,0	4,0-6,5	3,5-5,0	3,5-4,5
P	1,7-2,2	1,8-2,5	2,4-2,8	2,6-3,8	2,8-3,2	2,8-4,0	2,7-3,5	2,6-2,8
Mg	0,9-1,1	1,0-1,4	1,3-1,8	0,8-0,9	0,7-0,8	0,8-0,9	0,7-0,8	0,7-0,8
Na	1,1-2,0	1,5-2,5	2,3-4,0	1,0-1,5	0,8-1,0	1,0-1,2	0,9-1,1	1,1-1,2
Cl	4,5-5,5	4,5-6,0	6,0-8,0	4,0-5,0	3,0-3,5	3,0-4,0	3,5-4,5	3,5-4,5
K	2,5-4,0	3,0-4,0	3,0-4,5	3,5-4,0	5,0-5,5	2,5-3,5	3,0-3,5	3,0-3,5
Oligoéléments (mg)								
Cu	10	10	10	10	10	10	10	10
Zn	50	50	50	50	50	50	50	50
Co	0,2	0,2	0,2	0,2	0,2	0,2	0,2	0,2
Se	0,2	0,2	0,2	0,2	0,2	0,2	0,2	0,2
Mn	40	40	40	40	40	40	40	40
Fe	50 à 80	80	80	80	80	50	50	50
I	0,2	0,2	0,2	0,2	0,2	0,2	0,2	0,2
Vitamines (UI)								
A	3 250	3 750	3 750	4 200	3 800	3 450	3 500	3 500
D	400	600	600	600	600	600	500	500
E	50	80	80	80	50	80	60	60

[1] Trois derniers mois de gestation ;
[2] Trois premiers mois de lactation ;
[3] Période d'élevage (sans entraînement).

Notion de poids vif

Chaque catégorie d'animal est définie par son type génétique, son sexe et son âge ; son poids vif est la mesure la plus sûre et la mieux connue. Une très grande partie des apports alimentaires recommandés est reliée au poids vif de l'animal (de 50 à 90 p. 100 selon le type d'animal). C'est pourquoi le rationnement doit s'effectuer d'abord en fonction du poids vif du cheval.

Dans la plupart des cas, le poids vif des animaux ne peut être qu'estimé sur le terrain car on ne dispose pas de bascule. La précision de l'estimation du poids vif « au coup d'œil » est faible. Elle peut être améliorée en estimant le poids à partir d'une ou deux mensurations relativement simples à prendre si l'animal est placé dans une position naturelle sur un sol plat (figure 2.1), le périmètre thoracique et parfois la hauteur au garrot, réunis dans une relation du type chez le cheval adulte :

Poids vif (kg) = a × PT (périmètre thoracique exprimé en cm)

+ b × HG (hauteur au garrot exprimée en cm) + c

Pour les animaux de type bréviligne et compact, le poids dépend surtout du périmètre thoracique tandis que chez les animaux de type léger, la taille (traduite par la hauteur au garrot) améliore l'estimation du poids vif.

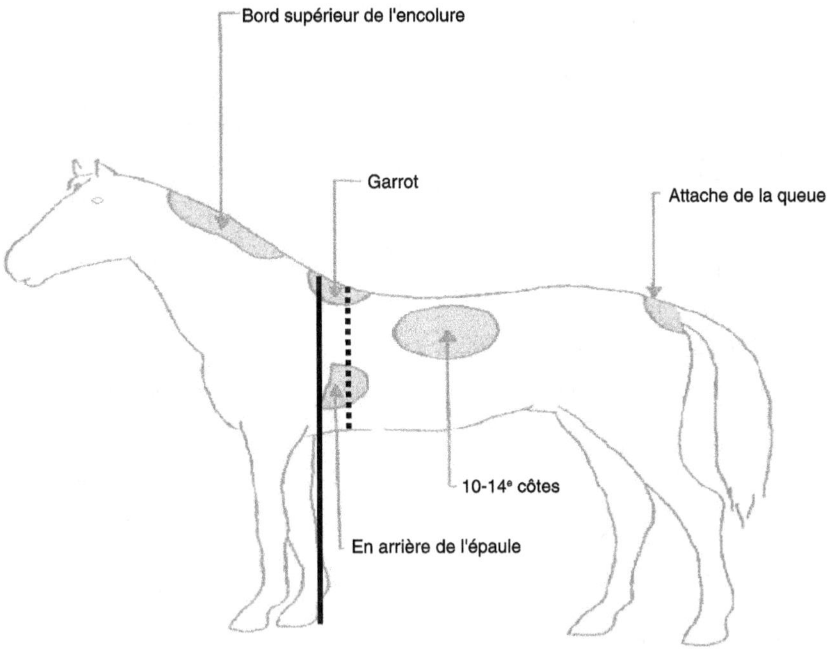

Estimation du poids vif :

Hauteur au garrot mesurée à la toise ou fil aplomb + règle entre le sol et le point où se rejoignent la base l'encolure et l'extrémité antérieure de la sortie du garrot.

Périmètre thoracique mesuré avec un décamètre ou une corde + mètre à ruban HN au niveau du passage de sangle et du point précisé précédemment.

Zone de maniement (10ᵉ - 14ᵉ côtes)

Figure 2.1. Estimation du poids vif − Appréciation de l'état corporel (voir aussi plaquettes Inra-IFCE-IE, 1997).

Pour les animaux en croissance (6 mois à 3 ans), il est possible d'utiliser aussi le ruban métrique Haras Nationaux (ou IFCE) qui permet de lire directement le poids à partir d'un curseur sur le ruban. Au cours de la croissance, le périmètre thoracique et le poids vif évoluent dans les mêmes proportions. La hauteur au garrot augmente de façon différente de sorte que ce paramètre n'améliore pas l'estimation du poids vif.

Des relations ont été établies par l'Inra de Theix (H. Dubroeucq et l'équipe de l'unité expérimentale cheval) et l'IFCE de Chambéret et du Pin (G. Arnaud et l'équipe de la station expérimentale) pour les catégories de chevaux pour lesquels les sources d'erreurs sont les plus importantes (Inra, 1990).

Races de selle et de course

Poulinières

Poids vif (kg) (± 25 kg) = 5,2 PT + 2,6 HG − 855

Le poids vif d'une jument de selle adulte ayant un périmètre thoracique PT = 192 cm, une hauteur au garrot HG = 157 cm, est de :
Poids vif (kg) = 5,2 × 192 + 2,6 × 157 − 855,
Soit 552 ± 25 kg.

Cheval en croissance (6 mois à 4 ans)
– Selle
Poids vif (kg) (± 26 kg) = 4,5 PT − 370
Des relations ont été établies spécifiquement pour les jeunes chevaux de course jusqu'à 2 ans mais elles nécessitent de connaître l'âge (A) exact en plus de certaines mensurations (Paragon *et al.*, 2000).
– Pur sang
Poids vif (kg) (± 15,0 kg) = 0,237 A + 1,472 HG + 1,899 PT − 284,4
– Trotteur
Poids vif (kg) (± 15,0 kg) = 0,213 A + 1,783 HG + 2,09 PT − 328,7

Cheval au travail (hongre, étalon, jument)
Poids vif (kg) (± 26 kg) = 4,3 PT + 3,0 HG − 785

Races de trait (poulinières, étalons, chevaux en croissance ou à l'engrais)
Poids vif (kg) (± 27 kg) = 7,3 PT − 800

Poneys
On dispose d'une équation établie chez l'adulte à l'Inra de Tours (G. Duchamp et E. Barrey).
Poids vif (kg) (± 21,3 kg) = 3,56 HG + 3,65 PT − 714,66

Notion d'état corporel

L'état corporel est une notion globale qui caractérise « l'état d'engraissement » des animaux. Il est important de l'estimer car c'est un bon indicateur de la qualité du rationnement et de l'état des réserves corporelles, chez la jument de trait notamment pour laquelle les apports alimentaires recommandés sont délibérément inférieurs aux besoins en hiver, mais également chez le cheval au travail dont les apports alimentaires ne couvrent les besoins que sur le moyen terme (semaine) en raison de variations trop importantes du travail quotidien.

Il peut être apprécié « au coup d'œil » mais cela requiert de l'expérience. Il peut être estimé par maniement (palpation de différents sites et en particulier au niveau des quartiers de la selle ou entre les 10 et 14ᵉ côtes, figure 2.1). Il est caractérisé par une note attribuée de demi-point entre 0 et 5 (tableau 2.2). Le maniement doit être répété pour apprécier la variation d'état corporel :
– tous les 1 à 2 mois pour un cheval au travail selon l'intensité ;
– en début, milieu et fin d'hiver pour les animaux d'élevage : juments, animaux en croissance ou à l'engrais.

Tableau 2.2. Échelle de notation de l'état d'engraissement du cheval par maniement (méthode Inra, IFCE, IE, 1997).

Notes	État d'engraissement		Observations
0	Émacié		
1	Très maigre	2,5	Jument (trait, loisirs) en fin de gestation ou en début de lactation.
1,5	Maigre		Cheval de compétition en fin de saison d'épreuves
2	Insuffisant	3,0	Cheval de compétition en période de préparation en début de saison d'épreuves. Étalon hors monte.
2,5			
3	Optimum selon le type d'animaux		Jument (course, sport) 2 mois avant mise bas et 1 mois après
3,5			
4	Gras	3,5	Jument au tarissement. Étalon avant la saison de monte en liberté. Poulain à l'engrais
4,5	Très gras		
5	Suiffart – Obèse		

En pratique, l'animal est palpé avec la main au niveau des différents sites indiqués figure 2.1 et en particulier à l'emplacement des quartiers de la selle, soit entre les 10 et 14ᵉ côtes. On apprécie l'étendue du dépôt adipeux sous-cutané en palpant la zone, puis l'épaisseur en exerçant des pressions, enfin la consistance en effectuant un mouvement circulaire à l'endroit du dépôt le plus épais. La méthode est décrite plus complètement dans la plaquette éditée par l'Institut de l'élevage (adresse en fin d'ouvrage).

La technique a été mise au point par la méthode des abattages comparatifs de chevaux de selle ayant une note d'état corporel variant de 1 à 4,5. Les résultats de la dissection complète des animaux a permis d'établir la composition corporelle correspondant aux notes d'état corporel attribuées avant l'abattage, puis des relations de prévision de la composition ont été établies à partir des notes (figure 2.2). Certaines relations peuvent être utilisées au plan pratique pour ajuster le rationnement à partir de la note d'état corporel (tableau 2.3).

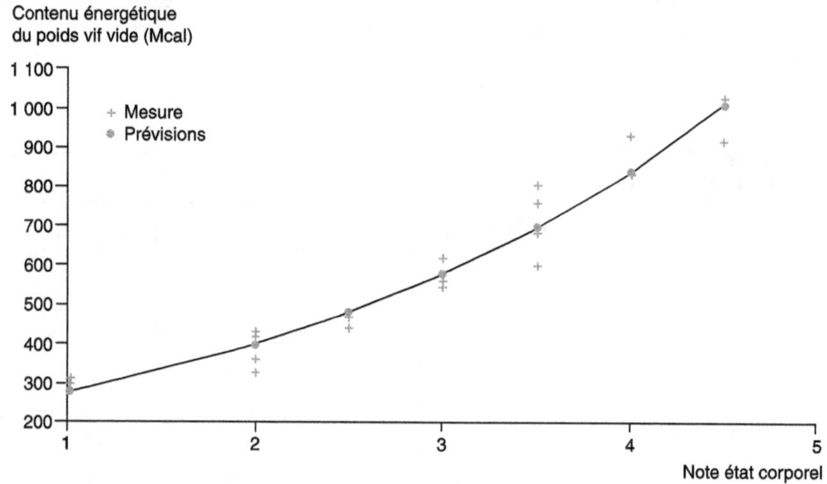

Figure 2.2. Variations du contenu énergétique du poids vif vide chez le cheval de 500 kg.

Tableau 2.3. Relation de prévision du poids vif vide (PVV) et de son contenu énergétique total (CET) du PVV à partir de la note d'état corporel (NEC) chez le cheval de 500 kg (d'après Martin-Rosset *et al.*, 2008).

PVV* (kg) = 301,527 + 48,181 NEC	R^2 = 0,747
CET (MCal)/PVV = 190,1 Exp. 0,373 NEC	R^2 = 0,993

*PVV = Poids vif – Poids contenu digestif.

Poids contenu digestif moyen / Poids vif = 12,1 p. 100 chez le cheval de 400 à 600 kg de PV.

Si on considère la note d'état corporel de 3 comme optimum, la variation du gain ou de la perte de poids vif vide a été établie (tableau 2.4).

Tableau 2.4. Variation du contenu énergétique d'un kilo de poids vif avec la note d'état corporel (NEC) (d'après Martin-Rosset *et al.*, 2008).

NEC	Variations		Variation du contenu énergétique corporel (UFC/kg PV)
	NEC	PV (en p. 100 de PV)	
4,0	+ 1,0	11	+ 2,8
3,5	+ 0,5	5	+ 2,7
3,0	0	0	0
2,5	− 0,5	6	− 2,1
2,0	− 1,0	11	− 1,9

Le coût énergétique par kilo de poids vif est très élevé (voir chapitre 5, figure 5.5). Il n'est pas possible de réajuster les apports énergétiques brutalement pour espérer corriger l'état corporel à court terme (quelques jours). Le réajustement doit être programmé et mis en œuvre sur plusieurs semaines selon la variation observée d'état corporel en utilisant le guide pratique fourni pour les situations les plus courantes (tableau 2.5).

Tableau 2.5. Guide d'ajustement de l'apport énergétique avec la variation de la note d'état corporel[1].

Variations du poids vif[2]	Variations de NEC[3]	Augmentation ou diminution du besoin d'entretien[1]		
		30 jours	60 jours	90 jours
1	± 0,25	± 30	± 15	–
2	± 0,25			
3	± 0,25			
4	± 0,5			
5	± 0,5	± 60	± 30	± 15
6	± 0,75		± 45	± 22
7	± 0,75			
8	± 1,0			
9	± 1,0			
10	± 1,0		± 60	± 30

[1]En pourcent du besoin d'entretien.

[2]En pourcent du poids vif dans un intervalle de poids vif de 400 à 600 kg et pour un cheval ayant au départ une note d'état corporel de 3.

[3]NEC : Note d'état corporel.

Quantités d'aliments ingérées

Les quantités d'aliments consommées varient avec les caractéristiques des aliments et de l'animal.

La quantité d'aliments que le cheval consomme doit apporter les quantités d'éléments nutritifs recommandées dans les tableaux pour lui permettre de réaliser les performances attendues, le rassasier au plan physiologique comme au plan psychique sans provoquer de troubles digestifs.

Les quantités d'aliments qu'un cheval peut consommer varient d'abord avec les caractéristiques des aliments. Un cheval de selle de 500 kg à l'entretien peut ingérer de 60 à 80 kg d'herbe jeune riche en eau (85 %) alors qu'il ne peut ingérer que 12 kg de foin de pré contenant seulement 15 % d'eau, lorsque ces aliments sont offerts à volonté. C'est pourquoi on doit prévoir et comparer les quantités d'aliments que le cheval peut ingérer uniquement sur la base des quantités de matière sèche consommées. La teneur en matière sèche des aliments est donnée dans les tables de la composition chimique et de la valeur nutritive des aliments (voir chapitre 16).

Même sur cette base, les quantités consommées varient encore beaucoup entre aliments. Un cheval de selle en croissance, âgé de 1 an et pesant 325 kg, peut ingérer 7 kg de matière sèche de foin de pré moyen alors qu'il ne peut ingérer que 5 kg de matière sèche d'ensilage de maïs. Chaque aliment peut donc être caractérisé par son ingestibilité qui exprime la quantité d'aliment qu'un type d'animal donné peut spontanément consommer lorsque celui-ci est offert seul et à volonté. L'ingestibilité a été exprimée en kg de matière sèche par 100 kg de poids vif. Elle est rapportée à titre indicatif dans le tableau 12.22 (chapitre 12) pour les grandes catégories de fourrages étudiées.

Les foins de légumineuses sont consommés en quantités légèrement plus élevées que des graminées. Le stade de maturité à la récolte et le numéro de coupe ne semblent pas avoir d'effet sur l'ingestibilité des graminées distribuées sous forme de fourrage vert ou de foin (voir chapitres 1 et 12). Les traitements tels que la déshydratation, la fenaison ou l'ensilage, entraînent des variations d'ingestibilité qui sont encore mal connues. Mais le fourrage enrubanné est mieux consommé que le fourrage sec correspondant.

L'ingestibilité des ensilages est très variable. Elle s'accroît avec leur teneur en matière sèche.

Exemple 2.9

Chez le poulain à l'engrais recevant des rations comprenant en moyenne 20 p. 100 d'aliment concentré, l'ingestibilité varie :
– de 0,8 kg MS/100 kg PV pour des ensilages d'herbe directs récoltés au minimum à 22 % de matière sèche sans conservateur, à 1,8 kg MS/100 kg PV pour des ensilages préfanés à 36 % de matière sèche, et plus de 2,0 kg MS/100kg PV pour les ensilages mi-fanés à 50 % de matière sèche ;
– de 1,0 à 1,6 kg MS/100 kg PV pour des ensilages de maïs lorsque leur teneur en matière sèche s'élève de 25 à 40 %.

De plus, pour un même aliment, les quantités consommées varient avec le poids, la production (production laitière, gain de poids vif, travail) et le stade de gestation ou de la lactation de l'animal.

La quantité d'aliments consommée (consommation) est indiquée sous forme de fourchette dans les tableaux d'apports alimentaires recommandés pour chaque type d'animaux (voir chapitres 3 à 8). Elle ne représente pas la quantité maximum d'aliments que le cheval peut consommer mais la quantité qu'il doit ingérer pour satisfaire ses besoins nutritionnels. Elle est compatible avec l'ingestibilité des fourrages indiquée dans le tableau 12.12 car les fourchettes de consommation proposées sont le résultat d'essais d'alimentation réalisés avec ces fourrages.

La valeur supérieure de ces fourchettes correspond à une consommation importante de fourrage et à une économie d'aliment concentré chez la jument, le cheval au travail et le cheval en croissance de plus de deux ans, par exemple. La valeur inférieure entraîne une consommation relativement importante d'aliment concentré, tout en maintenant une ingestion suffisante de fourrages pour permettre un bon fonctionnement du tube digestif et prévenir l'ennui. Elle est destinée à des animaux qui doivent recevoir des rations à haute densité énergétique comme les chevaux de compétition, mais qui doivent aussi consommer assez de fourrages (0,5 à 1,0 kg de matière sèche par 100 kg de poids vif). On notera à ce sujet que le cheval peut consommer des quantités assez importantes de paille de sa litière s'il ne reçoit pas d'autres fourrages (jusqu'à 6 kg brut par jour pour un cheval de 550 kg, valeur maximale à ne pas dépasser pour éviter les risques de coliques et de stases digestives – arrêt du transit digestif dans le gros intestin).

Les quantités d'aliments distribuées doivent être connues et exprimées en kg. Les quantités de fourrages secs (foin et pailles) distribuées peuvent être appréciées si on connaît la densité des bottes (tableau 2.6) ou, mieux encore, estimées correctement si on peut déterminer à l'aide d'un peson le poids moyen de 10 bottes de fourrage à chaque livraison.

Les détenteurs d'équidés utilisent de plus en plus des bottes rondes ou rectangulaires dont le poids varie de 180 à 400 kg. L'utilisation d'un filet et d'un peson est alors nécessaire pour effectuer une distribution journalière rationnelle de fourrages aux chevaux conduits en box voire en stabulation.

Tableau 2.6. Variation du poids (kg) des bottes de fourrages secs selon leur densité[1].

Fourrages[1]	Densité[2]		
	Faible	Moyenne	Haute
Graminées			
Luzerne	12-15	15-18	18-20
Pailles		12-14	15-20

[1] Teneur en matière sèche de 82 à 85 % ; [2] Bottes de 80 cm de longueur maximum.

Les quantités d'aliment concentré doivent être quotidiennement mesurées à l'aide d'un récipient gradué et taré sur une balance de ménage, réglée et bien calée. Elles doivent être impérativement exprimées en kg car 1 litre d'orge apporte 36 p. 100 de plus d'énergie que 1 litre d'avoine, alors que 1 kg d'orge ne fournit que 12 p. 100 de plus que 1 kg d'avoine (voir chapitre 9, figure 9.2).

Apports d'eau

La quantité d'eau bue varie en sens inverse de la quantité d'eau apportée par les aliments. Ainsi, pour des régimes alimentaires riches en eau (herbe, betteraves, etc.), la quantité d'eau bue par l'animal vient seulement en complément de celle apportée par les aliments. En revanche, pour des régimes à faible teneur en eau (foins, aliments concentrés), il est préférable d'apporter des quantités d'eau correspondant aux besoins totaux en eau des chevaux pour assurer une marge de sécurité tenant compte des variations individuelles et journalières.

L'abreuvement idéal est assuré avec un abreuvoir automatique à niveau constant (sans palettes) qui permet à l'animal d'ajuster sa consommation à ses besoins. Ces derniers peuvent varier de 20 à 80 l par jour selon le type de cheval, son état physiologique (gestation, lactation, travail), son stade physiologique (début ou fin de lactation) et la nature des aliments.

Les quantités d'eau à distribuer au seau sont rapportées dans le tableau 2.7. Elles sont exprimées par kilo de matière sèche ingérée ou par 100 kg de poids vif. Le cheval doit être abreuvé impérativement avant chaque repas et, en particulier, avant la distribution d'aliment concentré pour éviter les accidents digestifs signalés p. 97. On doit répartir la quantité d'eau distribuée proportionnellement à la quantité d'aliment proposée à l'animal (voir chapitre 1).

L'eau doit être propre et tempérée (tableau 2.8). Les limites supérieures de risques de concentration en éléments potentiellement toxiques sont données à titre indicatif dans le tableau 2.9.

Complémentation minérale et vitaminique

Macroéléments et oligoéléments

La complémentation minérale doit être adaptée à la composition de la ration et aux besoins des animaux.

Les apports de minéraux doivent être effectués en respectant un rapport Ca/P voisin de 1,5 pour éviter des problèmes osseux. De plus, il faut savoir qu'un excès de calcium dans la ration peut réduire l'absorption d'autres minéraux comme le magnésium ou des oligoéléments (zinc, manganèse, cuivre et fer). Les apports en cuivre et zinc doivent également être réalisés en respectant un rapport Cu/Zn de 0,15 à 0,25.

Tableau 2.7. Consommation d'eau de boisson par le cheval : eau totale ingérée par kg de matière sèche ingérée et par 100 kg de poids vif à une température ambiante de 15 °C.

État physiologique	Nature du régime	kg d'eau par kg MS ingérée	kg d'eau par jour et par 100 kg de poids vif
Cheval au repos en croissance	Régime mixte[1] fourrage + concentré	3,0 à 3,5	5,0 à 6,0
Jument en début de gestation	Régime essentiellement à base de fourrages	3,5 à 4,0	6,0 à 7,0
Jument en début de lactation	Régime mixte[1] : fourrage + concentré	4,5	10,0 à 11,0
Jument en fin de lactation	Régime essentiellement à base de fourrages	4,0	9,0 à 10,0
Cheval au travail léger[2]	Régime mixte[1] fourrage + concentré	3,0 à 4,0	6,0 à 7,0
Cheval au travail moyen[2]		4,0	8,0 à 9,0
Cheval au travail intense[2]		4,5 à 5,0	9,5 à 10,5

[1] Régime comprenant au moins 15-20 p. 100.

[2] Voir chapitre 6 : Le cheval au travail.

Tableau 2.8. Caractéristiques de l'eau de boisson (d'après la Commission hollandaise de recherches sur l'alimentation animale (1973) ; Lowe et Meyer, 1979).

Critères	Satisfaisant	Impropre à la consommation	Rechercher au niveau de
pH	6-,0-7,5	< 2 et > 11	Pollution industrielle
Hydrogène sulfuré	Si test négatif	Si test positif	Activité bactérienne, dégradation de la matière organique
Ammonium	< 2 mg/l	> 3 mg/l	Activité bactérienne, dégradation de la matière organique
Nitrates	–	> 30 mg/l	Pollution par des composés organiques
Nitrites	–	0,5 mg/l	
Fer	< 0,2 mg/l	> 3 mg/l	
Sel (NaCl)	< 2 g/l	> 8 g/l	Pollution de l'eau de surface
Sulfate	–	> 250 mg/l	
Germes fécaux : colibacilles, streptocoques, salmonelles	Seulement si le test est négatif		Pollution par les déjections

Tableau 2.9. Limites supérieures de la concentration (mg/l) de l'eau d'abreuvement en éléments potentiellement toxiques chez le cheval (d'après Canadian Council Minister of the Environnement, 2002).

Aluminium	5
Arsenic	0,025
Bore	5
Cadnium	0,08
Chromium	0,05
Cobalt	1
Cuivre	0,5-5*
Fluoride	1-2
Plomb	0,1
Mercure	0,03
Molybdène	0,5
Nickel	1
Sélénium	0,05
Vanadium	0,1
Zinc	50

*Limite inférieure pour les moutons et les bovins et limite supérieure pour les porcs et volailles.

Les aliments traditionnels des chevaux sont souvent pauvres en calcium (sauf les fourrages de légumineuses), sodium et parfois magnésium. Ils sont, en revanche, généralement riches en potassium. La teneur en calcium est faible pour les aliments concentrés, les céréales en particulier qui ont de ce fait un rapport Ca/P très faible de 0,2 à 0,5. La teneur en phosphore est limitée dans les foins récoltés tardivement, très insuffisante dans les pulpes de betteraves (Ca/P : 13/1) et le maïs ensilé (voir chapitre 12 et chapitre 16, Tables de la composition chimique et de la valeur nutritive des aliments).

Le coefficient d'utilisation digestive des minéraux est élevé chez le cheval (voir chapitre 1, tableau 1.14) et il dépend peu de la nature de la complémentation. Mais il est souhaitable de tenir compte de la proportion de phosphore phytique, présent essentiellement dans les enveloppes de graines de céréales (son), et mal utilisé par les chevaux (voir chapitre 12).

Pour satisfaire les apports recommandés pour chaque type de cheval (voir chapitres 3 à 8, les tableaux), il faut distribuer un complément minéral adapté à la composition de la ration et aux besoins des animaux.

Le complément minéral doit être apporté dans la ration car, à l'exception du sel (chlorure de sodium), le cheval ne semble pas apte à consommer convenablement des minéraux en libre service. En revanche, les chevaux utilisent très bien le calcium et le phosphore des sels minéraux les plus courants et les moins coûteux (voir chapitre 16, annexe 3).

Vitamines

Le cheval n'utilise pas bien les caroténoïdes des plantes, précurseurs naturels de la vitamine A. La complémentation se fait de préférence sous forme de vitamine A enrobée. Il faut éviter les excès et le recours à l'huile de foie de morue qui risque de provoquer une carence en vitamine E.

L'efficacité d'une complémentation dépend de l'état du foie et des reins ainsi que du fonctionnement thyroïdien. Il faut éviter un apport excessif de vitamine D qui aggrave les lésions osseuses. Il convient d'apporter 4 à 10 fois plus de vitamine A que de vitamine D, avec une complémentation suffisante en calcium et en phosphore.

Les levures sèches, bien acceptées par le cheval, constituent la meilleure source de vitamines B complémentaires.

Principaux accidents dus à l'alimentation et leur prévention

Ils sont dans la plupart des cas dus à des erreurs de rationnement.

Les accidents dus à l'alimentation sont nombreux et quelquefois difficiles à diagnostiquer (tableau 2.10).

Accidents liés à la conduite alimentaire

Santé digestive

Transition alimentaire

L'écosystème digestif est un milieu en équilibre structurellement (composition de la microflore) et fonctionnellement (activités des enzymes sécrétées par la paroi digestive et les microorganismes) correspondant à des conditions d'environnement données, notamment la nature et la quantité d'aliments distribuées. Tout changement brutal de ces conditions tant quantitatif que qualitatif entraîne de nombreuses perturbations : variation de la composition et du nombre de microorganismes présents ordinairement et de leurs activités enzymatiques, proliférations de microorganismes pathogènes (salmonelle, Clostridies et Colibacilles) dans les cas aigus, débordement des capacités de la muqueuse à transformer les aliments et à absorber les produits terminaux issus de leur digestion. Ces perturbations provoquent des déviations qui se traduisent par des diarrhées et/ou des coliques et fourbures voire des surcharges hépatiques par auto-intoxication ou des entérotoxémies et, dans les cas extrêmes, des septicémies intestinales.

Tableau 2.10. Pathologie d'origine alimentaire ou favorisée par des erreurs alimentaires.

Nature de l'erreur ou du déséquilibre		Causes pratiques	Manifestations cliniques
Caractéristiques de la ration inadéquate (composition des aliments non satisfaisante)	Excès de lest (cellulose)	Consommation excessive de pailles, ou de fourrage de très mauvaise qualité	Coliques[1], occlusions digestives
	Déficit en lest	Manque de fourrages grossiers, usage de litières non alimentaires, erreur dans le choix de l'aliment composé	Coliques[1], diarrhée ou constipation
	Excès de protéines	Aliments composés inadéquats. Excès de fourrages de légumineuses	Coliques[1], fourbure[2], baisse de performances
	Déficit en calcium et/ou excès de phosphore	Excès de céréales sans correction minérale calcique et/ou fourrages de qualité médiocre	Ostéopathies entraînant des boiteries (éparvin, etc.)
	Déficit en sélénium et vitamine E	Déficits des fourrages liés au sol	Maladie du muscle blanc du poulain Favorise aussi la myoglobinurie de l'adulte
	Avitaminose A	Alimentation traditionnelle (foin + avoine) sans correction	Retard de croissance, anomalies de la croissance osseuse
Présence d'éléments[3] toxiques dans la ration	Intoxication par les plantes vénéneuses	Consommation de plantes à l'extérieur	Voir chapitre 9, tableau 9.8
	Mycotoxicoses	Pailles ou grains altérés moisis (moisissures pas forcément visibles)	Manifestations spécifiques pour chaque mycotoxicose, (voir chapitre 9, paragraphe « Les mycotoxines » p. 362)
	Additifs alimentaires toxiques pour le cheval (momensin, narrasin, lasalocid)	Erreur de fabrication dans un aliment concentré. Utilisation chez le cheval de concentrés destinés aux bovins de boucherie	Mortalité très brutale (voir chapitre 9, paragraphe « Les additifs alimentaires » p. 352)
	Pesticides	Traitement intempestif des cultures, contamination accidentelle	Manifestations spécifiques à chaque produit

Allergies alimentaires	Poussières, moisissures, allergènes divers (pollens…)	Fourrages très poussiéreux ou moisis Aliments concentrés	Emphysème pulmonaire Échauboulure. « Crise d'urticaire », cloques sur le corps
Erreurs dans la distribution des repas	Consommation excessive et rapide de grains	Erreur de distribution ou « vol » d'aliments dans les réserves par l'animal	Diarrhée, dilatation aigüe de l'estomac se traduisant par des coliques violentes avec efforts de régurgitation, fourbure[2]
	Excès alimentaire permanent	Poulains gras sur pâturages trop riches en matières azotées	Fourbure[2]
	Distribution irrégulière des repas	Nombre insuffisant de repas, horaires non respectés	Coliques[1]
	Consommation trop rapide d'aliment concentré	Cheval affamé ou tachyphage	Obstruction œsophagienne
Erreurs d'abreuvement Caractéristiques anormales de l'eau	Abreuvement irrégulier et/ou insuffisant	Absence d'abreuvoir automatique ou abreuvoirs bouchés	Coliques[1]
	Absorption rapide d'une grande quantité d'eau froide	Cheval assoiffé après un effort	Coliques[1] ou fourbures[2]
	Eau chargée de terre ou de sable		Coliques[1]

[1]Coliques, expression clinique de la douleur abdominale chez le cheval. Elles sont provoquées par un spasme intestinal ou une dilatation anormale de l'estomac. Elles peuvent se compliquer d'occlusions provoquant très rapidement la mort de l'animal. Il faut savoir que toutes les coliques ne sont pas d'origine digestive.

[2]Fourbure, affection très grave liée à une congestion du tissu podophylleux entre le pied et le sabot. La fourbure aigüe provoque une douleur très vive des pieds, empêchant tout déplacement de l'animal. Au cours de la forme chronique, il y a bascule de la 3e phalange avec possibilité de perte du sabot.

[3]Pour tout renseignement d'ordre toxicologique on peut appeler le Centre National d'Informations Toxicologiques Vétérinaires (CNTV), adresse en fin de chapitre.

La transition alimentaire est donc impérative lorsqu'on change la nature des aliments, la composition du régime (proportion de fourrages et d'aliments concentrés), les quantités distribuées, en se rappelant que l'estomac du cheval est petit, le temps de séjour des aliments dans le tube digestif et notamment le complexe estomac + intestin grêle est très court tandis que le temps de séjour des aliments dans le gros intestin est long. Elle est nécessaire par exemple lorsque l'on passe d'un foin à un ensilage, ou que l'on introduit un aliment composé riche en céréales et/ou lorsque la composition de la ration, c'est-à-dire les proportions de fourrage et concentré, changent aussi. Chez le cheval adulte, la transition alimentaire ne sera jamais inférieure à une semaine avec des régimes à base de fourrages secs complémentés avec une proportion croissante d'aliment concentré. La durée sera multipliée par 2 à 3 en cas de substitution du fourrage sec par des ensilages. Chez le jeune cheval, ou la diversité des fourrages utilisables est large, la durée de la transition sera toujours de 2 à 3 semaines, et d'autant plus longue que le cheval est jeune. Chez le poulain, la transition commencera un mois avant le sevrage en cas de complémentation avec un aliment concentré et elle se prolongera un mois après lorsque les fourrages secs et surtout les ensilages sont offerts (voir chapitres 3 à 8).

Régime trop riche en aliment concentré

Un régime trop riche en céréales a pour effet de provoquer une acidose lactique dans le gros intestin accompagnée de la libération d'amines toxiques. Ces déviations digestives se traduisent par des diarrhées ou coliques de stases.

Régime à base d'ensilages

Le cheval peut être alimenté avec ce type de régimes si les règles de préparation-conservation-distribution sont respectées (voir chapitres 9 et 11). Les ensilages préfanés ou ressuyés pour atteindre 30-35 % de MS et les ensilages mi-fanés (balles rondes enrubannées) récoltés à plus de 50 % de MS posent en général peu de problèmes dès lors que les règles sont respectées. En revanche, les ensilages directs récoltés à moins de 30 % de MS sont à l'origine de troubles. L'appétit est limité et/ou irrégulier, les fèces sont très relâchées (ensilages trop humides et/ou mal conservés) ou en alternance secs (ensilage trop riche en amidon). Tout cela traduit un dysfonctionnement de la flore du gros intestin qui a des conséquences variées. L'excès d'ammoniac dans les ensilages entraîne une alcalinisation du contenu du gros intestin qui favorise la prolifération d'une microflore alcalinophile putréfiante avec production d'amines résultant de la décarboxylation par la microflore digestive des acides aminés issus de la digestion des aliments. Ces amines (histamine–tyramine et tryptamine) ont de fortes propriétés pharmaco-dynamiques qui peuvent expliquer en partie les différentes pathologies observées : congestions intestinales et la stimulation de flore pathogènes, congestions musculaires ou podales voire des réactions de pseudo allergies (histamine-like). L'intoxication ammoniacale peut aussi accentuer la production d'endotoxines microbiennes car elle stimule la prolifération d'une microflore pathogène. L'excès d'acide lactique peut contribuer à l'apparition de diarrhées, de coliques de stases et d'altérations de la muqueuse intestinale favorisant aussi le passage d'éventuelles endoxines bactériennes, si cet excès se prolonge trop longtemps. C'est pourquoi, par exemple, la teneur en acide lactique des ensilages doit être modérée (< 5 g/kg MS, voir chapitre 11, tableau 11.1).

Régime à forte proportion de pailles

Les chevaux de club peuvent être alimentés sans problème avec un régime à base de paille distribuée en quantité limitée à 3 kg complémenté par + 6 à 7 kg d'aliment concentré et 1,5 kg de foin lorsqu'ils sont conduits sur litière artificielle. En revanche, si la paille est offerte à volonté le cheval développera des coliques de stase intestinale.

Pulpes

La pulpe de betterave déshydratée est utilisée le plus souvent incluse dans l'aliment composé complémentaire, ce qui réduit les risques de gonflement et d'obstruction stomacale par l'imbibition consécutive à l'abreuvement et la salivation si celle-ci a été distribuée seule. Elle peut être distribuée seule en complément de la ration si elle est concassée en raison de sa dureté, distribuée en trois repas, avec un abreuvement automatique (*e.g.* à volonté).

Parasitisme d'origine alimentaire

Le rôle de l'alimentation sur le parasitisme est ambivalent. L'alimentation est très souvent source de parasites. Une alimentation de qualité peut aussi jouer un rôle protecteur contre l'infestation, en permettant à l'animal de monter une réponse immune protectrice.

Les parasites et leur localisation

La liste des parasites est présentée dans le tableau 2.11 : elle est une compilation des travaux de différents auteurs. Ces parasites sont fréquents. Le tractus digestif est une des cibles principales des parasites.

Les pathologies recensées pour les principaux parasites permettent de comprendre les interactions possibles avec l'alimentation et les performances.

Origine alimentaire des parasites et pathologie

C'est la source la plus fréquence d'infestation.

Parasites liés à l'ingestion de lait maternel (*Strongyloides westeri*)
Ce nématode est localisé dans l'intestin grêle des poulains. Des diarrhées peuvent apparaître chez le poulain à partir de l'âge de 10 jours. Le diagnostic est réalisé par coproscopie. La transmission par voie lactée est la plus fréquente et cela impose le traitement des juments autour de la période de poulinage pour éviter la transmission, par exemple avec de l'ivermectine ou de l'oxibendazole, 24 heures après le poulinage.

Tableau 2.11. Principaux parasites internes des chevaux (d'après Soulsby, 1987 ; Rehbien *et al.*, 2002 ; Gawor, 1995 ; Kilani *et al.*, 2003).

Organes	Catégories de parasites	Genres
Tractus digestif	Trématodes	*Gastrodiscus* sp.
	Cestodes	*Anoplocephala* sp.
	Nématodes	*Parascaris*
		Habronema et Draschia
		Srongyloides
		Petits strongles (Cyathostomes)
		Grands strongles
		Oxyures
	Arthropodes	*Gasterophilus* (larves)
	Protozoaires	*Giardia*
		Eimeria
		Cryptosporidium
Foie	Trématodes	*Dicrocoelium*
		Fasciola
	Cestodes	*Cysticercus tenuicollis*
		Kyste hydatique
Appareil circulatoire	Nématodes	*Strongylus*
	Protozoaires	*Babesia*
		Trypanosoma
Appareil respiratoire	Nématodes	*Dictyocaulus*
	Cestodes	Kyste hydatique (*Echinococcus granulosus*)
Muscles et tendons	Nématodes	*Onchocerca*
		Trichinella
	Protozoaires	*Sarcocystis*
Œil	Nématodes	*Thelazia*
		Setaria

Parasites transmis au pâturage par ingestion d'herbe

Cestodes. Lors d'infestations importantes un mauvais aspect du poulain et de l'anémie sont recensés. Des ulcérations de la muqueuse sont fréquentes dans la zone d'attachement d'*Anoplocephala perfoliata*. Ce cestode peut être responsable de perforations intestinales, de péritonites et de coliques. Un anthelminthique utilisé contre les nématodes est aussi efficace (surtout à dose double : 13,2 mg/kg de pamoate de pyrantel) contre *A. perfoliata*.

Nématodes

Les cyathostomoses larvaires se manifestent par des syndromes aigus de perte de poids, accompagnés de diarrhées sévères, en particulier en fin d'hiver et au printemps chez les chevaux de moins de 5 ans. Les chevaux présentent une neutrophilie et de l'hypoalbuminémie. Les lésions consistent en une typhlite ou une colite, avec une congestion de la muqueuse, des ulcérations et de la nécrose. Le diagnostic ne peut être fait par coproscopie car ce sont les stades larvaires qui provoquent ces lésions.

Les strongyloses à *Strongylus* ont des cycles complexes avec de longues migrations de plusieurs mois (voir chapitre 10). Les lésions dues aux migrations sont importantes et sont différentes selon l'espèce de *Strongylus*. *Strongylus vulgaris* est un strongle « artériel » en raison de sa migration dans les artères alors que *S. edentatus* est hépato-péritonéal et *Strongylus equinus* est hépato-pancréatique. Les vers adultes (hématophages) ont également une incidence pathologique avec de l'anémie, de la diarrhée puis une émaciation de l'animal.

Trichostrongylus axei, nématode de petite taille, est capable d'infester également les ruminants. Ce parasite provoque une gastrite catarrhale chronique, avec des lésions nodulaires de muqueuse épaissie et encadrées de zones de congestion, ce qui aboutit à des pertes de poids.

Parasites transmis par ingestion de litière, de paille ou d'herbe

Les cycles peuvent se réaliser à l'extérieur sur les pâturages et également à l'écurie.

Ascaris. Les poulains s'infestent peu à peu après la naissance. Les animaux hébergent des vers adultes dès l'âge de 4 à 5 mois et un diagnostic est réalisé par coproscopie sur les matières fécales. Lors d'infestations importantes les larves en migration produisent des signes respiratoires (rhumes d'été). Les vers adultes peuvent occasionner un mauvais état des poulains et occasionnellement des coliques, voire des obstructions intestinales et des perforations.

Oxyures. Les oxyures adultes sont surtout la cause d'irritation du périnée. Cette irritation amène l'animal à se frotter vigoureusement autour de la région anale ce qui aboutit à des zones avec des pertes de poils.

Parasite transmis par ingestion d'aliments contaminés par des viandes

La trichine chez le cheval a été source de contamination pour les humains en plusieurs occasions. L'infestation du cheval n'est pas bien connue mais passe par l'ingestion involontaire de viande de mammifères contaminés.

Parasites non alimentaires transmis par des insectes vecteurs

Les gastérophiles sont à l'origine de gastrites modérées. La migration des larves juste après l'infestation cutanée provoque parfois des stomatites. Le diagnostic est difficile car il repose sur la présence de larves localisées dans l'estomac, parfois éliminées dans les crottins.

Les habronèmes provoquent une gastrite catarrhale lors de fortes infestations. *Draschia* provoque des lésions d'aspect tumoral qui peuvent atteindre 10 cm de diamètre dans l'estomac. Les larves de ces deux nématodes ont été retrouvées dans les poumons des poulains en association avec des abcès à *Rhodococcus*. Les signes cliniques sont surtout présents lors de rupture des granulomes. Le diagnostic des œufs dans les matières fécales est difficile en raison de la petite taille des œufs.

Alimentation et résistance au parasitisme

L'influence de la qualité de l'alimentation a été étudiée chez les ruminants (et en particulier les ovins) : la bonne qualité et la quantité d'aliments jouent un rôle protecteur contre l'infestation parasitaire. Aucune étude dans ce sens n'est disponible chez le cheval. Indirectement une étude sur les coliques du cheval permet d'associer le parasitisme et l'alimentation. Le parasitisme (Strongles et *Anoplocephala*) est un des facteurs importants mais les facteurs essentiels concernent les variations de l'alimentation, celles relatives au logement dans l'écurie et le facteur individuel (certains chevaux ont des coliques à répétition). Les changements d'alimentation mal gérés sont un des facteurs qui favorisent le parasitisme en règle générale. Le facteur individuel est également très important dans la résistance à l'infestation par les strongles. En première approche, une alimentation de qualité permettra de réduire les aléas pathologiques (coliques) et vraisemblablement l'infestation parasitaire, en particulier chez les animaux les plus sensibles à l'infestation.

Santé osseuse

Les pathologies ostéo-articulaires sont plus insidieuses. Elles sont liées à des erreurs de rationnement minéral et/ou vitaminique, ou à des excès d'apports énergétiques.

L'ostéofibrose

C'est l'affection la plus sévère et la plus commune liée à un mauvais rationnement phosphocalcique. Elle atteint aussi bien les jeunes chevaux (yearlings ou chevaux plus âgés) que les adultes. L'ostéofibrose est liée à une carence en calcium associée le plus souvent à un apport excessif de phosphore. Elle est donc favorisée par les rations très riches en céréales, l'usage abusif des mashes à base de son, l'utilisation de fourrages de médiocre qualité sans légumineuses, un choix erroné de la complémentation minérale. L'apport de vitamine D sans correction calcique est également nuisible. Il ne faut pas perdre de vue qu'il s'agit non seulement d'assurer les apports minimaux de calcium prévus par les tableaux d'apports recommandés (voir chapitres 3 à 8) mais également de maintenir un rapport Ca/P de l'ordre de 1,5 pour « compenser », le cas échéant, l'effet d'un apport de phosphore excessif.

Le rachitisme

Le rachitisme est dû à un apport défectueux de calcium et/ou de phosphore, associé à une carence en vitamine D. En fait, il est relativement rare chez le cheval par rapport à l'ostéofibrose. Il convient cependant d'être vigilant en ce qui concerne les apports de phosphore chez les animaux en croissance, chaque fois que les fourrages utilisés sont de mauvaise qualité ou lors d'emploi d'aliments particulièrement dépourvus en phosphore (pulpes de betteraves déshydratées par exemple).

L'ostéomalacie a les mêmes causes que le rachitisme mais elle concerne les os qui ont achevé leur croissance et qui subissent une reminéralisation insuffisante. Elle ne provoque pas de déformations importantes.

L'ostéochondrose

Elle s'installe au cours de la première année postnatale chez les jeunes chevaux qui reçoivent un régime à forte concentration énergétique pour réaliser une croissance maximum.

La vitesse de croissance visée ne doit pas dépasser le seuil de risque indiqué chapitre 5. Même dans ce cas, la proportion de céréales dans la ration ne doit pas être supérieure à 40 p. 100 et les apports en calcium et phosphore, ou cuivre et zinc, doivent être couverts en respectant les équilibres Ca/P = 1,5 ; Cu/Zn = 0,15 à 0,25.

Santé musculaire

La maladie du muscle blanc

La carence en sélénium est liée à une déficience des fourrages en sélénium, elle-même dépendant d'une carence des sols. On peut y remédier par apport de sélénium dans le condiment minéral ou par injection de composés séléniés à la jument en gestation ou en lactation. Ces apports doivent être faits de façon très rigoureuse, tout excès de sélénium pouvant aboutir à une très grave intoxication. L'apport de vitamine E associé au sélénium a un effet adjuvant. Des apports ont été également testés avec succès par épandage de fertilisants enrichis en sélénate sur des prairies destinées à produire du foin ou de l'orge d'hiver.

La myoglobinurie paroxystique

Elle est la conséquence d'une hyper-accumulation intra musculaire d'acide lactique après un effort de sprint chez un cheval recevant un apport excessif de céréales dans la ration. La surcharge glycogénique musculaire ainsi induite entraîne une forte acidose qui provoque un dysfonctionnement du métabolisme musculaire avec excrétion de myoglobine dans les urines. Il faut limiter préventivement la quantité de céréales dans la ration journalière et ajuster l'intensité du travail à effectuer.

Autres

La fourbure

Elle est la conséquence le plus souvent de différents facteurs combinés : ration trop riche en céréales associée ou non à un excès de protéines éventuellement aggravé par un changement brutal de régime alimentaire. Il importe donc de limiter la concentration énergétique et azotée de la ration, d'effectuer des transitions alimentaires et d'ajuster les apports alimentaires au travail réellement effectué.

Altération de l'appétit – Fatigabilité accrue

L'insuffisance chronique des apports de chlorure de sodium se traduit par une altération de l'appétit, par la rugosité du poil ou par l'apparition précoce de signes de fatigue lors d'effort. L'excès de chlorure de sodium est exceptionnel.

Accidents liés aux aliments

Les aliments utilisés doivent être exempts de plantes toxiques, de moisissures et toxines bactériennes, d'additifs et conservateurs utilisés chez les autres espèces (voir chapitre 9). Ces risques sont prévenus si les conditions de récolte et de conservation des fourrages (voir chapitre 11), de fabrication et conservation des aliments concentrés (voir chapitre 9) sont respectées.

Accidents liés à la complémentation en minéraux, oligoéléments et vitamines

La complémentation de la ration de base de fourrages est nécessaire pour équilibrer la ration et donc prévenir les carences. Mais elle ne doit pas être excessive aux risques de provoquer des troubles de la santé (voir chapitre 1) ou des risques de toxicité qui peuvent être quelquefois mortel. Les limites d'apports journaliers en minéraux, oligoéléments et vitamines sont indiqués dans les tableaux 2.12 et 2.13.

Comportements alimentaires particuliers

La coprophagie

Elle est très fréquente et naturelle chez le jeune poulain après la naissance. Elle disparaît à l'âge d'un mois environ au moment où l'activité microbienne du gros intestin semble suffisamment développée. Mais elle peut aussi durer, à moindre bruit, sur plusieurs mois. La coprophagie peut donc avoir un impact sur les examens parasitaires : des fèces d'adultes contaminés, si elles sont ingérées, conduisant à une excrétion d'œufs de parasites apparentés. L'interprétation des examens réalisés chez le poulain sous la mère doit être critique.

Elle est exceptionnelle chez l'adulte et souvent considérée comme un trouble du comportement né de l'ennui, d'une déviation du goût ou de la distribution d'un régime trop riche en aliments concentrés.

Le mâchonnage de bois

À l'écurie, le cheval mâchonne fréquemment le bois de l'auge ou du bat-flanc. Les régimes très riches en aliments concentrés provoquent ce comportement particulier. La distribution de paille (notamment en litière) peut le limiter.

Tableau 2.12. Limites d'apports journaliers en minéraux et oligo-éléments (d'après NRC, 1989, 2005, 2007).

Éléments	Par kg matière sèche ingérée	Sources
Calcium	2 % (P suffisant, Ca/P ≤ 2)	2005 ; 2007
Phosphore	1 % (Ca suffisant, Ca/P ≤ 2)	2005 ; 2007
Magnésium	0,8 %	2005 ; 2007
Potassium	1 % (mais abreuvement à volonté)	2005 ; 2007
Chlorure de sodium	6 % (mais abreuvement à volonté)	2005 ; 2007
Soufre	0,5 %	2005
Cuivre	250 mg (et Cu/Zn 0,15 à 0,25)	2005 ; 2007
Zinc	500 mg (et Cu/Zn 0,15 à 0,25)	2005 ; 2007
Cobalt	25 mg	2005 ; 2007
Selenium	0,5 mg	2007
Fer	500 mg	2005 ; 2007
Iode	5 mg	2005 ; 2007
Manganèse	500 mg/jour	2007
Chrome	3000 mg (sous forme oxyde) et 100 mg (sous forme trivalente)	2005
Fluor	40 mg	2005

Tableau 2.13. Limites d'apports journaliers en vitamines (d'après NRC, 1989, 2005, 2007).

	Par kg	Source
Vitamine A	16 000 UI/kg MSI	1989 ; 2007
Vitamine D	44 UI/kg PV	1989 ; 2007
Vitamine E	1 000 UI/kg MSI	1989 ; 2007
Vitamine K	Besoins × 1000	2007

Adresse utile

Centre National d'Informations Toxicologiques Vétérinaires (CNTV)
École Nationale Vétérinaire de Lyon, dénommée VetAgroSup
Campus Vétérinaire de Lyon
 69 Marcy l'Etoile
Appel 24 h/24. Tél. 04.78.87.10.40

Pour en savoir plus

Bigot G., Trillaud-Geyl C., Martin-Rosset W., Dubroeucq H., 1988. Evolution du format du cheval de selle de la naissance à 18 mois : critères et méthodes d'appréciation. *In : 14ᵉ Journée de la recherche équine,* Les Haras Nationaux, Paris, 87-102.

Canadian Council Ministers of the Environment, 2002. *Canadian environnemental quality guidelines. Canadian water quality guidelines for the protection of agricultural water uses,* chapitre 5.

Doreau M., 1978. Comportement alimentaire du cheval à l'écurie. *Ann. Zootech.,* 27, 291-302.

Gawor J.J., 1995. The prevalence and abundance of internal parasites in working horses autopsied in Poland. *Vet. Parasitol.,* 58, 99-108.

Goncalves V., Julliand V., Leblond A., 2002. Risk factors associated with colic in horses. *Vet. Res.,* 33, 641-652.

Inra –IFCE – IE, 1997. *Grille de notation de l'état corporel des chevaux de selle,* Institut de l'élevage ed., Paris, 40 p.

Kilani M., Guillot J., Polack B., Chermette R., 2003. Helminthoses digestives. *In : Principales maladies infectieuses et parasitaires du bétail Europe et Régions Chaudes* (Lefre P.C., Blacou J., Chermette R., eds), tome 2, Maladies bactériennes, mycoses, maladies parasitaires, Lavoisier, Paris, 1309-1410.

Löwe H., Meyer H., 1979. *Pferdezucht und Pferdefütterung.* Verlag Eugen Ulmer, Stuttgart, Germany, 439 p.

Martin-Rosset W., Tavernier L., Vermorel M., 1989. Alimentation du cheval de club avec un régime à base de paille et d'aliment composé. *In : 15ᵉ Journée de la recherche équine,* Les Haras Nationaux, Paris, 90-102.

Martin-Rosset W., Vernet J., Dubroeucq H., Picard A., Vermorel M., 2008. Variation and prediction of fatness from body condition score in sport horses. *In : 4th European Worshop Equine Nutrition,* Forssa, Finland, 23-25 July.

NRC, 1989. *Nutrients requirements of Horses,* 5th revised Edition, Washington D.C., The National Academies Press.

NRC, 2005. *Mineral Tolerance of animals,* 2nd revised edition, Washington D.C., The National Academies Press.

NRC, 2007. *Nutrients requirements of Horses,* 6th revised Edition Washington D.C., The National Academies Press.

Paragon B.M., Blanchard G., Valette J.P., Medjaoui A., Wolter R., 2000. Suivi zootechnique de 439 poulains en région Basse-Normandie. *In : 26ᵉ Journée de la recherche équine,* Les Haras Nationaux, Paris, 125-134.

Rehbien S., Visser M., Winter R., 2002. Examination of faecal samples of horses from Germany and Austria. *Pferde Heilkunde,* 18-439.

Ruckebusch Y., Vigroux P., Candau M., 1976. Analyse du comportement alimentaire chez les équidés. *In : 2ᵉ Journée de la recherche équine,* Les Haras Nationaux, Paris, 69-72.

Soulsby E.J.L., 1987. Parasitologia y enfermedades parasitarias en los animales domesticos. *In : 7ᵃ Edicion Nueva Editorial Inter-Americana,* Mexico, 823 p.

Tisserand J.L., Rollin G., Masson C., 1977. Influence du rythme de distribution des céréales et du foin sur la digestion dans le gros intestin et l'efficacité de la ration chez le poney. *In : 3ᵉ Journée de la recherche équine,* Les Haras Nationaux, Paris, 48-52.

Trillaud-Geyl C., Martin-Rosset W., 2007. Alimentation du cheval en croissance avec des fourrages ensilés. *In : 33ᵉ Journée de la recherche équine,* Les Haras Nationaux, Paris, 7 Mars.

Wolter R., Wehrle P., 1977. Appréciation des principaux compléments minéraux destinés aux chevaux de sport. *In : 3ᵉ Journée de la recherche équine,* Les Haras Nationaux, Paris, 57-59.

Wolter R., 1980. Alimentation et coliques chez le cheval. *Prat. Vet. Equine,* 12(1), 25-31.

3

La jument

William Martin-Rosset, Michel Doreau, Daniel Guillaume

Le troupeau de juments a un effectif de 95 902 en France en 2009, réparti dans 45 075 élevages, soit en moyenne 2,1 juments par élevage mais avec une très grande disparité. La plus grande partie des élevages ne comportent qu'une jument (28 647) tandis que seulement 2 739 élevages exploitent plus de 5 juments pour ne citer que les extrêmes d'une population totale de reproductrices de 102 191. Le troupeau national comporte autant de juments de course (26 p. 100), de sport (34 p. 100) que de trait (31 p. 100). Il faut signaler 7 p. 100 de ponettes. Les juments de course et de sport sont surtout conduites dans les zones herbagères de plaine localisées respectivement dans le Grand-Ouest et sur un axe Grand-Ouest/ Grand-Est auquel il faut associer en partie le Grand-Sud-Ouest. Les juments de trait sont pour la plupart exploitées pour la production de viande dans les zones collinaires et de montagne du Massif central et des régions Midi-Pyrénées, Aquitaine, Rhône-Alpes ; tandis que les juments de berceaux traditionnels de races dominantes sont localisées dans le Grand-Ouest et l'Est. Les juments de loisirs sont localisées dans différentes zones selon qu'il s'agit d'élevages spécialisés loisirs ou dérivés de l'élevage de sport.

Cycle annuel de reproduction

Cycle gestation-lactation

Les juments sont le plus souvent mises à la saillie à trois ans, parfois plus tard pour les juments de sang, quelquefois à deux ans pour les pouliches de race de trait. Leur croissance n'est pas encore achevée (voir chapitre 5). Le poulinage a lieu généralement au printemps (près de la mise à l'herbe) sauf pour les races de course pour lesquelles il se situe en fin d'hiver. La fécondation a lieu au cours du mois suivant la mise bas ou au plus tard à la chaleur suivante lorsque la reproduction est bien conduite.

La jument allaite son jeune pendant 5 à 7 mois selon les races. Le tarissement de la jument, qui correspond au sevrage du jeune, a lieu en fin d'été ou en automne.

Éléments de physiologie de la reproduction

Saisonnalité

Les poulinages ont lieu au printemps-début été car l'activité ovarienne de la jument est saisonnière. D'un point de vue administratif, les sociétés de courses régissant l'élevage ou l'utilisation des chevaux ont fixé le changement d'une catégorie d'âge au 1er janvier. Les poulains conçus pendant la même saison de reproduction ont donc le même âge administratif tandis que l'âge réel peut être différent de plusieurs mois selon la date de conception, ce qui peut être un avantage ou un inconvénient selon cet âge au début de la carrière d'athlète à deux ans pour les races de course, ou de poids vif atteint pour le poulain commercialisé au sevrage pour les races de trait.

La période d'activité ovarienne est centrée au cours de la période des jours les plus longs de l'année (printemps-été). L'apparition et la durée de la phase d'activité ovarienne sont donc liées à la durée de la période d'éclairement ou photopériode.

L'avancement de la date d'activité ovarienne avec ovulation peut être obtenue sous nos latitudes par la mise en œuvre fin décembre d'un éclairement artificiel d'une durée de 14h30 alternant avec 9h30 de nuit.

Au printemps, la date de démarrage de la saison de reproduction dépend de l'état physiologique des juments et de l'état corporel. Les jeunes juments (3-4 ans) ou les juments adultes maigres (note < 3 : voir chapitre 2, tableau 2.2) et celles qui ont allaité un poulain l'année précédente montrent systématiquement une période d'inactivité ovulatoire hivernale. Au contraire, une proportion importante de juments adultes en bon état corporel et/ou n'ayant pas allaité de poulain l'année précédente présentent une activité ovulatoire permanente. L'arrêt hivernal de l'activité ovarienne est donc la conséquence de la balance énergétique de la jument. Au printemps, les juments qui reçoivent une complémentation d'aliment concentré ont leur première ovulation plus tôt que les juments non complémentées. L'effet est dû à l'apport d'énergie et de protéines mais également à la qualité des protéines.

Le niveau des apports nutritionnels, notamment à partir de l'automne, permet d'avancer la reprise de l'activité ovarienne et de réduire la durée de la période d'inactivité à 40 jours chez des juments bien alimentées contre 190 jours chez des juments restreintes (figure 3.1).

Un effet de la complémentation et de l'allongement de la photopériode au début de l'année sur l'activité de reproduction a été également mis en évidence. En d'autres termes, la photostimulation classique de 14h30 d'éclairement de juments maigres n'avance pas la date de la première ovulation si elle n'est pas accompagnée d'un accroissement du niveau des apports alimentaires.

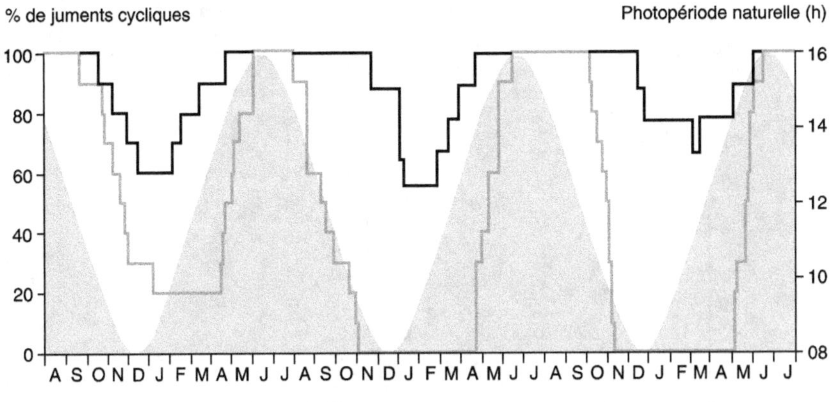

Figure 3.1. Effets du niveau des apports alimentaires sur la cyclicité de la jument (d'après Salazar-Ortiz *et al.*, 2011).

Cycle sexuel

Le cycle sexuel a une durée de 20 à 30 jours qui se divise en deux phases : la phase folliculaire et la phase lutéale caractérisées respectivement par une concentration plasmatique de progestérone proche de zéro ou élevée (figure 3.2). La croissance folliculaire commence pendant la phase lutéale pour se terminer, sous l'impulsion de l'hormone folliculostimulante (FSH), par l'ovulation. Pendant la phase de croissance folliculaire, le comportement d'œstrus ou chaleur (comportement d'acceptation du mâle), induit par les œstrogènes sécrétés par les follicules en croissance, commence en moyenne 6 jours avant l'ovulation pour se terminer le lendemain de celle-ci. Après l'ovulation, le taux plasmatique de progestérone augmente linéairement jusqu'à un plateau qui est atteint 5 jours après l'ovulation et qui se maintient en cas de gestation établie ou au contraire diminue en cas de non fécondation (figure 3.2).

L'état nutritionnel de la jument affecte la croissance folliculaire. Cette dernière est nettement plus active chez des juments en bon état corporel (note > 3) que chez des juments maigres (note < 3). Le cycle sexuel est plus court chez les juments en bon état que chez les juments maigres. Cet effet nutritionnel est principalement transmis par le système GH-IGF1. Il paraît donc possible de mettre à la reproduction des juments en état corporel initial insuffisant, si elles sont bien alimentées au cours de la période de 4 à 6 semaines, selon la note d'état corporel qui précède, pour récupérer un bon état sans que la fertilité ne soit affectée.

La puberté

La première ovulation a lieu en moyenne vers l'âge de 15 mois chez la pouliche, déterminant ainsi l'âge de la puberté. Mais cet âge peut varier de 9 mois à 3 ans chez des femelles respectivement bien alimentées ou restreintes, selon les conditions de milieu et notamment d'alimentation.

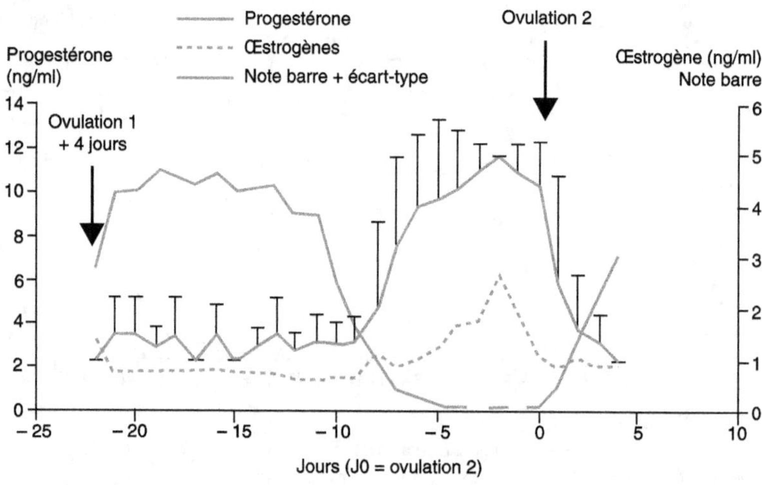

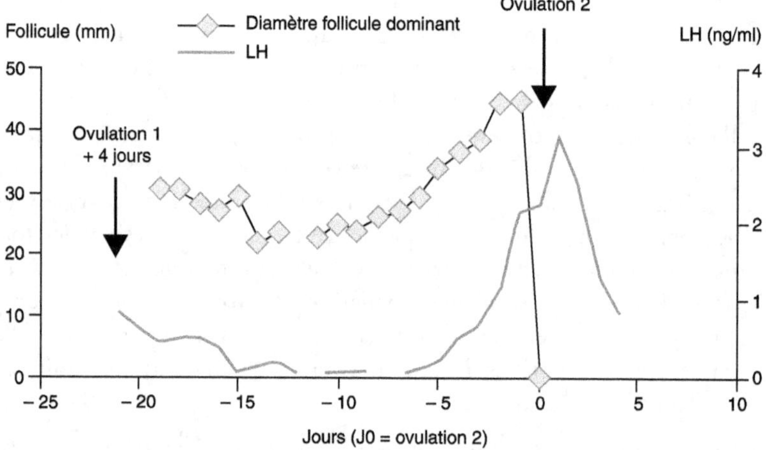

Figure 3.2. Cycle ovarien caractéristique de la jument et principales hormones impliquées (d'après Briant *et al.*, 2006). Moyennes de 10 juments avec évolution typique de la réceptivité sexuelle correspondant à un cycle ovarien caractéristique.

La gestation

La durée de la gestation est en moyenne de 340 jours. Elle explique en grande partie les variations du poids du fœtus à la naissance. Le maintien de la gestation est assuré par la sécrétion de progestérone maternelle dans la phase initiale puis par la progestérone placentaire à partir du 5e mois de gestation.

Pendant la gestation, le poids du fœtus s'accroît en fonction du stade physiologique. De la fécondation à 5-6 mois, la multiplication cellulaire est intense mais la croissance pondérale est limitée (figure 3.3). Ensuite, la croissance pondérale est très importante. Parallèlement, les tissus annexes (placenta et enveloppes) d'une part et les tissus maternels (utérus et mamelle) d'autre part se développent considérablement pour assurer respectivement la nutrition *in utero* du fœtus et préparer la nutrition postnatale du nouveau-né.

Conséquences pratiques

La maîtrise de l'inactivité ovarienne est donc capitale, d'une part pour augmenter le nombre de cycles utilisables à l'échelle d'une saison sexuelle pour féconder la jument, et d'autre part pour situer la naissance du poulain à la date pertinente pour atteindre l'âge approprié correspondant au type d'utilisation (course) ou au poids vif au sevrage optimum pour une bonne commercialisation (trait). Le niveau et la qualité des apports alimentaires au cours du cycle gestation-lactation peuvent y concourir en permettant à la jument d'atteindre l'état corporel optimal (3,0 à 3,5).

La gestation correspond à une des deux périodes majeures du cycle gestation-lactation, au cours de laquelle sont élaborés les tissus du fœtus. Les apports alimentaires à la mère doivent permettre d'assurer un bon développement du fœtus et une bonne santé tant à la naissance qu'au cours de la période postnatale (voir chapitre 5).

Besoins nutritionnels

Les besoins sont établis par la méthode factorielle (voir chapitre 1). Les besoins de production sont ajoutés aux besoins d'entretien dans les deux situations physiologiques gestation puis lactation pour établir les besoins totaux.

Besoin d'entretien

Le besoin azoté est fixé à 2,8 g MADC/kg $PV^{0,75}$.

Le besoin énergétique d'entretien de base *sensu stricto* est fixé à 0,0373 UFC kg $PV^{0,75}$. Il doit être plus ou moins augmenté selon la race (voir chapitre 1, tableau 1.1), mais est aussi majoré par trois facteurs :

– l'activité physique : les mouvements et les déplacements sont de plus en plus importants lorsque l'espace dont dispose les juments s'accroît. On a fixé les majorations des dépenses énergétiques à 10-25 p. 100 en cas d'hivernage extérieur ;

– le climat : les juments de trait sont conduites en plein air intégral toute l'année, le plus souvent dans la zone de la neutralité thermique sous nos latitudes tempérées (– 10 °C à + 25 °C ; voir chapitre 1). Au-delà de ces limites, on majorera les dépenses de + 2,5 p. 100 par degré celsius en dehors de cette zone. Les dépenses des juments de course, sport et loisirs n'ont pas besoin d'être majorées car leur mode de conduite ne les soumet pas ou peu à des conditions climatiques en dehors de la zone de neutralité thermique ;

– l'état physiologique : la fin de la gestation et surtout la lactation entraînent un accroissement des dépenses d'entretien lié à une élévation du métabolisme général de la jument. Il varie avec le niveau de production connue chez les autres espèces, mais son importance quantitative n'est pas connue chez la jument. Les juments sont mises à la reproduction entre 75 p. 100 de leur poids vif adulte à 2 ans quelquefois pour les races de trait et 85 p. 100 à 3 ans pour les autres races. Elles réalisent encore une croissance journalière de 200 à 300 g/j à assurer au cours de l'année qui suit la saillie. On peut déduire du chapitre 5 que les dépenses supplémentaires de croissance correspondent à la fixation journalière de 750 kcal d'énergie nette (ou 0,3 UFC) et de 50 g de protéines dont il est tenu compte dans le calcul des besoins totaux journaliers.

Les besoins en minéraux établis par kilo de poids vif à l'entretien sont de : 0,040 g pour le calcium ; 0,028 g pour le phosphore ; 0,015 g pour le magnésium ; 0,020 g pour le sodium ; 0,060 g pour le potassium sur les bases détaillées chapitre 1.

Les besoins en oligoéléments déterminés à l'entretien sont exprimés par kg de matière sèche consommée : 10 mg pour le cuivre ; 50 mg pour le zinc ; 40 mg pour le manganèse ; 40 mg pour le fer ; 0,2 mg pour le cobalt ; 0,2 mg pour le sélénium ; 0,2 mg pour l'iode.

Les besoins en vitamines sont aussi exprimés par kilo de matière sèche consommée : 3250 UI pour la vitamine A ; 400 UI pour la vitamine D ; 60 UI pour la vitamine E.

Besoins de gestation

La gestation est une période cruciale du cycle de la reproduction de la jument car celle-ci doit absolument produire un jeune en bonne santé et au bon moment de l'année selon la race exploitée. La jument doit aussi être en bon état corporel au poulinage pour être fécondée au cours du mois suivant la mise bas.

Croissance du conceptus : fœtus et tissus maternels lors du cycle de reproduction

L'accroissement pondéral du fœtus est très faible au cours des cinq premiers mois de gestation. Pendant les 180 derniers jours de la gestation (6 au 11e mois) il est très élevé surtout au cours des quatre derniers mois où il est linéaire (figure 3.3a).

On a utilisé essentiellement la courbe de Meyer et Ahlswede (1976) pour établir les poids du fœtus à âge type au cours des six derniers mois de gestation (6 au 11e mois).

Le placenta et l'amnios (annexes fœtales), l'utérus et la mamelle (tissus maternels), et les liquides foetaux se développent au cours de la gestation, en moyenne plus précocement que le fœtus (figure 3.3b). Ils représentent 70 p. 100 du poids du conceptus à mi-gestation et seulement 45 p. 100 à la mise bas. Pendant la totalité de la gestation, le poids de la mamelle est multiplié par 2, et le poids de l'utérus par 20.

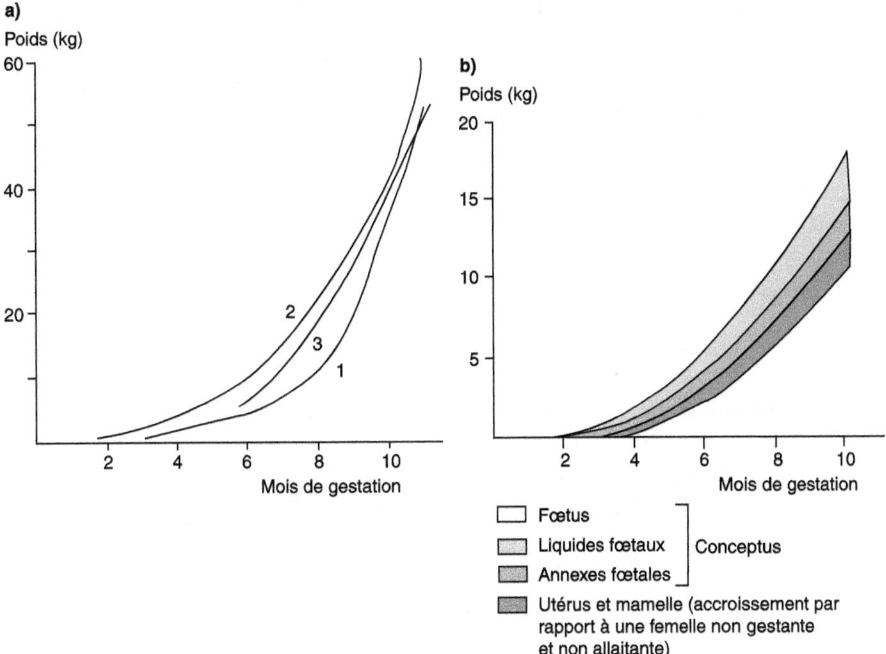

Figure 3.3. Évolution au cours de la gestation du poids du fœtus (a), des annexes, de l'utérus et de la mamelle (b) chez la jument. D'après Dusek, 1966 (courbe 1) ; Den Engelsen, 1966, cité par Meyer, 1976 (courbe 2) ; Meyer et Ahlswede, 1976 (courbe 3).

Les besoins sont donc calculés à partir de la variation du poids du conceptus, c'est-à-dire celle du poids du fœtus et du poids des annexes fœtales, à laquelle sont ajoutées également la variation du poids de tous les tissus maternels.

Quantité de nutriments fixés dans l'utérus gravide

Les quantités de nutriments déposés dans le conceptus peuvent être calculées à partir du gain de poids et de sa composition chimique. Les teneurs en lipides et en protéines du fœtus passent respectivement de 1,9 à 2,6 % et de 10,3 à 17,1 % entre le 6e et le 11e mois de gestation tandis que les teneurs en calcium et en phosphore varient de 60 à 67 g et 35 à 36 g/kg MS de fœtus. Les teneurs des autres minéraux varient peu. On a considéré que les annexes fœtales et les tissus maternels avaient la même composition chimique que le fœtus au même stade de gestation. Dans ces conditions, il a été estimé à partir des données bibliographiques sur l'évolution du poids des annexes fœtales et des tissus maternels, et de la composition chimique, que l'accroissement des nutriments dans ces tissus représente respectivement en moyenne 20 % et 10 % du gain de ces mêmes nutriments fixés par le fœtus.

Le besoin de gestation est alors calculé à partir du gain de poids du fœtus et de la variation de sa composition chimique (tableau 3.1), multiplié par 1,30 pour prendre en compte le besoin lié aux annexes fœtales et aux tissus maternels.

Tableau 3.1. Gain de poids et composition chimique du fœtus (adapté de Meyer et Ahlswede, 1976).

Mois	Gain de poids (p. 100 du poids de naissance)	Énergie (kcal/kg PV)	Protéines (%)	Minéraux (g/kgMS)				
				P	Ca	Mg	Na	K
6-7	14	850	10,5	35	60	1	11	10
8-9	19	1 050	12,5	35	65	1	9	8
10	23	1 180	15,3	36	67	1	8	8
11	25	1 280	17,1	36	67	1	7	7

La quantité d'énergie totale ainsi fixée dans le conceptus et les tissus maternels varie de 35 kcal/100 kg PV à 156 kcal/100 kg PV et le besoin est établi en divisant l'énergie fixée par le rendement d'utilisation de l'énergie (25 p. 100). Le besoin varie de 138 kcal/100 kg PV à 627 kcal/100 kg PV soit 0,06 UFC/100 kg PV à 0,28 UFC/100 kg PV en tenant compte de la nouvelle valeur de référence de l'orge en 2011 (2 250 kcal EN/kg).

De la même manière, la quantité de protéines fixées dans le conceptus et les tissus maternels varie de 7 g/100 kg PV à 26 g/100 kg PV. Le besoin, calculé en considérant un rendement d'utilisation des matières azotées digestibles de 55 p. 100, varie donc de 13 g MADC/100 kg PV à 47 g MADC/100 kg PV.

Les besoins de gestation en minéraux ont été calculés à partir de la composition chimique du fœtus et en tenant compte, comme pour les besoins énergétiques et azotés, du poids des annexes fœtales et de l'accroissement du poids des tissus maternels. Par ailleurs, la digestibilité des minéraux retenue a été celle rapportée dans le chapitre 1, tableau 1.14. Les besoins de gestation en minéraux exprimés par 100 kg de poids vif de la jument ont donc varié de 0,9 à 4,3 g pour le calcium ; de 0,8 à 3,5 g pour le phosphore ; de 0,03 à 0,08 g pour le magnésium ; de 0,10 à 0,25 g pour le sodium et de 0,12 à 0,27 g pour le potassium.

Les besoins en oligoéléments sont exprimés par kg de MS ingéré. Les concentrations sont celles rapportées dans le chapitre 2, tableau 2.1. Les besoins en vitamines sont également exprimés par kg de matière sèche ingérée (voir chapitre 2, tableau 2.1).

Le besoin total de la jument gestante

Le besoin total est la somme du besoin d'entretien et du besoin de gestation (tableaux 3.2 à 3.7).

$$\text{Énergie (UFC/g)} = (x_1{}^* \text{ UFC/100 kg PV} \times \text{PV}_{kg})$$
$$+ (x_2 \text{ UFC/100 kg PV} \times \text{PV}_{kg})$$

(* majoré de 5 à 10 p. 100 respectivement pour les chevaux de sports-loisirs ou de course)

$$\text{Azote (g MADC/j)} = (x_1 \text{ g MADC/100 kg PV} \times PV_{kg})$$
$$+ (x_2 \text{ g MADC/100 kg PV} \times PV_{kg})$$
$$\text{Minéraux (g/j)} = (x_1 \text{ g/kg PV} \times PV_{kg}) + (x_2 \text{ g/kg PV} \times PV_{kg})$$
$$\text{Oligoéléments (mg/j)} = (\text{mg/kg MS} \times x \text{ kg de MS})$$
$$\text{Vitamines (UI/j)} = (\text{UI/kg MS} \times x \text{ kg de MS})$$

Lactation

La lactation est la seconde période majeure du cycle de reproduction de la jument. La jument doit nourrir correctement son jeune car il doit atteindre au sevrage en moyenne 45 p. 100 de son poids vif adulte. Elle doit être impérativement fécondée au cours du mois suivant pour d'une part maintenir un intervalle entre deux mises bas de 12 mois surtout pour les races de sport, loisirs et trait, et d'autre part maintenir une date de mise bas cohérente avec les objectifs de production des différentes races.

Physiologie

La mamelle est située en position inguinale. Elle comprend quatre glandes distinctes disposées de part et d'autre d'une ligne médiane. Chaque paire de glandes est pourvue d'un trayon et chaque trayon est desservi par deux citernes et deux canaux.

Le tissu mammaire ou parenchyme est constitué de deux types de tissus : sécrétoire et d'éjection. Le tissu sécrétoire est constitué de cellules agencées en alvéoles où est sécrété le lait. Ces alvéoles sont entourées de cellules myoépithéliales qui, en se contractant, provoque l'éjection du lait *via* le réseau de canaux dans les citernes situées à la base des trayons. La capacité de la mamelle est limitée à 2 l de lait en moyenne et 75 à 85 p. 100 du lait est stocké en zone alvéolaire.

Au cours du cycle de reproduction, la mamelle s'engage dans un cycle de croissance et de différenciation qui se déroule en trois phases : croissance de la mamelle pendant la gestation, sécrétion du lait pendant la lactation et involution pendant ou au cours du sevrage. Tous les changements sont sous contrôle hormonal.

Au cours de la gestation, le tissu alvéolaire se développe aux dépens du tissu adipeux sous l'effet conjugué de concentrations élevées en progestérone et œstrogène. La concentration élevée en progestérone inhibe la production laitière.

La diminution de la concentration en progestagènes en fin de gestation et l'accroissement de celle de prolactine sont à l'origine de l'initiation de la lactation. Le mécanisme de blocage de la lactation par les progestagènes n'est pas absolu car certaines juments perdent prématurément du lait au cours de la semaine pré-partum. On dit que ces juments « mettent les chandelles » car du lait sécrété coagule au bout des trayons. Par ailleurs, l'anœstrus de lactation ne se produit pas après la mise bas, et la croissance folliculaire comme l'ovulation reprend au cours de la semaine post-partum.

La prolactine joue un rôle principal dans la lactogenèse et l'initiation de la lactation. La concentration de prolactine augmente au cours des jours qui précèdent la mise bas et elle atteint son maximum au poulinage, tandis qu'elle reste élevée au cours des trois premiers mois de lactation. Il y a une relation positive entre la tétée du poulain et la concentration plasmatique en prolactine.

La production laitière est déterminée par le nombre de cellules épithéliales sécrétrices de la mamelle et leur activité sécrétoire. Elle est régulée par la demande du poulain, son format et sa fréquence de tétée. L'éjection du lait de la mamelle est provoquée par l'oxytocine sécrétée par le lobe postérieur de l'hypophyse lorsque la mamelle est stimulée mécaniquement au cours de la tétée.

Lorsque la demande du poulain diminue, notamment à partir du 3-4ᵉ mois de lactation, la mamelle s'engage dans un processus progressif d'involution. L'accroissement de la pression intramammaire et alvéolaire causée par l'accumulation de lait, combinée avec les effets d'inhibiteurs probablement contenus dans le lait, se traduisent par la suppression de la sécrétion. L'involution se traduit par le remplacement du parenchyme mammaire par des tissus conjonctif et adipeux. La conduite du sevrage est donc importante pour prévenir le risque d'inflammation intramammaire et de mammites résultant d'une distension de la glande mammaire.

Production laitière

La production varie de 2,0 à 3,5 kg de lait/100 kg de poids vif, ce qui conduit à des productions journalières de 14 à 17 kg pour une jument de selle de 500 kg et de 14 à 25 kg pour une jument de trait de 700 kg au cours des trois premiers mois de lactation. La production est plus élevée chez la jument allaitante que chez la jument traite (figure 3.4).

Le pic de lactation a lieu au cours du 2ᵉ mois post-partum et la persistance de la lactation est élevée surtout chez la jument allaitante (figure 3.4).

Il n'y a pas de différence de production laitière entre juments de selle et de trait lorsque la production est exprimée par 100 kg de poids vif. En revanche, la production laitière pourrait être plus élevée chez les juments de petit format inférieur à 450 kg de poids vif type ponettes (voir chapitre 8). Intra groupe selle ou trait, il n'y a pas de différence de production laitière respectivement entre Anglo-arabe et Selle français ou entre Breton et Comtois (et les autres races de trait) lorsque la production est exprimée par 100 kg de poids vif. En revanche, la variabilité individuelle est élevée quelles que soient les races car celles-ci n'ont pas été sélectionnées sur ce critère. La variabilité peut être due aussi au potentiel de croissance du poulain.

La production laitière varie peu entre la 1ʳᵉ et la 2ᵉ lactation mais celle-ci s'accroîtrait ensuite avec l'âge jusqu'à 10-15 ans.

La production laitière est dépendante des apports alimentaires et de l'état corporel de la jument. L'élévation des apports énergétiques a un effet positif sur la

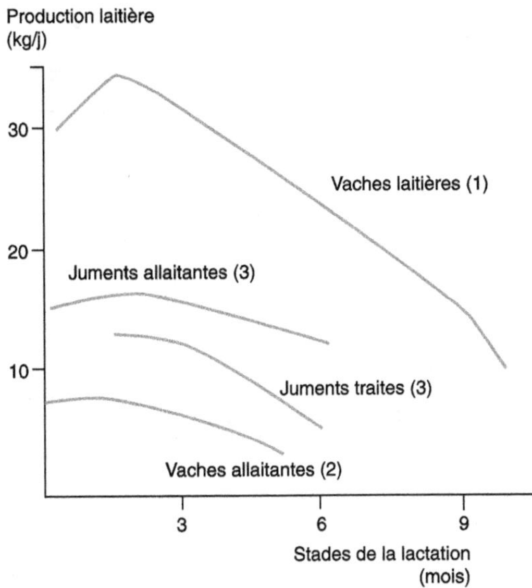

Figure 3.4. Courbes de lactation de la jument allaitante ou traite et de la vache allaitante ou laitière d'un poids de 600 kg (d'après Doreau et Martuzzi, 2006).

(1) d'après Faverdin *et al.*, 1987 ; (2) d'après Le Neindre *et al.*, 1976 ; (3) calculée à partir des données de la bibliographie avec le modèle de Wood, 1967.

production laitière lorsque la jument a un état corporel inférieur à 3, quelle que soit la composition du régime (50 à 95 p. 100 de foin et 5 à 50 p. 100 d'aliments concentrés) si la ration est distribuée à volonté notamment dans le cas de rations à base de foin pendant une durée déterminée. L'effet est d'autant plus élevé que l'état corporel est mauvais (inférieur à 2,5) car la jument n'est plus capable de mobiliser suffisamment de réserves corporelles. Inversement, le niveau des apports énergétiques a peu d'effet si la jument est en bon état corporel (note > 3,0). La production laitière augmente avec la concentration en protéines de la ration jusqu'à 14 %.

Composition du lait

Le lait de jument est pauvre en matière sèche (100 à 120 g/kg), en matières grasses (10-20 g/kg) et en matières azotées totales (20-35 g/kg), tandis qu'il est bien pourvu en lactose (55-65 g/kg). La teneur en énergie brute varie de 479 à 598 kcal/kg (figure 3.5). Le lait de jument contient seulement 5 g/kg de minéraux (tableau 3.2) mais la teneur en vitamine C est élevée.

Les matières grasses du lait de juments représentent 50 p. 100 de l'énergie totale. Elles sont organisées en globules de 2-3 µ de diamètre. Elles sont constituées essentiellement de triglycérides (80 p. 100), mais aussi d'acides gras (9-10 p. 100) et de phospholipides (5-19 p. 100). La composition en acides gras du lait est typique d'un herbivore monogastrique consommant des fourrages dont les matières grasses sont digérées et absorbées dans l'intestin grêle (tableau 3.3).

Tableau 3.2. Composition du lait de juments en minéraux et oligoéléments (adapté de Doreau et Martin-Rosset, 2002).

Minéraux (g/kg)	
Calcium	0,5-1,3
Phosphore	0,2-1,2
Magnésium	0,04-0,11
Sodium	0,07-0,20
Potassium	0,3-0,8
Chlorure	0,2-0,6
Sulfure	0,22
Oligoéléments (mg/kg) (principaux)	
Cuivre	0,2-1,0
Zinc	0,9-6,4
Manganèse	0,01-0,05
Fer	0,22-1,46
Iode	0,004-0,042
Molybdène	0,02

Tableau 3.3. Composition des matières grasses du lait de jument en acides gras (adapté de Doreau et Martuzzi, 2006).

Acides gras		Proportion (moyenne en p. 100)
C4:0	Acide butyrique	0,6
C6:0	Acide caproïque	0,7
C8:0	Acide caprylique	3,1
C10:0	Acide caprique	7,2
C12:0	Acide laurique	7,6
C14:0	Acide myristique	7,5
C14:1 n-5	Acide myristoléique	0,7
C15:0	Acide pentadécanoïque	0,4
C15:1	Acide pentadécenoïque	0,4
C16:0	Acide palmitique	20,8
C16:1 n-7	Acide palmitoléique	5,6
C17:0	Acide margarique	0,4
C17:1	Acide heptadécenoïque	0,4
C18:0	Acide stéarique	1,2
C18:1 n-9	Acide oléïque	19,8
C18:2 n-6	Acide linoléïque	11,3
C18:3 n-3	Acide linolénique	11,9

Tableau 3.4. Principales fractions des matières azotées du lait de jument (adapté de Malacarne *et al.*, 2002).

Matières azotées totales		Protéines du lactosérum		Caséines		ANP × 6,38	
g/kg	%	g/kg	%	g/kg	%	g/kg	%
21,4	100	8,3	38,8	10,7	50,0	2,4	11,2

ANP : azote non protéique.

Les matières grasses sont riches en acides gras polyinsaturés, acide linoléique, et en acide α-linoléique mais également en acides gras à chaînes courtes ou moyennes (45 p. 100), acide palmitique en particulier. En revanche, la teneur en acide stéarique est faible. Les matières azotées totales sont riches en caséines et en protéines du lactosérum tandis que la teneur en azote non protéique est limitée (tableau 3.4).

L'azote non protéique est constitué d'environ 50 p. 100 d'urée et 50 p. 100 d'acides aminés et de peptides. Les caséines sont représentées par trois groupes de caséines : α, β, k. Les protéines du lactosérum contiennent des lactalbumines d'origine mammaire (61 % α, β), une sérum albumine (4,4 %), des immunoglobulines d'origine sanguine (19,8 %), mais également des protéo peptones, lysozyme (6,6 %), transferrine, lactoferrine (8,2 %).

La composition du lait varie avec le stade de lactation (figure 3.5). La teneur en matières grasses, notamment en acides gras à chaînes longues, en protéines et en particulier immunoglobulines, varie beaucoup au cours de la période colostrale qui dure de 12 à 24 heures. Ensuite, les teneurs en matières grasses et matières azotées diminuent respectivement de 15-25 g/kg à 5-15 g/kg et de 25-30 g/kg à 5-10 g/kg, tandis que la teneur en lactose augmente de 55-60 g/kg pour atteindre un plateau de 65 g/kg vers le 3e mois de lactation. Il n'a pas été observé de relation négative entre le niveau de production et la teneur en matières grasses.

La composition en matières grasses du lait est peu affectée par la race tandis que l'effet n'est pas connu sur la teneur. En revanche, la teneur en matières azotées pourrait être plus élevée chez la jument de selle que chez la jument de trait. La proportion de caséines dans les matières azotées totales serait aussi plus élevée chez la jument de selle que chez les juments de race Haflinger.

La teneur et la composition du lait, notamment en matières grasses et en matières azotées, seraient influencées par le régime alimentaire de la jument. La teneur en matières grasses et en acides gras à chaînes courtes et moyennes est fortement diminuée lorsque la proportion d'aliment concentré augmente dans la ration. Chez la jument conduite en été au pâturage, la teneur du lait en matières grasses est supérieure à celle du lait de la jument alimentée au box en hiver avec des régimes mixtes, et la teneur en acide linoléique est 5 fois plus élevée. Cette dernière est accrue lorsque la jument est complémentée avec des lipides (huiles de maïs, de soja, de tournesol). Mais la teneur en matières grasses et en acides gras peut également s'accroître tandis que celle des acides gras à chaînes courtes ou moyennes diminue lorsque les apports énergétiques dépassent les besoins. Il s'agit d'un effet de dilution lié à l'accroissement de la production laitière.

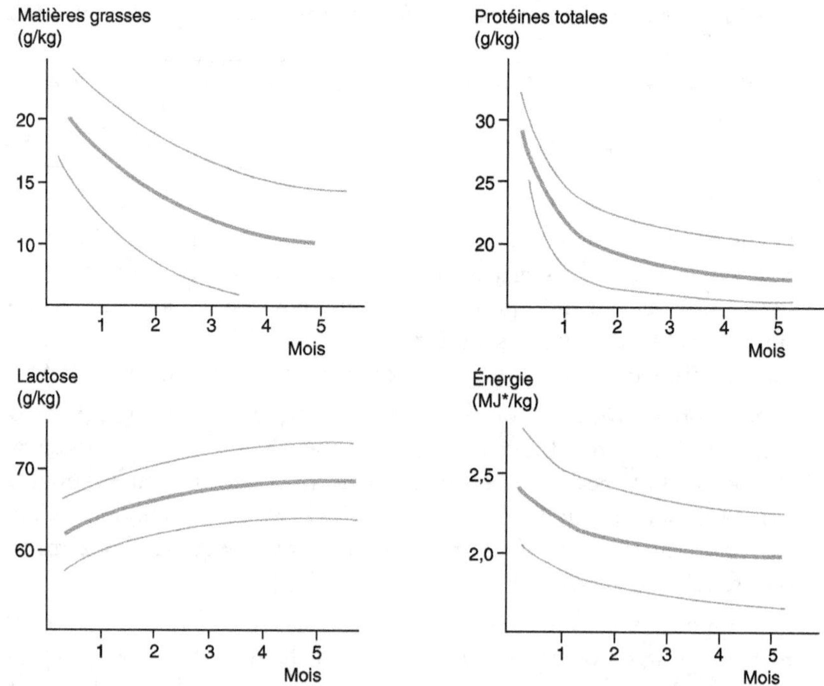

Figure 3.5. Variation de la composition du lait de jument avec le stade de lactation (d'après Doreau et Martin-Rosset, 2002). *MJ : Mégajoule.

Une supplémentation en protéines a des effets contradictoires sur la teneur en matières azotées qui n'ont pas été élucidés. En revanche, une supplémentation azotée à base de tourteau de soja accroît la teneur en protéines du lait.

La teneur en lactose est plus faible chez la jument alimentée avec un régime à base de foin que chez la jument recevant un régime mixte.

Les teneurs en cuivre, zinc et fer, ne peuvent pas être modifiées par une supplémentation en ces éléments.

Métabolisme des principaux constituants du lait

Les principaux constituants du lait ont une double origine : les nutriments apportés par les aliments consommés et ceux fournis par les réserves corporelles (voir chapitre 1, figure 1.12).

Le lactose provient du glucose absorbé dans l'intestin grêle.

Les matières grasses sont fournies par les acides gras absorbés dans l'intestin grêle d'une part et par ceux qui sont synthétisés *de novo* dans la mamelle d'autre part. Les acides gras absorbés ne subissent pas de transformation, isomérisation et hydrogénation comme chez le ruminant. C'est pourquoi la composition du lait de jument en acides gras longs est proche de celle des aliments. Les précurseurs de la synthèse *de novo* sont certains acides gras volatils, acétate et 3-hydroxybutyrate, qui proviennent de la digestion des parois des fourrages dans le gros intestin. Le propionate issu également de la digestion dans le gros intestin n'est pas un précurseur des matières grasses. L'acide palmitique provient de la synthèse *de novo* et de l'absorption d'acides gras dans l'intestin grêle. Les acides gras insaturés en C18 sont principalement fournis par les acides gras du régime alimentaire et/ou issus des réserves corporelles.

Les teneurs en matières azotées totales, en protéines et azote non protéique du lait diminuent lorsque la teneur en azote du régime est inférieure au besoin. Inversement, la teneur en urée du lait augmente lorsque la teneur en azote des régimes s'accroît car la production d'ammoniaque produite par dégradation de l'azote dans le gros intestin s'élève et elle est recyclée *via* le cycle endogène de l'urée.

Besoins

Les besoins de lactation ont été évalués par kilo de lait produit en raison des fortes variations individuelles entre juments de même format et *a fortiori* de format différent. Les valeurs de référence de la production laitière aux différents mois de lactation proviennent essentiellement des mesures effectuées par l'Inra en utilisant des marqueurs et extraites de la littérature. Elles sont exprimées par 100 kg de poids vif (tableau 3.5). Les teneurs de référence en énergie, en matières azotées totales, en minéraux, ont été également déterminées à partir de données bibliographiques et de celles obtenues par l'Inra.

Les besoins en énergie ont été calculés à partir de la teneur en énergie brute du lait indiquée dans le tableau 3.5 et en utilisant un rendement d'utilisation de l'énergie de 65 p. 100. Les besoins énergétiques par kg de lait varient alors de 0,29 à 0,23 UFC/kg entre le 1er et le 6e mois de lactation.

Tableau 3.5. Production laitière et composition du lait de référence.

Mois	Production[1] (kg/j/100 kg PV)	Composition du lait[1]		Minéraux[2]			
		Énergie (kcal/kg)	Protéine (g/kg)	P (g/kg)	Ca (g/kg)	Mg (g/kg)	Na (g/kg)
1er	3,0	545	24	0,80	1,20	0,10	0,16
2[e]	3,3	512	21	0,60	0,90	0,07	0,14
3[e]	3,2	468	20	0,60	0,90	0,07	0,14
4[e]	2,9	455	16	0,50	0,70	0,05	0,11
5[e]	2,2	431	12	0,50	0,70	0,05	0,11
6[e]	2,0	431	12	0,50	0,70	0,05	0,11

[1] Doreau *et al.*, 1990, 1992, 1993 et synthèse de la littérature par Doreau et Martin-Rosset, 2002.
[2] Synthèse de la littérature Schryver *et al.*, 1986 ; Smolders, 1990 ; Doreau *et al.*, 1990.

Les besoins azotés par kg de lait ont été calculés à partir de la teneur en matières azotées totales du lait indiquée dans le tableau 3.5 et en utilisant un rendement de l'utilisation des protéines de 55 p. 100. Les besoins azotés par kg de lait varient de 44 à 22 g MADC/kg de lait dans le même intervalle.

Les besoins en minéraux ont été évalués à partir des teneurs du lait rapportées au tableau 3.5 et en utilisant les digestibilités des minéraux qui ont été rapportées dans le chapitre 1, tableau 1.14. Les besoins de lactation en minéraux exprimés par kg de lait ont donc varié de 1,4 à 2,4 g pour le calcium ; de 1,4 à 2,3 g pour le phosphore ; de 0,11 à 0,22 g pour le magnésium ; de 0,12 à 0,18 g pour le sodium et de 6,8 à 9,6 g pour le potassium.

Les besoins en en oligoéléments sont exprimés par kg de matière sèche ingérée. Les concentrations sont identiques à celles indiquées pour la gestation et rapportées dans le chapitre 2, tableau 2.1.

Les besoins en vitamines sont également exprimés en kg de matière sèche ingérée et rapportés dans le chapitre 2, tableau 2.1.

Capacité d'ingestion

La jument doit pouvoir couvrir ses besoins à partir d'une ration essentiellement à base de fourrages.

La quantité journalière de matière sèche volontairement consommée varie avec l'ingestibilité de la ration et l'état physiologique de la jument comme en témoigne la figure 3.6.

La quantité de matière consommée est d'autant plus élevée que le fourrage distribué à volonté est de bonne qualité. Ainsi, en comparant le foin *vs* la paille : 2,0 *vs* 1,4 kg MS/100 kg PV en gestation, et 3,1 *vs* 2,6 kg MS/100 kg PV en lactation pour des foins ayant une teneur en cellulose brute de 28-32 % *vs* 35-38 %.

Les quantités ingérées diminuent au cours de la période de la fin de la gestation de 10 à 30 p. 100 selon la nature du fourrage en raison de l'encombrement de la cavité abdominale par le conceptus. La digestibilité de la matière organique des rations à base de foin est diminuée de 5 points car la durée de rétention des aliments est de 30 p. 100 plus courte (voir chapitre 1). Il en a été tenu compte dans l'évaluation des apports alimentaires recommandés. En lactation, les quantités ingérées augmentent brutalement de 25 à 35 p. 100 au cours des premiers mois suivant la mise bas pour atteindre un plateau au cours des mois suivants. La digestibilité de la ration n'est pas affectée par cette forte variation bien que la durée de rétention des aliments soit un peu diminuée (voir chapitre 1).

Les quantités ingérées varient également avec le format de la poulinière. Elles sont plus élevées de 10 p. 100 en moyenne chez les petits formats que chez les grands formats, même lorsqu'elles sont exprimées par 100 kg de poids vif.

La variabilité individuelle des quantités ingérées est élevée, de 5 à 15 p. 100 en gestation et en lactation selon la nature du fourrage, d'autant plus que la ration est complémentée avec une proportion élevée d'aliment concentré.

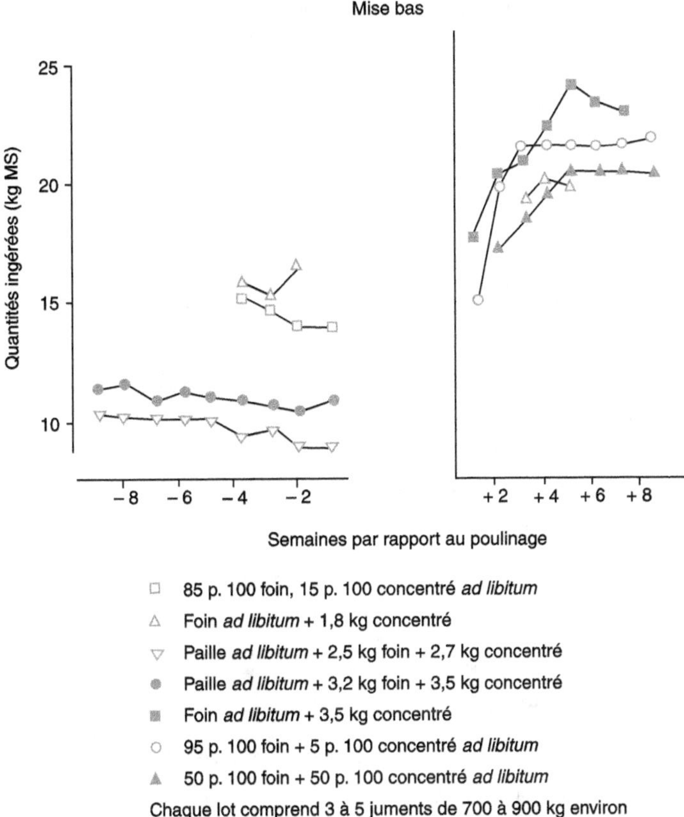

Figure 3.6. Évolution de la consommation de différentes rations à base de fourrages chez la jument de trait en fin de gestation et en début de lactation (d'après Martin-Rosset et Doreau, 1984). Chaque lot comprend 3 à 5 juments de 700 à 900 kg environ.

Les quantités ingérées du fourrage distribué à volonté diminuent lorsque la proportion d'aliment concentré dans la ration augmente. Le taux de substitution est en moyenne de 1,2 kg MS de fourrage (foin) pour chaque kg de MS supplémentaire d'aliment concentré ajouté dans la ration (voir chapitre 1).

La consommation exprimée par kg MS/100 kg PV n'est pas significativement différente entre primipare et multipare.

En revanche, les quantités consommées sont très liées à l'état corporel de la jument au poulinage. Les quantités ingérées sont plus élevées chez les juments maigres, en particulier en lactation, pour compenser le déficit énergétique initial (figure 3.7).

La consommation des juments conduites en plein air intégral est en moyenne supérieure de 20 p. 100 par rapport aux juments conduites en box en raison de l'effet du climat, notamment l'hiver, et de l'activité physique (déplacements, interactions).

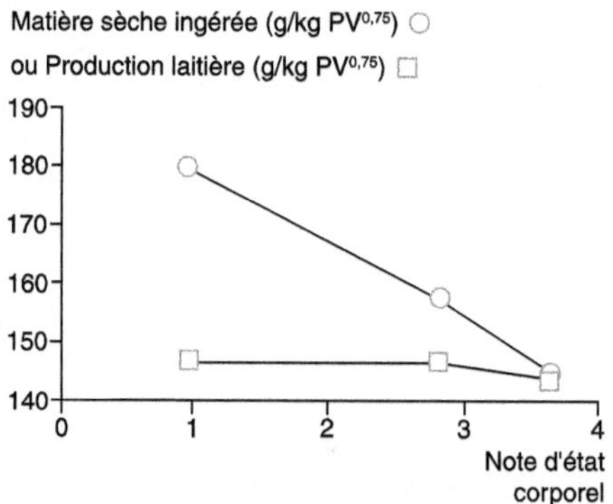

Figure 3.7. Effet de l'état corporel sur la consommation volontaire et la production laitière au cours du premier mois de lactation (d'après Doreau *et al.*, 1991a et 1993).

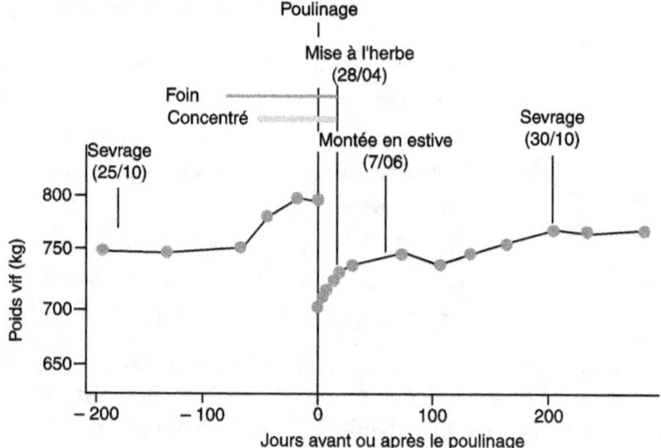

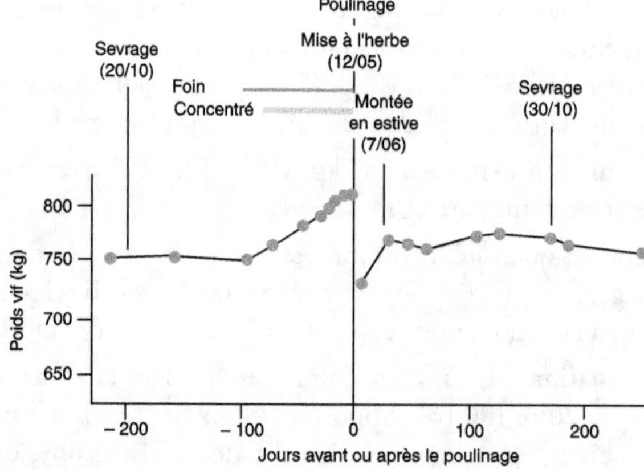

Figure 3.8. Variation du poids vif de la jument au cours du cycle de reproduction au box (a), à l'herbe (b) (d'après Martin-Rosset *et al.*, 1986a).

Apports alimentaires recommandés

Les apports alimentaires ont été établis à partir des essais d'alimentation réalisés à l'Inra selon le principe décrit dans le chapitre 1.

Variation du poids vif

Au cours du cycle annuel de reproduction le poids vif de la jument varie de 15 à 20 p. 100 en conditions normales de conduite (figure 3.8).

Le poids vif est respectivement maximum et minimum avant et après la mise bas. Au cours des derniers mois de gestation, le gain de poids est de 2 à 15 p. 100 lorsque la jument est bien alimentée, il varie peu lorsque la jument est modérément sous-alimentée (jument de trait en zone de montagne, voire jument de loisirs exploitée en zone extensive). À la mise bas, la perte de poids est de 12 à 15 p. 100 selon le régime alimentaire. Le conceptus et la variation du poids du contenu digestif représentent respectivement 85-90 p. 100 et 10-15 p. 100 de cette perte de poids (figure 3.9). Après la mise bas, le poids de la jument augmente de 5 à 6 p. 100 en conditions normales d'alimentation et d'état corporel (note de 3,0-3,5). Cette variation est liée à l'augmentation des quantités ingérées et consécutivement du contenu digestif selon la composition de la ration (figure 3.9). La reprise de poids de la jument est d'autant plus importante que l'alimentation est libérale, au pâturage par exemple (figure 3.8b) et que l'état corporel est médiocre (note < 3).

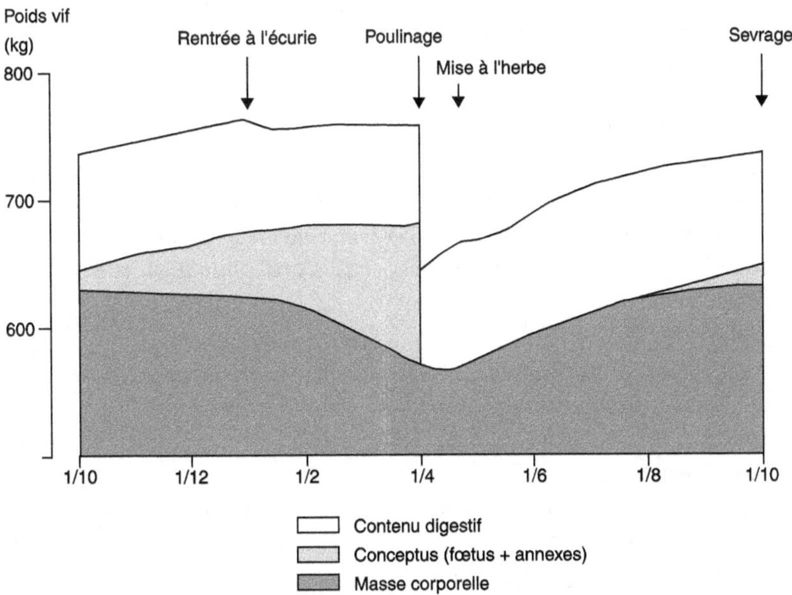

Figure 3.9. Évolution de la composition du poids vif de la jument au cours du cycle de reproduction (cette figure schématise les variations supposées de la masse corporelle, du conceptus et du contenu digestif d'une jument conduite successivement en écurie et au pâturage, alimentée à volonté, sauf pendant les deux derniers mois de gestation).

Rôle des réserves corporelles

La proportion de tissus adipeux dans la carcasse de la jument peut varier de 6 à 14 % selon son état corporel (2 < note < 4), ce qui représente 30 à 70 kg de réserves pour une jument de 500 kg (voir chapitre 1). L'importance de ces réserves est largement liée aux apports alimentaires.

L'objectif est dans tous les cas d'obtenir au poulinage un poulain de poids vif et de vitalité normaux puis ayant une bonne croissance grâce à une production laitière suffisante voire maximum. C'est le cas des juments de course et de sport en particulier. Mais pour des raisons économiques, la jument de trait voire de loisirs est souvent restreinte pendant la période hivernale.

Une sous-alimentation modérée (20 p. 100 en énergie) en fin de gestation, qui conduit à un état corporel de 2,5 au poulinage, n'a pas d'effet négatif sur le poids et la vitalité du poulain si la jument a un état corporel de 3,5 et 3,0 respectivement au tarissement en octobre et au début de l'hiver (6-7e mois de gestation) et si l'alimentation est suffisante après le poulinage pour que la jument atteigne rapidement une note d'état corporel de 3 à 3,5 à la fin du premier mois de lactation, et que son poulain ait une croissance satisfaisante. La jument a en effet la particularité de partager l'énergie issue des réserves corporelles et apportée par la ration quel que soit son état corporel à la mise bas (note ≥ 2,5) pour assurer une croissance normale du fœtus et préserver un minimum d'état.

Le nombre de cycles ovarien pour féconder la jument et le taux de fertilité sont aussi respectivement d'autant plus faibles et élevés que l'état corporel est satisfaisant (note ≥ 3,0) au poulinage et au plus tard au cours du premier mois de lactation ou que l'état corporel au poulinage est limité (note de 2,5).

Apports alimentaires

Les apports alimentaires totaux correspondent aux différents états physiologiques : jument tarie et non gestante (entretien) et/ou en début de gestation (0-5e mois), jument en gestation ou en lactation et éventuellement encore en croissance pour les pouliches poulinant la première fois à 3 ou 4 ans, pour les races de trait ou de selle respectivement.

Les apports alimentaires recommandés peuvent être :
– pour les races de course et de sport, strictement égaux aux besoins nutritionnels établis précédemment (voir paragraphe « Besoins nutritionnels » p. 115) sauf le cas particulier des races de loisirs qui peuvent être traitées comme les juments de trait pour des raisons économiques ;
– pour les races de trait, temporairement inférieurs : colonne niveau limité *vs* colonne niveau normal, si on estime que la jument peut, selon son état corporel estimé au tarissement (ou au sevrage du poulain), mobiliser ses réserves corporelles sans préjudice.

Les apports alimentaires recommandés sont présentés dans des tableaux séparés correspondant d'une part aux races de selle (course, sport et loisirs) et d'autre part de trait. Les races sont considérées de selle de 450 à 600 kg selon leur format (tableaux 3.6 à 3.9) et de trait de 700 à 800 kg pour les formats les plus courants (tableaux 3.10 et 3.11).

Tableau 3.6. Apports alimentaires recommandés pour la jument de selle d'un poids vif adulte de **450 kg**[1].

État physiologique		Apports journaliers																		Consommation
		UFC	MADC (g)	Lysine (g)	P (g)	Ca (g)	Mg (g)	Na (g)	Cl (g)	K (g)	Cu (mg)	Zn (mg)	Co (mg)	Se (mg)	Mn (mg)	Fe (mg)	I (mg)	Vit. A (UI)	Vit. D (UI)	Vit. E (UI)	de matière sèche (kg)*
Jument tarie ou en début de gestation		3,8	274	25	13	18	7	9	36	27	75	375	1,5	1,5	300	600	1,5	24 400	3 000	450	6,5-8,5
Jument gestante[2,3]																					
0-5 mois		3,8	274	25	13	18	7	9	36	27	75	375	1,5	1,5	300	600	1,5	24 400	3 000	450	6,5-8,5
6e mois		4,1	330	30	17	22	7	9	36	27	78	390	1,6	1,6	310	620	1,6	32 800	4 700	620	6,5-9,0
7e mois		4,3	333	30	18	24	7	9	36	27	78	390	1,6	1,6	310	620	1,6	32 800	4 700	620	6,5-9,0
8e mois		4,5	351	32	19	26	7	10	36	28	78	390	1,6	1,6	310	620	1,6	32 800	4 700	620	6,5-9,0
9e mois		4,7	382	35	23	30	7	10	36	28	83	415	1,7	1,7	330	660	1,7	34 900	5 000	660	7,0-9,5
10e mois		5,0	453	41	26	34	7	10	36	29	88	440	1,8	1,8	350	700	1,8	37 000	5 300	700	7,0-10,5
11e mois		5,1	485	44	29	37	7	10	36	29	93	465	1,9	1,9	370	740	1,9	39 100	5 600	740	7,5-11,0
Jument allaitante[2]	kg lait/j																				
1er mois	13,5	7,8	868	70	44	50	10	12	43	70	120	600	2,4	2,4	480	960	2,4	45 600	7 200	600	10,5-13,5
2e mois	14,9	7,9	838	74	38	45	9	12	43	70	130	650	2,6	2,6	520	1 040	2,6	49 400	7 800	650	11,5-14,5
3e mois	14,4	7,4	792	73	37	44	9	12	43	68	130	650	2,6	2,6	520	1 040	2,6	49 400	7 800	650	11,5-14,5
4e mois	13,1	7,0	653	68	31	36	8	11	42	59	120	600	2,4	2,4	480	960	2,4	45 600	7 200	600	10,5-13,5
5e mois	9,9	6,1	492	58	27	32	8	10	41	58	105	525	2,1	2,1	420	840	2,1	39 900	6 300	525	9,5-11,5
6e mois	9,0	5,9	472	55	26	31	8	10	41	57	85	425	1,7	1,7	340	680	1,7	32 300	5 100	425	7,5-9,5

*Les valeurs les plus faibles seront choisies pour une alimentation riche en concentré, les plus fortes pour maximiser la consommation de fourrages.

[1] Poids vif 24 h après un bon poulinage.

[2] Un apport supplémentaire de 0,5 UFC et 25 g MADC sera apporté pour les pouliches mises à la reproduction à 3 ans.

[3] Il est possible d'apporter seulement 90 p. 100 des besoins énergétiques aux juments de loisirs si la note d'état corporel au 6e mois de gestation est de 3 au minimum.

Tableau 3.7. Apports alimentaires recommandés pour la jument de selle d'un poids vif adulte de **500 kg**[1].

État physiologique		Apports journaliers																			Consommation
		UFC	MADC (g)	Lysine (g)	P (g)	Ca (g)	Mg (g)	Na (g)	Cl (g)	K (g)	Cu (mg)	Zn (mg)	Co (mg)	Se (mg)	Mn (mg)	Fe (mg)	I (mg)	Vit. A (UI)	Vit. D (UI)	Vit. E (UI)	de matière sèche (kg)*
Jument tarie ou en début de gestation		4,1	296	27	14	20	8	10	40	30	80	400	1,6	1,6	320	640	1,6	26 000	3 200	480	7,0-9,0
Jument gestante[2,3]																					
0-5 mois		4,1	296	27	14	20	8	10	40	30	80	400	1,6	1,6	320	640	1,6	26 000	3 200	480	7,0-9,0
6e mois		4,4	359	33	18	25	8	10	40	30	83	413	1,7	1,7	330	660	1,7	34 700	5 000	660	7,0-9,5
7e mois		4,7	361	33	20	27	8	10	40	30	83	413	1,7	1,7	330	660	1,7	34 700	5 000	660	7,0-9,5
8e mois		4,9	381	35	21	29	8	11	40	31	83	413	1,7	1,7	330	660	1,7	34 700	5 000	660	7,0-9,5
9e mois		5,1	416	38	25	34	8	11	40	31	88	438	1,8	1,8	350	700	1,8	36 800,	5 300	700	7,5-10,0
10e mois		5,4	495	45	28	38	8	11	40	32	93	463	1,9	1,9	370	740	1,9	38 900	5 600	740	7,5-11,0
11e mois		5,5	530	48	32	41	8	11	40	32	98	488	2,0	2,0	390	780	2,0	41 000	5 900	780	8,0-11,5
Jument allaitante[2]	kg lait/j																				
1er mois	15,0	8,5	956	77	49	56	11	13	47	78	133	663	2,7	2,7	530	1 060	2,7	50 350	8 000	660	11, 5-15,0
2e mois	16,5	8,7	923	82	42	50	10	13	47	78	143	713	2,9	2,9	570	1 140	2,9	54 950	8 550	710	12,5-16,0
3e mois	16,0	8,2	872	80	41	49	10	13	47	76	143	713	2,9	2,9	570	1 140	2,9	54 150	8 550	710	12,5-16,0
4e mois	14,5	7,7	717	75	35	41	9	12	46	66	133	663	2,7	2,7	530	1 060	2,7	50 350	8 000	660	11,5-15,0
5e mois	11,0	6,7	538	63	30	36	9	11	45	65	118	588	2,4	2,4	470	940	2,4	44 650	7 050	600	10,5-13,0
6e mois	10,0	6,5	516	60	28	34	9	11	45	64	98	488	2,0	2,0	390	780	2,0	37 050	5 850	490	8,5-11,0

*Les valeurs les plus faibles seront choisies pour une alimentation riche en concentré, les plus fortes pour maximiser la consommation de fourrages.

[1] Poids vif 24 h après un bon poulinage.

[2] Un apport supplémentaire de 0,6 UFC et 30 g MADC sera apporté pour les pouliches mises à la reproduction à 3 ans.

[3] Il est possible d'apporter seulement 90 p. 100 des besoins énergétiques aux juments de loisirs si la note d'état corporel au 6e mois de gestation est de 3 au minimum.

Tableau 3.8. Apports alimentaires recommandés pour la jument de selle d'un poids vif adulte de **550 kg**[1].

État physiologique		Apports journaliers																			Consommation de matière sèche (kg)*
		UFC	MADC (g)	Lysine (g)	P (g)	Ca (g)	Mg (g)	Na (g)	Cl (g)	K (g)	Cu (mg)	Zn (mg)	Co (mg)	Se (mg)	Mn (mg)	Fe (mg)	I (mg)	Vit. A (UI)	Vit. D (UI)	Vit. E (UI)	
Jument tarie ou en début de gestation		4,4	318	29	16	22	8	11	44	33	85	425	1,7	1,7	340	680	1,7	27 700	3 400	510	7,5-9,5
Jument gestante[2,3]																					
0-5 mois		4,4	318	29	16	22	9	11	44	33	85	425	1,7	1,7	340	680	1,7	27 700	3 400	510	7,5-9,5
6e mois		4,8	387	35	20	28	9	11	44	33	85	425	1,7	1,7	340	680	1,7	35 700	5 100	680	7,5-10,0
7e mois		5,1	390	35	22	30	9	11	44	33	85	425	1,7	1,7	340	680	1,7	35 700	5 100	680	7,5-10,0
8e mois		5,3	412	37	24	32	9	12	44	34	85	425	1,7	1,7	340	680	1,7	35 700	5 100	680	7,5-10,0
9e mois		5,5	450	40	28	37	9	12	44	34	93	463	1,9	1,9	370	740	1,9	38 900	5 600	740	8,0-10,5
10e mois		5,8	537	49	31	42	9	13	44	35	98	488	2,0	2,0	390	780	2,0	41 000	5 900	780	8,0-11,5
11e mois		6,0	576	51	35	46	9	13	44	35	103	513	2,1	2,1	410	820	2,1	43 100	6 200	820	8,0-12,0
Jument allaitante[2]	kg lait/j																				
1er mois	16,5	9,3	1 044	84	54	61	12	14	52	86	145	725	2,9	2,9	580	1 160	2,9	55 100	8 700	725	12,5-16,5
2e mois	18,2	9,5	1 008	89	47	55	11	14	52	83	158	788	3,2	3,2	630	1 260	3,2	59 850	9 450	790	14,0-17,5
3e mois	17,6	8,9	952	87	46	54	11	14	52	81	158	788	3,2	3,2	630	1 260	3,2	59 850	9 450	790	14,0-17,5
4e mois	16,0	8,4	781	82	38	44	10	13	51	73	145	725	2,9	2,9	580	1 160	2,9	55 100	8 700	725	12,5-16,5
5e mois	12,1	7,4	544	69	33	40	10	13	51	72	128	638	2,6	2,6	510	1 020	2,6	48 450	7 650	640	11,5-14,0
6e mois	11,0	7,1	560	65	31	38	10	12	50	71	108	538	2,2	2,2	430	860	2,2	40 850	6 450	540	9,5-12,0

*Les valeurs les plus faibles seront choisies pour une alimentation riche en concentré, les plus fortes pour maximiser la consommation de fourrages.

[1] Poids vif 24 h après un bon poulinage.

[2] Un apport supplémentaire de 0,6 UFC et 30 g MADC sera apporté pour les pouliches mises à la reproduction à 3 ans.

[3] Il est possible d'apporter seulement 90 p. 100 des besoins énergétiques aux juments de loisirs si la note d'état corporel au 6e mois de gestation est de 3 au minimum.

Tableau 3.9. Apports alimentaires recommandés pour la jument de selle d'un poids vif adulte de **600 kg**[1].

État physiologique		Apports journaliers																			Consommation de matière sèche (kg)*
		UFC	MADC (g)	Lysine (g)	P (g)	Ca (g)	Mg (g)	Na (g)	Cl (g)	K (g)	Cu (mg)	Zn (mg)	Co (mg)	Se (mg)	Mn (mg)	Fe (mg)	I (mg)	Vit. A (UI)	Vit. D (UI)	Vit. E (UI)	
Jument tarie ou en début de gestation		4,8	339	31	17	24	9	12	48	36	90	450	1,8	1,8	360	720	1,8	29 300	3 600	540	8,0-10,0
Jument gestante[2,3]																					
0-5 mois		4,8	339	31	17	24	9	12	48	36	90	450	1,8	1,8	360	720	1,8	29 300	3 600	540	8,0-10,0
6e mois		5,2	414	38	22	30	9	12	48	36	93	463	1,9	1,9	370	740	1,9	38 900	5 600	740	8,0-10,5
7e mois		5,5	417	38	24	33	9	12	48	36	93	463	1,9	1,9	370	740	1,9	38 900	5 600	740	8,0-10,5
8e mois		5,7	441	40	26	35	9	13	48	37	93	463	1,9	1,9	370	740	1,9	38 900	5 600	740	8,5-10,5
9e mois		6,0	482	44	30	40	9	13	48	37	100	500	2,0	2,0	400	800	2,0	42 000	6 000	800	9,0-11,0
10e mois		6,3	578	53	34	46	9	14	48	38	105	525	2,1	2,1	420	840	2,1	44 100	6 300	840	9,0-12,0
11e mois		6,5	620	56	38	50	10	14	48	38	110	550	2,2	2,2	440	880	2,2	46 200	6 600	880	9,5-12,5
Jument allaitante[2]	kg lait/j																				
1er mois	18,0	10,1	1 131	90	58	67	13	15	56	94	153	763	3,1	3,1	610	1 220	3,1	59 850	9 450	760	13, 5-18,0
2e mois	19,8	10,3	1 091	96	51	60	12	15	56	94	163	813	3,3	3,3	650	1 300	3,3	64 600	10 200	810	15,0-19,0
3e mois	19,2	9,6	1 030	94	50	59	12	15	56	91	163	813	3,3	3,3	650	1 300	3,3	64 600	10 200	810	15,0-19,0
4e mois	17,4	9,1	844	88	41	48	11	14	55	79	153	763	3,1	3,1	610	1 220	3,1	59 850	9 450	760	13,5-18,0
5e mois	13,2	7,9	629	75	36	43	11	14	55	78	138	688	2,8	2,8	550	1 100	2,8	51 300	8 100	690	12,5-15,0
6e mois	12,0	7,6	603	71	34	41	10	13	54	77	118	588	2,4	2,4	470	940	2,4	44 650	7 050	590	10,5-13,0

*Les valeurs les plus faibles seront choisies pour une alimentation riche en concentré, les plus fortes pour maximiser la consommation de fourrages.

[1] Poids vif 24 h après un bon poulinage.

[2] Un apport supplémentaire de 0,7 UFC et 35 g MADC sera apporté pour les pouliches mises à la reproduction à 3 ans.

[3] Il est possible d'apporter seulement 90 p. 100 des besoins énergétiques aux juments de loisirs si la note d'état corporel au 6e mois de gestation est de 3 au minimum.

Tableau 3.10. Apports alimentaires recommandés pour la jument de trait d'un poids vif adulte de **700 kg**[1].

État physiologique		UFC Limité 80 %[3]	UFC Normal 100 %[4]	MADC (g)	Lysine (g)	P (g)	Ca (g)	Mg (g)	Na (g)	Cl (g)	K (g)	Cu (mg)	Zn (mg)	Co (mg)	Se (mg)	Mn (mg)	Fe (mg)	I (mg)	Vit. A (UI)	Vit. D (UI)	Vit. E (UI)	Consommation de matière sèche (kg)*
Jument tarie ou en début de gestation		4,1	5,1	381	35	20	28	11	14	56	42	100	500	2,0	2,0	400	800	2,0	32 500	4 000	600	9,0-11,0
Jument gestante[2]																						
0-5 mois		4,1	5,1	381	35	20	28	11	14	56	42	100	500	2,0	2,0	400	800	2,0	32 500	4 000	600	9,0-11,0
6e mois		4,4	5,5	469	43	26	34	11	15	56	43	103	513	2,1	2,1	410	820	2,1	42 000	6 200	820	9,0-11,5
7e mois		4,7	5,9	472	43	28	38	11	15	56	43	103	513	2,1	2,1	410	820	2,1	42 000	6 200	820	9,0-11,5
8e mois		4,9	6,2	500	46	30	41	11	15	56	43	105	525	2,1	2,1	420	840	2,1	43 100	6 300	840	9,5-11,5
9e mois		5,2	6,5	548	50	36	47	11	15	56	44	110	550	2,2	2,2	440	880	2,2	45 100	6 600	880	10,0-12,0
10e mois		5,5	6,9	660	60	40	54	11	16	56	44	115	575	2,3	2,3	460	920	2,3	47 200	6 900	920	10,0-13,0
11e mois		5,7	7,1	709	65	45	58	11	16	56	44	120	600	2,4	2,4	480	960	2,4	49 200	7 200	960	10,5-13,5
Jument allaitante[2] kg lait/j																						
1er mois	21,0	11,3	13,6	1 305	104	68	78	15	18	66	109	185	925	3,7	3,7	740	1 480	3,7	71 250	11 250	925	16,0-21,0
2e mois	23,1	11,5	13,8	1 259	111	59	70	14	18	66	109	195	975	3,9	3,9	780	1 560	3,9	74 100	11 700	975	17,0-22,0
3e mois	22,4	10,7	12,8	1 187	109	58	68	14	18	66	106	185	925	3,7	3,7	740	1 480	3,7	71 250	11 250	925	16,0-21,0
4e mois	20,3	10,1	12,1	970	92	48	56	13	16	64	92	173	863	3,5	3,5	690	1 380	3,5	65 550	10 350	865	14,5-20,0
5e mois	15,4	8,7	10,4	720	86	42	50	12	16	64	91	153	763	3,1	3,1	610	1 220	3,1	57 950	9 150	765	13,5-17,0
6e mois	14,0	8,3	10,0	689	81	40	48	12	16	64	90	153	663	2,7	2,7	530	1 060	2,7	50 350	7 950	685	11,5-15,0

*Les valeurs les plus faibles seront choisies pour une alimentation riche en concentré, les plus fortes pour maximiser la consommation de fourrages.

[1] Poids vif 24 h après un bon poulinage.

[2] Un apport supplémentaire de 0,7 UFC et 35 g MADC sera apporté pour les pouliches mises à la reproduction à 3 ans.

[3] Si note d'état corporel au début de l'hiver est de 3,5.

[4] Si note d'état corporel au début de l'hiver est de 3,0.

Tableau 3.11. Apports alimentaires recommandés pour la jument race de trait d'un poids vif adulte de **800 kg**[1].

État physiologique		UFC Limité 80 %[3]	UFC Normal 100 %[4]	MADC (g)	Lysine (g)	P (g)	Ca (g)	Mg (g)	Na (g)	Cl (g)	K (g)	Cu (mg)	Zn (mg)	Co (mg)	Se (mg)	Mn (mg)	Fe (mg)	I (mg)	Vit. A (UI)	Vit. D (UI)	Vit. E (UI)	Consommation de matière sèche (kg)*
Jument tarie ou en début de gestation		4,5	5,6	421	38	22	32	12	16	64	48	105	525	2,1	2,1	420	840	2,1	34 100	4 200	630	9,5-11,5
Jument gestante[2]																						
0-5 mois		4,5	5,6	421	38	23	32	12	16	64	48	105	525	2,1	2,1	420	840	2,1	34 100	4 200	630	9,5-11,5
6e mois		4,9	6,1	521	47	29	39	12	17	64	49	108	538	2,2	2,2	430	860	2,2	45 200	6 500	860	9,5-12,0
7e mois		5,2	6,5	525	48	32	43	12	17	64	49	108	538	2,2	2,2	430	860	2,2	45 200	6 500	860	9,5-12,0
8e mois		5,4	6,8	557	51	34	47	12	17	64	49	110	550	2,2	2,2	440	880	2,2	46 200	6 600	880	10,0-12,0
9e mois		5,8	7,2	612	56	41	54	13	17	64	50	115	575	2,3	2,3	460	920	2,3	48 300	6 900	920	10,5-12,5
10e mois		6,1	7,6	739	67	46	61	13	18	64	50	120	600	2,4	2,4	480	960	2,4	50 400	7 200	960	10,5-13,5
11e mois		6,3	7,8	780	72	51	66	13	18	64	50	125	625	2,5	2,5	500	1 000	2,5	52 500	7 500	1 000	11,0-14,0
Jument allaitante[2]	kg lait/j																					
1er mois	24,0	12,6	13,9	1 477	117	78	90	17	20	75	125	205	1 025	4,1	4,1	820	1 640	4,1	77 900	12 300	1 025	17,0-24,0
2e mois	26,4	12,9	14,2	1 424	125	68	80	16	20	75	125	215	1 075	4,3	4,3	860	1 720	4,3	81 700	12 900	1 075	18,0-25,0
3e mois	25,6	12,2	13,4	1 343	123	67	78	16	20	75	122	205	1 025	4,1	4,1	820	1 640	4,1	77 900	12 300	1 025	17,0-24,0
4e mois	23,2	11,3	12,4	1 094	115	56	65	15	19	74	106	193	963	3,9	3,9	770	1 540	3,9	73 150	11 550	965	15,5-23,0
5e mois	17,6	9,7	10,6	808	96	48	57	14	18	73	104	173	863	3,5	3,5	690	1 380	3,5	65 550	10 350	865	14,5-20,0
6e mois	16,0	9,3	10,2	773	91	45	54	14	18	73	102	148	738	3,0	3,0	590	1 180	3,0	56 050	8 850	770	12,5-17,0

*Les valeurs les plus faibles seront choisies pour une alimentation riche en concentré, les plus fortes pour maximiser la consommation de fourrages.

[1] Poids vif 24 h après un bon poulinage.

[2] Un apport supplémentaire de 0,7 UFC et 35 g MADC sera apporté pour les pouliches mises à la reproduction à 3 ans.

[3] Si note d'état corporel au début de l'hiver est de 3,5.

[4] Si note d'état corporel au début de l'hiver est de 3,0.

Les consommations de matière sèche figurant dans les tableaux ne représentent pas la quantité de matière sèche maximum que la jument peut consommer. Elles correspondent à la quantité de matière sèche nécessaire pour couvrir les besoins. Toutefois, cette quantité dépend de la valeur nutritive de la ration (nature du fourrage ; proportion d'aliment concentré). C'est pourquoi pour chaque situation physiologique figure des valeurs minimales et maximales de consommation. La valeur maximale correspond à des rations à base de fourrage et la valeur minimale pour des rations riches en aliment concentré. Toutes les variantes sont possibles à l'intérieur de cette fourchette.

Des corrections sont indiquées en bas de chaque tableau pour tenir compte de certaines situations particulières (note d'état corporel ; primipares ; juments de loisirs) qui peuvent conduire à majorer les apports. En ce qui concerne la correction à apporter éventuellement pour des raisons climatiques dans le cas de conduites en plein air intégral, il faut se reporter au chapitre 1, paragraphe « Énergie » p. 14.

Rationnement pratique

Stratégie selon le type de juments adultes exploitées

Le cycle annuel de reproduction et le mode de conduite de l'alimentation des juments qui en découle est spécifique à chaque type de production : course, sport, loisirs et trait.

Course

Le poulinage a lieu en hiver car les yearlings doivent courir à l'âge de deux ans. Les juments sont donc en situation de fin de gestation au cours de l'hiver et de début de lactation à la fin de l'hiver et au début du printemps, période où les besoins nutritionnels sont maxima (figure 3.10). Le poulain est sevré à l'âge de 5-6 mois. L'objectif est de maintenir de façon constante la jument en bon état corporel (note optimale de 3,5) pendant tout le cycle. L'alimentation pendant l'hiver et l'été est également importante pour y parvenir. Pendant l'été, la jument suitée est fréquemment rentrée au box aux heures les plus chaudes et elle peut être alors complémentée. L'intervalle entre deux mises bas est de 1 ou 2 ans selon le succès de la fécondation au cours du 1er ou 2e cycle ovarien afin de maintenir une date de naissance précoce.

Au plan pratique, la jument est toujours bien alimentée car l'éleveur ne prend aucun risque même si c'est onéreux (tableaux 3.6 et 3.7). La jument est donc alimentée en hiver avec de bons foins (voir chapitre 16), complémentés avec un aliment concentré complémentaire : 2 à 4 kg en fin de gestation et début de lactation selon l'état corporel qui ne doit jamais être excessif (note optimale de 3,5).

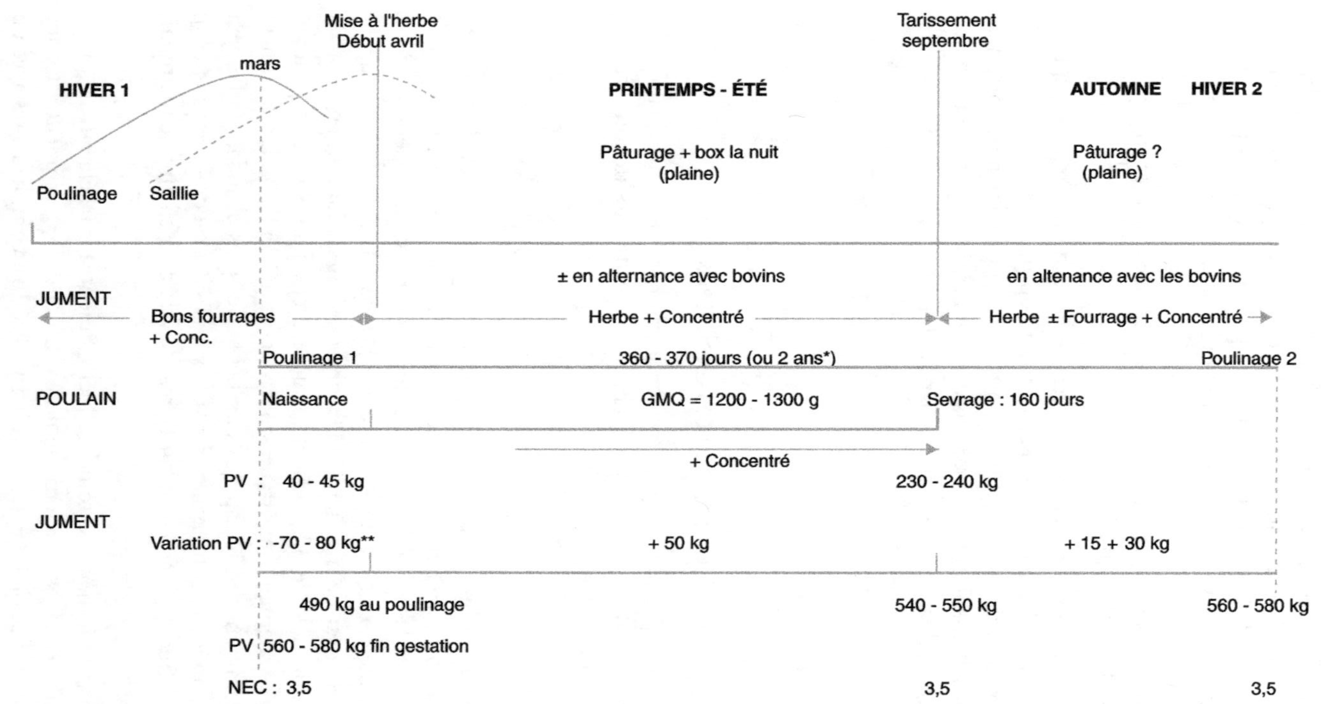

Figure 3.10. Cycle annuel de conduite de la jument **de course** (PV : 500 kg).

PV : poids vif ; GMQ : gain moyen quotidien ; NEC : note d'état corporel.
* dépend de la date de réussite de la fécondation pour sevrer le poulain début septembre puis pour le mettre à l'entrainement à 15 mois.
** perte de poids de la jument correspondant aux poids du fœtus + contenu digestif.
*** Inra–IFCE-IE, 1997, méthode d'estimation de l'état corporel (échelle 0 à 5).

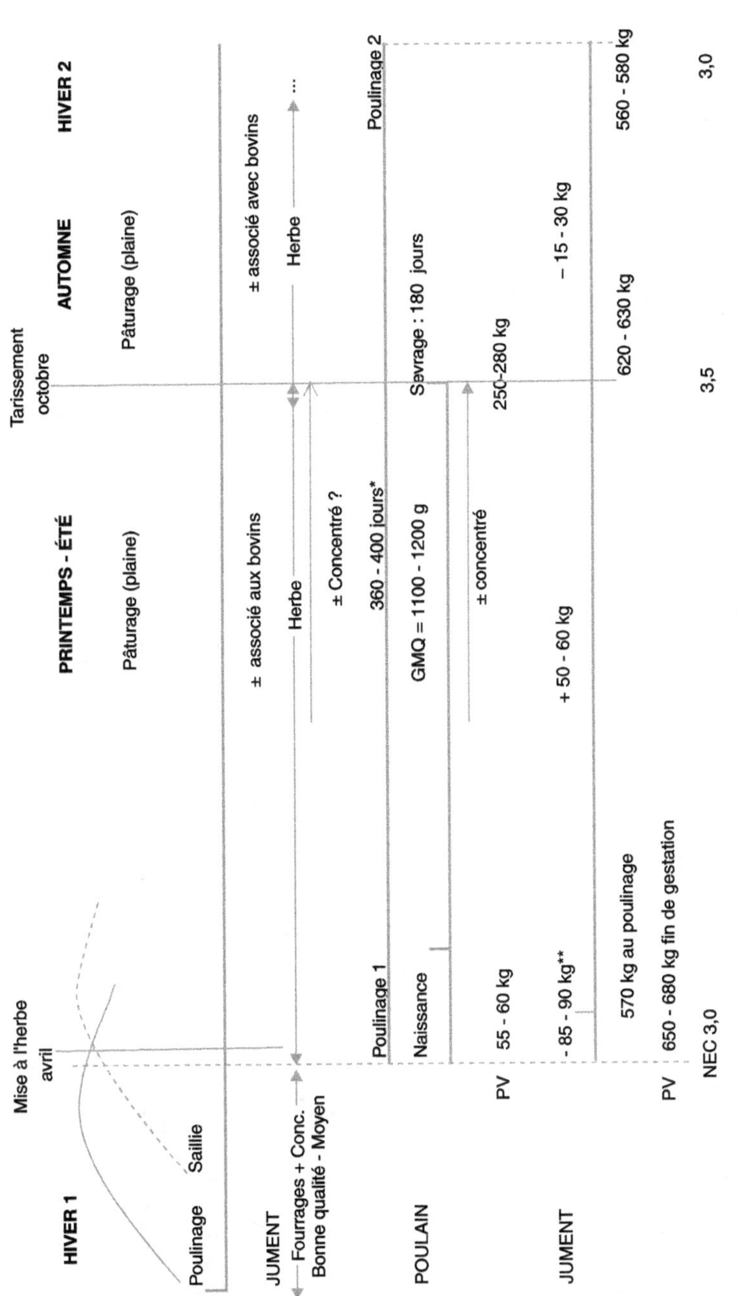

Figure 3.11. Cycle annuel de conduite de la jument **de sport** (PV : 500 kg).

PV : poids vif ; GMQ : gain moyen quotidien ; NEC : note d'état corporel.
* dépend de la date de réussite de la fécondation pour sevrer le poulain début octobre.
** perte de poids de la jument correspondant aux poids du conceptus + contenu digestif.
*** Inra–HN-IE, 1997, méthode d'estimation de l'état corporel (échelle 0 à 5).

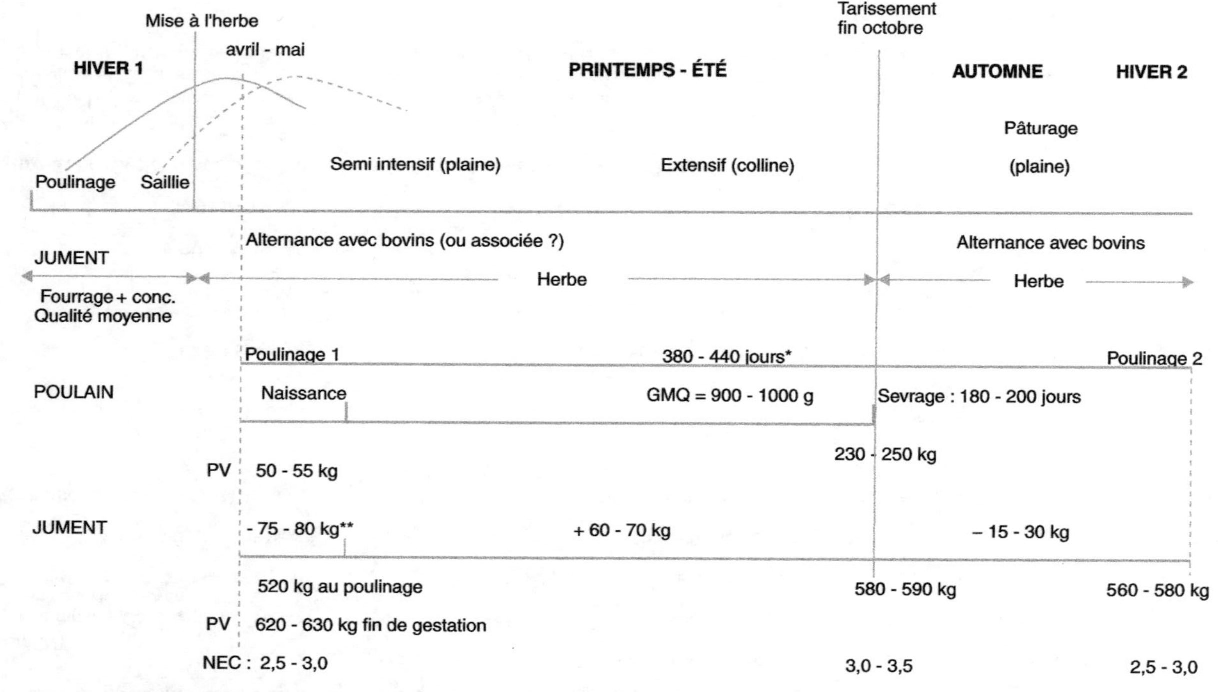

Figure 3.12. Cycle annuel de conduite de la jument **de loisirs** (PV : 500 kg).

PV : poids vif ; GMQ : gain moyen quotidien ; NEC : note d'état corporel.
* dépend de la date de réussite de la fécondation pour sevrer le poulain en octobre.
** perte de poids de la jument correspondant aux poids du conceptus + contenu digestif.
*** Inra–HN-IE, 1997, méthode d'estimation de l'état corporel (échelle 0 à 5).

Sport

Le poulinage intervient à la fin de l'hiver et au début du printemps car les jeunes chevaux sont destinés à concourir à quatre ans (figure 3.11). Les poulains sont sevrés à l'âge de 6 mois. La fin de la gestation a lieu en fin d'hiver et surtout la lactation se déroule presque exclusivement au pâturage. L'état corporel peut légèrement varier au cours du cycle (note de 3,0 à 3,5) mais il dépend, comme l'intervalle entre deux poulinages, du niveau d'alimentation en fin d'hiver et surtout pendant l'été.

Le niveau des apports alimentaires recommandés correspond à la couverture des besoins nutritionnels pour les juments orientées vers la production de chevaux athlètes (tableaux 3.6 à 3.9).

Loisirs

La mise bas a lieu le plus souvent après la mise à l'herbe car les jeunes chevaux sont débourrés assez tardivement vers 3-4 ans (figure 3.12). La gestation et la lactation ont lieu respectivement pendant l'hiver et après la mise à l'herbe. Les poulains sont sevrés à 6-7 mois selon les conditions du pâturage d'automne. L'état corporel peut varier notablement (note de 2,5-3,5) car le niveau d'alimentation de la jument gestante peut être limité en hiver et au contraire relativement plus libéral pendant l'été lorsque la jument est allaitante. Mais l'état corporel optimal (note de 3,5) doit être atteint impérativement au tarissement pour maintenir un intervalle de 12 mois entre deux poulinages.

Le niveau des apports alimentaires recommandés peut être limité à 90 p. 100 des besoins énergétiques au cours de la période hivernale de gestation à condition que la mobilisation des réserves corporelles reste modérée (note d'état minimum de 2,5-2,75) au poulinage, et que le niveau des apports alimentaires réalisés normalement au pâturage soit supérieur aux besoins nutritionnels immédiatement après la mise bas pour atteindre rapidement une note d'état corporel de 3,0 à la fin du premier mois de la lactation et 3,5 au tarissement (tableaux 3.6 à 3.8).

Au plan pratique, les juments sont alimentées en hiver avec des foins de qualité moyenne (voir chapitre 16), complémentés avec une quantité minimum d'aliments concentrés complémentaires : 1 à 2 kg en fin de gestation et début de lactation respectivement selon l'état corporel de la jument et les conditions de pâturage après la mise bas.

Traits destinés à produire des laitons maigres pour l'engraissement

Les juments poulinent après la mise à l'herbe sur l'exploitation, quelques semaines seulement avant la montée en estive car elles sont le plus souvent conduites dans les zones de collines ou de montagne (figure 3.13). Les poulains sont sevrés à l'âge de 7-8 mois à un poids vif de 330 à 350 kg selon les conditions de pâturage d'automne sur l'exploitation. L'état corporel varie significativement (note de 2,0 à 3,5) car les juments sont sous-alimentées l'hiver (comme les vaches allaitantes). Elles reconstituent leurs réserves corporelles pendant l'été au pâturage, notamment immédiatement après la mise à l'herbe sur des pâturages où l'herbe est abondante, afin d'être impérativement fécondée pour maintenir un intervalle entre deux mises bas de 12 mois.

Le niveau des apports alimentaires recommandés peut être limité à 80 p. 100 des besoins énergétiques au cours de la période hivernale de gestation pour atteindre une note d'état de 2,5 au poulinage à condition que la note d'état soit de 3,5 au tarissement, et que le niveau des apports alimentaires réalisés après la mise bas soit très supérieur aux besoins nutritionnels, notamment grâce à un bon pâturage proche de l'exploitation avant de monter en estive pour atteindre successivement une note d'état de 3,0 au cours du premier mois de lactation puis de 3,5 au tarissement (tableaux 3.10 et 3.11).

Les juments de trait sont assez souvent conduites en plein air intégral. Dans ces conditions, le niveau d'alimentation haut (tableaux 3.10 et 3.11) doit être retenu et majoré pour l'énergie de 20 p. 100 lorsque la température hivernale est inférieure à – 10 °C. Il suffit le plus souvent d'accroître la quantité de fourrages correspondant à cette élévation au niveau des apports énergétiques.

Au plan pratique, les juments sont alimentées pendant l'hiver avec du foin de qualité moyenne, voire médiocre (voir chapitre 16). Il faut alors apporter une quantité minimum d'aliments concentrés complémentaires : 1 kg en fin de gestation et éventuellement 2 kg en début de lactation si la mise bas est précoce selon l'état corporel et les conditions de pâturage après la mise bas.

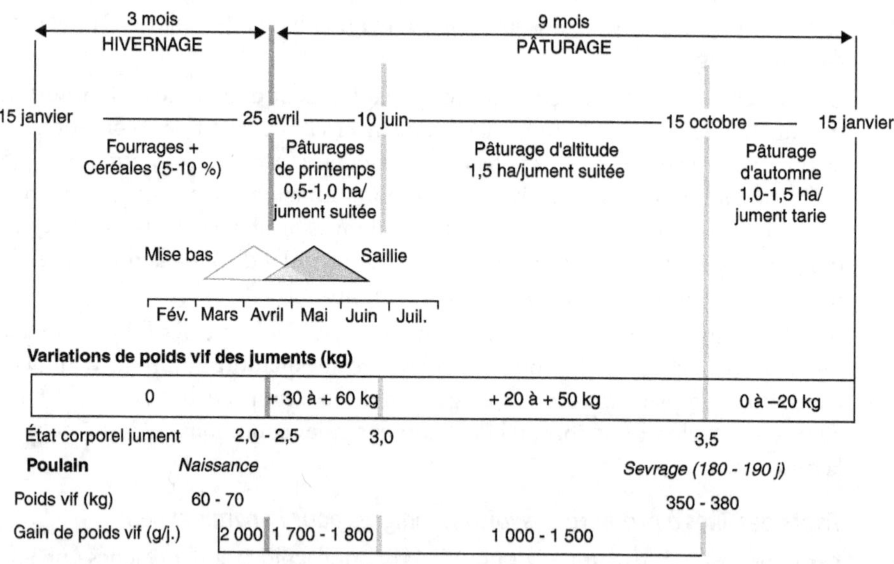

Figure 3.13. Schéma de conduite annuel de la jument de trait (PV : 700 kg).

Apports en matières azotées, en minéraux, oligoéléments et vitamines

Ils correspondent toujours aux besoins nutritionnels quel que soit le type de production (tableaux 3.6 à 3.11). Les effets du déficit de ces nutriments sont mal connus. Les apports en minéraux et oligoéléments doivent être vérifiés après calcul de la ration à partir du tableau 2.1 du chapitre 2 et suivant les modalités de calculs mentionnés dans le chapitre 13.

Efficacité de la reproduction

Les apports nutritionnels peuvent contribuer à une meilleure maîtrise de la reproduction dans trois situations :
– la saisonnalité de l'activité ovarienne ;
– l'activité ovarienne et l'ovulation ;
– l'activité ovarienne post-partum.

Saisonnalité de l'activité ovarienne

La période d'activité ovarienne est avancée en hiver, lorsque la jument est bien alimentée en automne et au début de l'hiver et qu'elle a atteint un bon état corporel (note 3 à 3,5).

La complémentation de la jument, effectuée pour atteindre un état corporel suffisant (note ≥ 3), ajoutée à l'allongement de la photopériode en début d'hiver par éclairage artificiel ont un effet additif pour avancer la période d'activité ovarienne au début de l'hiver. L'effet de la complémentation est aussi bien lié à l'apport d'énergie qu'à la qualité des protéines distribuées.

Activité ovarienne et ovulation

La complémentation de la jument en période hivernale contribue à avancer la date de l'ovulation, d'autant plus que la jument est alors en état corporel limité (note < 3). La mise à l'herbe de la jument sur un pâturage abondant et de bonne qualité et le gain de poids vif qui en résulte contribuent aussi à avancer la date de la première ovulation.

Activité ovarienne post-partum et fertilité

Le nombre de cycle pour être fécondée augmente, la fertilité diminue et la mortalité embryonnaire augmente chez la jument allaitante sous-alimentée surtout en énergie, en gestation et au début de la lactation car l'état corporel est insuffisant (note < 2,5) et inversement.

La jument allaitante qui a un état corporel de 2,5 lorsqu'elle a été restreinte modérément en énergie en gestation, n'a pas, lorsqu'elle est alimentée selon les besoins en lactation, de retard au 1er cycle d'œstrus mais la fertilité de ce premier cycle peut être affectée si le niveau des apports n'est pas suffisant pour atteindre rapidement une note d'état de 3.

Reprise d'état corporel

Le niveau des apports alimentaires supplémentaires, notamment énergétiques, et la durée de ces apports pour atteindre l'état corporel minimal de 3 au cours de la période post-partum dépend de la note d'état observée auparavant et l'intervalle de temps disponible. Il faut de 30 à 90 jours et un apport supplémentaire de 15 à 60 p. 100 par rapport aux besoins d'entretien correspondant à la période considérée selon que la jument doit récupérer de 0,25 à 0,75 points de note d'état corporel (voir chapitre 2, tableaux 2.2 et 2.5).

Les pouliches : année du premier poulinage

L'âge à la puberté est de 12 mois en moyenne dans nos conditions pour des pouliches nées en mai lorsque les apports alimentaires et la croissance correspondante sont maxima (voir chapitre 5, tableaux 5.8 à 5.11 et 5.17 et 5.18). Il est de 23 mois lorsque les pouliches nées à la même période reçoivent des apports alimentaires modérés correspondant à une croissance modérée.

D'un point de vue pratique, il n'y a aucun intérêt à atteindre la puberté à 12 mois puisque la mise à la reproduction chez le cheval de course, sport ou loisirs voire même de trait, est conseillée à trois ans.

Dans le cas des pouliches saillies à trois ans, les apports alimentaires recommandés sont ceux indiqués :

– dans les tableaux 3.6 à 3.11, pour les races de selle, niveau d'apports énergétiques et azotés normal auxquels on ajoute des apports supplémentaires pour assurer la fin de la croissance (indiqués en bas des tableaux) ;

– dans les tableaux 3.17 et 3.18, pour les races de trait, auxquels on ajoute aussi des apports supplémentaires pour assurer la fin de la croissance (indiqués en bas des tableaux).

L'option saillie à deux ans pour les races de trait n'a pas été retenue car zootechniquement et économiquement elle est risquée : difficulté de reproduction, d'évolution de poids vif pour atteindre le poids adulte, taux de réforme plus important à l'âge de quatre ans.

Juments conduites en troupeau

Les juments de trait sont souvent conduites en troupeau en plein air intégral dans des parcs d'hivernage. Un système sommaire de logettes peut éventuellement permettre d'individualiser la distribution d'aliment concentré lorsque l'effectif est trop important. Mais l'apport de fourrage, qui représente plus de 90 p. 100 de la ration, reste collectif.

On établit alors deux sous périodes pour des juments en état corporel correct (note de 3) et poulinant deux mois avant la mise à l'herbe pour distribuer une ration moyenne correspondant à l'état physiologique moyen du troupeau. Depuis la rentrée en parc d'hivernage jusqu'à la première moitié des poulinages, la ration doit correspondre à la moyenne arithmétique des apports recommandés pour les juments au 11e mois de gestation et les juments au 1er mois de lactation (niveau limite, tableaux 3.17 et 3.18).

> **Exemple 3.1**
>
> Jument de 700 kg en bon état corporel. Apports moyens pour la jument.
> Apport énergétique et azoté recommandés :
> 11e mois de gestation (niveau limite) = 5,7 UFC   709 g MADC
> 1er mois de lactation (niveau limite) = 11,3 UFC   1 305 g MADC
> Soit (5,7 + 11,3)/2 = 8,5 UFC   soit (709+ 1305)/2 = 1 007 g MADC

Au-delà et jusqu'à la mise à l'herbe, la ration doit correspondre aux apports recommandés pour le 1er mois de lactation (tableaux 3.17 et 3.18).

Jument de 700 kg en bon état corporel.
Soit 13,6 UFC et 1 305 g MADC.

Pâturage

L'efficacité de la reproduction et la réussite de la lactation pour sevrer un poulain à un âge et à un poids vif adéquats dépendent de la capacité d'ingestion d'herbe de la jument au pâturage comme celle de fourrages conservés en hiver à l'auge. On a aussi pu établir, en s'appuyant sur les observations à l'auge, que la jument alimentée à volonté avec trois différents fourrages verts correspondant à trois stades du 1er cycle de végétation peut satisfaire facilement ses besoins énergétiques, quel que soit l'état physiologique, aussi bien qu'avec des fourrages conservés excepté lorsque l'herbe est au stade floraison chez la jument en lactation et légèrement en gestation (figure 3.14).

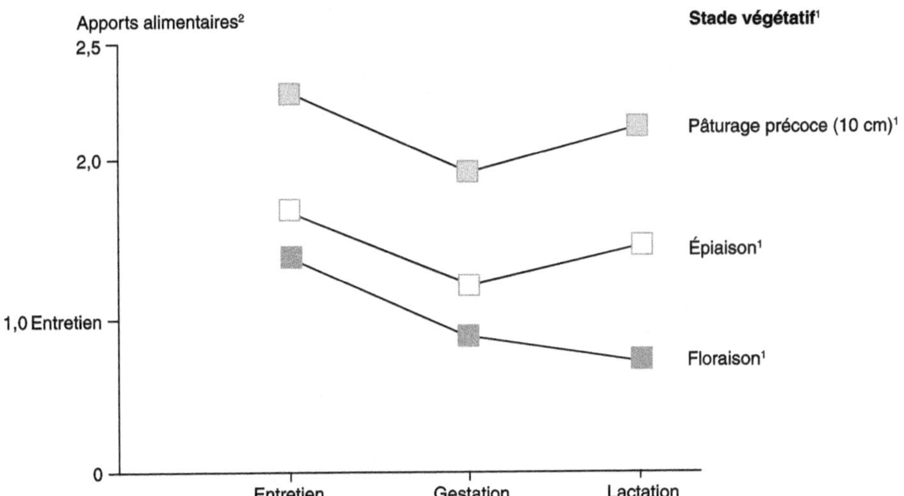

Figure 3.14. Bilan énergétique de la jument selon le stade végétatif de l'herbe pâturée au cours du 1er cycle de pâturage d'une prairie naturelle (d'après Thériez *et al.*, 1994).

[1] Herbe récoltée et distribuée à l'auge ; [2] Apports alimentaires exprimés par rapport au besoin d'entretien.

Pâturage et couverture des besoins

Chez la jument de race de course conduite le plus souvent dans des zones herbagères humides où la production d'herbe est maximum au cours de la deuxième partie de la lactation, les besoins peuvent être largement couverts soit par l'herbe seule au plan quantitatif soit par l'herbe complémentée à l'auge par un aliment concentré puisque les juments sont le plus souvent rentrées au box de la fin de l'après midi jusqu'au matin (figure 3.15a). Dans un tel système de conduite la jument maintient aisément son état corporel (figure 3.10).

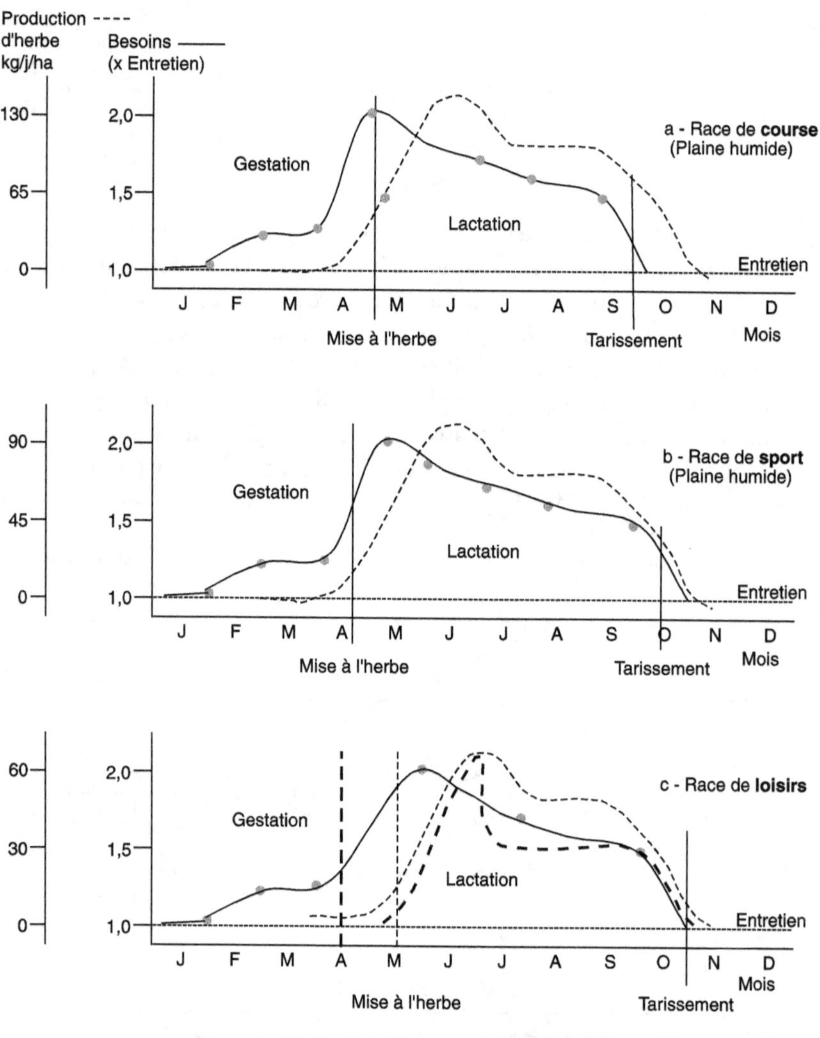

Figure 3.15. Variation des besoins nutritionnels de la jument et de la production d'herbe à l'échelle de l'année, (a) race de course, (b) races de sport, (c) races de loisirs ou de trait.

Chez la jument de race de sport conduite dans des zones herbagères plus ou moins humides, les besoins sont le plus souvent couverts, excepté en début de lactation si la production d'herbe est limitée par un hiver prolongé et une croissance de l'herbe tardive, ou par un début de printemps très humide qui retarde la mise à l'herbe (figure 3.15b). La jument atteint assez facilement au tarissement son poids et un état corporel satisfaisants car elle peut gagner du poids au printemps et en été et/ou en automne après une période éventuellement défavorable au début de printemps et surtout une sécheresse modérée en été (figure 3.11).

Chez les juments de loisirs ou de trait conduites en zones collinaires ou montagneuses humides ou sèches en été, le poids et l'état corporel optima à atteindre au tarissement et la fécondation post-partum sont très dépendants de la qualité de l'herbe disponible au printemps et à l'automne qui est alors supérieure aux besoins contrairement à la période estivale au moins en zone sèche (figure 3.15c). Une surface d'herbe abondante et de qualité doit être absolument offerte à la mise à l'herbe et à l'automne pour assurer la pérennité du système. La gestion des réserves corporelles est très importante (figures 3.12 et 3.13).

La complémentation de la jument

La jument doit être complémentée au pâturage en minéraux et oligoéléments, quels que soient la race et le type de pâturage car les teneurs en minéraux et en oligoéléments des fourrages pâturés sont insuffisants notamment en calcium et/ou phosphore, en cuivre voire en zinc (voir chapitre 16). Et ces minéraux sont présents dans des rapports déséquilibrés par rapport aux principes de la nutrition (voir chapitre 1) et aux règles de rationnement (voir chapitre 13). Dans le cas des races de course et de sport, le complément est apporté à l'auge sous forme d'aliment car la jument est rentrée au box le soir. Chez la jument de loisirs et de trait, la complémentation est effectuée à l'aide d'un bloc à lécher mis à disposition au pâturage tout en contrôlant le niveau de consommation.

Prévention des problèmes nutritionnels

Équilibres nutritionnels

Les principaux équilibres nutritionnels à respecter sont donc relativement bien connus chez la jument pour prévenir les problèmes majeurs (voir chapitres 1 et 2). Ils concernent les rapports suivants : kg MS/100 kg PV – g MADC/UFC – Ca/P – Cu/Zn – Vitamines A/D.

Troubles du métabolisme minéral

Le syndrome analogue à l'hypocalcémie vitulaire rencontrée chez la vache est très rare chez la jument. En revanche, les symptômes d'hypocalcémie probablement secondaire à une hypomagnésémie ont été décrits chez la jument allaitante.

Les situations d'hypocalcémie et/ou d'hyperphosphatémie au cours de période d'intense d'absorption intestinale de ces éléments ne sont habituellement pas rencontrées chez la jument gestante ou allaitante car le catabolisme osseux est bien contrôlé par la calcitonine sécrétée par les cellules thyroïdiennes parafolliculaires, ce qui évite une déminéralisation excessive du squelette.

Pour en savoir plus

Briant C., Ottogalli M., Guillaume D., Fabre-Nys C., Ecot P., Margat A., 2006. Le passage à la barre pour la détection des chaleurs : Quelques précisions pour faciliter son interprétation, Les Haras Nationaux, *Equ'idée*, 57 : 59-63.

Doreau M., 1994. Le lait de jument et sa production : particularités et facteur de variation. *Le Lait*, 74, 401-418.

Doreau M., Boulot S., 1989. Methods of measurement of milk yield and composition in nursing mares: a review. *Le Lait*, 69, 159-171.

Doreau M., Martin-Rosset W., 2002. Dairy animals. I Horse. *In: Encyclopedia of dairy sciences* (Roginski H., Fuquay J.W., Fox P.F., eds), Academic Press, London, UK, 1, 630-637.

Doreau M., Martuzzi F., 2006. Milk yield of nurising and dairy mares. *In : Nutrition and feeding of the broodmare* (Miraglia N., Martin-Rosset W., eds), Wageningen Academic publishers, The Netherlands, n° 120, 57-64.

Doreau M., Boulot S., Jeunet R., Trin J.M., Dubroeucq H., Lefaivre R., Rigogne R., Vert M.-C., 1985. Comparaison de différentes methodes de dosage des matières grasses et des matières azotées du lait de jument. *Le Lait*, 65, 149-161.

Doreau M., Bruhat J.P., Martin-Rosset W., 1988. Effets du niveau des apports azotés chez la jument en début de lactation. *Ann. Zootech.*, 37(1), 21-30.

Doreau M., Moretti C., Martin-Rosset W., 1990. Effect of quality of hay given to mares around foaling on their voluntary intake and foal growth. *Ann. Zootech.*, 39, 125-131.

Doreau M., Boulot S., Barlet J.P., Patureau-Mirand P., 1990. Yield and composition of milk from lactating mares: effect of lactation stage and individual differences. *J. Dairy Res.*, 57, 449-454.

Doreau M., Boulot S., Bauchart D., Barlet J.P., Martin-Rosset W., 1992. Voluntary intake milk production and plasma metabolites in nursing mares fed two different diets. *J. Nutr.*, 122, 992-999.

Doreau M., Boulot S., Chilliard Y., 1993. Yield and composition of milk from lactating mares: effect of body condition at foaling. *J. Dairy Res.*, 60, 457-466.

Dulphy J.P., Jouany J.P., Martin-Rosset W., Theriez M., 1994. Aptitude comparée de différentes espèces d'herbivores domestiques à ingérer et digérer des fourrages distribués à l'auge. *Ann. Zootech.*, 43, 11-32.

Guillaume D., Fleurance G., Donabedian M., Robert C., Arnaud G., Levau M., Chesneau D., Ottogalli M., Schneider J., Martin-Rosset W., 2006a. Effets de deux modèles nutritionnels depuis la naissance sur l'âge de l'apparition de la puberté chez le cheval de sport. *In : 32ᵉ Journée de la recherche équine*, Les Haras Nationaux, Paris, 105-116.

Guillaume D., Reigner F., Arnaud G., Larry J.L, Chesneau D., Malpaux B., 2006b. Effet d'un éclairement permanent sur la reprise de l'activité sexuelle chez la jument. *In : 32ᵉ Journée de la recherche équine*, Les Haras Nationaux, 1ᵉʳ Mars, Paris, 33-38.

Guillaume D., Salazar-Ortiz J., Martin-Rosset W., 2006c. Effect of nutrition level in mare's ovarian activity and in equine's puberty. *In : Proceeding 2ⁿᵈ Equine Nutrition Workshop*, EAAP n° 120, 315-390.

Inra – HN – IE, 1997. *Notation de l'état corporel des chevaux de selle et de sport. Guide pratique*. Institut de l'élevage, Paris, 40 p.

Martin-Rosset W., Doreau M., 1984a. Besoins et alimentation de la jument. *In : Le cheval* (Jarrige R., Martin-Rosset W., eds), Inra Éditions, 355-370.

Martin-Rosset W., Doreau M., 1984b. Consommation d'aliments et d'eau par le cheval. *In : Le cheval* (Jarrige R., Martin-Rosset W., eds), Inra Éditions, 333-354.

Martin-Rosset W., Doreau M., Espinasse R., 1986. Alimentation de la jument lourde allaitante. Evolution du poids vif des juments et croissance des poulains. *Ann. Zootech.*, 35, 21-36.

Martin-Rosset W., Doreau M., Boulot S., Miraglia N., 1990. Influence of level of feeding and physiological state on diet digestibility in light and heavy breed horses. *Livest. Prod. Sci.*, 25, 257-264.

Meyer H., Ahlswede L., 1976. Uber das intrauterine wachstum und die Körperzusammensetzung won Fohlen sowie den Hährstoffbedarf tragender stuten ubers. *Tierernähr.*, 4, 263-292.

Miraglia N., Poncet C., Martin-Rosset W., 1992. Effect of feeding level physiological state and breed on the rate of passage of particulate mtter through the gastrointestinal tract of the horse. *Ann. Zootech.*, 41, 69.

Salazar-Ortiz J., Camous S., Briant C., Lardic L., Chesneau D., Guillaume D., 2011. Effects of nutritional cues on the duration of the winter anovulatory phase and on associated hormone levels in adult female Welsh pony horses (*Equus caballus*), Reprod. Biol. Endocrinol., 9, 130.

Schryver H.F., Oftedal O.T., Williams L., Soderholm V., Hintz H.F., 1986a. Lactation in the horse: the mineral composition of mare's milk. *J. Nutr.*, 116, 2142-2147.

Smolders E.A.A., Van Der Veen N.G., Van Polanen A., 1990. Composition of horse milk during the suckling period. *Livest. Prod. Sci.*, 25, 163-171.

Theriez M., Petit M., Martin-Rosset W., 1994. Caractéristiques de la conduite des troupeaux allaitants en zones difficiles. *Ann. Zootech.*, 43, 33-47.

4

L'étalon

Catherine Trillaud-Geyl, William Martin-Rosset, Michèle Magistrini

Plus de 6 000 étalons (non compris les 1 145 étalons de poneys, voir chapitre 8) sont utilisés pour la reproduction en France : 7 p. 100 en race pur sang ; 8 p. 100 en race trotteur ; 46 p. 100 en races sport et loisirs et 39 p. 100 en race de trait. Les étalons pur sang sont exclusivement utilisés en monte en main (99,5 p. 100 des saillies effectuées) tandis que 88,1 p. 100 des saillies réalisées par les étalons trotteurs sont effectuées par insémination artificielle immédiate après la récolte du sperme. Les étalons de sport et de loisirs sont essentiellement utilisés pour l'insémination artificielle (75,7 p. 100 des saillies effectuées) immédiate de semence réfrigérée sur place ou transportée ou après congélation. 43,2 p. 100 des saillies sont effectuées en races de trait par des étalons en liberté mais également 33,5 et 22,8 p. 100 sont réalisées respectivement en main ou par insémination artificielle à partir de la semence réfrigérée.

Les bases actuelles de l'alimentation de l'étalon reposent essentiellement sur des observations pratiques. L'étalon est autorisé réglementairement à commencer la monte publique à l'âge de quatre ans. C'est donc un animal pratiquement adulte car il a réalisé au moins 90 % de sa croissance et de son développement.

Caractéristiques du cycle de reproduction

Caractéristiques principales de la fonction de reproduction de l'étalon

La production de spermatozoïdes ou spermatogenèse se déroule dans le parenchyme testiculaire et débute chez le jeune vers l'âge de 18 mois. Cependant la capacité du parenchyme à produire des spermatozoïdes va augmenter jusqu'à l'âge de trois ans et l'étalon n'atteindra sa pleine maturité qu'à l'âge de 4-5 ans. Cette observation est à mettre en relation avec les niveaux hormonaux (hormones gonadotropes : FSH et LH ; hormones stéroïdes : testostérone et œstrogènes) qui atteignent leurs valeurs adultes vers l'âge de 5 ans.

Il existe donc des relations très importantes entre niveaux hormonaux et qualité de la spermatogenèse ; ainsi tout facteur modifiant les niveaux hormonaux aura une répercussion sur la production de spermatozoïdes et leur qualité. De plus lors du transit dans le tractus génital mâle, les spermatozoïdes vont être au contact de différentes sécrétions de l'épididyme et des glandes annexes dont le fonctionnement dépend aussi des niveaux hormonaux.

Facteurs de variation de la fonction de reproduction de l'étalon

Deux types de facteurs peuvent influer sur la fonction de reproduction de l'étalon : des facteurs intrinsèques (internes) ou extrinsèques (externes).

Facteurs intrinsèques/internes

L'âge

La production de spermatozoïdes augmente de la puberté (18-24 mois) à l'âge adulte (5 ans). Pour la plupart des étalons, la production et la qualité des spermatozoïdes est maximum vers 5 ans et diminue à partir de l'âge de 15 ans.

La race

Différentes études ont montré que les paramètres séminaux variaient en fonction des races. En France, les données sur les races de trait et les races de sang montrent des variations importantes de la concentration en spermatozoïdes, du volume de l'éjaculat et de la mobilité des cellules en particulier (voir Haras Nationaux, 2009). Le volume de l'éjaculat est plus élevé chez les races de trait comparées aux races de sang alors que la concentration et la mobilité est plus faible. Des études réalisées aux États-Unis sur différentes races (Quarter horse, Appaloosa, Paint Horse, etc.) ont montré également des variations importantes des caractéristiques séminales (volume de l'éjaculat, concentration et mobilité des spermatozoïdes).

Facteurs extrinsèques/externes

La saison

De nombreux auteurs ont observé des variations des caractéristiques séminales au cours de l'année. Cette analyse était d'autant plus importante qu'elle a permis de déterminer avec beaucoup plus d'efficacité la fonction de reproduction de l'étalon.

Contrairement à ce qui se passe chez la jument, la fonction de reproduction de l'étalon est moins influencée par la saison. Cependant, certaines variations ont été observées lors d'une étude réalisée pendant une année complète à l'Inra. Cette étude a montré que l'hiver (en opposition avec le printemps et l'été) est associé à un comportement sexuel atténué, de faibles volumes de l'éjaculat, de fortes concentration en spermatozoïdes et une mobilité des gamètes plus basse.

De même, les niveaux hormonaux varient en fonction de la saison avec une augmentation des taux des différentes hormones impliquées dans la fonction de reproduction au printemps et en été.

Photopériode et saison

Peu d'études ont porté sur la photostimulation de la fonction de reproduction de l'étalon. Les essais de traitements lumineux réalisés n'ont pas stimulé, contrairement aux attentes, la production de spermatozoïdes malgré l'augmentation des niveaux circulants de LH et de testostérone, et de la taille testiculaire.

L'alimentation

Les effets de l'alimentation sur la fonction de reproduction de l'étalon, et en particulier sur les caractéristiques séminales quantitatives et qualitatives, ont été peu étudiés.

L'âge de la puberté est sensible au niveau des apports alimentaires, à la croissance et au développement qui en découlent d'après les travaux réalisés par l'Inra et l'IFCE (voir chapitre 5). Chez l'étalon de selle, il est évalué par une concentration plasmatique en testostérone supérieure à 0,5 ng/ml (seuil qui correspond à la concentration hivernale chez l'étalon adulte produisant un éjaculat normal). L'âge à la puberté est de 17 et 25 mois respectivement chez des jeunes étalons ayant reçu depuis la naissance des apports alimentaires correspondant respectivement à 150 et 100 p. 100 des recommandations Inra. Le poids vif et le format atteints à la puberté constatée, exprimés en valeurs relatives des valeurs correspondantes au stade adulte, paraissent être des éléments déterminants. Les jeunes étalons atteignent un poids vif qui représente 79 et 63 p. 100 et une hauteur au garrot qui représente 95 et 90 p. 100 chez les étalons respectivement bien alimentés ou restreints.

Il n'y a pas d'étude réalisée chez l'étalon adulte pour évaluer les effets du niveau des apports énergétiques et azotés sur la production de sperme. Chez les autres espèces (taureau, bélier, verrat), la restriction du niveau des apports affecte temporairement la qualité de la semence. Chez le taureau, il semblerait que des apports énergétiques modérés effectués après le sevrage du jeune soient plus favorables que des apports élevés sur le développement des organes sexuels et les caractéristiques du sperme (mobilité des spermatozoïdes et pourcentage de cellules anormales). Les jeunes taureaux seraient plus sensibles que les adultes. Chez le jeune étalon, une supplémentation de la ration en lysine et méthionine très supérieure aux besoins (40 à 80 p. 100) n'a pas d'effet significatif sur les paramètres quantitatifs (volume, concentration, nombre total de spermatozoïdes dans l'éjaculat) ou qualitatifs (nombre de spermatozoïdes anormaux) de la semence d'après une étude réalisée par l'IFCE et l'Inra, contrairement à ce qui a été montré chez le bélier et le taureau.

Les apports en zinc doivent être respectés chez l'étalon car la déficience est suspectée perturber la spermatogenèse et le développement des organes sexuels.

La supplémentation en acides gras poly-insaturés (AGPI) de la ration de l'étalon a été étudiée car les AGPI pourraient avoir un effet spécifique sur la composition de la membrane plasmique des spermatozoïdes. La supplémentation en AGPI sous forme d'huile de riz associée à de la vitamine E améliorerait le pouvoir antioxydant de la semence et la qualité de la membrane des spermatozoïdes ainsi que leur mobilité. En revanche, la supplémentation en oméga-3 sous forme de DHA (acide décosahexanoïque, 22:6, n-3) a des effets contradictoires sur la qualité et le nombre total de spermatozoïdes, et leur conservation après 24 ou 48 h à 4 °C ou après congélation-décongélation.

La L-carnitine est un micronutriment normalement synthétisé dans le foie, les reins et le cerveau à partir de deux acides aminés : lysine et méthionine. La L-carnitine a été identifiée dans le plasma séminal et les spermatozoïdes, et son rôle est connu dans le métabolisme énergétique cellulaire. Néanmoins la supplémentation en L-carnitine n'a aucun effet bénéfique chez l'étalon en bonne santé.

La déficience en vitamine E et surtout en sélénium, deux micronutriments réputés avoir un effet antioxydant sur les acides gras, diminue la mobilité des spermatozoïdes et accroît le nombre de spermatozoïdes anormaux chez le verrat. Chez l'étalon, l'apport de vitamine E dans la ration alimentaire améliore la mobilité des spermatozoïdes après 48 h de conservation à 4 °C alors qu'aucun effet n'est observé après 24 h de conservation ou bien après congélation-décongélation.

La vitamine A est impliquée dans le déroulement de la spermatogenèse. Il a été montré, chez l'étalon comme chez le taureau, qu'un apport insuffisant diminue la mobilité et augmente le nombre de spermatozoïdes anormaux. En revanche, un apport chez l'étalon de vitamine A au-delà des recommandations n'a pas d'effets bénéfiques.

Conclusion

Lors de l'évaluation de la quantité et de la qualité de la semence d'un étalon, dans le cadre du spermogramme, il est donc très important de tenir compte des facteurs internes (âge, race) et des facteurs externes, comme la saison à laquelle l'observation est réalisée, mais aussi du niveau des apports quantitatifs et des équilibres nutritionnels à respecter. De plus, il est indispensable de comparer les paramètres séminaux d'un étalon avec ceux d'une population d'individus de même race de fertilité normale mesurés à la même saison.

L'analyse de ces données permettra de choisir le type de monte le plus adapté pour l'étalon concerné en lien avec des conditions d'alimentation rationnelle.

Cycle annuel de reproduction

Les étalons réalisent un cycle annuel de reproduction où alternent une période monte et une période de repos sexuel, d'une durée de six mois chacune environ, qui est lié au cycle de reproduction des juments.

Cycle monte/repos sexuel

Les étalons sont en périodes de repos sexuel et de monte respectivement du mois d'août au mois de janvier puis du mois de février au mois de juillet car l'activité de l'étalon est calquée sur la période d'activité ovarienne de la jument en zone tempérée. Toutefois, des étalons de races de sport et de trot sont souvent récoltés en Centres de congélation pendant cette période. Ils ont une activité qui est en moyenne de trois collectes par semaine dont il faut tenir compte.

Systèmes de conduite

Monte en main

Les étalons de races de course effectuent uniquement la monte en main (sauf les trotteurs qui sont exploités en insémination artificielle (IA) immédiate ou conservée sur place) tandis que les étalons de races de sport sont pour une grande majorité (85 p. 100) collectés pour une insémination artificielle des juments.

Monte en liberté

Les étalons de trait effectuent essentiellement la monte en liberté dans des troupeaux d'effectifs très variables (5 à 20 juments), notamment dans les zones dites de multiplications (montagnes et collinaires). La monte en main avec ou sans insémination artificielle différée est pratiquée surtout dans les berceaux de races. Dans ce cas, la semence récoltée est réfrigérée, puis transportée pour une insémination artificielle dans les élevages.

Hors monte

Les étalons des races de course et sport sont conduits au box avec un exercice plus ou moins quotidien réalisé en paddock, à la longe ou montés, notamment pour ceux qui effectuent une carrière sportive.

Les étalons de races de trait sont conduits le plus souvent en stabulation.

Besoins nutritionnels et apports alimentaires recommandés au cours du cycle annuel d'utilisation de l'étalon

Besoins nutritionnels

L'activité sexuelle et les besoins correspondants varient au cours du cycle saisonnier de la reproduction chez le cheval.

Période de repos sexuel

Le besoin d'entretien de l'étalon est égal à celui du cheval hongre adulte majoré de 5 p. 100 pour les races de trait et de 15 à 20 p. 100 respectivement pour les races de sport et de course (voir chapitre 1, tableau 1.1). Si l'étalon est conduit en box, ses besoins totaux sont égaux à la somme des besoins d'entretien et d'un travail d'intensité légère correspondant à de brèves sorties en liberté, à la longe ou montées (voir chapitre 6, tableaux 6.12 à 6.16 et chapitre 8, tableaux 8.1, 8.4 et 8.7).

Si l'étalon est conduit en stabulation libre ou en plein air intégral dans des parcs (races de trait en particulier), le besoin d'entretien précédemment défini est encore majoré de 10 ou 20 p. 100 respectivement. Les majorations successives peuvent éventuellement s'additionner selon le cas.

Exemple 4.1

Étalon de trait de 800 kg conduit en plein air intégral dans un parc.
Besoin entretien 100 p. 100 + 5 p. 100 + 15 p. 100 = 120 p. 100 du besoin de base, soit :
5,6 UFC + 0,3 UFC + 0,9 UFC = 6,8 UFC (voir tableau 4.5).

Période de monte

Il faut ajouter aux besoins définis pour la période de repos sexuel, les besoins correspondant à la dépense physique liée à l'acte sexuel et à la production de spermatozoïdes. Ces besoins sont très variables selon le type de monte, de l'activité précoïtale, le temps de latence avant le saut et la quantité de sperme éjaculé.

Dans le cas de la monte en liberté, les dépenses relatives aux nombreux déplacements et à un nombre élevé de chevauchements par rapport aux saillies effectives sont plus importantes que pour un étalon effectuant la monte en main (saillie naturelle). L'étalon se dépense en effet beaucoup pour rassembler son troupeau, isoler une jument en chaleur et pour saillir. Il faut compter en moyenne 3 à 4 sauts pour une saillie effective pour un étalon habitué à ce type de monte avec des écarts extrêmes de 2 à 15 respectivement en fin et en début de saison de monte.

Généralement, les dépenses liées à la monte chez l'étalon adulte doivent être couvertes par des apports alimentaires recommandés pour un service d'intensité légère à intense selon le mode d'utilisation de l'étalon et le nombre de saillies journalières afin que l'étalon n'ait pas une note d'état corporel inférieure à 2,5 (voir chapitre 2, tableau 2.2), à la fin de la saison de monte.

Cas particulier du jeune étalon

L'étalon de quatre ans peut avoir une dépense plus élevée qu'un étalon d'âge en raison d'une fin de croissance à assurer éventuellement pour les races tardives et du manque d'expérience à la monte. Cet accroissement est en partie compensé par le fait que le jeune étalon a très souvent un service plus réduit que l'étalon d'âge.

En revanche, les besoins des étalons de trois ans de races de trait autorisés à faire la monte, en particulier en liberté, peuvent être augmentés. Le besoin d'entretien est alors majoré de 10 p. 100.

Apports alimentaires recommandés

Les apports recommandés totaux (entretien + production) en énergie, matières azotées, minéraux, oligoéléments et vitamines sont rapportés dans les tableaux 4.1 à 4.6 pour la période de repos sexuel (entretien + exercice), et la période de monte (entretien + monte et éventuellement exercice pour les étalons conduits en box) pour quatre formats d'étalons. En ce qui concerne les poneys, on se reportera au chapitre 8, tableaux 8.1, 8.4 et 8.7.

Tableau 4.1. Apports alimentaires recommandés pour l'étalon de selle d'un poids vif adulte de **450 kg.**

Utilisation	Apports journaliers																			Consommation de matière sèche[*3] (kg)
	UFC	MADC (g)	Lysine (g)	P (g)	Ca (g)	Mg (g)	Na (g)	Cl (g)	K (g)	Cu (mg)	Zn (mg)	Co (mg)	Se (mg)	Mn (mg)	Fe (mg)	I (mg)	Vit. A (UI)	Vit. D (UI)	Vit. E (UI)	
Hors monte[1]	5,3	382	35	17	27	9	13	43	27	105	525	2,1	2,1	420	840	2,1	34 100	4 200	525	9,5-11,5
Monte[2]																				
Léger	6,3	454	41	17	27	9	13	43	27	105	525	2,1	2,1	420	840	2,1	34 100	4 200	525	9,5-11,5
Moyen	6,9	497	45	19	32	10	17	50	31	115	575	2,3	2,3	460	920	2,3	43 100	6 900	920	10,5-12,5
Intense	7,7	554	51	26	36	14	23	60	36	115	575	2,3	2,3	460	920	2,3	43 100	6 900	920	10,5-12,5

*Les valeurs les plus faibles seront choisies pour une alimentation riche en concentré, les plus fortes pour maximiser la consommation de fourrage.

[1]Y compris 1 heure de travail léger par jour pour les étalons conduits en box.

[2]Les valeurs correspondent à des étalons conduits en box et effectuant la monte en main.

[3]Les consommations représentent la quantité de matière sèche strictement nécessaire pour satisfaire les besoins nutritionnels (et la paille de litière que l'étalon peut consommer en box).

Tableau 4.2. Apports alimentaires recommandés pour l'étalon de selle d'un poids vif adulte de **500 kg.**

Utilisation	Apports journaliers																			Consommation de matière sèche[*3] (kg)
	UFC	MADC (g)	Lysine (g)	P (g)	Ca (g)	Mg (g)	Na (g)	Cl (g)	K (g)	Cu (mg)	Zn (mg)	Co (mg)	Se (mg)	Mn (mg)	Fe (mg)	I (mg)	Vit. A (UI)	Vit. D (UI)	Vit. E (UI)	
Hors monte[1]	5,8	418	38	19	30	10	15	48	29	113	490	2,3	2,3	450	900	2,3	36 600	4 500	560	10,0-12,5
Monte[2]																				
Léger	6,7	482	44	19	30	10	15	48	29	113	490	2,3	2,3	450	900	2,3	36 600	4 500	560	10,0-12,5
Moyen	7,6	547	50	21	35	12	18	56	33	123	510	2,6	2,6	510	1 020	2,6	47 800	7 700	1 020	11,0-13,5
Intense	8,5	612	56	29	40	15	26	67	39	123	510	2,6	2,6	510	1 020	2,6	47 800	7 700	1 020	11,0-13,5

*Les valeurs les plus faibles seront choisies pour une alimentation riche en concentré, les plus fortes pour maximiser la consommation de fourrage.

[1]Y compris 1 heure de travail léger par jour pour les étalons conduits en box.

[2]Les valeurs correspondent à des étalons conduits en box et effectuant la monte en main.

[3]Les consommations représentent la quantité de matière sèche strictement nécessaire pour satisfaire les besoins nutritionnels (et la paille de litière que l'étalon peut consommer en box).

Tableau 4.3. Apports alimentaires recommandés pour l'étalon de selle d'un poids vif adulte de **550 kg.**

| Utilisation | Apports journaliers | | | | | | | | | | | | | | | | | | | Consommation |
	UFC	MADC (g)	Lysine (g)	P (g)	Ca (g)	Mg (g)	Na (g)	Cl (g)	K (g)	Cu (mg)	Zn (mg)	Co (mg)	Se (mg)	Mn (mg)	Fe (mg)	I (mg)	Vit. A (UI)	Vit. D (UI)	Vit. E (UI)	de matière sèche*[3] (kg)
Hors monte[1]	6,3	454	41	21	33	11	16	53	33	120	600	2,4	2,4	480	960	2,4	39 000	4 800	600	10,5-13,5
Monte[2]																				
Léger	7,3	526	48	21	33	11	16	53	33	120	600	2,4	2,4	480	960	2,4	39 000	4 800	600	10,5-13,5
Moyen	8,2	590	54	23	39	13	21	62	37	135	638	2,6	2,6	510	1 020	2,6	47 800	7 650	1 020	11,5-14,5
Intense	9,3	670	61	32	44	17	28	73	43	128	638	2,6	2,6	510	1 020	2,6	47 800	7 650	1 020	11,5-14,5

*Les valeurs les plus faibles seront choisies pour une alimentation riche en concentré, les plus fortes pour maximiser la consommation de fourrage.

[1]Y compris 1 heure de travail léger par jour pour les étalons conduits en box.

[2]Les valeurs correspondent à des étalons conduits en box et effectuant la monte en main.

[3]Les consommations représentent la quantité de matière sèche strictement nécessaire pour satisfaire les besoins nutritionnels (et la paille de litière que l'étalon peut consommer en box).

Tableau 4.4. Apports alimentaires recommandés pour l'étalon de selle d'un poids vif adulte de **600 kg.**

| Utilisation | Apports journaliers | | | | | | | | | | | | | | | | | | | Consommation |
	UFC	MADC (g)	Lysine (g)	P (g)	Ca (g)	Mg (g)	Na (g)	Cl (g)	K (g)	Cu (mg)	Zn (mg)	Co (mg)	Se (mg)	Mn (mg)	Fe (mg)	I (mg)	Vit. A (UI)	Vit. D (UI)	Vit. E (UI)	de matière sèche*[3] (kg)
Hors monte[1]	6,8	490	45	23	36	11	18	58	35	128	638	2,6	2,6	510	1 020	2,6	41 100	5 100	638	11,0-14,5
Monte[2]																				
Léger	7,9	569	52	23	36	11	18	58	35	128	638	2,6	2,6	510	1 020	2,6	41 100	5 100	638	11,0-14,5
Moyen	8,9	641	58	25	42	14	23	67	40	138	688	2,8	2,8	550	1 100	2,8	51 600	8 300	1 100	12,0-15,5
Intense	10,0	720	66	35	48	18	31	80	47	138	688	2,8	2,8	550	1 100	2,8	51 600	8 300	1 100	12,0-15,5

*Les valeurs les plus faibles seront choisies pour une alimentation riche en concentré, les plus fortes pour maximiser la consommation de fourrage.

[1]Y compris 1 heure de travail léger par jour pour les étalons conduits en box.

[2]Les valeurs correspondent à des étalons conduits en box et effectuant la monte en main.

[3]Les consommations représentent la quantité de matière sèche strictement nécessaire pour satisfaire les besoins nutritionnels (et la paille de litière que l'étalon peut consommer en box).

Tableau 4.5. Apports alimentaires recommandés pour l'étalon de trait d'un poids vif adulte de **800 kg.**

Utilisation	Apports journaliers																				Consommation
	UFC[2]	MADC[2] (g)	Lysine[2] (g)	P (g)	Ca (g)	Mg (g)	Na (g)	Cl (g)	K (g)	Cu (mg)	Zn (mg)	Co (mg)	Se (mg)	Mn (mg)	Fe (mg)	I (mg)	Vit. A (UI)	Vit. D (UI)	Vit. E (UI)	de matière sèche*[3] (kg)
Hors monte[1]	5,9 6,8	413 476	38 43	25	35	13	19	76	44	130	650	2,6	2,6	520	1 040	2,6	42 300	5 200	650	11,5-14,5
Monte[2]																				
Léger	6,4 7,6	448 532	41 48	30	36	15	19	76	51	130	650	2,6	2,6	520	1 040	2,6	42 300	5 200	650	11,5-14,5
Moyen	6,9 8,4	483 588	44 54	34	43	18	30	90	58	143	713	2,9	2,9	570	1 140	2,9	53 400	8 600	1 140	12,5-16,0
Intense	7,9 10,0	553 700	50 64	36	50	24	41	106	69	143	713	2,9	2,9	570	1 140	2,9	53 400	8 600	1 140	12,5-16,0

*Les valeurs les plus faibles seront choisies pour une alimentation riche en concentré, les plus fortes pour maximiser la consommation de fourrage.

[1]Y compris 1 heure de travail léger par jour pour les étalons conduits en box ou stalle.

[2]Les valeurs inférieures correspondent à des étalons conduits en box et effectuant la monte en main. Les valeurs supérieures correspondent à des étalons conduits en plein air et effectuant la monte en liberté.

[3]Les consommations représentent la quantité de matière sèche strictement nécessaire pour satisfaire les besoins nutritionnels (et la paille de litière que l'étalon peut consommer en box).

Tableau 4.6. Apports alimentaires recommandés pour l'étalon de trait d'un poids vif adulte de **900 kg.**

Utilisation	Apports journaliers																				Consommation
	UFC[2]	MADC[2] (g)	Lysine[2] (g)	P (g)	Ca (g)	Mg (g)	Na (g)	Cl (g)	K (g)	Cu (mg)	Zn (mg)	Co (mg)	Se (mg)	Mn (mg)	Fe (mg)	I (mg)	Vit. A (UI)	Vit. D (UI)	Vit. E (UI)	de matière sèche*[3] (kg)
Hors monte[1]	6,4 7,4	448 518	41 47	28	40	15	26	86	50	138	688	2,8	2,8	560	1 100	2,8	44 700	5 500	688	12,5-15,0
Monte[2]																				
Léger	6,9 8,4	483 588	44 54	34	40	17	26	86	58	138	688	2,8	2,8	560	1 100	2,8	44 700	5 500	688	12,5-15,0
Moyen	7,4 9,4	518 658	47 60	38	47	21	35	100	66	150	750	3,0	3,0	600	1 200	3,0	56 300	9 000	1 200	13,5-16,5
Intense	8,4 10,4	588 728	54 66	40	53	27	46	120	75	150	750	3,0	3,0	600	1 200	3,0	56 300	9 000	1 200	13,5-16,5

*Les valeurs les plus faibles seront choisies pour une alimentation riche en concentré, les plus fortes pour maximiser la consommation de fourrage.

[1]Y compris 1 heure de travail léger par jour pour les étalons conduits en box ou stalle.

[2]Les valeurs inférieures correspondent à des étalons conduits en box et effectuant la monte en main. Les valeurs inférieures correspondent à des étalons conduits en plein air et effectuant la monte en liberté.

[3]Les consommations représentent la quantité de matière sèche strictement nécessaire pour satisfaire les besoins nutritionnels (et la paille de litière que l'étalon peut consommer en box).

Ces apports incluent les majorations évoquées précédemment, sauf celle de l'étalon lourd de trois ans pour lequel un apport supplémentaire journalier lié à la fin de la croissance de 0,3 à 0,5 UFC est à ajouter à ces recommandations.

Les races de selle et de trait sont caractérisées par leur poids vif. On a retenu **quatre poids vifs** dans les tableaux 4.1 à 4.6 : **450, 500, 550, 600 kg,** pour les races de selle et **deux poids vifs** pour les races de trait : **800 et 900 kg.**

Trois intensités de service ont été retenues en fonction du nombre de saillies journalières et du type de monte ou de récolte en IA :
– léger : 1 saillie tous les 2 jours, monte en main (saillie naturelle ou collecte pour IA) en station d'un étalon d'âge ou de 3 ou 4 ans ;
– moyen : 1 saillie par jour, monte en main en station (saillie naturelle ou collecte pour IA), étalons de 4 ans ou d'âge ;
– intense : 2 saillies et plus par jour, monte en main ou en liberté des étalons d'âge.

Ces apports alimentaires permettent en moyenne aux étalons de conserver un poids vif et un état corporel constants avec une note d'état de 3,0 (voir chapitre 2, tableau 2.2) pendant la saison de monte avec des variations possibles selon la race et le tempérament du cheval, et le type de monte.

Les étalons maigres en fin de saison seront remis en état pendant la période de repos sexuel :
– soit en première approximation en distribuant pendant deux mois environ des apports alimentaires totaux correspondant à un service moyen et à un service léger si la note d'état corporel est égale ou inférieure à 2,0 et 2,5 ; ce qui correspond à des pertes de poids vif d'environ 5 à 10 p. 100 respectivement pendant la saison de monte ;
– soit avec plus de précision en utilisant la grille d'ajustement des apports proposés dans le chapitre 2, tableau 2.5.

Rationnement pratique

La ration doit couvrir les besoins nutritionnels de l'étalon sans excès. Il est néfaste pour la fonction sexuelle et les appareils cardiovasculaire et locomoteur de suralimenter les étalons, que ce soit les jeunes mâles avant la présentation aux concours ou les étalons d'âge.

Il faut préparer la saison de monte à venir en augmentant progressivement les apports alimentaires à partir du mois de janvier pour atteindre, 15 jours avant les premières saillies, les apports alimentaires recommandés pour le service prévu.

Les étalons de sport ou trotteurs, qui sont récoltés pour la congélation de doses en vue d'insémination différée en dehors de la période février à juillet (saison de monte traditionnelle), doivent recevoir des apports alimentaires correspondant à leur activité de monte.

Étalons conduits en box ou en stalle

C'est le cas de la plupart des étalons sauf les étalons de trait effectuant la monte en liberté et conduits en stabulation libre en dehors de la période de monte.

Les étalons peuvent être alimentés avec des rations à base de fourrages secs : foins, ou ensilés : ensilages mi-fanés, dans les deux cas complémentés avec des céréales et un aliment minéral et vitaminique (AMV) adapté : type 7-12 (7 % de P et 12 % de Ca) et dont la composition sera proche de celui indiqué chapitre 13, tableau 13.3, colonne 50 g ; ou avec un aliment composé complémentaire correspondant à celui distribué aux juments, et qui a l'avantage d'inclure un AMV. La proportion d'aliment concentré dans la ration varie de 10 à 30 p. 100 selon l'intensité du service demandé (repos ou service intense), l'état corporel et bien sur la valeur nutritive du fourrage de base.

Dans le cas des étalons effectuant aussi une saison sportive, il faut alors considérer les besoins liés au travail (voir chapitre 6 et notamment la figure 6.11), qui s'ajoutent aux besoins pour la monte ou récolte de sperme pour IA.

Étalons conduits en parc d'hivernage et au pré

Ce cas concerne exclusivement (ou presque) les étalons de trait effectuant la monte en liberté en parc d'hivernage puis au pré.

Pendant la saison de monte et avant la mise à l'herbe, l'étalon peut recevoir en parc une ration à base de foin de pré (la même quantité qu'une jument allaitante de même format) et un aliment concentré (3 à 5 kg) comprenant 50 % d'avoine et 50 % d'un aliment composé complémentaire, de composition analogue à celui distribué simultanément aux juments ou un mélange de céréales comme dans le cas des étalons conduits en box ou stalles et 50 g d'un AMV dont la composition sera proche de celle indiquée chapitre 13, tableau 13.3, colonne 50 g.

Pendant la saison de monte et après la mise à l'herbe, la ration de base est fournie par l'herbe pâturée abondante et de bonne qualité au printemps. L'étalon doit toutefois recevoir en complément 2 à 3 kg d'un aliment concentré comprenant 50 % d'avoine et 50 % d'un aliment composé complémentaire (« aliment jument »). Cette complémentation est indispensable car l'étalon consacre un temps à pâturer relativement plus limité que les juments.

Pendant la période de repos sexuel, l'herbe peut suffire à couvrir les besoins de l'étalon si elle est abondante et de qualité moyenne tout au long de la saison d'été. Il faut fournir une pierre à lécher pour assurer un bon équilibre minéral et en oligoéléments de la ration. Si la quantité d'herbe devient insuffisante et/ou si l'état corporel de l'étalon est médiocre, il faut distribuer un peu de foin de bonne qualité (2 à 3 kg, foin de 1er cycle récolté à pleine épiaison) et 2 kg d'orge ou de maïs.

Prévention des problèmes nutritionnels

Équilibres nutritionnels

Les étalons comme les autres types de chevaux doivent être alimentés selon les apports alimentaires recommandés pour couvrir seulement les besoins et ainsi respecter les équilibres nutritionnels essentiels (voir chapitre 2) établis lorsque les besoins nutritionnels ont été évalués. En situation normale, les supplémentations particulières ont démontré peu d'intérêt comme il est indiqué au début de ce chapitre.

État corporel et obésité

L'étalon doit, au cours du cycle annuel, atteindre des notes d'état corporel clés.

Races de course et de sport

La note optimum de 3 est à rechercher et à maîtriser au cours du cycle annuel car la saillie naturelle ou la collecte de sperme a lieu en main. L'étalon doit effectuer une heure par jour de travail léger. Une note de 3,5 peut éventuellement être envisagée pour les étalons qui s'entretiennent plus difficilement.

Races de trait

La note d'état corporel doit être modulée au cours du cycle annuel : 3,5 au début de la saison de monte et ne jamais descendre au-delà de 2,5 en cours de saison de monte. Dans ce dernier cas, l'étalon doit impérativement restaurer son état corporel en période de repos sexuel pour atteindre à nouveau une note de 3,5.

L'état d'obésité est atteint dès que la note est de 4. Il n'y a que des inconvénients à atteindre une telle note, d'ordre musculaire, ostéo-articulaires voire digestifs (voir chapitre 2).

Il est recommandé d'utiliser la méthode d'estimation de l'état corporel décrite au chapitre 2 et d'estimer l'état corporel mensuellement, si possible couplé avec une mesure du poids vif (à jeun le matin avant le repas) pour ajuster correctement les apports alimentaires sur des critères objectifs et continus. Les ajustements des apports se feront en utilisant l'outil le plus sûr : la grille proposée chapitre 2, tableau 2.5.

Pour en savoir plus

Amann R.P., 1993. Physiology and Endocrinology. *In : Equine Reproduction* (McKinnon A.O., Voss J.L., eds.), Chapter 77, Lea & Febiger, Philadelphia, 658-685.

Arlas T.R., Perzolli C.D., Terraciano P.B., Trein C.R., Bustamante-Filho I.C., Castro F.S., Mattos R.C., 2008. Sperm quality is improved by feeding stallions with a rice oil supplement. In : Proceedings 5th International Symposium on Stallion Reproduction, Porto Allegre, Brazil, *Anim. Reprod. Sci.*, 107 (3-4), 306.

Brinjsko S.P., Varner D.D., Blanchard T.L., Day B.C., Wilson M.E., 2005. Effect of feeding DHA-enrcihed nutraceutical on the quality of fresh, cooled and frozen stallion semen. *Theriogenology*, 63, 1519-1527.

Brown B.W., 1994. A review of nutritionnal influence on reproduction in boars, bulls and rams. *Reprod. Nutr. Dev.* 34, 89-114.

Clément F., Magistrini M., Hochereau de Reviers M.T., Vidament M., 1991. L'infertilité chez l'étalon : quelques explications. *In : 17ᵉ Journée de la recherche équine*, Les Haras Nationaux, Paris, 12-22.

Elhordoy D.M., Cazales S., Costa G., Estévez J., 2005. Effect of dietary supplementation with DHA on the quality of fresh, cooled and frozen stallion semen. In : Proceedings 5th International Symposium on Stallion Reproduction, Porto Allegre, Brazil, *Anim. Reprod. Sci.*, 107 (3-4), 319.

Ellis A.D., Bockoff M. Bailoni L., Mantovani R., 2006. Nutrition and equine futility. *In : 3rd European Workshop Equine Nutrition*. EAAP, n° 120, Wageningen Academic Publishers, The Netherlands, 341-366.

Gee E.K., Bruemmer J.E., Sciciliano P.D., Mc Cue P.M., Squires E.L., 2008. Effects of dietary vitamin E supplementation on spermatozoal quality in stallions with suboptimal post-thaw motility. In : Proceedings 5th International Symposium on Stallion Reproduction, Porto Allegre, Brazil, *Anim. Reprod. Sci.*, 107 (3-4), 324-325.

Guillaume D., Fleurance G., Donabedian M., Robert C., Arnaud G., Levau M., Chesneau D., Ottogalli M., Schneider J., Martin-Rosset W., 2006. Effets de deux modèles nutritionnels depuis la naissance sur l'âge de l'apparition de la puberté chez le cheval de sport. *In : 32ᵉ Journée de la recherche équine*, Les Haras Nationaux, Paris, 105-116.

Jussiaux M., Trillaud-Geyl C., 1984. La monte en station. *In : Le cheval* (Jarrige R., Martin-Rosset W., eds), Inra Éditions, 77-82.

Jussiaux M., Trillaud-Geyl C., Martin-Rosset W., Dubroeucq H., 1981. *Pratique de la monte en liberté en troupeaux fermés*, Les Haras Nationaux, Paris, 33 p.

Klug E., Weiss R.R., Ahlswed L., Schulz G., 1976. Effects of beta-caroten and vitamin A on reproductive function in young bulls. *Zuchthygiene*, 11, 78-79.

Haras Nationaux, 2009. *Insémination artificielle équine*, Guide Pratique, 4ᵉ édition, Chapitre 3.23, Les Haras Nationaux.

Magistrini M., Chanteloube P., Palmer E., 1987. Influence of season and frequency of ejaculation on production of stallion semen for freezing. *J. Reprod. Fert. Suppl.* 35, 127-133.

Martin-Rosset W., Palmer E., 1977. Bilan de trois années de monte en liberté. *Inra Prod. Anim.*, 28, 33-39.

Pickett B.W., Amann R.P., McKinnon A.O., Squires E.L., Voss J.L., 1989. *Management of the stallions for maximum reproductive efficiency*, II. chapitre 3 : Season, 39-58.

Ralston S.L., Rich S.A., Jackson S., Squires E.L., 1986. The ffect of vitamin A supplementation on seminal characterisics and vitamin absorption in stallion. *J. Equine Vet. Sci.*, 8, 290-293.

Rousset H., Stradaioli G., Lakamy S., Ricardo Z., Chiod P., Monaci M., 2005. Effect of L-Carnitin administration on the seminal characteristics of oligasthernopermic stallions. *Theriogenology*, 62, 761-777.

Smith O.B., Akinbamijo O.O., 2000. Micronutrients and reproduction in farm animals. *Anim. Reprod. Sci.*, 60-61, 549-560.

Trillaud-Geyl C., Martin-Rosset W., Jussiaux M., 1984. La monte en liberté. *In : Le cheval* (R. Jarrige, W. Martin-Rosset, eds), Inra Éditions, 83-91.

Trillaud-Geyl C., Rousset H., Martin-Rosset W., Figeac B., Dubroeucq H., Vialaret R., Fischer F., 1987. *Pratique de la monte en liberté en troupeaux ouverts*, Les Haras Nationaux, Paris, 36 p.

Trillaud-Geyl C., Jussiaux M., Martin-Rosset W., 1989. Bases zootechniques du contrôle individuel des étalons des races lourdes. *In : 15e Journées de la recherche équine*, Les Haras Nationaux, 8 Mars, Paris, 19-37.

5

Le jeune cheval

William Martin-Rosset, Catherine Trillaud-Geyl, Jacques Agabriel

La France est un des grands pays européens producteurs de chevaux de course, de sport et de loisirs. On enregistre annuellement 16 000 à 17 000 naissances de chevaux de course (68 et 32 p. 100 de trotteurs et pur sang respectivement), 19 000 à 20 000 naissances de chevaux de sport et loisirs, 16 à 17 000 naissances de chevaux de trait.

La période de croissance chez le cheval dure de 3 à 5 ans soit 40 à 75 % de la vie productive selon le type génétique (pur sang, trotteur, selle français, anglo-arabe ou arabe) et d'utilisation (course, sport et loisirs). Cela représente pour les producteurs et utilisateurs un gros investissement zootechnique et financier qui conditionne les performances ultérieures, la longévité du cheval et sa rentabilité. Il s'agit d'une période à risque où les besoins et les équilibres nutritionnels doivent être satisfaits pour prévenir l'apparition de pathologies notamment ostéo-articulaires.

Croissance et développement

Les phénomènes et leur mesure

De la naissance à l'âge adulte, la croissance du cheval se traduit par l'augmentation de son poids vif et de ses dimensions en fonction du temps.

Le développement est l'ensemble des phénomènes qui concourent à la constitution d'un cheval adulte à partir de l'ovule fécondé. Pendant la gestation, l'embryon connaît différentes phases d'évolution pour devenir fœtus puis poulain à la naissance. Jusqu'à l'âge adulte, ce processus se poursuit, provoquant chez le cheval des modifications morphologiques, anatomiques et chimiques en même temps qu'une maturation psychique et sexuelle. Le développement se mesure par comparaison du poids, des dimensions ou de la composition anatomique et chimique d'une région ou d'un tissu à un âge donné, à un élément de référence. Cette référence peut être la valeur (poids, dimension, composition) de cette région ou de ce tissu à l'âge adulte, ou la valeur au même âge de l'organisme entier considéré.

La croissance pondérale

À la naissance, le poulain a un poids vif qui représente 8 à 12 p. 100 de celui de sa mère : soit environ 15-35 kg pour les poneys (voir chapitre 8), 45-55 kg pour les chevaux de selle et 65-80 kg pour les chevaux de races lourdes.

Au cours du premier mois, le poulain double son poids de naissance. Au sevrage, à l'âge de 6-7 mois, il a multiplié son poids vif par 5. Il pèse alors de 220 à 260 kg pour les races de selle et de 300 à 400 kg pour les races lourdes (soit 45 % du poids vif adulte). Sa hauteur au garrot représente déjà 80 % de sa valeur finale. À un an, le poulain atteint 65 % de son poids vif adulte et près de 88 % de sa hauteur au garrot finale. Le poulain réalise au cours de sa première année plus de 50 à 60 % de sa croissance pondérale et près de 70 % de sa croissance en taille. Le poids d'un poulain de deux ans représente 75 % de son poids vif adulte qui est acquis définitivement entre 3,5 et 5 ans selon les races (figure 5.1).

La vitesse de croissance est mesurée par le gain de poids vif (exprimé en grammes par jour, g/j). Elle est très élevée au cours du premier mois : de 1 500 g/j (races de selle) à plus de 2 000 g/j (races lourdes). Elle dépend non seulement du potentiel génétique du poulain mais aussi de la production laitière de la mère jusqu'à trois mois, âge où le poulain commence à compléter significativement son alimentation par d'autres sources : pâturage, aliments concentrés, foin, etc. De la naissance au sevrage, le poulain réalise un gain de poids vif moyen journalier de 900 à 1 000 g pour les races de selle ou de 1 300 à 1 600 g pour les races lourdes. Entre le sevrage et l'âge d'un an, le gain de poids vif journalier varie de 600 à 1 600 g suivant le type génétique (selles *vs* trait). Il diminue avec l'âge et dépend

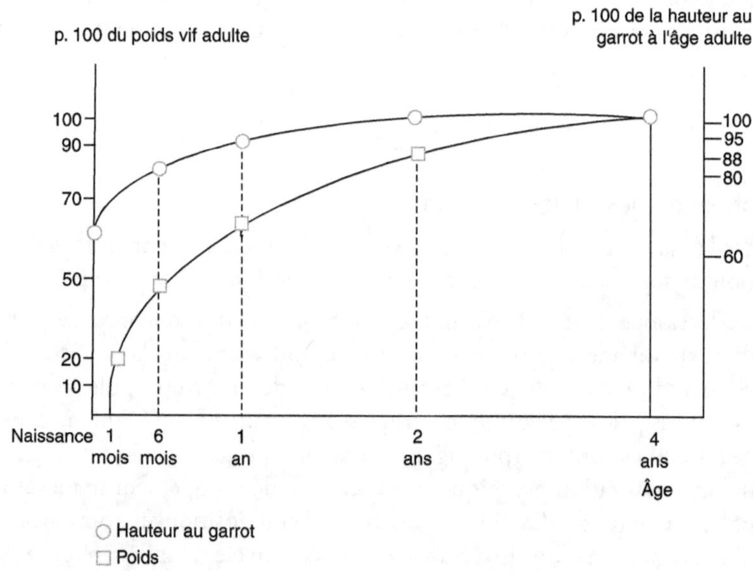

Figure 5.1. Évolution du poids vif et de la hauteur au garrot du cheval de selle en fonction de l'âge.

des conditions d'élevage. Après un an, la croissance se poursuit à un rythme beaucoup plus lent : en moyenne 150 à 300 g/j jusqu'à l'âge adulte qui est atteint vers 3-4 ans chez les races de course, 4 à 5 ans chez les races de sport-loisirs.

L'évolution du format

À la naissance, la hauteur au garrot du poulain dépasse déjà 60 % de sa valeur finale alors que son poids ne représente que 10 p. 100 du poids adulte. Le squelette est déjà plus développé que les tissus musculaires et adipeux. De la naissance au sevrage, la hauteur au garrot augmente en moyenne de 5 cm/mois pour les races de selle. Entre le sevrage et l'âge de 1 an, l'accroissement en taille des chevaux de selle n'est plus que de 2 cm/mois environ.

Au cours de la première année post-natale, le format du poulain peut être inclus dans un rectangle debout et la hauteur au garrot atteint déjà 88 % de la valeur adulte car le poulain est grand et court (figure 5.2). Le poulain a réalisé près de 70 % de sa croissance en taille. Entre 1 et 2 ans, le périmètre thoracique et la largeur de poitrine s'accroissent de 65 % tandis que la longueur augmente dans une moindre mesure. Le poulain s'inscrit alors dans un carré. De deux ans à l'âge adulte, la longueur du corps s'accroît de 60 % et le poulain est alors inclus dans un rectangle couché (figure 5.2).

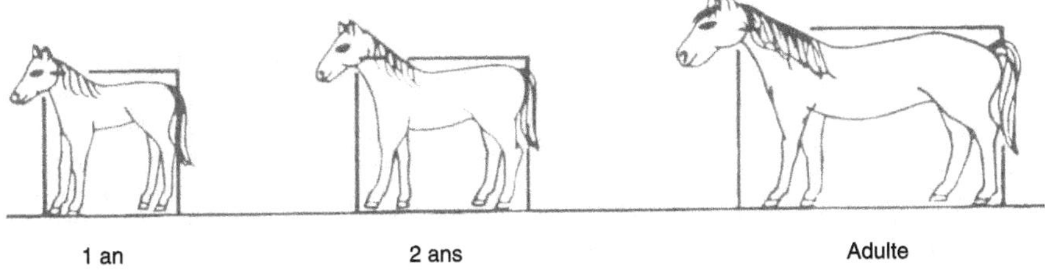

Figure 5.2. Évolution du format à partir de la naissance (d'après Martin-Rosset, 1983).

L'évolution du format est très liée à celle du poids vif puisque ce dernier peut être prévu à partir de certains paramètres du format avec une bonne précision (voir chapitre 2).

Le développement des tissus

L'évolution pondérale des tissus corporels (os, muscles et dépôts adipeux) a été décrite par la méthode des abattages comparatifs par l'Inra.

Le développement du corps se caractérise par des changements relatifs, en fonction du temps, de la composition anatomique exprimée par le poids des différents tissus. Cette évolution est analysée selon une relation d'allométrie classique $y = ax^b$. Dans cette relation b est le coefficient d'allométrie du poids du tissu (y) par rapport au poids de référence (x) généralement poids du corps entier vide (c'est-à-dire sans le contenu digestif très variable). Si b est égal à 1, on dit que le tissu considéré (y) se développe à la même vitesse que le poids du corps entier vide (x) ou qu'il a une même croissance relative. Si b est supérieur à 1, le tissu étudié a une croissance relative plus élevée que celle du poids du corps entier vide, et inversement si b est inférieur à 1 (figure 5.3).

La carcasse (c'est-à-dire l'ensemble des tissus : os + muscle + graisses ou dépôts adipeux) a un coefficient d'allométrie de 1 : cela signifie que la carcasse se développe à la même vitesse que le corps entier (carcasse + 5e quartier : organes + tube digestif + peau, etc.) entre la naissance et 30 mois. En revanche, la croissance relative de l'ensemble du tissu squelettique (squelette total) est faible (b = 0,74) tandis que celle du tissu musculaire et du tissu adipeux sont respectivement élevées, très élevées (b = 1,13 et b = 1,41). C'est pourquoi le pourcentage de dépôt adipeux et de muscles dans la carcasse augmente de 6 à 12 p. 100 et 59 à 69 p. 100 respectivement tandis que celui des os diminue considérablement de 32 à 14 p. 100.

Le squelette a donc une évolution pondérale très précoce par rapport aux autres tissus car le coefficient d'allométrie est très inférieur à 1. Le tissu adipeux a lui un développement très tardif car le coefficient d'allométrie est très supérieur à 1. Le tissu musculaire a une position intermédiaire mais le coefficient d'allométrie est supérieur à 1 (figure 5.3). Ces considérations sont importantes dans l'évaluation des besoins nutritionnels avec l'âge.

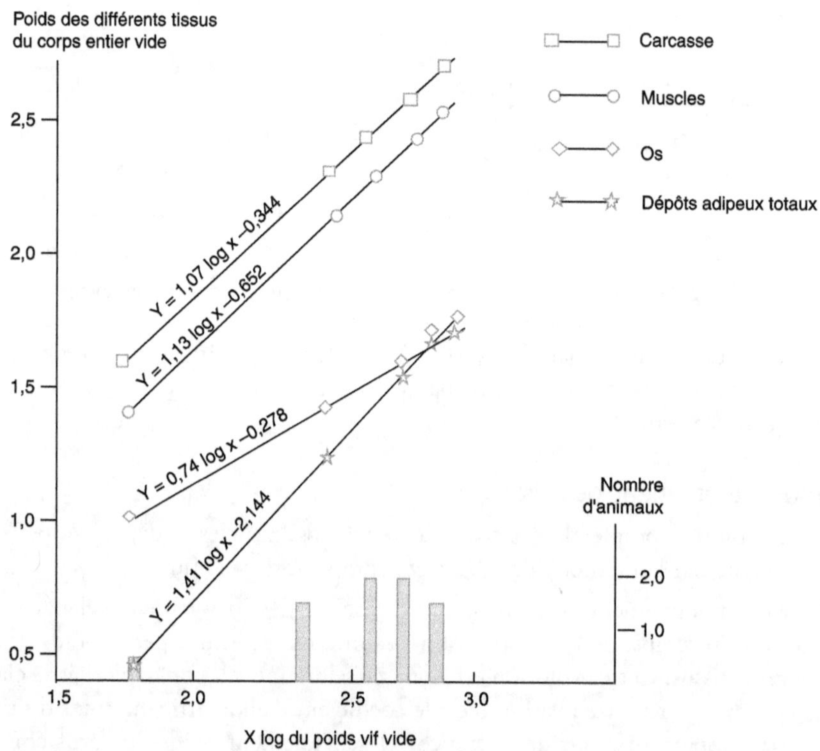

Figure 5.3. Croissance relative des tissus (y en kg) par rapport au poids vif vide (x en kg) de la naissance à 30 mois (d'après Martin-Rosset *et al.*, 1983).

Pour un même tissu, les régions anatomiques ne se développent pas à la même vitesse par rapport à l'ensemble du tissu considéré.

En ce qui concerne le squelette, il y a un gradient de croissance relative très net de l'extrémité des membres, le canon en particulier qui a un développement très précoce, vers les ceintures et la colonne vertébrale qui ont donc à l'inverse un développement tardif, alors que les parties intermédiaires des membres ont un développement moyen proche de celui de l'ensemble du squelette. Les croissances relatives des différentes régions du squelette sont en cohérence avec l'évolution du format (figure 5.4).

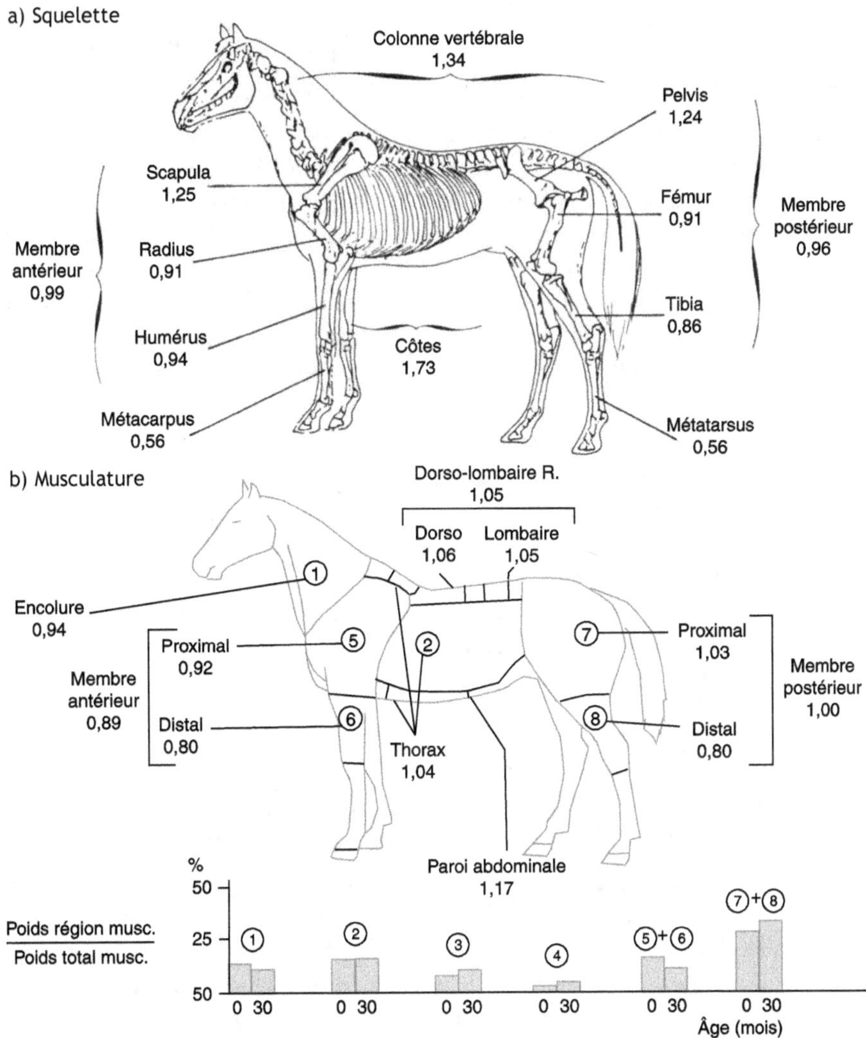

Figure 5.4. Croissance relative des différentes régions (y en kg) a) des régions du squelette par rapport au squelette total (x en kg), b) des régions musculaires par rapport à la musculature totale de la naissance à 30 mois (d'après Martin-Rosset *et al.*, 1980 ; Martin-Rosset, 2005).

La croissance relative des différents tissus adipeux par rapport à l'ensemble de ces tissus est très différenciée entre la naissance et 30 mois. Elle varie de 0,95 pour les dépôts adipeux intermusculaires à 1,58 pour les gras interne, thoracique ou abdominal, tandis que les gras sous cutanés ont une croissance relative intermédiaire (1,14). Ces considérations ont une importance pour l'estimation de l'état corporel par la méthode des maniements (voir chapitre 2).

La croissance relative des tissus musculaires est aussi relativement différenciée. Elle varie de 0,80 pour l'extrémité des membres à 1,04 pour la musculature du dos et du thorax.

Conséquence de la variation de la composition corporelle avec le poids vif pour l'évaluation des besoins nutritionnels

Au cours de la période de croissance, la part des muscles dans le croît journalier est relativement constante car le coefficient d'allométrie est proche de 1, alors que la part du squelette diminue proportionnellement car le coefficient d'allométrie est très inférieur à 1. En revanche, le tissu adipeux constitue l'élément du corps entier le plus variable car sa croissance relative est très élevée. C'est pourquoi la composition du croît varie au cours de la croissance : plus le poids vif du poulain est élevé, plus la proportion de tissu adipeux dans le gain est élevée. Corrélativement, la teneur en lipides et donc la valeur calorifique du croît deviennent donc de plus en plus élevées.

L'Inra a déterminé la composition chimique moyenne (teneurs en lipides, protéines et eau) de la masse corporelle à différents âges à partir de la composition anatomique des animaux étudiés pour décrire la croissance relative des tissus. À partir de cette détermination, la composition chimique du croît en lipides, protéines et en eau a été estimée pour établir les besoins nets d'un cheval en croissance (figure 5.5a). Les variations de la teneur en lipides du croît en fonction du gain de poids ont été également établies pour tenir compte de la vitesse de croissance dans l'évaluation des besoins (figure 5.5b).

Cas particulier du tissu osseux

Le squelette est composé du tissu osseux, du cartilage de conjugaison ou plaque épiphysaire (pendant la croissance) et du cartilage articulaire.

Le tissu osseux est le siège d'un modelage pendant la phase de croissance auquel fait suite un remodelage chez l'adulte (en fait, modelage et remodelage coexistent pendant la croissance mais le modelage est plus important, c'est pourquoi il y a formation de tissu osseux chez le poulain comme chez les autres espèces, tandis que seul le remodelage persiste chez l'adulte). Le tissu osseux est élaboré pendant la phase de modelage. Le remodelage permet à l'os d'une part de jouer son rôle de réserve minérale notamment de calcium, et d'autre part de se renouveler pour conserver ses propriétés mécaniques.

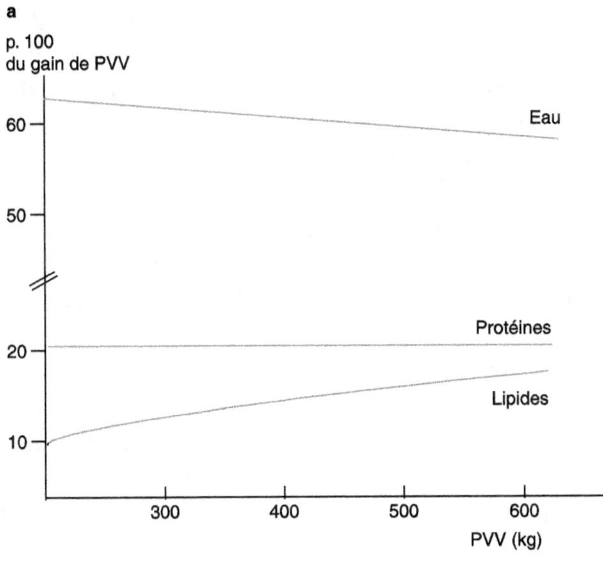

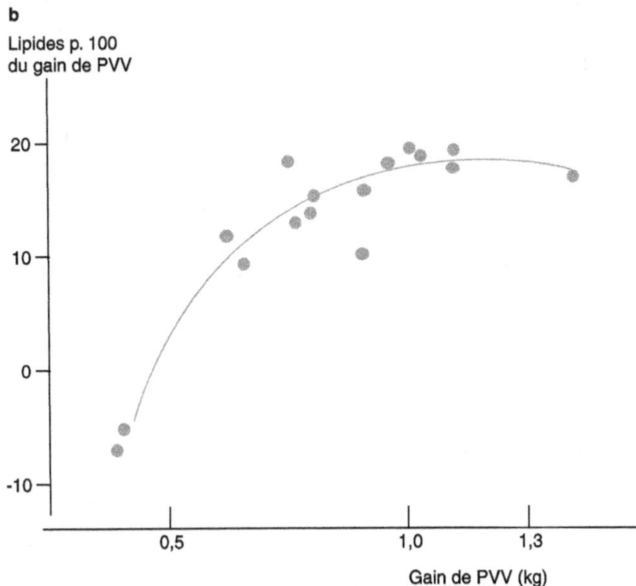

Figures 5.5. Évolution de la composition chimique du gain de poids vif vide (PVV) entre 6 et 30 mois (d'après Agabriel *et al.*, 1984). a) Variation de la composition en fonction de l'accroissement du poids vif ; b) Variation de la teneur en lipides avec le gain de poids vif vide : exemple entre 6 et 12 mois.

Le tissu osseux est constitué d'un tissu conjonctif, d'une matrice organique et de substances minérales. Le tissu conjonctif est constitué de cellules et d'une substance intercellulaire qui a la particularité de se calcifier par dépôt des constituants minéraux sur une matrice organique.

La matrice organique est composée de fibrilles de collagène de type I qui représentent 90 % de la trame de l'os sec dégraissé. Les 10 % restants sont constitués de composants très variés : glycoprotéines (ostéonectine et sialproétines notamment), de phosphoprotéines, de phospholipides, de protéines comportant des acides gamma-carboxy-glutamines (ostéocalcine : *bone gla protein* ou BGP, et *matrix gla protein* ou MGP) et des protéoglycans.

La substance minérale du tissu osseux est constituée d'un phosphate de calcium cristallisé sous forme d'hydroxyapatite dans les espaces interfibrillaires, le long des fibres de collagènes et parfois dans ces fibrilles. La substance minérale représente 50 p. 100 du poids de l'os frais et 70 p. 100 de l'os sec (le squelette de l'adulte contient 99 % du calcium et 90 % et du phosphore de l'organisme).

Le tissu osseux a une texture et une architecture particulières qui évoluent avec l'âge. Le tissu osseux du jeune est constitué d'os fibreux immature et non lamellaire, caractérisé par la disposition anarchique et enchevêtrée des fibrilles de collagènes de son armature protéique. En revanche, le tissu osseux de l'adulte est caractérisé par une texture lamellaire (organisée) qui lui donne sa résistance mécanique.

Le groupement et la forme des lamelles diffèrent suivant qu'elles constituent un os compact ou un os spongieux. Si on considère un os (qui sera utilisé comme référence ultérieurement dans la partie propriétés mécaniques) celui-ci comprend trois parties :

– la diaphyse : os compact creusé en son centre par la cavité médullaire remplie de moelle osseuse ;

– les épiphyses : os spongieux recouvert à l'extrémité par le cartilage articulaire ;

– les métaphyses, situées sous la plaque de croissance, sont le siège de l'ossification endochondrale responsable de la croissance en longueur de l'os.

L'ossification se déroule en trois temps (figure 5.6). L'ossification primaire se produit à partir d'un modèle cartilagineux de l'os fibreux. Elle se déroule lors de la mise en place de la diaphyse et de l'épiphyse au niveau du cartilage de conjugaison. L'ossification secondaire conduit au remplacement progressif du tissu osseux fibreux non lamellaire par du tissu lamellaire. La croissance en longueur s'effectue par la prolifération du cartilage de conjugaison (ou plaque épiphysaire) zone cartilagineuse ultime qui reste active jusqu'à la fin de la croissance. Elle est assurée par la multiplication des chondrocytes qui donnent des groupes de cellules prolifératives ou cartilage sérié (figure 5.6). Ces cellules produisent de la matrice cartilagineuse qui est ensuite remplacée par du tissu osseux selon le processus d'ossification endochondrale.

La transformation de la maquette d'os long, constitué de matrice cartilagineuse au cours de la phase embryonnaire, en os définitif constitué du tissu osseux lamellaire s'achève après la puberté vers 24 à 30 mois. La production de tissu osseux diminue également avec l'âge comme en témoigne la concentration plasmatique d'ostéocalcine (figure 5.7). Cette concentration est toujours plus importante chez le mâle que chez la femelle.

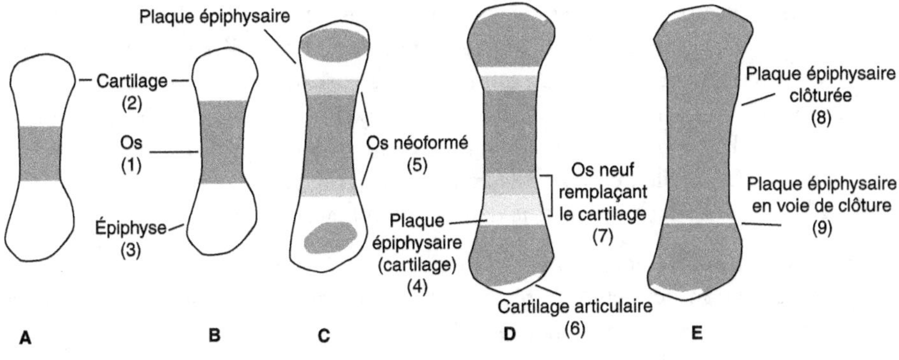

Figure 5.6. Croissance d'un os long (d'après Rossdal et Rickets, 1978).

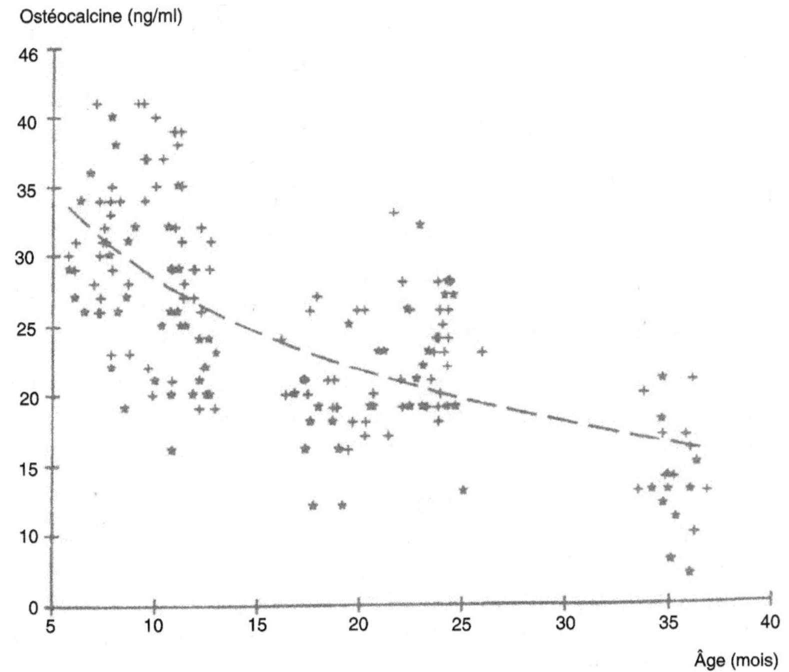

Figure 5.7. Évolution de la concentration plasmatique en ostéocalcine avec l'âge (d'après Bigot *et al.*, 1990).

Le tissu osseux est sous contrôle endocrinien pendant sa phase de croissance (modelage) et pendant la période de remodelage. Le cartilage de conjugaison est en particulier soumis, jusqu'à la maturité osseuse, d'une part à l'action des hormones de croissance (GH) d'origine hypophysaire, dont la sécrétion est stimulée par le GRF (*Growth Hormone Releasing Factor*) neuropeptide hypothalamique, et d'autre part à celle de l'IGF-1 sécrétée en majeure partie par le foie sous l'action de la GH et de façon paracrine dans les ostéoblastes.

La GH stimule la croissance en longueur des os directement en favorisant la différenciation des cellules précurseurs en chondrocytes au niveau de la plaque de croissance, et indirectement *via* l'action de IGF-1 en contribuant à la prolifération des chondrocytes. Les actions, directe de la GH, et indirecte de GH *via* l'IGF-1, sont potentialisées par les hormones thyroïdiennes. La triiodothyronine ou T3 favorise la différenciation des chondrocytes et la maturation du cartilage de conjugaison (action directe de la GH). Elle stimule également la prolifération des chondrocytes (action indirecte de la GH). La thyroxine ou T4 stimulerait la vitesse de croissance longitudinale de l'os en potentialisant les effets de la GH.

Les hormones sexuelles accélèrent la croissance longitudinale et la maturation osseuse alors que la castration les retarde et engendre une ostéopénie chez l'adulte. Néanmoins, à la puberté, la sécrétion massive endogène induit l'arrêt de la croissance par soudure des cartilages de conjugaison. En effet, les œstrogènes bloquent la multiplication des chondrocytes au niveau de la plaque de croissance et accélèrent leur maturation, contribuant ainsi à la calcification de la matrice cartilagineuse. Les hormones spécifiques du métabolisme phosphocalcique (la parathormone ou PTH, métabolite actif de la vitamine D, et la calcitonine) joueraient seulement un rôle prépondérant dans les processus de remodelage osseux métaphysaire et de calcification de la matrice cartilagineuse. La PTH stimulerait la synthèse d'IGF1 ce qui pourrait expliquer l'effet anabolisant de la PTH sur l'os.

L'ostéogenèse du tissu osseux et l'allométrie du squelette ont des conséquences majeures sur les propriétés mécaniques des os longs notamment. Elles ont été bien étudiées par l'Inra sur un os long de référence, le canon, en relation avec ses caractéristiques physico-chimiques.

Entre la naissance et l'âge de 40 mois, le poids, le volume et l'épaisseur de l'os canon sont multipliés par deux par rapport à la naissance tandis que la densité ne s'accroît que de 20 %. La teneur minérale ne varie pas significativement avec l'âge et le poids. La contrainte de rupture (S), ou force maximale (Fmax) supportée par unité de surface juste avant la rupture, $S = Fmax/\hat{A}ge$ (figure 5.8a), et le module d'élasticité (E) ou rigidité axiale de l'os, $E = \Delta S$, augmentent exponentiellement avec le poids et l'âge (figure 5.8b).

Inversement la déformation ultime (Eu) déterminée avant la rupture lorsque l'os canon est soumis à une contrainte ultime décroît très rapidement avec l'âge et le poids vif (figure 5.9).

a

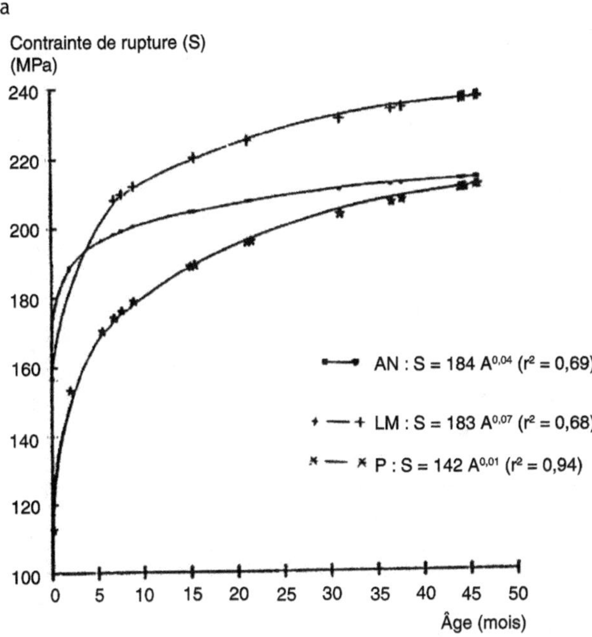

b

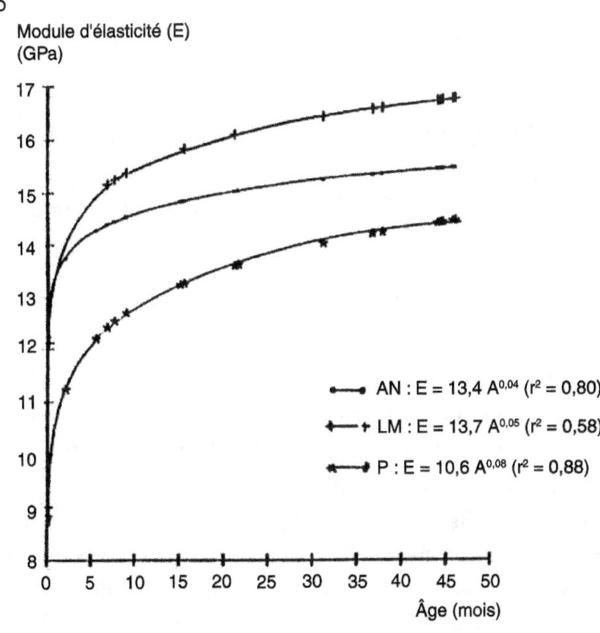

AN : Antérieure   LM : Latérale et Médiane   P : Postérieure   A : Âge

Figure 5.8. Évolution avec l'âge (A) des propriétés de l'os canon au niveau des quadrants cranial (AN), latéral et médial (LM) et caudal (P) (d'après Bigot *et al.*, 1990), a) de la contrainte de rupture, b) du module d'élasticité.

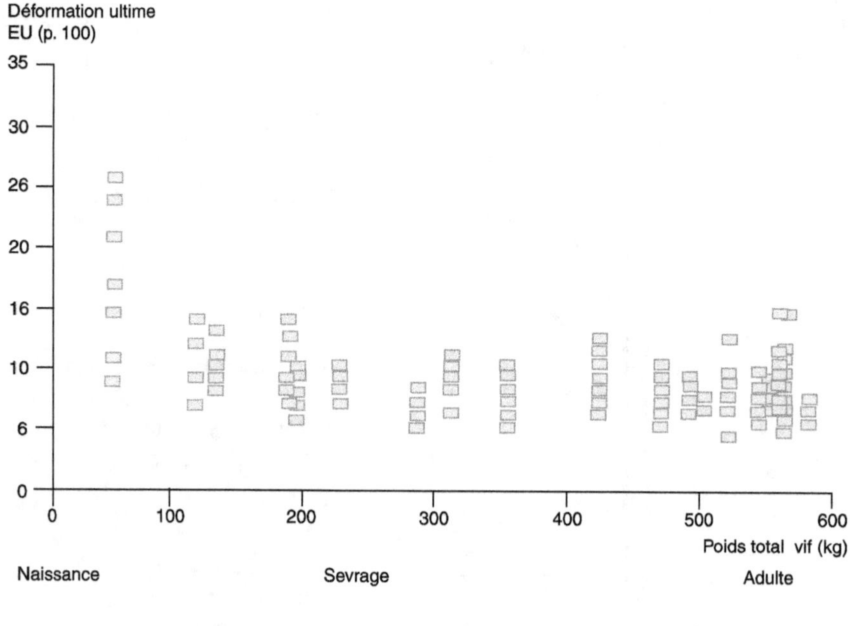

$$EU = \frac{D \ (\text{Déformation avant rupture})}{L \ (\text{Distance entre 2 points support})}$$

Figure 5.9. Évolution de la déformation ultime (EU) (d'après Bigot *et al.*, 1990).

Facteurs de variation de la croissance et du développement

La croissance et le développement sont déterminés par le potentiel génétique et ils sont modulés par les effets des facteurs environnementaux.

Effet génétique

Le poids vif et le format adulte varient de 1 à 5 respectivement chez le poney (voir chapitre 8) et le cheval de trait.

L'effet génétique individuel sur le format est élevé car le coefficient d'héritabilité (h2) est de 0,35 mais ce coefficient varie de 0,12 à 0,63 pour les divers paramètres du format (hauteur au garrot, périmètre thoracique, périmètre du canon, etc.).

Les races de trait sont plus tardives que les races légères. La race arabe est plus tardive que la race de pur sang anglais. Les races de sport et loisirs, selle français ou anglo-arabe, sont plus tardives que les races de course, pur sang et trotteurs (figure 5.10). Mais cet effet génétique doit être modulé par l'effet propre du format maternel car l'effet *sensu stricto* de l'étalon ne représente que 70 p. 100 de l'effet maternel, comme cela a été démontré par des expériences de croisement réciproque entre races de format extrême (tableau 5.1).

L'effet de la race sur le poids vif et le gain journalier de poids est très élevé. Le gain journalier est toujours lié au format adulte des races. Il est par exemple de

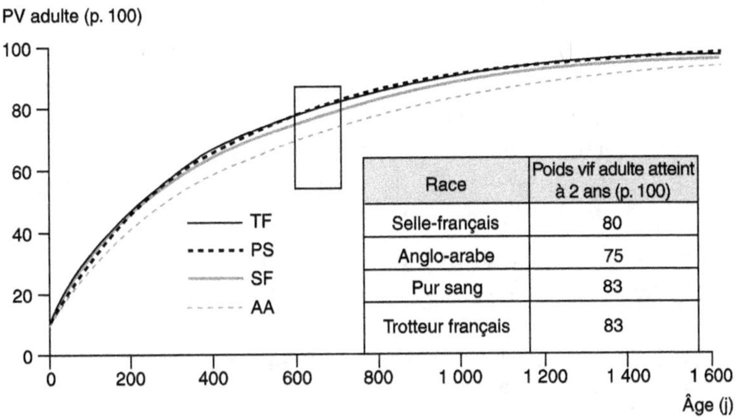

Figure 5.10. Pourcentage de poids vif adulte atteint à des âges types chez des races de course (pur sang : PS ; trotteur français : TF ; selle français : SF ; anglo-arabe : AA) (d'après Heugebaert *et al.*, 2010).

Tableau 5.1. Effet du format maternel sur le poids vif du poulain à la naissance.

Jument	Étalon	Poids vif à la naissance (kg)	Référence
Shetland	Shire	17	Walton et Hammond, 1938
Shire	Shetland	53	Walton et Hammond, 1938
Shetland	Shetland	17	Walton et Hammond, 1938
Shire	Shire	70	Walton et Hammond, 1938
Shetland	Mecklenbourg	27	Flade, 1965
Mecklenbourg	Shetland	48	Flade, 1965
Shetland	Shetland	21	Flade, 1965
Mecklenbourg	Mecklenbourg	60	Flade, 1965

0,25 – 1,0 – 1,3 kg entre 6 et 12 mois chez des poneys, chevaux de selle et de trait pesant respectivement 250 – 450 – 900 kg de poids vif adulte. Intra race, les variations sont beaucoup plus limitées, de 15 à 20 p. 100, et probablement héritables mais cela n'a pas été évalué comme chez les autres espèces. En revanche, l'héritabilité du poids vif serait de 0,17 à 0,27 chez les races de demi-sang.

Le poids de carcasse de différentes races de chevaux de trait engraissés puis abattus à même âge dans le cadre d'études réalisées par l'Inra et l'IFCE, entre 12 et 30 mois, est plus élevée chez les races de très grand format (Percherons : 407 kg) que celui des autres races de moindre format (Ardennaise, Boulonnaise, Bretonne, Comtoise : 339 à 363 kg). Les animaux Comtois et Ardennais présentent des carcasses plus grasses (11,9 et 14,2 p. 100 de tissus adipeux) et renferment moins de muscles (69,2 et 68,2 p. 100) que celles des autres races (8,6 à 10,8 p. 100 de dépôts adipeux et 70,8 à 71,9 p. 100 de muscles) car les croissances relatives des tissus sont très différentes (tableau 5.2). Cette différence d'aptitude à l'engraissement des différentes races apparaît également si on les compare à même pourcentage de dépôts adipeux dans le poids vide. Les différents types génétiques parviennent à un même état d'engraissement à des poids significativement différents : 471 kg pour les Comtois ; 486 et 508 kg pour les Bretons et les Ardennais ; 519 kg et 580 kg pour les Boulonnais et les Percherons.

Les différences sembleraient plus limitées entre les races légères au moins pour les muscles (tableau 5.3).

Tableau 5.2. Variation de la croissance relative des tissus chez les races de trait entre 12 et 30 mois (d'après Martin-Rosset *et al.*, 1983b).

	Moyenne (kg)	Coefficient d'allométrie				
		Ardennaise (n = 13)	Boulonnaise (n = 15)	Bretonne (n = 13)	Comtoise (n = 17)	Percheronne (n = 15)
Effet factoriel du poids						
Carcasse	356,1	0,993	1,0003	1,000	1,001	1,003
Muscles	250,5	0,985[a]	1,022[a]	1,006[ab]	0,970[acd]	1,019[b]
Tissus adipeux	38,4	1,106[a]	0,784[b]	0,998[ab]	1,320[ac]	0,864[ab]
Os	54,6	0,968[a]	1,064[b]	1,040[ad]	0,915[bc]	1,057[bd]
Composition carcasses à un poids de 356 kg (p. 100)						
Muscles		69,2	71,9	70,8	68,2	71,7
Tissus adipeux		11,9	8,6	10,8	14,2	9,3
Os		14,8	16,3	15,3	14,0	16,2

Les valeurs surmontées d'un exposant différent (a, b, c, d) sont statistiquement différentes.

Tableau 5.3. Croissance relative des principales régions musculaires (Y) par rapport au poids vif (X) chez le cheval de selle et le pur sang (d'après Gunn, 1975).

Muscles régions musculaires	Coefficient d'allométrie	
	Cheval de selle	Pur sang
Avant main		
Distale	1,04	1,02
Proximale	1,01	1,05
Postérieure	0,99	1,04
Arrière main		
Distale	0,97	1,11
Proximale	1,05	1,15

Effet du sexe

Les femelles sont plus précoces que les mâles quelles que soient les races mais les différences dépendent de la région corporelle. À l'âge de 12 mois, la largeur de poitrine, la hauteur et la longueur de l'arrière-main et la longueur du tronc sont plus élevées chez la femelle. Inversement, le développement de l'avant-main serait plus important chez le mâle. Le périmètre du canon est plus important chez le mâle à 18 mois chez les races légères et seulement à 30 mois chez des races de trait. Le poids vif adulte est supérieur de 10 p. 100 chez le mâle. La différence serait déjà significative à 18-30 mois respectivement chez l'étalon et le hongre.

Chez les races de trait, le poids vif vide et de carcasse sont supérieurs de 10 p. 100 chez les mâles entre 12 et 30 mois d'après les mesures effectuées par l'Inra (tableau 5.4). À même poids vif vide, les proportions de tissus adipeux et musculaires sont plus élevées (+ 31 p. 100) et plus faible (– 1 p. 100) respectivement chez les femelles. La croissance relative des tissus adipeux par rapport au poids vif vide est homogène tandis que celle du tissu musculaire est plus élevée bien que non significative chez la femelle.

Les mâles sont significativement plus exposés à exprimer des pathologies ostéo-articulaires de type ostéochondrose que les femelles lorsqu'ils reçoivent des apports alimentaires très élevés pour réaliser une croissance maximum permise par le potentiel génétique (figure 5.11).

Effet de la nutrition

Niveau des apports alimentaires

Le poids vif et le format des races légères (ou de trait) augmentent avec le niveau des apports alimentaires mais l'effet diminue avec l'âge (figure 5.12).

Tableau 5.4. Influence du sexe sur la croissance relative et la composition corporelle chez le cheval de trait (d'après Martin-Rosset, 1983b).

	Mâle (n = 39)	Femelle (n = 34)
Coefficient d'allométrie par rapport au poids vif vide		
Carcasse	1,04	1,04
Muscles	0,91a	1,04b
Tissus adipeux	2,13	2,13
Os	0,71	0,71
Composition de la carcasse à un poids de 356 kg (p. 100)		
Muscles	70,7	70,0
Tissus adipeux	9,4	12,3
Os	15,7	14,9

Les valeurs affectées d'un exposant (a, b) sont statistiquement différentes.

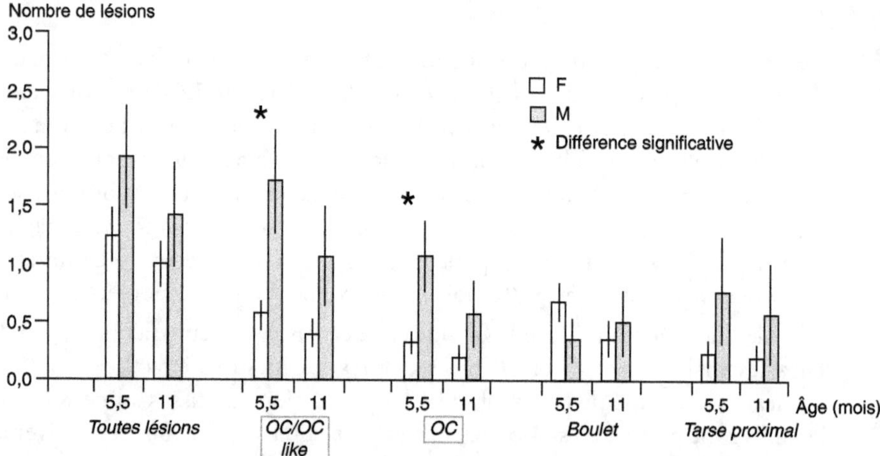

Figure 5.11. Effets d'apports nutritionnels très élevés sur l'apparition de lésions d'ostéochondrose chez le jeune poulain (M) de sport comparé à la pouliche (F) (d'après Donabédian *et al.*, 2006). Données radiographiques, rayons X.

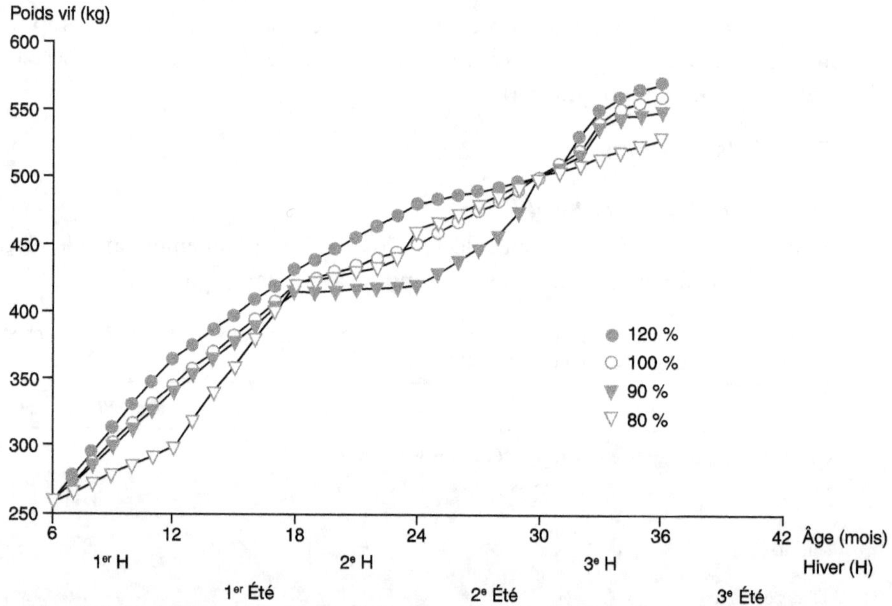

Figure 5.12. Influence du niveau d'alimentation sur le poids vif de races de selle pendant l'hiver (d'après Bigot *et al.*, 1987 et Trillaud-Geyl *et al.*, 1990).

C'est pourquoi des modèles nutritionnels ont été établis par l'Inra depuis 1984 pour évaluer les besoins énergétiques et azotés du jeune cheval pour chaque tranche d'âge (voir paragraphe « Après le sevrage » p. 186).

Le poids vif et le format peuvent être modulés par le niveau des apports alimentaires mais l'effet sur le format dépend du poids vif du poulain au sevrage, comme cela a été montré expérimentalement entre 6 et 12 mois en comparant deux modèles de croissance curvilinéaire *vs* linéaire chez le poulain âge race de sport, lourd ou léger, au sevrage pour des raisons de conduite, d'élevage et d'alimentation qui ont précédé (figure 5.13). Chez les poulains lourds au sevrage, les variations du format (hauteur au garrot) et du poids vif sont homothétiques quel que soit le modèle, et les animaux atteignent le même poids et format à 36 mois. Les poulains légers au sevrage atteignent sensiblement le même poids vif à 36 mois quel que soit le modèle mais le format est toujours plus limité (modèle linéaire)

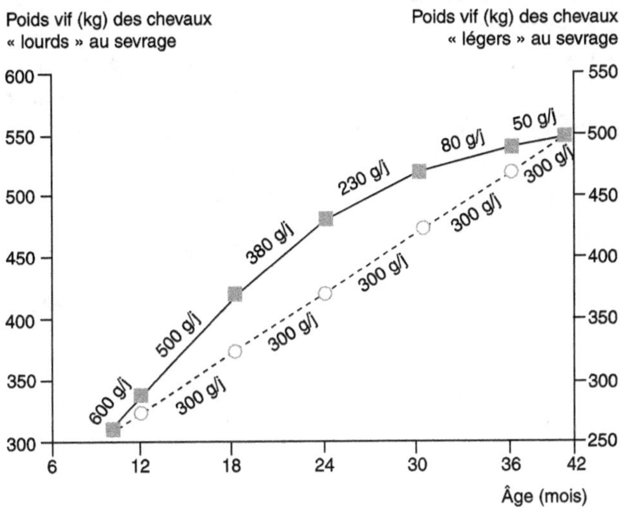

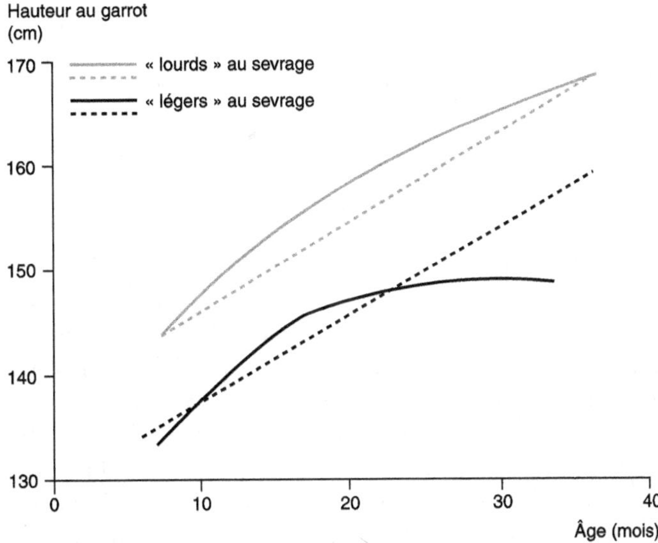

Figure 5.13. Influence du niveau des apports alimentaires sur le format de races de selle pendant l'hiver entre 6 et 42 mois (d'après Trillaud-Geyl *et al.*, 1992).

voire très limité (modèle curvilinéaire) et dans tous les cas plus faibles que celui des poulains lourds au sevrage, en particulier à partir de deux ans où le format des poulains légers conduits selon un modèle curvilinéaire atteint un plateau. Le poids vif du poulain au sevrage est donc déterminant sur l'évolution du format et les apports alimentaires effectués doivent être adaptés à celui-ci.

Croissance compensatrice

Les jeunes chevaux qui reçoivent des apports alimentaires modérés comparés à des apports alimentaires élevés au cours des trois hivers consécutifs situés entre le sevrage et 42 mois sont capables d'atteindre sensiblement le même poids vif au même âge car ils réalisent au pâturage une croissance compensatrice lorsque la quantité et la qualité de l'herbe offerte sont importantes (figure 5.14). Mais la compensation est liée à la croissance et donc au niveau des apports alimentaires hivernaux ainsi qu'à la durée de la limitation subis au cours de l'hiver précédent (voir chapitre 10). La capacité de croissance compensatrice diminue avec l'âge.

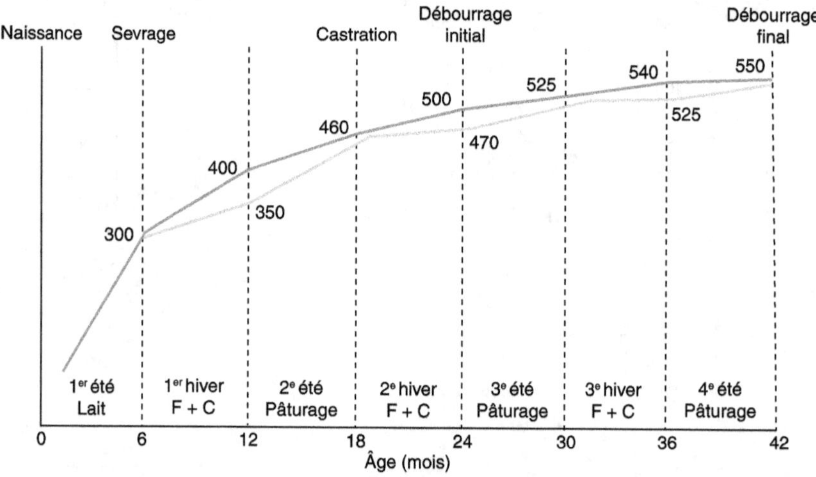

Figure 5.14. Croissance hivernale et croissance compensatrice estivale chez le cheval de selle (d'après Bigot *et al.*, 1987 ; Trillaud-Geyl *et al.*, 1990).

Effet du niveau des apports alimentaires sur le développement des tissus

Le développement du tissu osseux et de ses propriétés biomécaniques, et l'apparition de lésions sont influencés par le niveau des apports alimentaires et la croissance pondérale qui en découle, ainsi que cela a été montré expérimentalement chez deux groupes de jeunes chevaux de sport recevant, de la naissance à 12 mois, 100 ou 150 p. 100 des apports alimentaires recommandés par l'Inra pour réaliser respectivement une croissance modérée ou maximum. Le poids vif, le format, l'ossification évaluée par le diamètre du canon, la densité minérale de l'os canon sont plus élevés mais le nombre de travées osseuses diminue chez le groupe le plus alimenté tandis que l'espacement entre elles augmente chez l'os canon. La fréquence des lésions est plus élevée, notamment chez les mâles (figure 5.15). Il

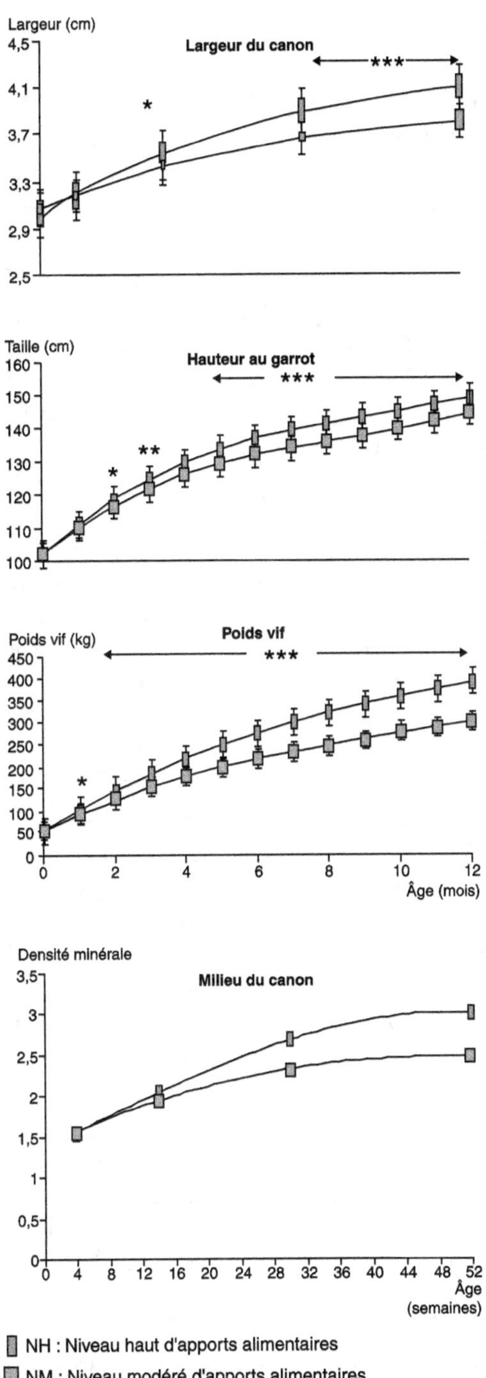

Figure 5.15. Effets des apports alimentaires sur les caractéristiques du tissu osseux chez le cheval de selle (d'après Donabédian *et al.*, 2006).

en résulte un seuil de risque à respecter et des recommandations correspondantes pour réaliser une croissance optimale.

Dans une autre étude réalisée par l'Inra, deux groupes de jeunes chevaux de sport ont réalisé entre 6 et 24 mois deux niveaux de croissance limitée ou modérée : 350 *vs* 450 g/j. L'épaisseur du cortex et les caractéristiques mécaniques (moment d'inertie) du canon ont été supérieurs de + 20 et + 37 % chez le groupe qui a réalisé le croît le plus élevé.

Les tissus adipeux sont également affectés par le niveau des apports alimentaires comme cela a été montré par des études réalisées par l'Inra et l'IFCE sur des chevaux de trait à l'engrais. La proportion de tissus adipeux dans la carcasse de poulains abattus à 12 mois a été supérieure de + 22 % chez le groupe qui a reçu 30 p. 100 de plus d'énergie que le groupe témoin tandis que la proportion de muscles a été inférieure de 4 %.

Effet de l'équilibre nutritionnel sur la qualité du tissu osseux

L'excès d'apports énergétiques (+ 30 %) par rapport aux apports azotés accroît le nombre de lésions ostéo-articulaires (ostéochondrose) tandis que l'excès inverse n'a pas d'effet. L'excès d'énergie provoquerait une augmentation de la concentration d'insuline et une hypothyroïdie induite qui aurait pour conséquence de limiter la différenciation des chondrocytes et la synthèse de protéoglycans. Les études récentes réalisées à l'Inra ont montré que des apports nutritionnels élevés mais très bien équilibrés entre les nutriments et comportant une concentration en amidon inférieure à 30 % de la matière sèche ingérée, pour réaliser une croissance submaximale, ne favorisaient pas l'apparition de lésions d'ostéochondrose.

Le déséquilibre en calcium ou phosphore, si le rapport Ca/P reste dans la fourchette 1,5 à 2,0, n'aurait pas d'effet direct sur l'apparition de lésions d'ostéochondrose, sauf s'il est associé à d'autres déséquilibres notamment un excès en énergie. En revanche, un déficit en cuivre augmente le nombre de lésions d'ostéochondrose en raison de l'accroissement de la fragilité des tissus connectifs entre le cartilage calcifié et la spongiosa primaire, consécutif a un défaut de liaison croisée du collagène et à une altération du remodelage de la matrice.

L'insuffisance des apports en vitamine D, 1,25 OH$_2$ (D$_3$), contribue à l'augmentation de l'apparition des lésions par échec de l'ossification endochondrale. Ce défaut pourrait être dû à l'insuffisance de la disponibilité en calcium et phosphore liée au déficit de l'apport en vitamine D associé à une production limitée du métabolite de la vitamine D (24,25 OH$_2$) qui stimule normalement la synthèse de protéoglycans par les chondrocytes et la différenciation du cartilage épiphysaire.

Effet de la nature du régime alimentaire

Chez le poulain sous la mère, le gain de poids vif est directement lié à la quantité de lait bu jusqu'à deux mois selon un modèle établi par l'Inra (voir paragraphe « Avant le sevrage » p. 190). Ensuite le gain de poids journalier diminue car le poulain consomme de l'herbe.

Chez le poulain au sevrage, le gain de poids vif journalier est plus élevé (+ 18 p. 100) lorsqu'il est complémenté avec 2 kg d'aliment concentré à partir de l'âge de quatre mois. Le gain de poids est plus élevé lorsque l'aliment concentré contient 22 % de matières azotées totales apportées sous forme de poudre de lait comparée à du soja ou qu'il comporte une proportion importante de lactose sous forme d'ultra-filtrat de lactosérum comparé à une céréale.

Après le sevrage, le gain de poids vif journalier est très lié à la nature du fourrage de base. L'Inra et l'IFCE ont montré que chez le cheval de sport le gain de poids vif journalier est plus élevé entre le sevrage et trois ans lorsque les jeunes chevaux sont alimentés, en hiver, avec des régimes à base d'ensilage de maïs ou de fourrages mi fanés (enrubannés) qu'avec des régimes à base de foins offerts à volonté et complémentés dans tous les cas pour équilibrer les rations (figure 5.16).

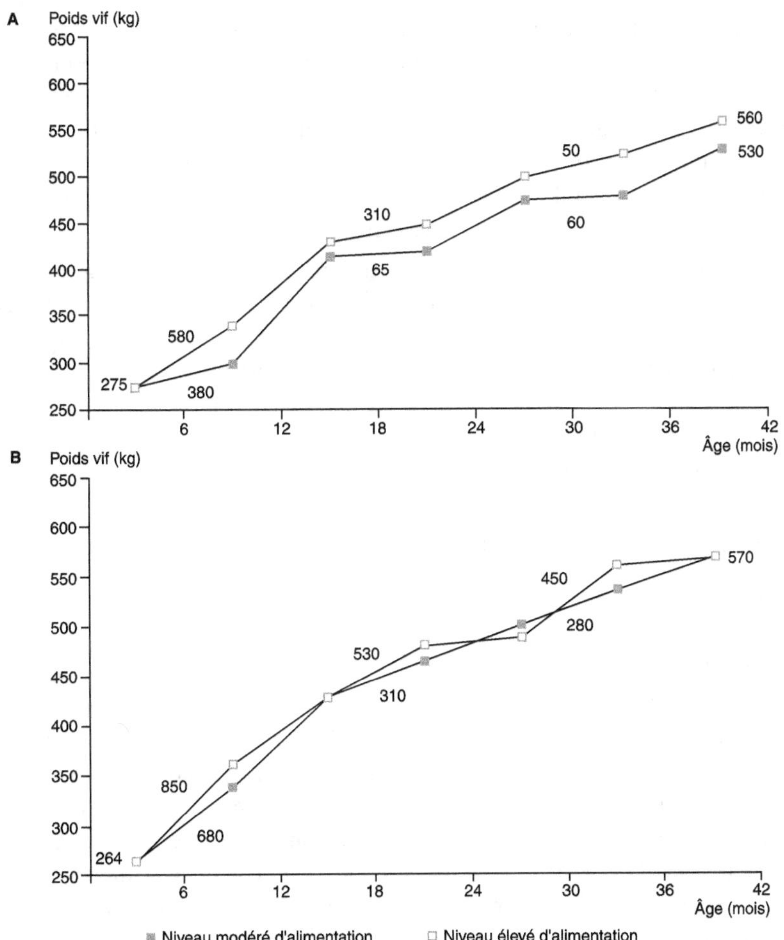

Figure 5.16. Effet de la nature du fourrage sur la croissance hivernale du cheval de sport (d'après Trillaud-Geyl et Martin-Rosset, 2005). Régime hivernal : A. foin + paille + aliment concentré, B. ensilage de maïs + aliment concentré.

La composition corporelle des jeunes chevaux est très sensible à la nature alimentaire comme cela a été montré par l'Inra et l'IFCE chez le poulain de trait engraissé avec un régime à base de foin ou d'ensilage de maïs après le sevrage et abattu à 12 mois. Les poulains alimentés avec de l'ensilage de maïs ont eu un poids vif plus élevé (+ 5 p. 100) et une teneur en tissus adipeux dans la carcasse supérieure (+ 22 p. 100).

Effet de l'exercice

La production de masse osseuse est stimulée par l'exercice modéré tandis que le remodelage est favorisé par la réduction de l'activité. Le processus est réversible. Il devrait exister une courbe de réponse à l'intensité du travail et un seuil d'efficacité optimale chez le cheval comme il a été établi chez l'Homme, mais ceux-ci restent à déterminer.

L'épaisseur de la paroi du canon (cortex) et sa densité augmentent avec le travail chez le cheval à l'entraînement. Les fibres de collagène de l'os canon s'orientent dans la même direction tandis que les liaisons entre les fibrilles s'accroissent et favorisent la régulation de la minéralisation. Ainsi les propriétés mécaniques de l'os canon sont améliorées par l'exercice jusqu'à un optimum qui reste à déterminer car il dépend de la vitesse et de la durée de l'exercice, et de sa répétition au cours de la période d'entraînement.

La masse musculaire s'accroît lorsque le jeune cheval est mis au travail. Cet accroissement se rajoute à l'augmentation de la masse musculaire liée à la croissance. Cet accroissement pondéral n'a jamais été mesuré. Il est probable qu'il s'effectue aux dépens de l'augmentation de la masse du tissu adipeux.

Besoins nutritionnels

Les besoins énergétiques et azotés

Après le sevrage

Méthode

Les besoins ont été déterminés par la méthode globale des essais d'alimentation. Elle a consisté à analyser les relations qui existent entre l'énergie ou les matières azotées ingérées, le poids et le gain de poids des animaux mesurés chez des chevaux de sport (selle français ou anglo-arabes) ou de trait (Ardennais, Breton, Boulonnais, Comtois, Percheron). De très nombreux essais d'alimentation ont été réalisés dans les stations expérimentales de l'Inra de Clermont-Ferrand/Theix et de l'IFCE de Chambéret (Corrèze) entre les années 1970 et 2000.

Ces essais avaient pour objectif d'étudier l'utilisation de différents aliments ou types de rations à base de foin, d'ensilages d'herbe, de maïs ou de fourrages mi fanés (enrubannés). La durée des essais a été en moyenne de 150 jours pendant l'hiver. Les animaux étaient conduits en stabulation libre. Ils étaient alimentés à volonté et les quantités ingérées mesurées quotidiennement. Les animaux étaient pesés tous les 14 jours. Les valeurs énergétiques et azotées des aliments ont été déterminées à partir de leur composition chimique en utilisant les systèmes Inra présentés dans le chapitre 1 et les outils rapportés dans le chapitre 12.

Les quantités ingérées ont été regroupées par période de 21 jours. Pour chaque période, on a ensuite calculé le poids moyen et le gain de poids réalisé par les animaux à partir de courbes de croissance ajustées par régression pour limiter les fluctuations liées à celle du contenu digestif.

Des triplettes d'information composées du poids vif (PV), du gain de poids vif journalier (G) et de l'énergie (UFC) ou des protéines (g MADC) ingérées par jour ont donc été obtenues pas à pas pour toute la période de chaque essai d'alimentation.

À partir de l'ensemble de ces informations une relation de la forme suivante a été obtenue :

$$\text{Énergie ou protéines ingérées/j} = a\ PV^{0,75} + b\ PV^{0,75}\ G^{d}$$

La forme de cette équation permet de décomposer l'énergie ou les protéines ingérées en deux fractions : l'une proportionnelle au poids métabolique ($PV^{0,75}$) par analogie avec les besoins d'entretien, l'autre exprimant la valeur calorifique du croît qui est fonction de l'intensité de celui-ci (G) et du poids vif de l'animal ($PV^{0,75}$). L'exposant d = 1,4 correspond à l'allométrie des tissus adipeux dans le corps entier du cheval mesuré par l'Inra. Il est appliqué dans le cas de l'évaluation des besoins énergétiques. L'exposant d = 1 dans le cas des besoins en protéines car l'allométrie des muscles est seulement de 1,1 et la teneur en protéines du corps entier et du gain de poids varie peu. L'exposant 0,75 est identique à celui retenu pour le besoin d'entretien (voir chapitre 1). Cela permet de mieux comparer l'ingestion (en UFC ou g MADC/kg $PV^{0,75}$) pour différents poids.

L'équation initiale peut être simplifiée mathématiquement pour le besoin énergétique journalier :

$$\text{Énergie ingérée/j (UFC/kg } PV^{0,75}) = a + bG^{1,4}$$

tandis que l'équation pour le besoin azoté journalier est :

$$\text{Protéines ingérées g/j} = c\ PV^{0,75} + dG.$$

Résultats

Les équations qui ont été établies pour estimer les besoins sont rapportées dans les tableaux 5.5 et 5.6.

Besoins énergétiques

Les besoins traduisent bien, pour chaque race, les variations du besoin énergétique avec le poids vif, le gain de poids journalier et la valeur calorifique du gain de poids.

Pour les poulains de selle, il apparaît que :

– pour un même croît journalier de 1 kg, le besoin énergétique total est de 4,9 UFC à 250 kg de poids vif et de 6,4 UFC à 350 kg de poids vif. L'accroissement porte à la fois sur le besoin d'entretien + 1,1 UFC (3,8 UFC à 250 kg et 4,9 UFC à 350 kg) et avec le coût énergétique du kg de gain : + 0,4 UFC (1,1 UFC à 250 kg et 1,5 UFC à 350 kg) ;

– pour un même poids vif de 300 kg, le besoin d'entretien est de 4,3 UFC mais le coût énergétique du kg de croît augmente de + 0,8 UFC/j lorsque le croît varie de 0,5 kg (0,5 UFC/j) à 1,0 kg (1,3 UFC/j).

La même démonstration peut être faite pour les races de trait mais les valeurs seront différentes car les besoins énergétiques sont différents.

Les besoins énergétiques des races de selle sont supérieurs à ceux des races de trait à même poids et croît journalier. Leur besoin d'entretien est plus élevé : + 25 p. 100 environ comme le montrent les valeurs de la constante a (tableau 5.5), 0,0578 UFC/$PV^{0,75}$ au lieu de 0,0476 UFC/$PV^{0,75}$ à l'âge de 12 mois, bien que le coût énergétique du kilo de croît apparaît plus faible : b = 0,0183 au lieu de b = 0,0254, probablement parce que les races de selle ont une capacité de croissance plus faible que les races de trait à même poids. Mais la comparaison la plus rigoureuse doit être effectuée à même proportion du poids vif adulte. Par exemple, chez le poulain de 12 mois dont le poids vif représente 55 p. 100 du poids vif adulte et qui réalise un gain de poids vif journalier de 1 kg, le besoin énergétique total du poulain de race de trait (6,4 UFC) est de 12 p. 100 supérieur à celui de race de selle (5,7 UFC) car le besoin lié au croît est très supérieur (+ 69 p. 100) en raison de sa teneur en lipides plus élevée tandis que celui lié au besoin d'entretien est inférieur (– 5 p. 100). Mais comme la part du besoin d'entretien dans le besoin total est plus élevée chez le poulain de race de selle (+ 13 p. 100), cela réduit la différence entre les deux races.

Tableau 5.5. Relations entre l'énergie ingérée (UFC), le poids vif (PV en kg) et le gain de poids (G en kg/j), y (UFC/kg $PV^{0,75}$/j) = a + b × $G^{1,4}$.

Catégories	Valeurs des constantes	
	a	b
Races de selle		
6-12 mois	0,0602	0,0183
18-24 mois	0,0594	0,0252
30-36 mois	0,0594	0,0252
	c	d
Races de trait		
6-12 mois	0,0476	0,0254
18-24 mois	0,0476	0,0254
30-36 mois	0,0476	0,0254

a ou c : besoin d'entretien exprimé par rapport au poids métabolique.

b ou d : coefficients affectant le gain de poids vif journalier G.

1,4 : coefficient d'allométrie du tissu adipeux.

Besoins azotés

Les besoins traduisent bien pour chaque race les variations du besoin azoté avec le poids vif ou avec le gain de poids.

Pour les poulains de selle, on constate que :
– pour un même croît journalier de 1 kg, le besoin azoté total est de 670 g MADC/j à 250 kg de poids vif et de 733 g/j MADC à 350 kg de poids vif. L'augmentation est de 63 g MADC. Elle ne concerne que le besoin d'entretien ;
– pour un même poids vif de 300 kg, le besoin d'entretien est de 252 g MADC tandis que le besoin azoté augmente de 225 g de MADC lorsque le croît varie de 0,5 kg (225 g MADC/j) à 1,0 kg (450 g MADC/j).

On pourrait effectuer les mêmes observations pour les races de trait mais les valeurs seraient différentes car les besoins sont différents.

Les besoins azotés des races de selle sont peu différents de ceux des races de trait, notamment à même poids et croît journalier, comme le montre la valeur de la constante b (tableau 5.6) : 450 par rapport à 440 à 12 mois, par exemple. Ce n'est pas surprenant puisque la teneur en protéines considérée dans les muscles est constante et identique (20-22 % protéines). La comparaison à même proportion de poids vif adulte à 12 mois, par exemple, le confirme aussi. Le besoin total des poulains de race de trait est seulement supérieur de 10 p. 100 essentiellement parce que le besoin d'entretien est de 28 p. 100 supérieur tandis que le besoin de croissance est très voisin (2 p. 100) et qu'il représente 57 et 64 p. 100 du besoin total respectivement pour les races de trait et de selle.

Tableau 5.6. Relations entre l'azote ingéré (g MADC/j), le poids vif ($PV^{0,75}$) et le gain de poids (G en kg/j), y (g MADC/j) = a $PV^{0,75}$ + b × G.

Catégories	Valeurs des constantes	
	a	b
Races de selle		
6-12 mois	3,5	450
18-24 mois	2,8	270
30-36 mois	2,8	270
	c	d
Races de trait		
6-12 mois	3,5	440
18-24 mois	2,8	370
30-36 mois	2,8	370

Les jeunes chevaux ont également des besoins spécifiques en certains acides aminés. Actuellement, le seul besoin clairement établi est celui en lysine. Le besoin s'élève à 0,054 %, 0,087 % et 0,105 % du besoin en MADC respectivement de 3 à 6 mois, de 6 à 12 mois et au-delà.

Avant le sevrage

Les besoins peuvent être estimés entre 0 et 2 mois par la méthode des essais d'alimentation à une période où la croissance du poulain dépend entièrement de la production laitière de la mère en utilisant la relation croissance-production laitière établie expérimentalement par l'Inra.

Gain poids vif (g/j) = a_1 ou a_2 X
X = production de lait en kilo
a_1 = pente au cours du premier mois
a_2 = pente au cours du deuxième mois

Au cours du premier et deuxième mois de lactation, 10,6 kg à 13,7 kg de lait sont respectivement nécessaires par kilo de gain de poids vif du poulain.

Ils ont été ensuite interpolés entre les périodes 0-2 mois et 6-7 mois où les besoins sont effectivement mesurés car il n'est pas possible de mesurer la quantité d'herbe consommée par les poulains.

Besoins en minéraux

Les besoins ont été établis par la méthode factorielle, la seule utilisable puisque nous ne disposons pas de résultats d'essais d'alimentation comme pour les besoins énergétiques et azotés. Elle consiste à estimer le besoin net ou les dépenses puis à tenir compte de la digestibilité réelle des minéraux lorsque celle-ci est connue (voir chapitre 1, tableau 1.14). Les besoins proposés par l'Inra (1990) ont été donc modifiés pour tenir compte des travaux réalisés depuis et compilés par EAAP (voir Trillaud-Geyl et Martin-Rosset, 2005) en Europe et Conference of Feeds Manufacturers (Ker, 2001) et NRC (2007) aux États-Unis.

Calcium

La dépense d'entretien du jeune cheval est de 36 mg/kg/j et la dépense pour le gain de poids est de 16 g/kg/j. La digestibilité réelle à l'entretien est de 50 p. 100. En revanche, on a mieux tenu compte de la variation de la digestibilité réelle pour la croissance : 70 p. 100 de 0 à 12 mois ; 50 p. 100 à 18 mois ; 30 p. 100 à 24 mois sans travail pour les deux dernières classes d'âge. On a utilisé l'équation générale proposée par le NRC en 2007 pour calculer le besoin, en l'adaptant selon les classes d'âge pour tenir compte de la diminution de la digestibilité réelle avec l'âge et de l'effet de la composition des régimes utilisables (la digestibilité du calcium des fourrages peut varier de 40 à 70 p. 100).

0 à 12 mois

g Ca/j = (0,036 g/0,50 × PV kg) + (16 g/0,70 × G kg)
ou   g Ca/j = (0,072 g × PV kg) + (23 g × G kg)

12 à 24 mois

g Ca/j = (0,036 g/0,50 × PV kg) + 16 g/0,50 × G kg)
ou   g Ca/j = (0,072 g × PV kg) + (32 g × G kg)

24 à 36 mois

$$g\ Ca/j = (0{,}036\ g/0{,}50 \times PV\ kg) + 16\ g/0{,}30 \times G\ kg)$$

ou $\quad g\ Ca/j = (0{,}072\ g \times PV\ kg) + (53\ g \times G\ kg)$

Phosphore

La dépense d'entretien est de 18 mg/kg PV/j tandis que la dépense pour le gain de poids est de 8 g/kg/j. La digestibilité réelle à l'entretien est de 35 p. 100. Pour être cohérent avec la variation de la digestibilité réelle du calcium avec l'âge, on a adopté une variation de la digestibilité pour le phosphore : 55 p. 100 de 0 à 12 mois ; 45 p. 100 de 12 à 24 mois ; 35 p. 100 de 24 à 36 mois sans travail pour les deux dernières classes d'âge. Le besoin a été calculé par classe d'âge.

0 à 12 mois

$$g\ P/j = (0{,}018\ g/0{,}35 \times PV\ kg) + (8\ g/0{,}55 \times G\ kg)$$

ou $\quad g\ P/j = (0{,}051\ g \times PV\ kg) + (15\ g \times G\ kg)$

12 à 24 mois

$$g\ P/j = (0{,}018\ g/0{,}35 \times PV\ kg) + (8\ g/0{,}45 \times G\ kg)$$

ou $\quad g\ P/j = (0{,}051\ g \times PV\ kg) + (18\ g \times G\ kg)$

24 à 36 mois

$$g\ P/j = (0{,}018\ g/0{,}35 \times PV\ kg) + (8\ g/0{,}35 \times G\ kg)$$

ou $\quad g\ P/j = (0{,}051\ g \times PV\ kg) + (23\ g \times G\ kg)$

Magnésium

La dépense d'entretien est de 6 mg/kg/j et la digestibilité est de 40 p. 100. On a tenu compte de la variation de la digestibilité réelle du magnésium qui varie avec l'âge au cours de la croissance de 70 p. 100 de 0 à 12 mois ; 60 p. 100 de 12 à 24 mois et de 50 p. 100 de 24 à 36 mois tandis que la dépense est de 1,0 g/kg de gain. Le besoin a été calculé par classe d'âge.

0 à 12 mois

$$g\ Mg/j = (0{,}006/0{,}40 \times PV\ kg) + (1\ g/0{,}70 \times G\ kg)$$

ou $\quad g\ Mg/j = (0{,}015\ g \times PV\ kg) + (1{,}43 \times G\ kg)$

12 à 24 mois

$$g\ Mg/j = (0{,}006/0{,}40 \times PV\ kg) + (1\ g/0{,}60 \times G\ kg)$$

ou $\quad g\ Mg/j = (0{,}015\ g \times PV\ kg) + (1{,}67 \times G\ kg)$

24 à 36 mois

$$g\ Mg/j = (0{,}006/0{,}40 \times PV\ kg) + (1\ g/0{,}50 \times G\ kg)$$

ou $\quad g\ Mg/j = (0{,}015\ g \times PV\ kg) + (2{,}00 \times G\ kg)$

Potassium

Les dépenses à l'entretien et en croissance sont respectivement de 50 mg/kg PV/j et de 1,5 g/kg de gain respectivement. La digestibilité réelle est à l'entretien de 80 p. 100 et en croissance de 60 p. 100. Le besoin ainsi calculé pour le jeune cheval est donc pour les différentes classes d'âge :

$$\text{g K/j} = (0{,}05 \text{ g}/0{,}80 \times \text{PV kg}) + (1{,}5 \text{ g}/0{,}50 \times \text{G kg})$$

ou $\quad$ $$\text{g K/j} = (0{,}063 \text{ g} \times \text{PV kg}) + (3{,}0 \text{ g} \times \text{G kg}).$$

Sodium

La dépense en sodium atteindrait 18 mg/kg PV/j à l'entretien et 0,85 g/kg de gain. La digestibilité réelle du sodium est de 90 p. 100 pour l'entretien et de 80 p. 100 pour la croissance. Le besoin est ainsi calculé :

$$\text{g Na/j} = (0{,}018/0{,}90 \text{ g} \times \text{PV kg}) + (0{,}85 \text{ g}/0{,}80 \times \text{G kg})$$

ou $\quad$ $$\text{g Na/j} = (0{,}02 \text{ g} \times \text{PV kg}) + (1{,}1 \text{ g} \times \text{G kg}).$$

Chlore

L'Inra (1990) admettait que les besoins étaient couverts avec l'apport de chlorure de sodium. Les besoins spécifiques ont été réévalués depuis pour l'entretien à 80 mg/kg PV/j pour maintenir l'équilibre acido-basique et pour la croissance à 5 à 13 mg/kg gain. La digestibilité réelle est supposée égale à 100 %. Les besoins ont été calculés par classe d'âge.

0 à 6 mois

$$\text{g Cl/j} = (0{,}08 \text{ g Cl} \times \text{PV kg}) + (0{,}013 \text{ g Cl} \times \text{G kg})$$

6 à 12 mois

$$\text{g Cl/j} = (0{,}08 \text{ g Cl} \times \text{PV kg}) + (0{,}005 \text{ g Cl} \times \text{G kg})$$

12 à 24 mois

$$\text{g Cl/j} = (0{,}08 \text{ g Cl} \times \text{PV kg}) + (0{,}0025 \text{ g Cl} \times \text{G kg})$$

Les oligoéléments

Les besoins en oligoéléments, exprimés en mg par kg de matière sèche ingérée (MSI), proposés par l'Inra (1990) n'ont pas été modifiés en l'absence de nouveaux résultats probants à l'exception de ceux de fer qui ont été diminué et ramené à 50 mg (kg MSI) (chapitre 2, tableau 2.1).

Ils sont rapportés pour les jeunes chevaux âgés de 6 à 12 mois, 18 à 24 mois et 32 à 36 mois dans le chapitre 2, tableau 2.1.

Il n'y a pas de besoin avéré en chrome, fluor et silice d'après la bibliographie disponible.

Vitamines

Les besoins proposés par l'Inra (1990) ont été surtout augmentés pour la vitamine E : 80 UI/kg MSI de 6 à 12 mois et 60 UI/kg MSI au-delà, et marginalement ajustés pour la vitamine A.

Ils sont exprimés en Unités Internationales (UI) par kg de matière sèche ingérée pour des jeunes chevaux âgés de 6 à 12 mois, 18 à 24 mois et 32 à 36 mois et rapportés dans le tableau général 2.1, chapitre 2.

Apports alimentaires recommandés

Avant le sevrage

Les besoins du jeune poulain ont été évalués par l'Inra :
– entre 0 et 2 mois à 0,039 UFC et 0,044 UFC/kg PV (ou 0,139 UFC et 0,119 UFC/kg $PV^{0,75}$) ; 4,0 g MADC à 4,5 g MADC/kg PV (ou 12,2 g MADC et 14,3 g MADC/kg $PV^{0,75}$) respectivement pour des croissances de 1 200 et 1 500 g/j ;
– entre 3 et 6 mois à 0,023 UFC et 0,024 UFC/kg PV (ou 0,088 UFC et 0,093 UFC/kg $PV^{0,75}$) ; 2,4 g MADC et 2,6 g MADC/kg PV (ou 8,8 g MADC et 10,2 g MADC/kg $PV^{0,75}$) respectivement pour des croissances de 750 et 1 100 g/j.

Le besoin journalier en lysine serait de 0,054 % du besoin en MADC.

Après le sevrage

Origine des données

Les besoins nutritionnels ont été mesurés au cours d'essais d'alimentation réalisés à l'Inra (Station de Clermont-Fd/Theix, Puy de Dôme) et HN (Station de Chambéret, Corrèze) entre 1970 et 2000 dans des conditions normales d'élevage : animaux en lot, conduits en stabulation libre avec un paddock à partir de deux ans au cours de l'hiver et un pâturage tournant l'été à partir de 12 mois. Les essais d'alimentation ont été réalisés pour différents objectifs de croissance maximum ou modérés sur plusieurs types de chevaux (sport – trait), de différents âges, recevant différents régimes alimentaires variés. Ils correspondent donc bien aux apports alimentaires qu'il est possible de recommander en pratique selon les objectifs visés de production : chevaux de sport *vs* chevaux de loisirs ; chevaux de trait d'élevage *vs* chevaux de trait à l'engraissement.

Les apports alimentaires sont recommandés pour des chevaux de sport ou loisirs ou pour des chevaux de trait. Nous verrons que les apports proposés pour les chevaux de sport destinés à la compétition peuvent être utilisés pour les chevaux de course jusqu'à 18 mois (c'est-à-dire pendant la période d'élevage *sensu stricto* en choisissant les niveaux de croissance adaptés à l'objectif). Des tableaux séparés donnent les apports pour la période suivante incluant l'entraînement spécifique aux races de sport ou de course.

Les tableaux

Les apports alimentaires sont proposés par classe de poids vif adulte (450 kg à 800 kg) et pour chaque classe de poids vif adulte en fonction de l'âge (6, 12, 18, 24 mois, etc.) des poulains nés au printemps. Pour chaque classe d'âge, deux niveaux de croissance peuvent être proposés selon la stratégie de production. La distinction entre races de selle et de trait est fixée au-delà de 600 kg de poids vif adulte.

Les tableaux d'apports alimentaires recommandés 5.7 à 5.17 présentent les apports alimentaires correspondant aux besoins totaux d'entretien et de croissance pour l'énergie, les matières azotées, les minéraux (Ca, P, Mg et Na) et les oligoéléments (Cu, Zn, Co, Se, Mn, Fe, I).

Tableau 5.7. Apports alimentaires recommandés au cours de la *période d'élevage* pour le cheval de selle d'un poids vif adulte de **450 kg.**

| Âge (mois) | Poids[1] moyen au cours période (kg) | Croissance | | Apports journaliers | | | | | | | | | | | | | | | | | | | | | Consommation de matière sèche* (kg) |
		Niveau	Gain de poids vif (g/j)	UFC	MADC (g)	Lysine (g)	P (g)	Ca (g)	Mg (g)	Na (g)	Cl (g)	K (g)	Cu (mg)	Zn (mg)	Co (mg)	Se (mg)	Mn (mg)	Fe (mg)	I (mg)	Vit. A (UI)	Vit. D (UI)	Vit. E (UI)	
3-6[2]	187	Optimal	700-900	4,5	486	26	22	32	4	5	15	14	55	275	1,1	1,1	220	275	1,1	18 900	3 300	440	4,5-6,5
3-6[3]	155	Modéré	550-650	3,6	372	20	17	25	3	4	12	11	50	250	1,0	1,0	200	250	1,0	17 300	3 000	400	4,0-6,0
6-12[2]	270	Optimal	550-600	4,6	501	44	22	33	5	6	22	18	70	350	1,4	1,4	280	350	1,4	24 200	4 200	560	6,0-8,0
6-12[3]	234	Modéré	350-400	3,9	378	33	18	26	4	5	19	16	65	325	1,3	1,3	260	325	1,3	22 400	3 900	520	5,5-7,5
18-24[2]	405	Optimal	150-200	5,6	300	32	24	33	6	8	32	26	90	450	1,8	1,8	360	450	1,8	31 500	4 500	540	8,0-10,0
18-24[3]	369	Modéré	250-300	5,3	310	33	24	35	6	8	30	24	85	425	1,7	1,7	340	425	1,7	29 800	4 300	510	7,5-9,5
24-30[2]	437	Optimal	100-150	5,8	301	32	25	38	7	9	35	28	100	500	2,0	2,0	400	500	2,0	34 500	5 000	600	9,0-11,0
30-36[3]	430	Modéré	50-100	5,7	288	30	24	35	7	9	34	27	90	450	1,8	1,8	360	450	1,8	31 500	4 500	540	8,0-10,0
36-42[3]	444	Modéré	50-100	5,8	292	31	24	36	7	9	36	28	100	500	2,0	2,0	400	500	2,0	34 500	5 000	600	9,0-11,0

*Les valeurs les plus faibles seront choisies pour une ration riche en aliment concentré et les valeurs les plus fortes pour maximiser la consommation de fourrage.

[1]Poids vif médian au cours de la période.

[2]Races de course (sans entraînement).

[3]Races de sport.

Tableau 5.8. Apports alimentaires recommandés au cours de la *période d'élevage* pour le cheval de selle d'un poids vif adulte de **500 kg.**

| Âge (mois) | Poids[1] moyen au cours période (kg) | Croissance | | Apports journaliers | | | | | | | | | | | | | | | | | | | | Consommation de matière sèche* (kg) |
		Niveau	Gain de poids vif (g/j)	UFC	MADC (g)	Lysine (g)	P (g)	Ca (g)	Mg (g)	Na (g)	Cl (g)	K (g)	Cu (mg)	Zn (mg)	Co (mg)	Se (mg)	Mn (mg)	Fe (mg)	I (mg)	Vit. A (UI)	Vit. D (UI)	Vit. E (UI)	
3-6[2]	208	Optimal	800-1 000	5,0	541	29	24	36	4	5	17	15	60	300	1,2	1,2	240	300	1,2	20 700	3 600	480	5,0-7,0
3-6[3]	173	Modéré	650-750	4,0	415	22	19	29	4	5	14	13	55	275	1,1	1,1	220	275	1,1	19 000	3 300	440	4,5-6,5
6-12[2]	300	Optimal	600-700	5,1	567	49	25	37	5	7	24	21	75	375	1,5	1,5	300	375	1,5	25 900	4 500	600	6,5-8,5
6-12[3]	260	Modéré	400-500	4,3	425	37	20	29	5	6	21	18	70	350	1,4	1,4	280	350	1,4	24 200	4 200	580	6,0-8,0
18-24[2]	448	Optimal	200-250	6,1	331	35	27	38	7	9	36	29	98	488	2,0	2,0	390	488	2,0	34 100	4 900	585	8,5-11,0
18-24[3]	410	Modéré	300-350	5,9	344	36	27	40	7	9	33	27	93	463	1,9	1,9	370	463	1,9	32 400	4 600	555	8,0-10, 5
24-30[2]	485	Optimal	150-200	6,4	335	35	29	44	8	10	39	31	108	538	2,2	2,2	430	538	2,2	37 600	5 400	645	9,5-12,0
30-36[3]	478	Modéré	50-100	6,2	308	32	26	39	7	10	38	30	98	488	2,0	2,0	390	488	2,0	34 100	4 900	585	8,5-11,0
36-42[3]	493	Modéré	50-100	6,3	315	33	27	40	8	10	39	31	108	538	2,2	2,2	430	538	2,2	37 600	5 400	645	9,5-12,0

*Les valeurs les plus faibles seront choisies pour une ration riche en aliment concentré et les valeurs les plus fortes pour maximiser la consommation de fourrage.

[1]Poids vif médian au cours de la période.

[2]Races de course (sans entraînement).

[3]Races de sport.

Tableau 5.9. Apports alimentaires recommandés au cours de la *période d'élevage* pour le cheval de selle d'un poids vif adulte de **550 kg.**

| Âge (mois) | Poids[1] moyen au cours période (kg) | Croissance | | Apports journaliers | | | | | | | | | | | | | | | | | | | Consommation de matière sèche* (kg) |
		Niveau	Gain de poids vif (g/j)	UFC	MADC (g)	Lysine (g)	P (g)	Ca (g)	Mg (g)	Na (g)	Cl (g)	K (g)	Cu (mg)	Zn (mg)	Co (mg)	Se (mg)	Mn (mg)	Fe (mg)	I (mg)	Vit. A (UI)	Vit. D (UI)	Vit. E (UI)	
3-6[2]	229	Optimal	900-1 100	5,5	595	32	27	40	5	6	18	17	65	325	1,3	1,3	260	325	1,3	22 400	3 900	520	5,5-7,5
3-6[3]	190	Modéré	7000-800	4,4	456	25	21	31	4	5	15	14	60	300	1,2	1,2	240	300	1,2	20 700	3 600	480	5,0-7,0
6-12[2]	328	Optimal	650-770	5,5	591	53	27	39	6	7	26	23	83	413	1,7	1,7	330	413	1,7	28 900	4 100	495	7,0-9,0
6-12[3]	286	Modéré	400-500	4,4	461	40	22	32	5	6	23	19	98	488	2,0	2,0	390	488	2,0	34 100	4 900	585	6,5-8,5
18-24[2]	495	Optimal	250-300	6,6	360	38	30	44	8	10	40	32	103	513	2,1	2,1	410	513	2,1	35 900	5 100	615	9,0-11,5
18-24[3]	451	Modéré	350-400	6,4	369	38	30	45	7	9	36	29	98	488	2,0	2,0	390	488	2,0	34 100	4 900	585	8,5-11,0
24-30[2]	534	Optimal	200-250	7,0	371	39	32	51	9	11	43	34	123	613	2,5	2,5	490	613	2,5	42 900	6 100	735	11,0-13,5
30-36[3]	525	Modéré	50-100	6,6	329	33	29	42	8	11	42	33	108	538	2,2	2,2	430	538	2,2	36 000	5 400	645	9,5-12,0
36-42[3]	542	Modéré	50-100	6,5	337	34	29	43	8	11	43	34	123	613	2,5	2,5	490	613	2,5	42 900	6 100	735	11,0-13,5

*Les valeurs les plus faibles seront choisies pour une ration riche en aliment concentré et les valeurs les plus fortes pour maximiser la consommation de fourrage.

[1]Poids vif médian au cours de la période.

[2]Races de course (sans entraînement).

[3]Races de sport.

Tableau 5.10. Apports alimentaires recommandés au cours de la *période d'élevage* pour le cheval de selle d'un poids vif adulte de **600 kg.**

| Âge (mois) | Poids[1] moyen au cours période (kg) | Croissance | | Apports journaliers | | | | | | | | | | | | | | | | | | | | Consommation de matière sèche* (kg) |
		Niveau	Gain de poids vif (g/j)	UFC	MADC (g)	Lysine (g)	P (g)	Ca (g)	Mg (g)	Na (g)	Cl (g)	K (g)	Cu (mg)	Zn (mg)	Co (mg)	Se (mg)	Mn (mg)	Fe (mg)	I (mg)	Vit. A (UI)	Vit. D (UI)	Vit. E (UI)	
3-6[2]	249	Optimal	1 000-1 200	6,0	647	35	29	44	5	6	20	19	70	350	1,4	1,4	280	350	1,4	24 200	4 200	560	6,0-8,0
3-6[3]	207	Modéré	800-900	4,8	497	27	23	35	3	5	17	15	65	325	1,3	1,3	260	325	1,3	22 400	3 900	520	5,5-7,5
6-12[2]	360	Optimal	700-800	6,0	661	58	30	43	7	8	29	25	90	450	1,8	1,8	360	450	1,8	31 100	5 400	720	8,0-10,0
6-12[3]	312	Modéré	500-550	5,0	496	43	24	35	6	7	25	21	85	425	1,7	1,7	340	425	1,7	29 300	5 100	680	7,5-9,5
18-24[2]	540	Optimal	260-300	7,1	388	41	33	48	9	11	43	35	113	563	2,3	2,3	450	563	2,3	39 400	5 600	675	10,0-12, 5
18-24[3]	492	Modéré	350-400	6,9	394	41	32	47	8	10	39	32	108	538	2,2	2,2	430	538	2,2	37 600	5 400	645	9,5-12,0
24-30[2]	582	Optimal	250-300	7,5	406	43	36	57	9	11	47	38	133	663	2,7	2,7	530	663	2,7	46 400	6 600	795	12,0-14,5
30-36[3]	573	Modéré	50-100	7,0	350	37	31	45	9	11	46	36	113	563	2,3	2,3	450	563	2,3	39 400	5 600	675	10,0-12,5
36-42[3]	591	Modéré	50-100	7,2	358	35	32	47	9	11	47	37	133	663	2,7	2,7	530	663	2,7	46 400	6 600	795	12,0-14,5

*Les valeurs les plus faibles seront choisies pour une ration riche en aliment concentré et les valeurs les plus fortes pour maximiser la consommation de fourrage.

[1] Poids vif médian au cours de la période.

[2] Races de course (sans entraînement).

[3] Races de sport.

Tableau 5.11. Apports nutritionnels au cours de la *période d'entraînement* pour le cheval de selle d'un poids vif adulte de **450 kg**.

Poids-âge-race Croissance + travail	Apports journaliers																			Consommation de matière sèche* (kg)
	UFC	MADC (g)	Lysine (g)	P (g)	Ca (g)	Mg (g)	Na (g)	Cl (g)	K (g)	Cu (mg)	Zn (mg)	Co (mg)	Se (mg)	Mn (mg)	Fe (mg)	I (mg)	Vit. A (UI)	Vit. D (UI)	Vit. E (UI)	
18 mois – Course – 405 kg[1] – Croissance optimale[1]																				
Léger	6,2	343	36	24	35	6	12	38	29	90	450	1,8	1,8	360	720	1,8	31 500	4 500	540	8,0-10,0
Modéré	6,7	379	39	24	35	6	16	45	33	90	450	1,8	1,8	360	720	1,8	31 500	4 500	540	8,0-10,0
24 mois – Course – 437 kg[1] – Croissance optimale[1]																				
Léger	6,4	343	36	25	41	7	13	42	32	100	500	2,0	2,0	400	800	2,0	35 000	5 000	600	9,0-11,0
Modéré	7,0	386	40	25	41	7	17	49	36	100	500	2,0	2,0	400	800	2,0	35 000	5 000	600	9,0-11,0
Intense	7,6	430	44	25	41	7	23	58	40	100	500	2,0	2,0	400	800	2,0	35 000	5 000	600	9,0-11,0
Très intense	8,1	466	47	25	41	7	37	81	52	100	500	2,0	2,0	400	800	2,0,	35 000	5 000	600	9,0-11,0
36 mois – Sport – 430 kg[1] – Croissance modérée[1]																				
Léger	6,3	331	34	24	35	7	13	41	31	95	475	1,9	1,9	380	760	1,9	33 300	4 800	570	8,5-10,5
Modéré	6,8	367	37	24	35	7	17	48	34	95	475	1,9	1,9	380	760	1,9	33 300	4 800	570	8,5-10,5
42 mois – Sport – 444 kg[1] – Croissance modérée[1]																				
Léger	6,4	335	35	24	36	7	13	43	32	100	500	2,0	2,0	400	500	2,0	35 000	5 000	600	9,0-11,0
Modéré	7,0	378	39	24	36	7	17	50	34	100	500	2,0	2,0	400	500	2,0	35 000	5 000	600	9,0-11,0
Intense	7,6	422	43	24	36	7	23	60	40	100	500	2,0	2,0	400	500	2,0	35 000	5 000	600	9,0-11,0

*Les valeurs les plus faibles seront choisies pour une ration riche en aliment concentré et les valeurs les plus fortes pour maximiser la consommation de fourrage.

[1]Voir tableau période élevage.

Tableau 5.12. Apports nutritionnels au cours de la *période d'entraînement* pour le cheval de selle d'un poids vif adulte de **500 kg**.

Poids-âge-race Croissance + travail	Apports journaliers																			Consommation de matière sèche* (kg)
	UFC	MADC (g)	Lysine (g)	P (g)	Ca (g)	Mg (g)	Na (g)	Cl (g)	K (g)	Cu (mg)	Zn (mg)	Co (mg)	Se (mg)	Mn (mg)	Fe (mg)	I (mg)	Vit. A (UI)	Vit. D (UI)	Vit. E (UI)	
18 mois – Course – 448 kg[1] – Croissance optimale[1]																				
Léger	6,7	373	39	27	38	7	13	43	33	98	488	2,0	2,0	390	780	2,0	34 100	4 900	585	8,5-11,0
Modéré	7,3	415	43	27	38	7	17	50	37	98	488	2,0	2,0	390	780	2,0	34 100	4 900	585	8,5-11,0
24 mois – Course – 485 kg[1] – Croissance optimale[1]																				
Léger	7,1	384	40	29	44	8	15	47	35	108	538	2,2	2,2	430	860	2,2	37 600	5 400	645	9,5-12,0
Modéré	7,4	405	41	29	44	8	19	54	39	108	538	2,2	2,2	430	860	2,2	37 600	5 400	645	9,5-12,0
Intense	8,4	475	48	29	44	8	25	65	45	108	538	2,2	2,2	430	860	2,2	37 600	5 400	645	9,5-12,0
Très intense	9,0	517	52	29	44	8	40	90	59	108	538	2,2	2,2	430	860	2,2	37 600	5 400	645	9,5-12,0
36 mois – Sport – 478 kg[1] – Croissance modérée[1]																				
Léger	6,8	351	39	26	39	7	15	46	34	103	513	2,1	2,1	410	820	2,1	35 900	5 100	615	9,0-11,5
Modéré	7,3	394	40	26	39	7	19	53	38	103	513	2,1	2,1	410	820	2,1	35 900	5 100	615	9,0-11,5
42 mois – Sport – 493 kg[1] – Croissance modérée[1]																				
Léger	7,0	387	40	27	40	8	15	47	35	108	538	2,2	2,2	430	860	2,2	37 600	5 400	645	9,5-12,0
Modéré	7,6	409	42	27	40	8	19	55	39	108	538	2,2	2,2	430	860	2,2	37 600	5 400	645	9,5-12,0
Intense	8,3	459	46	27	40	8	25	65	45	108	538	2,2	2,2	430	860	2,2	37 600	5 400	645	9,5-12,0

*Les valeurs les plus faibles seront choisies pour une ration riche en aliment concentré et les valeurs les plus fortes pour maximiser la consommation de fourrage.

[1]Voir tableau période élevage.

Tableau 5.13. Apports nutritionnels au cours de la *période d'entraînement* pour le cheval de selle d'un poids vif adulte de **550 kg.**

Poids-âge-race Croissance + travail	Apports journaliers																				Consommation de matière sèche* (kg)
	UFC	MADC (g)	Lysine (g)	P (g)	Ca (g)	Mg (g)	Na (g)	Cl (g)	K (g)	Cu (mg)	Zn (mg)	Co (mg)	Se (mg)	Mn (mg)	Fe (mg)	I (mg)	Vit. A (UI)	Vit. D (UI)	Vit. E (UI)	
18 mois – Course – 495 kg[1] – Croissance optimale[1]																				
Léger	7,3	410	43	30	44	8	15	48	36	103	513	2,1	2,1	410	820	2,1	35 900	5 100	615	9,0-11,5
Modéré	7,9	454	47	30	44	8	20	56	40	103	513	2,1	2,1	410	820	2,1	35 900	5 100	615	9,0-11,5
24 mois – Course – 534 kg[1] – Croissance optimale[1]																				
Léger	7,8	429	44	32	51	9	16	51	39	123	613	2,5	2,5	490	980	2,5	42 900	6 100	735	11,0-13,5
Modéré	8,4	470	48	32	51	9	21	60	43	123	613	2,5	2,5	490	980	2,5	42 900	6 100	735	11,0-13,5
Intense	9,2	527	53	32	51	9	28	71	49	123	613	2,5	2,5	490	980	2,5	42 900	6 100	735	11,0-13,5
Très intense	9,8	572	57	32	51	9	45	100	64	123	613	2,5	2,5	490	980	2,5	42 900	6 100	735	11,0-13,5
36 mois – Sport – 525 kg[1] – Croissance modérée[1]																				
Léger	7,4	387	38	29	42	8	16	50	37	115	575	2,3	2,3	460	920	2,3	40 300	5 800	690	10,5-12,5
Modéré	8,0	432	42	29	4	8	21	58	42	115	575	2,3	2,3	460	920	2,3	40 300	5 800	690	10,5-12,5
42 mois – Sport – 542 kg[1] – Croissance modérée[1]																				
Léger	7,4	395	39	29	43	8	16	52	39	123	613	2,5	2,5	490	980	2,5	42 900	6 100	735	11,0– 13,5
Modéré	8,0	445	44	29	43	8	21	59	44	123	613	2,5	2,5	490	980	2,5	42 900	6 100	735	11,0– 13,5
Intense	8,7	495	48	29	43	8	28	71	49	123	613	2,5	2,5	490	980	2,5	42 900	6 100	735	11,0– 13,5

*Les valeurs les plus faibles seront choisies pour une ration riche en aliment concentré et les valeurs les plus fortes pour maximiser la consommation de fourrage.

[1]Voir tableau période élevage.

Tableau 5.14. Apports nutritionnels au cours de *la période d'entraînement* pour le cheval de selle d'un poids vif adulte de **600 kg**.

| Poids-âge-race Croissance + travail | Apports journaliers | | | | | | | | | | | | | | | | | | | Consommation de matière sèche* (kg) |
	UFC	MADC (g)	Lysine (g)	P (g)	Ca (g)	Mg (g)	Na (g)	Cl (g)	K (g)	Cu (mg)	Zn (mg)	Co (mg)	Se (mg)	Mn (mg)	Fe (mg)	I (mg)	Vit. A (UI)	Vit. D (UI)	Vit. E (UI)	
18 mois – Course – 540 kg[1] – Croissance optimale[1]																				
Léger	7,8	441	46	33	48	9	16	52	40	113	563	2,3	2,3	450	900	2,3	39 400	5 600	675	10,0-12,5
Modéré	8,5	490	50	33	48	9	21	61	44	113	563	2,3	2,3	450	900	2,3	39 400	5 600	675	10,0-12,5
24 mois – Course – 582 kg[1] – Croissance optimale[1]																				
Léger	8,3	463	48	36	57	9	16	56	43	133	663	2,7	2,7	530	1 060	2,7	46 400	6 600	795	12,0-14,5
Modéré	9,0	516	53	36	57	9	22	66	48	133	663	2,7	2,7	530	1 060	2,7	46 400	6 600	795	12,0-14,5
Intense	9,9	579	59	36	57	9	29	78	54	133	663	2,7	2,7	530	1 060	2,7	46 400	6 600	795	12,0-14,5
Très intense	10,6	629	63	36	57	9	47	109	70	133	663	2,7	2,7	530	1 060	2,7	46 400	6 600	795	12,0-14,5
36 mois – Sport – 573 kg[1] – Croissance modérée[1]																				
Léger	7,8	406	42	31	45	9	16	55	41	123	613	2,5	2,5	490	980	2,5	42 900	6 100	735	11,5-13,5
Modéré	8,5	458	47	31	45	9	22	62	46	123	613	2,5	2,5	490	980	2,5	42 900	6 100	735	11,5-13,5
42 mois – Sport – 591 kg[1] – Croissance modérée[1]																				
Léger	8,0	414	41	32	47	9	17	56	42	133	663	2,7	2,7	530	1 060	2,7	46 400	6 000	795	12,0-14,5
Modéré	8,8	473	46	32	47	9	22	65	47	133	663	2,7	2,7	530	1 060	2,7	46 400	6 000	795	12,0-14,5
Intense	9,6	530	51	32	47	9	29	88	54	133	663	2,7	2,7	530	1 060	2,7	46 400	6 600	795	12,0-14,5

*Les valeurs les plus faibles seront choisies pour une ration riche en aliment concentré et les valeurs les plus fortes pour maximiser la consommation de fourrage.

[1]Voir tableau période élevage.

Tableau 5.15. Poids vifs types à âges types des chevaux de selle exprimés en pourcentage du poids vif adulte[1].

Classes de poids vif adulte (kg)	Âge (mois)	Poids vif en pourcentage du poids vif adulte (p. 100)	
		Croissance optimale[2]	Croissance modérée
	6	48	44
450	12	72	60
	18	86	76
500	24	94	88
550	30	100	94
600	36	100	97
	42	100	100

[1]Le poids vif adulte réel peut être estimé individuellement pour un jeune cheval à partir de la moyenne du poids vif du père et de la mère ; à défaut au moins à partir de celui de la mère.

[2] La croissance optimale est privilégiée dans le cas des races de course (pur sang et trotteur).

Poids vifs

Les poids vifs adultes correspondent à ceux des principales races françaises de course, sport ou loisirs, et de trait.

Pour les races de course (pur sang, trotteur) et de sport (selle français, anglo-arabe), les poids vifs adultes ont été calculés à l'aide de courbes d'évolution du poids vif établies à partir des données de poids mesurés en France (Inra, IFCE, ENVA) entre la naissance et 3 à 4 ans selon les races (figure 5.10). Les poids vifs moyens adultes des pur sang et des trotteurs sont respectivement de 540 et 560 kg et les poids vifs moyens des selle français et anglo-arabes sont de 590 kg. Pour les races de trait, les poids vifs adultes proviennent de la moyenne du standard des races et les poids vifs à âge type issus des expérimentations réalisées dans les stations IFCE de Chambéret et Inra de Theix (tableaux 5.16 et 5.17).

Les poids vifs types à âges types ont pu être ainsi calculés pour servir de repères dans les choix de modèle de croissance et d'apports alimentaires en tenant compte du facteur risque ostéo-articulaire (tableau 5.15).

Choix du niveau de croissance

Pour les chevaux de course et de sport, deux niveaux d'apports nutritionnels sont proposés dans les tableaux 5.7 à 5.10 en fonction des objectifs de production décrits figures 5.10 et 5.14.

Une croissance optimale

Il s'agit d'une croissance importante permise par le potentiel génétique du jeune cheval tout en évitant une surcharge pondérale liée à un engraissement. Ce niveau de croissance permet au jeune cheval d'atteindre à 12 mois en moyenne 72 % du poids vif adulte, seuil de risque d'apparition de pathologies ostéo-articulaires, type ostéochondrose, d'origine nutritionnelle.

Tableau 5.16. Apports alimentaires recommandés au cours de *la période d'élevage* pour le cheval de trait d'un poids vif adulte de **700 kg**.

| Âge (mois) | Poids[1] moyen au cours période (kg) | Croissance | | Apports journaliers | | | | | | | | | | | | | | | | | | | | Consommation de matière sèche* (kg) |
		Niveau	Gain de poids vif (g/j)	UFC	MADC (g)	Lysine (g)	P (g)	Ca (g)	Mg (g)	Na (g)	Cl (g)	K (g)	Cu (mg)	Zn (mg)	Co (mg)	Se (mg)	Mn (mg)	Fe (mg)	I (mg)	Vit. A (UI)	Vit. D (UI)	Vit. E (UI)	
6-12	410	Modéré	650	5,6	590	51	31	45	7	9	33	27	80	400	1,6	1,6	320	400	1,6	27 600	4 800	480	7,5-8,5
18-24	600	Optimal	550	7,0	570	60	35	61	10	13	48	39	115	575	2,3	2,3	460	575	2,3	40 300	5 800	690	10,5-12,5
18-24	560	Modéré	250	6,0	440	46	33	48	9	12	45	36	110	550	2,2	2,2	440	550	2,2	38 500	5 500	660	10,5-11,5
30-36	640	Modéré	50	6,1	380	40	34	49	10	13	51	40	120	600	2,4	2,4	480	600	2,4	42 000	6 000	720	11,5-12,5

*Les valeurs les plus faibles seront choisies pour une ration riche en aliment concentré et les valeurs les plus fortes pour maximiser la consommation de fourrage.
[1]Poids vif médian au cours de la période.

Tableau 5.17. Apports alimentaires recommandés au cours de *la période d'élevage* pour le cheval de trait d'un poids vif adulte de **800 kg**.

| Âge (mois) | Poids[1] moyen au cours période (kg) | Croissance | | Apports journaliers | | | | | | | | | | | | | | | | | | | | Consommation de matière sèche* (kg) |
		Niveau	Gain de poids vif (g/j)	UFC	MADC (g)	Lysine (g)	P (g)	Ca (g)	Mg (g)	Na (g)	Cl (g)	K (g)	Cu (mg)	Zn (mg)	Co (mg)	Se (mg)	Mn (mg)	Fe (mg)	I (mg)	Vit. A (UI)	Vit. D (UI)	Vit. E (UI)	
6-12	460	Modéré	750	6,5	600	52	35	50	8	10	37	31	90	540	1,8	1,8	360	540	1,8	31 100	5 400	720	8,5-9,5
18-24	680	Optimal	630	7,7	600	63	46	69	11	14	54	44	125	625	2,5	2,5	500	625	2,5	43 800	6 300	750	11,5-13,5
18-24	640	Modéré	350	6,7	490	52	39	57	10	13	51	41	120	600	2,4	2,4	480	600	2,4	42 000	6 300	720	11,5-12,5
30-36	730	Modéré	50	6,8	410	43	38	55	11	15	58	46	130	650	2,6	2,6	520	650	2,6	45 500	6 500	780	12,5-13,5

*Les valeurs les plus faibles seront choisies pour une ration riche en aliment concentré et les valeurs les plus fortes pour maximiser la consommation de fourrage.
[1]Poids vif médian au cours de la période.

Une croissance modérée

Il s'agit d'une croissance plus limitée que le jeune cheval peut momentanément connaître sans préjudice pour sa croissance ultérieure sous réserve qu'il reçoive au cours de la période suivante une alimentation libérale (pâturage en été par exemple) pour réaliser une croissance compensatrice et atteindre à peine plus tardivement le même poids vif et format que les chevaux continuellement bien nourris.

Pour les races de trait, un niveau modéré de croissance est présenté le plus souvent car il correspond aux objectifs technico-économiques des animaux d'élevage. Toutefois, durant la période de 20 à 24 mois, les pouliches saillies à l'âge de deux ans doivent avoir un niveau de croissance supérieur. On utilisera dans ce cas les apports alimentaires recommandés pour des croissances optimales dans les tableaux 5.16 et 5.17.

Dans tous les cas, c'est une erreur de viser une croissance maximum pour un poulain léger au sevrage, poids vif inférieur à 40 p. 100 du poids vif adulte (moyenne du poids de la mère et du père), en raison d'une croissance limitée avant le sevrage et non pour des raisons génétiques. Son développement (format) a de fortes chances de se ralentir fortement à 18-24 mois (puberté) en particulier chez les mâles (figure 5.13b). Il est préférable d'adopter un niveau de croissance modéré mais continu (c'est-à-dire linéaire) été comme hiver.

Cas des jeunes chevaux mis à l'entraînement

C'est celui qui a été le moins étudié expérimentalement et donc pour lequel les connaissances sont encore très parcellaires.

Après sevrage, le pourcentage de muscles dans la carcasse varie relativement peu tandis que le pourcentage de dépôts adipeux augmente au cours de la période d'élevage sans travail autre que l'activité spontanée. En conséquence, la teneur en protéines reste à peu près constante tandis que la teneur en lipides augmente. Ceci est d'autant plus vrai que le niveau des apports énergétiques et le gain de poids sont élevés mais également que le cheval prend de l'âge (chevaux de 2 ans par rapport aux chevaux de 12 et 18 mois). Les besoins en énergie et en protéines augmentent car la quantité de muscles et de tissus adipeux augmente en valeur absolue pour les deux tissus avec le gain de poids et/ou l'âge. Ces besoins ont été mesurés et formulés sous forme d'apports recommandés chez le cheval non entraîné (tableaux 5.11 à 5.14). On notera qu'il existe des rapports protéines/énergie caractéristiques car la synthèse protéique est coûteuse en énergie et les apports énergétique et azoté ont un effet additif.

Chez le jeune cheval mis à l'entraînement, le travail a pour objet, en particulier, de développer sa musculature en termes de masse, de structure (fibres) et de composition chimique au détriment du tissu adipeux pour atteindre un optimum de composition corporelle et un poids donné qui restent à établir précisément selon l'âge, le niveau et programme d'entraînement.

Les gains de poids journaliers combinés à la poursuite de la croissance et à l'effet de l'entraînement peuvent probablement atteindre en moyenne 250-350 g et 150-200 g respectivement à 18-24 mois et 24-36 mois si la concentration nutritive de la ration est élevée. Il a été montré chez les jeunes chevaux à l'entraînement que la quantité d'azote retenue augmente lorsque la ration augmente avec le travail, ce qui est le cas puisque la consommation de matière sèche augmente avec l'âge et le travail, et que la rétention azotée s'accroît aussi avec l'exercice. Il paraît donc raisonnable de proposer pour le jeune cheval mis à l'entraînement un apport énergétique supplémentaire correspondant à des intensités appropriées pour les chevaux de course et de sport destinés à la compétition et un apport azoté supplémentaire exprimé par rapport à l'énergie selon un rapport correspondant à l'âge considéré, comme pendant la phase d'élevage, et en tenant compte aussi de l'effet de l'exercice. Par ailleurs, nous avons établi, à partir des études réalisées à l'Inra et à l'IFCE et des observations effectuées par l'ENVA, les poids vifs optima à âges types pour que les jeunes chevaux réalisent des croissances importantes avec un risque d'apparition d'ostéochondrose faible. Le jeune cheval ne devrait pas dépasser 72 p. 100 de son poids vif adulte à 12 mois (tableau 5.15).

Capacité d'ingestion : consommation

Les tableaux d'apports alimentaires recommandés fournissent également des valeurs de consommation journalière de matière sèche. Ces valeurs correspondent à la quantité d'aliments que le jeune cheval doit consommer pour satisfaire ses besoins ou capacité d'ingestion (voir chapitre 1). Elle dépend des caractéristiques propres des chevaux (âge, poids vif, niveau de croissance, état d'engraissement, passé nutritionnel), de la nature du fourrage destiné et de la quantité d'aliment concentré complémentaire offert.

De façon générale, au fur et à mesure que le poulain croît, la satisfaction de ses besoins est plus aisée car sa capacité d'ingestion augmente alors que sa capacité de croissance diminue. Pour chaque type d'animal et chaque niveau de croissance, sont proposés deux niveaux de consommation :

– le plus faible correspond à des rations de concentration énergétique élevée : forte proportion d'aliment concentré et/ou utilisation de fourrage de valeur énergétique très élevée (exemple : ensilage de maïs à plus de 30 p. 100 de MS ou ensilage d'herbe mi fanée à 60 p. 100 de MS) ;

– le plus élevé est atteint lorsque les animaux reçoivent une ration riche (80 p. 100 et plus) en fourrage de qualité moyenne.

Les fourrages sont distribués à volonté dans la plupart des cas et quel que soit l'âge des animaux. La capacité d'ingestion varie en moyenne de 2,5 à 2,7 ; 2,3 à 2,5 kg et 2,0 à 2,3 kg par 100 kg de poids vif à 1-2 et 3 ans.

La composition de la ration varie avec la nature du fourrage offert et la quantité d'aliment concentré distribué, et le taux de substitution induit (tableaux 5.7 à 5.17).

La concentration nutritive de la ration évolue donc avec l'âge et les croissances envisagées. Celle-ci est indiquée dans le tableau 2.1, chapitre 2.

Rationnement pratique

Avant le sevrage

Schéma général

Le poulain naît dans la plupart des cas (chevaux de sport, loisirs et de trait) juste avant ou après la date de mise à l'herbe qui a lieu première quinzaine d'avril, excepté les races de course où les naissances ont lieu plus tôt puisque les chevaux sont destinés à courir à deux ans (chapitre 3, figure 3.10).

Dans le cas des races de sport et loisirs, les poulains sont conduits avec les poulinières essentiellement à l'herbe pendant 6 à 7 mois pour être sevrés début octobre (voir chapitre 3, figures 3.11 et 3.12). Ils réalisent des croissances de 1 200 et 850 g/j respectivement au cours des trois premiers et trois derniers mois suivant la naissance et en moyenne de 900 à 1 000 g/j de la naissance au sevrage. La date de naissance n'a pas d'effet significatif sur cette croissance moyenne si la poulinière est alimentée correctement et est en bon état corporel (voir chapitre 3). Ils sont sevrés à un poids de 225 à 275 kg à l'âge de 6 mois. La croissance du poulain dépend de la production laitière de la mère et de l'herbe pâturée à partir de l'âge d'un mois, voire d'une complémentation avant le sevrage notamment dans le cas des chevaux destinés à la compétition.

Dans le cas des races de trait, le poulain est sevré en octobre à l'âge de 6-7 mois. Les mâles sont vendus pour l'engraissement ainsi que les pouliches non conservées pour le renouvellement du troupeau.

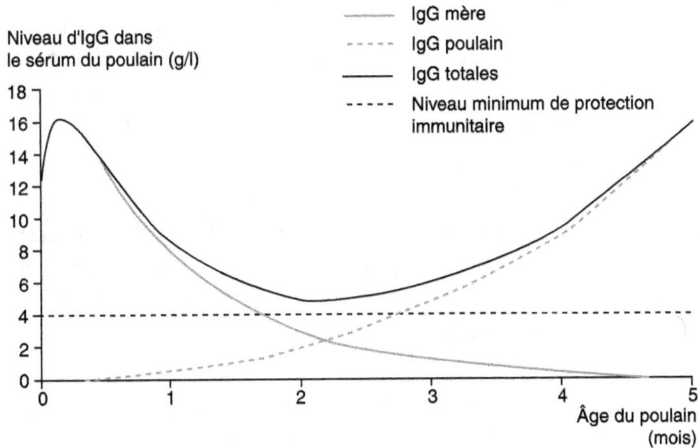

Figure 5.17. Évolution de la concentration en IgG dans le sérum du poulain au cours des premiers mois après la naissance (d'après Genin, 1990 ; Crawford et Perryman, 1980).

Allaitement

Allaitement naturel

Au cours des premières heures qui suivent la naissance, le poulain doit absolument téter le colostrum pour acquérir une bonne protection immunitaire et supporter le choc thermique. Le colostrum est riche en immunoglobulines : IgG et IgG (T) surtout, avec de petites quantités d'IgM et d'IgA, qui représentent 40 p. 100 des protéines totales. Il est également riche en lactose et lipides (voir chapitre 3). Environ 100 g d'IgG sont produits en moyenne par la mère à chaque naissance. On considère que le colostrum est de qualité bonne, moyenne ou médiocre lorsque la teneur en IgG, mesurée par colotest, est respectivement supérieure à 60 g/l, entre 60 et 40 g/l, et inférieure à 40 g/l. La mère produit environ 2,5 l de colostrum que le poulain doit téter immédiatement car la concentration en IgG diminue très rapidement après la naissance (figure 5.17) et l'absorption des anticorps par l'intestin n'est plus possible au-delà de 12 heures post-partum.

La concentration du sérum du poulain en Ig (surtout IgG) est un bon critère pour évaluer le transfert de l'immunité passive. On considère que le poulain est bien protégé si la concentration du sérum en immunoglobulines est de 8 g/l 24 heures après la naissance, et qu'en dessous de 4 g/l un traitement doit être envisagé (figure 5.16). Les causes d'une insuffisance d'immunité sont multiples : naissance prématurée et une insuffisance associée de temps pour la mamelle de concentrer les immunoglobulines, perte prématurée de lait par la mamelle avant la mise bas, ingestion insuffisante de colostrum, maturité insuffisante de la muqueuse intestinale du poulain pour absorber, qualité insuffisante du colostrum (teneur en immunoglobulines). La qualité du colostrum peut être évaluée à partir de tests simples car il existe une bonne relation entre la concentration en IgG et la gravité spécifique. Il est alors possible d'utiliser un colostromètre ou un densimètre ou enfin le colotest répandu en France. Il s'agit d'un réfractomètre qui mesure la concentration en sucres étalonnée par rapport à la teneur en IgG (colotest : Haras Nationaux, adresse en fin de chapitre). La teneur en immunoglobulines du colostrum peut être stimulée soit naturellement en n'isolant pas la poulinière au cours du dernier mois de gestation afin de l'exposer aux agents environnementaux, soit artificiellement par un programme de vaccination au cours de la même période.

La détermination du jour de la mise bas est un bon moyen pour contrôler l'acquisition de l'immunité par le poulain. Il est possible d'utiliser un test qui consiste à évaluer la concentration en calcium dans 1 ml de colostrum prélevé à la mamelle dilué dans 5 ml d'eau déminéralisée (Merckoquant® – 10025, Merck Clevelot, adresse en fin de chapitre).

Dans l'hypothèse où le poulain ne peut pas boire un colostrum suffisant en qualité et en quantité au cours des 12 premières heures, il faut recourir à la Banque de colostrum sous forme congelée ou lyophilisée à basse température car le transfert des IgG par transfusion du sérum de la mère au poulain est d'une efficacité limitée. Le colostrum de bovin n'est pas utilisé seul car les immunoglobulines bovines sont modérément absorbées par le poulain et rapidement catabolisées. En revanche, il a été récemment montré qu'un bon sérocolostrum bovin offert en complément d'un colostrum équin de médiocre qualité peut être une bonne solution pour limiter l'échec du transfert de l'immunité passive. Il est possible de contrôler la qualité du transfert d'immunité chez le poulain par dosage de la concentration de son sérum en protéines totales car elle est bien reliée à celle d'IgG en utilisant le test Foal dès 8 heures après la naissance (IDEXX Laboratoires, adresse en fin de chapitre).

Le nombre de tétées qui est de 2 à 4 par heure au cours de la première semaine diminue ensuite pour atteindre une tétée toutes les 2 heures à 6 mois (figure 5.18).

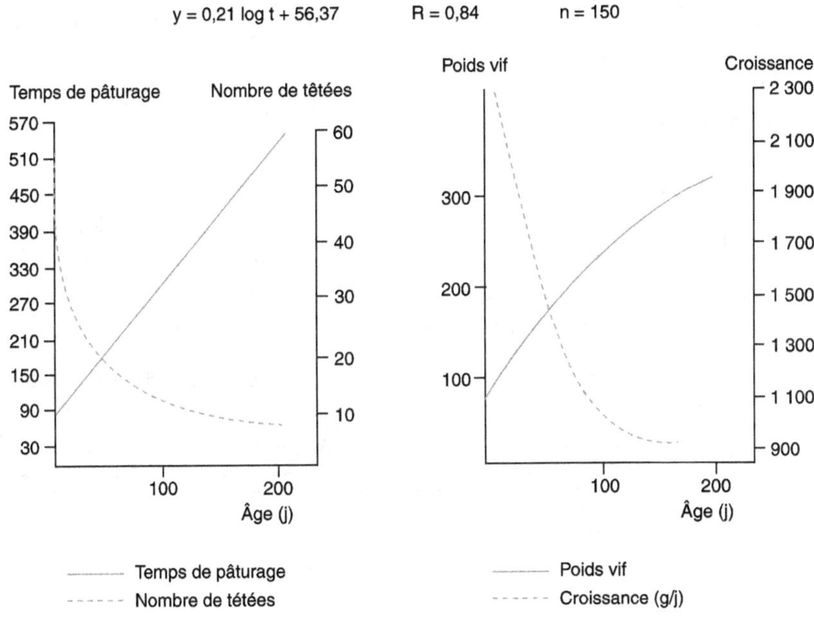

Figure 5.18. Variations avec l'âge du nombre de tétées, temps de pâturage et du poids vif (d'après Martin-Rosset *et al.*, 1978).

Au cours des deux premiers mois, la croissance du poulain est essentiellement liée à la production laitière de la mère qui est maximum à 2 mois et à la composition favorable du lait (voir chapitre 3) car le temps de pâturage reste encore limité (figure 5.18). L'Inra a établi qu'en moyenne 10,6 et 13,7 kg de lait par kg de gain de poids journalier sont nécessaires à l'âge de 1 et 2 mois respectivement. En revanche, le temps de pâturage et la fréquence des tétées diminuent rapidement au-delà de l'âge de deux mois. La croissance du poulain de races de sport et loisirs varie alors au cours des différents cycles de pâturage de 1 700-1 800 g/j au 1er cycle à 1 100-1 200 g/j au 4e et dernier cycle dans des conditions de pâturage tournant effectué sur des prairies naturelles fertilisées de Normandie ou du Limousin avec un chargement de 0,5 à 0,7 couple jument suitée/ha.

Allaitement artificiel

Si le poulain est orphelin dès la naissance, il faut, pour assurer sa protection immunitaire, qu'il consomme dans les 12 h du colostrum conservé au congélateur, ou provenant d'une autre jument qui vient de pouliner sinon il faut effectuer des injections sous-cutanées de sérum sanguin prélevé sur cette autre jument. Ensuite, on peut tenter l'adoption ou mettre en œuvre un allaitement artificiel. Il existe une organisation « SOS poulain » qui permet de mettre en pension un poulain orphelin auprès d'une jument d'adoption (se renseigner auprès des syndicats d'éleveurs ou de l'IFCE, www.ifce.fr).

Dans le deuxième cas, le poulain est alimenté au biberon les premiers jours, puis au seau avec un lait reconstitué à partir soit de lait en poudre « spécial poulain », soit un lait dérivé du lait de vache ou d'un lait en poudre pour veaux, alors ajusté de la façon suivante :

– préparer un lait dont la teneur en matière sèche est de 10 p. 100 : pour cela mélanger ¾ litre de lait de vache avec ¼ litre d'eau, ou diluer 100 g de poudre de lait « veau » dans 1 l d'eau ;

– ajouter 30 g/l de sucre dans les deux préparations ;

– réajuster les teneurs en vitamines, en calcium et phosphore et leur rapport suivant la formule du lait utilisé en additionnant un aliment minéral et vitaminé.

La distribution du lait artificiel nécessite des précautions d'hygiène et peut suivre le plan d'allaitement présenté au tableau 5.18.

Tableau 5.18. Plan d'allaitement artificiel, pour poulains de race de selle (1) ou de races de trait (2).

Âge	Quantité de lait par jour (l/poulain/j)		Apport de repas par jour	Apport d'aliment solide (en kg de matière sèche/j)	
	(1)	(2)		(1)	(2)
1*	3,0	3,0	12		
2*	3,5	3,5	10		
3	4	4,0	10		
4	4,5	5,0	10		
5	5	6,0	10		
6	5,5	7,0	10		
7	6	8,0	9		
10	8,5	11,0	8	0,5 à 1,0	0,6 à 1,3
20	10	13,0	7	0,5 à 1,0	0,6 à 1,3
30	11	14,0	6	0,5 à 1,0	0,6 à 1,3
45	12	15,0	4	1,0 à 2,0	1,3 à 2,5
60	12	16,0	4	1,0 à 2,0	1,3 à 2,5
75	10	13,0	3	2,0 à 3,0	2,5 à 4,0
90	10	13,0	3	2,0 à 3,0	2,5 à 4,0
105	5	6,5	2	3,0 à 4,5	4,0 à 6,0
120	0	0	2	3,0 à 4,5	4,0 à 6,0

*Prévoir en plus le 1er et le 2e jour : 400 ml de colostrum en 3 fois ou 3 injections sous-cutanées de 100 ml de sérum maternel.

Recommandations pratiques pour les distributions :
– Utiliser un biberon avec une tétine en caoutchouc pour agneaux ;
– Stériliser le matériel entre chaque repas (faire bouillir dans un récipient) au cours des 3 à 4 premiers jours, puis laver à l'eau chaude ensuite ;
– Porter le lait à une température de 30 °C environ ;
– À partir de la fin de la 1re ou 2e semaine essayer la distribution au seau.

Le sevrage

Le sevrage s'effectue en général entre les âges de 5 et 7 mois en une seule fois. Après le sevrage, la distribution progressive du foin, des céréales et du tourteau de soja en quantité limitée, ainsi que la présence d'autres poulains (conduite en groupe) ou d'un cheval d'âge permettent de limiter le stress de la séparation d'avec la mère et constituent des conditions optimales de bien-être établies d'un point de vue éthologique (voir chapitre 8).

L'apport d'un aliment concentré enrichi en lactosérum ou en poudre de lait pendant les deux mois suivant le sevrage, distribué en complément d'un très bon foin (12 p. 100 MAT minimum) surtout si la complémentation est commencée avant le sevrage, peut faciliter la transition et atténuer le ralentissement de la croissance dû au stress du sevrage.

Complémentation au sevrage du poulain

Races de course, sport

Les poulains de races de course et dans une moindre mesure de races de sport sont complémentés à partir de l'âge de quatre mois car la production laitière de la mère et la quantité d'herbe ingérée par le poulain sont insuffisantes pour maintenir une croissance très élevée (tableau 5.19).

La composition de l'aliment concentré et la teneur en matières azotées sont déterminants. Les aliments concentrés à base de produits laitiers ou poudre de lait et ayant une teneur élevée en matières azotées permettent d'obtenir des croissances plus élevées qu'avec des aliments riches en tourteaux (tableau 5.20).

Tableau 5.19. Croissance journalière chez le poulain complémenté ou non entre 2 et 6 mois (d'après Donabédian *et al.*, 2006).

Âge (mois)	Gain de poids vif (g/j)		Hauteur au garrot (mm/j)	
	Non complémenté	Complémenté	Non complémenté	Complémenté
3-6	747	1 085	0,13	0,15
0-6	876	1 254	1,58	1,90

Tableau 5.20. Effet de la source et de la teneur en matières azotées sur la croissance du poulain complémenté à partir de 4 semaines jusqu'à 11 semaines (d'après Borton *et al.*, 1973).

Aliment concentré	MAT (%)	Gain poids journalier (g/j)
Soja	14	600
Soja	22	650
Poudre lait	14	760
Poudre lait	22	950

Le sevrage anticipé à l'âge de 4,5 mois accompagné d'une complémentation avec un aliment concentré est quelquefois pratique voire nécessaire. Le poids vif atteint à 7 mois par les poulains sevrés normalement est seulement inférieur de 4 p. 100. La hauteur au garrot n'est pas différente mais l'ossification des poulains sevrés précocement est moindre (périmètre du canon, densité minérale) ; toutefois, les différences observées sont effacées à partir de 7 mois.

Le poulain peut donc être complémenté avant et après le sevrage avec un aliment concentré à base de produits laitiers (poudre de lait ou ultra filtrat de lactosérum) ayant une teneur minimum de 18 % MAT, 0,6 % de lysine, 0,5 % de thréonine, 0,7 % de calcium, 0,4 % de phosphore et 0,08 % de magnésium. L'aliment doit contenir des sources diversifiées d'énergie en plus des produits laitiers : proportion limitée de céréales (≤ 30 p. 100), compensée par l'incorporation de matières grasses pour limiter les risques de développement d'ostéochondrose à une période clé d'élevage. L'aliment est distribué quotidiennement au pré dans un distributeur bovin adapté ou au box le soir.

Races de trait

Les jeunes sous la mère sont rarement complémentés car ils sont destinés pour les mâles à la vente de laitons maigres pour l'engraissement (voir chapitre 7). Le plus souvent, les femelles destinées au renouvellement ne sont pas complémentées pour des raisons économiques.

Après le sevrage

Stratégie selon la race et le type de production

Chevaux de course, de sport ou de loisirs

Deux modes de conduite peuvent être envisagés selon les objectifs de production.

Dans le cas de la production de chevaux précoces (races de course), le poulain peut être complémenté avec 1 ou 2 kg d'aliment avant le sevrage, mais il est établi que cette période est favorable à l'apparition de lésions d'ostéochondrose et qu'une croissance trop élevée est un des facteurs risques majeur. C'est pourquoi il vaut mieux ne pas dépasser au sevrage un poids vif qui représente plus de 50 p. 100 du poids vif adulte. Pour cela on se référera à la moyenne des poids vifs de la poulinière et de l'étalon (tableau 5.15) pour estimer le poids vif adulte du jeune cheval et ainsi piloter la croissance sur une base objective. La hauteur au garrot mesurée à l'âge de 2 et 6 mois ne devrait également pas dépasser respectivement 72 et 84 p. 100 de la valeur adulte, estimée comme pour le poids vif, pour maîtriser le risque.

Les chevaux de sport, même destinés à la compétition, et *a fortiori* les chevaux de loisirs ne justifient pas, dans des conditions de pâturage favorable, un apport substantiel d'aliment concentré. En revanche, la complémentation minérale est nécessaire car il n'y a pas de fourrages pâturés parfaitement équilibrés en minéraux et oligoéléments (voir chapitres 12 et 16).

Chevaux de races de trait destinés à l'élevage

La stratégie à suivre pour produire les pouliches de renouvellement (saillies à l'âge de trois ans) et de futurs étalons est d'assurer une croissance optimum tant du point de vue zootechnique qu'économique. L'alimentation est restreinte pendant l'hiver pour valoriser l'utilisation du pâturage et exploiter la capacité de croissance compensatrice des animaux.

En revanche, la pouliche saillie à l'âge de deux ans doit recevoir un niveau d'alimentation soutenu, correspondant au niveau optimum proposé dans les tableaux 5.16 et 5.17 d'apports recommandés pour atteindre 85 p. 100 de son poids vif adulte lors de la mise à la reproduction.

Les pouliches de renouvellement de races de trait conduites le plus souvent sur des pâturages extensifs devront être aussi complémentées en minéraux et oligoéléments.

Régimes alimentaires

Chevaux de course et de sport, ou de loisirs

Les jeunes chevaux de selle peuvent être alimentés avec des régimes extrêmement variés qui ont été testés expérimentalement par l'IFCE et l'Inra (tableaux 5.21 à 5.23).

Dans le cas de la production de chevaux de selle précoces, il est recommandé d'utiliser des foins de très bonne qualité (0,60-0,65 UFC et 50-60 g MADC) distribués à volonté ou d'ensilages mi fanés à 50 % de matière sèche, complémentés par des céréales et du tourteau de soja en particulier dans des proportions qui dépendront de l'âge de l'animal et de la valeur nutritive du fourrage.

Tableau 5.21. Alimentation du cheval de selle en croissance 1er hiver : 6-12 mois (cheval de 500 kg à l'âge adulte), poids vif moyen au cours de la période : 280 kg (d'après Bigot *et al.*, 1987 ; Trillaud-Geyl et Martin-Rosset, 2005).

Composition de base	Ensilage d'herbe mi fané		Ensilage de maïs		Foin	
Composition régime (p. 100)						
Fourrage	60-70	75-85	65-75	80-85	65-75	85-90
Aliment concentré	35-40	20-25	25-35	15-20	25-35	15-20
Quantité ingérée (kg/MS)						
Totale	6,5-7,0	6,5-7,0	6,0-6,5	5,5-6,0	7,0-8,0	7,0-7,5
Croissance (g/j)						
Optimale	500-700		700-800		400-500	
Modérée		400-500		600-500		250-300
Densité énergétique de la ration						
UFC/kg MS	0,81	0,67	0,88	0,78	0,73	0,62

Dans le cas de la production de chevaux de selle tardifs, le jeune cheval peut être alimenté durant l'hiver : soit avec des régimes à base de fourrages de valeur nutritive limitée (0,50-0,60 UFC et 40-50 g MADC) mais distribués à volonté (foin de pré récoltés tardivement, mélange de paille et de foins), ensilage d'herbe ou de maïs ayant une teneur en matière sèche de 28-30 p. 100), soit avec des fourrages de valeur nutritive élevée, distribués en quantité limitée (foins récoltés tôt, foin de luzerne, regain distribué en complément de ration à base de paille distribuée à volonté, ensilage d'herbe (pré fanés) ou de maïs plante entière ayant une teneur en matière sèche de 30 p. 100 au moins, ou ensilage mi-fané à 50 % de matière sèche).

Dans tous les cas, les rations doivent être complémentées en énergie par des céréales et en matières azotées par des tourteaux (soja ou arachide, etc.) ou des protéagineux (lupin – féverole). Les apports en minéraux, oligoéléments et vitamines doivent toujours être satisfaits aussi bien à l'auge qu'au pâturage.

Tableau 5.22. Alimentation du cheval de selle en croissance 2e hiver : 18-24 mois (cheval de 500 kg à l'âge adulte), poids vif moyen au cours de la période : 429 kg (d'après Bigot *et al.*, 1987 ; Trillaud-Geyl et Martin-Rosset, 2005).

Composition de base	Ensilage d'herbe mi fané		Ensilage de maïs		Foin	
Composition régime (p. 100)						
Fourrage	75-80	85-90	80-85	85-90	70-75	80-85
Aliment concentré	20-25	10-15	15-20	10-15	25-30	10-15
Quantité ingérée (kg/MS)						
Totale	10,0-11,0	9,5-10,5	8,0-9,0	7,5-8,5	9,5-10,5	9,0-10,0
Croissance (g/j)						
Optimale	400-500		500-700		250-350	
Modérée		200-300		300-400		100-200
Densité énergétique de la ration						
UFC/kg MS	0,65	0,60	0,80	0,75	0,68	0,63

Tableau 5.23. Alimentation du cheval de selle en croissance 3e hiver : 24-30 mois (cheval de 500 kg à l'âge adulte), poids vif moyen au cours de la période : 484 kg (d'après Bigot *et al.*, 1987 ; Trillaud-Geyl et Martin-Rosset, 2005).

Composition de base	Ensilage d'herbe mi-fané		Ensilage de maïs		Foin	
Composition régime (p. 100)						
Fourrage	80-85	85-90	80-85	85-90	75-80	85-90
Aliment concentré	15-20	10-15	15-20	10-15	20-25	10-15
Quantité ingérée (kg/MS)						
Totale	11,0-12,0	10,5-11,5	9,0-10,5	8,5-10,0	11,0-12,0	10,5-12,5
Croissance (g/j)						
Optimale	200-300		300-400		50-100	
Modérée		100-200		200-300		0-50
Densité énergétique de la ration						
UFC/kg MS	0,57	0,50	0,65	0,60	0,57	0,50

Chevaux de trait

L'alimentation hivernale peut être à base de foin (avec ou sans paille) ou d'ensilages (herbe préfanée ou maïs plante entière) avec, selon les fourrages et l'âge des animaux, une complémentation limitée à 0,5 ou 3 kg par jour, composée de céréales (orge, maïs), tourteau de soja ou d'arachide (ou féverole – lupin), compléments minéraux et vitaminés. Le rationnement peut s'inspirer des recommandations proposées pour des croissances modérées (voir tableaux 5.16 et 5.17).

Remarques générales sur l'alimentation

Passé le stress du sevrage où le poulain a reçu une alimentation appétente et abondante, il est possible d'alimenter le poulain de manière libérale, modérée ou limitée.

Tout changement quantitatif ou qualitatif de régime alimentaire nécessite une transition progressive, que ce soit le remplacement du foin par de la paille, du foin par de l'ensilage, l'augmentation de la quantité de concentré distribué, le passage du pâturage à des fourrages conservés. Cette transition est très importante lorsque les animaux consomment de l'ensilage. Après une période de pâturage, il est alors conseillé de distribuer du foin pendant 2 à 3 semaines puis de remplacer progressivement par l'ensilage prévu au cours de 2 à 3 semaines de transition.

Chaque fois que l'animal subit un stress (sevrage, castration, changement de lieu, séparation de ses congénères, débourrage, accident ou maladie, etc.), l'alimentation doit être ajustée tant d'un point de vue qualitatif que quantitatif pour minimiser les répercussions sur la croissance. Le poulain doit être aussi régulièrement vermifugé (voir chapitre 2).

Pâturage

Le jeune cheval est alimenté avec de l'herbe pâturée une grande partie de l'année : du mois d'avril au mois d'octobre selon les régions. Le jeune cheval exploite seul, en association ou en alternance avec des bovins, des prairies naturelles entretenues selon des modalités décrites chapitre 10. Le jeune cheval est capable de bien valoriser l'herbe pâturée d'autant plus qu'il est plus âgé. La capacité d'ingestion d'herbe du jeune cheval augmente considérablement au cours de la période 12-18 mois en raison du développement très important du tube digestif et plus particulièrement du gros intestin où sont digérés les fourrages. Le cheval est devenu un vrai herbivore.

Couverture des besoins

Le jeune cheval de races de course est produit dans des zones herbagères de plaines humides. Il réalise une croissance élevée continue pour être prêt à courir à deux ans. Le jeune cheval pâture seulement pendant la journée et il est rentré au box le soir pour des raisons de sécurité mais également pour être souvent complémenté. Le gain de poids vif réalisé au pâturage ne représente que 50 p. 100 du gain de poids vif total réalisé entre le sevrage et deux ans.

Chez les races de sport voire de loisirs, le jeune cheval est produit dans des zones herbagères de plaines humides ou plus sèches. Les jeunes chevaux destinés à la haute compétition sont conduits sensiblement comme ceux de races de course. Le gain de poids vif réalisé au pâturage représente 60 p. 100 du gain de poids vif total entre le sevrage et quatre ans. Les autres chevaux de sport, et surtout les futurs chevaux de loisirs, sont conduits selon un modèle de croissance discontinue. Le gain de poids vif réalisé au pâturage représente 65 p. 100 du gain de poids vif total entre le sevrage et quatre ans. Le jeune cheval réalise une croissance estivale compensatrice qui est *a minima* égale, et peut être jusqu'à très supérieure, à la croissance modérée hivernale selon l'âge et les conditions de pâturage. Il existe une relation entre le niveau de croissance estivale (Y) et celui de la croissance hivernale (X) qui varie avec l'âge.

Pour les animaux de 12 – 18 mois

$$Y = 785,65 - 0,302\, X \qquad R = 0,627$$

Pour les animaux de 24 – 30 mois

$$Y = 439,28 - 0,404\, X \qquad R = 0,629$$

Pour les animaux de 36 – 42 mois

$$Y = 658,9 - 0,603\, X \qquad R = 0,756$$

Les pouliches de trait sont conduites selon un modèle de croissance discontinue. Le gain de poids vif réalisé au pâturage, en partie sur l'exploitation au printemps et surtout en estive pour celles élevées en zone de montagnes ou collinaires, représente de 65 à 70 p. 100 du gain de poids vif total entre le sevrage et trois ans.

La complémentation

L'apport d'aliment concentré complémentaire au foin distribué au box le soir est couramment pratiqué pour les futurs chevaux athlètes. L'apport ne devrait pas excéder 1 à 3 kg selon l'âge et les conditions de pâturage afin de ne pas dépasser le seuil de risque d'apparition des pathologies ostéo-articulaires qui est indiqué dans le paragraphe « Effet de la nutrition » p. 180.

La complémentation au pâturage avec un complément minéral (minéraux et oligoéléments) est indispensable quel que soit le type de chevaux produits car aucune prairie ne peut prétendre couvrir tous les besoins notamment en minéraux (voir chapitres 12 et 16). Chez les jeunes chevaux athlètes, la complémentation est assurée avec l'aliment concentré distribué au box le soir. En revanche, la complémentation des autres types de chevaux doit être assurée avec une pierre à lécher enrichie en minéraux et oligoéléments mise en libre service au pré tout en surveillant le niveau de consommation (50 à 100 g/j/al. selon la formule indiquée sur l'étiquette).

Adresses utiles

Haras Nationaux
Domaine de l'Isle Briand
BP 5009,
49505 Segré Cedex

IDEXX Laboratoires
Alfort Laboratoire
17 Allée G. Preux
94140 Alfortville

Merck Clevelot
17, avenue de la Trentaine
BP 44
77052 Chelles Cedex

Pour en savoir plus

Agabriel J., Martin-Rosset W., Robelin J., 1984. Croissance et besoins du poulain. *In : Le cheval* (Jarrige R., Martin-Rosset W., eds.), Inra Éditions, 370-384.

Benedit Y., Davicco M.J., Roux R., Coxam V., Dubroeucq H., Bigot G., Martin-Rosset W., Barlet J.P., 1990. Régulations endocriniennes de la formation et de la croissance osseuse : concentrations plasmatiques d'hormones somatotropes, de somatomedine G et d'ostéocalcine chez le poulain. *In : 16ᵉ Journée de la recherche équine*, Les Haras Nationaux, Paris, 7 Mars, 54-63.

Bigot G., Trillaud-Geyl C., Jussiaux M., Martin-Rosset W., 1987. Élevage du cheval de selle du sevrage au débourrage : alimentation hivernale, croissance et développment. *Inra Prod. Anim.*, 69, 45-53.

Bigot G., Martin-Rosset W., Dubroeucq H., 1988. Évolution du format du cheval de selle de la naissance à 18 mois : critères et mode d'appréciation. *In : 14ᵉ Journée de la recherche équine*, Les Haras Nationaux, Paris, 9 Mars, 87-101.

Bigot G., Trillaud-Geyl C., Jussiaux M., Martin-Rosset W., 1988. Élevage du cheval de selle du sevrage au débourrage : alimentation hivernale, croissance et développement. *Inra Prod. Anim.*, 69, 45-53.

Bigot G., Bouzidi A., Rumelhart R., Roux R., Vantome Y., Collobert-Laugier C., Martin-Rosset W., 1990. Évolution au cours de la croissance des propriétés biomécaniques de l'os canon du cheval. *In : 16ᵉ Journée de la recherche équine*, Les Haras Nationaux, Paris, 7 Mars, 64-76.

Crawford T.B., Perryman L.E., 1980. Diagnosis and treatment of failure of passive transfer in foals. *Equine Pract.*, 1 (2), 17-23.

Dalin G., Jeffcott L.B., 1994. Biomechanics, gait and conformation. *In : The athletic horse* (Hodgson D.R., Rose R.J., eds), Saunders Ed., 27-48.

Davicco M.J., Coxam V., Faulconnier Y., Roux R., Bigot G., Dubroeucq H., Martin-Rosset W., Barlet J.P., 1992. Influence de divers stéroïdes sur les concentrations plasmatiques d'hormone de croissance (GH) chez le poulain de selle. *In : 18ᵉ Journée de la recherche équine*, Les Haras Nationaux, Paris, 4 Mars, 134-143.

Davicco M.J., Coxam V., Faulconnier Y., Roux R., Bigot G., Dubroeucq H., Martin-Rosset W., Barlet J.P., 1993. Growth hormon (Gh) secretory pattern and Gh response to Gh-releasing factor (GRF) or thyrotropin-releasing hormon (TRH) in newborn foal. *J. Dev. Physiol.*, 19, 143-147.

Donabédian M., Robert C., Fleurance G., Perona G., Trillaud-Geyl C., Bergero D., Lepage O., Léger S., Martin-Rosset W., 2006. Effet de deux modèles nutritionnels sur le statut ostéo-articulaire au cours de la première année postnatale du cheval de sport. *In : 32ᵉ Journée de la recherche équine*, Les Haras Nationaux, Paris 1ᵉʳ Mars, 94-104.

Donabédian M., Van Weeren R., Perona G., Fleurance G., Robert C., Léger S., Bergero D., Lepage O., Martin-Rosset W., 2008. Early changes in biomarkers of skeletal metabolism and their association to the occurence of osteochondrose (OC) in the horse. *Equine Vet. J.*, 40, 253-259.

Doreau M., Boulot S., Martin-Rosset W., 1986. Relation between nutrient intake, growth and body composition of nursing foal. *Reprod. Nutr. Dev.*, 26 (B), 686-690.

Drogoul C., Clément F., Ventorp M., Orlandi M., 2006. Equine colostrum production: basic and applied aspects. *In : Proceeding 2nd Ewen*, EAAP Publications, n° 114, Wageningen Academic Publishers, The Netherlands, 203-219.

Flade J.E., 1965. Résultats de croisements réciproques et leurs conséquences. *Arch. Tierz.*, 8, 73-86.

Fleurance G., Donabédian M., Perona G., Trillaud-Geyl C., Léger S., Robert C., Bergero D., Lepage O., Martin-Rosset W., 2006. Effet de deux modèles nutritionnels sur la croissance et le développement au cours de la première année postnatale du cheval de sport. *In : 32e Journée de la recherche équine*, Les Haras Nationaux, Paris, 1er Mars, 85-93.

Genin C., 1990. Le transfert de l'immunité passive chez le poulain nouveau-né, thèse vétérinaire, ENV de Toulouse.

Guillaume D., Fleurance G., Donabédian M., Robert C., Arnaud G., Leveau M., Chesneau D., Otttogalli M., Schneider J., Martin-Rosset W., 2006. Effet de deux modèles nutritionnels depuis la naissance sur l'âge d'apparition de la puberté chez le cheval de sport. *In : 32e Journée de la recherche équine*, Les Haras Nationaux, Paris, 1er Mars, 105-116.

Gunn H.M., 1975. Adpatation of skeletal musclethat favoir athletic ability. *New Zeal. Vet.*, 23, 249-254.

Heugebaert S., Trillaud-Geyl C., Dubroeucq H., Arnaud G., Valette J.P., Agabriel J., Martin-Rosset W., 2009. Modélisation de la croissance des poulains : première étape vers les nouvelles recommandations alimentaires. *In : 36e Journée de la recherche équine*, Les Haras Nationaux, Paris, 4 Mars.

Jimenez-Lopez A.J.E, Betsch J.M., Spindler N., Desherces S., Schmitt E., Maubois J.L., Fauquant J., Lortal S., 2011. Étude de l'efficacité de sérocolostrums bovins sur le transfert de l'immunité passive du poulain. *In : 37e Journée de la recherche équine*, Les Haras Nationaux, Paris, 24 Février, 11-20.

Ker, 2001. *Advances in equine nutrition II* (Pagan J., Geor R., eds), Nottingham University Press, Nottingham, UK, 305-339.

Martin-Rosset W., 1983. Particularités de la croissance et du développement du cheval. *Ann. Zootech.*, 32, 109-130.

Martin-Rosset W., 2001. Croissance osseuse chez le cheval. *In : 27e Journée de la recherche équine*, Les Haras Nationaux, Paris, 7 Mars, 73-100.

Martin-Rosset W., 2005. Growth and développement in the equine. *In : Proceeding 4th Ewen*, EAAP Publications, n° 114, Wageningen Academic Publishers, The Netherlands, 15-50.

Martin-Rosset W., Younge B., 2006. Energy and protein requirements and feeding the suckling foal. *In : Proceeding 2nd Ewen*, EAAP Publications, n° 114, Wageningen Academic Publishers, The Netherlands, 221-244.

Martin-Rosset W., Doreau M., Cloix J., 1978. Études des activités alimentaires d'un troupeau de juments de trait et de leurs poulains au pâturage. *Ann. Zootech.*, 27, 33-45.

Martin-Rosset W., Boccard R., Robelin J., Jussiaux M., 1980. Croissance relative des différents tissus et régions corporelles chez le poulain de la naissance à 30 mois. *In : 6ᵉ Journée de la recherche équine,* Les Haras Nationaux, Paris, 5 Mars, 59-70.

Martin-Rosset W., Boccar R., Jussiaux M., Robelin J., Trillaud-Geyl C., 1983. Croissance relative des différents tissus, organes, régions corporelles entre 12 et 30 mois chez le cheval de boucherie de différentes races. *Ann. Zootech.,* 32, 153-174.

NRC, 2007. *Nutrient requirements of horses.* 6th Edition National Academies Press, Washington D.C., USA, p. 341.

Paragon B.M., Blanchard G., Valette J.P., Medjaoui A., Wolter R., 2000. Suivi zootechnique de 439 poulains en région Basse-Normandie : croissance pondérale, staturale et estimation du poids. *In : 26ᵉ Journée de la recherche équine,* Les Haras Nationaux, Paris, 1ᵉʳ Mars, 3-13.

Paragon B.M., Valette J.P., Blanchard G., Wolter R., 2001. Alimentation et statut ostéo-articulaire du cheval en croissance : résultats du suivi : 76 yearlings issus de 14 élevages en Région Basse-Normandie. *In : 27ᵉ Journée de la recherche équine,* Les Haras Nationaux, Paris, 7 Mars, 125-132.

Rossdale P.D., Ricketts S.W., 1978. *Le poulain. Élevage et soins vétérinaires.* Maloine Éditions, Paris, p. 429.

Trillaud-Geyl C., Martin-Rosset W., 1990. Exploitation du pâturage par le cheval de selle en croissance. *In : 16ᵉ Journée de la recherche équine,* Les Haras Nationaux, Paris, 7 Mars, 30-45.

Trillaud-Geyl C., Martin-Rosset W., 2005. Feeding the young horse managed with moderate growth. *In : Proceeding 2ⁿᵈ Ewen,* EAAP Publications, n° 114, Wageningen Academic Publishers, The Netherlands, 147-158.

Trillaud-Geyl C., Bigot G., Jussiaux M., Martin-Rosset W., 1986. Production de chevaux de selle : mode d'élevage et d'alimentation. *In : 12ᵉ Journée de la recherche équine,* Les Haras Nationaux, Paris, 12 Mars, 59-79.

Trillaud-Geyl C., Bigot G., Jurquet V., Bayle M., Arnaud G., Dubroeucq H., Jussiaux M., Martin-Rosset W., 1992. Influence du niveau de croissance pondérale sur le développement squelettique du cheval de selle. *In : 18ᵉ Journée de la recherche équine,* Les Haras Nationaux, Paris, 4 Mars, 162-168.

Walton A., Hammond J., 1938. The maternal effects on growth and conformation in shire horse shetland pony crosses. *Proc. R. Soc. B,* 125, 311-335.

6

Le cheval au travail

William Martin-Rosset, Yves Bonnaire

En France, il y a environ 120 000 à 150 000 chevaux qui travaillent. Environ 15 p. 100 sont utilisés pour les courses sur hippodromes, 85 p. 100 pour le sport, les loisirs et enfin un faible pourcentage pour le travail agricole, surtout forestier.

Les besoins nutritionnels, en particulier énergétiques, sont donc de nature et d'importance très différentes car le type d'effort, son intensité, sa durée et sa répétition sont très variés. L'effort est effectué dans des conditions d'environnement très différentes et également plus ou moins variables dans le temps.

Les objectifs des utilisateurs de ces chevaux sont aussi très contrastés. Dans le cas des chevaux destinés à la compétition, le challenge est de maximiser le fonctionnement et l'efficacité de l'organisme, c'est-à-dire la physiologie sportive et le métabolisme des nutriments pour atteindre la performance si les autres facteurs sont aussi bien maîtrisés. Ces chevaux sont utilisés essentiellement par des professionnels et ils sont environnés d'acteurs spécialisés (vétérinaires, etc.). Dans le cas des chevaux de loisirs, qui comprennent les chevaux utilisés pour l'instruction dans les centres équestres et les chevaux utilisés à titre privé par les amateurs, les objectifs sont différents. Pour les chevaux dits de club (ou service), il s'agit d'optimiser les apports alimentaires tout en permettant aux chevaux d'assurer un bon service régulier avec un coût limité. Pour les chevaux privés (souvent hors structures), les apports alimentaires doivent être simples, économiques et assurer le bien-être du cheval. Ces chevaux sont utilisés par des amateurs plus ou moins éclairés.

Il s'agit donc dans ce chapitre d'apporter les bases essentielles de la physiologie et du métabolisme à l'effort pour mieux comprendre les besoins nutritionnels et les apports alimentaires recommandés qui en découlent.

Conséquences physiologiques et métaboliques du travail

Le travail se traduit par différents événements biomécaniques (locomotion), physiologiques et métaboliques au niveau du corps, des organes et des tissus.

Phénomènes physiologiques majeurs

Fréquences cardio-respiratoires

Au repos (VO_2 maximum de 3 p. 100), la fréquence respiratoire du cheval est de 15 à 25 respirations/minute tandis que la fréquence cardiaque est de 35 battements/minute.

Au travail, les fréquences respiratoire et cardiaque augmentent avec l'allure et la vitesse puisqu'elles augmentent respectivement à 60-65 et à 70-75 au pas (VO_2 max. 14 p. 100 ou vitesse de 40 à 100 m/min) à 100 et 150 au galop moyen, et 120 et 240 au galop le plus rapide (VO_2 max. 100 p. 100 ou vitesse de 800 m/min). Et les fréquences restent relativement élevées pendant la phase de retour au calme ou de récupération (VO_2 max. 20 p. 100) pendant 5 min respectivement 90-110 et 80-90 pour les fréquences respiratoires et cardiaques. La fréquence respiratoire et la fréquence cardiaque augmentent linéairement avec la vitesse jusqu'à un plateau de 150 et 240 respectivement (figure 6.1a).

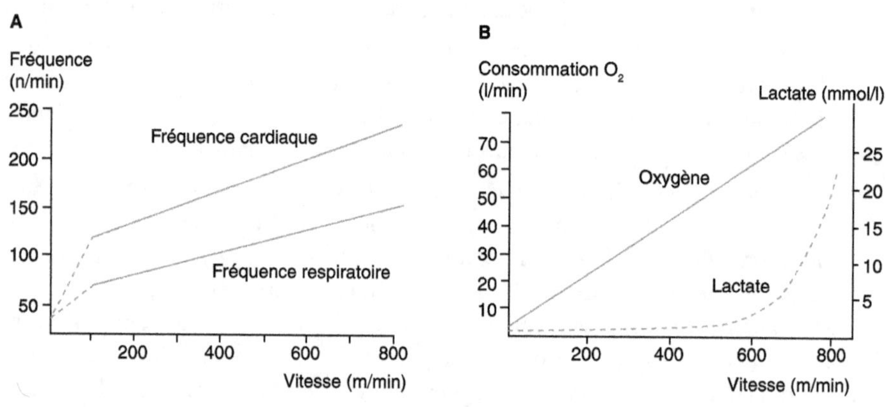

Figure 6.1. Influence de la vitesse (A) sur la fréquence respiratoire et la fréquence cardiaque (d'après Wilson, Isler et Thornton, 1983), (B) sur la consommation d'oxygène et la teneur en lactate du sang (d'après Hornicke, Meixner et Pollman, 1983).

Les volumes d'air inspiré varient en moyenne de 3 à 70 l/s lorsque le cheval passe du repos au galop maximum respectivement. Le volume d'air inspiré pendant la période de récupération se maintient à 25-30 l/s. Ces fréquences et volumes, y compris pendant la phase de récupération, varient avec l'intensité, la durée de l'exercice, les capacités propres du cheval, son entraînement et les conditions environnementales. Elles ont été bien étudiées.

Consommation d'oxygène

La consommation d'oxygène extraite de l'air inspiré est nécessaire pour permettre la dépense énergétique correspondant à l'effort.

La consommation d'oxygène augmente d'abord linéairement avec la vitesse (figure 6.1b), depuis le repos jusqu'à 600 m/min car le métabolisme énergétique est toujours aérobie (VO$_2$ max. 60 p. 100). Au-delà, l'augmentation de la consommation d'oxygène devient curvilinéaire car le métabolisme anaérobie s'installe progressivement (vitesse maximale de 800 m/min – VO$_2$ max. 100 p. 100). La consommation d'oxygène peut donc varier de 3 ml/min/kg de poids vif au repos à 125 ml/min/kg au cours d'un effort submaximal (700 m/min). Mais cette consommation varie aussi avec la charge transportée par le cheval (poids du cavalier, de la selle, etc.), avec la pente de la piste, et avec la durée combinée à l'intensité de l'effort.

La VO$_2$ max. est la consommation maximum d'oxygène permise quelle que soit l'augmentation de la charge de travail. Elle a été mesurée de 140 à 187 ml/min/kg chez le pur sang au galop à la vitesse maximum de 800 m/min. L'accroissement de la vitesse aux intensités les plus élevées est assuré grâce au métabolisme anaérobie. Il n'a pas été démontré de relation entre VO$_2$ max. et la performance en course chez le cheval.

La consommation d'oxygène peut ne pas être suffisante par rapport à la demande pour oxyder les substrats énergétiques dans deux situations. Au début de l'effort, le cheval anticipe la dépense énergétique mais la consommation d'oxygène est insuffisante par rapport à la demande courte mais instantanée, on parle alors de déficit passager. Après la fin d'un effort *supra* maximal, la dépense énergétique peut se poursuivre assez longtemps mais la consommation d'oxygène reste très insuffisante par rapport à la forte demande. Ce déficit important est appelé dette (figure 6.2). Cette différence cumulée varie de 30 à 128 ml/kg. Le métabolisme du cheval est alors anaérobie. La différence cumulée n'est pas corrélée avec la VO$_2$ max. Il n'a pas encore été démontré chez le cheval qu'elle est liée avec la performance.

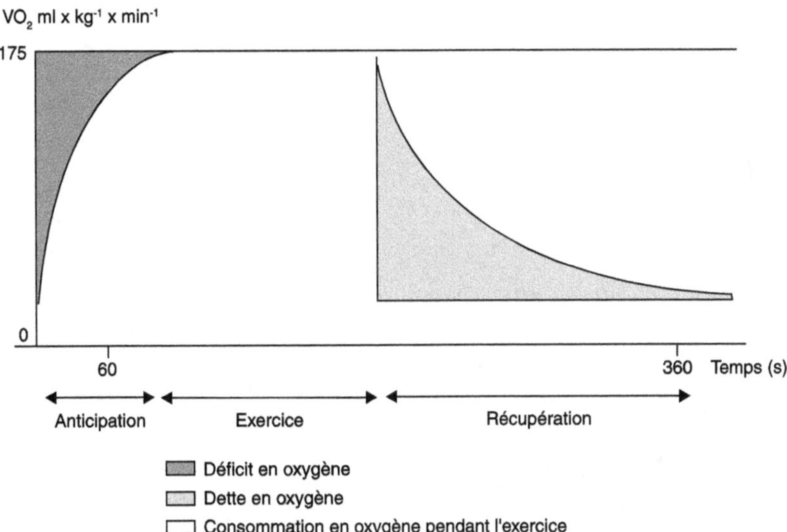

Figure 6.2. Chronologie de la consommation d'oxygène au cours des périodes de l'effort (adapté de Eaton, 1994).

Métabolisme des sources d'énergie

Au niveau du tissu musculaire

La locomotion est assurée par la musculature squelettique qui représente de 45 à 55 p. 100 du poids vif du cheval. Les muscles squelettiques sont organisés en fibres dont les propriétés contractiles et métaboliques sont spécifiques au type d'effort (tableau 6.1). La capacité de contraction dépend du type de myosine et de myosine ATPase présentes dans les fibres. Plus les fibres se contractent rapidement plus leur capacité à utiliser l'oxygène, ou capacité oxydative, diminue. Ces fibres très rapides de type IIB ont une teneur élevée en glycogène et faible en lipides et une densité capillaire faible. Inversement, les fibres de type I se contractent lentement et ont une forte capacité à utiliser l'oxygène. Elles ont une teneur élevée en lipides et une densité capillaire élevée. Les fibres de type IIA sont intermédiaires.

Tableau 6.1. Caractéristiques des différents types de fibres musculaires chez le cheval (adapté de Snow *et al.*, 1983).

Caractéristiques	Types de fibres		
	I	IIA	IIB
Vitesse de contraction	lente	rapide	rapide
Activité myosine ATPase	faible	élevée	élevée
Nombre de mitochondries	+++	++	+
Capacité oxydative	élevée	intermédiaire à élevée	intermédiaire à faible
Teneur en lipides	élevée	intermédiaire	faible
Capacité glucolytique	faible	élevée	élevée
Teneur en glycogène	intermédiaire	élevée	élevée
Fatigabilité	faible	intermédiaire	intermédiaire à élevée

I ou ST : *Slow Twitch* ou lente ; IIA ou FTH : *Fast Twitch High Oxydative* ou intermédiaire ; IIB ou FT : *Fast Twitch* ou rapide.

La teneur en lipides (triglycérides) des muscles est beaucoup plus élevée chez le cheval d'endurance que chez le pur sang ou le trotteur car il utilise préférentiellement le métabolisme oxydatif des lipides *via* les fibres I et IIA au cours d'effort long (tableau 6.2). Inversement, la teneur en glycogène est plus élevée chez le pur sang et le trotteur qui utilisent prioritairement le glucose *via* le métabolisme aérobie/anaérobie des fibres I, IIA mais également les lipides dès que la durée de l'effort augmente (sprint long) (tableau 6.2). Les chevaux de sauts d'obstacles mobilisent surtout leurs fibres IIB pour utiliser prioritairement le glucose et le glycogène par voie anaérobie.

Tableau 6.2. Composition en fibres, teneur en glycogène et en triglycérides du muscle gluteus chez différentes races (d'après Essen-Gustavsson, 2008).

Races chevaux	Fibres musculaires			Réserves énergétiques	
	Type I (p. 100)	Type IIA (p. 100)	Type IIB (p. 100)	Glycogène* (mmol/kg)	Triglycérides* (mmol/kg)
Pur sang (n = 10)	15 ± 5	56 ± 11	29 ± 10	570 ± 39	15 ± 9
Trotteurs (n = 23)	26 ± 5	54 ± 9	20 ± 9	685 ± 122	30 ± 18
Chevaux endurance (n = 21)	16 ± 7	41 ± 7	43 ± 8	519 ± 86	58 ± 37

* Poids sec.

Les fibres musculaires, et plus particulièrement les nombreuses mitochondries qu'elles contiennent en plus ou moins grande quantité selon le type de fibres, sont le lieu de production de l'énergie libre sous forme d'ATP (Adénosine Triphosphate) à partir des substrats énergétiques qu'elles accumulent ou prélèvent dans le sang.

Les fibres de type I et IIA sont mises en jeu pour des efforts d'intensité légère à modérée. L'énergie est produite à partir du catabolisme des acides gras longs surtout et du glucose circulant et du glycogène (voir chapitre 1, figure 1.2).

Au fur et à mesure que la vitesse augmente, les fibres musculaires de type IIB sont mobilisées en plus des fibres I et IIA. L'énergie est produite par la conversion du glucose en lactate (ou glycolyse) car le métabolisme anaérobie s'installe progressivement (figure 6.1b). Aux vitesses les plus élevées, le métabolisme anaérobie du glucose et de la créatine phosphate viennent s'ajouter au métabolisme aérobie, qui bien que maximum, ne peut faire face à l'augmentation des dépenses avec la vitesse. Dans certaines conditions extrêmes, le métabolisme anaérobie produit du pyruvate et de l'alanine surtout, et dans une moindre mesure des acides aminés ramifiés tels que la leucine et l'isoleucine, tandis que le glutamate diminue en raison de l'accroissement de la production d'alanine provenant de la transamination du pyruvate. Un certain catabolisme des protéines pourrait donc prendre place aux intensités les plus élevées.

Il y a donc trois systèmes métaboliques qui entrent en jeu dans les mitochondries plus ou moins simultanément selon la nature et la durée de l'effort. Mais dans tous les cas, ils nécessitent la production d'énergie libre, ATP, dans les mitochondries des cellules musculaires selon une succession de réactions biochimiques qui diffèrent selon que le mécanisme est aérobie ou anaérobie (figure 6.3).

Le système aérobie est mis en œuvre lors d'efforts d'intensité modérée plus ou moins longs. Le pyruvate issu du métabolisme anaérobie du glucose et du glycogène est transformé *via* le cycle tricarboxylique (ou TCA : cycle de Krebs) et la phosphorylation oxydative en ATP. Les acides gras issus de la lipolyse des triglycérides sont transformés *via* la β-oxydation puis le cycle tricarboxylique en énergie libre (ATP). Le système aérobie est lent mais très efficace puisque une molécule de glucose produit 38 ATP et une molécule d'acide gras (acide stéarique) 147 ATP. On peut dire aussi que 6,32 ATP/molécule d'oxygène sont produits par molécule de glucose et 5,65 ATP/molécule d'oxygène par molécule d'acides gras. Mais l'utilisation des lipides pour fournir de l'énergie libre dépend aussi de la disponibilité de glucides (figure 6.3 et voir chapitre 1, figure 1.2). Dans les cas extrêmes, les acides aminés provenant de la dégradation des protéines peuvent être utilisés aussi pour fournir du glucose après désamination (perte du groupe aminé NH_2), c'est la néoglucogenèse.

Le système anaérobie entre en jeu surtout lors d'efforts courts et très intenses ou en fin de parcours très longs (endurance). L'énergie libre ATP est donc produite, sans oxygène, à partir de glucose ou de glycogène uniquement *via* un mécanisme appelé glycolyse. Une molécule de glucose fournit seulement 2 ATP tandis qu'une molécule de glycogène produit 3 ATP. C'est un système efficace et rapide mais qui est assez bref (quelques minutes) et s'accompagne de la production de lactates qui provoquent l'acidose musculaire.

Le système créatine phosphate correspond aux tous premiers instants de l'effort (10-15 secondes) quel que soit l'effort. Il s'achève lorsque les réserves énergétiques de phosphate créatine sont épuisées. Le mécanisme anaérobie produit de l'ATP.

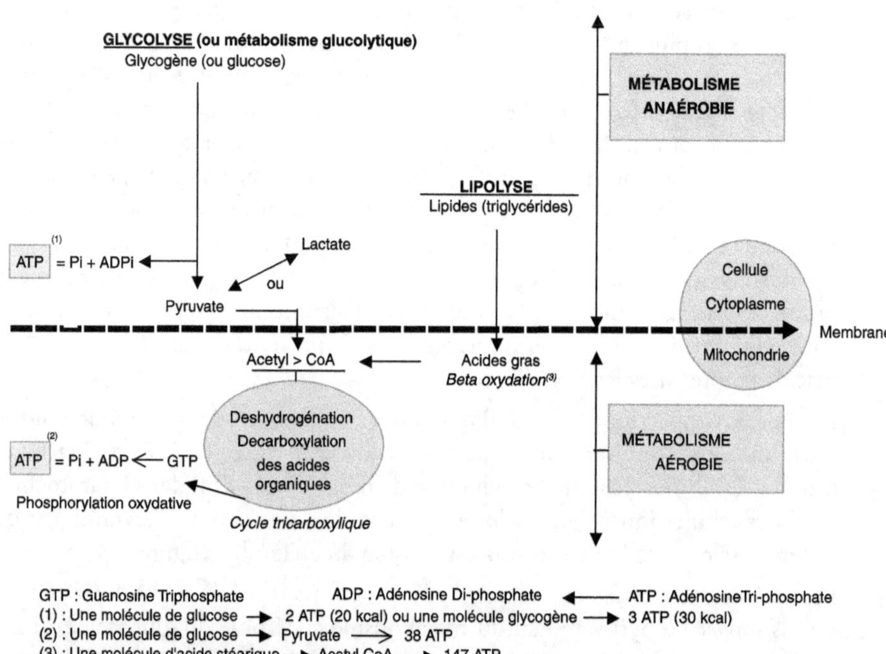

Figure 6.3. Schéma simplifié de la production d'énergie libre sous forme d'ATP par voie aérobie ou anaérobie : glycolyse, oxydation des acides gras et cycle de Krebs ou cycle tricarboxylique (TCA) au niveau cellulaire.

Au niveau de l'organisme

Au repos

Le cheval a en permanence des dépenses énergétiques générées par les différents organes et tissus, le renouvellement des structures cellulaires et tissulaires plus spécialement celui des protéines, le transport des ions, etc. Pour couvrir ces dépenses, le cheval utilise essentiellement les acides gras longs, le glucose, l'acétate et quelquefois les acides aminés et les corps cétoniques (voir chapitre 1, figure 1.2). Ces substrats énergétiques peuvent être utilisés directement au cours des périodes ou ils sont absorbés après les repas. Dans l'intervalle des repas, le cheval utilise ses réserves en lipides et en glycogène.

Les lipides représentent de loin la réserve énergétique la plus importante de l'organisme (voir chapitre 2). Chez un cheval de 500 kg d'état corporel moyen (note : 3), les graisses peuvent représenter de 6 à 8 p. 100 du poids vif soit 30 à 40 kg. Dans les périodes de déficit énergétique, les triglycérides de réserves issus du tissu adipeux sont hydrolysés en glycérol et acides gras non estérifiés (AGNE) libérés dans le sang. Ces AGNE sont captés par les muscles qui les utilisent directement et par le foie qui les remet en circulation sous forme de lipoprotéines. Le taux plasmatique des AGNE traduit les variations du bilan énergétique au cours du nycthémère : il diminue au cours de la phase d'ingestion et d'absorption et augmente au cours de la période de jeune. Les taux plasmatiques d'acétate et de β-hydroxybutyrate suivent la même évolution.

La réserve de glycogène est localisée dans les muscles et le foie, qui représentent chacun 50 et 1 p. 100 du poids vif chez un cheval de 500 kg. La teneur en glycogène de la masse musculaire se situe entre 1,5 et 2,5 p. 100 du poids des muscles chez le cheval au repos. Les réserves de glycogène musculaire devraient donc se situer entre 4,5 et 5,5 kg. Elles s'accroissent avec l'entraînement mais moins que chez l'Homme.

La glycémie post-prandiale est maximum 90 à 120 min après le repas et elle retourne à son niveau pré-prandial 5-6 h plus tard. L'insuline suit la même évolution. La variation dépend de la nature du régime (foin ± concentré), de la nature de la céréale et du mode de distribution (foin avant ou après le concentré). Le glucose circulant peut être utilisé rapidement pour couvrir les dépenses énergétiques ou pour être stocké dans le foie, le tissu musculaire et/ou le tissu adipeux sous forme respectivement de glycogène ou de lipides, acides gras puis triglycérides selon la quantité de glucose absorbée et les besoins énergétiques immédiats à satisfaire.

L'amino-acidémie est maximum 2 à 5 h après le repas selon la nature du régime et le mode de distribution.

Les lipides alimentaires (triglycérides) sont aussi absorbés. Ils sont transportés dans le sang par les chylomicrons vers les sites où ils sont métabolisés ou stockés. Les acides gras volatils produits et absorbés dans le gros intestin sont utilisés soit pour couvrir les besoins énergétiques, soit pour contribuer à la synthèse de glucose (glycogenèse) ou de lipides (lipogenèse) au niveau du foie (voir chapitre 1, figure 1.10).

L'insuline joue un rôle majeur dans la régulation de l'utilisation de ces nutriments : catabolisme, captage par les tissus, ou synthèse de réserves à partir des nutriments absorbés pour maintenir stable la glycémie.

La glycémie diminue entre deux repas. Le glucose est le substrat énergétique indispensable au système nerveux central ainsi qu'aux érythrocytes, aux leucocytes, à la médullosurrénale, à la rétine, alors que les besoins des muscles, du foie, etc., peuvent être couverts par les AGNE. Pour couvrir les dépenses incompressibles de glucose et maintenir la glycémie, le foie hydrolyse ses réserves de glycogène et synthétise du glucose à partir des acides aminés (alanine, glutamine) libérés par le catabolisme des protéines musculaires, du glycérol libéré par l'hydrolyse des triglycérides et aussi des substrats carbonés (lactate et pyruvate) provenant du catabolisme du glucose dans le muscle, et assurant ainsi un véritable recyclage (néoglucogenèse) (voir chapitre 1, figure 1.10).

Activité physique

Exercice d'intensité légère à modérée

Lorsque le cheval effectue un travail court (30 min) et léger (ex. trot 200 m/min) la dépense énergétique est satisfaite à l'échelle de la journée par l'oxydation des acides gras longs (AGNE) plasmatiques. Les acides gras proviennent des triglycérides plasmatiques circulant et intra musculaires (voir chapitre 1, figure 1.2).

Dès que l'intensité de l'exercice s'accroît (ex. trot à 300 m/min) ou VO_2 max. 30-35 p. 100, le cheval couvre ses dépenses supplémentaires en accélérant le catabolisme du glucose circulant, du glycogène intramusculaire et des acides gras longs, ces sources énergétiques étant oxydées de façon complète. L'oxydation du glucose plasmatique couvre de 6 à 12 p. 100 des dépenses énergétiques. Mais la part des lipides s'accroît comme le montre la réduction du quotient respiratoire ($QR = CO_2/O_2$) qui passe de 0,95 à 0,88. Le taux plasmatique d'AGNE diminue au début sous l'effet du prélèvement effectué par les muscles sous l'action de la noradrénaline puis augmente suite à la mobilisation des lipides corporels, la vitesse de renouvellement des AGNE est accrue de 50 à 100 p. 100. La concentration plasmatique du glucose diminue, celle du glycérol augmente mais celle du lactate n'est pas modifiée.

Lorsque l'effort d'intensité modérée se prolonge comme dans le cas des courses d'endurance effectuées à des vitesses de 200-300 m/min pendant 40 à 160 km, le métabolisme reste foncièrement aérobie, la contribution des lipides corporels peut être multipliée par 10, les réserves de glycogène hépatique et musculaire diminuent progressivement. La glycémie est diminuée par rapport à sa valeur avant la course de 25 à 60 p. 100 selon les courses, avec une grande variabilité individuelle entre les chevaux. La teneur en AGNE du plasma est multipliée par 6 à 15 et celle du glycérol est accrue de façon considérable. Les teneurs en lactate, β-hydroxybutyrate et acétoacétate augmentent peu, ce qui traduit une oxydation quasiment complète du glucose et des AGNE, et un rôle mineur des corps cétoniques. La mobilisation des substrats énergétiques au bénéfice du muscle est permise par la diminution de la sécrétion d'insuline et l'accroissement de catécholamines, du cortisol et du glucagon. Ces deux derniers stimulant la néoglucogenèse.

Il est important de souligner que même dans le cas d'effort d'intensité modérée de 30 à 60 p. 100 de la VO_2 max., il y a une contribution nécessaire du glucose (voir figure 6.3) dans la couverture des dépenses bien que la fourniture d'énergie par les AGNE soit prédominante quelle que soit la durée de l'exercice comme en témoigne l'évolution du quotient respiratoire.

Exercice intense

La contribution du glycogène musculaire augmente très rapidement et devient prédominante avec l'intensité de l'effort (VO_2 max. > 80 p. 100). La mobilisation du glycogène musculaire varie de 30 à 100 p. 100 selon la durée de l'effort. Dans la phase initiale de l'effort, le glucose provient de la glycogénolyse du glycogène hépatique. Si l'effort se prolonge, le glucose peut alors être fourni par la néoglucogenèse si les précurseurs sont disponibles (glycérol, lactate et alanine). En phase ultime, le foie peut ne plus être capable de fournir du glucose et la glycémie diminue alors, le cheval atteint le seuil de fatigue. Le lactate qui s'accumule dans les muscles et dans le sang et l'acidose métabolique qui l'accompagne engendrent aussi la fatigue.

La concentration de lactate dans le sang est un bon critère de la mise en route puis de l'importance du métabolisme anaérobie. Elle reste très faible tant que la vitesse ne dépasse pas un certain seuil qui est de 300-400 m/min chez le trotteur ce qui correspond à un rythme cardiaque de 150 à 160 et une VO_2 max. de 50-60 p. 100 et sans doute à un seuil plus élevé chez les galopeurs. Elle augmente ensuite de façon exponentielle avec la vitesse, au galop comme au trot (figure 6.1b). À vitesse égale, la lactatémie est beaucoup plus élevée chez les chevaux non entraînés.

L'importance de la contribution des protéines à la couverture des besoins et leur métabolisme au cours de l'effort restent encore très discutés. Dans le cas d'efforts extrêmes, les protéines pourraient représenter 5 à 15 p. 100 de l'énergie utilisée. La concentration plasmatique en alanine augmente pendant un effort modéré tandis que la concentration plasmatique en urée s'accroît après un effort d'endurance.

Les modifications sanguines à l'arrivée des courses de galop de 1 000 à 2 400 m sont spectaculaires ; l'accumulation du lactate de l'ordre de 25 mmoles/l entraîne une chute du pH de 7,49 à 7,00 et de la réserve alcaline ; une forte augmentation de la glycémie, de 60 à 90 p. 100, et plus encore du glycérol, multiplié par 40 à 50, traduisent la stimulation de l'hydrolyse du glycogène hépatique et des lipides du tissu adipeux. Ces modifications sont plus amples que celles observées à l'arrivée des courses de trot. Des efforts d'une telle intensité ne peuvent se poursuivre que quelques minutes.

Les longues courses d'endurance (80 à 160 km) effectuées à des vitesses supérieures à 16-18 km/h conduisent à une élévation de la concentration plasmatique d'AGNE très élevée, 1 689 mmoles/l, qui traduit une mobilisation très importante des lipides corporels. Une telle élévation n'est possible que si l'état corporel initial du cheval est optimal (note ≥ 3) sinon le cheval a peu de chance d'être performant. Par ailleurs, au cours de la deuxième moitié du parcours, une vitesse aussi élevée conduit à mettre en œuvre les fibres à métabolisme anaérobie, surtout si les chevaux ne sont pas bien préparés. La lactatémie augmente alors considérablement.

En résumé, les lipides corporels constituent le carburant essentiel du cheval à l'effort, oxydé par les fibres I et IIA jusqu'à une vitesse de 400 m/min dans le cas des courses de trot et probablement plus élevée 500-600 m/min dans le cas des courses de galop. Le seuil d'anaérobiose correspondrait à 50-60 p. 100 de la VO_2 max. Au-delà, le catabolisme du glucose par les fibres IIB augmente progressivement (figure 6.3). Mais l'utilisation des deux sources d'énergie de part et d'autre du seuil d'anaérobiose ne répond pas à une loi du tout ou rien. Les glucides sont utilisés en permanence en quantités variables tout au long de l'effort selon la durée et l'intensité car ils sont indispensables pour que les lipides de réserves soient catabolisés pour produire de l'ATP. On dit que « les lipides brûlent à la flamme des glucides ».

La récupération

Après la fin de l'effort, le métabolisme est encore élevé car la consommation d'oxygène reste forte. Cette période se déroule en deux phases. Une phase initiale lente dite « lactique » car elle correspond à l'oxydation de l'acide lactique accumulé. Puis lui succède une phase rapide dite « alactique » car elle consiste à la resynthèse des phosphagènes riches en énergie. La durée de la phase lente est 10 à 20 fois plus longue que celle de la phase rapide. La période de récupération comporte également la rephosphorylation de la créatine et de l'adénosine-diphosphate (ADP) nécessaire au métabolisme (figure 6.3).

Effet de l'entraînement et de l'alimentation

L'entraînement des chevaux aux courses de sprint a pour objectif d'accroître à la fois leur capacité d'accélération et le seuil d'apparition de la fatigue due à l'accumulation de lactate dans les muscles, par l'hypertrophie des fibres musculaires et l'élévation du seuil d'anaérobiose et donc dans ce dernier cas par une diminution de la lactatémie pour un même effort. Cette adaptation est réalisée par des accroissements de l'approvisionnement du muscle en oxygène (vascularisation) et en AGNE des muscles sollicités, l'utilisation du glycogène et des AGNE, et enfin l'activité de certaines enzymes de la glycolyse et du métabolisme oxydatif.

L'entraînement en vue des courses d'endurance a pour objectif d'augmenter d'abord la résistance des chevaux puis leur vitesse. Il devrait à la fois accroître l'utilisation des AGNE ce qui économise du glycogène et diffère l'apparition de la fatigue liée à la disparition de ce dernier et élever le seuil d'anaérobiose déclenchant l'accumulation de lactate.

La ration du cheval effectuant un travail important doit nécessairement contenir des céréales et d'autres aliments concentrés en plus des fourrages afin de couvrir les dépenses énergétiques de l'animal sous un volume limité et leur apporter l'amidon générateur de glucose. Les besoins quantitatifs étant couverts, certaines sources énergétiques sont-elles mieux adaptées et susceptibles d'améliorer les performances du cheval ?

L'avoine est la principale céréale utilisée par les entraîneurs de chevaux de course en particulier, tandis qu'ils se méfient du maïs. Dans les essais où ont été comparés le maïs et l'avoine à même niveau d'apport en énergie (UFC/kg MS), il n'a pas été observé de différences significatives de performances chez les chevaux. Il est probable que l'effet défavorable observé par les professionnels provient d'abord d'une erreur de rationnement. À même volume (1 litre), le maïs contient 50 p. 100 de plus d'UFC que l'avoine ou inversement 1 kg brut de maïs correspond à 1,3 kg brut d'avoine car le maïs et l'avoine n'ont pas la même densité par litre (voir chapitre 9).

Peut-on augmenter chez le cheval, comme chez l'Homme, la réserve du glycogène par la consommation d'un régime très riche en glucides pendant plusieurs jours qui précèdent la compétition ? La teneur en glycogène du muscle du cheval a varié dans le même sens que la teneur en amidon de la ration mais de façon beaucoup plus limitée que chez l'Homme, seulement de 1,9 à 2,5 % pour des rations classiques (50 p. 100) d'avoine et/ou enrichies en amidon de maïs (35 p. 100).

La plupart des essais réalisés en combinant une période de déplétion préalable des réserves en glycogène musculaire par un exercice d'épuisement chez des chevaux recevant un régime pauvre en glucides, suivi d'une période de réplétion par la distribution d'un régime riche en glucides, n'ont pas permis de montrer d'effet de surcompensation des réserves glycogéniques comme chez l'Homme.

L'utilisation des matières grasses est apparue tout naturellement dans la ration des chevaux d'endurance en raison des bons résultats obtenus chez l'Homme. Les matières grasses ont par kilo de matière sèche une teneur en énergie nette, en moyenne 2,5 fois plus élevée que celle des céréales. L'enrichissement de la ration avec 7 à 10 p. 100 d'huile (maïs, soja, etc.) aurait un effet d'épargne sur l'utilisation du glycogène musculaire comme en témoignent les glycémies plus élevées après l'exercice ainsi que l'abaissement du quotient respiratoire observé dans les premières études (figure 6.4). Mais les résultats obtenus dans les études les plus récentes ne confirment pas ces conclusions. La supplémentation en lipides n'augmenterait pas la teneur en triglycérides des muscles. La teneur en glycogène musculaire et la glycémie des chevaux après un test d'effort submaximal diminueraient aussi bien chez les chevaux supplémentés avec des lipides qu'avec des glucides. Les mécanismes qui président à ces phénomènes restent à élucider.

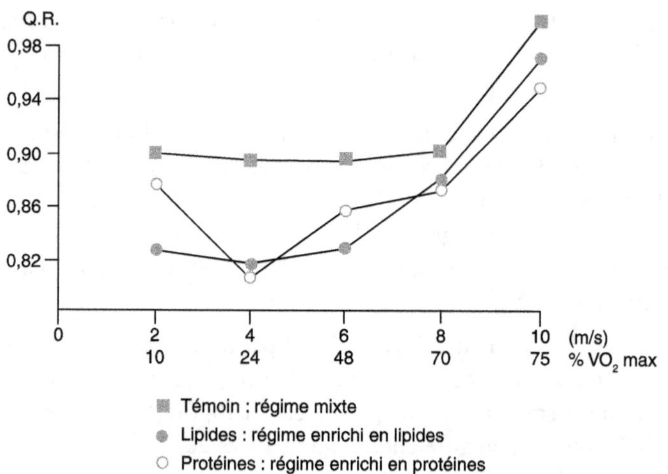

Figure 6.4. Effets du régime alimentaire sur l'utilisation métabolique de l'énergie mesurée par les variations du quotient respiratoire (Q.R.) (d'après Pagan *et al.*, 1987 et 1991).

Les chevaux de course, notamment, reçoivent généralement des rations excessives en matières azotées par rapport aux besoins, en raison d'une teneur en matières azotées trop élevée de la ration, liée aux teneurs en matières azotées relativement voisines des céréales et des fourrages utilisés. De l'analyse de 563 performances en courses de 171 chevaux, il a été observé que le temps de parcours est accru de 1 et 3 secondes pour des distances de 1 200 et 1 700 m respectivement, pour un excès de 1 000 g des recommandations (× 2,5 fois) en matières azotées totales, car les fréquences cardiaques et respiratoires, et la sudation des chevaux seraient augmentées. Par ailleurs, si une partie des glucides de la ration est remplacée par des protéines, la concentration en glycogène des muscles est plus faible avant l'effort et diminue davantage pendant l'effort.

Métabolisme minéral et électrolytique

Au cours de l'effort, l'extra chaleur produite peut varier de 10 à 60 fois par rapport à celle produite au repos selon l'intensité de l'effort. Elle représente en moyenne 75 p. 100 de la chaleur produite par l'organisme (voir chapitre 1, figure 1.11). La performance peut être limitée si cette extra chaleur n'est pas éliminée notamment au cours d'efforts prolongés. La sueur est la voie principale pour disperser cette production de chaleur. Le cheval produit de 2 à 15 l/heure de sueur selon l'allure et la vitesse, la distance et la durée de l'effort et les conditions d'environnement (température et humidité) ; ce qui conduit à une perte totale de 20 à 50 l soit de 4 à 10 p. 100 du poids vif (tableau 6.3). Dans le cas extrême, la perte peut être équivalente au volume sanguin total.

La production de sueur s'accompagne de la perte obligatoire de minéraux (Ca-P-Mg) et d'électrolytes (K-Cl). Ceux-ci sont mobilisés car ils sont présents sous forme ionisée, positives (cations) ou négatives (anions), dans les liquides intra ou extracellulaires et le sang où ils sont dissous. Cependant, les concentrations dans le plasma et la sueur sont très différentes (tableau 6.4). La concentration de chacun d'eux est maintenue par divers mécanismes de régulation. Les pertes de minéraux et d'électrolytes sont obligatoires au cours de l'effort et elles ne peuvent pas être prévenues car il n'y a pas de réserves corporelles. Ces pertes conditionnent en partie la performance car elles contribuent à l'apparition de la fatigue. En revanche, elles doivent être impérativement compensées après l'effort pour prévenir les troubles car ces ions sont impliqués dans de nombreux mécanismes : l'osmose entre compartiments, la transmission neuromusculaire, l'équilibre acido-basique et le pH.

Tableau 6.3. Pertes de poids liées à la sudation au cours de différents types d'effort (d'après Valle et Bergero, 2008).

Type d'effort	Perte de poids (kg)	Auteurs
Pur sang au galop	4,5-7,3	Lewis, 1995
Trotteur (course 1 600 m)	5,5-15,0	Lewis, 1995
Chevaux à la chasse (3 h)	11-45	Lewis, 1995
Concours complet : phase rapide et d'endurance	10-21	White, 1998
Course endurance		
80 km	30-50	Lewis, 1995
32 km (chaud et humide)	15-25	Bergero *et al.*, 2001

Tableau 6.4. Concentrations en électrolytes du plasma et de la sueur chez le cheval (g/l) (adapté de Lewis, 1995).

	Chlore	Sodium	Potassium	Calcium	Magnésium
Plasma	3,5	3,2	0,16	0,12	0,024
Sueur	5,9-6,2	3,0-3,7	1,2-2,0	0,08-0,24	0,024-0,2

Le sodium est un cation majeur du compartiment intracellulaire. Il induit des flux d'eau corporelle au cours de son propre transport extracellulaire en favorisant l'établissement de gradients osmotiques grâce à la libération de l'énergie nécessaire par la pompe Na/K – ATPase. Le sodium est aussi impliqué dans la transmission nerveuse.

Le chlore est un anion nécessaire à la respiration. Il contribue, en combinaison avec le potassium, aux échanges d'oxygène et de gaz carbonique au niveau de l'oxyhémoglobine *via* le carbonate des tissus.

Le potassium est un cation intracellulaire essentiellement localisé dans les muscles squelettiques. Il contribue, *via* la pompe Na/K – ATPase, à diverses activités enzymatiques et à la contraction musculaire. C'est pourquoi son déficit contribue à la fatigue musculaire.

Les altérations des concentrations de ces électrolytes sont plus fréquentes et plus durables dans le cas d'effort d'endurance que de sprint. Elles varient avec l'état de fatigue (tableau 6.5). Elles peuvent être très élevées dans le cas d'efforts longs réalisés sous climat chaud et humide : 4 200 mmol/l de Cl, 1 500 mmol/l de K, 3 500 mmol/l de Na.

Tableau 6.5. Concentration en électrolytes chez les chevaux avec l'état de fatigue à l'arrivée (mmol/l de sueur) (d'après Frape, 2004).

	Chlore	Sodium	Potassium
Fatigué	3,060	2,120	780
En forme	1,180	880	270

Une fraction du calcium et du magnésium corporel est sous forme ionisée. Elle est impliquée dans la contraction musculaire et la conduction neuromusculaire pour le calcium et seulement la seconde fonction pour le magnésium. Pour cette fraction, le calcium et le magnésium sont considérés comme des électrolytes. La fraction ionisée du calcium est localisée dans le plasma sous forme d'ions libres (50-60 p. 100 du calcium plasmatique) liée aux protéines ou incluse dans des complexes d'acides organiques ou inorganiques. C'est la fraction libre, ionisée, qui joue le rôle physiologique majeur dans la contraction musculaire *via* la pompe à calcium (voir chapitre 1, figure 1.11). Les troubles musculaires (crampes, tétanie, etc.) se produisent quand la concentration plasmatique atteint 1,5 mmol/l. Le magnésium ionisé est localisé dans les cellules (99 p. 100). Le flux extracellulaire est influencé au cours de l'exercice par l'accroissement de la production de catécholamines liées à l'élévation du métabolisme énergétique. Les troubles se manifestent par une hyperexcitabilité neuromusculaire et une sudation.

L'équilibre acido-basique des liquides intra et extra cellulaires doit donc être impérativement maintenu pour favoriser la performance. Cet équilibre, ou balance cations-anions, est calculé à partir de la différence entre cations et anions dénommée DCAB (*Dietary Cations Anions Balance* en anglais) selon la formule standard suivante établie par Rion (2001).

$$\text{DCAB (m Eq/kg MS ration)} = (Na^+ + K^+ + Ca^+ + Mg^+) - (Cl^- + H_2PO_4^- + SO_4^-)$$

Na^+ = ion sodium
Cl^- = ion chlore
K^+ = ion potassium
$H_2PO_4^-$ = ion phosphate
Ca^+ = ion calcium
SO_4^- = ion sulfate
Mg^+ = ion magnésium

Les variations du pH du sang et de l'urine sont très liées aux fluctuations de la balance cations-anions de la ration (tableau 6.6).

Les rations habituelles des chevaux ont une balance cations-anions de 200-300 mEq/kg MS estimée à partir de la teneur en ions fixes. Ce type de ration réduit la perte urinaire de calcium et les pertes de phosphore car elle permet de maintenir un pH optimum proche de la neutralité qui permet de satisfaire aussi les autres besoins de calcium liés au squelette (tableau 6.6).

Tableau 6.6. Variations du pH du sang et de l'urine avec la balance cations-anions de la ration (d'après Frape, 2004).

Balance	Faible	Moyenne	Élevée
mEq/kg MS ration	22	202	357
pH urine	5,38	7,69	8,34
pH sang	7,37	7,40	7,40

Dépenses nutritionnelles

Dépenses énergétiques

Au repos : entretien

L'entretien correspond à la dépense d'un cheval conduit en box hors période de travail, c'est-à-dire au repos total. La dépense est en moyenne de 0,0373 UFC/kg $PV^{0,75}$ soit 3,9 UFC et 5,1 UFC respectivement pour un cheval de 500 et 700 kg. Il s'agit d'une valeur minimum qui varie avec la race (tableau 6.7 et voir chapitre 1). Les dépenses d'entretien du cheval au box en période de travail sont plus élevées en raison de l'élévation du métabolisme général induit par le travail. Cette élévation est très différente selon la nature du travail (tableau 6.7).

La dépense d'entretien varie également avec le mode de vie et les conditions climatiques (voir chapitre 1). Le besoin d'entretien représente de 50 à 90 p. 100 des besoins totaux du cheval au travail selon le type, l'intensité et la durée du travail.

Tableau 6.7. Augmentation des dépenses d'entretien du cheval au box en période de travail (en p. 100).

Races	Trait	Selle	Sang
Au repos	0	5	10
En période de travail	+ 5 à + 10	+ 10 à + 25	+ 30 à + 40

Au travail

Le déplacement du cheval entraîne une augmentation de ses dépenses par rapport au repos, qui résulte d'abord du travail des muscles squelettiques, mais aussi de l'accroissement du fonctionnement des appareils respiratoires et cardio-vasculaires et d'autres organes, et de l'accroissement du tonus des autres muscles. L'augmentation de la consommation d'oxygène (environ 1 l pour 25 l d'air inspiré) en est le meilleur critère. Elle a été mesurée au laboratoire sur des chevaux se déplaçant sur un tapis roulant, puis dans des conditions naturelles avec des équipements mobiles de plus en plus perfectionnés.

Chronologie de la dépense

Avant le travail, il y a une anticipation de la dépense énergétique mais qui n'est pas assurée par un accroissement de la consommation d'oxygène (figure 6.2). Ce déficit dure 1 à 2 min : il correspond à 30 à 128 ml/kg PV d'oxygène. Cette demande est satisfaite par les réserves corporelles par voie anaérobie (voir chapitre 1, figure 1.2).

À la fin de l'effort, la dépense énergétique reste plus élevée que celle observée au repos total car la consommation d'oxygène diminue lentement (figure 6.2). Cette consommation élevée d'oxygène correspond à la dette d'oxygène contractée pendant l'effort.

La consommation d'oxygène est le meilleur critère de l'évaluation de la dépense énergétique. Elle est de l'ordre de 3 ml/min/kg PV au repos puis augmente linéairement au cours de l'effort avec la vitesse, jusqu'aux vitesses de 550-600 m/min quelle que soit la discipline (course, sport ou trait) (figure 6.5). La consommation d'oxygène peut être prévue à l'aide de l'équation établie par Hornicke *et al.* (1983) sur la base des données expérimentales obtenues par la même équipe de recherche de Meixner *et al.* (1981) sur chevaux de sports montés sur piste :

$$O_2 \text{ consommée (l/min)} = 3{,}78 + 0{,}097 \text{ vitesse (m/min)}.$$

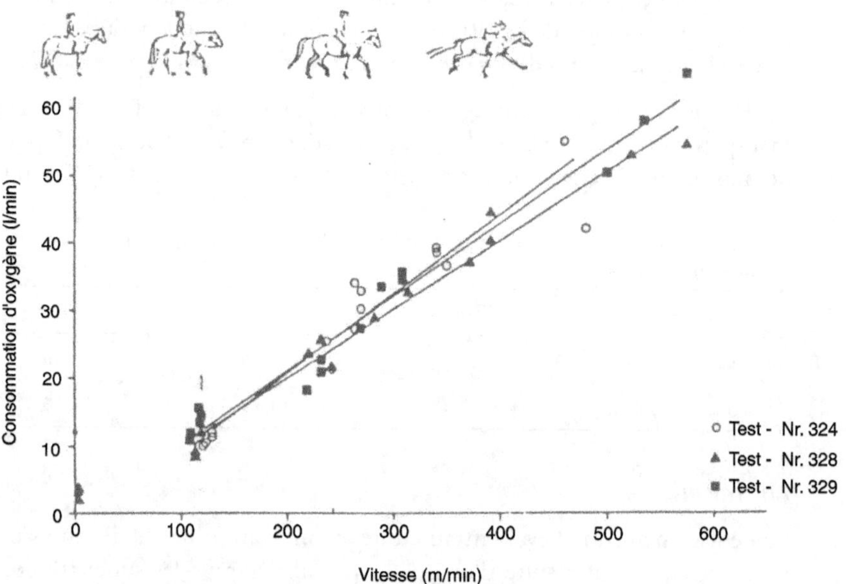

Figure 6.5. Relation entre la consommation d'oxygène (VO$_2$) et la vitesse (V) au cours d'une épreuve de test (d'après Meixner *et al.*, 1981).

Aux vitesses les plus élevées qui ont été étudiées sur pistes, 600 à 700 m/min, la consommation d'oxygène est de 100 ml/min/kg. Chez les chevaux travaillant sur tapis roulant à des vitesses maximales de 800 m/min, la consommation atteint

125 ml/min/kg. Chez les chevaux bien entraînés, la consommation maximale pourrait atteindre 140 à 185 ml/min/kg. À cette intensité maximale, le métabolisme anaérobie est prédominant. Inversement en courses d'endurance jusqu'à 100 km au moins, la consommation d'oxygène varie de 40 à 80 ml/min/kg PV et le métabolisme reste aérobie.

Il est important de noter que lorsque la consommation d'oxygène est rapportée à la distance parcourue et non plus au temps, celle-ci est indépendante de la vitesse : 0,21 ml/kg PV/m au pas ; 0,19 au trot ou au galop (dette d'oxygène non comprise dans ce dernier cas). Par ailleurs, il a été démontré qu'il y a un optimum de consommation d'oxygène qui varie seulement de 0,12 à 0,20 ml O_2/kg/m selon l'allure.

Évaluation et variations de la dépense

La dépense énergétique a été calculée au cours de l'effort à partir de la mesure de la consommation d'oxygène multipliée par l'équivalent thermique (kcal/l O_2) correspondant au quotient respiratoire (Q.R.) établi à chaque mesure. La dépense énergétique augmente exponentiellement avec la vitesse car le rendement d'utilisation de l'énergie diminue (figure 6.6).

Par rapport au repos, où la dépense énergétique est de 11,5 kcal/min, la dépense énergétique de la locomotion du cheval est aussi multipliée par 4 au pas, par 10-15 au trot, par 20-40 au galop et environ à 60 à la vitesse maximale. Les bases retenues pour estimer les besoins énergétiques du cheval de sport, de loisirs et de course sont indiquées dans le tableau 6.8.

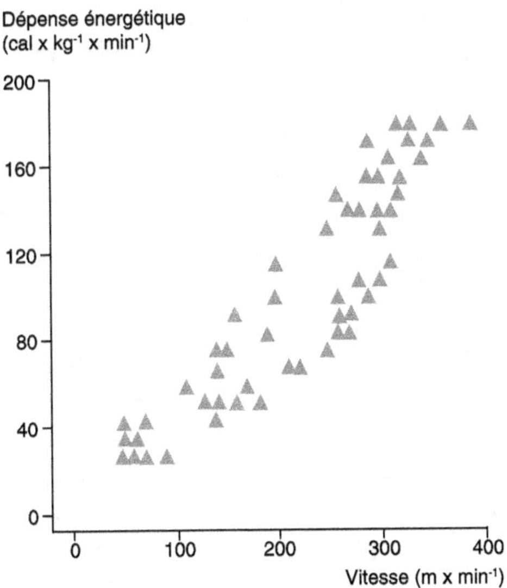

Figure 6.6. Relation entre la dépense énergétique (D) et la vitesse (V) chez le cheval de sport (d'après Pagan et Hintz, 1986 a, b).

Tableau 6.8. Variations de la dépense énergétique du cheval en fonction de la vitesse ; base retenue par Inra pour établir les besoins énergétiques du cheval de sport et loisirs au travail[1] et le cheval de course, galopeur (d'après Vermorel *et al.*, 1984).

Situation	Vitesse (m/min)	Dépense énergétique[1]	
		kcal/min	Multiples de l'entretien
En attente	0	11,5	1,1
Debout avec charge	0	12	1,2
Pas	110	50	2,5
Trot léger	200	110	10,0
Trot normal	300	160	15,0
Trot rapide[2]	500	350	35,0
Galop normal[2]	350	210	20,0
Galop rapide (« Canter »)	500	330	29,0
Galop très rapide (« Bout vite »)[3]	800	493	45,0
Vitesse maximale[3]		(600)	(55,0)

[1]Les dépenses énergétiques ont été calculées à partir de la consommation d'oxygène (et de la dette d'oxygène) mesurée par Meixner, Hornicke et Ehrlein (1981) sur des chevaux de 560 kg portant une charge de 100 kg (cavalier + selle + appareils), sauf dans le cas du cheval au pas pour lequel on a utilisé les résultats des travaux de Zuntz et Hagemann, 1878 ; Brody, 1945 ; Wogelsang, 1981 ; Hoffmann *et al.*, 1967 ; Nadaljak, 1961.

[2]Valeur calculée d'après la consommation maximale d'oxygène des chevaux estimée par les auteurs et la dette d'oxygène.

[3]Chevaux de course : galopeurs.

La dépense énergétique du cheval augmente proportionnellement avec le poids du cheval seul ou du cheval + harnachement et selle + cavalier car la consommation d'oxygène/kg/min est constante 53 et 55 ml/kg/min dans les deux situations.

La dépense énergétique varie avec la durée du travail quelle que soit l'allure. Par exemple, elle s'accroît de 18 à 36 p. 100 (7 p. 100/h) pour des distances de 12 et 24 km respectivement effectuées au pas à 80-100 m/min. Mais cet effet varie aussi avec l'intensité de l'effort et l'apparition de la fatigue.

La dépense énergétique augmente considérablement avec la pente car la consommation d'oxygène s'accroît de 30 à 50 p. 100 au trot (241 m/min) et de 50 à 220 p. 100 au galop (480 m/min) lorsque la pente s'accroît de 5 à 10 p. 100. De la même manière, la dépense énergétique est multipliée par 15 lorsque le cheval franchit un obstacle de 1 m (7 kcal/kg PV/m).

Le coût énergétique de la traction doit être ajouté à la dépense d'entretien. Le travail est le résultat de la force (kg) × distance (m), il est exprimé en kilogramme-mètre (kgm). La dépense énergétique varie avec le rendement de l'énergie pour la traction. Cela a été particulièrement bien démontré expérimentalement chez le cheval de trait. La force de traction développée et le travail effectué diminuent avec la vitesse (tableau 6.10). Le travail de 75 kgm/s effectué par un cheval de 500 kg correspond à une force de traction de 68,2 kg réalisée à une vitesse de

1,1 m/s ou 4 km/h). C'est la définition de la puissance. La dépense énergétique correspondante est 8 fois plus élevée que la dépense au repos. Elle augmente linéairement avec la puissance et la durée du travail (figure 6.7a). Cette évolution a été confirmée de façon plus parcellaire chez le trotteur travaillant sur tapis roulant et astreint à un effort de traction croissant (figure 6.7b).

L'entraînement a pour effet de réduire la dépense énergétique.

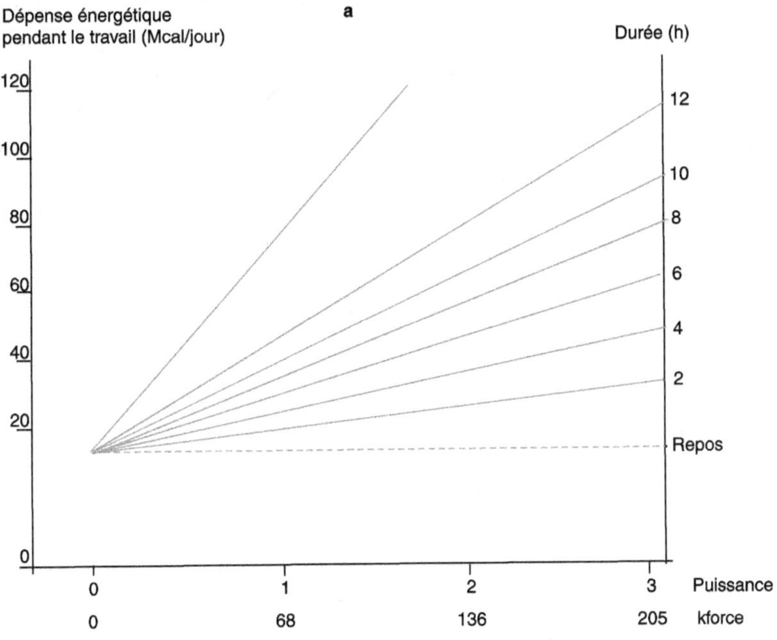

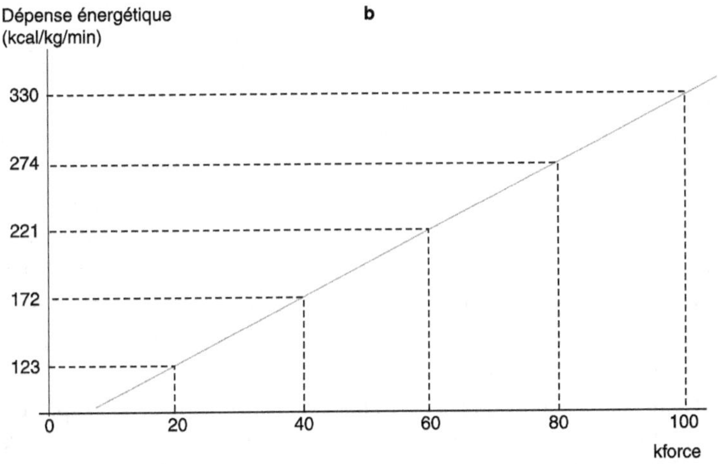

Figure 6.7. Variation de la dépense énergétique au cours de l'effort de traction avec la puissance et la durée. a) chez le cheval de trait (d'après Brody, 1945) ; b) chez le trotteur (d'après Gottlieb-Vedi *et al.*, 1991).

Limitation : rendement de l'utilisation de l'énergie pour le travail

Le rendement de l'utilisation de l'énergie pour le travail est un des principaux facteurs limitants. Le rendement est ici considéré comme le rapport entre le travail réalisé et la dépense énergétique correspondante exprimés en calories. Le travail réalisé correspond au travail externe exprimé en kgm et multiplié par l'équivalent thermique (1 kgm = 2,35 calories). La dépense énergétique correspond à la quantité d'oxygène mesurée pendant l'effort (inclus la dette), multipliée par l'équivalent thermique : 4,75 à 5,05 kcal de l'oxygène pour le quotient respiratoire (Q.R.) correspondant mesuré à l'intensité correspondante. Les études fondamentales ont été réalisées chez le cheval tirant une charge, ce qui rend la démonstration plus convaincante.

L'utilisation de l'énergie pour le travail peut être caractérisée par le rendement net ou le rendement absolu.

Le rendement net est le rapport entre le travail réalisé et l'énergie dépensée pour le déplacement : locomotion + l'effort, soit la différence entre la dépense énergétique totale pendant le travail et l'énergie dépensée seule au repos :

$$\text{Rendement net} = \frac{\text{Travail réalisé (kcal)}}{\text{Dépense énergétique totale pendant le travail (kcal)} - \text{Dépense énergétique au repos (kcal)}}$$

Le rendement absolu est le rapport entre le travail réalisé et l'énergie dépensée pour tirer seulement la charge soit la différence entre la dépense énergétique totale pendant le travail et l'énergie dépensée au cours du déplacement sans la charge :

$$\text{Rendement absolu} = \frac{\text{Travail réalisé (kcal)}}{\text{Dépense énergétique totale pendant le travail (kcal)} - \text{Énergie dépensée au cours du déplacement sans la charge (kcal)}}$$

Le rendement net de l'énergie utilisée pour le déplacement et tirer une charge augmente avec la vitesse jusqu'à un plateau de 28 p. 100 (figure 6.8), tandis que le rendement absolu de l'énergie utilisée pour tirer seulement la charge diminue de 45 à 30 p. 100 (figure 6.8). L'explication est simple : avec l'accroissement de la vitesse, le métabolisme anaérobie s'installe progressivement et produit moins d'ATP (2 ATP/molécule de glucose au lieu de 38 ATP par la voie aérobie). L'efficacité de l'ATP pour la contraction musculaire diminue de 55 à 17 p. 100, et l'énergie disponible est employée également pour d'autres usages : respiration, circulation sanguine, accroissement du tonus d'autres muscles squelettiques que ceux directement impliqués dans l'effort. En fait, seulement 35 p. 100 de l'énergie dépensée au-dessus de l'entretien est disponible pour le travail mécanique dit externe (locomotion avec ou sans traction). Le reste de l'énergie est dissipé sous forme de chaleur (voir chapitre 1, figure 1.11).

En conséquence, le rendement global de l'énergie qui est le rapport entre le travail réalisé et l'énergie totale dépensée augmente exponentiellement jusqu'à 18-23 p. 100 avec la puissance selon la vitesse (figure 6.9).

$$\text{Rendement global} = \frac{\text{Travail réalisé (kcal)}}{\text{Dépense énergétique totale pendant le travail}}$$

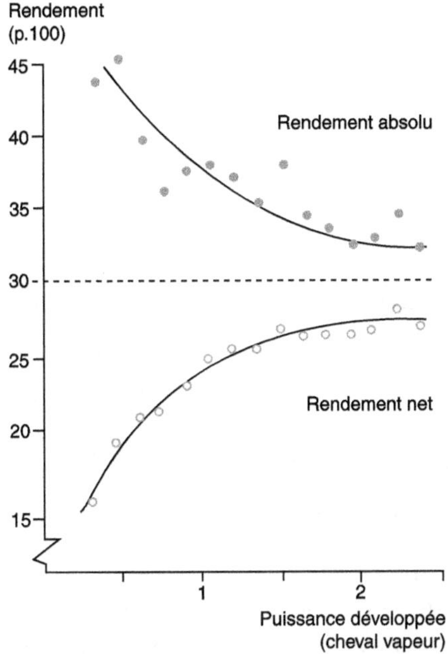

Figure 6.8. Variation du rendement net ou du rendement absolu de l'énergie pour le travail avec la puissance (d'après Brody, 1945).

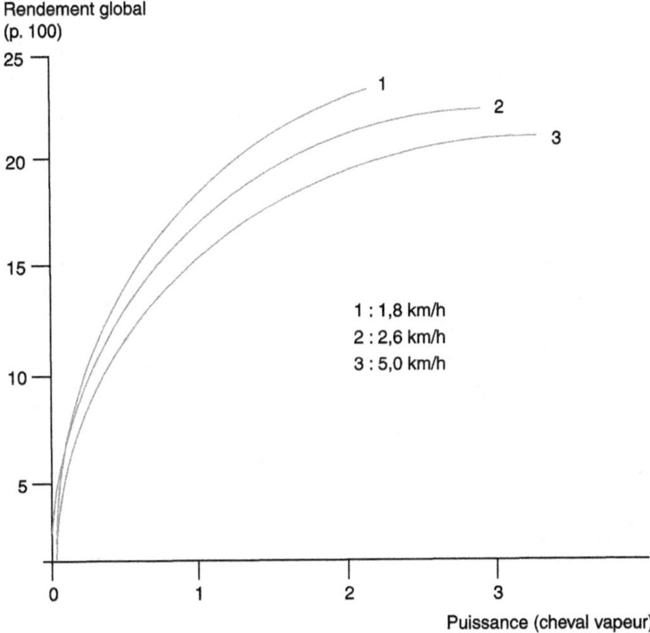

Figure 6.9. Variation du rendement global de l'énergie pour le travail avec la puissance et la vitesse (d'après Brody, 1945).

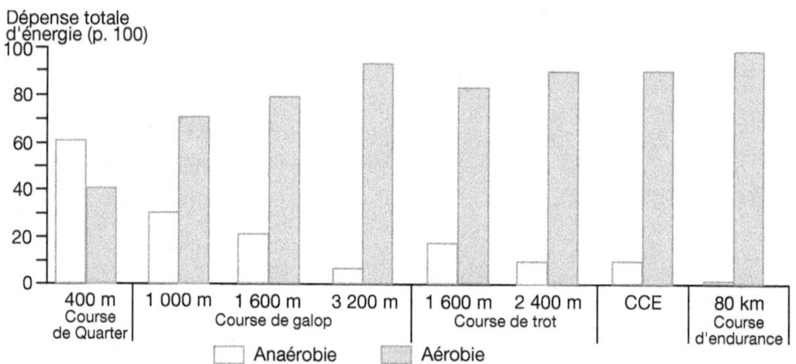

Figure 6.10. Proportion d'énergie fournie par les métabolismes aérobie et anaérobie au cours de différentes disciplines (d'après Eaton, 1994).

En résumé, l'accroissement de la vitesse au cours de l'effort s'accompagne chez le cheval d'une augmentation de la consommation d'oxygène et d'une élévation encore plus rapide de la dépense énergétique car le métabolisme anaérobie se substitue progressivement au métabolisme aérobie à partir d'une vitesse de 300 à 500 m/min selon l'allure, ce qui correspond à une VO_2 max. de 50 à 60 p. 100. Le rendement énergétique diminue bien que le glycogène musculaire devienne la source d'énergie prédominante, la production de lactate s'accroît exponentiellement et la fatigue s'installe.

La proportion d'énergie fournie par les métabolismes aérobie et anaérobie varie selon le type d'effort et de discipline sportive (figure 6.10). L'énergie fournie par la voie aérobie prédomine à 80-95 p. 100 dans la plupart des disciplines. Aussi l'effet du coût énergétique de la voie anaérobie dans l'évaluation de la dépense énergétique est assez limité, excepté pour les courses de Quarter horse et dans une moindre mesure pour les courses de sprint très courtes.

Dépense après l'effort : dette

Après la fin de l'effort, la dépense énergétique instantanée reste encore élevée pendant un certain temps (2-3 à 20-30 min) selon l'intensité et la durée de l'effort. La consommation d'oxygène pendant cette courte période peut représenter de 3 à 5 fois la consommation d'oxygène au seuil d'anaérobiose (50 p. 100 de VO_2 max.). Il n'y a pas de relation entre la concentration en lactate du muscle ou du plasma et la consommation d'oxygène pendant la phase de récupération. Il a été tenu compte de la dette d'oxygène après l'effort dans l'évaluation de la dépense énergétique du cheval en fonction de la vitesse (tableau 6.8).

Besoins énergétiques

Évaluation

Sport – Loisirs – Course

Les dépenses énergétiques totales journalières pour le travail, qui viennent s'ajouter aux dépenses d'entretien de l'animal au repos, résultent de quatre composantes :

– la durée du travail, la seule qui soit facile à mesurer : elle est plus ou moins normalisée dans les centres équestres et les centres d'entraînement ;
– l'intensité du travail : la dépense énergétique d'une heure de travail est extraordinairement variable (à la différence de celle afférant à la production d'un kg de lait ou même d'un kg de croît) ;
– les effets annexes du travail : prolongation de la dépense liée au retour au repos (dette d'oxygène, etc.) mais aussi son accroissement (stress) avant l'exercice lui-même, par exemple dès qu'on selle le cheval, l'accélération du rythme cardiaque en étant un bon critère ;
– une élévation générale du niveau du métabolisme, qui est probable, pendant les périodes de travail intensif (entraînement à la compétition, etc.) et qui se traduit au niveau de la dépense d'entretien.

En vue de l'application, il s'agit d'évaluer l'ordre de grandeur du coût énergétique (en UFC) de l'heure de travail normalisée dans les principales situations d'utilisation des chevaux (figure 6.11). On peut envisager deux méthodes d'évaluation, l'une analytique et l'autre globale.

La méthode analytique consiste à décomposer l'heure de travail en ses périodes d'intensités différentes affectées des coûts unitaires correspondants qui figurent au tableau 6.8. Même si ces deux composantes (a et b) sont correctement évaluées, ce qui est déjà très difficile, l'incertitude subsiste pour la majoration à appliquer au titre de deux autres (c et d), pour les interactions éventuelles entre les différents périodes, de même que pour le rendement de l'énergie métabolisable (EM) pour les activités d'intensités différentes.

La méthode globale revient à mesurer la quantité d'énergie qui est nécessaire aux chevaux adultes dans les différentes situations pour maintenir constants leur poids et leur état. C'est la méthode la plus satisfaisante au plan pratique comme au plan physiologique puisqu'elle prend en compte les quatre composantes. Mais elle ne s'applique qu'à des situations bien précises et requiert la pesée des aliments ingérés et des chevaux ce qui a été rarement réalisée expérimentalement dans les études publiées.

Nous avons donc utilisé dans un premier temps la méthode analytique pour calculer le coût de l'heure de travail à partir de ses composantes et du coût unitaire de chacune d'elles (tableau 6.8). Nous l'avons majoré pour tenir compte des effets annexes, d'anticipation ou rémanents. L'importance de cette majoration qui va de 10 à 20 p. 100 ne peut être que très approximative dans l'état actuel des connaissances. Les coûts horaires obtenus (tableau 6.8) ont été établis dans les différentes situations pratiques. Afin de tester leur fiabilité, nous les avons appliqués à des chevaux (80 au total) de l'École nationale d'équitation de Saumur qui ont fait l'objet d'enregistrements pendant une période de 10 mois et au CEZ de Rambouillet (18 chevaux) pendant une période de quatre mois. Les besoins en UFC ont été calculés à partir de leur poids, de la durée et de la « composition » de leur travail ainsi que des variations de leur poids et état corporel. Ils ont été comparés aux quantités d'énergie (UFC) effectivement consommées par les

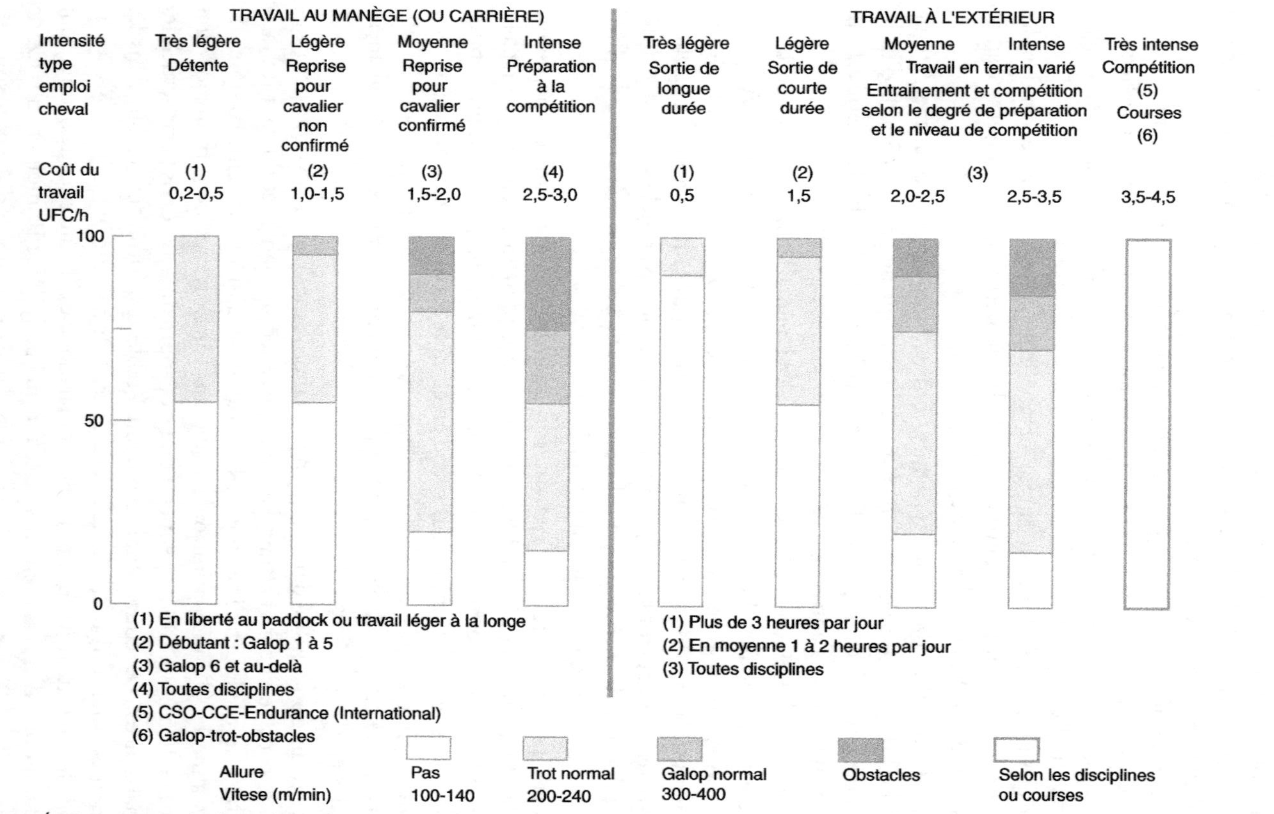

Figure 6.11. Évolution du coût énergétique de l'heure de travail de chevaux de sport, de loisirs et de course selon la nature et la durée du travail.

Attention : Il faut se reporter au paragraphe *Rationnement pratique* avant de calculer les apports énergétiques à partir de cette figure afin d'éviter des erreurs grossières. Exemple : le cheval participant à un CCE n'effectue en général qu'une heure *stricto sensu* de travail moyen ou intense dans la journée. Son travail est souvent allégé au cours des jours qui précédent et suivent le concours. Il faut donc bien raisonner les apports alimentaires à effectuer à l'échelle de plusieurs jours.

chevaux, qui étaient mesurées avec précision pour les aliments (dont la digestibilité a été mesurée) et prévues à partir de la composition chimique pour les aliments composés et les fourrages. Ils ont été du même ordre que les calculs établis par la méthode analytique au début de l'étude, ce qui permet de penser que les bases de calcul utilisées ont été satisfaisantes et que les apports recommandés figurant dans les tableaux sont vraisemblables (exemple tableau 6.9).

En vue de l'application, il en a été déduit l'ordre de grandeur du coût énergétique de l'heure normalisée de travail dans les principales situations pratiques rencontrées, au moins pour le cheval de sport et de loisirs puisque nous n'avons pas pu expérimenter dans les mêmes conditions pour le cheval de course (figure 6.11).

Tableau 6.9. Bilan énergétique de chevaux de club (d'après Martin-Rosset *et al.*, 1989).

	Groupe A (chevaux d'instruction pour cavaliers débutants)	Groupe B (chevaux d'instruction pour cavaliers confirmés)
Nombre de chevaux	8	10
Durée (jours)	68	97
Poids vif (kg)		
Initial	562,8 ± 51,8	562,1 ± 36,4
final	564,2 ± 54,0	561,5 ± 42,8
État corporel[1]		
Initial	2,63 ± 0,23	2,95 ± 0,48
Final	2,81 ± 0,25	2,98 ± 0,59
Quantités ingérées[2] (kg MS/j)		
Paille de blé	7,0 ± 0,36	2,72 ± 0,00
Foin de pré	–	1,10 ± 0,00
Aliment composé	7,13 ± 0,37	6,46 ± 0,43
Total/j	14,13 ± 0,73	10,28 ± 0,43
Total/kg PV	2,51	1,83
Travail[3]		
Durée (min/j)	120 ± 16	50 ± 0,00
Intensité	modérée	élevée
Bilan énergétique (UFC/j/cheval)		
Ingéré	8,70 ± 0,45	7,39 ± 0,39
Dépenses[4]	9,05 ± 0,63	7,33 ± 0,43
Différence	– 0,35 ± 0,35	+ 0,06 ± 0,28

[1]Méthode Inra-HN-IE, 1997 ;

[2]MS : matière sèche ;

[3]Mesuré au chronomètre pour les exercices effectués à différentes allures et le nombre et la hauteur des obstacles franchis ;

[4]Voir paragraphes « Au repos : entretien » et « Au travail » p. 235.

Course

La dépense énergétique a été estimée chez le trotteur travaillant sur tapis roulant à l'aide de l'équation Gottelieb-Vedi (1991) plus spécifique que celle retenue pour le cheval de sport.

Oxygène consommé (ml/kg/min) = − 5,85 + 9,84 Vitesse (m/s)

Chez le trotteur, les dépenses utilisées pour établir les besoins ont été calculées pour un cheval pesant 560 kg et tirant un sulky + driver d'un poids total de 80 kg à différentes vitesses. La dette d'oxygène liée à l'effort a été également estimée et rajoutée à la dépense liée directement à l'effort (tableau 6.10).

Tableau 6.10. Variations de la dépense énergétique en fonction de la vitesse chez le trotteur.

	Vitesse (m/min)	Dépenses énergétiques	
		kcal/min	Multiples de l'entretien
En attente	–	13	1,3
Pas	110	37	3,4
Trot normal	300	135	12,3
Trot rapide[1]	500	310	28,2
Trot très rapide[1]	700	440	40,0
Trot maximal[1]	850	530	48,1

[1]Dette d'oxygène incluse.

La dépense énergétique a été estimée chez le galopeur (pur sang anglais) à l'aide de l'équation de Hornicke *et al.* (1983), incluant la dette d'oxygène (tableau 6.8). En revanche, les dépenses utilisées pour établir les besoins ont été calculées pour un cheval pesant 540 kg et monté par un jockey + selle de 60 kg effectuant un programme d'entraînement. Ces dépenses ont été comparées à celles des chevaux entraînés selon un programme proche effectué sur tapis roulant. Les dépenses calculées à partir d'une équation établie à partir de mesures effectuées sur le terrain par Meixner *et al.* (1981) sont logiquement un peu supérieures à celle estimées sur tapis roulant.

Traction

Dans ce cas, à la dépense de locomotion du cheval s'ajoute celle correspondant à la traction de la charge. Le travail de traction est le produit de la force exercée (en kg) par la distance parcourue (en m) ; il s'exprime en kilogrammètres (kgm). La force de traction est elle-même le produit du poids du véhicule par le coefficient de roulement, lequel dépend des caractéristiques du véhicule (diamètre des roues, frottements, etc.) et de celles de la route. Ce coefficient se situe le plus souvent entre 1 et 4 p. 100 selon les mesures effectuées en France dès la fin du siècle dernier par Morin, de Gasparin, Lavalard, Grandeau et rapportées par Gouin (1932).

La force moyenne de traction que le cheval peut exercer au cours d'une période de travail diminue lorsque la vitesse augmente, passant ainsi de 70 kg au pas à 25 kg au grand trot (tableau 6.11). Il en est de même pour la quantité de travail fournie par jour. D'après les résultats français et américains, elle atteint son maximum quand le cheval tire sa charge au pas (de 3,2 à 4 km/h) avec une force moyenne de traction comprise entre un dixième et un huitième de son poids vif, ce qui correspond à une puissance d'environ un cheval vapeur (75 kgm/s). Un bon cheval de trait, bien entretenu, peut ainsi travailler une dizaine d'heures et fournir un travail de 2,3 à $2,5 \times 10^6$ kgm par jour (tableau 6.11). La force de traction au pas peut être beaucoup plus grande, au moins jusqu'à 35 p. 100 du poids vif, mais pendant des périodes plus courtes. Elle peut s'élever pendant quelques secondes (et souvent sans respirer) jusqu'à un pic équivalent à 80-100 p. 100 du poids vif, qui s'avère nécessaire par exemple pour mettre en mouvement des charges très lourdes.

Tableau 6.11. Variation du travail réalisé par un cheval de trait de 500 kg avec la vitesse (d'après Gouin, 1932).

Allure	Vitesse (km/h)	Force (kg)	Durée (h et min)	Distance (km)	Travail (kgm)
Au pas (camionnage)	4,3	70	8,00	34,4	2 439 000
Petit trot (omnibus)	15,0	38	1,45	16,0	608 000
Trot allongé (tramway)	18,0	27	1,30	17,0	458 000
Grand trot (diligences)	20,0	26	1,20	16,0	415 000

Par rapport à sa valeur au repos, la consommation d'oxygène est accrue de 3 à 8 fois chez le cheval effectuant un travail de 6 à 10 heures par jour, de 20 fois dans le pic d'effort mais, du fait de la dette d'oxygène, la dépense énergétique augmente beaucoup plus, jusqu'à 100 fois.

On peut évaluer les besoins énergétiques de travail qui viennent s'ajouter à ceux d'entretien, à partir des dépenses ainsi mesurées et du rendement avec lequel l'énergie est utilisée pour les couvrir. Cependant, la méthode la plus sûre consiste à mesurer les quantités d'énergie que doivent consommer les chevaux au travail pour maintenir leur poids constant au cours d'une période plus ou moins longue.

Les études et observations anciennes se sont basées, plus ou moins, sur cette méthode (voir la synthèse de Olsson et Ruudvere, 1995). Les apports recommandés pour les chevaux de trait qui en ont résulté étaient présentés selon la quantité de travail fourni par jour, qualifiée de légère, moyenne ou normale, lourde et très lourde. Jepersen (1949) a proposé des dépenses en UF (scandinaves) par heure de travail selon l'intensité du travail :
– très léger : 0,2 ;
– léger : 0,3 ;
– moyen : 0,5 ;
– lourd : 0,7 ;
– très lourd : 1,0.

Ces valeurs horaires sont faciles à utiliser car les aliments concentrés distribués pour le travail ont une valeur UFC du même ordre que leur valeur en UF scandinaves pour les ruminants.

Dépenses et besoins azotés

Au repos, à l'entretien

La dépense azotée a été fixée à 2,8 g MADC/kg $PV^{0,75}$. Elle est liée à la dépense énergétique dans un rapport de 65-70 g MADC/UFC.

Au travail

Depuis les travaux réalisés en Allemagne par Kellner (1909), il est établi que la dépense azotée augmente avec l'intensité du travail lorsque la ration journalière ne couvre pas la dépense énergétique. Plus récemment, il a été montré au cours de période de travail que la synthèse protéique du muscle et de la paroi digestive diminue et que le catabolisme augmente. Certains acides aminés sont utilisés comme source d'énergie par oxydation de leur squelette carboné en cas d'effort très intense et d'apports énergétiques limitants. Les groupements aminés sont alors transportés des muscles vers le foie où ils sont soit utilisés par la synthèse d'acides aminés non essentiels, soit excrétés sous forme d'urée. La forme de transport de l'azote est l'alanine pour permettre la réaction de transamination des groupements aminés qui sont alors rattachés au pyruvate pour être impliqués dans la néoglucogenèse. La concentration plasmatique en alanine est réputée s'accroître, ainsi que celle d'acide urique, au cours d'efforts d'intensité modérée ou d'endurance. Le catabolisme de l'azote se poursuit après la fin d'effort intense comme pour l'énergie. L'urée est principalement excrétée par la sueur car l'excrétion rénale ne change pas au cours de l'effort (voir chapitre 1, tableau 1.3) mais l'oxydation des acides aminés ramifiés (leucine, isoleucine et valine) à des fins de fourniture d'énergie n'est pas encore avérée chez le cheval, contrairement à l'Homme.

La rétention d'azote augmente au cours des périodes d'entraînement. Cette rétention augmente plus vite que l'accroissement de la quantité d'azote ingérée. Cela pourrait expliquer le développement de la masse musculaire chez le cheval à l'entraînement en condition d'effort submaximal.

Les pertes par la sueur augmentent tandis que les pertes urinaires varient peu. Au cours d'épreuve d'endurance de 80 km réalisée à 18 km/h, les pertes azotées par la sueur s'élèvent à 2-3 mg/kg $PV^{0,75}$/h. Ces pertes augmentent avec la teneur en azote de la ration. Les pertes d'azote par la sueur ont été estimées à 25-37 g au cours de travail intense.

Il est donc admis que le montant de la dépense azotée augmente moins vite que la dépense énergétique avec l'intensité et la durée du travail, mais qu'il est plus important lorsque les protéines corporelles doivent être utilisées pour compenser une insuffisance de l'apport et des réserves énergétiques. Ces dépenses azotées sont toujours couvertes, dès lors qu'on accroît la quantité d'aliments distribués pour couvrir les dépenses énergétiques. Il n'est donc pas nécessaire d'augmenter la concentration en MADC de la ration par rapport à celle de l'animal au repos. La dépense azotée est donc fixée à 65-70 g MADC/UFC chez le cheval adulte maintenu à poids constant.

L'objectif de l'entraînement, notamment dans sa phase précédant la période de compétition, a pour buts d'accroître la masse musculaire (masse maigre) et les concentrations en enzymes et hémoglobines. Chez le cheval adulte à l'entraînement recevant en quantité croissante une ration dont le rapport azote/énergie est constant, la rétention azotée augmente plus vite que l'élévation de la quantité d'azote ingérée jusqu'à atteindre un plateau, ce qui expliquerait à nouveau le développement de la masse musculaire. Les dépenses azotées liées à l'accroissement de la masse musculaire chez le cheval adulte seront donc couvertes par l'augmentation des quantités ingérées d'une ration caractérisée par un rapport N/E de 65-70 g MADC/UFC supplémentaire.

La plupart des chevaux participent à des compétitions alors qu'ils ont 2 à 4 ans. La synthèse protéique est 2 à 3 fois plus élevée chez les jeunes chevaux que chez les adultes. La quantité de protéines synthétisées varie dans le même sens que la quantité de protéines qui est fixée, et donc que le gain de poids journalier. Mais cela dépend aussi des quantités d'azote et d'énergie ingérées, en raison de leurs effets additifs. Le ratio N/E à respecter dans les apports supplémentaires variera de 50 à 60 g MADC/UFC supplémentaires respectivement à 2 et 3-4 ans (voir chapitre 5).

Les besoins ont été déterminés dans le cadre des mêmes essais d'alimentation réalisés par l'Inra pour établir les besoins énergétiques.

Dépenses et besoins en minéraux et électrolytes

Minéraux

Les dépenses et besoins ont été établis dans le cadre d'essais d'alimentation.

Le calcium et le phosphore ont un rôle majeur pour maintenir l'intégrité du squelette du cheval au travail. Mais le calcium joue également un rôle dans la contraction musculaire. L'exercice stimule la formation osseuse et le dépôt de calcium. Il y a donc un besoin supplémentaire de calcium à couvrir.

Chez le cheval adulte, le besoin total (repos + travail) dépend de l'intensité de l'exercice. Il est calculé en utilisant les équations suivantes :
– repos

$$g\ Ca/j = 0,04\ g\ Ca \times PV\ kg\ ;$$

– intensité légère

$$g\ Ca/j = 0,06\ g\ Ca \times PV\ kg\ ;$$

– intensité modérée

$$g\ Ca/j = 0,07\ g\ Ca \times PV\ kg\ ;$$

– intensité élevée

$$g\ Ca/j = 0,08\ g\ Ca \times PV\ kg.$$

Chez le jeune cheval, le besoin est calculé à l'aide du modèle proposé dans le chapitre 5 : (0,072 g Ca × PV kg) + (32 g Ca × gain de poids kg).

Il correspond à un besoin pour un exercice d'intensité très élevé (0,08 Ca/kg PV), ce qui est suffisant pour couvrir les besoins, d'autant plus que la rétention du calcium et la teneur en calcium du canon seraient accrues sous l'effet de l'exercice.

L'exercice n'affecte pas la rétention du phosphore chez le cheval adulte et le jeune cheval. Chez le cheval adulte, le besoin total (repos + travail) est évalué en tenant compte de l'intensité de l'effort en utilisant les équations suivantes :
– repos

$$g\ P/j = 0,028\ g\ P \times PV\ kg\ ;$$

– intensité légère

$$g\ P/j = 0,038\ g\ P \times PV\ kg\ ;$$

– intensité modérée

$$g\ P/j = 0,042\ g\ P \times PV\ kg\ ;$$

– intensité élevée

$$g\ P/j = 0,058\ g\ P \times PV\ kg.$$

Chez le jeune cheval le besoin est calculé à l'aide du modèle suivant :

$$g\ P/j = (0,04\ g\ P \times PV\ kg) + (17,8\ g\ P \times gain\ de\ poids\ kg).$$

Ce modèle correspond à celui retenu pour la croissance (voir chapitre 5). Il permet de couvrir également la dépense liée au travail car l'apport supplémentaire au-delà de ce besoin calculé n'améliore pas la rétention de phosphore.

L'exercice augmenterait le besoin du magnésium mais également sa rétention chez le cheval adulte. Le besoin total (repos + travail) est alors évalué en utilisant les équations suivantes :
– repos

$$g\ Mg/j = 0,015\ g\ Mg \times PV\ kg\ ;$$

– intensité légère

$$g\ Mg/j = 0,019\ g\ Mg \times PV\ kg\ ;$$

– intensité modérée

$$g\ Mg/j = 0,023\ g\ Mg \times PV\ kg\ ;$$

– intensité élevée

$$g\ Mg/j = 0,030\ g\ Mg \times PV\ kg.$$

Chez le jeune cheval, le besoin correspondant à la croissance et à l'exercice est calculé en utilisant l'équation proposée dans le chapitre 5 :

$$g\ Mg/j = (0,015g\ Mg) + (1,25\ g\ Mg \times gain\ de\ poids\ kg).$$

Les électrolytes

Les dépenses en sodium sont de 2,8 g Na/litre de sueur produite ce qui correspond à 3,1 g Na ingéré car la digestibilité du sodium est de 90 p. 100. D'après la synthèse des travaux récents, la perte de poids liée à la sudation au cours de l'effort serait de 0,3 p. 100 (intensité légère) – 0,5 p. 100 (modérée) – 1 p. 100 (intense) et 2 p. 100 (très intense), un effort très intense correspond surtout à

l'endurance tandis que les valeurs intermédiaires concernent plutôt les courses, le sport et loisirs. Le besoin total (repos + travail) en sodium est donc ainsi établi à partir des équations suivantes :
– repos
$$g\ NA/j = 0{,}02\ g\ Na \times PV\ kg\ ;$$
– intensité légère
$$g\ Na/j = (0{,}02\ g\ Na \times PV\ kg) + [3{,}1\ g\ Na \times (\Delta\ PV\ kg = 0{,}003 \times PV)]\ ;$$
– intensité modérée
$$g\ Na/j = (0{,}02\ g\ Na \times PV\ kg) + [3{,}1\ g\ Na \times (\Delta\ PV\ kg = 0{,}006 \times PV)]\ ;$$
– intensité élevée
$$g\ Na/j = (0{,}02\ g\ Na \times PV\ kg) + [3{,}1\ g\ Na \times (\Delta\ PV\ kg = 0{,}01 \times PV)]\ ;$$
– intensité très élevée
$$g\ Na/j = (0{,}02\ g\ Na \times PV\ kg) + [3{,}1\ g\ Na \times (\Delta\ PV\ kg = 0{,}02 \times PV)].$$

Les dépenses en chlore d'entretien s'élèveraient à 0,08 g/kg PV en prenant en compte les pertes endogènes d'origine fécale, urinaire et cutanée et celles liées à la perspiration. Les dépenses liées à l'effort sont exprimées par rapport à la production de sueur qui se traduit par une perte : soit 5,3 g/l de sueur ou 5,3 g/kg de perte de poids. La digestibilité du chlore est de 100 p. 100.

Le besoin total (repos + travail) en chlore est alors estimé par les équations suivantes :
– repos
$$g\ Cl/j = 0{,}08\ g\ Cl \times PV\ kg\ ;$$
– intensité légère
$$g\ Cl/j = (0{,}08\ g\ Cl \times PV\ kg) + [5{,}3\ g\ Cl \times (\Delta\ PV\ kg = 0{,}003 \times PV)]\ ;$$
– intensité modérée
$$g\ Cl/j = (0{,}08\ g\ Cl \times PV\ kg) + [5{,}3\ g\ Cl \times (\Delta\ PV\ kg = 0{,}006 \times PV)]\ ;$$
– intensité élevée
$$g\ Cl/j = (0{,}08\ g\ Cl \times PV\ kg) + [5{,}3\ g\ Cl \times (\Delta\ PV\ kg = 0{,}01 \times PV)]\ ;$$
– intensité très élevée
$$g\ Cl/j = (0{,}08\ g\ Cl \times PV\ kg) + [5{,}3\ g\ Cl \times (\Delta\ PV\ kg = 0{,}02 \times PV)].$$

La satisfaction du besoin en chlore doit prendre en compte celle en sodium puisque ces deux électrolytes sont apportés sous forme associée de chlorure de sodium (NaCl). La teneur plasmatique en chlore serait un bon indicateur du bilan : elle varierait de 94 à 104 mmoles/l.

Les dépenses de potassium correspondant aux pertes endogènes fécales et urinaires sont estimées à 0,05 g/kg PV à l'entretien. Les dépenses liées à l'effort sont exprimées par litre de sueur puisque celle-ci contient 1,4 g k/l soit 2,8 g k/l puisque la digestibilité du potassium est de 50 p. 100. La dépense totale (repos + travail) est alors estimée à l'aide des équations suivantes :
– repos
$$g\ k/j = 0{,}05\ g\ K \times PV\ kg\ ;$$
– intensité légère
$$g\ k/j = (0{,}05\ g\ K \times PV\ kg) + [2{,}8\ g\ K \times (\Delta\ PV\ kg = 0{,}003 \times PV)]\ ;$$

– intensité modérée

    g k/j = (0,05 g K × PV kg) + [2,8 g K × (Δ PV kg = 0,006 × PV)] ;

– intensité élevée

    g k/j = (0,05 g K × PV kg) + [2,8 g K × (Δ PV kg = 0,01 × PV)] ;

– intensité très élevée

    g k/j = (0,05 g K × PV kg) + [2,8 g K × (Δ PV kg = 0,02 × PV)].

La teneur en potassium des aliments varie de 1-2 % pour les fourrages et les tourteaux d'oléagineux, et de 0,3 à 0,4 % pour les céréales (voir chapitre 12). Il faut en tenir compte dans l'élaboration de la ration pour satisfaire les besoins et maîtriser l'équilibre acido-basique.

La teneur du plasma en potassium du cheval adulte varierait de 2,4 à 5,6 mEq/l.

Dépenses et besoins en oligoéléments

Les dépenses en oligoéléments sont relativement mal connues chez le cheval. Aussi les besoins proposés sont assez prudents. Ils sont formulés sous forme de concentration par kilo de matière sèche ingérée (MSI) pour tenir compte également de la grande variation des teneurs en oligoéléments des aliments. Ils sont indiqués dans le chapitre 2, tableau 2.1.

Les seuils de tolérance à respecter pour ces éléments sont indiqués dans le chapitre 2, tableau 2.12.

Besoins en vitamines

Les besoins en vitamines sont encore relativement mal connus car peu d'études nouvelles ont été consacrées aux vitamines au cours de ces deux dernières décennies.

Les besoins exprimés par kilo de matière sèche ingérée sont indiqués chapitre 2, tableau 2.1. Ils reprennent pour la plupart les recommandations proposées par l'Inra (1990). Toutefois les besoins en vitamine E ont été actualisés. Les besoins en Niacine PP (vitamine B_3), en acide panthoténique (vitamine B_5) et pyridoxine (vitamine B_6), de même qu'en biotine et cyanocobolamine n'ont pas été reconduits car aucun travaux ne sont venus confirmer la nécessité d'une complémentation. Il n'a pas été proposé de recommandations pour la vitamine C car on considère que la synthèse endogène est suffisante.

Dépenses et besoins en eau

Les dépenses dépendent des conditions environnementales (température et humidité) et de la durée de la période d'acclimatation, de l'intensité et de la durée de l'effort, de l'état de forme du cheval.

Au repos, le cheval placé dans la zone de neutralité thermique consomme de 5 à 6 litres d'eau/100 kg PV, ou 3,0 à 4,0 l/kg MS ingérée selon la nature du régime consommé, à 1,5-1,7 kg MS/100 kg PV, soit 25 à 30 l/jour pour un cheval de 500 kg.

Au travail, la consommation d'eau estimée par la perte de poids vif après l'effort (dont l'essentiel est représenté par la perte de fluides) augmente de 2 à 3 fois par rapport à celle observée au repos. La perte d'eau totale observée après un cross country a été de 20,4 l mais elle peut atteindre 28,2 l après une course d'endurance de 160 km soit respectivement 4 et 7 p. 100 du poids vif avant l'épreuve. Les pertes en eau s'effectuent essentiellement par sudation (70 à 92 p. 100) et par les voies respiratoires (18 à 30 p. 100). La sudation augmente brutalement au cours de la première demi-heure d'effort puis atteint un plateau. La perte totale d'eau du cheval à l'effort peut être multipliée par 2 à 4 si la température passe de 20 à 35 °C et l'humidité relative augment de 50 à 85 p. 100. L'entraînement et l'acclimatation améliorent la tolérance à l'élévation de température et d'humidité en réduisant les pertes par sudation de 70 à 80 p. 100 par rapport au cheval qui n'est pas acclimaté effectuant le même effort. La durée de la période d'acclimatation est de trois semaines.

Le facteur prépondérant de la variation de ces pertes d'eau est la production de chaleur du cheval due en premier lieu à sa dépense énergétique musculaire et secondairement aux quantités d'aliments ingérées. La quantité d'eau évaporée augmente linéairement avec la quantité de travail de même nature effectuée, mais elle est plus élevée lorsque le travail est plus intense pour une même dépense énergétique (soit un travail long et d'intensité modérée, soit un travail court et d'intensité élevée) d'après les travaux anciens réalisés sur chevaux tirant une charge au manège dynamométrique.

Les besoins ont été estimés à partir des travaux réalisés au début du XIXe siècle en Allemagne et en France et plus récemment effectués en Suède et au Canada (tableau 6.12).

Tableau 6.12. Besoins estimés en eau.

	Température ambiante (°C)	Travail	kg MS /100 kg PV	kg eau totale			Régime alimentaire
				/kg MSI	/100 kg PV	/Jour	
Repos	20	–	1,5-1,6	3,0-3,5	5,0-6,0	24-32	Foin
	30	–	1,5-1,6	6,0-6,5	9,0-10,0	45-50	Foin
Travail (modéré)	20	1 h	2,0-2,2	3,7-4,0	8,0-8,5	40-45	Foin + conc.
	30	1 h	2,0-2,2	7,0-8,0	16,0-17,0	80-85	Foin + conc.

Apports alimentaires recommandés

Besoins nutritionnels et apports alimentaires recommandés pour l'entretien

Les apports recommandés pour l'entretien (tableaux 6.13 à 6.19) sont des valeurs moyennes pour un cheval au repos en box ou en stalle. Ils tiennent compte en grande partie des variations des besoins évoqués précédemment (voir paragraphe « Dépenses énergétiques » p. 235).

Cependant, le cheval conserve pendant les périodes de repos une activité physique légère (détente en liberté, à la longe voire promenades, etc.) pour ne pas perdre complètement l'acquis de l'entraînement. Par ailleurs, il est établi que le cheval au repos au cours d'une période d'entraînement a une dépense énergétique supérieure à celle du même cheval à l'arrêt (sans entraînement) de 10 à 40 p. 100 selon l'intensité de l'entraînement ou des compétitions. Les apports alimentaires recommandés correspondent alors *a minima* à la dénomination « repos temporaire » dans les tableaux, voire à ceux d'un cheval effectuant un travail très léger pendant 1 à 2 heures par jour pour les chevaux de selle (tableaux 6.13 et 6.17) et de trait (tableaux 6.18 et 6.19).

Pour les chevaux au repos forcé (arrêt d'entraînement) ou pour les sujets qui ont subi un fort amaigrissement, les recommandations alimentaires, sont indiquées dans les paragraphes « Le cheval au repos forcé » ou « Remise en état d'un cheval après amaigrissement important » p. 273 ou 274.

Appréciation du travail

Le type d'utilisation du cheval est bien sûr lié à la nature des activités pratiquées : course, sport, loisirs, trait.

La nature du travail est définie par les allures (pas, trot, galop) aux vitesses classiques pour chaque type d'utilisation (course, sport et loisirs ou trait).

La quantité de travail effectué dépend de son intensité et de sa durée. Elle doit être appréciée à l'échelle de la journée puis de la semaine pour lisser les variations inter journalières d'apports alimentaires notamment pour les chevaux de sport amateurs et de loisirs.

L'intensité du travail pour chaque type d'utilisation du cheval a été définie à partir des situations pratiques propres à la course, au sport, aux loisirs et au trait.

Ce mode d'appréciation a conduit à distinguer des grilles d'intensité propre à la course, au sport et loisirs, et au trait.

Besoins et apports alimentaires recommandés pour les chevaux de sport et de loisirs

Spécificité du travail

Le type d'utilisation correspond à la nature des activités pratiquées : reprise pour cavaliers de différents niveaux (galop de 1 à 7), travail en terrains variés à l'extérieur, sauts d'obstacles, etc.

Les vitesses retenues pour chaque allure utilisée sont celles définies par la Fédération Française d'Équitation où elles ont été mesurées. La difficulté des obstacles (hauteur) et le nombre à franchir sont ceux correspondant aux situations pratiques les plus courantes.

Dans le cas des chevaux de sport et loisirs, la quantité de travail est appréciée à l'échelle de la journée puis de la semaine (nombre d'heures de travail d'intensité donnée, pondérée = somme hebdomadaire des heures de travail d'intensité variée divisée par 7) car les chevaux sont assez spécialisés dans leur travail. Dans un club, les chevaux sont utilisés en fonction du niveau des cavaliers et effectuent un travail très standardisé. Les chevaux de sport, pour une discipline donnée, réalisent également à une période déterminée de leur préparation ou de leur utilisation, un travail assez standardisé qui facilite le rationnement à l'échelle de la journée ou de la semaine.

L'intensité du travail pour chaque type d'utilisation du cheval a été définie par heure de travail : c'est la somme des durées des séquences de travail effectuées successivement aux différentes allures et aux vitesses correspondantes (figure 6.11). Cette appréciation ne peut être qu'approximative car elle varie avec l'âge, l'expérience et le tempérament du cheval, la compétence du cavalier et le relief du terrain. Les mesures réalisées ont permis de fixer des ordres de grandeur de la répartition des activités qui seront précisés ultérieurement.

Ce mode d'appréciation a conduit à distinguer, pour des chevaux travaillant en manège ou à l'extérieur, quatre intensités de travail : très léger, léger, moyen, intense. Ces intensités n'ont pas les mêmes valeurs pour le travail en manège ou à l'extérieur (figure 6.11).

Recommandation alimentaires

Les besoins journaliers pour le travail s'ajoutent aux besoins du cheval au repos (tableaux 6.13 à 6.16).

Le coût énergétique de l'heure de travail normalisé dans les principales situations d'utilisation des chevaux, notamment dans les centres équestres, a été calculé à partir de la dépense énergétique du cheval mesurée selon l'intensité et la durée de chaque exercice (figure 6.11). Cette évaluation prend en compte l'anticipation de la dépense énergétique, ainsi que la prolongation de la dépense liée au retour au calme après l'effort (effet rémanent).

Cette évaluation des besoins a été vérifiée dans la pratique pour les chevaux de selle en mesurant la quantité d'énergie nécessaire aux chevaux adultes effectuant un travail donné dans les principaux types d'utilisation, pour maintenir constants leur poids et leur état corporel. Cette vérification a permis de prendre en compte les effets de l'âge, du tempérament et du degré d'entraînement du cheval, de l'expérience du cavalier et de l'environnement (cheval seul ou en groupe, transports, climat, etc.) pour proposer des apports énergétiques recommandés pour chaque intensité de travail caractérisé par un type d'utilisation du cheval.

On a admis que les besoins azotés du cheval de sport sont satisfaits dès que la quantité d'aliments distribués s'accroît pour couvrir les dépenses énergétiques. C'est pourquoi on a également retenu une concentration azotée de la ration pour le travail voisine de celle de l'entretien (65-70 g de MADC par UFC). On peut accroître les apports azotés chez les jeunes chevaux pour leur permettre d'achever leur croissance tout en assurant leur préparation physique puis leur travail (voir chapitre 5, tableaux 5.11 à 5.14).

Les apports en minéraux et vitamines sont également indiqués par les chevaux adultes (tableaux 6.12 et 6.15) et les jeunes chevaux (voir chapitre 5, tableaux 5.11 à 5.14).

Chevaux de sport, de club et de loisirs

Pour les situations les plus courantes (chevaux de loisirs, chevaux de clubs, chevaux de sport, classes B à D), les apports journaliers recommandés totaux (entretien + travail) sont indiqués directement dans les tableaux 6.12 à 6.15. Dans le cas de la randonnée, le cheval est souvent amené à travailler plus de deux heures à une intensité cumulée sur plusieurs jours, moyenne à intense. Dans ce cas, le cheval doit recevoir des apports alimentaires correspondant dans tous les cas à une intensité moyenne, plusieurs jours avant et surtout après la randonnée pour permettre la constitution et/ou la reconstitution des réserves corporelles et ménager de bonnes transitions alimentaires.

C'est la solution pratique la plus sûre mais il est toujours possible, pour l'utilisateur expérimenté, d'utiliser les besoins énergétiques par heure de travail effectuée (figure 6.11) pour les ajouter aux besoins du cheval au repos, à condition de faire preuve de bon sens. Par exemple, un apport énergétique supérieur à 10 UFC doit interpeller. C'est pourquoi il est recommandé de raisonner à l'échelle de la semaine pour limiter les variations brutales et néfastes. D'un jour à l'autre, les réserves corporelles, si le cheval est en bon état, amortissent les variations de la couverture des dépenses journalières.

En règle générale, l'objectif zootechnique pour cette catégorie de chevaux est de maintenir un état corporel assez constant (3,0 à 3,5).

Chevaux de sport de compétition

Le programme de travail des chevaux de haute compétition (national et international), qui est du ressort des experts, est planifié sur le long terme (mois) avec des ajustements à moyen terme (semaine) pour que le cheval soit prêt pour le jour de la compétition puis pour lui permettre de récupérer et enchaîner la compétition suivante plus ou moins éloignée (semaines – mois) selon la discipline considérée.

Les apports alimentaires doivent être programmés également en fonction du travail fixé par rapport à l'objectif en utilisant deux repères zootechniques simples mais capitaux, le poids vif et la note d'état corporel mesurés comme il est indiqué chapitre 2. Contrairement aux chevaux de club et de loisirs, le poids vif et la note d'état corporel peuvent varier car les besoins instantanés peuvent être très élevés et dépasser à l'échelle de la journée les capacités physiologiques et métaboliques du cheval à consommer, digérer et métaboliser une ration très importante. C'est pourquoi il est impératif encore de raisonner les apports alimentaires à l'échelle de la semaine dans tous les cas, voire sur plusieurs semaines pour gérer rationnellement le poids vif et l'état corporel du cheval. L'objectif est toujours d'atteindre progressivement le poids vif et la note d'état corporel optimaux le jour de la compétition et de les retrouver aussi graduellement après, si ceux-ci ont pu varier.

Endurance

Il est établi qu'un cheval qui n'a pas atteint son poids vif et une note d'état corporel de 3 minimum a peu de chance de gagner, voire de finir l'épreuve si cette note est très inférieure à 3, d'autant plus que la compétition est de niveau élevé (80 à 160 km). Au cours des mois de préparation suivant l'arrêt de la saison de compétition précédente, les apports journaliers liés au travail varie progressivement de 1,0 à 4,0 UFC car l'intensité du travail s'accroît de légère à très intense jusqu'à la compétition (figure 6.11). Au plan général, l'entraînement consiste à réaliser 3 à 5 jours par semaine des séquences de travail au trot (10-15 km/h) de plus en plus longues (de 8 à 48 km) au cours desquelles peuvent être introduites des courtes séquences de trot allongé (20 km/h) ou de canter, entrecoupées de phases au pas. L'intensité de l'entraînement est modérée avant la prochaine compétition. Ces apports alimentaires doivent permettre d'atteindre une note d'état corporel de 3,0 à 3,5 le jour de la compétition afin que celle-ci ne soit pas trop inférieure à 3,0 après l'épreuve. Si la note d'état corporel est malgré tout inférieure à 3,0 (au pire de 2,5 soit une perte de poids vif de l'ordre de 25 kg pour une baisse de la note d'état de − 0,5), la note d'état corporel de 3,0 pourra être restaurée en 1 mois en ajoutant + 2,0 UFC (et 65-70 g MADC/UFC) à travail constant (apport qui provient du calcul suivant : 25 kg perte de poids vif × 2,5 UFC/kg PV / 30 j = 2,0 UFC/j voir chapitre 2), éventuellement en augmentant l'apport si cela ne suffit pas et/ou que le temps disponible est compté. Dans tous les cas, la ration journalière ne pourra apporter plus de 9,0 UFC, ni être inférieure aux besoins de repos (majorés de 10 p. 100) (voir chapitres 1 et 2). La composition des rations comprend en moyenne 70 p. 100 et 30 p. 100 de fourrage et concentré en période de préparation et de 60 p. 100 et 40 p. 100 respectivement en période de compétition.

Concours complet

Le cheval réalise au cours de trois jours consécutifs une course de fond, un cross country de 5 700 m à 6 840 m à une vitesse de 570 m/min et comportant 30 à 32 obstacles de 1,20 m, précédés d'une phase de dressage et suivis d'un concours hippique comprenant 12-15 obstacles de 1,20 m à effectuer à une vitesse de 400 m/min. Le coût énergétique instantané est donc élevé. La démarche est donc la même que pour l'endurance. Les apports alimentaires supplémentaires liés au travail au cours de la période d'entraînement s'accroissent de 1,0 à 3,0 UFC (et 65-70 g de MADC/UFC supplémentaire) pour effectuer un travail d'intensité légère à intense afin d'atteindre un poids optimal et une note d'état corporel de 3,0 à 3,5. Au cours de la compétition, les apports alimentaires supplémentaires journaliers sont de 3,0 à 4,0 UFC (et 65-70 g de MADC par UFC supplémentaire). Si la note d'état corporel est inférieure après la compétition à 3,0, celle-ci est restaurée comme dans le cas de l'endurance (voir chapitre 2).

La période d'entraînement qui précède pendant plusieurs mois alterne un travail de dressage, de musculation, de mise en souffle (cardiorespiratoire) au trot et au galop normal, un travail sur l'obstacle de 0,80 m en carrière. Cet entraînement nécessite des apports alimentaires supplémentaires journaliers de 1,0 à 2,5 UFC et 65-70 g de MADC par UFC supplémentaire.

Concours de saut d'obstacles

L'effort du cheval de sauts d'obstacles est court et explosif puisque le cheval doit franchir en quelques minutes environ 12-14 obstacles de 1,60 m à 400 m/min. Le coût énergétique instantané est donc élevé mais celui-ci doit être réparti sur la durée comme il a été indiqué précédemment. Les apports alimentaires supplémentaires journaliers sont de 2,5 à 3,5 UFC (et 65-70 g de MADC par UFC supplémentaire) au cours de la compétition et de la période qui précède pour maintenir un poids vif optimal et une note d'état corporel de 3,0 afin de ne pas charger inutilement le cheval et surtout ses articulations.

La période de compétition est précédée d'une période d'entraînement de plusieurs mois qui est divisée en phases de travail sur le plat à des allures de dressage, de renforcements musculaires et ligamentaires, de conditionnement cardiovasculaire combinant du travail long à vitesse modérée à des canters courts enfin du travail sur obstacles bas (0,80 à 1,0 m) pour réaliser un travail de gymnastique ou d'obstacles plus élevés (1,20 à 1,50 m) pour travailler la technique du saut. Ce programme justifie des apports alimentaires supplémentaires journaliers de 1,5 à 3,0 UFC et 65-70 g de MADC par UFC supplémentaire.

Rationnement pratique

Le rationnement du cheval doit être individuel. Il a pour objectif de réaliser l'équilibre entre les apports recommandés (tableaux 6.13 à 6.16) et les apports nutritifs assurés par les aliments retenus pour constituer la ration. Il doit être réalisé selon les modalités précises indiquées dans le chapitre 2 au plan général. Dans certains cas (rations traditionnelles à base de foin de pré complémentées par des céréales ou un aliment composé), les apports azotés de la ration calculée peuvent être supérieurs aux besoins azotés du cheval (tels qu'ils sont indiqués tableaux 6.13 à 6.16). On peut tolérer un excédent d'apports alimentaires azotés de 50 p. 100 maximum par rapport aux besoins car c'est inhérent à la composition des aliments utilisés : fourrages et céréales ont des teneurs en azote voisines sans que cela soit préjudiciable à la santé (sauf problèmes rénaux potentiels) et aux performances. Il est préférable, pour des raisons économiques, d'ajuster au mieux les apports azotés en introduisant de la paille dans la ration et/ou en utilisant des aliments composés ayant une teneur azotée inférieure ou égale à 90 g MADC/kg MS.

Le mode d'alimentation du cheval doit être raisonné chaque jour et à l'échelle de la semaine.

Modalités de distribution des aliments

À l'échelle de la journée, la ration journalière doit être distribuée à heures régulières. Le nombre de repas est en général de trois : matin, midi, soir. Ces horaires permettent une répartition des distributions de fourrage et d'aliments concentrés au cours de la journée en fonction du travail.

Si le cheval doit travailler relativement tôt après le repas (2 h minimum), il ne faut distribuer que de l'aliment concentré. Celui-ci est consommé rapidement (1 kg d'avoine en 10-15 min) et digéré facilement (l'estomac du cheval n'est pas trop encombré pendant le travail). Inversement, si le cheval bénéficie d'une longue période de calme (plus de 3 h), notamment le soir après le travail, on a intérêt à distribuer les fourrages. La distribution des fourrages s'accompagne d'une activité alimentaire de plusieurs heures au cours d'un grand repas suivi de plusieurs petits repas plus ou moins espacés (voir chapitre 1). Si le cheval est logé sur litière de paille, l'activité alimentaire peut se prolonger toute la journée ou la nuit. C'est fréquemment ce que l'on recherche, notamment en distribuant le soir une part importante de la ration de fourrage pour occuper les chevaux inquiets. À l'échelle de la semaine, la ration doit être constante notamment pour les chevaux de club.

Lorsque le cheval effectue chaque jour un travail de durée et d'intensité assez régulières (1 à 2 h de travail moyen), la ration peut être calculée pour un travail moyen de 1h30 et rester relativement constante toute la semaine (sauf les jours de repos). Si le travail journalier varie de 1 à 5 h et avec une intensité légère à moyenne, ce qui peut être le cas des chevaux de club, on a également intérêt à distribuer, tous les jours de la semaine, une ration correspondant, par exemple, à l'entretien + 3 h de travail moyen. Il ne faut cependant pas oublier de réduire la ration le jour de repos.

Cette méthode a l'avantage d'éviter des variations trop brutales de la composition de la ration (proportions respectives de fourrages et d'aliment concentré) et des quantités d'aliments concentrés. Au plan pratique, elle évite les grosses erreurs d'ajustement de la ration en fonction du travail. De plus, elle permet une bonne utilisation de la ration et le maintien des chevaux en bon état.

Besoins et apports alimentaires recommandés pour les chevaux de course

Spécificité du travail

Les chevaux doivent acquérir progressivement de l'endurance, de la résistance et enfin de la force et de la vitesse pour atteindre la période des courses dans de bonnes conditions.

Le trotteur

Nous avons utilisé le programme d'entraînement proposé aux USA par Lovell (1994) et inspirés de la Charte d'entraînement américaine de Dancer (1968). Ce programme est décliné en trois phases : adaptation, foncier, racing. La phase d'adaptation est caractérisée par quatre semaines de jogging de plus en plus long 5 000 à 13 000 m au trot normal. La phase de foncier comprend des alternances de joggings de 10 000 m au trot normal avec des joggings à 90 p. 100 de la vitesse à fréquence cardiaque maximum pendant quatre semaines. Enfin une période d'affûtage de deux semaines qui alternent des joggings de 6 à 10 000 m au trot normal avec des *heats* plus ou moins longs et à vitesse de plus en plus élevée chaque jour. Des périodes de pas sont bien sûr incluses dans les calculs. Les besoins ont été établis sur la base d'un tel programme, le seul publié, pour se rapprocher de la réalité puisque l'Inra n'a jamais pu conduire d'essais d'alimentation sur ces chevaux athlètes. Les recommandations fournies dans le tableau 6.17 constituent donc un ordre de grandeur plausible.

Le galopeur

La démarche a été également pragmatique pour les mêmes raisons que mentionnées chez le trotteur. Nous avons utilisé le programme d'entraînement proposé par Evans (1994) dans le cadre d'un ouvrage scientifique, et qui se décline en quatre phases : adaptation (12 semaines), endurance (4 semaines), aérobie/anaérobie (4 semaines) et enfin anaérobie (2 semaines) pour calculer les besoins (tableau 6.17). Pendant la phase d'adaptation, les chevaux travaillent au trot ou au galop entre 300 et 500 m/min sur des distances de 3 000 à 5 000 m. Au cours de la phase d'endurance, les chevaux travaillent sur des distances plus longues 5 à 10 000 m au trot ou au galop (canter). Pendant la phase alternant aérobie et anaérobie, les chevaux effectuent quotidiennement un trot de 2 000 à 4 000 m et des périodes de galop à vitesse croissante 500 à 800 m/min sur des distances de plus en plus longues (1 200 à 3 200 m). Enfin la dernière phase de travail anaérobie consiste à conforter la vitesse et la capacité d'accélération sur des distances de 600 à 1 200 m introduites entre des séquences de canter et de *heats*.

Les recommandations alimentaires proposées prévoient bien sur des périodes de pas qui sont incluses dans les calculs. Elles constituent des ordres de grandeur.

Rationnement pratique

L'alimentation du cheval de course doit respecter les règles générales du rationnement du cheval en considérant son comportement alimentaire, son mode de digestion et ses besoins spécifiques. De plus, l'équilibre de la ration et le choix de ses constituants doivent être adaptés aux exigences qualitatives du travail musculaire en rapport avec la spécialité sportive (vitesse, demi-fond, endurance). Ils doivent aussi tenir compte du type génétique du cheval et de la méthode d'entraînement.

Les sources d'énergie sont un des points majeurs à considérer. Lors d'un effort bref et brutal, comme une course de vitesse (vitesses supérieures à 500 m/min), les muscles utilisent essentiellement du glycogène, réserve énergétique relativement peu influencée par l'alimentation. Les muscles produisent alors massivement de l'acide lactique pouvant induire une acidose musculaire qui expose les chevaux aux classiques « coups de sang ». Pour prévenir ces accidents, il faut :

– éviter les surcharges de glycogène musculaire par l'ajustement continu du niveau alimentaire en fonction des besoins énergétiques ;

– limiter l'emploi d'aliments riches en amidon (céréales, etc.) ;

– interdire la distribution abusive de saccharose et autres « sucres rapides » avant les épreuves. En effet, ces derniers provoquent une hypoglycémie secondaire, préjudiciable aux performances du cheval.

Les sources d'énergie à utiliser dans l'alimentation du cheval de course sont d'une part la cellulose contenue dans les fourrages dont la digestion microbienne assure une fourniture régulière d'acides gras volatils et qui joue un rôle de lest indispensable à l'hygiène digestive, et d'autre part les glucides de réserves tels que l'amidon apportés par les céréales. Leur proportion dans la ration doit augmenter avec la quantité de travail mais des résultats expérimentaux récents obtenus en Suède chez le trotteur montrent que les critères physiologiques et biomécaniques sont aussi bons après la course avec un régime à base de fourrage de très bonne qualité qu'avec un régime mixte classique, fourrage plus concentré.

Pour éviter des troubles d'origine digestive liés à des apports massifs d'amidon, il est alors utile de limiter la quantité journalière de céréales et de fractionner l'apport en un minimum de trois repas quotidiens de concentré chez les chevaux effectuant un travail intensif.

Si le niveau d'alimentation est élevé, l'aplatissage ou le broyage des grains peut également être favorable à la digestion, tout comme le floconnage ou l'expansion-extrusion. Mais cela ne doit pas conduire à augmenter la proportion de céréales dans la ration pour prévenir les troubles du métabolisme musculaire et, chez les jeunes chevaux, les troubles ostéo-articulaires. Il peut être judicieux de substituer une partie des céréales par un aliment composé complémentaire spécialement adapté à la compétition, pour la préparation à la compétition qui demande un apport élevé d'énergie facilement disponible. Il est possible d'utiliser aussi des céréales pour les chevaux destinés aux courses de demi-fond ou de fond mais en proportion bien moindre (voir cheval de sport d'endurance).

Équilibre de la ration

L'équilibre de la ration du cheval athlète doit respecter les règles générales liées à la physiologie digestive des équidés et aux rapports énergie/protéines, minéraux et vitamines (voir chapitre 2), compte tenu de la nécessité de distribuer un régime relativement concentré en constituants énergétiques (céréales et matières grasses).

En premier lieu, la ration doit avoir une teneur en cellulose brute d'au moins 15 p. 100 pour assurer une bonne hygiène digestive.

Par lui-même, le travail musculaire modifierait assez peu le niveau des besoins azotés. Il préserve au maximum les protéines tissulaires dont la participation ne dépasserait pas 4 p. 100 des dépenses énergétiques, dans le cas d'apport alimentaire équilibré. L'apport azoté sera fixé en fonction du niveau énergétique de la ration pour respecter le rapport de 65-70 g MADC/UFC. Dans le cas de jeunes chevaux mis à l'entraînement, on veillera à accroître l'apport azoté de 20 p. 100 (soit un rapport de la ration totale de 78 g MADC/UFC) tout en améliorant la qualité des protéines en faisant appel aux farines de luzerne et au tourteau de soja.

Pratiquement, le taux azoté (exprimé sur l'étiquette en protéines brutes) de la ration du cheval de course restera donc en moyenne proche de 12-13 p. 100, aussi bien chez le sprinter, davantage exposé aux stress de la compétition, que chez le coureur de fond, dont la ration peut être enrichie en matières grasses.

Les répercussions du travail musculaire sont particulièrement nettes sur les besoins en chlorure de sodium, ainsi qu'en calcium et magnésium, mais elles concernent aussi les oligoéléments.

Le chlorure de sodium est exporté en abondance par la sudation qui est dépendante de l'intensité de l'effort et de sa durée, de l'état d'entraînement (au début, la sueur est plus diluée et sécrétée en excès), comme des conditions climatiques. La ration doit alors contenir *a minima* 0,30-0,35 p. 100 de sodium (soit 3 à 5 g/kg de matière sèche).

Le calcium et le magnésium méritent aussi d'être largement augmentés dans la ration du cheval athlète. La digestibilité et la rétention du calcium et du magnésium se trouvent gravement compromises chez le cheval de course par les habituels excès alimentaires de phosphore total. En effet, au fur et à mesure que s'élève le niveau de travail, les céréales, en particulier l'avoine, prennent une place croissante dans la ration, au détriment du foin. Elles imposent donc progressivement leur déséquilibre phosphocalcique avec leur rapport Ca/P de l'ordre de 0,2-0,3, par comparaison à un optimum voisin de 1,5. La prévention de ces déséquilibres nécessite de renforcer nettement la complémentation en calcium en recherchant un rapport Ca/P supérieur à 1,5. La ration doit contenir *a minima* 0,36 à 0,40 p. 100 de calcium et 0,24 à 0,30 p. 100 de phosphore en période intense. De même, il convient d'assurer la fourniture de magnésium pour atteindre *a minima* 0,15 p. 100 de la ration (soit 1,5 g/kg) en période intense.

Les apports en oligoéléments sont exprimés en fonction de la consommation de matière sèche. Ils tiennent donc compte de l'évolution des apports énergétiques (voir chapitre 2, tableau 2.1).

Les apports en vitamines (A, D, E) sont également exprimés en fonction de la consommation de matière sèche (voir chapitre 2, tableau 2.1). Ils sont donc liés à l'évolution des apports énergétiques. Les apports en vitamines E peuvent être augmentés si la ration est largement pourvue en acides gras insaturés. Les apports massifs de vitamines sont inefficaces pour augmenter les performances sportives, alors qu'ils ne sont pas sans risques, notamment pour les vitamines D.

Tableau 6.13. Apports alimentaires recommandés pour le cheval de selle d'un poids vif adulte[6] de **450 kg**.

Utilisation	Apports journaliers																			Consommation de matière sèche* (kg)
	UFC	MADC (g)	Lysine (g)	P (g)	Ca (g)	Mg (g)	Na (g)	Cl (g)	K (g)	Cu (mg)	Zn (mg)	Co (mg)	Se (mg)	Mn (mg)	Fe (mg)	I (mg)	Vit. A (UI)	Vit. D (UI)	Vit. E (UI)	
Entretien																				
Au repos[1]	3,8	247	23	13	18	7	9	36	23	78	388	1,6	1,6	310	388	1,6	25 200	3 100	390	7,0-8,5
Travail																				
Repos temporaire[2]	4,4	315	29	14	19	7	10	38	24	85	425	1,7	1,7	340	425	1,7	27 600	3 400	425	7,5-9,0
Très léger[3, 4]	5,0	360	33	17	27	9	13	43	27	90	450	1,8	1,8	360	720	1,8	29 300	3 600	450	8,5-9,5
Léger[3, 4]	6,6	475	43	17	27	9	13	43	27	105	525	2,1	2,1	420	840	2,1	34 100	4 200	525	9,5-11,5
Modéré[3, 4]	7,2	518	47	19	32	10	17	50	31	115	575	2,3	2,3	460	920	2,3	43 100	6 900	920	10,5-12,5
Intense[5]	6,8	492	45	26	36	14	23	60	36	108	538	2,2	2,2	430	860	2,2	40 300	6 450	860	10,0-11,5
Très intense[5]	7,6	547	50	28	41	17	37	84	48	108	538	2,2	2,2	430	860	2,2	40 300	6 450	860	10,0-11,0

*Les valeurs les plus faibles seront choisies pour une alimentation riche en concentré, les plus fortes pour maximiser la consommation de fourrages.

[1] Sans aucun travail spécifique, ces apports concernent le hongre et la jument. Dans le cas de l'étalon, ajouter 0,4 UFC et 25 g MADC.

[2] Journée de repos hebdomadaire :
– Pour les chevaux des centres équestres, utiliser la ligne repos temporaire (4,4 UFC) et augmenter la proportion de fourrages dans la ration ;
– Pour les chevaux de sport, utiliser la ligne travail très léger (5,0 UFC) et augmenter la proportion de fourrages dans la ration ;
– Pour les chevaux de course, en période de travail intense : utiliser la ligne travail très léger (5,0 UFC) et augmenter la proportion de fourrages dans la ration ; en période de travail très intense : utiliser la ligne travail léger (6,6 UFC) et augmenter la proportion de fourrages dans la ration.

[3] On a considéré que le cheval de centres équestres travaillait 2 h par jour (moyenne observée en pratique).

[4] Le cheval de loisirs : dans le cas de sortie de courte durée, on considèrera un travail très léger pour 1 h de sortie, et un travail léger pour 2 h de sortie. Dans le cadre de randonnée on considèrera un travail léger pour une durée comprise entre 2 et 4 h, et un travail moyen pour une durée supérieure de 4 h.

[5] On a considéré que le cheval de sport ou de course travaillait une heure par jour (moyenne observée en pratique).

[6] Pour les jeunes chevaux à l'entraînement : voir chapitre 5.

Tableau 6.14. Apports alimentaires recommandés pour le cheval de selle d'un poids vif adulte[6] de **500 kg.**

Utilisation	Apports journaliers																			Consommation
	UFC	MADC (g)	Lysine (g)	P (g)	Ca (g)	Mg (g)	Na (g)	Cl (g)	K (g)	Cu (mg)	Zn (mg)	Co (mg)	Se (mg)	Mn (mg)	Fe (mg)	I (mg)	Vit. A (UI)	Vit. D (UI)	Vit. E (UI)	de matière sèche* (kg)
Entretien																				
Au repos[1]	4,1	267	24	14	20	8	10	40	25	85	425	1,7	1,7	340	425	1,7	27 600	3 400	425	7,5-9,5
Travail																				
Repos temporaire[2]	4,7	340	31	15	21	8	11	42	26	93	465	1,9	1,9	372	465	1,9	30 200	3 700	465	8,0-10,0
Très léger[3, 4]	5,3	382	35	19	30	10	15	48	29	98	488	1,9	1,9	390	780	1,9	31 700	3 900	490	9,0-10,5
Léger[3, 4]	7,1	511	47	19	30	10	15	48	29	113	490	2,3	2,3	450	900	2,3	36 600	4 500	560	10,0-12,5
Modéré[3, 4]	7,8	562	51	21	35	12	18	56	33	123	510	2,6	2,6	510	1 020	2,6	47 800	7 700	1 020	11,0-13,5
Intense[5]	7,3	526	48	29	40	15	26	67	39	113	470	2,3	2,3	450	900	2,3	44 100	6 800	900	10,0-12,5
Très intense[5]	8,3	594	54	31	45	19	41	93	53	113	470	2,3	2,3	450	900	2,3	44 100	6 800	900	10,0-12,5

*Les valeurs les plus faibles seront choisies pour une alimentation riche en concentré, les plus fortes pour maximiser la consommation de fourrages.

[1] Sans aucun travail spécifique, ces apports concernent le hongre et la jument. Dans le cas de l'étalon, ajouter 0,4 UFC et 25 g MADC.

[2] Journée de repos hebdomadaire :
– Pour les chevaux des centres équestres, utiliser la ligne repos temporaire (4,7 UFC) et augmenter la proportion de fourrages dans la ration ;
– Pour les chevaux de sport, utiliser la ligne travail très léger (5,3 UFC) et augmenter la proportion de fourrages dans la ration ;
– Pour les chevaux de course, en période de travail intense : utiliser la ligne travail très léger (5,3 UFC) et augmenter la proportion de fourrages dans la ration ; en période de travail très intense : utiliser la ligne travail léger (7,1 UFC) et augmenter la proportion de fourrages dans la ration.

[3] On a considéré que le cheval de centres équestres travaillait 2 heures par jour (moyenne observée en pratique).

[4] Le cheval de loisirs : dans le cas de sortie de courte durée, on considèrera un travail très léger pour 1 h de sortie, et un travail léger pour 2 h de sortie. Dans le cadre de randonnée on considèrera un travail léger pour une durée comprise entre 2 et 4 h, et un travail moyen pour une durée supérieure de 4 h.

[5] On a considéré que le cheval de sport ou de course travaillait une heure par jour (moyenne observée en pratique).

[6] Pour les jeunes chevaux à l'entraînement, voir chapitre 5.

Tableau 6.15. Apports alimentaires recommandés pour le cheval de selle d'un poids vif adulte[6] de **550 kg.**

Utilisation	Apports journaliers																			Consommation de matière sèche* (kg)
	UFC	MADC (g)	Lysine (g)	P (g)	Ca (g)	Mg (g)	Na (g)	Cl (g)	K (g)	Cu (mg)	Zn (mg)	Co (mg)	Se (mg)	Mn (mg)	Fe (mg)	I (mg)	Vit. A (UI)	Vit. D (UI)	Vit. E (UI)	
Entretien																				
Au repos[1]	4,5	293	27	16	22	8	11	44	28	95	475	1,9	1,9	380	475	1,9	30 900	3 800	475	8,5-10,5
Travail																				
Repos temporaire[2]	5,2	373	34	17	23	9	12	46	29	100	500	2,0	2,0	400	500	2,0	32 300	4 000	500	9,0-11,0
Très léger[3, 4]	5,9	424	39	21	33	11	16	53	33	105	525	2,1	2,1	420	840	2,1	34 100	4 200	525	9,5-11,5
Léger[3, 4]	7,8	565	51	21	33	11	16	53	33	120	600	2,4	2,4	480	960	2,4	39 000	4 800	600	10,5-13,5
Modéré[2, 3]	8,6	620	56	23	39	13	21	62	37	135	675	2,7	2,7	540	1 080	2,7	50 100	8 100	1 080	11,5-15,5
Intense[5]	8,1	580	53	32	44	17	28	73	43	123	613	2,5	2,5	490	980	2,5	45 900	7 500	980	11,0-135
Très intense[4]	9,1	656	60	34	50	20	46	102	59	123	613	2,5	2,5	490	980	2,5	45 900	7 500	980	11,0-13,5

*Les valeurs les plus faibles seront choisies pour une alimentation riche en concentré, les plus fortes pour maximiser la consommation de fourrages ;

[1] Sans aucun travail spécifique, ces apports concernent le hongre et la jument. Dans le cas de l'étalon, ajouter 0,5 UFC et 30 g MADC.

[2] Journée de repos hebdomadaire :
– Pour les chevaux des centres équestres, utiliser la ligne repos temporaire (5,2 UFC) et augmenter la proportion de fourrages dans la ration ;
– Pour les chevaux de sport : utiliser la ligne travail très léger (5,9 UFC) et augmenter la proportion de fourrages dans la ration ;
– Pour les chevaux de course, en période de travail intense : utiliser la ligne travail très léger (5,9 UFC) et augmenter la proportion de fourrages dans la ration ; en période de travail très intense : utiliser la ligne travail léger (7,8 UFC) et augmenter la proportion de fourrages dans la ration.

[3] On a considéré que le cheval de centres équestres travaillait 2 h par jour (moyenne observée en pratique).

[4] Le cheval de loisirs : dans le cas de sortie de courte durée, on considèrera un travail très léger pour 1 h de sortie, et un travail léger pour 2 h de sortie. Dans le cadre de randonnée on considèrera un travail léger pour une durée comprise entre 2 et 4 h, et un travail moyen pour une durée supérieure de 4 h.

[5] On a considéré que le cheval de sport ou de course travaillait une heure par jour (moyenne observée en pratique).

[6] Pour les jeunes chevaux à l'entraînement, voir chapitre 5.

Tableau 6.16. Apports alimentaires recommandés pour le cheval de selle d'un poids vif adulte[6] de **600 kg.**

Utilisation	Apports journaliers																				Consommation de matière sèche* (kg)
	UFC	MADC (g)	Lysine (g)	P (g)	Ca (g)	Mg (g)	Na (g)	Cl (g)	K (g)	Cu (mg)	Zn (mg)	Co (mg)	Se (mg)	Mn (mg)	Fe (mg)	I (mg)	Vit. A (UI)	Vit. D (UI)	Vit. E (UI)	
Entretien																				
Au repos[1]	4,8	312	29	17	24	9	12	48	30	103	513	2,1	2,1	410	513	2,1	33 300	4 100	510	9,0-11,5
Travail																				
Repos temporaire[2]	5,5	397	36	19	25	10	13	50	31	110	550	2,2	2,2	440	550	2,2	35 800	4 400	550	9,5-12,0
Très léger[3, 4]	6,3	450	41	23	36	11	18	58	35	115	575	2,3	2,3	460	920	2,3	37 400	4 600	580	10,5-12,5
Léger[3, 4]	8,4	603	55	23	36	11	18	58	35	130	650	2,7	2,7	530	1 060	2,7	42 300	5 200	650	11,5-14,5
Modéré[3, 4]	9,2	664	60	25	42	14	23	67	40	145	725	2,9	2,9	580	1 160	2,9	54 400	8 700	1 160	13,0-16,0
Intense[5]	8,6	621	57	35	48	18	31	80	47	130	650	2,7	2,7	530	1 040	2,7,	48 700	7 800	1 040	11,5-14,5
Très intense[5]	9,8	703	64	37	54	22	49	112	64	130	650	2,7	2,7	530	1 040	2,7	48 700	7 800	1 040	11,5-14,5

*Les valeurs les plus faibles seront choisies pour une alimentation riche en concentré, les plus fortes pour maximiser la consommation de fourrages.

[1] Sans aucun travail spécifique : ces apports concernent le hongre et la jument. Dans le cas de l'étalon, ajouter 0,5 UFC et 30 g MADC.

[2] Journée de repos hebdomadaire :
– Pour les chevaux des centres équestres, utiliser la ligne repos temporaire (5,5 UFC) et augmenter la proportion de fourrages dans la ration ;
– Pour les chevaux de sport, utiliser la ligne travail très léger (6,3 UFC) et augmenter la proportion de fourrages dans la ration ;
– Pour les chevaux de course : en période de travail intense, utiliser la ligne travail très léger (6,3 UFC) et augmenter la proportion de fourrages dans la ration ; en période de travail très intense, utiliser la ligne travail léger (8,4 UFC) et augmenter la proportion de fourrages dans la ration ;

[3] On a considéré que le cheval de centres équestres travaillait 2 h par jour (moyenne observée en pratique).

[4] Le cheval de loisirs : dans le cas de sortie de courte durée, on considèrera un travail très léger pour 1 h de sortie, et un travail léger pour 2 h de sortie. Dans le cadre de randonnée, on considèrera un travail léger pour une durée comprise entre 2 et 4 h, et un travail moyen pour une durée supérieure de 4 h.

[5] On a considéré que le cheval de sport ou de course travaillait une heure par jour (moyenne observée en pratique).

[6] Pour les jeunes chevaux à l'entraînement, voir chapitre 5.

Tableau 6.17. Apports alimentaires recommandés pour le **cheval de course adulte.**

| | Apports journaliers | | | | | | | | | | | | | | | | | | | Consommation de matière sèche* |
	UFC	MADC (g)	Lysine (g)	P (g)	Ca (g)	Mg (g)	Na (g)	Cl (g)	K (g)	Cu (mg)	Zn (mg)	Co (mg)	Se (mg)	Mn (mg)	Fe (mg)	I (mg)	Vit. A (UI)	Vit. D (UI)	Vit. E (UI)	(kg)
Trotteur 560 kg																				
Repos total[1]	4,7	306	28	16	22	8	11	45	28	95	475	1,9	1,9	380	475	1,9	30 900	3 800	475	8,5-10,5
Repos temporaire[2]	6,2	403	37	20	28	11	14	56	35	110	550	2,2	2,2	440	880	2,2	35 800	4 400	550	10,5-11,5
Adaptation[3,5]	8,5	553	50	31	45	17	28	75	44	130	650	2,6	2,6	520	1 040	2,6	48 800	7 800	1040	
Foncier[3]	9,5	618	56	34	50	21	46	104	59	150	750	3,0	3,0	600	1 200	3,0	56 200	9 000	1200	12,0-15,0
Vitesse[3]	8,5	553	50	31	45	17	28	75	44	130	650	3,0	3,0	520	1 040	3,0	48 800	7 800	1040	
Galopeur 540 kg																				
Repos total[1]	4,6	300	27	15	22	8	11	43	27	95	475	1,9	1,9	380	475	1,9	30 900	3 800	475	8,5-10,5
Repos temporaire[2]	6,1	394	36	19	27	10	14	54	34	110	550	2,2	2,2	440	880	2,2	35 800	4 400	550	10,5-11,5
Phase 1 Adaptation[4,5]	8,5	553	50	31	43	16	28	72	42	130	650	2,6	2,6	520	1 040	2,6	48 800	7 800	1040	
Phase 2 Endurance[4]	9,5	618	56	34	50	20	45	100	57	150	750	3,0	3,0	600	1 200	3,0	56 200	9 000	1200	12,0-15,0
Phase 3 Aérobie/ Anaérobie[4]	9,0	585	53	34	50	20	45	100	57	150	750	3,0	3,0	600	1 200	3,0	56 200	9 000	1200	
Phase 4 Anaérobie[4]	9,0	585	53	34	50	20	45	100	57	150	750	3,0	3,0	600	1 200	3,0	56 200	9 000	1200	

*Les valeurs les plus faibles seront choisies pour une alimentation riche en concentré, les plus fortes pour maximiser la consommation de fourrages.

[1] Dépenses d'entretien *sensu stricto* + 10 p. 100 liées à la race hors période d'entraînement (arrêt).

[2] Dépenses d'entretien *sensu stricto*+ 45 p. 100 liées à la période d'entraînement (jour de repos).

[3] Dépenses calculées pour le trotteur avec une charge : sulky + driver = + 80 kg.

[4] Dépenses calculées pour le galopeur avec une charge : jockey + selle = + 60 kg.

[5] Il peut être possible d'augmenter les apports azotés de 20 à 30 p. 100 au cours de cette phase en raison du développement musculaire.

Tableau 6.18. Apports alimentaires recommandés pour le cheval de trait d'un poids vif adulte de **700 kg.**

| Utilisation | Apports journaliers | | | | | | | | | | | | | | | | | | | Consommation |
	UFC	MADC (g)	Lysine (g)	P (g)	Ca (g)	Mg (g)	Na (g)	Cl (g)	K (g)	Cu (mg)	Zn (mg)	Co (mg)	Se (mg)	Mn (mg)	Fe (mg)	I (mg)	Vit. A (UI)	Vit. D (UI)	Vit. E (UI)	de matière sèche* (kg)
Entretien																				
Au repos[1]	5,1	357	33	20	28	11	14	56	35	100	500	2,0	2,0	400	500	2,0	32 500	4 000	500	9,5-10,5
Travail																				
Repos temporaire[2]	5,6	392	36	22	31	12	15	62	39	105	525	2,1	2,1	420	525	2,1	34 100	4 200	525	10,0-11,0
Léger[3]	7,7	539	49	27	42	13	25	73	45	128	638	2,6	2,6	510	1 020	2,6	41 400	5 100	638	12,0-13,5
Modéré[4]	8,6	602	55	29	49	16	36	84	51	143	713	2,9	2,9	570	1 140	2,9	53 400	8 600	1 140	13,0-15,5
Intense[5]	10,0	700	64	41	56	21	57	99	59	153	763	3,1	3,1	610	1 220	3,1	57 200	9 200	1 220	14,0-16,5

*Les valeurs les plus faibles seront choisies pour une alimentation riche en concentré, les plus fortes pour maximiser la consommation de fourrages.

[1] Sans aucun travail spécifique, ces apports concernent le hongre et la jument. Dans le cas de l'étalon, ajouter 0,6 UFC et 40 g MADC.

[2] Journée de repos hebdomadaire, en période de travail léger : utiliser la ligne repos temporaire (5,6 UFC) et augmenter la proportion de fourrages dans la ration ; en période de travail modéré ou intense : utiliser la ligne travail léger (7,7 UFC) et augmenter la proportion de fourrages dans la ration.

[3] Léger : andainage.

[4] Modéré : labours en terres légères, binage, hersage en toutes terres.

[5] Intense : labours en terres lourdes.

Tableau **6.19.** Apports alimentaires recommandés pour le cheval de trait d'un poids vif adulte de **800 kg.**

Utilisation	Apports journaliers																			Consommation de matière sèche* (kg)
	UFC	MADC (g)	Lysine (g)	P (g)	Ca (g)	Mg (g)	Na (g)	Cl (g)	K (g)	Cu (mg)	Zn (mg)	Co (mg)	Se (mg)	Mn (mg)	Fe (mg)	I (mg)	Vit. A (UI)	Vit. D (UI)	Vit. E (UI)	
Entretien																				
Au repos[1]	5,6	392	36	22	32	12	16	64	40	110	550	2,2	2,2	440	550	2,2	35 800	4 400	550	10,5-11,5
Travail																				
Repos temporaire[2]	6,2	434	40	24	35	13	18	70	44	115	575	2,3	2,3	460	575	2,3	37 400	4 600	575	11,0-12,0
Léger[3]	7,8	546	50	30	48	15	28	83	51	143	713	2,5	2,5	570	1 140	2,5	46 300	5 700	715	13,0-14,5
Modéré[4]	8,8	616	56	34	56	18	41	96	58	153	763	3,1	3,1	610	1 220	3,1	57 200	9 200	1 220	14,0-16,5
Intense[5]	10,5	735	67	46	64	24	66	118	66	163	813	3,3	3,3	650	1 300	3,3	60 900	9 800	1 300	15,0-17,5

*Les valeurs les plus faibles seront choisies pour une alimentation riche en concentré, les plus fortes pour maximiser la consommation de fourrages.

[1] Sans aucun travail spécifique : ces apports concernent le hongre et la jument. Dans le cas de l'étalon, ajouter 0,7 UFC et 45 g MADC.

[2] Journée de repos hebdomadaire, en période de travail léger : utiliser la ligne repos temporaire (6,2 UFC) et augmenter la proportion de fourrages dans la ration ; en période de travail modéré ou intense : utiliser la ligne travail léger (7,8 UFC) et augmenter la proportion de fourrages dans la ration.

[3] Léger : andainage.

[4] Modéré : labours en terres légères, binage, hersage en toutes terres.

[5] Intense : labours en terres lourdes.

Besoins apports alimentaires recommandés chez le cheval de trait

Les apports alimentaires ont été établis à partir des besoins mesurés dans le cas d'essais d'alimentation pratique réalisés au cours de la première moitié du XXe siècle (tableaux 6.18 et 6.19).

Il est aussi possible d'utiliser des apports alimentaires exprimés par heure de travail selon l'intensité du travail, très léger : 0,2 UFC ; léger : 0,3 UFC ; moyen : 0,5 UFC ; lourd : 0,7 UFC ; très lourd : 1,0 UFC, et effectuer un apport azoté de 65-70 g MADC/UFC pour calculer les apports azotés correspondant. Ces apports s'ajoutent bien sûr aux besoins d'entretien. Les apports doivent être également raisonnés à l'échelle de la semaine pour lisser les variations journalières du travail et de la ration qui peut en découler.

Apports alimentaires par rapport à l'effort en termes chronologiques

Il s'agit ici de considérer la nature des apports alimentaires au cours des heures qui précédent et suivent l'épreuve de course ou de compétition voire pendant l'épreuve.

Avant la compétition

Le dernier repas riche en amidon doit être distribué au plus tard 4-5 h avant l'épreuve pour éviter un enchaînement d'événements physiologiques et métaboliques néfastes : accroissement de la sécrétion d'insuline, forte hypoglycémie et donc forte limitation du glucose disponible pour les muscles, diminution de la lipolyse et donc de la disponibilité d'acides gras comme source d'énergie et enfin déplétion du glycogène musculaire au cours de l'effort avec apparition de la fatigue. Il est préférable de limiter l'apport d'amidon à 1,1 g/kg PV surtout s'il s'agit d'amidon ayant subi un traitement thermique très efficace ou de limiter à 0,3 p. 100 de poids vif le dernier repas à base de céréales ou d'aliments composés riche en amidon traité.

Le gros intestin est réputé être un réservoir d'eau et d'électrolytes lié à la consommation de fourrages. L'apport de fourrages dans la ration (2 à 3 p. 100 du poids vif) est donc nécessaire jusqu'aux heures précédent le départ de la compétition pour les chevaux de sport destinés aux épreuves d'endurance, de concours complet. Le phénomène de surcharge de chaleur corporelle qui a pu être évoqué, lié à la production d'extra-chaleur consécutive à la digestion tardive des fourrages ingérés avant l'épreuve et qui viendrait donc s'ajouter à la production de chaleur liée à l'effort, n'est pas à craindre. La production de chaleur liée aux fermentations réalisées dans le gros intestin pour digérer les fourrages ne présente que seulement 0,5 à 1,0 p. 100 de l'énergie ingérée. Chez les chevaux de course destinés aux courses de sprint, la consommation de fourrages ne devrait pas être inférieure à 1,2 p. 100 du poids vif pendant la période précédant l'épreuve et 1,8 p. 100 du poids vif chez les chevaux d'endurance et de concours complet.

La supplémentation en eau et en électrolytes avant l'épreuve est intéressante pour favoriser la fonction cardiorespiratoire et la thermorégulation chez les chevaux effectuant des efforts longs. La distribution, quatre heures avant l'épreuve, d'aliments (mélangés pour améliorer l'appétence) ou de pâte distribuée oralement et contenant par kilo de PV, 80 mg de Na, 166 mg de Cl et 16 mg de K, stimulerait la consommation d'eau et améliorerait le bilan en eau et en électrolytes au cours de l'épreuve.

Pendant la compétition

Comparativement à l'athlète humain, peu de données sont disponibles chez le cheval et il ne faut pas extrapoler de l'Homme au cheval. Il semblerait que, chez le cheval effectuant un effort d'endurance, au cours de la période intermédiaire de repos, la consommation de 0,6 kg d'un aliment concentré à base de farine d'herbe additionnée de 50 % glucose, augmenterait la glycémie plasmatique sans effet dépresseur correspondant de l'insuline et de modifications de la concentration plasmatique d'acides gras. L'apport de 1 g de glucose/kg de PV semblerait intéressant. Le fructose n'est pas préférable.

La supplémentation avec des solutions d'électrolytes du cheval d'endurance, au cours des périodes de repos qui entrecoupent la course, pourrait être envisagée si elle est impérativement accompagnée de la distribution et de la consommation effective (contrôlée) d'eau par le cheval. La supplémentation pourrait être de 0,14 g NaCl/kg de PV et de 0,04 g KCl/kg PV. Les solutions hypertoniques sont déconseillées car elles dépendent trop du niveau de consommation d'eau par le cheval. La supplémentation en K devrait être évitée au cours des phases de course à vitesse élevée.

Après la compétition

La reconstitution des réserves glycogéniques musculaire et hépatique reste une étape limitante dans la récupération du cheval après l'effort. Il ne faut pas, à nouveau, extrapoler les connaissances et pratiques établies chez l'Homme au cheval. L'intérêt de repas enrichi en amidon ou en matières grasses sur la restauration de la réserve glycogénique musculaire n'est pas démontré. Il est actuellement conseillé de distribuer du foin à volonté après la compétition, puis un repas riche en amidon issu de céréales soumis à des traitements thermiques seulement 2 à 4 heures après la fin de la compétition et ne dépassant pas 0,3 p. 100 du poids vif.

La supplémentation en électrolytes peut être envisagée, si et seulement si elle est à nouveau accompagnée de la distribution et de la consommation effective (contrôlée) d'eau par le cheval. Il est donc suggéré de supplémenter le cheval avec une pâte administrée à la seringue buccale, contenant 76 mg Na, 218 mg Cl et 106 mg par kg PV, ou de distribuer les électrolytes mélangés à un repas de farine d'herbe ou de pulpe de betterave sucrière, et de contrôler impérativement la consommation d'eau à l'aide d'un seau.

Situations particulières

Cheval en conditions climatiques chaudes et sèches ou humides

Le cheval doit maintenir sa température corporelle de 38 °C quelles que soient les conditions environnementales. Le cheval peut tolérer en moyenne une élévation de température de 2 °C, mais le cheval entraîné à l'effort requiert 2 ou 3 semaines d'adaptation physiologique et métabolique pour s'habituer respectivement à des conditions très chaudes (> 25 °C) et sèches ou humides (> 80 % HR). Il est préférable que le cheval soit tondu. Le contrôle de la température corporelle est la résultante de la différence entre la chaleur produite par la digestion des aliments et celle issue du métabolisme de base et du métabolisme musculaire liée au travail (voir chapitre 1). Il est plus difficile au cheval effectuant un travail intense de supporter une température élevée d'autant plus que l'humidité relative est élevée lorsqu'il reçoit des régimes foin seul ou foin + céréales (tableau 6.20) car le besoin énergétique du cheval est respectivement de 119-105 et 100 p. 100 du régime foin supplémenté en matières grasses pris comme témoin (100 p. 100). C'est pourquoi il est suggéré de substituer une partie des céréales par des matières grasses (jusqu'à 10 p. 100 de la ration) au cours d'une période d'adaptation de 30 jours. Ce type de régime a aussi l'avantage de contrebalancer la diminution d'appétit qui se manifeste souvent dans les conditions climatiques chaudes et humides.

Tableau 6.20. Estimation de la température maximum de l'environnement permise par l'effort de thermorégulation du cheval de concours complet (d'après Morgan, 2008).

Régimes alimentaires	Production de chaleur (Mcal/j)	Température maximum (°C)
Foin + matières grasses (cheval tondu)	21	19
Foin + céréales + matières grasses	21	12
Foin + céréales	22	11
Foin	26	7

Les apports en matières azotées doivent être maintenus au minimum en veillant à l'équilibre en acides aminés (lysine et thréonine) car la concentration en azote de la sueur reste constante même si le rapport protéines/urée diminue.

Les besoins en eau peuvent augmenter de 200 à 300 p. 100 dans des conditions chaudes et humides car le cheval peut perdre 40 à 50 kg au cours d'une course d'endurance. La sueur représente 90 p. 100 de la perte de poids. La production de sueur peut correspondre jusqu'à 15 p. 100 des fluides corporels totaux. Il est donc important d'abreuver le cheval plutôt au seau pour contrôler sa consommation qui peut augmenter de 30 p. 100. L'apport d'électrolytes devra être raisonné comme il a déjà été indiqué au paragraphe « Dépenses et besoins en minéraux et électrolytes » p. 249. Il faut apprendre au cheval à boire une eau légèrement salée au cours de la période d'entraînement. Il est également important de maintenir le cheval au calme pour limiter la perte d'eau par une sudation exacerbée par le stress lié à la production de catécholamines consécutive à l'effort.

Ces adaptations nutritionnelles doivent être combinées avec un entraînement puis une gestion du travail bien conduite.

Le transport

Les conséquences du transport peuvent être limitées lorsque celui-ci est bien programmé et matériellement bien organisé. Le transport entraîne une augmentation de la dépense énergétique d'entretien (de 10 à 50 p. 100 selon la durée et les conditions d'environnement) car le cheval doit se rééquilibrer plus ou moins en station debout au cours du voyage, même si la position debout du cheval en box n'est pas réputée plus coûteuse en énergie que la station couchée du fait du système de verrouillage dont sont pourvus les membres. Le transport se traduit toujours par une perte de poids vif qui varie de 0,3 à 0,5 p. 100 par heure de transport. Cette perte de poids est liée à la modification du régime alimentaire habituel, la restriction de la quantité de fourrages distribuée et/ou consommée par le cheval, de la quantité d'eau bue, et par voie de conséquence du poids du contenu digestif. Cette perte de poids est normalement récupérée en 24 à 72 heures, voire plusieurs jours dans des conditions climatiques chaudes et humides. Toutefois, il faut être attentif à ces variations car elles peuvent être à l'origine de coliques liées d'une part à la diminution de la teneur en eau du contenu digestif (coliques de stase) ou des perturbations de la microflore (coliques consécutives à des fermentations anormales). Ces perturbations peuvent alors durer 2 à 3 semaines quelquefois. Les perturbations du système musculaire semblent limitées.

La partie concentrée de la ration (céréales ou aliment composé) doit être supprimée pendant tous les transports, après avoir été réduite progressivement au cours des trois jours qui précèdent. Le foin peut être maintenu (50 p. 100 de la ration) le jour du transport si le foin n'est pas poussiéreux, que le transport est court (journée) et que le véhicule est bien ventilé. Dans le cas de transport par avion, le fourrage est plus souvent supprimé en raison de la présence des courants d'air créés par la climatisation et la circulation de poussières et de microbes. Est-ce que les fourrages enrubannés (voir chapitre 9) ne pourraient pas constituer un compromis ? Cela reste à vérifier. En revanche, le cheval doit être abreuvé toutes les cinq heures. Il faut accorder un temps de récupération après le transport d'autant plus important que le voyage est long.

Le cheval au repos forcé

Il s'agit d'un cheval mis au repos à la suite d'ennuis divers musculaires ou tendineux, infection, mauvais état corporel (amaigrissement exagéré), réforme, etc. Les causes sont donc multiples et il n'est pas prévu de développer chaque cas.

Dans la plupart des cas, le cheval n'est pas au repos complet et ses besoins d'« entretien » sont supérieurs aux besoins d'entretien stricts indiqués précédemment (voir chapitre 1, tableau 1.1). En effet, à l'exception d'ennuis très graves immobilisant totalement le cheval, celui-ci poursuit une activité physique légère (détente à la longe, promenades longues, etc.) pour ne pas perdre complètement l'acquis de l'entraînement antérieur. Les apports alimentaires antérieurs correspondant à un travail plus intense doivent être réduits et modifiés progressivement (en 3 à 5 jours) pour atteindre les apports recommandés soit à un repos temporaire ou à un travail léger (tableau 6.13 à 6.19).

Lors de la mise au repos ou de la reprise du travail normal, on veillera à effectuer des transitions alimentaires sur plusieurs jours pour réduire ou augmenter la ration, en particulier la quantité d'aliments concentrés pour prévenir les accidents digestifs et les risques de suralimentation (coliques, fourbures, « coup de sang », etc.).

Remise en état d'un cheval après amaigrissement important

Dans le cas d'un net amaigrissement (perte de 5 à 10 p. 100 du poids vif) dû à un travail excessif, la remise en état nécessite d'effectuer des apports alimentaires journaliers correspondant à l'entretien, calculés par rapport à son poids normal et à un apport supplémentaire indexé sur la variation de la note d'état corporel (voir chapitre 2, tableaux 2.4 et 2.5). À titre d'exemple, pour un cheval de 500 kg qui perd 1,0 point de note d'état corporel (soit 55 kg de poids vif), l'apport énergétique supplémentaire journalier à effectuer sera de 2,6 UFC et de 80 g MADC/UFC supplémentaire pendant deux mois ou de 1,7 UFC et 80 g MADC/UFC supplémentaire pendant trois mois selon le temps disponible, soit respectivement 160 et 140 p. 100 du besoin d'entretien (4,1 UFC × 160 p. 100 = 6,6 UFC d'apport total journalier ou 4,1 UFC × 1,40 p. 100 = 5,7 UFC d'apport total journalier).

Les suppléments nutritionnels particuliers

Les suppléments nutritionnels sont réglementairement considérés en Europe comme des aliments concentrés complémentaires qui n'ont donc pas pour objet de couvrir tous les besoins nutritionnels journaliers du cheval. Ce sont le plus souvent des cocktails plus ou moins complexes de glucides, d'acides aminés, de fibres hautement digestibles, de lipides, d'électrolytes d'oligoéléments, de vitamines, de régulateurs du pH, qui prennent part normalement au métabolisme énergétique (voir chapitre 9). Ils sont distribués en faibles quantités dans l'espoir d'améliorer les performances, en supposant que les quantités endogènes disponibles sont limitantes.

Les aliments ergogéniques

Ergogénique est un terme grec qui signifie produire du travail (ergon et génie veulent dire respectivement travail et produire).

Métabolisme énergétique

La carnitine

La carnitine est un co-facteur du transport des acides gras longs à travers la membrane interne mitochondriale où ils sont oxydés pour fournir de l'énergie au niveau cellulaire. La carnitine peut être synthétisée à partir de lysine et de méthionine. Tous les essais de supplémentation n'ont pas permis d'accroître la teneur en carnitine des muscles et de modifier les indicateurs suivant l'effort (concentrations en acide lactique, ammoniac ou de créatine-kinase et d'apartate aminotransférase). Il faut conclure que l'intérêt de la carnitine n'est pas démontré chez le cheval. De même, l'inosine, autre acide aminé non essentiel, n'a pas d'intérêt connu.

La créatine

La créatine est un dérivé d'acides aminés (acide acétique méthylguanidine) qui pourrait être synthétisé chez le cheval, animal herbivore, comme chez l'Homme végétarien, tandis qu'il est fourni en partie au moins par la viande chez l'Homme omnivore. La créatine est normalement localisée dans les muscles sous forme de phosphocréatine qui est une source de phosphate pour la resynthèse d'ATP après un exercice intensif et court. Contrairement à l'Homme, aucune augmentation des concentrations musculaires ou plasmatiques en créatine, ni d'effet sur les performances mesurées sur tapis roulant, n'ont été observés après supplémentation. L'intérêt de la supplémentation en créatine chez le cheval reste donc à démontrer. De plus, la créatine est un additif qui n'est pas autorisé par la réglementation européenne (EC n° 1831/2003 Appendice 3 et 4, Annexe liste des additifs, Révision 27, http://ec.europa.eu/food/food /animal nutrition/feedadditives/ com_register_feed_additives_1831-03.pdf).

L'ubiquinone

L'ubiquinone ou Q10 joue normalement un rôle sur le transport d'électrons dans la mitochondrie et le métabolisme oxydatif. Aucune observation effectuée chez le cheval n'a permis d'en démontrer l'effet.

La carnosine

La carnosine est présente naturellement dans le muscle du cheval (fibre type II) où elle jouerait un rôle dans la régulation de l'équilibre acido-basique cellulaire. On ne connaît pas les mécanismes qui régissent sa synthèse et son métabolisme, même si une supplémentation en histidine et/ou β-alanine a pu induire une élévation non significative de sa concentration dans les muscles. Contrairement à l'Homme, aucun effet significatif n'a été observé sur les performances. Par ailleurs, il convient de ne pas prendre de risques car des effets délétères ont pu être observés chez l'Homme sous la forme de douleur neuropathique (paraesthésie).

Le bicarbonate de sodium

Le bicarbonate de sodium est utilisé quelquefois pour contrebalancer l'abaissement du pH intracellulaire lié à l'accumulation de lactate consécutif à l'effort.

Aucun effet significatif n'a été mesuré sur les performances en courses. Les résultats observés chez l'Homme sont contradictoires. Cette pratique est même interdite dans différents pays.

Le ribose

Après un ou plusieurs efforts très intenses, la concentration des muscles en ATP diminue car il y a une perte d'adénine nuclétotides qui pourrait alors limiter la contraction musculaire chez le cheval. Il a été mesuré que seulement 30 p. 100 des nucléotides sont restaurés cinq heures après l'effort. Il pourrait donc y avoir un déficit temporaire de nuclétotides (purine) consécutif à l'insuffisance de la formation de pyrophosphate phosphoribosyl à partir de pentose et de ribose. L'efficacité de la supplémentation en ribose effectuée chez l'Homme n'a pas été démontrée. Il n'y a aucune étude publiée chez le cheval.

Métabolisme azoté

Une supplémentation particulière en acides aminés pourrait avoir un intérêt dans deux situations : la réparation de dommages tissulaires au niveau musculaire ou le retard de l'apparition de la fatigue. Les autres situations doivent être résolues par les apports d'une ration de base bien équilibrée et adaptée, et un entraînement bien conduit, notamment pour prévenir le déficit énergétique et assurer le développement musculaire.

L'intérêt de la supplémentation en acides aminés ramifiés (leucine, isoleucine et valine) n'a pas été démontré chez le cheval ni au plan ergogénique ni au plan des dommages tissulaires.

Les acides aspartique et glutamique sont des acides aminés qui stimuleraient la production d'ATP. Cet effet n'a jamais été démontré.

Les antioxydants

Les antioxydants sont de plus en plus étudiés chez le cheval athlète comme chez l'Homme dans l'espoir de limiter le stress oxydatif des espèces réactives de l'oxygène (*Reactives Oxygene Species*, ROS), qui seraient impliquées dans l'obstruction récurrente des voies respiratoires (*Reccurent Airway Obstruction*, RAO) et dans certains pathologies ostéo-articulaires.

Les oxydants ou radicaux libres (NO, O_2^-, OH) sont des molécules qui contiennent de l'oxygène plus réactif que celui de l'air car elles contiennent un électron supplémentaire dans leur orbite externe, ce qui accroît leur réactivité avec d'autres molécules. Les oxydants sont produits aussi bien au cours de processus inflammatoire que durant l'effort physique au niveau du tractus respiratoire (oxydants exogènes) *via* une sur-régulation du métabolisme de la mitochondrie (oxydants endogènes). L'activation d'enzymes pro-oxydatives telles que NADPH oxydase (nicotine adénine dinuclétotide phosphate oxydase), la myéloperoxidase (MPO) en présence d'ions métalliques (cuivre ou fer), génère des quantités importantes d'oxydants qui provoquent la peroxydation des lipides ($ROOH$) membranaires des cellules des micro-organismes qui agressent l'organisme, mais aussi l'oxydation et l'inactivation de leurs protéines qui jouent un rôle de récepteurs. Les oxydants ont au départ un rôle physiologique protecteur en provoquant la destruction des micro-organismes qui agressent l'organisme. C'est le déséquilibre entre oxydants et anti-oxydants qui conduit au stress oxydatif.

Le stress oxydatif est combattu naturellement dans l'organisme par des enzymes ions métalliques dépendants telles que : glutathion peroxydase (sélénium), superoxyde dismutase (cuivre, zinc, manganèse) et la catalase (fer), et des antioxydants ions métalliques dépendants tels que la ceruloplasmine (cuivre) et la ferritine (fer). Des antioxydants externes sont proposés : vitamine E (α tocopherol), vitamine A (β-carotène), vitamine C (acide ascorbique), lutéine, lycopène, protéoglycans, ubiquinone.

Deux questions sont posées : à partir de quand un déséquilibre oxydant/antioxydant devient-il pathologique ? Quels sont les marqueurs fiables de l'équilibre sachant qu'il peut y avoir des effets de la race, du sexe, de l'âge du cheval, du temps et de l'alimentation que seul un expert peut interpréter ? Enfin, l'éventuelle supplémentation doit réussir à limiter les phénomènes inflammatoires chroniques qui nuisent à l'homéostasie de l'organisme sans altérer les défenses non spécifiques des voies respiratoires du cheval face aux agents pathogènes environnementaux. Il faut aussi respecter les limites de toxicité dans les apports de certains éléments (voir chapitre 2).

Les vitamines

Les apports en vitamines formulés dans les tableaux d'apports recommandés tiennent déjà compte de la situation du cheval à l'effort intense dans la mesure des connaissances disponibles (voir paragraphe « Équilibre de la ration » p. 261). Une supplémentation exagérée expose à des effets secondaires négatifs.

Autres suppléments

Différents suppléments tels que le diméthylgycine (DH) principe actif de l'acide pangamique, le diméthylsulfoxyde (DMSO) ou son précurseur métabolique le méthylsulfonylmathéne (MSM), l'octacossanol un alcool présent dans l'huile de germe de blé, le superoxyde dismustase (SOD) qui est probablement détruit lors de sa digestion, n'ont aucun effet démontré chez le cheval.

Le gamma-oryzanol (GO), mélange d'ester acide ferulic de stérol et de triterpène d'alcools extrait du son de riz, aurait un effet anabolisant qui n'a jamais été démontré chez aucune espèce animale. De plus, cet additif n'est pas autorisé par la réglementation européenne (EC NO 1831/2003 Appendices 3 et 4, Annexe : liste des additifs, Révision 27). Les produits phyto connaissent un intérêt croissant chez le cheval comme chez l'Homme pour différents raisons (aromatiques, santé, etc.) évoquées chapitre 9 et à des fins d'aides ergogéniques quelquefois. Il n'y a aucun effet démontré actuellement.

Les contaminants et le dopage

Utiliser des aliments pour nourrir le cheval et le dopage sont normalement deux situations différentes. Malheureusement, des cas positifs d'origine alimentaire sont constatés chaque année par les autorités de contrôle des courses et des sports équestres. Ces cas sont liés à la présence fortuite de substances prohibées indiquées au chapitre 9.

Pour une meilleure compréhension de la question posée par la contamination, il faut se référer à la définition des substances prohibées. Est interdite toute substance capable à un moment d'agir sur un ou plusieurs des systèmes physiologiques suivants chez les mammifères :
– le système nerveux ;
– le système cardiovasculaire ;
– le système respiratoire ;
– le système digestif ;
– le système urinaire ;
– le système reproducteur ;
– le système musculo-squelettique ;
– le système sanguin ;
– le système immunitaire, à l'exception des vaccins brevetés contre des agents infectieux ;
– le système endocrine : sécrétions endocrines et leurs équivalents de synthèse, les agents masquants.

La substance elle-même ou son isomère, son métabolite ou son isomère sont considérés comme prohibés. Tout indicateur de l'administration de la substance ou l'exposition à celle-ci sont équivalents à la détection de la substance prohibée. En conséquence, toute substance qui agit sur un des systèmes qui président au fonctionnement des mammifères est considérée comme substance prohibée quelle que soit la concentration.

Les règlementations officielles qui régissent le dopage pour les courses sont consultables sur le site http://www.horseracingintfed.com, et pour les sports équestres sur le site http://www.fei.org.

Pour illustrer la complexité de la question deux exemples sont donnés. Des cas positifs à la théobromine détectée dans les urines ont été observés dès les années 90 chez des chevaux ayant consommé des aliments contenant des grains de cacao, leurs sous-produits ou des aliments contaminés par cette plante. Des cas positifs plus complexes à la morphine ont été détectés chez des chevaux ayant consommé des aliments commerciaux à base de luzerne déshydratée contaminés par des pavots sauvages de différentes espèces. Après investigations, il s'est avéré que la luzerne et les pavots avaient été successivement déshydratés dans le même tunnel sans décontamination entre le passage des deux lots de produits.

Bien d'autres substances sont détectées comme il est indiqué dans la liste (voir chapitre 9, tableau 9.7). À cette liste, il faut aussi ajouter la bufoténine, la diméthyltriptamine (DMT), la codéine, l'hordéine, la lupanine, qui sont présentes dans l'environnement du cheval et qui sont classées dans la zone grise à l'exception de la bufoténine et la DMT. Ces deux dernières substances sont réputées avoir un effet pharmacologique interdit par certaines autorités de course ou de Fédération de sports équestres.

La seule manière pour prévenir ces cas positifs fortuits est de contrôler les matières premières utilisées pour formuler les aliments et les aliments composés en fin de cycle de fabrication. Ces contrôles sont du ressort des industriels de l'alimentation qui peuvent les réaliser eux-mêmes (si leur laboratoire est harmonisé avec les limites de détection officielles) ou s'adresser à un laboratoire externe habilité (en France : Laboratoire des courses hippiques, LCH).

Les seuils de contamination des aliments sont régulièrement discutés entre les laboratoires internationaux de référence, dont le LCH, avec les autorités réglementaires des courses (European Horseracing Scientific Liaison Committee) et des sports équestres (AFLD, FEI).

Il en est de même pour les seuils de détection des substances prohibées ou de leurs métabolites dans les urines et le sang afin de déterminer un seuil maximum de substances prohibées dans les aliments qui servira de référence dans la chaîne de contrôle qualité déjà en place chez les industriels de l'alimentation.

Adresse utile

Laboratoire des Courses Hippiques (LCH)
15 rue de Paradis
91370 Verrière le Buisson

Pour en savoir plus

Bergero D., Assenza A., Attenzio G., Piccione G., Velis A., *et al.*, 2001. Approcio fisiologico – nutrizionale alle modificazioni del peso corporeo, dell'ematocrito e degli elletrolitti nel cavallo fondista impegnato in gare di resitenza di lunga durata (RLD). in Nuovr acquisizioni in materia di alimentazione, allevamento ed allenamento del cavallo sportivo, Campobasso, Italia, 12-14 july, 103-109.

Bonnaire Y., Maciejewski P., Popot M.A., Pottin S., 2008. Feed contaminants and antidoping tests. *In : Nutrition of exercising horses* (Saastamoinen M., Martin-Rosset W., eds.), EAAP Publication n° 125, Wageningen Academic Publishers, The Netherlands, 399-414.

Brody S., 1945. *Bioenergetics and growth*, Hafner Pub. Co., New York, pp. 1023.

Clayton H.M., 1994. Training the show jumpers. *In : The athletic horse* (Hodgson D.R., Rose R.J., eds.), Saunders Co Ltd, Philadelphia, 429-438.

Courtot D., Jaussaud P., 1990. *Le contrôle antidopage chez le cheval*, Inra Éditions, Paris, 156 p.

Delbeke F., Debackere M., 1991. Urinary excretion of theobromine in horses given contaminated pellet food. *Vet. Res. Commun.*, 15, 107-116.

Dyson S., 1994 Training the event horse. *In : The athletic horse* (Hodgson D.R., Rose R.J., eds.), Saunders Co Ltd, Philadelphia, 419-428.

Eaton M.O., 1994. Energetics and performance. *In : The athletic horse* (Hodgson D.R., Rose R.J., eds.), Saunders Co Ltd, Philadelphia, 49-61.

Essen-Gustavsson B., 2008. Trygliceride storage in skeletal muscle. *In : Nutrition of the exercising horse* (Saastamoinen M., Martin-Rosset W., eds.), EAAP No 125, Wageningen Academic Publishers, The Netherlands, 31-47.

Evans D.L., 1994. Training Througoughbred race horses. *In : The athletic horse* (Hodgson D.R., Rose R.J., eds.), Saunders Co Ltd, Philadelphia, 393-396.

Frape D., 2004. *Equine nutrition and feeding*, Blackwell science, Oxford, UK, 550 p.

Galloux P., 1990. *Concours complet d'équitation*, Maloine ed., Paris, 233 p.

Garlinghouse S.E., Burrill M.J., 1999. Relationship of body condition score to completion rate during 160 km endurance races. *In : Proceedings ICEEP 5. Equine Veterinary Journal Limited*, L.B. Jeffcott ed., 591-595.

Gottlieb-Vedi M., Essen-Gustavasson B., Persson S.G.B., 1991. Draught load and speed compared by submaximal tests on a treadmill. *In : Proceeding 3rd ICEEP* (Persson S.G.B., Lindholm A., Jeffcott L.B., eds.), Davis, USA, 92-96.

Gouin R., 1932. *Alimentation des animaux domestiques*. Ed. Ballière, Paris, 432 p.

Grandeau L., Alekan A., 1904. *Vingt années d'expériences sur l'alimentation du cheval de trait. Études sur les rations d'entretien, de marche et de travail*, L. Courtier, Paris, 20-448.

Hodgson D.R., Rose R.J., 1994. *The athletic horse*, Saunders Co Ltd, Philadelphia, 449 p.

Hoffmann L., Klippel W., Schiemann R., 1967. Untersuchungen über den Energieumsatz beim Pferd unter besonderer Berücksichtigung der Horizontal bewegung. *Archives fur Tierendhrung*, 17, 441-449.

Hörnicke H., Meixner R., Pollmann R., 1983. Respiration in exercising horses. *In : Equine exercise physiology* (Snow D.H., Persson S.G.B., Rose-Granta K.J., eds.), Granta Editions, Cambridge, 7-16.

Jansson A., Linberg J.E., 2008. Effect of a forage. Only diet on body weight and response to interval-training on track. *In : Nutrition of exercising horses* (Saastamoinen M., Martin-Rosset W., eds.), EAAP Publication n° 125, Wageningen Academic Publishers, The Netherlands, 345-349.

Jespersen J., 1949. Normes pour les besoins animaux, chevaux, porcs, poules. *In : 5ᵉ Congrès International Zootechnie*, Paris, vol. 2, Rapports particuliers, 33-44.

Kollias-Baker C., Sams R.A., 2002. Detection of morphine in blood and urine sample from horse administered poppy seeds and morphine sulfate orally. *J. Anal. Toxicol.*, 26, 81-86.

Langlois C., Robert C., 2008. Épidémiologie des troubles métaboliques chez les chevaux d'endurance. *Prat. Vet. Equine*, 40, 51-60.

Lewis L.D., 1994. *Feeding and care of the horse*, 2nd edition, Blackwell publishing professional, Ames, USA, 446 p.

Lindberg J.E., Jansson A., 2010. Preventing problems whilst maximising performance. *In : Nutrition of the exercising horse*, (Saastamoinen M., Martin-Rosset W., eds.), EAAP Publication n° 125, Wageningen Academic Publishers, The Netherlands, 299-307.

Lovell D.K., 1994. Training Standardbred Trotters and Pacers. *In : The athletic horse* (Hodgson D.R, Rose R.J., eds.), Saunders Co Ltd, Philadelphia, 399-408.

Marlin D., 2008. Thermoregulation. *In : Nutrition of the exercising horse* (Saastamoinen M., Martin-Rosset W., eds.), EAAP Publication n° 125, Wageningen Academic Publishers, The Netherlands, 71-82.

Marlin D., 2008. Horse transport. *In : Nutrition of the exercising horse* (Saastamoinen M., Martin-Rosset W., eds.), EAAP Publication n° 125, Wageningen Academic Publishers, The Netherlands, 83-92.

Martin-Rosset W., 2005. Adaptability of sport horses to stressful conditions. *Livest. Prod. Sci.*, 92, 99-177.

Martin-Rosset W., 2008a. Energy requirements and allowances of exercising horse. *In : Nutrition of the exercising horse* (Saastamoinen M., Martin-Rosset W., eds.), EAAP Publication n° 125, Wageningen Academic Publishers, The Netherlands, 103-138.

Martin-Rosset W., 2008b. Protein requirements and allowances in exercising horse. *In : Nutrition of the exercising horse* (Saastamoinen M., Martin-Rosset W., eds.), EAAP Publication n° 125, Wageningen Academic Publishers, The Netherlands, 103-138.

Martin-Rosset W., Tavernier L., Vermorel M., 1989. Alimentation du cheval de club avec un régime à base de paille et d'aliment composé. *In : Journée de la recherche équine,* CEREOPA, 8 mars, Les Haras Nationaux, Paris, 90-102.

Martin-Rosset W., Vernet J., Dubroeucq L.H., Vermorel M., 2008. Variation of fatness with body condition Score in sport horses. *In : Nutrition of the exercising horse* (Saastamoinen M., Martin-Rosset W., eds.), EAAP Publication n° 125, Wageningen Academic Publishers, The Netherlands, 167-178.

Martin-Rosset W., Vernet J., Tavernier L., Vermorel M., 2008. Energy balance of sport horses working in riding school at two intensities. *In : Nutrition of the exercising horse* (Saastamoinen M., Martin-Rosset W., eds.), EAAP Publication n° 125, Wageningen Academic Publishers, The Netherlands, 341-344.

Mathews L., Martin L., Leclerc J.L., Robert C., 2011. Alimentation des chevaux d'endrance : état des connaissances et observations des pratiques sur le terrain. *Prat. Vet. Equine*, 170 (43), 39-48.

Meixner R., Hörnicke H., Ehrlein H.J., 1981. Oxygen consumption, pulmonary ventilation and heart rate of riding horse during walk, trot and galop. *Biotelemetry,* 6.

Nadal'Jack E.A., 1961a. Gaseous exchange and energy expenditure at rest and during different tasks by breeding stallions of heavy draught breeds. *Trudy vses. Inst. Konevodtsva*, 23, 246-261. (en russe)

Nadal'Jack E.A., 1961b. Effect of state training on gaseous exchange and energy expenditure in horses of heavy draught breeds. *Trudy Vses. Inst. Konevodtsva*, 23, 262-274. (en russe)

NRC, 2007. Nutrient requirements of horses. *In : Animal Nutrition Series. 6th Revised edition,* The National Academia, Washington D.C., USA, 341.

Pagan J.D., Hintz H.F., 1986a. Equine Energetic, I. Relationship between body weight and energy requirements in horses. *J. Anim. Sci.*, 63, 815.

Pagan J.D., Hintz H.F., 1986b. Equine Energetic, II. Energy expenditure in horses during maximal exercise. *J. Anim. Sci.*, 63, 822-830.

Pagan J.D., Essen Gustavsson B., Lindholm A., Thorton J., 1987. The effect of dietary energy source on exercise performance in standardbred horses. *In : Physiology of exercise 2* (Gillespie J.R., Robinson R.E., eds.), ICEEP publications, Davis, USA, 686-700.

Pagan J.D., Essen Gustavsson B., Lindholm A., Thornton J., 1991. The effect of dietary energy source o exercise performance in standardbred horse, *In : Equine exercise physiology* (Gillespsie J.R., Robinson N.E., eds.), ICEEP publications, Davis, USA, 686-700.

Respondek F., Lallemand A., Julliand V., Bonnaire Y., 2006. Urinary excretion of dietary contaminants in horses, *Equine Vet. J.,* Suppl. 36, 664-667.

Ridgway K.J., 1994. Training endurance horses. *In : The athletic horse* (Hodgson D.R., Rose R.J., eds.), Saunders Co Ltd, Philadelphia, 409-419.

Riond J.L., 2001. Animal nutrition and acid-base balance. *Eur. J. Nutr.,* 40, 245-254.

Saastamoinen M., Harris P.A., 2008. Vitamines requirements and supplementation in athletic horses. *In : Nutrition of the exercising horse* (Saastamoinen M., Martin-Rosset W., eds.), EAAP Publication n° 125, Wageningen Academic Publisher, The Netherlands, 233-254.

Saastamoinen M., Martin-Rosset W., 2008. *Nutrition of the exercising horse*, EAAP, n° 125, Wageningen Academic Publishers, The Netherlands, 433 p.

Snow D.H., 1983. Skeltal muscle adaptations: A review. *In : Equine exercise physiology* (Snow D.H., Persson S.G.B., Rose R.J., eds), Granta editions Cambridge, pp. 160-183.

Valle E., Bergero D., 2008. Electrolyte requirements and supplementation. *In : Nutrition of the exercising horse* (Saastamoinen M., Martin-Rosset W., eds.), EAAP Publication n° 125, Wageningen Academic Publisher, The Netherlands, 219-232.

Vermorel M., Jarrige R., Martin-Rosset W., 1984. Métabolisme et besoins énergétique du cheval. Le système UFC. *In : Le cheval* (Jarrige R., Martin-Rosset W., eds.), Inra Éditions, 239-276.

White S.L., 1998. Fluid, electrolytes and acid -base balances in three-day, combined -trainig horse. *Vet. Clin. North. Am. Equine Pract.,* 14, 137-145.

Wogelsang M.M., Potter G.D., Kreider J.L., Jessups G.T., Andreson J.G., 1981. Determining oxygen consumption in the exercising horse. *In : Proc. 7th ENPS*, 195-196.

Zuntz N., Hagemann O., 1898. Untersuchungen über den Stoffweschsel des Pferdes bei Ruhe und Arbeit. Landw. Jahrburer, 27, Suppl. 1-437.

7

Le cheval de boucherie à l'engrais

Catherine Trillaud-Geyl, William Martin-Rosset

La France, comme d'autres pays européens (Belgique, Espagne, Italie, Slovénie, Suisse et plus marginalement l'Allemagne), consomme de la viande de cheval, en moyenne 0,6 kg par habitant au cours des 10 dernières années, soit 38 000 tonnes annuellement. La majeure partie (70 p. 100) de cette consommation est importée, surtout en carcasses (voire désossée), de pays non consommateurs : Amérique du Nord, Argentine et de certains pays européens. Les importations représentent en 2010 un coût de 107 millions d'euros, alors que la France détient en Europe le plus gros effectif de chevaux de trait (300 000 têtes, soit 31 p. 100 de l'effectif total français) qui exploitent pour l'essentiel des surfaces en herbe peu ou pas utilisées par les ruminants (voir chapitres 3 et 10).

Différents types de poulains de boucherie peuvent être produits au sevrage ou engraissés à l'auge et/ou au pâturage à partir de laitons sevrés à l'âge de 6-7 mois et issus des principales races de trait (Ardennaise, Auxoise, Boulonnaise, Bretonne, Comtoise, Percheronne et Trait du nord), élevées dans les berceaux de race du Grand Ouest et du Grand Est, ou de leurs croisements réalisés en zones de multiplication (Massif central et Région Midi-Pyrénées surtout). Ils sont conduits selon des systèmes de production variés correspondant à différentes formes de courbes de croissance dont les bases biologiques sont rappelées dans le chapitre 5.

Les différents types de production

Différents systèmes de production peuvent être envisagés entre 6 et 30 mois selon la zone de production considérée (tableau 7.1).

Le laiton gras

Le poulain né tôt dans l'année et/ou issu de juments de format important reçoit une complémentation d'aliments concentrés à partir de l'âge de quatre mois, et/ou est conduit avec sa mère sur des regains à l'automne. Il est abattu à un poids

Tableau 7.1. Principaux systèmes de production (d'après Martin-Rosset *et al.*, 1985).

Âge des animaux à l'abattage (mois)	Aliments	Systèmes	Zone de production
6 à 7[1]	Lait maternel + herbe + aliment concentré (60-80 jours avant sevrage)	Laiton lourd	Zones herbagères
10 ou 15[2]	Fourrages de bonne qualité (distribués à volonté) + aliments concentrés (35-60 p. 100 de la ration)	Intensif	Zones de cultures Production hors sol
12 à 18[1]	Pâturage de bonne qualité + céréales en fin d'été (pendant 2 mois)	Semi-intensif	Zones herbagères
18 à 24[3]	Fourrages : grossiers (distribués à volonté), bonne qualité (en quantité limitée) + aliments concentrés (10 à 20 p. 100 de la ration)	Semi-intensif	
6 à 30[1]	Fourrages : de bonne qualité (1er hiver) et de qualité moyenne (2e hiver) distribués à volonté ou sous-produits de culture : distribués à volonté avec un minimum de foin (2e hiver) + aliments concentrés (15 p. 100 de la ration : 1er hiver et 5 p. 100 de la ration : 2e hiver) Pâturage de qualité moyenne	Extensif	Zones herbagères Zones marginales

[1] Finis à l'herbe ; [2] engraissés à l'auge ; [3] finis à l'auge.

vif de 380 à 420 kg (figure 7.1) et produit une carcasse de 220 à 240 kg. Le rendement vrai, qui exprime le rapport entre le poids de la carcasse chaude et le poids vif vide (sans le contenu digestif) est élevé 67-69 p. 100 et l'état d'engraissement satisfaisant (poids de pannes : 3 à 4 kg).

Le poulain de 10-12 mois

Le poulain sevré a un poids vif moyen de 350 kg. Il est engraissé exclusivement à l'auge où il réalise des gains de poids de 1 000 à 1 400 g proches de son potentiel génétique. Il est abattu à un poids vif variant de 450 à 500 kg (figure 7.1) et produit une carcasse de 270 à 300 kg. Le rendement vrai est très élevé et l'état d'engraissement très satisfaisant (tableau 7.2). La viande est encore claire et assez tendre (figure 7.2).

Les pouliches non conservées pour le renouvellement des troupeaux peuvent être ainsi engraissées, à condition de limiter la proportion d'aliment concentré à 50 p. 100 dans les rations à base de foin et 30 p. 100 dans les rations à base d'ensilage de maïs pour éviter ainsi un engraissement excessif.

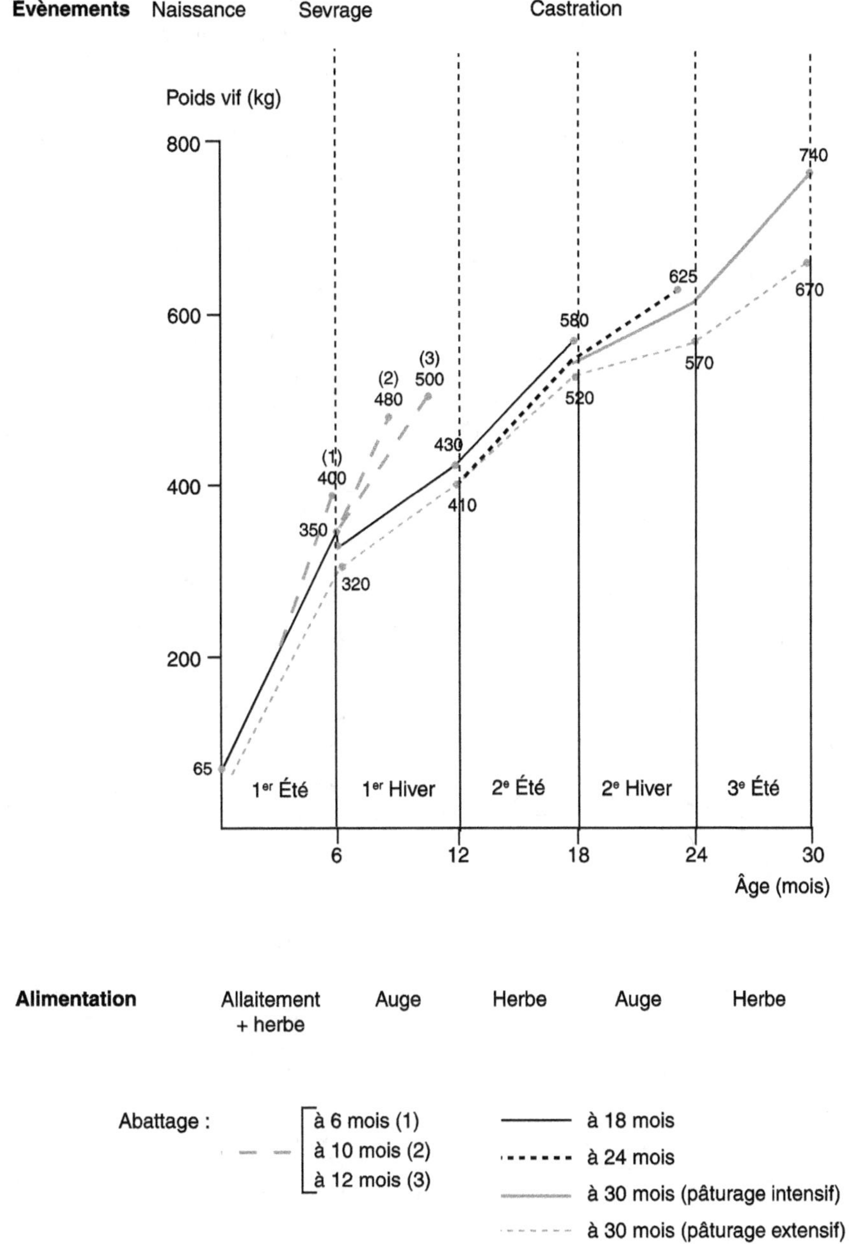

Figure 7.1. Évolution du poids vif des poulains dans les principaux systèmes de production de viande.

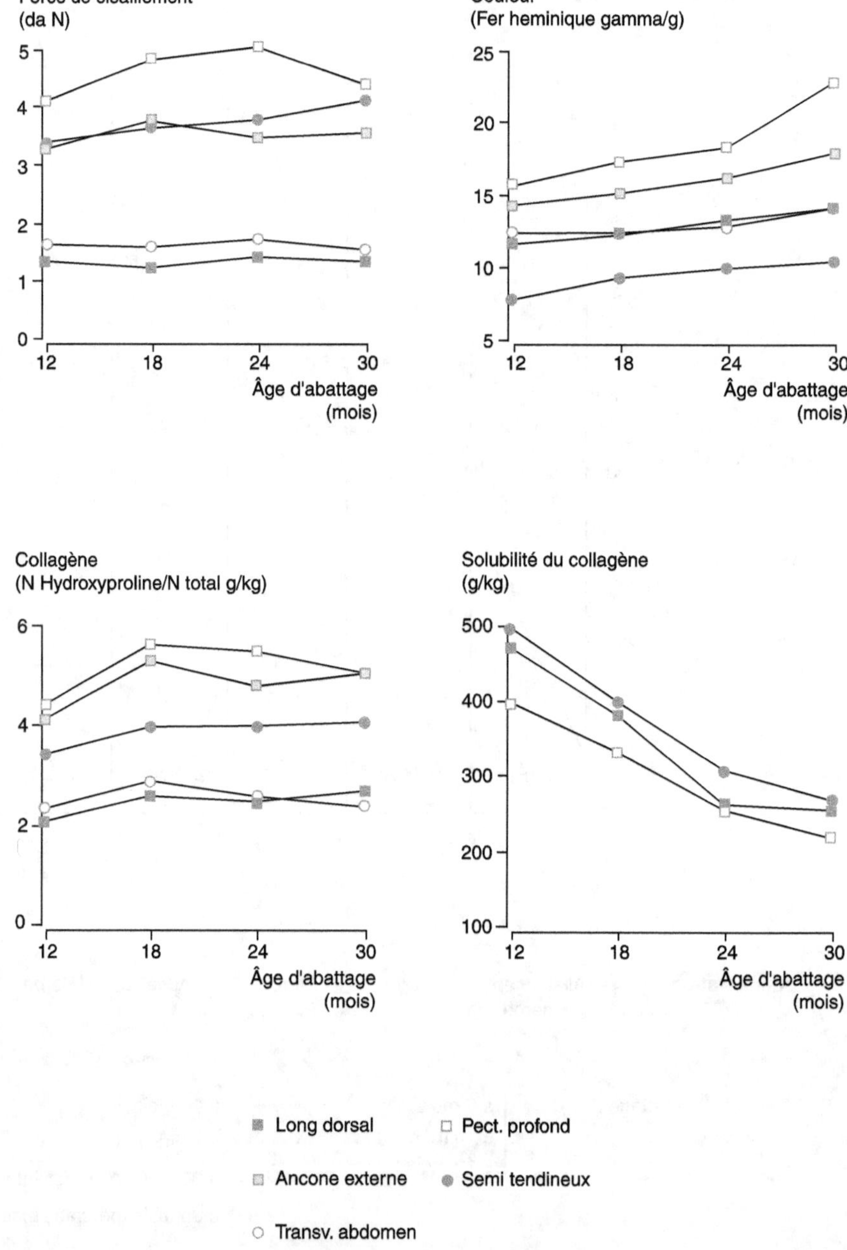

Figure 7.2. Évolution des caractéristiques physicochimiques des viandes avec l'âge chez le cheval (d'après Boccard *et al.*, 1980).

Tableau 7.2. Caractéristiques d'abattage des poulains abattus entre 12 et 30 mois (d'après Robelin *et al.*, 1984).

		Poids vif (kg)	Poids vif[1] vide (kg)	Poids de carcasse chaude (kg)	Rendement vrai[2] (p. 100)	État d'engraissement Pannes[4] (kg)	Composition anatomique de la carcasse			Muscle/os
							Muscles (p. 100)	Dépôts adipeux (p. 100)	Os (p. 100)	
Âge (mois)	12	483,2	439,6	313,4	71,2	3,86	70,1	10,9	15,6	4,48
	18	572,7	474,0	328,9	69,3	2,97	71,8	9,4	16,1	4,46
	24	626,8	539,6	382,7	70,9	5,94	69,8	12,9	14,9	4,69
	30	735,3	622,0	440,8	70,9	9,86	69,0	14,2	14,5	4,81
Sexe[3]	Mâle	628,6	535,5	377,2	70,4	5,46	70,7	11,0	15,6	4,56
	Femelle	558,3	485,0	343,6	70,8	5,28	69,7	12,5	15,1	4,63
Races	Ardennaise	599,8	516,9	362,6	70,1	6,97	69,6	12,9	14,9	4,69
	Boulonnaise	583,1	498,5	352,3	70,6	3,99	71,6	9,2	16,4	4,38
	Bretonne	568,9	480,9	338,9	70,5	4,19	70,9	10,9	15,5	4,57
	Comtoise	570,3	492,3	347,0	70,4	7,15	68,5	14,3	14,3	4,80
	Percheronne	658,9	572,0	407,1	71,7	4,37	70,9	10,8	15,7	4,52

[1] Poids vif vide = poids vif – poids contenu digestif.

[2] Poids carcasse chaude/poids vif vide ;

[3] Tous âges confondus (12 à 30 mois) ;

[4] Pannes = gras interne tapissant la cavité abdominale et adhérant à la face interne du sternum.

Le poulain de 18 ou 24 mois

Les poulains ont, pendant l'hiver qui suit le sevrage, une croissance modérée car ils reçoivent un niveau d'alimentation limité, puis ils ont pendant l'été une croissance compensatrice élevée au pâturage (figure 7.1).

Le poulain de 18 mois est produit à partir de laiton sevré à un poids vif de 330 kg minimum. Pendant l'hiver, le poulain a un gain de poids de 600 à 800 g/j pour tirer le meilleur parti de l'herbe pendant l'été et réaliser un gain de poids de 900 à 1 100 g. Il n'est pas castré à l'âge de 12 mois. Le poulain est fini grâce à une complémentation de céréales au cours des deux derniers mois de pâturage. Il est abattu à un poids vif de 550 à 580 kg (figure 7.1) et un poids de carcasse de 330 à 350 kg. Le rendement vrai est plus faible qu'à 12 mois et l'état d'engraissement est limité (tableau 7.2). La viande commence à être rouge (figure 7.2) mais la tendreté est limitée.

Le poulain de 22-24 mois trop léger au sevrage (moins de 330 kg), ou qui a une croissance insuffisante au pâturage, est fini à l'auge au cours du deuxième hiver, entre les âges de 18 et 22-24 mois. Le poulain est castré à l'âge de 18 mois. Il est abattu à un poids vif de 600 à 650 kg (figure 7.1) et produit une carcasse de 360 à 390 kg. Le rendement vrai est meilleur qu'à 18 mois ainsi que l'état d'engraissement (tableau 7.2). La viande est plus rouge et la tendreté un peu plus élevée (figure 7.2).

Le poulain de 30 mois

Il s'agit souvent de poulains qui ont des gains de poids limités pendant le 1er hiver (500 à 700 g/j) et au cours du 2e hiver (200 à 400 g/j) afin qu'ils valorisent au maximum l'herbe en réalisant des croissances compensatrices élevées, 700 à 800 g/j au cours du 1er été et 600 à 700 g/j au cours du 2e été (figure 7.2). Ils sont castrés à l'âge de 18 mois et abattus à un poids vif de 670 à 740 kg et produisent une carcasse de 400 à 430 kg. Le rendement vrai est élevé et l'état d'engraissement est très satisfaisant (tableau 7.2). La viande est franchement rouge et la tendreté élevée (figure 7.2).

Ce système peut être étendu à des pouliches non conservées, mises à la saillie à l'âge de deux ans et qui n'ont pas fécondée, ou à des femelles abattues à l'âge de 40 mois parce qu'elles n'ont pas été à nouveau fécondées après une première mise bas à l'âge de trois ans.

Races

Les croissances réalisées dans le cadre de ces différents systèmes de production et le rendement en carcasse ne sont pas significativement différents entre les principales races de trait. En revanche, l'état d'engraissement atteint au même âge à l'abattage diffère (tableau 7.2).

Besoins nutritionnels et apports alimentaires recommandés

Les besoins nutritionnels du poulain à l'engrais dépendent du poids vif, de l'âge de l'animal et du gain de poids journalier car la proportion de lipides dans le gain de poids augmente en fonction de ces critères zootechniques (voir chapitre 5). Pour un même poids vif, les besoins énergétiques sont plus élevés pour les pouliches réalisant le même gain de poids journalier que les poulains.

Les besoins ont été déterminés au cours de nombreux essais d'alimentation réalisés à l'IFCE aux principaux âges, poids, gains de poids journaliers avec différents types d'animaux recevant des régimes alimentaires variés. Les apports alimentaires recommandés correspondent aux besoins totaux d'entretien et de croissance et/ou d'engraissement.

Les tableaux d'apports recommandés pour l'énergie, les matières azotées et les macroéléments (Ca, P, Mg, Na, Cl), les oligoéléments (Cu, Zn, Co, Se, Mn, Fe et I) et en vitamines (A, D, E) sont présentés pour deux formats adultes : 700 et 800 kg (tableaux 7.3 à 7.4). Ils concernent seulement le cas des animaux engraissés exclusivement ou finis à l'auge avec des rations de concentration énergétique élevée. Les apports recommandés pour les animaux en croissance pendant l'hiver (poulains finis au pâturage et abattus à l'âge de 18 ou 30 mois ou pouliches d'élevage) sont donnés dans les tableaux 5.5 et 5.6 du chapitre 5.

Les apports alimentaires peuvent être vérifiés après calcul de la ration à partir du tableau 2.1 du chapitre 2 et des modalités de calcul indiquées dans le chapitre 13.

Rationnement pratique

Éléments de choix d'un régime hivernal

Le poulain abattu à l'âge de 10 ou 12 mois est engraissé avec une ration de concentration énergétique très élevée, composée de fourrages à forte valeur nutritive distribués à volonté (ensilage de maïs récolté à 35 p. 100 de matière sèche au moins ou foin de pré récolté très tôt : 1er cycle début épiaison) et comprenant de 35 à 60 p. 100 d'aliment concentré selon l'âge à l'abattage et le fourrage offert (ensilage de maïs ou foin). L'ensilage d'herbe mi fanée conditionné sous forme de balles rondes enrubannées peut également être utilisé (tableau 7.5).

Le poulain abattu à l'âge de 18 mois peut être hiverné entre les âges de 6 et 12 mois avec un régime à base de fourrages de valeur nutritive bonne à moyenne, distribués à volonté : ensilage de maïs ou d'herbe pré fanée ayant une teneur en matière sèche de 28 p. 100 minimum à 35 p. 100, ou du foin de pré bien récolté mais plus tardivement que précédemment (1er cycle – pleine épiaison). La ration comprend de 5 à 20 p. 100 d'aliment concentré selon la qualité du fourrage offert (tableau 7.5).

Le poulain abattu à l'âge de 24 mois est fini à l'auge avec un régime à base de fourrage de bonne qualité distribué à volonté et comprenant 25 p. 100 d'aliment concentré (tableau 7.5).

Tableau 7.3. Apports alimentaires recommandés au cours de la période d'engraissement pour un cheval de trait d'un poids vif adulte de **700 kg**.

| Âge (mois) | Poids[2] moyen au cours de la période (kg) | Gain de poids vif (g/j) | Apports journaliers | | | | | | | | | | | | | | | | | | | Consommation de matière sèche* (kg) |
			UFC	MADC	Lysine (g)	P (g)	Ca (g)	Mg (g)	Na (g)	Cl (g)	K (g)	Cu (mg)	Zn (mg)	Co (mg)	Se (mg)	Mn (mg)	Fe (mg)	I (mg)	Vit. A (UI)	Vit. D (UI)	Vit. E (UI)	
7-10[1]	420	1 200-1 300	8,2	910	79	40	59	8	10	34	30	90	450	1,8	1,8	360	450	1,8	31 100	5 400	720	8,0-10,0
7-10[1]	500	1 400-1 600	9,2	1 080	94	48	71	10	12	40	35	98	488	2,0	2,0	390	488	2,0	33 700	5 900	780	9,0-10,5
7-12[1]	450	900-1 000	6,9	750	73	37	54	8	10	36	31	90	450	1,8	1,8	360	450	1,8	31 100	5 400	720	8,0-10,0
18-24[1]	620	500-600	7,3	600	63	42	62	10	13	50	41	115	575	2,3	2,3	460	575	2,3	40 300	5 800	690	10,5-12,5

*Les valeurs les plus faibles seront choisies pour une ration riche en aliment concentré et les valeurs les plus fortes pour maximiser la consommation de fourrage.
[1] Âge abattage ; [2] poids vif médian au cours de la période.

Tableau 7.4. Apports alimentaires recommandés au cours de la période d'engraissement pour un cheval de trait d'un poids vif adulte de **800 kg**.

| Âge (mois) | Poids[2] moyen au cours de la période (kg) | Gain de poids vif (g/j) | Apports journaliers | | | | | | | | | | | | | | | | | | | Consommation de matière sèche* (kg) |
			UFC	MADC	Lysine (g)	P (g)	Ca (g)	Mg (g)	Na (g)	Cl (g)	K (g)	Cu (mg)	Zn (mg)	Co (mg)	Se (mg)	Mn (mg)	Fe (mg)	I (mg)	Vit. A (UI)	Vit. D (UI)	Vit. E (UI)	
7-10[1]	470	1 300-1 400	9,2	980	85	44	65	9	11	38	33	100	500	2,0	2,0	400	500	2,0	34 500	6 000	800	9,0-11,0
7-10[1]	550	1 500-1 700	10,0	1 150	100	52	76	11	13	44	39	108	538	2,2	2,2	430	538	2,2	37 100	6 500	645	10,0-11,5
7-12[1]	500	1 000-1 100	7,8	820	71	41	60	9	11	40	34	100	500	2,2	2,2	400	500	2,2	34 500	6 000	800	9,0-11,0
18-24[1]	680	600-650	8,0	670	58	46	69	11	14	54	44	125	625	2,5	2,5	500	625	2,5	43 800	6 300	750	11,5-13,5

*Les valeurs les plus faibles seront choisies pour une ration riche en aliment concentré et les valeurs les plus fortes pour maximiser la consommation de fourrage.
[1] Âge abattage ; [2] Poids vif médian au cours de la période.

Tableau 7.5. Régimes alimentaires hivernaux, pâturage et croissances permises[1] (d'après Martin-Rosset *et al.*, 1985).

Âge abattages	Régime				Gain moyen quotidien (g/j)
	Ration de base[2]	Aliment concentré			
		Nature	kg		
6-7 mois	Lait maternel + herbe	Céréales (maïs, orge) + tourteau soja	2 à partir de 3 mois		1 600-1 800 (naissance-sevrage)
10 mois	Foin récolté tôt, ou Ensilage de maïs (≥ 30 % MS)	Céréales (maïs, orge) + tourteau soja	5-5,5		1 100-1 400
12 mois	Foin récolté tôt ou Ensilage de maïs (≥ 30 % MS)	Céréales (maïs, orge) + tourteau soja	3		1 000-1 300
	Ensilage d'herbe :				
	ressuyé (≥ 28 % MS)		3,5-4		900-1 100
	pré fané (≥ 35 % MS)		3		900-1 200
18 mois	*Hiver*				
	Foin récolté tardivement	Céréales (maïs, orge) + tourteau soja ou tourteau arachide	1-2		500-700
	Ensilage de maïs (≥ 25 % MS)		1		
	Ensilage herbe ressuyé (≥ 28 % MS)		1-2		
	Été				
	Herbe + 80 unités d'azote/ha Rotation – clôture électrique 2,5 animaux/ha avec ou sans bœufs	Maïs broyé	3 (60 derniers jours de pâturage)		800-1 000
24 mois	*1er hiver* *1er été* } Voir 18 mois	Voir 18 mois mais sans aliment concentré en été			600-800
	2e hiver				
	Ensilage de maïs (≥ 25 % MS)	Céréales (maïs, orge) + tourteau soja ou arachide	3,0		800-900
	Ensilage de maïs (≥ 30 % MS)		2,0-2,5		
30 mois	*1er hiver* *1er été* } Voir 18 mois	Voir 18 mois mais sans aliment concentré en été			500-700 / 800-1 000
	2e hiver				
	Foin récolté tardivement	Céréales (maïs, orge) + tourteau soja ou arachide	0,5-1		
	Foin récolté tardivement (50 p. 100 de MSI)[3]		1-1,5		
	+ paille (35 p. 100 de MSI)[3]				200-300
	Ensilage de maïs (≥ 25 % MS)		0,5-1		
	Ensilage d'herbe (≥ 28 % MS)		1-1,5		
	2e été				
	Comme 18 mois	Sans aliment concentré			600-700

[1] Pendant la période expérimentale après adaptation aux régimes d'engraissement.

[2] Distribué *ad libitum*.

[3] MSI = matière sèche ingérée ; MS : matière sèche.

Enfin, le poulain abattu à l'âge de 30 mois est le plus souvent alimenté au cours des trois hivers successifs avec une ration à base de foin de pré de qualité moyenne (foin de pré récolté tardivement, 1er cycle, épiaison) et paille distribués à volonté, complémenté par un aliment concentré représentant de 5 à 10 p. 100 de la ration selon l'âge et la nature des fourrages distribués (tableau 7.5).

Dans tous les cas, l'aliment concentré apporté en complément peut être composé à partir d'un mélange en proportion variable de céréales (orge, maïs), de tourteaux (soja) pour les poulains abattus à l'âge de 10 ou 12 mois, arachide, lupin doux ou de fèveroles pour les autres poulains abattus à des âges plus tardifs.

Éléments de conduite au pâturage

Les poulains effectuent une saison de pâturage de 140 à 190 jours selon l'année et la région de plaine sur des prairies naturelles recevant une fumure de 60 à 80 unités d'azote par hectare appliquée en deux épandages (voir chapitre 10). Les poulains peuvent être conduits seuls ou associés avec des bovins : bœufs à l'engrais de 1 ou 2 ans ou génisses d'élevage dans un rapport variant de 1/1 ou 1/3 selon la productivité de la prairie respectivement élevée ou modérée.

Le poulain de 18 mois doit être impérativement complémenté en libre service au pâturage avec 2 kg de maïs au cours des deux derniers mois pour atteindre un état d'engraissement minimum pour l'abattage à 18 mois (tableau 7.1).

Le poulain de 30 mois n'a pas besoin d'être complémenté si la croissance a été précédemment bien maîtrisée depuis le sevrage car le pourcentage de tissus adipeux dans le corps entier s'accroît avec le poids (tableau 7.2). Mais les poulains doivent être castrés. Les pouliches non conservées pour la reproduction peuvent être conduites dans ce système sans cet inconvénient, et elles s'engraissent encore plus facilement.

Conseils pratiques pour la conduite et l'alimentation

Choix des animaux

En dehors des critères de poids évoqués au premier paragraphe, il faut acheter des animaux ni trop maigres ni trop gras et aux aplombs réguliers (sans signes d'arthrite). Ils doivent être sains : éviter les animaux qui toussent, qui ont du jetage dans les naseaux et les ganglions gonflés au niveau de l'auge. Les animaux doivent être indemnes de parasites externes (poux, teignes, etc.) ou internes (ascaris, strongles, œstres) qui se manifestent pour ces derniers par de la diarrhée plus ou moins profuse (« cuisses brûlées »), un ballonnement excessif ou une attache de la queue ébouriffée ou partiellement épilée.

Transport en camion

Il faut préférer les transports courts et sans transit pour les animaux achetés sur les foires. Il faut abreuver les animaux avant et après le transport, ou pendant celui-ci lorsqu'il est long. La présence de courants d'air pendant le transport est souvent à l'origine de complications respiratoires. Il faut se conformer aux nouvelles règlementations en vigueur.

Période d'adaptation

Elle dure trois semaines environ. Elle a pour objectifs de réduire les stress du sevrage, du changement d'environnement et de préparer les animaux au plan sanitaire (vermifugation en particulier).

Les animaux doivent être assemblés en lots homogènes de 6 à 7 maximum selon l'âge, le poids, l'état corporel et sanitaire, et le comportement social (voir chapitre 14).

Les poulains sont conduits en stabulation libre sur litière de paille. Ils doivent disposer de 5 à 6 m^2 par animal pour des animaux de 6-12 mois et de 7 à 8 m^2 pour des animaux de 18 à 24 mois. Une largeur de 0,60 m et 0,80 m d'accès à l'auge est nécessaire pour ces deux types respectifs d'animaux.

Pendant cette période, les animaux reçoivent à volonté du foin de bonne qualité (1er cycle épiaison) et 2 kg d'aliment concentré. Les traitements prophylactiques sont aussi réalisés (vermifugation puis vaccinations).

Les animaux sont progressivement adaptés à leur régime d'engraissement : remplacement croissant du foin par de l'ensilage, par exemple pendant 1 à 3 semaines selon la nature du fourrage distribué et augmentation de la quantité d'aliment concentré pour parvenir à la quantité prévue.

Période d'engraissement

La nature et la composition de la ration doivent être aussi constantes que possible, aussi des stocks suffisants d'aliments doivent-ils être prévus.

La ration est distribuée en deux repas à heures fixes, le fourrage avant l'aliment concentré afin d'éviter que les animaux gloutons consomment trop d'aliment concentré.

La quantité d'aliment distribuée doit être ajustée quotidiennement en fonction des objectifs de croissance et des quantités consommées les deux jours précédents.

Une nouvelle vermifugation au milieu de l'hiver est nécessaire et efficace.

État d'engraissement

L'état d'engraissement doit être contrôlé par maniement au cours de la période en utilisant la méthode Inra-IFCE-IE décrite dans le chapitre 2 afin d'ajuster l'alimentation et atteindre l'état corporel visé selon l'âge d'abattage des animaux (tableau 7.2).

À l'abattage, l'état d'engraissement est évalué par le poids du gras de panne (dépôt adipeux tapissant la face interne de la cavité abdominale et sous thoracique (tableau 7.2), ou seulement par l'appréciation visuelle de la surface (et de l'épaisseur) du dépôt.

L'état d'engraissement est significativement plus élevé pour les races de petit ou moyen format (tableau 7.2). À même poids vif vide, les races Ardennaise, Bretonne et Comtoise ont un pourcentage de dépôts adipeux dans la carcasse supérieur de 2 à 4 points sans que le rendement vrai diffère (tableau 7.6). Ces races sont donc plus précoces que les races de grand format (Boulonnaise et Percheronne) car elles atteignent le même pourcentage de dépôts adipeux dans la carcasse à des poids vifs inférieurs : – 11 à – 98 kg (tableau 7.7). Le poids des carcasses est également inférieur bien que le rendement vrai ne diffère pas.

Tableau 7.6. Poids et composition de la carcasse de poulains de différentes races comparés à même poids vif vide (504,8 kg) (d'après Martin-Rosset *et al.*, 1980).

Génotype	Poids de carcasse chaude (kg)	Rendement vrai (p. 100)	Poids de gras dans la carcasse (kg)	Gras dans la carcasse (p. 100)	Poids de muscles dans la carcasse (kg)	Muscles dans la carcasse (p. 100)
Ardennaise	353,6	70,0	42,5	12,0	246,7	69,8
Boulonnaise	357,1	70,7	30,5	8,5	256,0	71,7
Bretonne	356,0	70,5	38,3	10,8	252,0	70,2
Comtoise	356,5	70,6	50,7	14,2	255,3	68,2
Percheronne	357,2	70,7	33,2	9,3	255,3	71,5

Tableau 7.7. Poids et composition de la carcasse de poulains de différentes races comparés à même pourcentage de dépôts adipeux totaux (10,4 p. 100 du poids vif vide) (d'après Martin-Rosset *et al.*, 1980).

Génotype	Poids vif vide (p. 100)	Poids de carcasse chaude (kg)	Rendement vrai (p. 100)	Poids de muscles dans la carcasse (kg)	Muscles dans la carcasse (p. 100)
Ardennaise	507,8	355,2	69,8	247,9	70,4
Boulonnaise	518,7	368,6	71,0	261,7	69,9
Bretonne	486,0	343,1	70,6	242,2	70,5
Comtoise	471,3	330,1	70,0	231,1	70,2
Percheronne	579,5	413,3	71,3	294,7	70,3

Pour en savoir plus

Agabriel J., Trillaud-Geyl C., Martin-Rosset W., Jussiaux M., 1982. Utilisation de l'ensilage de maïs par le poulain de boucherie. *Inra Prod. Anim.*, 49, 5-13.

Agabriel J., Liénard G., 1984. Facteurs techniques et économiques influençant la production de poulains de boucherie. *In : Le cheval* (Jarrige R., Martin-Rosset W., eds.), Inra Éditions, 571-581.

Agabriel J., Martin-Rosset W., Robelin J., 1984. Croissance et alimentation du poulain. *In : Le cheval* (Jarrige R., Martin-Rosset W., eds.), Inra Éditions, 371-384.

Baudoin N., 1983. Premiers résultats d'engraissement de poulains de boucherie de 10-12 mois avec une ration à base de ray-grass déshydraté. *Bulletin technique d'information et de liaison des Eleveurs de chevaux lourds*, CEREOPA (voir IFCE), Paris, 37-54.

Bayle M., 1980. Conduite sanitaire pour des chevaux à l'engraissement. *Bulletin technique d'information et de liaison des Eleveurs de chevaux lourds*, CEREOPA (voir IFCE), Paris, 23-33.

Capitan M., Rossier E., 1975. *Analyse de l'utilisation d'une ration de concentrés pour la production intensive de poulains lourds de 6-12 mois*, CEREOPA (voir IFCE), Paris, 17 p.

Capitan M., Rossier E., 1975. *Production intensive de jeunes chevaux lourds de 18 à 20 mois, Analyse technique de 7 ateliers d'engraissement*, CEREOPA (voir IFCE), Paris, 22 p.

Courtot J., 1984. Classification des équidés en vif et en carcasse. *In : Le cheval*, Inra Éditions, 611-614.

Ecus Annuaire, 2009. *Tableau économique, statistique et graphique du cheval en France. Données 2008*, Les Haras Nationaux – Institut de l'élevage, Le Pin aux Haras, 63 p.

Ecus Annuaire, 2010. *Tableau économique, statistique et graphique du cheval en France. Données 2009*, Les Haras Nationaux – Institut de l'élevage, Le Pin aux Haras, 63 p.

Jussiaux M., De Vaulx M., 1979. *L'habitat et logement des chevaux lourds*, CEREOPA (voir IFCE), Paris, 33 p.

Martin-Rosset W., Jussiaux M., 1977. Production de poulains de boucherie. *Inra Prod. Anim.*, 29, 13-22.

Martin-Rosset W., Boccard R., Jussiaux M., Robelin J., Trillaud-Geyl C., 1980. Rendement et composition des carcasses du poulain de boucherie. *Inra Prod. Anim.*, 41, 57-64.

Martin-Rosset W., Jussiaux M., Trillaud-Geyl C., Agabriel J., 1985. La production de viande chevaline en France, Systèmes d'élevage et de production. *Inra Prod. Anim.*, Inra, 60, 31-41.

Martin-Rosset W., Trillaud-Geyl C., Jussiaux M., Agabriel J., Loiseau P., Beranger C., 1984. Exploitation du pâturage par le cheval en croissance ou à l'engrais. *In : Le cheval* (Jarrige R., Martin-Rosset W., eds.), Inra Éditions, 583-599.

Mainsant P., De Fontguyon G., Capelle P., 1986. La demande en viande de cheval, Le commerce de gros en viande de cheval en France. L'Italie, un débouché pour les poulains lourds, 3 tomes, Inra – ESR Rungis – OFIVAL.

Robelin J., Boccard R., Martin-Rosset W., Jussiaux M., Trillaud-Geyl C., 1984. Caractéristiques des carcasses et qualités de la viande de cheval. *In : Le cheval* (Jarrige R., Martin-Rosset W., eds.), Inra Éditions, 601-610.

Trillaud-Geyl C., 1985. Utilisation de la pulpe de betterave déshydratée par le poulain à l'engrais. *Bulletin technique d'information et de liaison des Eleveurs de chevaux lourds*, CEREOPA (voir IFCE), Paris, 32-42.

Trillaud-Geyl C., Jussiaux M., Martin-Rosset W., 1984. Utilisation de l'ensilage d'herbe par le poulain de boucherie *In : 10ᵉ Journée de la recherche équine,* Les Haras Nationaux, Paris, 156-162.

Trillaud-Geyl C., Jussiaux M., Martin-Rosset W., 1989. Bases zootechniques de la sélection des étalons. *In : 15ᵉ Journée de la recherche équine*, Les Haras Nationaux, Paris, 156-162.

8

Autres équidés
et cas particuliers d'intérêt

William Martin-Rosset, Jean-Louis Tisserand[†]

Ce chapitre regroupe des types d'équidés et des cas qui ont un intérêt certain mais qui ne pouvaient être traités dans le cadre de chapitres spécifiques car les informations scientifiques disponibles n'étaient pas aussi abondantes que pour les chevaux. Mais ces cas, ou situations, sont récurrents ou nouveaux dans le questionnement des utilisateurs, ceux-ci sont abordés dans un chapitre unique avec les limites précédemment indiquées.

Alimentation des poneys

Introduction

Le nombre de poneys a explosé avec le développement de l'équitation de loisirs. Ils représentent 8 à 10 p. 100 de l'effectif total d'équins identifiés. Un nombre important de ponettes (6 000 à 7 000) seraient mises à la reproduction et saillies par 1 100 à 1 800 étalons. Elles pourraient produire environ 4 500 poulains (Ecus, 2010). Un nombre de poneys estimé à 50 à 70 000 pourraient travailler dans 7 082 centres équestres car le nombre de jeunes cavaliers licenciés approche les 300 000. Les poneys type shetland sont utilisés pour l'initiation des plus petits. Les doubles poneys constituent un passage obligé pour l'instruction de base et la participation aux premiers concours. Mais l'alimentation des poneys reste à ce jour très empirique ou extrapolée de celle des chevaux, que ce soit pendant la période d'élevage ou la période d'utilisation. C'est pourquoi nous avons décidé de fournir des informations spécifiques pour amorcer une rationalisation de leur alimentation.

Statut nutritionnel

Le poney hongre a surtout été utilisé « comme un petit cheval » en raison de son format limité et de son faible coût, pour étudier la physiologie ou le métabolisme mais plus rarement pour étudier en termes nutritionnels les fonctions de production (gestation, lactation, croissance, travail) afin d'établir des recommandations alimentaires.

Le poney est à la fois comparable et différent du cheval. Le poney obéit aux mêmes lois générales de la physiologie et du métabolisme que le cheval (voir chapitre 1). Mais il diffère sur certains points dont il faut absolument tenir compte pour proposer des recommandations alimentaires raisonnables.

Ingestion et digestion

Le poney a une vitesse d'ingestion des aliments exprimée en gramme de MS/kg PV/min, qui est beaucoup plus lente que celle du cheval consommant le même régime : 20 à 48 p. 100 pour des foins de très bonne à mauvaise qualité respectivement. Cette différence conduit à une digestibilité des aliments légèrement supérieure (en moyenne + 2 points soit 4 à 5 p. 100 de la digestibilité d'un foin) mais surtout à une dépense énergétique liée à l'ingestion (mastication) du poney (50 p. 100 plus élevée que chez le cheval). La dépense énergétique liée à l'ingestion du poney et du cheval représente respectivement 15 et 10 p. 100 de l'énergie métabolisable (*e.g.* potentielle) du fourrage consommé.

Métabolisme et besoins

La dépense énergétique du poney au repos mesurée à l'Inra par calorimétrie indirecte est de 0,0333 kcal d'énergie nette (EN)/kg $PV^{0,75}$ soit inférieure de 16 p. 100 à celle du cheval (0,0373 kcal d'EN/kg $PV^{0,75}$) placé dans les mêmes conditions (voir chapitre 1). La dépense azotée, qui est liée à la dépense énergétique, diminue dans les mêmes proportions (voir chapitre 1). En effet, la dépense azotée est aussi inférieure car le poney alimenté au niveau de l'entretien a une capacité de rétention de l'azote supérieure de 10 p. 100 environ par rapport au cheval au repos d'après les mesures réalisées par l'Inra.

Besoins

Les données expérimentales concernant la croissance fœtale, la production laitière et la croissance sont éparses mais elles permettent d'établir des ordres de grandeur plausibles des besoins en se calant par rapport au cheval, puisque les phénomènes observés suivent les mêmes lois générales. Le besoin d'entretien (repos) retenu est de 0,0333 UFC/kg $PV^{0,75}$ et on a maintenu le même ratio azote/énergie que chez le cheval bien que la rétention de l'azote chez le poney soit supérieure à celle du cheval. En ce qui concerne le travail *sensu stricto,* les besoins sont déduits de ceux du cheval en tenant compte du poids vif en raison de l'absence de données expérimentales suffisantes chez le poney. Il en est de même des quantités ingérées. En ce qui concerne les autres fonctions (gestation, lactation, croissance), les besoins ont été calculés spécifiquement chez le poney.

Recommandations alimentaires

On a considéré deux groupes de poneys selon leur format et leur proximité par rapport au cheval :

– les petits poneys : 200 kg de poids vif adulte ;

– les doubles poneys : 300 et 400 kg de poids vif adulte.

Le poids vif peut être estimé à partir de mensurations simples à l'aide des équations spécifiques au poney décrites chapitre 2.

On a établi les besoins et apports recommandés (tableaux 8.1 à 8.9) selon la même démarche que celle utilisée chez le cheval (voir chapitres 1 et 3 à 6). Les apports recommandés sont proposés dans le même type de tableaux que pour le cheval (voir chapitres 3 à 6). Mais il n'est pas possible de passer des tableaux concernant les chevaux à ceux concernant les poneys, et inversement bien sûr, en ramenant les valeurs indiquées pour les apports énergétiques et azotés par rapport au poids vif car elles sont différentes. Il en est de même entre petits poneys et double poneys.

Les apports concernant le travail ont été établis chez le poney à partir des besoins calculés par heure de travail chez le cheval de 500 kg + charge (voir chapitre 6, figure 6.11) en tenant compte du poids vif spécifique du poney et de sa charge.

Les apports en minéraux sont également indiqués en tenant compte du poids vif du poney compte tenu des modèles utilisés pour chaque fonction de production (voir chapitres 3 à 6). Pour les oligoéléments et les vitamines, il faut utiliser, comme pour le cheval, d'une part le tableau 2.1 du chapitre 2 qui indique leur concentration par kilo de matière sèche ingérée, et d'autre part les consommations indiquées dans les tableaux spécifiques de chaque type de poney pour calculer leurs apports.

Poneys de 200 kg

Le besoin énergétique au repos *sensu stricto* (entretien) est inférieur de 16 p. 100 à celui du cheval, ainsi que le besoin azoté.

Le besoin énergétique d'entretien a été majoré :

– en période de reproduction, de + 20 p. 100 en saison de monte pour l'étalon effectuant la monte en liberté et seulement 10 p. 100 hors saison ;

– en période de travail, de 5 p. 100 car le travail effectué est le plus souvent léger à modéré.

Il en est de même pour le besoin azoté puisque celui-ci lui est lié.

Les apports alimentaires recommandés sont présentés dans les tableaux 8.1 à 8.3.

Double poneys de 300 et 400 kg

Le besoin énergétique au repos *sensu stricto* est inférieur de 10 p. 100 à celui du cheval, ainsi que le besoin azoté.

Le besoin énergétique d'entretien a été majoré :

– en période de reproduction, de + 25 p. 100 en période de monte en main et + 15 p. 100 hors saison de monte ;

– en période de travail, de + 10 p. 100 car le travail est plus soutenu que pour les petits poneys.

Il en est ainsi de même pour le besoin azoté qui est lié au besoin énergétique. Les apports alimentaires recommandés sont présentés dans les tableaux 8.4 à 8.9.

Tableau 8.1. Apports alimentaires recommandés pour le poney d'un poids vif adulte de **200 kg.**

Utilisation	Apports journaliers																			Consommation de matière sèche* (kg)
	UFC	MADC (g)	Lysine (g)	P (g)	Ca (g)	Mg (g)	Na (g)	Cl (g)	K (g)	Cu (mg)	Zn (mg)	Co (mg)	Se (mg)	Mn (mg)	Fe (mg)	I (mg)	Vit. A (UI)	Vit. D (UI)	Vit. E (UI)	
Entretien																				
Au repos[1]	1,7	122	11	6	8	3	4	16	10	34	170	0,6	0,6	136	170	0,6	11 100	1 400	170	3,0-3,8
Travail																				
Repos temporaire	1,8	129	12	7	9	4	5	18	11	37	185	0,7	0,7	148	185	0,7	12 000	1 500	185	3,4-4,0
Très léger[2,3]	2,1	148	13	8	12	4	6	19	12	39	195	0,8	0,8	156	312	0,8	12 700	1 600	195	3,6-4,2
Léger[2,3]	2,8	199	18	8	12	4	6	19	12	45	225	0,9	0,9	180	360	0,9	14 600	1 800	225	4,0-5,0
Modéré[2,3]	3,0	219	20	9	14	5	8	22	14	51	255	1,2	1,2	204	408	1,2	19 100	3 100	408	4,4-5,7
Intense[4]	2,8	205	19	12	16	6	10	27	16	45	225	0,9	0,9	180	360	0,9	16 900	2 700	360	4,0-5,0
Étalon																				
Hors monte[5]	2,3	166	15	8	12	4	6	19	12	45	225	0,9	0,9	180	360	0,9	14 600	1 800	225	4,0-5,0
Monte																				
Léger	2,8	202	18	8	12	4	8	19	12	45	225	0,9	0,9	180	360	0,9	14 600	1 800	225	4,0-5,0
Moyen	3,1	223	20	9	14	5	8	22	14	51	255	1,2	1,2	204	408	1,2	19 100	3 100	408	4,4-5,7
Intense	3,5	252	23	12	16	6	8	27	16	45	255	1,2	1,2	204	408	1,2	19 100	3 100	408	4,4-5,7

*Les valeurs les plus faibles seront choisies pour une alimentation riche en concentré, les plus fortes pour maximiser la consommation de fourrages.
[1] Ces apports concernent le hongre et la jument. Dans le cas de l'étalon, ajouter 0,2 UFC et 15 g MADC.
[2] On a considéré que le poney de centres équestres travaillait 2 h par jour (moyenne observée en pratique).
[3] Dans le cas de sortie de courte durée, on considèrera un travail très léger pour 1 h de sortie, et un travail léger pour 2 h de sortie.
[4] On a considéré que le poney travaillait 1 h par jour (moyenne observée en pratique).
[5] Y compris 1 h de travail très léger par jour pour les étalons conduits en box.

Tableau 8.2. Apports alimentaires recommandés pour le poney d'un poids vif adulte de **200 kg**[1].

État physiologique		Apports journaliers																			Consommation de matière sèche* (kg)
		UFC	MADC (g)	Lysine (g)	P (g)	Ca (g)	Mg (g)	Na (g)	Cl (g)	K (g)	Cu (mg)	Zn (mg)	Co (mg)	Se (mg)	Mn (mg)	Fe (mg)	I (mg)	Vit. A (UI)	Vit. D (UI)	Vit. E (UI)	
Ponette tarie ou en début de gestation		1,7	122	11	6	8	3	4	16	10	37	185	0,7	0,7	148	296	0,7	12 000	1 500	200	3,2-4,2
Ponette gestante																					
0-5 mois		1,7	122	11	6	8	3	4	16	12	37	185	0,7	0,7	148	296	0,7	12 000	1 500	200	3,2-4,2
6e mois		1,8	147	13	8	10	3	4	16	12	39	195	0,8	0,8	156	312	0,8	16 400	2 300	310	3,2-4,5
7e mois		1,9	148	13	8	11	3	4	16	12	39	195	0,8	0,8	156	312	0,8	16 400	2 300	310	3,2-4,5
8e mois		2,0	156	14	9	12	3	4	16	12	39	195	0,8	0,8	156	312	0,8	16 400	2 300	310	3,2-4,5
9e mois		2,1	170	16	10	14	3	4	16	12	42	210	0,8	0,8	168	336	0,8	17 700	2 500	340	3,5-4,8
10e mois		2,2	202	18	12	15	3	5	16	13	43	213	0,9	0,9	170	340	0,9	17 900	2 600	340	3,5-5,0
11e mois		2,3	216	20	13	17	3	5	16	13	45	225	0,9	0,9	180	360	0,9	18 900	2 700	360	3,8-5,2
Ponette allaitante	kg lait/j																				
1er mois	6,0	3,5	386	31	20	22	4	5	19	31	58	290	1,2	1,2	230	460	1,2	22 000	3 500	290	5,0-6,6
2e mois	6,6	3,6	373	33	17	20	4	5	19	31	61	305	1,2	1,2	240	490	1,2	23 200	3 700	305	5,3-6,9
3e mois	6,9	3,3	352	32	17	20	4	5	19	30	61	305	1,2	1,2	240	490	1,2	23 200	3 700	305	5,3-6,9
4e mois	5,8	3,1	290	30	14	16	3	4	18	26	58	290	1,2	1,2	230	460	1,2	22 000	3 500	290	5,0-6,6
5e mois	4,4	2,7	219	26	12	14	3	4	18	26	53	265	1,1	1,1	210	420	1,1	20 000	3 150	265	4,5-6,0
6e mois	4,0	2,6	210	24	12	14	3	4	18	26	44	220	0,9	0,9	176	350	0,9	16 700	2 640	220	3,8-5,0

*Les valeurs les plus faibles seront choisies pour une alimentation riche en concentré, les plus fortes pour maximiser la consommation de fourrages.

[1] Poids vif 24 h après un bon poulinage.

Tableau 8.3. Apports alimentaires recommandés pour le poney d'un poids vif adulte de **200 kg**.

| Âge (mois) | Poids[1] moyen au cours de la période (kg) | Croissance Gain de poids vif (g/j) | Apports journaliers | | | | | | | | | | | | | | | | | | | Consommation de matière sèche* (kg) |
			UFC	MADC (g)	Lysine (g)	P (g)	Ca (g)	Mg (g)	Na (g)	Cl (g)	K (g)	Cu (mg)	Zn (mg)	Co (mg)	Se (mg)	Mn (mg)	Fe (mg)	I (mg)	Vit. A (UI)	Vit. D (UI)	Vit. E (UI)	
Croissance – élevage																						
6-12	109	220	1,9	217	19	9	13	2	2	9	8	30	150	0,6	0,6	120	150	0,6	10 400	1 800	240	2,5-3,5
18-24	164	100	2,3	133	14	10	15	3	3	13	11	40	200	0,8	0,8	160	200	0,8	13 100	2 000	240	3,5-4,0
30-36	186	50	2,5	125	13	11	16	3	4	15	12	45	225	0,9	0,9	180	225	0,9	15 800	2 300	270	4,0-5,0

* Les valeurs les plus faibles seront choisies pour une alimentation riche en concentré, les plus fortes pour maximiser la consommation de fourrage.

[1] Poids vif médian au cours de la période.

Tableau 8.4. Apports alimentaires recommandés pour le poney d'un poids vif adulte de **300 kg.**

Utilisation	Apports journaliers																			Consommation de matière sèche* (kg)
	UFC	MADC (g)	Lysine (g)	P (g)	Ca (g)	Mg (g)	Na (g)	Cl (g)	K (g)	Cu (mg)	Zn (mg)	Co (mg)	Se (mg)	Mn (mg)	Fe (mg)	I (mg)	Vit. A (UI)	Vit. D (UI)	Vit. E (UI)	
Entretien																				
Au repos[1]	2,4	173	16	8	12	5	6	24	15	51	255	1,0	1,0	204	255	1,0	16 600	2 000	255	4,5-5,7
Travail																				
Repos temporaire	2,6	190	17	9	13	6	7	27	17	55	275	1,1	1,1	220	275	1,1	17 900	2 200	275	5,0-6,0
Très léger[2,3]	3,0	216	20	11	18	6	9	29	18	59	295	1,2	1,2	236	472	1,2	19 200	2 400	295	5,4-6,3
Léger[2,3]	4,0	286	26	11	18	6	9	29	18	68	340	1,4	1,4	272	544	1,4	22 100	2 700	340	6,0-7,5
Modéré[2,3]	4,5	324	30	13	21	7	12	34	20	74	370	1,5	1,5	296	592	1,5	27 800	4 400	592	6,6-8,1
Intense[4]	4,2	302	28	17	24	9	15	42	24	68	340	1,4	1,4	272	544	1,4	25 500	4 100	544	6,0-7,5
Très intense[4]	4,7	338	31	19	27	11	25	56	32	68	340	1,4	1,4	272	544	1,4	25 500	4 100	544	6,0-7,5
Étalon																				
Hors monte[5]	3,5	250	23	11	18	6	9	29	18	68	340	1,4	1,4	272	544	1,4	22 100	2 700	340	6,0-7,5
Monte																				
Léger	4,2	302	28	11	18	6	12	29	18	68	340	1,4	1,4	272	544	1,4	22 100	2 700	340	6,0-7,5
Moyen	4,5	324	30	13	21	7	12	34	20	74	370	1,5	1,5	296	592	1,5	27 800	4 400	592	6,6-8,1
Intense	5,1	367	33	17	24	9	12	42	24	74	370	1,5	1,5	296	592	1,5	27 800	4 400	592	6,6-8,1

* Les valeurs les plus faibles seront choisies pour une alimentation riche en concentré, les plus fortes pour maximiser la consommation de fourrages.

[1] Ces apports concernent le hongre et la jument. Dans le cas de l'étalon, ajouter 0,2 UFC et 15 g MADC.

[2] On a considéré que le poney de centres équestres travaillait 2 h par jour (moyenne observée en pratique).

[3] Dans le cas de sortie de courte durée, on considèrera un travail très léger pour 1 h de sortie, et un travail léger pour 2 h de sortie. Dans le cadre de randonnée, on considèrera un travail léger pour une durée comprise entre 2 et 4 h, et un travail moyen pour une durée supérieure de 4 h.

[4] On a considéré que le poney travaillait une heure par jour (moyenne observée en pratique).

[5] Inclus une heure de travail très léger.

Tableau 8.5. Apports alimentaires recommandés pour le poney d'un poids vif adulte de **300 kg**[1].

État physiologique	kg lait/j	UFC	MADC (g)	Lysine (g)	P (g)	Ca (g)	Mg (g)	Na (g)	Cl (g)	K (g)	Cu (mg)	Zn (mg)	Co (mg)	Se (mg)	Mn (mg)	Fe (mg)	I (mg)	Vit. A (UI)	Vit. D (UI)	Vit. E (UI)	Consommation de matière sèche* (kg)
Ponette tarie ou en début de gestation		2,4	173	16	8	12	5	6	24	15	56	280	1,1	1,1	224	450	1,1	18 200	2 200	340	4,8-6,3
Ponette gestante																					
0-5 mois		2,4	173	16	8	12	5	6	24	18	56	280	1,1	1,1	224	450	1,1	18 200	2 200	340	4,8-6,3
6e mois		2,6	211	19	12	15	5	6	24	18	58	290	1,2	1,2	232	464	1,2	24 400	3 500	460	5,1-6,5
7e mois		2,7	212	19	12	16	5	6	24	18	58	290	1,2	1,2	232	464	1,2	24 400	3 500	460	5,1-6,5
8e mois		2,9	224	20	12	18	5	6	24	18	58	290	1,2	1,2	232	464	1,2	24 400	3 500	460	5,1-6,5
9e mois		3,0	245	22	15	20	5	7	24	19	61	305	1,2	1,2	244	488	1,2	25 600	3 700	490	5,4-6,8
10e mois		3,2	292	27	17	22	5	7	24	19	64	320	1,3	1,3	256	512	1,3	26 900	3 800	510	5,4-7,3
11e mois		3,3	313	29	19	25	5	7	24	19	68	340	1,4	1,4	272	544	1,4	28 600	4 100	540	5,7-7,8
Ponette allaitante																					
1er mois	9,0	5,0	497	46	29	34	7	8	28	47	84	420	1,7	1,7	340	670	1,7	32 000	5 000	420	7,2-9,6
2e mois	9,9	5,1	549	49	25	30	6	8	28	47	87	435	1,7	1,7	350	700	1,7	33 100	5 200	435	7,5-9,9
3e mois	9,6	4,8	519	48	24	29	6	8	28	46	87	435	1,7	1,7	350	700	1,7	33 100	5 200	435	7,5-9,9
4e mois	8,7	4,5	425	45	20	24	6	7	27	40	81	405	1,6	1,6	320	650	1,6	31 000	4 900	405	7,2-8,9
5e mois	6,6	3,9	318	38	17	21	5	7	27	39	73	365	1,5	1,5	290	580	1,5	27 700	4 400	365	6,7-7,9
6e mois	6,0	3,8	305	36	16	20	5	7	27	38	65	325	1,3	1,3	260	520	1,3	24 700	3 900	325	5,7-7,2

* Les valeurs les plus faibles seront choisies pour une alimentation riche en concentré, les plus fortes pour maximiser la consommation de fourrages.

[1] Poids vif 24 h après un bon poulinage.

Tableau 8.6. Apports alimentaires recommandés pour le poney d'un poids vif adulte de **300 kg.**

Âge (mois)	Poids[1] moyen au cours de la période (kg)	Croissance Gain de poids vif (g/j)	Apports journaliers																			Consommation de matière sèche* (kg)
			UFC	MADC (g)	Lysine (g)	P (g)	Ca (g)	Mg (g)	Na (g)	Cl (g)	K (g)	Cu (mg)	Zn (mg)	Co (mg)	Se (mg)	Mn (mg)	Fe (mg)	I (mg)	Vit. A (UI)	Vit. D (UI)	Vit. E (UI)	
Croissance – élevage																						
6-12	164	320	2,7	304	27	13	19	3	4	13	11	45	225	0,9	0,9	180	225	0,9	15 500	2 700	360	4,0-5,0
18-24	246	130	3,4	203	21	15	22	4	5	20	16	55	275	1,1	1,1	220	275	1,1	19 300	2 800	330	5,0-6,0
30-36	279	70	3,7	192	20	16	24	4	6	22	18	60	300	1,2	1,2	240	300	1,2	21 000	3 000	360	5,5-6,5

* Les valeurs les plus faibles seront choisies pour une alimentation riche en concentré, les plus fortes pour maximiser la consommation de fourrages.

[1]Poids vif médian au cours de la période.

Tableau 8.7. Apports alimentaires recommandés pour le poney d'un poids vif adulte de **400 kg**.

Utilisation	Apports journaliers																			Consommation
	UFC	MADC (g)	Lysine (g)	P (g)	Ca (g)	Mg (g)	Na (g)	Cl (g)	K (g)	Cu (mg)	Zn (mg)	Co (mg)	Se (mg)	Mn (mg)	Fe (mg)	I (mg)	Vit. A (UI)	Vit. D (UI)	Vit. E (UI)	de matière sèche* (kg)
Entretien																				
Au repos[1]	3,2	230	21	11	16	6	8	32	20	69	345	1,4	1,4	276	345	1,4	22 400	2 800	345	6,0-7,6
Travail																				
Repos temporaire	3,5	252	23	12	18	7	9	35	22	72	360	1,4	1,4	288	360	1,4	23 400	2 900	360	6,5-7,8
Très léger[2,3]	4,0	288	26	15	24	8	12	35	24	78	390	1,6	1,6	312	624	1,6	25 300	3 100	390	7,2-8,4
Léger[2,3]	5,4	389	35	15	24	8	12	35	24	90	450	1,8	1,8	360	720	1,8	29 300	3 600	450	8,0-10,0
Modéré[2,3]	6,0	432	39	17	28	9	16	44	27	98	490	2,0	2,0	392	784	2,0	36 800	5 900	784	8,8-10,8
Intense[4]	5,6	403	37	23	32	12	20	53	31	90	450	1,8	1,8	360	720	1,8	33 800	5 400	720	8,0-10,0
Très intense[4]	6,3	455	41	25	36	15	33	74	42	90	450	1,8	1,8	360	720	1,8	33 800	5 400	720	8,0-10,0
Étalon																				
Hors monte[5]	4,6	334	30	15	24	8	12	35	24	90	450	1,8	1,8	360	720	1,8	29 300	3 600	450	8,0-10,0
Monte																				
Léger	5,6	403	37	15	24	8	15	35	24	90	450	1,8	1,8	360	720	1,8	29 300	3 600	450	8,0-10,0
Moyen	5,8	418	38	17	28	9	15	44	27	98	490	2,0	2,0	392	784	2,0	36 800	5 900	784	8,8-10,8
Intense	6,7	484	44	23	32	12	15	53	32	98	490	2,0	2,0	392	784	2,0	36 800	5 900	784	8,8-10,8

*Les valeurs les plus faibles seront choisies pour une alimentation riche en concentré, les plus fortes pour maximiser la consommation de fourrages.
[1] Ces apports concernent le hongre et la jument. Dans le cas de l'étalon, ajouter 0,3 UFC et 20 g MADC.
[2] On a considéré que le poney de centres équestres travaillait 2 h par jour (moyenne observée en pratique).
[3] Dans le cas de sortie de courte durée, on considèrera un travail très léger pour 1 h de sortie et un travail léger pour 2 h de sortie. Dans le cadre de randonnée, on considèrera un travail léger pour une durée comprise entre 2 et 4 h, et un travail moyen pour une durée supérieure à 4 h.
[4] On a considéré le poney qui travaille1 h par jour (moyenne observée en pratique).
[5] Inclus 1 h de travail très léger.

Tableau 8.8. Apports alimentaires recommandés pour le poney d'un poids vif adulte de **400 kg**[1].

| État physiologique | | Apports journaliers | | | | | | | | | | | | | | | | | | Consommation |
		UFC	MADC (g)	Lysine (g)	P (g)	Ca (g)	Mg (g)	Na (g)	Cl (g)	K (g)	Cu (mg)	Zn (mg)	Co (mg)	Se (mg)	Mn (mg)	Fe (mg)	I (mg)	Vit. A (UI)	Vit. D (UI)	Vit. E (UI)	de matière sèche* (kg)
Ponette tarie ou en début de gestation		3,2	230	21	11	16	6	8	32	20	70	350	1,4	1,4	280	560	1,4	22 800	2 800	420	6,0-8,0
Ponette gestante																					
0-5 mois		3,2	230	21	11	16	6	8	32	24	70	350	1,4	1,4	280	560	1,4	22 800	2 800	420	6,0-8,0
6e mois		3,4	280	26	14	20	6	8	32	25	73	365	1,5	1,5	290	580	1,5	30 500	4 400	580	6,0-8,5
7e mois		3,6	282	26	16	22	6	9	32	25	73	365	1,5	1,5	290	580	1,5	30 500	4 400	580	6,0-8,5
8e mois		3,8	298	27	17	23	6	9	32	25	73	365	1,5	1,5	290	580	1,5	30 500	4 400	580	6,0-8,5
9e mois		4,0	326	30	20	27	6	9	32	26	78	390	1,6	1,6	310	620	1,6	32 600	4 700	620	6,5-9,0
10e mois		4,2	389	35	22	31	6	9	32	26	83	410	1,7	1,7	330	660	1,7	34 700	5 000	660	7,0-9,5
11e mois		4,3	417	38	25	33	6	9	32	26	88	440	1,8	1,8	350	700	1,8	36 700	5 300	700	7,5-10,0
Ponette allaitante	kg lait/j																				
1er mois	12,0	6,7	758	61	39	45	9	10	38	62	110	550	2,2	2,2	440	880	2,2	41 800	6 600	550	9,5-12,5
2e mois	13,2	6,8	732	65	33	40	8	10	38	62	120	600	2,4	2,4	480	960	2,4	45 600	7 200	600	10,5-13,5
3e mois	12,8	6,4	691	63	33	39	8	10	38	61	120	600	2,4	2,4	480	960	2,4	45 600	7 200	600	10,5-13,5
4e mois	11,6	6,0	566	59	27	32	7	9	37	53	110	550	2,2	2,2	440	880	2,2	41 800	6 600	550	9,5-12,5
5e mois	8,8	5,2	424	50	23	28	7	9	37	52	93	460	1,9	1,9	370	740	1,9	35 150	5 550	460	8,0-10,5
6e mois	8,0	5,1	406	47	22	27	7	9	37	51	80	400	1,6	1,6	320	640	1,6	30 400	4 800	400	7,0-9,0

* Les valeurs les plus faibles seront choisies pour une alimentation riche en concentré, les plus fortes pour maximiser la consommation de fourrages.

[1] Poids vif 24 h après un bon poulinage.

Tableau 8.9. Apports alimentaires recommandés pour le poney d'un poids vif adulte de **400 kg.**

Âge (mois)	Poids[1] moyen au cours de la période (kg)	Croissance Gain de poids vif (g/j)	Apports journaliers																				Consommation de matière sèche* (kg)
			UFC	MADC (g)	Lysine (g)	P (g)	Ca (g)	Mg (g)	Na (g)	Cl (g)	K (g)	Cu (mg)	Zn (mg)	Co (mg)	Se (mg)	Mn (mg)	Fe (mg)	I (mg)	Vit. A (UI)	Vit. D (UI)	Vit. E (UI)	
Croissance – élevage																						
6-12	218	420	3,6	388	34	18	25	4	5	17	15	58	288	1,2	1,2	230	288	1,2	19 800	3 500	460	5,0-6,5
18-24	328	180	4,5	265	28	20	29	5	7	26	21	70	350	1,4	1,4	280	350	1,4	24 500	3 500	420	6,5-7,5
30-36	372	90	4,9	255	27	21	32	6	8	30	24	75	375	1,5	1,5	300	375	1,5	26 300	3 800	450	7,0-8,0

* Les valeurs les plus faibles seront choisies pour une alimentation riche en concentré, les plus fortes pour maximiser la consommation de fourrages.

[1] Poids vif médian au cours de la période.

Le cheval en plein air

Au cours de la période d'élevage ou d'utilisation, le cheval est soumis à des conditions climatiques variables qui ont des répercussions sur les dépenses énergétiques essentiellement. Il convient de préciser les conditions auxquelles le cheval peut être soumis et les solutions qui peuvent être envisagées pour en limiter les effets bien que les études réalisées spécifiquement soient peu nombreuses.

Températures critiques

Définition

La zone de neutralité thermique (ZNT) est une plage de températures dans le cadre de laquelle l'animal est en équilibre thermique avec son milieu environnant. Il maintient facilement sa température corporelle à 38 °C en moyenne sans dépense énergétique supplémentaire. La température basse critique (TBC) et la température haute critique (THC) sont les températures au-delà desquelles le cheval peut avoir des difficultés à réguler sa température corporelle sans aides extérieures.

Valeurs indicatives

Chez l'adulte à l'entretien adapté à des conditions climatiques tempérées, la zone de neutralité thermique est comprise entre + 5 °C et + 25 °C (+ 5 °C < ZNT < + 25 °C). Chez l'adulte à l'entretien adapté à des conditions froides (mais recevant des apports alimentaires supérieurs à 50 % des besoins d'entretien), la zone de neutralité thermique est comprise entre – 15 °C et + 10 °C (– 15 °C < ZNT < + 10 °C). Les températures basses critiques varieraient donc entre – 15 °C et + 5 °C (– 15 °C < TBC < + 5 °C). La ZNT est assez large car le cheval est un gros animal qui a une surface corporelle relativement faible par rapport à son poids vif.

Chez le jeune cheval (> 6 mois) adapté à des conditions climatiques froides mais bien alimenté, la zone de neutralité thermique serait comprise entre – 10 °C et + 16 °C (– 10 °C < ZNT < + 16 °C). Le nouveau-né (de la naissance à neuf jours) est beaucoup moins tolérant évidemment. Les températures basses et hautes critiques seraient respectivement de + 20 °C (TBC) et + 36 à + 40 °C (THC). La température basse pourrait être bien abaissée si le nouveau-né bénéficie bien sûr d'un abri et d'une litière.

Les effets des basses températures sont accentués par le vent et/ou la pluie. En conséquence, les TBC indiquées précédemment doivent être diminuées sauf si des moyens sont mis en œuvre pour y faire face. Les fortes chaleurs ont également un effet aggravant car l'animal doit accroître la sudation pour réguler sa température corporelle. Ce processus est très coûteux d'un point de vue énergétique. La forte chaleur combinée avec une humidité relative élevée (HR ≥ 60 p. 100) diminue l'efficacité de l'évaporation au niveau de la peau pour maintenir la température corporelle. C'est pourquoi des zones d'ombre naturelle sinon d'abris sont nécessaires au pâturage.

Facteurs de variations

Les chevaux de pur sang et de selle n'ont pas une TBC différente. En revanche, le poney aurait une TBC moins favorable en raison d'un rapport surface corporelle/poids vif plus élevé.

Les chevaux en période de compétition ont une TBC moins favorable que lorsqu'ils sont au repos (hors période de compétition-entraînement) car l'essentiel de la dépense énergétique et sans doute les mécanismes qui régulent le métabolisme correspondant sont orientés vers la dépense liée au travail. La différence de TBC pourrait être de l'ordre de 1,5 à 2 °C.

La tonte des chevaux entraîne un abaissement de la TBC qui peut atteindre 4 à 5 °C.

Adaptation

Durée

La période d'adaptation du cheval à des conditions climatiques chaudes ou froides permanentes est de trois semaines. La durée est plus courte (1 à 2 semaines) pour les variations de température d'amplitude limitée qui se manifestent au cours du nycthémère (24 h) et de façon répétée d'un jour à l'autre.

Métabolisme énergétique

La dépense énergétique du cheval adulte à l'entretien en ZNT peut être 3 à 4 fois plus élevée lorsque le cheval est soumis à des basses températures de − 15 et − 20 °C. La dépense énergétique de référence s'accroîtrait linéairement de + 2,5 p. 100 par degré celsius (°C) en dessous de la TBC.

L'accroissement de la dépense énergétique du cheval soumis à des basses températures est limité par l'extra-chaleur (EC) produite au cours de l'utilisation digestive puis métabolique de l'énergie métabolisable (EM) des aliments (voir chapitre 1). L'extra-chaleur produite est plus élevée avec les rations à base de fourrages qu'avec des rations mixtes : + 10 à 20 p. 100. La production d'extra-chaleur augmente avec la quantité consommée d'aliments (niveau d'alimentation) : par exemple de 39 p. 100 quand le niveau d'alimentation d'un cheval adulte est 1,3 fois celui de l'entretien.

Prévention

Le cheval peut être conduit en plein air quelle que soit la saison à condition de mettre en œuvre en dehors de la ZNT quelques mesures simples qui commencent par ne conduire en plein air qu'un cheval dont la note d'état corporel est de 3 minimum et par respecter une période d'adaptation.

Le cheval en plein air a une activité physique supérieure à celle qu'il peut développer au box. Il convient donc d'apporter + 0,5 UFC et 20 g MADC/jour supplémentaire quelles que soient les conditions climatiques (voir chapitre 6, figure 6.11).

En hiver

Le cheval doit bénéficier d'un abri bien orienté par rapport aux vents dominants et à la pluie, voire la neige, lorsqu'il est conduit en plein air intégral jour et nuit. Le cheval peut être pourvu d'une couverture notamment en cas de sortie pendant la journée au cours de la période d'adaptation. Ces deux mesures réduisent de 9 à 26 p. 100 la dépense énergétique selon les conditions climatiques.

La ration doit être augmentée et la proportion de fourrages accrue. Les apports énergétiques d'entretien doivent être augmentés respectivement en moyenne de 1,5 et 2,5 p. 100 par degré celsius en dessous de − 5 °C et − 10 °C, soit de + 0,06 UFC et 0,10 UFC par degré de variation, pour un cheval de 500 kg.

Exemple 8.1

Cheval de 500 kg et température extérieure − 5 °C
Besoin entretien strict : 4,1 UFC (voir chapitre 6, figure 6.13)
Majoration déplacement : + 0,5 UFC
Majoration climat : 0,3 UFC (0,06 × 5 = 0,3 UFC)
Total : 4,9 UFC
La proportion de fourrage de la ration doit être de 90 p. 100 et les quantités d'aliments sont augmentées du fait de l'accroissement des besoins énergétiques.

Exemple 8.2

Cheval de 500 kg et température extérieure − 5 °C
Besoin énergétique : 4,9 UFC
Quantité de matière sèche totale nécessaire de l'ordre de 9-10 kg (dont 8 à 9 kg MS de fourrages).
Les chevaux doivent pouvoir s'abreuver à volonté dans la mesure où la ration offerte est à base de fourrages.

En été

L'abri naturel ou aménagé est nécessaire dès lors que les températures sont supérieures à 25 °C même lorsque les chevaux sont au pâturage car la dépense énergétique augmente et ceci d'autant plus que le cheval est jeune. Certains éleveurs rentrent les jeunes chevaux au box en milieu de journée.

Pour les chevaux adultes en activité mais mis régulièrement au paddock, il est possible de diminuer l'extra-chaleur produite par la ration en introduisant des lipides dans la ration afin de ne pas diminuer la densité énergétique de celle-ci, si le cheval a un travail relativement soutenu. Ainsi, 5 % de lipides dans la ration entraînent une diminution de 10 à 14 p. 100 de l'extra-chaleur. Il faut limiter la teneur en protéines de la ration pour les mêmes raisons.

L'abreuvement est primordial en raison des fortes températures et des pertes importantes en sodium, potassium et chlore (voir chapitres 1 et 2). Une pierre à sel doit être présente en libre service.

Le cheval âgé

Les chevaux sont conservés de plus en plus longtemps pour des raisons d'éthique mais également parce que le nombre de chevaux de loisirs, dont l'utilisation est moins intensive que celle des chevaux de course et de sport, est de plus en plus important.

Définition

À quel âge un cheval peut-il être considéré comme âgé ? En termes chronologique et comparatif par rapport à l'Homme, un cheval âgé de 20 ans correspond à un Homme âgé de 60 ans soit un rapport de 1 à 3 qui est valide à partir de l'âge de trois ans chez le cheval. Mais il n'y a pas de réponse unique car cela dépend aussi du type d'utilisation et il y a une grande variabilité individuelle chez les chevaux.

Le cheval devient âgé à partir du moment où les signes extérieurs de vieillissement se manifestent. Ses fonctions physiologiques et métaboliques diminuent significativement en raison de l'âge et non parce que le cheval est atteint de différentes pathologies qui provoqueraient le vieillissement, même si les pathologies en sont une conséquence. Ce dernier point est du domaine vétérinaire de la gériatrie.

Statut

Le vieillissement se traduit par différentes manifestations au niveau de l'extérieur du cheval : tissulaires, organiques et comportementales.

Le vieillissement se manifeste par l'apparition de poils blancs autour des yeux et des narines voire du corps, le creusement des salières au-dessus des yeux, l'ensellement, la proéminence plus ou moins apparente des os du garrot et du bassin.

Le cheval âgé modifie très insidieusement ses habitudes alimentaires : préférences, appétit, rythme d'ingestion au cours des repas principaux, abreuvement irrégulier voire insuffisant qui peut conduire à une certaine déshydratation. Le cheval peut également devenir plus ou moins indifférent aux stimulations de son environnement (congénères, homme, etc.). Il convient donc d'être attentif (observation) et de ne pas isoler le cheval.

Avec l'âge, on observe fréquemment une perte d'état corporel : diminution des graisses corporelles (note d'état de 2 à 2,5), une fonte musculaire et des symptômes d'ostéoporose sénile plus ou moins marqués et rapides. Des complications infectieuses des plaies accidentelles peuvent se produire.

L'efficacité de la digestion des aliments peut être altérée (- 5 points pour la digestibilité totale de la matière sèche d'après une étude expérimentale) comme en témoignent des crottins peu consistants ou inversement pâteux, à la limite de la diarrhée, dans tous les cas irréguliers dans leur aspect ou leurs fréquences et quantités. Un cheval adulte de 500 kg produit de 15 à 30 kg de crottins par jour. Il n'est pas rare de constater aussi des stases digestives voire d'obstruction (ralentissement ou arrêt du transit digestif).

La production de nutriments et/ou pour certains d'entre eux la capacité d'absorption peuvent être diminués et ne plus permettre de couvrir la totalité des besoins.

Enfin, les capacités d'élimination des déchets de la digestion et du métabolisme des nutriments peuvent être altérées en raison d'une baisse d'activité du foie et des reins. Les urines sont alors irrégulières, plus ou moins sombres et malodorantes.

L'ensemble de ces manifestations sont la traduction d'une baisse inéluctable des sécrétions et des activités hormonales (sexuelles, somatotropes, insuliniques, etc.) qui normalement régulent ces différentes fonctions et organes, les métabolismes tissulaires et le système immunitaire.

Besoins nutritionnels

Le besoin énergétique d'entretien doit diminuer avec l'âge comme chez l'Homme (15 à 20 p. 100) car l'activité physique spontanée décroît et corrélativement la masse musculaire diminue.

Le besoin azoté d'entretien déclinerait aussi chez le cheval âgé comme chez l'Homme (20 à 35 p. 100) en raison d'un déséquilibre catabolisme *vs* anabolisme des protéines, et d'une diminution de l'efficacité de l'utilisation des protéines d'origine alimentaire, ce qui pourrait accentuer la perte de masse musculaire.

D'après une étude expérimentale, les besoins en minéraux pourraient augmenter en raison de la diminution de leur digestibilité (de − 4 à − 11 points) pour le phosphore.

Alimentation

L'objectif de l'alimentation du cheval âgé est de le nourrir pour optimiser les fonctions physiologiques et métaboliques dans un contexte évolutif de diminution pour en limiter les effets. Il y a hélas très peu de données expérimentales.

Au préalable, le cheval doit être conduit dans un environnement stimulant pour entretenir une activité physique spontanée (paddock, stabulation, pâture) et une activité physique provoquée courte, régulière qui entretient la musculature et le squelette, dans ce dernier cas en stimulant la production de masse osseuse. La dentition du cheval doit être vérifiée, et l'état général doit être établi et suivi par le vétérinaire.

La ration doit tenter de maintenir un poids vif et un état corporel optimum (voir chapitre 1) aussi constant que possible car les pertes sont difficiles à rattraper.

Elle doit être composée de fourrages et d'aliment concentré (10 p. 100) même si le cheval a une activité physique limitée. Il faut maintenir un taux de cellulose brute dans la ration de 20 % MS minimum. Les proportions dépendent du passé du cheval, de la difficulté ou non à le maintenir en état et de son activité physique. On peut se baser sur les tableaux d'apports alimentaires recommandés du chapitre 6, situation au repos + travail très léger à léger selon les situations, mais également sur les recommandations du chapitre 2 en ce qui concerne la maîtrise de l'état corporel en l'adaptant avec bon sens au cas du cheval âgé.

Il faut jouer sur la nature des aliments pour stimuler l'appétit et la digestion. Il est possible voire préférable d'utiliser aussi bien des ensilages mi fanés que des foins (voir chapitre 9) car plus appétants et dépourvus de poussières. Les fourrages seront plutôt récoltés à un stade début épiaison, car ils sont plus riches et plus digestibles (voir chapitres 12 et 16). Si le cheval a des difficultés à mastiquer, il faut hacher le foin. En ce qui concerne les aliments concentrés, la proportion de céréales sera modérée pour ne pas provoquer des problèmes digestifs ou surtout d'intolérance métabolique aux glucides en raison d'une régulation insuffisante de la glycémie par l'insuline pancréatique. Par ailleurs, le son de blé peut être intéressant car il facilite le transit intestinal, de même que les graines de lin, car ils sont respectivement riches en hémicelluloses et en mucilages. Si le cheval a des problèmes dentaires, il faut utiliser des aliments concentrés présentés sous forme de bouchons mous, ou des aliments extrudés plutôt qu'en bouchons (pellets). L'appétit peut être stimulé par la distribution de carottes, betteraves, voire des pommes mais en quantités limitées car elles sont légèrement laxatives.

La ration devrait contenir 10 à 12 % de matières azotées totales dans la matière sèche (voir chapitres 2 et 6). On veillera à apporter des sources azotées de qualité car riches en protéines très digestibles (tourteau de soja, farine de luzerne voire protéines d'origine lactée) et si possible bien pourvues en lysine et thréonine (voir chapitres 9 et 16). On utilisera aussi des aliments bien pourvus en acides gras essentiels notamment huiles végétales (soja, lin, colza) ou huiles de poisson (autolysats ou hydrolysats) sans oublier les antioxydants pour une bonne conservation (voir chapitres 9 et 16).

Il peut être nécessaire d'utiliser, pendant de courtes périodes, des aliments diététiques (voir chapitre 9) si le cheval rencontre des problèmes digestifs ou métaboliques particuliers liés à un état nutritionnel perturbé dûment constaté par le vétérinaire traitant.

Au pâturage, le cheval doit disposer d'une herbe au stade début épiaison à épiaison (voir chapitres 10, 12 et 16) et en quantité suffisante. Les rotations de parcelles sont recommandées pour atteindre cet objectif alimentaire mais également gérer efficacement le parasitisme d'origine alimentaire (voir chapitres 1, 2 et 10). Le cheval doit bénéficier d'un abri lors des fortes chaleurs car les dépenses énergétiques augmentent (voir chapitre 1), d'un abreuvement permanent de qualité (voir chapitre 2) et d'une complémentation minérale sous forme de bloc à lécher (voir chapitres 2 et 13).

Alimentation de l'âne

Introduction

L'âne, *Equus asinus,* appartient à la famille des équidés. D'un point de vue de la systématique en zoologie, il appartient au même genre que le cheval (*Equus*) mais à une espèce différente (*asinus*).

En zone géographique tempérée, l'âne a beaucoup perdu de son importance. En France, on compte 2 600 animaux localisés essentiellement en Poitou-Charentes, Midi-Pyrénées et Basse Normandie (46 p. 100 des effectifs) et dans le Sud-Est (15 p. 100). Les animaux sont conduits le plus souvent au pâturage et en hiver ils sont complémentés avec des fourrages conservés. Leur nombre est toutefois en augmentation car il est de plus en plus utilisé pour les loisirs, animal de compagnie ou pour le tourisme équestre notamment. En Italie, l'ânesse est exploitée pour produire essentiellement du lait destiné au traitement des allergies infantiles sévères dues à la consommation du lait de vache. Des troupeaux d'ânesses sont conduits et traits mécaniquement dans des fermes spécialisées localisées dans le sud de l'Italie. Cette nouvelle industrie a permis de mieux connaître la production et la composition du lait d'ânesse. Les ânesses sont alimentées avec des rations fermières (foin + céréales essentiellement).

En zone géographique chaude, l'âne est surtout un animal destiné au travail (agriculture et transport) notamment dans les pays en voie de développement où il joue un rôle majeur dans l'économie rurale. Il y aurait, d'après la FAO, 56 millions d'ânes (et de mulets) travaillant en Asie (23 millions), en Afrique (17 millions), en Amérique Latine (9 millions) et dans d'autres pays (9 millions). En Afrique, les ânes sont élevés et utilisés dans les zones intermédiaires semi-arides et sub-humides (respectivement 400 à 800 mm et 800 à 1 200 mm de pluviométrie) d'après les observations du Cirad. Dans ces zones, les ânes contribuent à la culture attelée pour la préparation des sols et le sarclage des cultures vivrières. L'âne est intéressant à la fois parce qu'il développe une puissance de 116 watts/100 kg de PV supérieure à celle du bœuf, 80 watts/100 kg PV, et il est plus facile d'entretien.

Statut nutritionnel

L'âne a un niveau d'ingestion exprimé par kg de poids vif voisin, sinon supérieur, de celui du poney lorsque les deux espèces sont alimentées à volonté avec des fourrages de qualité moyenne à faible, présentés sous forme longue ou en pellets complémentés ou non en énergie seulement, ou en énergie et en azote. L'âne semble mieux maintenir son niveau d'ingestion que le poney lorsque la qualité du fourrage diminue et inversement (tableau 8.10).

Tableau 8.10. Consommation journalière de matière sèche (g MS/kg PV^{0,75}) chez l'âne et le poney (adapté de Tisserand *et al.*, 1991 ; Suhartanto et Tisserand, 1996).

				Paille			Foin (dactyle + luzerne)	
	Seule	Mélassée	Pellet	Complémentée				
				Céréales	Céréales + T. soja	Céréales + urée	Long	Pellet
Âne	58-62	57	50	59	64	61	88	59
Poney	41-53	53	48	37	41	42	101	57

La digestibilité des fourrages est en général supérieure chez l'âne que chez le poney car l'âne digère mieux les parois végétales. Ces différences sont atténuées lorsque les fourrages, notamment la paille, sont complémentés en énergie seule ou combinés avec de l'azote (tableau 8.11). Les différences de digestibilité peuvent aussi être expliquées par l'aptitude supérieure de l'âne à sélectionner les parties les plus digestibles, notamment des fourrages pauvres, lorsque ceux-ci sont offerts seuls à volonté, et également à accroître le temps de séjour des aliments dans le tube digestif.

Tableau 8.11. Digestibilité des fourrages seuls ou complémentés (adapté de Tisserand *et al.*, 1991 ; Suhartanto *et al.*, 1992).

| | Paille | | | | | | Foin | |
| | Seule | | | Complémentée | | | | |
	Longue	Mélassée	Pellet	Céréales	Céréales + T. soja	Céréales + urée	Long	Pellet
Matière organique								
Âne	34-40	52	48	52	46	54	55	57
Poney	35-39	46	42	53	50	59	52	52
Parois végétales : Cellulose brute ou Neutral Detergent Fibre (NDF)								
Âne	(38)-41	(46)	47	38	31	41	42	48
Poney	(38)-40	(41)	39	34	29	41	41	47
Matières azotées totales								
Âne	–	54	–	50	65	67	69	–
Poney	–	44	–	49	64	68	65	–

Chez l'âne, comme chez le poney, la digestibilité des fourrages pauvres (pailles) est bien sûr inférieure à celle des fourrages plus riche (foin) (tableau 8.11). La digestibilité de la matière organique des fourrages pauvres chez l'âne est améliorée lorsque le fourrage est complémenté avec des céréales ou avec une source d'azote, essentiellement en raison de l'augmentation de la digestibilité de l'azote comme chez le poney. Mais l'amélioration est plus limitée chez l'âne que chez le poney.

La digestibilité des fourrages, et notamment des parois, est plus élevée chez l'âne que chez le poney (tableau 8.11) car l'activité des bactéries cellulolytiques, responsables de la digestion des parois, est supérieure de 17 p. 100 en moyenne lorsque les deux espèces sont alimentées avec un mélange de foin de dactyle plus luzerne ou de paille de blé. La production d'acides gras volatils dans le gros intestin, source d'énergie principale, est de 28 à 40 p. 100 supérieure chez l'âne que chez le poney alimenté avec de la paille de blé seule distribuée à volonté ou complémentée avec des céréales combinées ou non avec une source azotée (tourteau de soja ou urée).

La digestibilité de l'azote semble comparable chez l'âne et le poney dans le cas des régimes à base de paille complémentée ou de foin. En revanche, elle est supérieure chez l'âne alimenté avec des fourrages pauvres (tableau 8.11) car l'âne est capable de recycler 75 p. 100 de son urée endogène contre 50 p. 100 chez le poney en cas d'apport insuffisant d'azote alimentaire.

Production et composition du lait

La production laitière de l'ânesse a pu être mesurée grâce aux études réalisées en Italie chez des animaux traits mécaniquement pour produire du lait à des fins médicales. L'ânesse produit de 0,8 à 2,0 l de lait par jour au cours de la lactation qui dure 200 à 300 jours, soit environ de 0,5 à 1,3 l/100 kg de poids vif chez les races italiennes (Martina Franca Ragusano, Romagnolo, Grigio Siciliano). La production varie avec la date de la mise bas et la date de mise à l'herbe. La production diminue avec le stade de lactation comme chez la jument.

Le lait d'ânesse a une faible teneur en matière sèche, matières grasses, en protéines totales et minéraux mais une forte teneur en lactose (tableau 8.12). Les matières grasses sont riches en acides gras à chaînes courtes et moyennes, en acides gras polyinsaturées et en C18-2n-6 et en C18-n-3.

Les matières azotées sont riches en caséines surtout, et dans une moindre mesure en protéines du lactosérum et en azote non protéique. Les teneurs en matières grasses et en protéines totales diminuent au cours de la lactation alors que celle du lactose augmente jusqu'à un plateau tandis que la teneur en énergie diminue.

Tableau 8.12. Composition du lait d'ânesse comparée à celui d'autres espèces (adapté de Doreau et Martin-Rosset, 2002 ; Doreau *et al.*, 2002 ; Martuzzi et Doreau, 2006 ; Polidori, 1994 ; Salimei et Chiofalo, 2006).

	Ânesse	Jument	Femme	Vache
Matière sèche	80-180	100-120	110-122	120-130
Matières grasses	3-6	10-20	35-40	35-42
Protéines	14-19	15-28	9-17	31-38
Lactose	65-69	55-65	65-70	45-50
Minéraux	3-4	3-5	18-22	7-8

Métabolisme et besoins

Dépenses énergétiques

Les dépenses énergétiques estimées à partir de la consommation d'oxygène au repos ou d'observations pratiques dans le cadre d'essais d'alimentation et exprimées par rapport au poids métabolique seraient inférieures de près de 20 à 25 p. 100 par rapport au cheval. Il n'est donc pas possible d'extrapoler le besoin d'entretien de l'âne à partir de celui établi chez le cheval. Le besoin énergétique par kilo de poids métabolique serait plus proche de celui du poney, bien que probablement un peu plus faible : 0,0320 à 0,0300 kcal/kg PV^{0,75}. En l'absence de données plus précises, il faut retenir par sécurité le besoin d'entretien établi pour le poney : 0,0333 kcal/kg PV^{0,75}.

La dépense énergétique de l'âne au travail exprimée en multiple de l'entretien varie comme chez le cheval sauf qu'elle est plus faible lorsque l'âne supporte une charge en attente (tableau 8.13). La dépense énergétique de l'âne tirant une carriole ou une herse au pas sur une distance de 10 km exprimée en multiple de l'entretien est respectivement de 1,57 et 1,91, comme chez le poney : 1,56 et 1,85. Il est donc possible d'utiliser les besoins du poney exprimés par rapport au poids métabolique en situation de travail pour l'âne.

Tableau 8.13. Dépenses énergétiques chez l'âne et le cheval (adapté de Guerouali *et al.*, 2003).

	Situation			
	Repos (kcal/kg PV^{0,75})	Repos + charge	Marche	Marche + charge
		Multiple de l'entretien		
Âne	12,6	× 1,2	× 1,8*	× 2,1
Cheval	15,2	× 1,4	× 1,7	× 2,0

*1,8 d'après Dijkman, 1992.

Dépense azotée

La dépense azotée n'a pas été mesurée mais il est logique de penser d'une part qu'elle est, comme chez le cheval et le poney, liée à la dépense énergétique au repos comme au travail, d'autre part qu'elle a de fortes chances d'être plus faible puisque l'âne a une meilleure capacité d'utilisation digestive de l'azote alimentaire ou provenant du recyclage de l'urée endogène que le cheval et dans une moindre mesure que le poney. Il est donc possible d'utiliser pour l'âne les besoins établis pour le poney dans les différentes situations de travail.

Eau

L'âne a un besoin en eau qui varie de 35 à 75 g/kg PV selon l'activité, les conditions climatiques et la nature du régime alimentaire. Il a la capacité de supporter sans préjudice de forte restriction en abreuvement jusqu'à perdre 30 p. 100 de son poids vif. Il est capable de se réhydrater en un temps très court lorsque l'abreuvement est à nouveau libéral. L'âne a aussi la capacité de maintenir 80 à 82 p. 100 de son ingestion de fourrage pendant 36 à 48 heures suivant la restriction d'eau d'abreuvement, contre 70 à 75 p. 100 chez le poney.

Recommandations alimentaires

Apports nutritionnels recommandés

Il n'existe pas de recommandations établies pour l'âne reposant sur des mesures de dépenses nutritionnelles validées suffisamment par des essais d'alimentation à long terme comme chez le cheval (voir chapitres 1 à 5), sauf pour le travail.

Alimentation et abreuvement

Sous climat tempéré

Dans ces conditions d'environnement, il est suggéré d'alimenter l'âne comme le poney mais en privilégiant les régimes à forte proportion de fourrage (80 p. 100 au minimum, plutôt récolté au stade épiaison) et en tenant compte du poids vif de l'âne plus léger (100 à 200 kg).

Sous climat chaud

Les ânes sont nourris avec des fourrages plutôt riches en parois issus de cultures fourragères locales et de fourrages naturels selon la saison humide ou sèche, de résidus de récolte (de céréales, de pailles de millet, de riz, de sorgho, de cannes et de spathes de maïs), de la culture du coton, d'arachide (enveloppes) et de sous produits de l'industrie (tourteaux de coton et d'arachide, drèches de brasserie et sons de céréales).

On dispose de quelques données expérimentales qui permettent de fournir quelques repères concernant la quantité de fourrage et d'aliment concentré à distribuer (tableaux 8.14 et 8.15) et l'abreuvement (tableau 8.16).

La proportion d'aliment concentré augmente dans la ration lorsque la durée du travail s'accroît. Il n'y a pas de phénomène de substitution fourrage-concentré chez l'âne, au moins dans le cas des fourrages pauvres complémentés avec 20 à 35 p. 100 d'aliment concentré. Il est donc recommandé de maintenir la quantité de fourrage offerte au repos ou à faible durée de travail, lorsqu'on augmente la quantité d'aliment concentré.

L'abreuvement doit être raisonné par rapport au poids vif de l'âne au travail et aux conditions climatiques : température et humidité intégrées dans l'index température-humidité (ITH).

Tableau 8.14. Rations pour l'âne au repos et de l'ânesse en lactation (kg MS/100 kg PV) (adapté de Pearson, 2005).

	Fourrage[1]	Concentré	Total
Entretien	2,2 – 2,5	0,0 – 0,25	2,5
Lactation (0-3 mois)	0,6 – 0,8	1,2 – 1,4	2,0

[1]Selon la qualité.

Tableau 8.15. Exemples de rations testées en zone tropicale subsaharienne (Cameroun) (kg MS/100 kg PV) (adapté de Vall *et al.*, 2003a).

Durée travail	Repos		Force de traction par rapport au poids vif					
			10 p. 100		14 p. 100		18 p. 100	
	F[1]	C[2]	F	C	F	C	F	C
0 h	1,8	0,34	–	–	–	–	–	–
1 h			1,9	0,52	1,9	0,59	1,9	0,64
2 h	–	–	2,0	0,69	2,0	0,84	1,9	0,92
3 h	–	–	2,1	0,87	2,0	1,08	–	–
4 h	–	–	2,1	1,04	–	–	–	–

[1]Rafles de maïs ;

[2]Concentré : 32 % graines de coton + 32 p. 100 son de blé + 32 p. 100 drêches + 4 % AMV.

Tableau 8.16. Abreuvement de l'âne au travail correspondant aux rations testées en zone tropicale subsaharienne (Cameroun) (l/100 kg PV) (adapté de Vall *et al.*, 2003a).

Durée travail	Repos	Force de traction par rapport au poids vif		
		10 p. 100	14 p. 100	18 p. 100
0 h	7,7 à 10,0	–	–	–
2 h	–	10,4-11,0	8,3-11,1	10,6-11,2
3 h	–	11,9-14,9	11,8-14,6	–

La quantité d'eau bue varie avec le travail de 1,1 à 1,5 fois celle consommée au repos (tableau 8.15). Elle est très variable individuellement (5 p. 100 en moyenne) mais fluctue beaucoup d'un jour à l'autre (13 p. 100 en moyenne). Elle varie aussi entre la saison chaude sèche et la saison froide de 20 à 25 p. 100. La consommation (C) d'eau de l'âne peut être prévue en fonction de la durée du travail (D_T), de l'index climatique (ITH) et de l'intensité du travail (I_T) à l'aide de l'équation proposée par Vall *et al.* (2003).

$$C \ (l/j) = 0,79 \ D_T + 0,51 \ ITH + 0,09 \ I_T - 32,34 \qquad R^2 = 0,87$$

Pour une estimation rapide on peut retenir qu'il faut distribuer 0,8 l/heure de travail et 0,5 l par point d'ITH.

Évaluation du poids vif et de l'état corporel

Le rationnement doit être ajusté en fonction du poids vif et de l'état corporel comme chez le cheval.

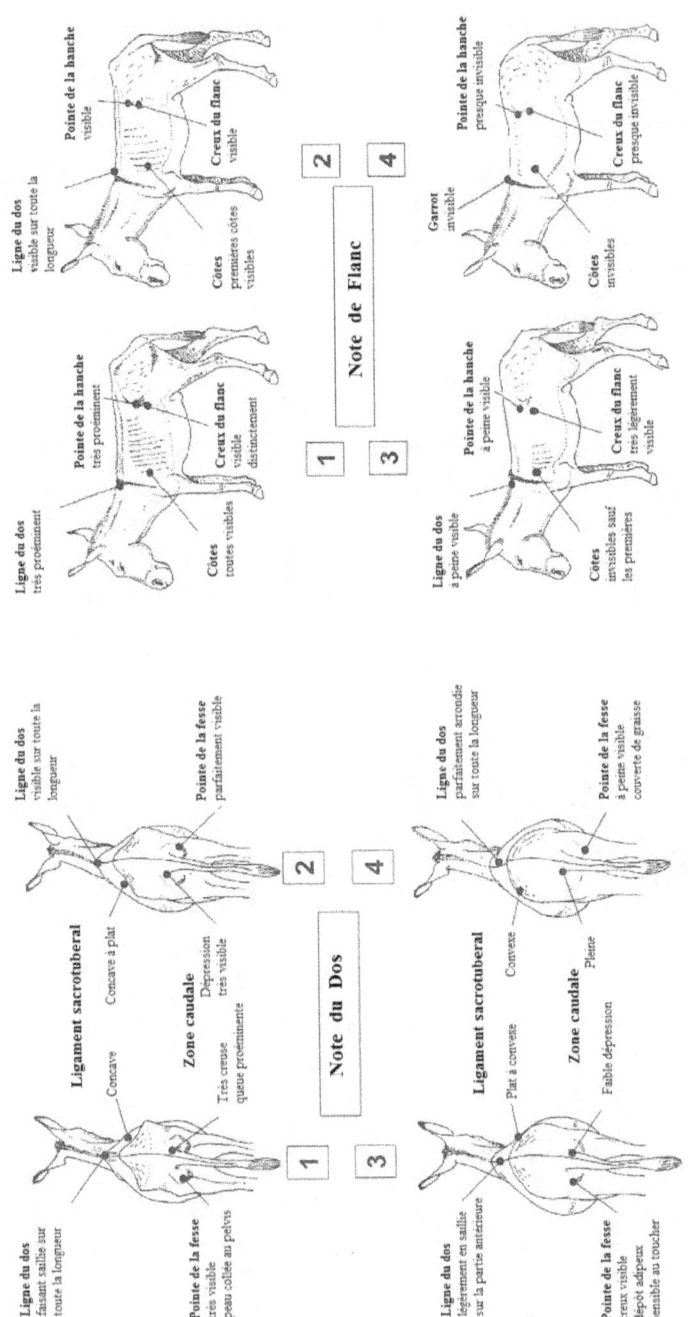

Figure 8.1. Méthode d'estimation visuelle de l'état corporel de l'âne (d'après Vall *et al.*, 2002, 2003).

Une méthode d'estimation du poids vif spécifique à l'âne a été mise au point sur une grande population d'ânes marocains par Pearson et Ouassat (1996). Deux équations de prédiction sont proposées selon l'âge :

– Adultes (74 – 252 kg ≥ 3 ans)

$$PV\ (\pm\ 20) = \frac{(PT^{2,12} \times L^{0,688})}{3\,801} \qquad n = 500 \qquad R^2 = 0,84$$

PV : poids vif (kg) ;

PT : périmètre thoracique (cm), pour la mesure voir chapitre 2, figure 2.1 ;

L : longueur (cm), mesure entre la pointe osseuse de l'épaule et la pointe osseuse de la fesse ;

– Jeune (52 – 158 kg < 3 ans)

$$PV\ (\pm\ 11) = \frac{(PO^{1,40} \times L^{1,09})}{1\,000} \qquad n = 16 \qquad R^2 = 0,87$$

PV : poids vif (kg) ;

PO : périmètre ombilical (cm), mesure du périmètre du tronc au niveau de l'ombilic ;

L : longueur (cm), mesure selon les mêmes repères que chez l'adulte.

Une méthode visuelle d'estimation de l'état corporel spécifique à l'âne a été mise au point par le Cirad sur une grande population correspondant à cinq types d'ânes du Cameroun. Elle a été testée avec succès dans le cadre d'essais d'alimentation et sur le terrain au cours du cycle annuel d'activité des ânes. Elle est décrite figure 8.1.

Adresse utile

Cirad
Campus International de Baillarguet
TA, 179/B
34398 Montpellier Cedex 5
www.cirad.fr

Pour en savoir plus

Cymbaluk N.F., 1990. Cold housing effects on growth and nutrient demand of young horses. *J. Anim. Sci.*, 68, 3152-31-62.

Cymbaluk N.F., 1994. Thermoregulation of horses in cold winter weather : a review. *Livest. Prod. Sci.*, 40, 65-71.

Cymbaluk N.F., Christison G.I., 1989. Effects of diet and climate on growing horses. *J. Anim. Sci.*, 67, 48-59.

Dijkman J.T., 1992. A note on the influence of negative gradients on the energy expenditure of donkeys walking, carrying and pulling loads. *Anim. Prod.*, 54, 153-156.

Doreau M., Martin-Rosset W., 2002. Dairy Animals I. Horse. *In : Encyclopedia of Dairy Sciences* (Roginski H., Fuquay J.W., Fox P.F., eds), Academic Press, London, 1, 630-637.

Doreau M., Martuzzi F., 2006. Fat content and composition of mare's milk. *In : Proceeding 3rd Ewen*, EAAP Publication, 120, 77-80.

Doreau M., Gaillard J.L., Chobert J.M., Léonil J., Egito A.S., Haertlé T., 2002. Composition of mare and donkey milk fatty acids andproteins and consequences on milk utilisation. *In : Proceeding 4th Meeting New findings in equine practice*, 51-71.

FAO, 1994. *Draught animal power manual*, FAO, Rome.

Guerouali A., Bouayad H., Taouil M., 2003. Estimation of energy expendature in horses and donkeys at rest and when carrying load. *In : Working animals in agriculture and transport* (Pearson R.A., Lhoste P., Saastamoinen M., Martin-Rosset W., eds), EAAP Technical Series, n° 6, Wageningen Academic Publishers, The Netherlands, 75-78.

Hoffmann M., Steinhöfel O., Fuchs R., 1987. Untersuchungen zur Verdaulichkeit der Rohnährstoffe bei Pferden. *Arch. Anim. Nutr.*, 37, 351-362.

Israely H., Choshniak I., Stevens C.E., Shkolnik A., 1989. Energy digestion and nitrogen economy of the domesticated donkey (*Equus asinus*) in relation to food quality. *J. Arid Environ.*, 17, 97-101.

Lhoste P., Havard M., Vall E., 2010. *La traction animale*. Collection Agriculture Tropicale en poche, Éditions Quae, CTA, Presses Agronomiques de Gembloux, pp. 219.

Marlin D.J., Shroter R.C., White S.L., Maykuth P., Matthesen G., Mills P.C., Waram N., Harris P., 2001. Recover from transport and acclimatisation of competition horses in a hot humid environment. *Equine Vet. J.*, 33, 371-379.

Martuzzi F., Doreau M., 2006. Mare milk compositions recent findings about protein fracions and miimal content. *In : Proceeding 3rd Ewen*, EAAP Publication, 120, 65-67.

McBride G.E., Christopherson R.J., Sauer W., 1985. Metabolic rate and plasma thyroid concentrations of mature horses in response to changes in ambient temperatures. *Can. J. Anim. Sci.*, 65, 375-382.

Meyer H., Alhswede L., 1975. Untersuchungen über Fressdauer, Kaufrequenz und Futterzerkleirung beim Pferd. *Dtsch. Tierärztl. Wochenshr.*, 82, 54-58.

Meyer H., Von Coenen M., Probst D., 1986. Beiträge zur Verdauungsphysiologie des Pferdes. 14 Mitteilung-Futtereinspicheloung und passe im Kopfdarm des Pferdes. *Z. Tiernährung Futtermittlelkunde*, 56, 171-183.

Morgan K., 1997. Effects of short-term changes in ambienty air temperature or altered insulation in horses. *J. Thermal Biol.*, 22, 187-194.

Morgan K., 1998. Thermoneutral zone and critical temperatures of horses. *J. Thermal Biol.*, 23, 59-61.

Morgan K., Ehrlemark A., Salvik K., 1997. Dissipation of heat from standing horses exposed to ambient temperatures between − 3°C and 37°C. *J. Thermal Biol.*, 22, 177-186.

Mueller P.J., Houpt K.A., 1991. A comparison of authe responses of donkeys (Equus asinus) and ponies (Equus caballus) to 36 hours of water deprivation. *In : Donkeys, mules and horses in tropical agricultural development* (Fielding D., Pearson R.A., eds), CTVM, University of Edeinburgh, Scotland, 55-86.

Mueller P.J., Hintz H.F., Pearson R.A., Lawrence P.R., Van Soest P.J., 1994. Voluntary intake of roughage diets by donkeys. *In : Working Equines*, Actes. (Bakkoury M., Prentis A., eds), Morroco, 137-148.

Nengomasha E.M., Pearson R.A., Smith T., 1999. The donkey as a draught power ressorce in smallholder farming in semi-arid western Zimbabwe. I. Live weigth and food water requirements. *Anim. Sci.*, 69, 297-304.

Ousey J.C., 2006. Physiology and metabolism in the newborn foal with reference to orphaned or sick foals. *In : Proceeding 3rd European Workshop Equine Nutrition*, EAAP Publication, n° 120, 187-201.

Ousey J.C., McArthur A.J., Murgatroyd P.R., Stewart J.H., Rossdale P.D., 1992. Thermoregulation and total body insulation in the neonatal foal. *J. Thermal Biol.*, 17, 1-10.

Ouedraogo T., Tisserand J.L., 1996. Étude comparative de la valorisation des fourrages pauvres chez l'âne et le mouton. Ingestibilité et digestibilité. *Ann. Zootech.*, 45, 437-444.

Pearson R.A, 2005. *Nutrition and feeding of donkeys in Veterinary Care*, (Donkeys N., Mathew S., Taylor T.S., eds.), Ithaca, NY, International Veterinary Information Service <http://www.ivis.org>.

Pearson R.A., Ouassat M., 1996. Estimation of the liveweight and a body condition scoring system for working donkeys, *Moroco Vet. Rec.*, 138, 229-233.

Polidori F., 1994. Il latte dietetico. *In : Simp. Aspetti dietetici nella produzione del latte, un alimento antico proiettato verso il futuro*, Torino, Italy , Novembre 4.

Ralston S.L., Breuer L.H., 1996. Field evaluation of a feed formulated for geriatric horses. *J. Equine Vet. Sci.*, 16, 334-338.

Ralston S.L., Nockels C.F., Squires E.L., 1988. Differences in diagnostic-tests results and hermatologic data between aged and young horse. *Am. J. Vet. Res.*, 49, 1387-1392.

Ralston S.L., Squires E.L., Nockels C.F., 1989. Digestion in the aged horse. *J. Equine Vet. Sci.*, 9, 203-205.

Ram J.J., Padalkar R.D., Anuraja B., Hallikeri C., Deshmanya J.B., Neelkanthayya G., Sagar V., 2004. Nutritional requirements of adulte donkeys (*Equus asinus*) during work and rest. *Trop. Anim. Health Prod.*, 36, 407-412.

Salimei E., Chiofalo B., 2006. Asses : milk yield and composition. *In : Proceeding 3rd Ewen*, EAAP Publication, 120, 117-132.

Slade L.M., Hintz H.F., 1969. Comparison of digestion in horses, ponies, rabbits and guinea pigs. *J. Anim. Sci.*, 28, 842-843.

Suhartanto B., Tisserand J.L., 1996. Utilization of hay and straw by ponies and donkeys. *In : Proceeding 47th EAAP meeting*, Lillehammer, Norway, p. 2.

Suhartanto B., Julliand V., Faurie F., Tisserand J.L., 1992. Comparison of digestion in konkey and ponies. *In : Proceedings of the 1st European Conference on Equine Nutrition*. Pferdeheilkunde Sondergabe, 158-161.

Tisserand J.L., Pearson A., 2003. Nutritional requirements, feed intake and digestion in working donkeys: a comparison with other work animals. *In : Working Animals in Agriculture and Transport. A collection of some current research and development observations* (Pearson R.A., Lhoste P., Saastamoinen M., Martin-Rosset W., eds), EAAP Technical Series, n° 6, Wageningen Academic Publishers, The Netherlands, 63-73.

Tisserand J.L., Faurie F., Toure M., 1991. A comparative study of donkey and pony digestive physiology. *In : Donkeys, mules and horses in tropical agricultural development* (Fielding D., Pearson R.A., eds), CTVM, University of Edinburgh, 67-72.

Vall E., 1996. Capacités de travail, comportement à l'effort et réponses physiologiques du zébu, de l'âne et du cheval au Nord-Cameroun, thèse de doctorat, ENSAM, Montpellier, France.

Vall E., Ebangi A.L., Abakar O., 2002. Mise au point d'une grille de notation de l'état corporel des ânes de trait au Nord-Cameroun. *Rev. Elev. Méd vét. Pays trop.*, 54-3, 255-262.

Vall E., Abakard O., Lhoste P., 2003a. Adjusting the feed supply of draught donkeys to the intensity o their work. *In : Working Animals in Agriculture and Transport. A collection of some current research and development observations* (Pearson R.A., Lhoste P., Saastamoinen M., Martin-Rosset W., eds), EAAP Technical Series, n° 6, Wageningen Academic Publishers, The Netherlands, 79-91.

Vall E., Ebangi A.L., Abakar O., 2003b. A method of estimating body condition score (BCS) in donkeys. *In : Working Animals in Agriculture and Transport. A collection of some current research and development observations* (Pearson R.A., Lhoste P., Saastamoinen M., Martin-Rosset W., eds), EAAP Technical Series, n° 6, Wageningen Academic Publishers, The Netherlands, 93-102.

Vermorel M., Mormède P., 1991. Energy cost of eating in ponies. *In : Energy metabolism of farm animals* (Wenk C., Boessiger M., eds), Institut für Nutzierwissenschaften. EAAP Publication, n° 8, ETH Zentrum, 437-440.

Vernet J., Vermorel M., Martin-Rosset W., 1995. Energy cost of eating long hay, strow and pelleted foood in sport horses. *Anim. Sci.,* 61, 581-588.

9

Les aliments, les additifs, les contaminants

William Martin-Rosset, Catherine Trillaud-Geyl, Yves Bonnaire

La valeur nutritive et les conditions d'utilisation des aliments doivent être bien connues pour constituer des rations équilibrées et bien consommées par le cheval. Les aliments disponibles pour alimenter le cheval sont nombreux et divers (voir tables, chapitre 16). Leur valeur nutritive (énergétique, azotée, minérale, etc.) dépend de leur composition chimique. Celle-ci varie selon la nature des aliments (espèces, organes de la plante, etc.), le stade végétatif, les conditions de récolte et de conservation (voir chapitre 11), et éventuellement les traitements technologiques (broyage, cuisson, etc.).

L'industrie de l'alimentation animale utilise ou propose aussi d'utiliser des additifs alimentaires pour améliorer les caractéristiques des aliments, la santé et les performances des animaux, qu'il faut identifier et dont il faut connaître l'intérêt.

Les aliments issus des productions végétales, *e.g.* matières premières, comme les aliments composés fabriqués par l'industrie à partir de ces ressources, peuvent être contaminés naturellement par certaines plantes qui contiennent des composés qui ont des propriétés dopantes au regard de la réglementation des compétitions. Il faut connaître ces plantes pour les écarter de l'alimentation des chevaux et, pour les industriels, il faut effectuer des contrôles analytiques pour les détecter.

On distingue :
– les **aliments grossiers** qui sont constitués par les tiges, les feuilles, les fleurs ou les racines des plantes fourragères. Ils ont une teneur en énergie et/ou en matières azotées qui varie de 0,30 à 0,80 UFC et de 0 à 170 g MADC par kg de matière sèche ;
– les **aliments concentrés simples** qui proviennent des grains ou graines des plantes telles que les céréales (orge, avoine), les légumineuses (pois, féverole, soja, etc.) ou de leurs sous-produits, tels que les issues de céréales ou les tourteaux provenant respectivement de la meunerie et de l'industrie de l'huile. Les grains ou les graines ont une teneur en énergie et/ou en matières azotées élevée (de 0,60 à

1,33 UFC et de 61 à 452 g MADC par kg de matière sèche) car ils sont riches en amidon (grains de céréales) ou en matières grasses et en protéines (graines de lin, tournesol, soja, etc.) ;
– les aliments concentrés simples peuvent être combinés en proportion variées par l'industrie de l'alimentation pour formuler des **aliments composés** dont la valeur énergétique peut varier de 0,8 à 1,1 UFC et de 90 à 180 g MADC.

Les aliments grossiers

Les fourrages

Il s'agit d'aliments constitués par l'appareil aérien (tiges, feuilles, épis), comportant ou non des graines ou grains immatures ou à maturité selon le stade de développement des plantes fourragères naturelles ou cultivées considérées.

Selon la teneur en matière sèche et le mode de conservation, on distingue :
– les fourrages verts : de 12 à 30 % de matière sèche ;
– les fourrages conservés : les ensilages (de 30 à 60 % de matière sèche) et les foins ou fourrages déshydratés (de 84 à 92 % de matière sèche).

Les fourrages verts

Ils constituent la quasi totalité de la ration du cheval au pâturage.

Le ray-grass, la fétuque des prés et la fétuque rouge sont généralement les espèces les plus appréciées par le cheval. Le pâturin des prés, le dactyle et l'agrostide vulgaire, la fléole et le trèfle blanc le sont à un degré moindre. Le lupin, la houlque laineuse et surtout le brome sont peu recherchés. Les mélanges d'espèces sont toujours plus appréciés que les espèces pures.

Les stades de développement des fourrages sont bien connus et permettent de prévoir leur valeur nutritive (cf. documentation spécialisée ITCF, 1984). Quand le fourrage vert vieillit sur pied, en particulier au cours du premier cycle de végétation, la proportion des feuilles (légumineuses) ou de limbes foliaires (graminées) diminue au profit des tiges et des bourgeons floraux (légumineuses) ou des tiges, des graines et des épis (graminées) (figure 9.1). Cette évolution s'accompagne d'une diminution de la teneur en eau de la plante (de 85 à 75 % environ) et d'une réduction importante de la valeur nutritive du fourrage (figure 9.1).

La valeur nutritive d'un fourrage donné est maximum lorsqu'il est pâturé tôt au cours du 1er cycle (ou premier pâturage de l'année, au printemps). La valeur nutritive des repousses d'un fourrage vert dépend essentiellement de l'âge (nombre de jours écoulés depuis le précédent pâturage) et du numéro de cycle (ordre de passage sur la même parcelle) (tableau 9.1).

Toutefois pour un cycle donné, la valeur énergétique des fourrages verts pâturés dépend plus de l'espèce végétale que du stade ou de l'âge, notamment dans le cas des repousses (tableau 9.2).

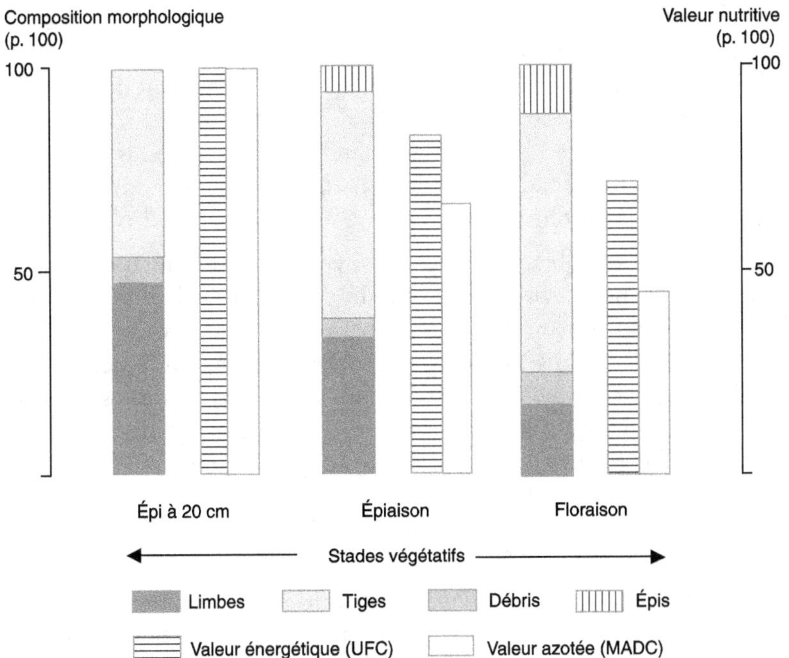

Figure 9.1. Variation avec l'âge de la composition morphologique et de la valeur nutritive d'un fourrage vert (exemple : ray-grass d'Italie).

Tableau 9.1. Variation de la valeur nutritive d'une prairie naturelle (Normandie) au cours des différents cycles de végétation (par kg de MS).

	UFC	g MADC
1er cycle, stade très précoce	0,76	107
2e cycle, feuillu, 5 semaines	0,72	146
2e cycle, feuillu, 7 semaines	0,69	95
3e cycle, 6 semaines	0,70	134

Tableau 9.2. Valeur nutritive comparée de trois espèces de graminées (par kg de MS).

	UFC	g MADC
1er Cycle, épi à 10 cm		
Dactyle	0,73	138
Fétuque élevée	0,65	101
Ray grass anglais	0,79	92
2e Cycle, feuilles, 5 semaines		
Dactyle	0,62	106
Fétuque élevée	0,64	98
Ray grass anglais	0,75	112

La fumure azotée accroît la teneur en matières azotées des fourrages verts, surtout au début de la végétation, mais pas nécessairement la valeur azotée réelle des fourrages. Elle peut augmenter quelquefois la proportion d'azote soluble dans l'azote total. L'azote soluble est mal valorisé par le cheval au cours de la digestion (voir chapitres 1 et 12). Il est toutefois nécessaire pour améliorer la croissance de l'herbe, donc la quantité d'herbe offerte et le nombre d'exploitations au cours de la saison.

En conséquence, l'herbe doit être pâturée très tôt au printemps dès que la végétation a atteint une hauteur maximum de 20 cm, feuilles relevées. Le moment opportun pour exploiter les repousses suivantes peut être déterminé en connaissant l'âge des repousses ou en appréciant leur hauteur. On peut retenir comme ordre de grandeur que l'âge des repousses doit être de 4 à 5 semaines aux 2e et 3e cycles et de 5 à 7 semaines ensuite. La hauteur de l'herbe, indicative de la quantité d'herbe produite et de sa qualité (proportion de tiges), est plus difficile à apprécier (voir chapitre 10).

Les fourrages conservés

Les différentes méthodes de récolte et de conservation des fourrages sont à l'origine de pertes variables par rapport à la plante fraîche récoltée (voir chapitre 11). De plus, ces pertes sont sélectives (sucres et matières azotées du contenu cellulaire) et sont à l'origine d'une modification de la valeur alimentaire du fourrage. Les techniques utilisées visent à minimiser ces pertes et à garder au fourrage conservé des caractéristiques nutritionnelles proches de celles de la plante fraîche.

Les foins

Les foins sont récoltés après dessiccation au soleil (fanage) prolongée ou non par une ventilation froide ou réchauffée sous abri.

La valeur nutritive d'un foin est toujours inférieure à celle du fourrage vert sur pied correspondant : la différence est d'autant plus élevée que les conditions de fauche, de récolte et de stockage sont défavorables (voir chapitres 11 et 12).

Les graminées doivent être récoltées en première coupe (ou foin) au stade épiaison : 50 p. 100 des plantes ont leurs épis sortis de la graine. Pour les légumineuses, on retiendra le stade de bourgeonnement (50 p. 100 des plantes environ ont des bourgeons floraux). La seconde coupe (ou regain) doit être récoltée après 5 à 7 semaines de repousses dans les deux cas.

Les foins de graminées sont essentiellement des fourrages de prairies naturelles. À même stade et à même fumure azotée, les fourrages récoltés en plaine ont une valeur azotée (40 à 100 g de MADC/kg MS) inférieure en moyenne de 10 p. 100 à celle des fourrages de montagne mais leur valeur énergétique (0,48 à 0,70 UFC/kg MS) est au moins égale sinon supérieure.

Les foins de légumineuses (luzerne en particulier) sont intéressants par rapport aux foins de graminées récoltés dans les mêmes conditions. Ils ont des teneurs plus élevées en matières azotées (de + 20 à 25 p. 100 en moyenne) et en calcium (de + 60 p. 100 en moyenne) mais une valeur énergétique plus faible (de − 10 p. 100 en moyenne) que les graminées récoltées dans les mêmes conditions. Les luzernes de première coupe sont assez rarement pures, sauf si les champs sont irrigués, en raison du rythme de végétation plus rapide des graminées.

Le foin dit de Crau mérite une mention particulière car il est très prisé par les éleveurs et utilisateurs de chevaux, notamment dans les écuries de course. Le foin de Crau est produit dans les Bouches-du-Rhône à partir de prairies irriguées composées selon le numéro de coupe (1 à 3), de 30 à 50 p. 100 de graminées, de 25 à 35 p. 100 de légumineuses et de 25 à 35 p. 100 d'espèces diverses. Il existe des normes botaniques pour caractériser le foin de Crau. Ses valeurs énergétique et azotée sont voisines de celle des très bons foins de pré récoltés dans les mêmes conditions dans d'autres régions. En revanche, il a une teneur élevée en minéraux, en calcium surtout, en raison de la proportion importante de légumineuses et de plantes condimentaires. La qualité du foin de Crau provient essentiellement des conditions de culture et de récolte très favorables.

Appréciation directe

Les foins de prairie naturelle sont composés de plusieurs espèces de plantes, les foins de prairie temporaire d'une espèce de graminées en général, ou d'une espèce de graminée et d'une espèce de légumineuses, les foins de prairie artificielle d'une seule espèce de légumineuses.

Pour déterminer le stade végétatif des plantes à la récolte, il faut rechercher les inflorescences et observer leur aspect :
– pas ou peu d'inflorescences : foin coupé très tôt ou regain ;
– inflorescences petites, peu nombreuses et bien formées : foin coupé au début de l'épiaison ;
– inflorescences nombreuses, de grande taille et ouvertes : foin coupé à la pleine épiaison ;
– inflorescences plus ou moins détruites : foin coupé trop tard.

Les tiges doivent être relativement fines, les limbes foliaires abondants et bien développés. Plus il y a de feuilles par rapport à la masse totale du foin, plus ce dernier est riche en éléments digestibles : glucides cytoplasmiques, matières azotées et minérales (voir chapitre 12).

Un foin récolté dans de bonnes conditions et bien conservé doit être vert. Il doit avoir une odeur franche et agréable, être peu poussiéreux et ne pas renfermer d'éléments étrangers (brindilles, terre, cailloux). Un foin jaune, sans odeur, est soit un foin récolté dans de mauvaises conditions atmosphériques, soit un foin trop vieux. Il faut également se méfier des foins qui présentent des zones de coloration blanchâtre et une odeur de moisi : il s'agit de foins rentrés trop humides, qui ont chauffé et qui peuvent provoquer des troubles digestifs (voir chapitre 11). L'appréciation directe peut permettre de déterminer la valeur nutritive des fourrages (voir tables, chapitre 16).

Analyse chimique

Elle complète l'appréciation directe et permet de prévoir avec plus de précision la valeur nutritive du fourrage : teneurs en UFC, MADC, calcium et phosphore en particulier (voir chapitres 12 et 16). Elle est essentielle pour établir un rationnement précis et constitue également une base de transaction rationnelle pour les achats de fourrages : la liste des principaux laboratoires d'analyse peut être obtenue auprès du Bureau interprofessionnel pour les études analytiques (adresse en fin de chapitre).

Les ensilages

Les fourrages verts peuvent être récoltés et mis immédiatement en silos où ils subissent une fermentation contrôlée (voir chapitre 11). Il s'agit d'ensilages directs qui ont une teneur en matière sèche faible, égale à celle du fourrage vert : de 16 à 20 % selon les conditions climatiques. Mais les fourrages peuvent être laissés au sol pour sécher partiellement pendant quelques heures et atteindre soit de 20 à 25 % de matière sèche (ensilages ressuyés), soit de 30 à 35 % de matière sèche (ensilages préfanés). Leur valeur énergétique varie de 0,50 à 0,70 UFC/kg MS et leur valeur azotée de 55 à 95 g MADC/kg MS. Les fourrages peuvent être séchés jusqu'à 50-60 % de matière sèche (ensilages mi-fanés) puis conditionnés sous forme de balles rondes de 250 à 300 kg à l'aide d'un film plastique. C'est pourquoi on entend souvent le terme de balles rondes enrubannées (ou BRE). Leurs valeurs énergétiques et azotées sont élevées : 0,53 à 0,64 UFC/kg MS et 51 à 136 g MADC/kg MS. Certains producteurs conditionnent ces ensilages sous formes de balles de 60 kg pour permettre une manutention plus facile et une durée d'utilisation plus courte. Les balles rondes enrubannées doivent être consommées rapidement au cours de la semaine suivant leur ouverture, surtout si la température est supérieure à 15 °C. Dans les pays nordiques où les ensilages sont largement distribués au cheval, le conditionnement est de 20 à 30 kg et dénommé *big bales*. Certains producteurs en France ont opté pour un conditionnement sous forme de barquette-repas de quelques kilos. Tous les fourrages verts peuvent en principe être ensilés mais, pour le cheval, on écartera les ensilages de légumineuses (luzerne, trèfle) qui sont très mal consommés et provoquent des fermentations anormales dans le gros intestin surtout quand ils sont consommés en quantités importantes. En revanche, le maïs plante entière est relativement facile à ensiler et a une bonne valeur nutritive pour le cheval (0,80 à 0,87 UFC et 29 à 33 g MADC par kg de MS).

Les conditions nécessaires à la réalisation d'un ensilage de bonne qualité pour le cheval sont maintenant bien connues (voir chapitre 11). L'ensilage doit avoir une teneur en matière sèche de 30 % au minimum aussi bien pour les graminées (ray-grass, fétuque, prairie naturelle) que pour le maïs plante entière, ce qui exclut l'utilisation des ensilages directs d'herbe même avec des conservateurs dans l'alimentation du cheval.

Le cheval est moins tolérant que les ruminants aux ensilages de qualité médiocre. Les caractéristiques de conservation doivent être déterminées à l'ouverture du silo par l'analyse au laboratoire (voir chapitre 11). En pratique, un bon ensilage doit être de couleur vert pâle franche, dépourvu de zones de coloration noirâtre, témoins de pourriture, ou de colorations blanchâtres ou rouges, témoins de moisissures.

La distribution aux animaux peut s'effectuer au minimum un mois après la fermeture du silo. Il faut toutefois adapter progressivement (de 2 à 3 semaines) les animaux à l'ensilage et complémenter le fourrage en énergie, matières azotées et minéraux, par un aliment concentré composé pour équilibrer la ration (voir chapitres 2 et 13).

Les fourrages déshydratés

Compte tenu du coût actuel de l'énergie, seule la déshydratation des légumineuses (luzerne) ou du maïs plante entière conserve un intérêt dans le cas du cheval. Toutefois, la valeur nutritive du fourrage déshydraté est toujours inférieure à celle du fourrage vert sur pied. La diminution peut être importante, notamment dans le cas des matières azotées, si le séchage a été mal conduit (voir chapitre 11).

Les luzernes déshydratées sont distribuées soit directement en complément d'une ration, soit incorporées dans un aliment concentré composé.

Racines, tubercules et leurs sous-produits

Ces aliments sont appétants et rafraîchissants. Ils remplacent l'herbe à laquelle le cheval au travail a rarement accès. Ils ont une valeur énergétique élevée, de 0,80 à 1,10 UFC/kg MS, mais sont pauvres en matières azotées (de 30 à 80 g MADC/kg MS) et ils sont mal pourvus en minéraux.

Les carottes et les betteraves fourragères ou sucrières (1,10 à 1,13 UFC et 44 à 52 g MADC/kg MS) peuvent être distribuées au cheval en quantités limitées : respectivement de 1,2 à 2 kg, de 3 à 4 kg et de 1,5 à 2 kg d'aliments frais par 100 kg de poids vif et par jour. En revanche, **les pommes de terre** crues sont laxatives : il est préférable de les cuire avant distribution ; on peut distribuer de 1 à 2 kg de produit cuit par 100 kg de poids vif et par jour. **Les topinambours** et **les bananes** peuvent être utilisés. Dans tous les cas, ces aliments doivent être coupés pour éviter des obstructions de l'œsophage chez les chevaux gloutons.

Les pulpes de betteraves sucrières (0,85 UFC et 32 g MADC/kg MS) sont maintenant bien répandues en raison du développement important de l'industrie sucrière. Elles peuvent être consommées fraîches à raison de 4 à 5 kg de produit frais par 100 kg de poids vif et par jour, à condition d'être de parfaite qualité. La pulpe ensilée n'est pas très bien consommée par le cheval et peut provoquer des troubles digestifs. En revanche, les pulpes déshydratées sont plus faciles d'emploi. Elles sont très bien consommées sous forme de cossettes, mais modérément sous forme de pellets car ceux-ci sont souvent trop durs (sauf s'ils sont concassés). Elles peuvent provoquer quelquefois des indigestions stomacales lorsqu'elles sont distribuées seules et consommées en trop forte quantité, en raison de leur fort pouvoir d'imbibition de l'eau quand l'abreuvement n'est pas effectué en libre-service (abreuvoirs automatiques). C'est pourquoi elles sont le plus souvent incorporées dans les aliments composés.

Les mélasses de betteraves ou de canne (1,19 UFC et 26 à 11 g MADC/kg MS) sont des sous-produits des sucreries. Elles contiennent une forte proportion de sucres (65 % de matière sèche) rapidement disponibles. Toutefois leurs teneurs élevées en potassium et en nitrates les rendent laxatives et diurétiques si elles sont distribuées à haute dose (plus de 10 p. 100 de la ration soit de 0,2 à 0,3 kg de produit par 100 kg de poids vif par jour). Les mélasses de betteraves et de canne ont des compositions assez proches, excepté la teneur en potassium plus élevée des secondes. Elles sont surtout utilisées dans la fabrication d'aliments composés, à raison de 5 à 10 p. 100, pour améliorer leur appétibilité et leur consistance.

Les sous-produits de cultures

Les pailles

Les pailles de blé et d'orge sont aujourd'hui beaucoup plus utilisées que les pailles d'avoine et de seigle. On récolte également des pailles à l'occasion de la production de semences de diverses graminées fourragères (ray-grass, etc.) et de légumineuses (pois).

Les pailles ont une faible valeur énergétique (de 0,32 à 0,39 UFC/kg MS) car elles sont constituées presque exclusivement de tiges à maturité. Les pailles d'avoine et d'orge ont une valeur énergétique supérieure de 10 à 15 p. 100 à celles de blé et de seigle. Les pailles de pois ont une valeur énergétique comparable à celle de l'avoine. Les teneurs en MADC sont nulles pour les céréales et limitées pour les graminées fourragères (de 15 à 20 MADC /kg MS), mais plus élevées pour les pailles de légumineuses (pois) ou de graines fourragères (de 20 à 40 g/kg MS). Les pailles sont presque totalement dépourvues de minéraux majeurs (calcium et phosphore), d'oligoéléments et de vitamine A, à l'exception de la paille de pois bien pourvue en calcium et modérément en phosphore. Les besoins des animaux doivent donc être dans la majorité des cas entièrement couverts par un aliment composé complémentaire.

Le cheval consomme moins de paille que de foin (de 1,0 à 1,8 kg contre 1,5 à 3,0 kg de MS/100 g de poids vif) parce que les pailles séjournent longtemps dans le gros intestin en raison de leur faible digestibilité. C'est pourquoi on observe quelquefois des coliques ou des obstructions intestinales lorsque le cheval consomme trop de paille (voir chapitre 2). La restriction de l'ingestion suffit en général pour faire disparaître ces perturbations. Toutefois, les pailles qui ont été récoltées rapidement après la moisson sont plus appétentes que celles qui ont séjourné longtemps sur le sol et ont reçu la pluie. Enfin, la paille d'avoine est en général mieux consommée que celle d'orge et surtout de blé.

Les pailles traitées par la **soude** ou **l'ammoniaque** dans de bonnes conditions (cf. document spécialisé : *Le Point sur la Paille*, Document ITEB, 1984 et Cordesse, 1985) sont bien consommées par le cheval. Elles sont disponibles 1 à 3 mois après le traitement, selon que celui-ci a eu lieu en été ou en automne. Ces traitements améliorent la valeur énergétique des pailles de 15 à 25 p. 100 selon l'espèce végétale, la qualité initiale de la paille et les conditions de traitements. Le traitement à l'ammoniaque présente l'avantage de ne pas modifier la composition minérale des pailles natives et de multiplier par 2 ou 3 leur teneur en matières azotées totales. Ces améliorations n'excluent pas la nécessité d'une complémentation énergétique, azotée (seule une partie de l'azote fixé après traitement à l'ammoniaque serait utilisée par le cheval, voir chapitre 12) et aussi minérale et vitaminique. Le traitement a aussi l'avantage de réduire le risque de colique.

Les cannes et/ou spathes de maïs

Elles ont une valeur énergétique plus élevée que celle des pailles (0,50 UFC/kg MS) et voisine de celle de foins de graminées de qualité moyenne. Elles doivent être distribuées rapidement après la récolte parce que leur valeur nutritive diminue progressivement au cours du dessèchement au champ, par suite des pertes de feuilles.

Les feuilles et collets de betteraves

Ce sont des aliments qui ont une valeur énergétique intéressante (de 0,60 à 0,70 UFC/kg MS) et qui sont assez riches en matières azotées totales (130 à 150 g de MAT/kg MS). Ils doivent toutefois être distribués en quantité limitée (1 à 2 kg de produit frais par 100 kg de poids vif) car ils sont très laxatifs en raison de leur teneur très élevée en potassium. Les feuilles de betteraves contiennent aussi beaucoup d'acide oxalique qui se transforme en cristaux d'oxalate après absorption dans le tube digestif et provoque des troubles urinaires, notamment lorsqu'elles sont consommées en quantité trop importante.

Les aliments concentrés

Les aliments simples ou matières premières

Ils constituent les matières premières qui sont, après différents traitements technologiques, distribuées seules ou incorporées dans les aliments composés du commerce.

Les grains (céréales)

Les grains sont riches en énergie facilement disponible, stockée sous forme d'amidon (de 40 à 75 p. 100 de la MS) mais ils ont seulement une valeur azotée de 66 à 116 g MADC/kg MS. Ils présentent par ailleurs un déficit primaire très accusé en lysine. Au plan minéral, ils sont très déséquilibrés. Leur teneur en calcium est faible. En revanche, ils sont riches en phosphore qui se trouve en grande partie sous une forme peu assimilable : l'acide phytique. Le rapport Ca/P varie selon les grains entre 0,10 et 0,25, ce qui est très inférieur au rapport optimum de 1,5 (voir chapitre 2). Il faut donc veiller tout particulièrement à l'équilibre minéral des rations riches en grains (la même remarque vaut pour les sous-produits).

L'avoine a été la céréale la plus couramment utilisée pour alimenter le cheval au travail sans que d'autres raisons que l'histoire et les habitudes le justifient. Sa valeur énergétique (0,99 UFC/kg MS) est inférieure à celles des autres céréales (de 15 à 30 p. 100 à poids égal ; figure 9.2), mais sa teneur en matières azotées est la plus élevée (78 g MADC/kg MS) et c'est la mieux équilibrée en acides aminés. La distinction entre avoines blanche, noire ou grise n'a pas de signification au plan de la valeur nutritive. En revanche, l'avoine doit être lourde, c'est-à-dire avoir un poids spécifique élevé pour être de bonne qualité (50 kg/hectolitre pour l'avoine entière et de 19 à 22 kg/hectolitre pour l'avoine aplatie ou concassée).

Le maïs est le grain qui a la plus forte valeur énergétique (1,30 UFC/kg MS, soit 30 p. 100 de plus que l'avoine à poids égal), mais sa teneur en matières azotées est aussi la plus faible (66 g MADC/kg MS) et il est déséquilibré en acides aminés indispensables (déficit en lysine et tryptophane). Sa valeur nutritive varie très peu. Il peut être utilisé avantageusement à condition de rééquilibrer en matières azotées et en minéraux la ration dans laquelle il est incorporé.

L'orge est la céréale du compromis (figure 9.2). Elle a des valeurs énergétique et azotée (1,14 UFC et 82 g MADC/kg MS) intermédiaires entre celles de l'avoine et du maïs. Elle est le plus souvent distribuée en grain mais quelquefois sous forme d'orge germée à des chevaux surmenés ou convalescents, en raison de ses propriétés émollientes pour le tube digestif. L'orge a une valeur nutritive relativement variable car elle correspond soit à de l'escourgeon (orge d'hiver à six rangs) plus riche en cellulose brute et moins énergétique, soit à des orges d'hiver à deux rangs ou de printemps pauvres en cellulose brute et de valeur énergétique plus élevée.

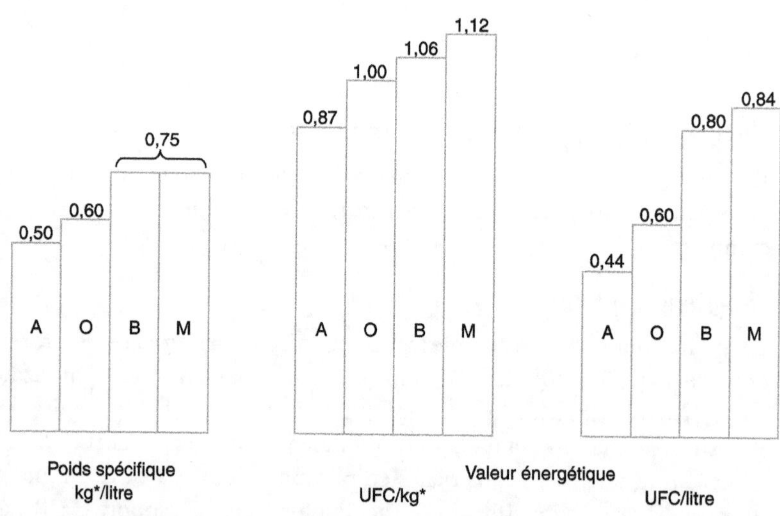

Figure 9.2. Différence de poids spécifique (kg par litre) et de valeur énergétique (UFC par kg ou UFC par litre) des principales céréales.

A : avoine ; O : orge ; B : blé ; M : maïs. * kg de produit brut.

Le blé serait sans doute le grain idéal en raison d'une valeur énergétique presque aussi élevée (1,23 UFC/kg MS) que celle du maïs et de sa valeur azotée (85 g MADC/kg MS) voisine de celle de l'avoine, mais il a la réputation d'être échauffant et de provoquer des coliques, des fourbures et de la myoglobinurie (chapitre 2). L'habitude de rationner les animaux sur la base du volume des grains plutôt que de leur poids constitue en fait la cause majeure de ces troubles digestifs (figure 9.2). Par prudence, on veillera à limiter les quantités proposées (0,5 kg de blé par 100 kg de poids vif et par jour) et à fractionner la distribution au cours de la journée pour prévenir la formation de pâtons dans le tube digestif, liés à la richesse du grain en gluten. Des essais récents réalisés à la station expérimentale de l'IFCE à Chambéret ont toutefois montré que, dans le cas d'une alimentation très bien maîtrisée, il est possible de distribuer en trois repas jusqu'à 1,0 – 1,5 kg de blé par 100 kg de PV à des jeunes chevaux.

Le seigle, le sorgho et le riz ont été utilisés par le passé si on se réfère aux travaux du début du siècle. Ils ont des teneurs en amidon élevées, entre celles de l'orge et du maïs, et des teneurs en matières azotées proches de celle du blé pour le sorgho et de celles du maïs pour le seigle et le riz (voir chapitre 16). Le sorgho et le riz sont encore distribués quelquefois aux États-Unis. En l'absence de travaux récents, on ne peut pas fixer de règles précises d'utilisation.

Le triticale, hybride obtenu par des croisements complexes impliquant le blé tendre, le blé dur et le seigle, peut être utilisé comme l'orge ou l'avoine.

Appréciation pratique de la valeur nutritive des grains

Elle se fait par une observation directe complétée par la mesure simple de la densité qui renseigne sur les proportions d'amande dans le grain. Un bon grain doit être lisse, brillant, sans odeur désagréable, et doit contenir le moins possible de substances étrangères : graines étrangères, débris de balles ou de paille, poussières, terre. Les graines toxiques les plus fréquentes sont la nielle et l'ivraie (tableau 9.8). On peut tolérer au maximum 2 p. 100 de nielle et/ou d'ivraie et 3 p. 100 de graines inertes.

La densité des grains est mesurée à la trémie conique. En pratique, elle est surtout intéressante pour apprécier la valeur nutritive de l'avoine. Une densité trop faible résulte d'un développement insuffisant de l'amande, partie la plus nutritive du grain. On peut également se rendre compte directement de ce développement en décortiquant quelques grains et en pesant séparément les enveloppes et les amandes. Dans une bonne avoine, l'amande doit représenter 70 p. 100 du poids total du grain. Une densité excessive de l'avoine (plus de 60 kg/hl contre 45 à 55 kg/hl pour une avoine normale) est cependant un élément de jugement défavorable (avoine humidifiée).

L'altération des grains diminue leur valeur alimentaire et est parfois la cause de refus complet. Elle peut dans certains cas être à l'origine d'une pathologie sévère (voir paragraphe « Les aliments toxiques et les intoxications alimentaires » p. 358).

Il faut signaler les altérations par des parasites animaux (charançon, aleucite, teigne) et par des champignons (charbons et caries détruisant l'amidon du grain, et carie donnant au grain une odeur de poisson pourri). Enfin, l'altération par *Fusarium roseum* qui touche surtout le maïs, provoque des mycotoxicoses de type œstrogénique ou gastro-intestinal (tableau 9.8).

Les odeurs anormales sont à l'origine de refus de la part des chevaux : odeurs de moisi, odeur d'étuvée (à la suite d'un traitement thermique mal conduit destiné à tuer des parasites ou à abaisser le taux d'humidité), odeur d'insecticide ou de souris.

Formes de distribution des grains

Certains grains peuvent être distribués entiers comme l'avoine. Les grains durs comme l'orge ou le maïs doivent être au moins aplatis ou concassés avant distribution. À l'état entier, ils sont en effet mal consommés, par les chevaux de selle en particulier. Ces traitements sont aussi couramment utilisés pour l'avoine. Ils n'améliorent pas très significativement la digestibilité (voir chapitre 12). Cependant, ils peuvent avoir un effet bénéfique pour les chevaux gloutons (tachyphages) ou possédant une mauvaise denture.

Les grains peuvent être soumis à d'autres **traitements** (tableau 9.4) notamment thermiques : cuisson par voie sèche ou humide accompagnée ou non d'extrusion (traitement sous pression après injection de vapeur) ou d'expansion (extrusion suivie d'une décompression brutale). Ces traitements n'améliorent pas significativement la digestibilité globale des aliments complets dans lesquels ces grains sont incorporés, mais ils peuvent accroître la digestion de l'amidon dans l'intestin grêle, et par voie de conséquence la valeur énergétique selon les conditions d'utilisation. Il en a été tenu compte dans les valeurs affichées dans les tables (voir chapitres 12 et 16).

Les grains peuvent entrer dans la confection de préparations traditionnelles dont les plus courantes sont les *mashes* (singulier *mash*). Il s'agit de grains cuits dans l'eau bouillante, additionnés ou non de son, de graines de lin, de sel, de bicarbonate de sodium, et qui trempent pendant plusieurs heures (en général un nuit avant d'être distribués). Ces préparations sont laxatives et distribuées à titre diététique avant un jour de repos. Elles peuvent avoir un effet déminéralisant lorsqu'elles sont trop riches en son et distribuées de façon trop fréquente.

Les **grains germés et les fourrages hydroponiques** préparés dans des armoires à germination peuvent avoir un intérêt diététique pour des chevaux présentant des troubles digestifs fréquents : chevaux « brûlés à l'avoine », atteints de constipation ou chevaux qui ont des troubles de l'appétit. Ils constituent également une friandise pour les chevaux de compétition. Il faut cependant rappeler que la germination s'accompagne de pertes importantes d'éléments nutritifs qui ne sont que partiellement compensées par la photosynthèse faible lorsque la plantule est très jeune. C'est donc un procédé d'alimentation antiéconomique qui ne peut se justifier que par des impératifs diététiques, et dont la généralisation dans un élevage ou un centre hippique n'est pas à conseiller.

Les sous-produits des grains

Les grains sont soumis à des multiples traitements avant d'être utilisés en alimentation humaine sous forme de farine (blé, seigle, etc.), amidon (maïs), de bière (orge). À cette occasion, différents sous-produits sont obtenus : leur valeur nutritive et leurs conditions d'utilisation dépendent étroitement du traitement subi par le grain.

Les farines basses, les remoulages, les sons, etc., ou issues de meunerie sont les plus courants. Ce sont des aliments intéressants car ils ont conservé après traitement une valeur azotée encore élevée (en moyenne 126 g MADC/kg MS) et ils sont bien pourvus en phosphore et en magnésium. Les **farines basses** sont riches en amidon (30 à 70 %) et constituent une excellente source d'énergie. Elles peuvent être incorporées en proportion relativement importante dans les aliments composés lorsqu'elles ont une finesse de broyage relativement grossière. Les **remoulages** sont des sous-produits de minoterie issus de semoule. Ils ont une valeur énergétique plus faible que les farines basses car leur teneur en amidon est plus limitée (30 à 50 %) et leur teneur en cellulose brute 3 à 4 fois plus élevée (10 %). On distingue de ce point de vue les remoulages blancs et bis qui contiennent respectivement 6 et 10 % de cellulose brute. Les **sons** ont une valeur énergétique plus faible que les issues précédentes car ils ont une teneur en cellulose brute plus élevée (10 à 12 %) et une teneur en amidon plus faible. Les sons fins broyés sont plus digestibles que les gros sons. Ces issues ne doivent pas dépasser 20 à 30 p. 100 des rations, notamment celles qui sont riches en céréales, pour éviter d'accroître le déséquilibre du rapport phosphocalcique.

L'amidon de maïs constitue une source d'énergie très intéressante (1,49 UFC/kg MS), notamment chez le cheval de haute compétition, lorsqu'il est incorporé dans les aliments composés.

Les déchets de maïs doux surpressés sont un sous-produit composé d'épis de maïs dont une partie des grains a été retiré pour la mise en conserve destinée à l'alimentation humaine. Ce sous-produit contient 47 p. 100 de spathes, 31 p. 100 de rafles et 22 p. 100 de fractions diverses. Après séparation mécanique et triage par immersion de la partie destinée à la conserve, le déchet est broyé et pressé. L'ensilage est le seul procédé de conservation compte tenu de la teneur élevée en glucides solubles du sous-produit. Sa valeur énergétique serait de l'ordre de 0,70 UFC/kg MS mais sa valeur azotée est faible de l'ordre de 35 à 40 g de MADC/kg MS. La ration doit être équilibrée en minéraux et vitamines. Ce sous-produit peut être utilisé pour des animaux à besoins limités après adaptation de 2 à 3 semaines. Les niveaux de consommation sont limités : 1 kg MS/100 kg de poids vif en raison d'une faible teneur en matière sèche (20-22 %).

Les drèches de brasserie ou de distillerie ont une valeur azotée élevée (250 g MADC/kg MS) et une valeur énergétique satisfaisante (0,79 UFC/kg MS). Toutefois, elles ne peuvent pas être facilement utilisées fraîches par le cheval car leur conservation est délicate.

Les graines de légumineuses

Le cheval peut consommer directement les graines de protéagineux (féverole, pois, lupin, etc.) lorsqu'elles sont distribuées en complément des rations riches en céréales. La **féverole** est utilisée depuis le siècle dernier dans l'alimentation du cheval mais le **lupin blanc doux** peut être également distribué, à raison de 0,5 kg par 100 kg de poids vif et par jour. Leur valeur azotée est élevée (128 à 316 g MADC/kg MS) et les matières azotées sont assez bien équilibrées en acides aminés indispensables, sauf en acides aminés soufrés et dans le cas du lupin en lysine et tryptophane. Elles sont pauvres en calcium et en magnésium. Le lupin est très riche en manganèse. Les **fèves** ont été utilisées avec succès par le passé, notamment pour les chevaux effectuant un travail intense (chevaux de chasse à courre, chevaux des compagnies de transports parisiens). Les **pois** étaient également fréquemment distribués au cheval lorsque la récolte de fèves n'était pas abondante. Les cosses de pois entraient aussi dans la ration car elles sont pourvues en matières azotées, potassium et calcium. En revanche, les vesces et les gesses sont toxiques et doivent être exclues de l'alimentation du cheval (tableau 9.8).

Les sous-produits des graines oléagineuses

Les tourteaux, résidus de l'industrie de l'huilerie pour l'alimentation humaine, sont obtenus par extraction de l'huile contenue dans la graine des oléagineux soit par pression (tourteau expeller), soit à l'aide d'un solvant (tourteau déshuilé) après un décorticage éventuel de la graine, notamment dans le cas de l'arachide ou du tournesol. Ils sont tous riches en matières azotées (90 à 450 g MADC/kg MS) bien équilibrés en acides aminés sauf parfois en acides aminés soufrés. Ils ont une valeur énergétique élevée (0,59 à 1,02 UFC/kg MS) et sont bien pourvus en phosphore et magnésium. Ils sont souvent utilisés pour rééquilibrer les rations pauvres en matières azotées par incorporation dans les aliments composés commerciaux ou distribués en l'état, mélangés aux céréales distribuées.

Le tourteau de lin (267 à 274 g MADC/kg MS) est très utilisé dans l'alimentation du cheval, en raison de ses propriétés hygiéniques pour le tube digestif des chevaux surmenés, en particulier « brûlés à l'avoine », et pour la souplesse et le brillant qu'il donne aux poils. Avant la distribution, il doit être trempé dans l'eau chaude ou cuit pour prévenir la libération d'acide cyanhydrique toxique pour le cheval (tableau 9.8). La consommation doit être limitée à 0,3 kg par 100 kg de poids vif et par jour.

On utilise aussi beaucoup de **tourteaux de soja** ou **d'arachide**. Ils sont plus riches en matières azotées (420 à 450 g MADC/kg MS) bien équilibrées en acides aminés sauf les soufrés (méthionine et cystine), ce qui convient particulièrement aux poulains en croissance et à la jument allaitante. En raison du renchérissement de leur prix, on s'est tourné vers l'utilisation du **tourteau de tournesol**, moins riche en matières azotées (223 à 273 g MADC/kg MS) et pauvre en lysine. Il doit être décortiqué pour avoir une valeur énergétique satisfaisante. Sa valeur nutritive est relativement variable en raison des conditions de récolte et des traitements technologiques qu'il subit en huilerie. **Le tourteau de colza** ne pouvait pas être utilisé car il contenait des produits indésirables (hétérosides sulfurés) et il n'était pas appétent. Les nouvelles variétés de colza dites double zéro ne contiennent plus ces produits. La valeur azotée du tourteau de colza est intéressante : 286 g MADC/kg MS. **Les tourteaux de coprah et de palmiste** servent surtout de support pour l'incorporation de mélasse dans les aliments composés.

Les sources azotées industrielles

L'urée utilisée comme azote non protéique est beaucoup moins toxique chez le cheval que chez les ruminants (environ quatre fois moins). En revanche, l'ammoniaque ou les sels d'ammonium le sont davantage. C'est pourquoi le taux d'incorporation **d'ammoniaque anhydre** (NH_3) doit être de 3 % au maximum lors du traitement des pailles destinées à l'alimentation du cheval.

Les fruits et leurs sous-produits

La caroube est le fruit d'un arbre de la famille des légumineuses, le caroubier. Sa graine est surtout riche en glucides (amidon et sucres) représentant 45 p. 100 de la matière sèche. Sa valeur énergétique est de 0,74 UFC/kg MS. Elle est en revanche pauvre en matières azotées (17 g MADC/kg MS) et en minéraux. Elle est appétente pour le cheval qui peut en consommer jusqu'à 1,2 kg par 100 kg de poids vif et par jour mais la digestibilité de la graine est limitée. Les fabricants d'aliments composés l'incorporent assez systématiquement dans leurs formules « cheval » en proportion généralement faible (de 3 à 10 p. 100). On emploie également parfois la pulpe sèche.

On utilise les **marcs de pommes ou de poires** et plus rarement les **marcs de raisins** issus de la fabrication d'alcools et qui contiennent respectivement de 15 à 20 % et de 30 à 35 % de MS par kg de produit frais. Ils peuvent être distribués mélangés avec du son, des fourrages hachés et de la mélasse, en cas de disette. Ils sont quelquefois incorporés en faible proportion dans certaines formules d'aliments composés, après déshydratation. Ce sont des aliments appétents, riches en sucres mais également en cellulose brute. Le marc de raisin a également une teneur très élevée en lignine qui limite beaucoup sa digestibilité et donc son intérêt. Ces aliments ont en général une valeur nutritive médiocre et leur consommation doit être limitée à 0,5 kg de produit frais par 100 kg de poids vif et par jour car leur teneur en alcool peut atteindre 100 g/kg MS.

Les **pulpes fraîches de fruits** résultant de la préparation industrielle des jus de fruits ou de certaines liqueurs ont été utilisées également avec succès dans l'alimentation du cheval. Elles possèdent une faible teneur en matière azotée mais ont vraisemblablement une valeur énergétique élevée. Elles sont bien acceptées et bien tolérées sur le plan digestif. Elles sont quelquefois incorporées après déshydratation dans les aliments composés.

Les sous-produits d'origine animale

Le lait écrémé desséché a été utilisé avec succès autrefois dans l'alimentation lactée du poulain. Il est remplacé par la poudre de lait incorporée dans des aliments d'allaitement spécifiques du cheval. En cas d'urgence, on peut toutefois utiliser des aliments d'allaitement pour veaux ou porcelets à condition de réajuster la composition minérale et la teneur en glucides selon la formule initiale de l'aliment (voir chapitre 5).

Le lactose, sous forme d'ultra filtrat de lactosérum séché, peut être utilisé dans l'alimentation du poulain avant ou après le sevrage (jusqu'à 12 mois), à condition d'être incorporé dans un aliment concentré. Le taux d'incorporation ne peut pas dépasser 40 % en raison des problèmes technologiques rencontrés dans la fabrication des aliments (dureté). Il permet au cheval en croissance ou à l'engrais de réaliser des gains de poids très élevés.

Les graisses animales (saindoux par exemple) ou végétales (huiles de tournesol, de maïs, de soja, de coprah, etc.) sont maintenant introduites dans la ration du cheval utilisé notamment pour les courses d'endurance. Les graisses ont une valeur énergétique très élevée (2,90 UFC/kg MS pour les graisses animales et 2,96 UFC/kg de MS pour les graisses végétales). Elles sont très digestibles surtout celles d'origine végétale et assez bien acceptées par le cheval lorsqu'elles sont incorporées dans un aliment composé à raison de 10 à 15 p. 100 (voir chapitre 6).

Les huiles de colza et surtout de soja et tournesol sont très riches en acides gras C18:2w6 (20 à 65 p. 100 des acides gras totaux) et en C18:2w3 (7 à 10 p. 100 des acides gras totaux) pour le colza et le soja (voir chapitre 16, annexe 6). Elles sont plus appétentes que les graisses animales.

En termes de conservation, les graisses ou les huiles sont susceptibles de rancir suite à leur oxydation et ceci d'autant plus qu'elles sont insaturées (huiles végétales par opposition aux graisses animales). C'est pourquoi les fabricants rajoutent des antioxydants aux aliments dans lesquels elles sont incorporées.

Les aliments composés

L'industrie de l'alimentation animale produit deux types d'aliments composés pour chevaux :

– **des aliments complets** qui apportent en proportion adéquate la totalité des nutriments nécessaires à la couverture des besoins et peuvent se substituer intégralement aux rations traditionnelles ;

– **des aliments complémentaires** utilisés le plus souvent à la place des aliments concentrés traditionnels (avoine par exemple) pour complémenter les fourrages.

Composition

Les matières premières majeures entrant dans leur composition sont les suivantes :

– aliments à dominante énergétique : grains (avoine, orge, etc.) et leurs sous-produits (sons, remoulages, germes) principalement, caroubes, marcs de fruits, mélasse accessoirement ;

– aliments à dominante azotée : tourteaux de soja, de lin, de tournesol, de colza, de carthame, de sésame et graines de légumineuses ;

– aliments cellulosiques : farines de luzerne, de foin de graminées, de paille, balles de céréales.

Chaque formule est complétée par un aliment minéral et vitaminé qui apporte d'une part les vitamines indispensables au cheval (voir chapitre 1), peu représentées dans les matières premières énumérées (vitamines A, D3, E, et accessoirement vitamines du groupe B) (voir chapitre 12) et d'autre part, équilibre le mélange et/ou la ration au plan minéral (voir chapitres 2 et 13).

Caractéristiques des aliments complets

Ils renferment en général de 11 à 14 % de matières azotées (protéines brutes indiquées sur l'étiquette), de 15 à 20 % de cellulose brute et de 10 à 12 % de matières minérales. Certains aliments destinés à des chevaux de course ont des teneurs en cellulose plus faibles (12 à 13 %). Aussi leur valeur énergétique varie-t-elle de 0,80 à 0,90 UFC par kg MS (soit 0,70 à 0,79 UFC par kg d'aliment brut). Ils contiennent 3 500 à 8 000 UI de vitamine A et 1 000 à 3 000 UI de vitamines D3 par kg d'aliment brut.

Ces aliments sont correctement équilibrés en minéraux et en vitamines. Ils ont l'avantage d'assurer un meilleur état des animaux en évitant un excès de lest lié à l'emploi de fourrages de mauvaise qualité. Leur emploi doit être judicieusement raisonné en fonction du type d'animal, de la nature et de l'importance des besoins nutritionnels à satisfaire : lactation, croissance, travail (voir chapitres 3, 5, 6 et 8).

Caractéristiques des aliments complémentaires

Ils ont en général une faible teneur en cellulose brute (de 7 à 17 %) mais des teneurs en matières azotées (protéines brutes) plus élevées (de 13 à 20 %) que celles des aliments complets, et ils renferment de 8 à 15 % de matières minérales. Aussi leur valeur énergétique varie-t-elle de 0,90 à 1,10 UFC par kg de MS (soit 0,79 à 0,97 UFC par kg d'aliment brut). Ils contiennent 10 000 à 16 000 UI de vitamine A et 2 000 à 6 000 UI de vitamine D_3 par kg d'aliment brut.

L'aliment minéral et vitaminique (ou AMV) est par définition un aliment complémentaire destiné à équilibrer la ration soit en étant distribué seul, soit en étant incorporé dans un aliment composé complémentaire. Il correspond à l'ancienne dénomination complément minéral et vitaminé (CMV).

Législation et règles d'étiquetage

Comme tous les aliments composés destinés aux animaux, les aliments pour chevaux sont soumis aux règles d'étiquetage définies initialement au niveau national mais également européen pour être harmonisées avec celles des autres pays de l'Union européenne.

Actuellement, l'étiquette doit mentionner :
– la dénomination : aliment complet, aliment complémentaire, aliment minéral, aliment mélassé, aliment complet d'allaitement, aliment complémentaire d'allaitement et enfin aliment complémentaire liquide ;
– les types d'animaux auxquels cet aliment est destiné ;
– la liste des ingrédients sans indication de leurs pourcentages dans l'aliment ;
– un certain nombre de garanties analytiques obligatoires pour l'humidité, la cellulose brute, les matières minérales, les matières protéiques brutes et les matières grasses (tableau 9.3) ;
– les additifs utilisés et en particulier les vitamines ajoutées avec les concentrations introduites ;
– le mode d'emploi de l'aliment, le nom et l'adresse du fabricant ;
– la date de fabrication ;
– la date de durabilité minérale exprimée sous la forme « À utiliser de préférence avant… » pour tenir compte de la date limite de garantie des additifs incorporés (vitamines par exemple) ;
– les additifs technologiques utilisés au cours de la fabrication tels que les agents conservateurs, anti-oxygènes et colorants ;
– l'indication des additifs tels que les probiotiques, prébiotiques, levures, n'est que facultative. Elle est réglementée au niveau européen par des directives. Elle ne peut être effectuée par le fabricant d'aliments que s'il existe pour ces additifs une méthode d'analyse officielle ou au moins une méthode d'analyse reconnue au plan scientifique.

L'étiquette fournit ainsi un certain nombre de renseignements codifiés et constitue une fiche technique importante pour permettre un emploi rationnel de l'aliment. On peut critiquer cependant les garanties analytiques qui donnent seulement une teneur moyenne des différents constituants mais assortie de marges établies de tolérance.

Remarque sur la formulation de ces aliments

Deux procédures de formulation peuvent être utilisées pour fabriquer un aliment composé. Dans le premier cas, le fabricant utilise la programmation linéaire de la formule pour produire un aliment à moindre coût, c'est d'ailleurs la procédure générale utilisée pour la quasi totalité des aliments du bétail. Dans ce cas, la nature des composants et leur proportion peuvent changer, les apports nutritionnels réalisés étant, pour une formule donnée, en théorie constants. Dans le deuxième cas, le fabricant conserve une formule fixe (nature et proportion des matières premières), ce qui assure une constance plus grande de l'aliment. Dans le cas du cheval, beaucoup de fabricants optent actuellement pour la deuxième solution.

Tableau 9.3. Mentions obligatoires des teneurs de certains constituants analytiques des aliments industriels.

Constituants analytiques	Aliments complets	Aliments complémentaires		
		Génériques	Spécifiques	
			Mélassés	Minéraux
Eau	+	+	+	−
Protéines	+	+	-	−
Cellulose brute	+	+	+	−
Cendres brutes	+	+	+	−
Calcium				
≥ 5 p. 100	−	+	−	+
< 5 p. 100	−	−	−	+
Phosphore				
≥ 2 p. 100	−	+	−	+
< 2 p. 100	−	−	−	+
Sodium	−	−	−	+

+ : obligatoire : valeurs moyennes avec des marges établies de tolérance ;
− : facultatif.

Technologie des aliments concentrés simples et composés

Les céréales

L'enveloppe des graines de céréales constitue généralement un obstacle à l'action des agents digestifs. C'est la raison pour laquelle on fait subir aux céréales des traitements simples (broyage, concassage, aplatissage, trempage) pour permettre un contact plus facile des différents constituants du grain avec des enzymes digestifs. Des traitements variés ont été aussi proposés (tableau 9.4) pour dégrader non seulement l'enveloppe du grain elle-même mais aussi certains de ses constituants notamment la fraction amylacée du grain.

L'ensemble de ces traitements n'améliore pas la digestibilité globale de l'amidon des céréales. Ils ont pour objet de détruire la structure physico-chimique du grain d'amidon pour libérer les chaînes d'amylose et d'amylopectine facilement hydrolysables par les enzymes digestives de l'intestin grêle notamment et produire du glucose, ou par les enzymes des bactéries du gros intestin et produire de l'acide propionique, selon les conditions d'utilisation (voir chapitres 1 et 12). Ils peuvent modifier alors la valeur énergétique nette des céréales. Il en a été tenu compte dans les tables (voir chapitre 12).

Tableau 9.4. Caractéristiques des principaux traitements technologiques des céréales (la terminologie anglaise correspondante est donnée dans le lexique) (d'après Mercier, 1970).

Traitements	Concassage ou broyage	Cuisson sous pression	Vapeur courte durée puis aplatissage	Vapeur longue durée puis aplatissage	Extrusion sans vapeur puis pression	Extrusion avec vapeur puis pression	Micronisation	Sous vide sans vapeur	Agglomération en pellet
Céréales traitées	maïs, sorgho		maïs, sorgho, orge, avoine, blé	maïs, sorgho, orge, blé	maïs	maïs, sorgho	sorgho, blé, orge	sorgho, orge	
% eau avant traitement	10-12		8-12	8-12	13		12-14	12-14	
Traitement	Mouture	Grain	Grain	Grain	Grain	Grain	Grain	Grain	À partir d'une machine fabriquant des agglomérés à haute teneur en mélasse
– état granulométrique	Broyeur à marteaux	vapeur : 5,6 kg par cm^2	vapeur : pression atmosphérique	vapeur : pression atmosphérique	Passage : sous pression dans une machine type « hachoir à viande »	vapeur : pression 21 kg/cm^2	Action des ondes courtes électro-magnétiques de type infrarouge	Action sous pression sous vide sans vapeur	
– température				100-120 °C	93 °C			250-300 °C	
– durée du traitement		1 h 30	3 à 5 min	25-30 min			en 20 secondes		
		Aplati entre rouleaux cannelés	Aplati entre rouleaux cannelés	Aplati entre rouleaux cannelés			Aplati entre rouleaux cannelés		
% eau après traitement	10-12			blé : 16 maïs : 18 sorgho : 20	12,5		2	10-12	

L'effet des traitements technologiques sur l'utilisation digestive et métabolique des céréales s'explique aussi par la structure de l'amidon en granulés plus ou moins complexe et les proportions relatives d'amidon rapidement ou lentement digestible ou résistante (tableau 9.5). Les traitements ont d'autant plus d'effet que la structure granulaire est complexe (exemple du maïs). Les traitements thermiques à haute température (exemple extrusion) sont intéressants pour augmenter la proportion d'amidon rapidement digestible car ils provoquent une forte gélatinisation de l'amidon (tableau 9.5).

Tableau 9.5. Proportion des différentes fractions d'amidon de céréales et de pommes de terre entières ou extrudées à haute (HT) ou faible (LT) température (d'après Murray *et al.*, 2001).

Aliments	Traitements	Amidon rapidement digestible (ARD)	Amidon lentement digestible (ALD)	Amidon résistant (AR)	Amidon total (ARD + ALD + AR)
Orge					
	Entier	23,2	11,4	17,0	51,6
	LT	30,3	13,5	4,8	48,6
	HT	47,8	4,4	6,0	58,2
Maïs					
	Entier	34,6	14,6	23,6	72,8
	LT	54,2	13,1	6,4	73,7
	HT	65,0	7,8	1,4	74,2
Blé					
	Entier	15,5	33,6	13,0	62,1
	LT	54,6	6,0	6,1	66,7
	HT	65,5	5,2	0,6	71,3
Sorgho					
	Entier	27,3	13,0	33,8	74,1
	LT	49,1	10,9	15,4	75,4
	HT	70,0	5,4	2,1	77,5
Pomme de terre					
Amidon	Entier	24,4	2,6	60,0	86,9
	LT	65,4	27,0	2,2	94,6
	HT	–	–	–	–

LT : 83 °C < T < 94 °C ; HT : 135 °C < T < 145 °C.

La question récurrente est la suivante : quels sont les traitements les plus appropriés ? La réponse doit être prudente car les effets sur la proportion d'amidon digéré dans l'intestin grêle varient selon l'origine botanique des céréales, le traitement qu'elles subissent et la quantité de céréales consommées (voir chapitre 12 : paragraphes « Aliments concentrés » p. 454 et « Cas particuliers des céréales ayant subi des traitements technologiques » p. 468).

Il est possible de dire que l'avoine peut être utilisée sous forme entière ou aplatie, l'orge sous forme aussi bien aplatie que broyée, tandis qu'on préférera plutôt le broyage et surtout les traitements thermiques (*popping*, extrusion ou expansion) pour le maïs. La présentation sous forme de pellets pourrait dans le cas du maïs réduire la part d'amidon digéré dans l'intestin grêle.

Les sous-produits de céréales

Les sous-produits des céréales proviennent essentiellement de la meunerie, de l'amidonnerie, de la semoulerie et des industries de la fermentation.

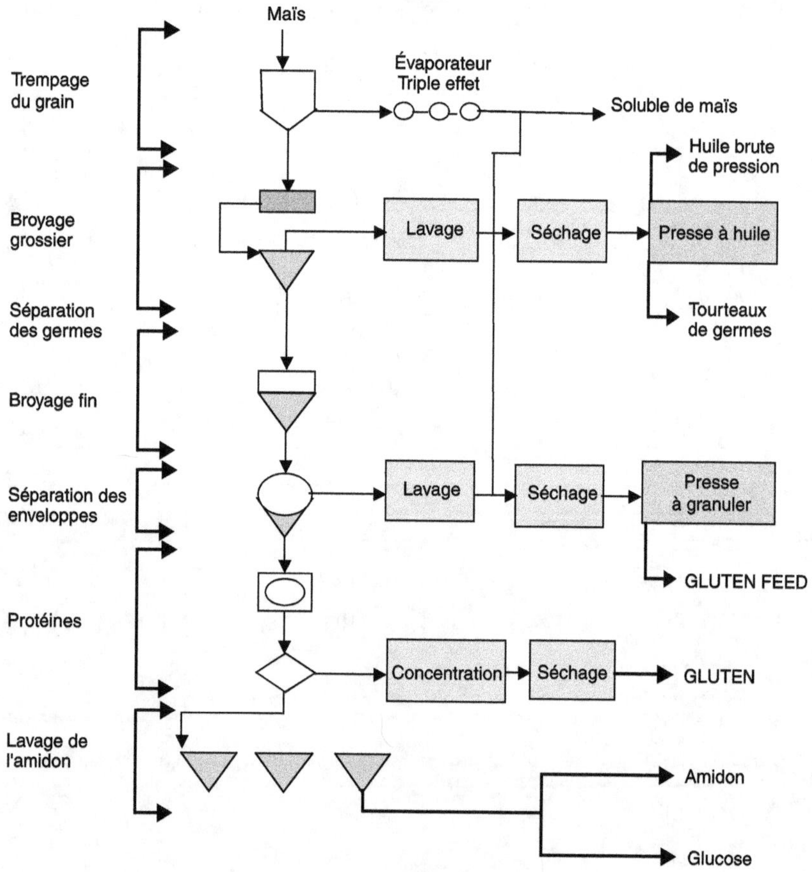

Figure 9.3. Schéma général de l'amidonnerie du maïs par voie humide (d'après Inra, 1988).

Les sous-produits du blé sont constitués surtout des enveloppes des grains peu digestibles et de l'assise protéique du grain après différents traitements mécaniques. On distingue par ordre croissant de teneurs en parois cellulaires : les farines basses, les remoulages blanc et bis, les sons fin et gros.

Les sous-produits du maïs sont très variés en raison d'une technologie de transformation par voie humide très complexe appliquée par l'industrie de l'amidonnerie (figure 9.3). Il s'agit pour les plus couramment utilisés dans l'alimentation des chevaux :

– du son constitué par les enveloppes et le capuchon du grain qui contient des fragments d'amidon, une partie de l'assise protéique et une faible proportion des germes, des eaux utilisées ;

– du *gluten feed* qui provient des solubles de maïs issus de la séparation de l'amidon par trempage avant égermage qui sont ensuite incorporés aux drêches de maïs issues de l'étape suivante (leur niveau d'ingestion est limité chez le cheval) ;

– du gluten (ou *gluten meal* en anglais) qui provient de la séparation de la fraction protéique de l'albumine ;

– enfin de l'amidon et du glucose.

Les tourteaux

Ils sont issus de l'industrie qui extrait l'huile à partir de fruits ou de graines oléoprotéagineuses en utilisant des procédés complexes (figure 9.4).

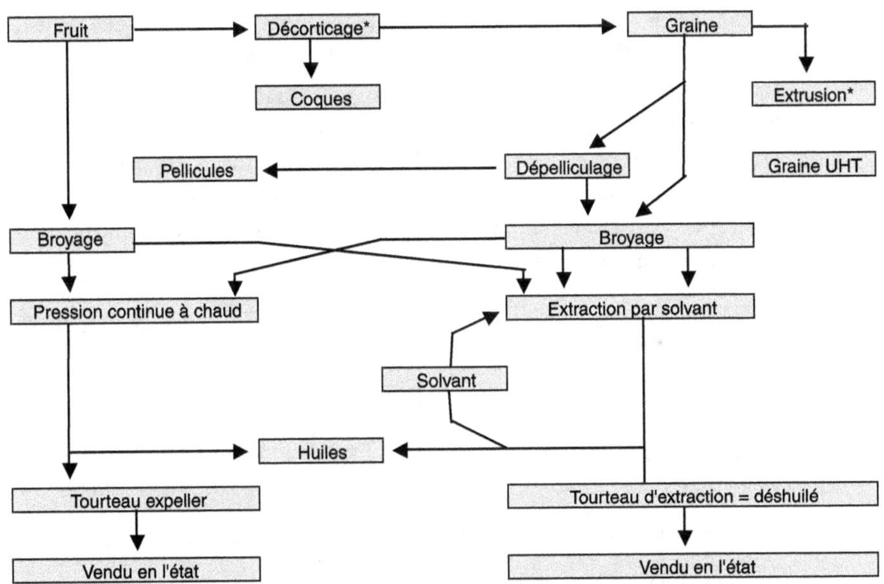

Figure 9.4. Schéma général des technologies appliquées aux tourteaux (modifié d'après Inra, 1988).

* Opérations qui ne sont effectuées que pour certains produits.

Au plan technologique, on distingue :
– l'extraction par pression qui produit un tourteau dit expeller contenant de 5 à 10 % de matières grasses ;
– l'extraction à l'aide d'un solvant qui produit un tourteau dit déshuilé contenant moins de 4 % de matières grasses.

Le décorticage ou dépelliculage de la graine est appliqué au début du traitement pour éliminer les enveloppes riches en parois cellulaires et ainsi obtenir un produit plus riche en protéines (exemple : graine de tournesol).

Un même type de tourteau peut donc avoir une valeur nutritive et notamment azotée différente selon le traitement qu'il a subi. C'est pourquoi la dénomination est très souvent accompagnée du nom du traitement (expeller, déshuilé, décortiqué).

Les aliments diététiques et suppléments alimentaires

Les aliments diététiques

Selon leur composition initiale et leurs caractéristiques nutritionnelles ou leur méthode de préparation, les aliments diététiques ont pour objectif la prévention de troubles digestifs (absorption, assimilation) ou métaboliques qui sont liés à la perturbation temporaire de l'état nutritionnel (tableau 9.6). Ces aliments ne sont pas utilisés pour atteindre l'équilibre nutritionnel de la ration, qui doit être établi et conduit à court et moyen terme par un rationnement pertinent (voir chapitres 1, 2 et 13) chez le cheval normal, même si les aliments diététiques peuvent représenter une proportion significative de la ration journalière.

Ils diffèrent donc clairement des aliments ordinaires ou standard (aliments complets ou complémentaires) et des aliments médicamenteux définis par la directive du Conseil européen 90/167/ECC (Medicated Feedingstuffs : EC, 1990). En conséquence, les aliments diététiques doivent faire référence à des états pathologiques particuliers lorsqu'il s'agit d'état nutritionnel, c'est-à-dire satisfaire des besoins nutritionnels spécifiques.

Tableau 9.6. Liste des objectifs particuliers et autorisés d'utilisation des aliments diététiques (annexe à la directive européenne 2008/38 : EC, 2008a).

Compensation de l'insuffisance chronique de la fonction de l'intestin grêle
Compensation des désordres digestifs chroniques du gros intestin
Réduction des réactions de stress
Compensation de la perte d'électrolytes dans le cas de sudation importante
Restauration nutritionnelle, convalescence
Soutien de la fonction hépatique dans le cas d'insuffisance chronique du foie
Soutien de la fonction rénale dans le cas d'insuffisance chronique des reins

Les aliments diététiques n'incluent jamais d'additifs chimiques qui ont des propriétés pharmacodynamiques, anti-infectieuses ou antiparasitaires. Les caractéristiques nutritionnelles et la composition des aliments diététiques doivent correspondre aux recommandations incluses dans l'annexe à la directive européenne 2008/38 (EC, 2008a) et ils peuvent être utilisés sans prescription vétérinaire. Mais l'avis d'un vétérinaire peut être très utile puisque ces aliments ont pour objet de prévenir des troubles de santé.

Leurs caractéristiques nutritionnelles originales doivent être contrôlées par des méthodes officielles ou au moins par des méthodes scientifiquement établies. En ce qui concerne les constituants suivants : fibres (totales, solubles, insolubles), acides aminés (exemple tryptophane), acides gras essentiels, oligoéléments (iode, sélénium) et vitamines (pyridoxine et biotine), les objectifs autorisés des aliments diététiques doivent être clairement exposés en utilisant la terminologie officielle établie et diffusée par la Commission européenne.

Les suppléments nutritionnels

Les suppléments nutritionnels recouvrent partiellement les champs des aliments concentrés et standard (aliments composés), des aliments diététiques et des additifs. Ainsi leur statut n'est pas encore complètement résolu. Les suppléments nutritionnels sont des aliments concentrés constitués pour la plupart de glucides, d'acides aminés, de fibres hautement digestibles, de lipides, d'électrolytes, d'oligoéléments, de vitamines, de régulateurs du pH plus ou moins combinés dans des mélanges variés. Ils ne représentent pas une part importante de la ration journalière et ils sont distribués pendant de courtes périodes.

Les suppléments nutritionnels sont utilisés en petite quantité soit par aspersion sur les aliments du repas, soit dilués dans l'eau de boisson pour répondre à une augmentation temporaire des besoins nutritionnels : changement critique de statut nutritionnel (période de reproduction, sevrage, croissance rapide, conditions d'élevage, etc.), augmentation très importante du travail ou changement de régime alimentaire. D'autres circonstances occasionnelles peuvent être concernées : changement climatique, transport pénible, conséquences de traitements antiparasitaires, vaccinations, infections subcliniques, traitements médicamenteux forts ou longue convalescence. Mais leur efficacité et leur sécurité ne sont toujours pas clairement établies en termes de performance, bien-être et accumulation de résidus dans la chaîne alimentaire.

La réglementation européenne des aliments ne donne pas une définition spécifique des suppléments nutritionnels. Cependant, ils sont considérés dans la plupart des pays membres comme des aliments complémentaires car ils ne permettent pas de satisfaire tous les besoins nutritionnels journaliers.

Les additifs alimentaires

Les additifs alimentaires sont des substances, micro-organismes ou préparations, autres que des matières premières (ou ingrédients) et premix, qui sont volontairement ajoutés à l'aliment ou dans l'eau, afin :

– d'améliorer les caractéristiques des aliments ;

– d'améliorer les caractéristiques des produits animaux ;

– de satisfaire des besoins nutritionnels de l'animal ;

– d'améliorer les effets des conditions environnementales de la production animale ;

– d'améliorer la production animale, la performance ou le bien-être (flore gastro-intestinale, digestibilité des aliments).

Quatre catégories d'additifs sont considérés chez le cheval : technologiques, sensorielles, nutritionnelles et zootechniques. Au sein de chacune de ces catégories il y a différents groupes. Les additifs alimentaires sont enregistrés dans une liste européenne officielle positive dénommée Registre communautaire des additifs alimentaires (EC 1831/2003 ; EC, 2003-2008b). Cette liste est exclusive pour les différents types d'animaux et disponibles sur internet (EC, 2008b). Les additifs alimentaires exigent une autorisation de la Commission européenne avant leur commercialisation. Un dossier d'agrément est soumis par l'industriel à la Commission européenne et le risque est évalué par l'Autorité européenne de sécurité alimentaire (European Food Safety Authority, EFSA). Les informations réglementaires (base de données et journal officiel) sont accessibles via le site : http://eur.lex.europa.eu/index.htm et les informations sur les aspects santé sont accessibles via le site de la direction Santé de la communauté européenne (DG SANCO) : http://ec.europa.eu/food/index_eu.htm.

Les additifs technologiques

Ces additifs sont utilisés par l'industrie de l'alimentation animale pour préserver la stabilité technologique des produits, la valeur nutritionnelle, l'appétence et limiter la détérioration pendant le stockage afin de préserver la santé du cheval. Des additifs non nutritionnels sont utilisés pour leurs propriétés technologiques afin de renforcer les caractéristiques physiques des aliments produits.

Les agents liants et antimottants sont mélangés avec les matières premières pour favoriser la cohésion de l'aliment final sans accroître sa dureté. Des antioxydants et des conservateurs sont aussi mélangés aux matières premières pour empêcher l'oxydation des matières grasses et des vitamines. La couleur et les arômes peuvent être renforcés par des substances autorisées. D'autres additifs peuvent être ajoutés pour réduire la poussière ou maintenir avec des agents émulsifiants une dispersion uniforme de certains composants (matières grasses ou huiles) dans les composés aqueux de l'aliment. On limite l'oxydation de complexes de métaux libres et améliore la stabilité de l'aliment final par l'usage de substances séquestrantes.

Les additifs influençant la santé et la performance

Des substances nutritives ou non nutritives sont quelquefois ajoutées dans la ration pour renforcer la santé du cheval. Mais il y a toujours un grand débat sur leur définition et leur efficacité. Chez l'Homme, la terminologie n'est toujours pas stabilisée : on parle de « nutraceutiques », « aliments fonctionnels », etc. Chez le cheval, on parle toujours d'additifs alimentaires. Très peu sont actuellement autorisés chez le cheval si on se réfère à la liste positive établie par la Commission européenne (EC, 2008b).

Les enzymes

Des enzymes exogènes sont produites par l'industrie. Elles sont seulement efficaces si elles ne sont pas affectées par les procédés technologiques au cours de la fabrication des aliments ou au cours de la digestion par l'animal. Elles pourraient améliorer la digestion, prévenir l'apparition de troubles digestifs et limiter l'effet des phytates sur l'assimilation de certains minéraux. Il n'y a actuellement aucune enzyme enregistrée et donc autorisée pour le cheval.

Les probiotiques

Ce sont des bactéries vivantes sélectionnées, concentrées et séchées pour être distribuées en continue car elles ne peuvent pas croître dans le tube digestif. Les plus courantes sont *Lactobacillus bifidobacteria*, *Streptococcus faecium* et *Bacillus subtilis*. Ces bactéries ne doivent pas être affectées par les sécrétions digestives. Elles doivent résister aux bactéries prédatrices de l'écosystème digestif de l'animal, qui utilisent les nutriments produits par la digestion des aliments par l'animal hôte et à ses dépens pour produire de l'ammoniaque et des amines, quelquefois des endotoxines bactériennes. Les probiotiques sont capables d'inhiber des bactéries pathogènes telles que *Salmonella*. Ils fournissent aussi des vitamines, accroissent la production d'acides gras volatils et des enzymes qui stimulent la digestion dans le gros intestin.

Les levures

Il s'agit de produit contenant des levures vivantes. Elles sont essentiellement issues de *Saccharomyces* spp. et notamment *Saccharomyces Cerevisiae* et *Aspergillus oryzae*. Elles sont utilisées sous forme séchée ou de concentrés de contenu cellulaire à des concentrations de 10^9 cellules de levures vivantes. Les levures auraient un intérêt chez le cheval recevant un régime très riche en amidon car elles réduisent la production de lactate dans le gros intestin et amélioreraient la digestibilité de l'azote. En revanche, les effets sur les performances zootechniques demandent à être confirmés. Les levures pourraient limiter la durée et la sévérité des entérocolites. Leur efficacité potentielle est optimale si l'apport est continu. Il y a actuellement deux levures qui sont enregistrées et autorisées chez le cheval.

Les prébiotiques

Ce sont des oligosaccharides qui sont résistants aux enzymes digestifs de l'intestin grêle des mammifères, mais rapidement fermentescibles par les bactéries présentes dans le gros intestin. Il s'agit de polysaccharides complexes : fructooligosaccharides (FOS), mannose ou glucomannanes. Les prébiotiques favoriseraient la croissance de la microflore bactérienne du gros intestin et limiteraient l'adhérence des bactéries pathogènes à la paroi digestive. Le fructose ou le galactose stimuleraient la croissance de bactéries bénéfiques telles que *Lactobacillus* ou *Bifidobacteria* aux dépens de bactéries néfastes comme *Clostridia*. Ces effets demandent à être davantage confirmés chez le cheval car les études ont surtout été conduites chez l'Homme. En général, les prébiotiques sont considérés par les États membres de l'Union européenne comme des matières premières (aliments concentrés simples ou ingrédients). Ils ne requièrent donc pas d'autorisation de la Commission européenne comme additifs.

Les minéraux organiques

Les sources organiques d'oligoéléments sont liées à un large spectre de ligands tandis que les sources inorganiques sont des oxydes, des sulfates, des chlorures ou des carbonates d'ion minéral (voir chapitres 1-12 et 16, annexe 3). Les principaux ligands sont constitués de complexes d'acides aminés, de polysaccharides ou de protéines de différentes tailles (protéinates). La disponibilité de l'ion métal des sources inorganiques est très variable : élevée et limitée respectivement pour les sels de sulfate et les oxydes. La disponibilité des sources organiques doit être égale sinon supérieure à celle des sources inorganiques sulfates. Aucune différence d'utilisation biologique et de performance zootechnique n'ont été mises en évidence chez le cheval entre les deux sources de minéraux.

La glucosamine et la chondroïtine

La glucosamine est un monosaccharide aminé. La chondroïtine sulfate est un glycosaminoglycane composé d'une alternance d'unités disaccharidiques, d'acides glucoroniques et d'acétylgalactosamine d'azote. Ces composés auraient des propriétés protectrices des cartilages articulaires et de réparation des lésions ostéoarthritiques lorsqu'ils sont utilisés seuls ou en combinaison. Cependant, il n'y a pas encore de preuve claire de leur efficacité et sécurité à court et surtout moyen terme de leur utilisation. Le methylsufonymethane (MSM) est une source de soufre disponible qui aurait aussi un rôle protecteur du cartilage. Glucosamine, chondroïtine et MSM sont considérés comme une matière première, mais ils pourraient être introduits dans la liste des additifs ou médicaments si une revendication était déposée pour les applications correspondant à ces produits.

Les acides gras

L'acide linoléique (C18:2, n-6) et l'acide α-linolénique (C18:3, n-3) sont des acides gras essentiels dont les besoins ne sont pas encore établis chez le cheval. La double liaison oméga en position 6 (acide linoléique), oméga-6, ou en position 3 (acide linolénique), oméga-3, confèrerait des propriétés anti-inflammatoires chez les autres espèces. Ces propriétés restent à démontrer chez le cheval.

Les antioxydants

Ils sont actuellement étudiés chez le cheval athlète car ils sont supposés limiter le stress oxydatif (*Reactive Oxygen Species*, ROS) et l'obstruction récurrente des voies respiratoires (*Recurrent Airway Obstruction*, RAD). L'activité de différentes enzymes minérales dépendantes ou d'antioxydants non enzymatique minéral dépendant serait impliquée, de même que les actions d'autres composés (vitamines A, E, β-carotène, lutéine et lycopène) pourraient être partie prenante d'un processus complexe. Leur efficacité reste ainsi à approfondir.

Les aides ergogéniques

Il s'agit de substances nutritionnelles qui ne sont pas essentielles car elles sont déjà couramment impliquées dans les processus métaboliques normaux. Les substances ergogéniques apportées sont supposées palier une insuffisance présumée de la production endogène de celles-ci par l'organisme qui limiterait l'efficacité du métabolisme musculaire. Cet argument ne justifie pas une supplémentation. En effet, leurs effets n'ont pas été encore clairement démontrés chez l'Homme ou le cheval. Par ailleurs, la créatine et le gamma-oryzanol ne sont pas autorisés et ils ne figurent pas dans le registre communautaire (EC, 2008b).

Les facteurs de croissance

Certains antibiotiques et ionophores utilisés comme facteurs de croissance chez les bovins (ex. : Monensin) ou comme anticoccidien chez les volailles (ex. : Lasalocid sodium, Narasin) déterminent des accidents mortels chez le cheval aux doses où ils sont habituellement employés chez ces espèces. Des intoxications collectives ont été observées en France avec le Narasin à la suite d'erreur de fabrication d'aliments composés.

Les préparations à base de plantes

Les plantes ne contribuent pas au contenu nutritionnel de la ration. Elles sont utilisées dans l'espoir de prévenir ou traiter une maladie. Leur efficacité et leur innocuité restent encore à démontrer clairement. Les extrapolations à partir d'observations chez d'autres espèces animales sont encore très risquées car les données sur la toxicité aiguë ou chronique induite restent à mesurer pour la plupart des plantes. De plus, il peut y avoir des interactions entre elles si plusieurs sont utilisées simultanément et/ou avec des médicaments prescrits par le vétérinaire pour traiter d'autres pathologies.

Les aliments médicamenteux

Ces aliments sont des mélanges d'aliment et de premix de médicaments vétérinaires (Directive 90/167 : EC, 1990). Seuls des premix médicamenteux autorisés au niveau national ou européen peuvent être utilisés. Leur production est exclusivement réservée à des industriels agréés et ils doivent être prescrits par des vétérinaires.

Les aliments contaminés par des substances dopantes

Yves Bonnaire

Les aliments destinés aux chevaux de compétition peuvent être contaminés naturellement (composés contenus dans la matière première) ou inclus par inadvertance au cours des processus de fabrication, de transport ou de conditionnement, par des composés ou des plantes qui contiennent des substances prohibées au regard de la réglementation décrite dans le chapitre 6.

Une liste des contaminants les plus fréquemment retrouvés en Europe et des plantes qui les contiennent a été établie (tableau 9.7). Cette liste n'est pas exhaustive car d'autres substances, comme l'hordénine ou la lupanine par exemple, peuvent poser ponctuellement des problèmes. Ces plantes doivent être impérativement écartées de l'alimentation des chevaux et leur présence éventuelle contrôlée dans les matières premières ou les produits industriels « finis », car les quantités de ces substances que le cheval pourrait ingérer sans entraîner de cas positif lors des contrôles anti-dopage ont été établies expérimentalement (Respondek *et al.*, 2006) mais pas encore officiellement adoptées.

Dans cet esprit, les laboratoires officiels internationaux de contrôle anti-dopage se concertent actuellement pour harmoniser les limites de détection de ces contaminants dans l'urine ou le sang des chevaux de course et de sport. Dès que ces limites auront été arrêtées définitivement, un niveau maximum de résidus de ces contaminants dans l'urine et/ou le sang sera fixé et un niveau maximum de contaminants dans les aliments sera également établi pour servir de référence aux laboratoires de contrôles de la qualité qui sont déjà en place dans la chaîne de contrôle de la qualité des aliments des fabricants d'aliments. En attendant, les utilisateurs doivent impérativement être attentifs à la qualité des aliments et suppléments alimentaires utilisés, demander à leurs fournisseurs si un contrôle des contaminants des aliments a été réalisé. En ce qui concerne les fournisseurs, ils s'adressent déjà ou peuvent s'adresser au Laboratoire des courses hippiques (adresse en fin de chapitre) qui est le laboratoire officiel anti-dopage en France pour effectuer ces contrôles.

Tableau 9.7. Plantes ou matières premières contenant des contaminants (d'après Bonnaire *et al.*, 2008).

Molécules	Plantes	Aliments
Caféine	Grains de cacao, thé, de café, maté, guarana, kola	Tous les aliments contenant ces plantes ou contaminés
Théobromine	Grains de cacao	Chocolat ou aliments contenant ces plantes (tels que les aliments apéritifs) ou qui sont contaminés
Théophylline	Thé, cacao	Aliments ou suppléments
Atropine	Datura, herbe de Jimson	Tourteaux oléagineux
Scopolamine	Datura, herbe de Jimson	Tourteaux oléagineux
Morphine, Codéine	Pavot	Luzerne contaminée par ces plantes

La réglementation

Les aliments fabriqués par l'industrie de l'alimentation animale sont soumis aux réglementations européenne et nationale qui en découlent.

La réglementation européenne considère le cheval comme un animal de production, qui est destiné dans la majorité des cas à rentrer dans la chaîne alimentaire, même si le cheval n'est pas à l'origine produit (et *a fortiori* utilisé) en grande partie (selle) pour cet objectif. Cette réglementation n'est pas limitée aux informations qui figurent sur l'étiquette mais également aux autres documents commerciaux d'accompagnement. Elle s'étend aussi aux ventes par Internet. Elle a été actualisée en 2008 sous le titre *Regulation of the european parliament and of the council on the placing on the market and use of feed: proposal*. Les textes sont en cours de finalisation. Elle est accessible sur le site Internet : http://ec.europa.eu/food/food/animalnutrition/labelling/index_en.htm.

La réglementation distingue :

– **les matières premières** : ce sont des matières végétales ou animales en leur état naturel ou conservées, dérivées de procédés industriels, des substances organiques ou inorganiques, qui contiennent ou non des additifs, utilisées par les propriétaires pour alimenter leurs chevaux avec des matières premières en l'état ou après traitements industriels (aliments traités ou comme composants : ingrédients) par l'industrie pour formuler des aliments composés ou des supports de premix.

Une liste non exclusive des principales matières premières (partie B de l'Annexe de la Directive Européenne 96/25 : EC, 1996) combinée avec une liste des matières premières interdites (Décision 2004/217 ; EC 2084) ont été publiées par la Commission européenne. Les principales matières premières sont décrites dans le paragraphe « Les aliments simples ou matières premières » p. 335. Les plantes entières et les plantes médicinales sont aussi considérées comme des matières premières, les conditions de leur utilisation sont décrites dans le paragraphe « Les additifs alimentaires » p. 352.

– **les aliments composés complets ou complémentaires** qui contiennent ou non des additifs alimentaires. Ils ne peuvent pas revendiquer des propriétés relatives à des troubles pathologiques. Ils sont dénommés aliments composés standard.

Différents types d'aliments composés sont ainsi considérés :
- les aliments complets ;
- les aliments complémentaires ;
- les mélasses ;
- les aliments minéraux ;
- les aliments d'allaitement ;
- les aliments diététiques.

– **les additifs** qui sont inclus dans les aliments composés doivent être indiqués sur l'étiquette par les industriels (article 16 ; Directive 70/254 : EC, 1970) pour les antioxydants, conservateurs, colorants, cuivre, vitamines A, D, E, enzymes et microorganismes. Les autres vitamines et oligoéléments peuvent être volontairement indiqués par les firmes. Les additifs alimentaires sont enregistrés dans une liste dite

Registre communautaires des additifs alimentaires (EC 1831/2003 : EC, 2003, 2008b). Cette liste est exclusive pour les différents types d'animaux et disponible sur Internet (EC, 2008b) : http://ec.europa.eu/food/food/animalnutrition/feedadditives/com_register_feed_additives_1-03.pdf.

Seuls sont autorisés des additifs anodins tels que les facteurs nutritionnels (oligo-éléments, vitamines), les adjuvants de conservation (substances antifongiques comme les sorbates et propionates), les agents technologiques (liants, antimottants, émulsifiants, etc.). Rappelons, à ce propos, que les teneurs en vitamines D (D_2 ou D_3) doivent obligatoirement être limitées à 4 000 UI/kg de ration journalière. L'EFSA est chargé de l'évaluation du risque au-delà de la phase d'agrément des additifs : http://www.efsa.europa.eu/EFSA/efsa_locale-1178620753812_home.htm.

Il est très important d'éviter toute contamination par des additifs autorisés chez d'autres espèces animales (volailles, ruminants) et qui peuvent se révéler fort dangereux chez le cheval, ou tout antibiotique susceptible de perturber la microflore du gros intestin : les antibiotiques ionophores utilisés comme anticoccidiens chez les volailles (Lasalocid sodium, Narrasin) et comme facteur de croissance chez les ruminants (Lasalocid monensin), les antibiotiques actifs contre les germes gram+, tels que tétracycline, lincomycine.

En revanche, les probiotiques (ferments lactiques) sont très bien tolérés par le cheval et peuvent participer à la régularisation des fermentations dans le gros intestin.

Les aliments toxiques et les intoxications alimentaires

Des intoxications alimentaires peuvent être observées chez le cheval à la suite d'ingestion accidentelle de plantes toxiques (tableau 9.8) ou d'aliments contaminés par des résidus chimiques divers (xénobiotiques), des mycotoxines ou des toxines d'origine bactérienne. Elles peuvent également être provoquées par des aliments altérés ou par la distribution de certains aliments en quantité excessive.

Les plantes toxiques

Les intoxications végétales peuvent avoir d'une façon générale trois origines : la flore spontanée sauvage qui est très riche en espèces vénéneuses, certaines espèces alimentaires cultivées renfermant des facteurs antinutritionnels, voire toxique pour le cheval ; la flore ornementale cultivée, en particulier certains arbres et arbustes. Si l'on se réfère au nombre d'espèces toxiques, les potentialités théoriques d'intoxication sont très grandes. Cependant, l'observation courante et les statistiques du centre anti-poison vétérinaire de Lyon montrent qu'un petit nombre de plantes sont régulièrement impliquées dans des accidents toxiques. Les autres ne donnent jamais lieu à une pathologie toxique ou n'interviennent que de façon exceptionnelle. Il faut donc toujours avoir à l'esprit la potentialité toxique de toutes les espèces vénéneuses, tout en sachant bien qu'une quinzaine de plantes tout au plus présentent une réelle importance.

Cette apparente distorsion entre toxicité théorique et incidence clinique réelle est liée à de nombreux facteurs :
– d'autres plantes sont peu toxiques et, compte tenu de leur répartition et de leur faible densité écologique, le risque pour que l'animal en consomme une quantité dangereuse est réduit (renoncules, certaines crucifères sauvages) ;
– certaines plantes ont une localisation géographique très limitée (redoul dans le Midi, férule en Corse) ;
– beaucoup de plantes toxiques sont par ailleurs habituellement refusées par les animaux au pâturage sauf en période de disette où le comportement de tri du cheval diminue ou disparaît.

Certaines plantes toxiques refusées pour les raisons précédentes sur pied, sont consommées lorsqu'elles sont mélangées dans des fourrages conservés soit qu'elles aient perdu leur saveur désagréable, soit que les possibilités de tri par l'animal soient amoindries, c'est le cas des prêles ou du datura.

Les poisons végétaux peuvent être répartis dans la totalité du végétal ou presque (cas de l'if), ou au contraire être localisés dans un organe précis (phytotoxine du ricin uniquement dans la graine). Enfin, la concentration en principe toxique peut varier avec la saison ou les caractéristiques du sol (l'if est beaucoup plus toxique en fin d'hiver qu'en été).

Certains poisons végétaux disparaissent dans les fourrages conservés, soit à la suite de pertes s'ils sont volatils (ciguë), soit à la suite de modifications chimiques les rendant toxiques (dimérisation des lactones des renoncules).

À l'heure actuelle, les intoxications les plus fréquentes s'observent à l'extérieur lors de déplacements des animaux (randonnées, etc.) ou lorsque les animaux sont placés en situation de disette. Le cheval ingère alors des feuillages toxiques qui se trouvent à la périphérie des parcelles : l'if, le buis, le troène, le robinier, le gui, le cytise aubour. Le cheval s'intoxique également au pâturage avec les glands, l'aristoloche, le millepertuis.

Les fourrages conservés peuvent être toxiques à la suite de contamination : foins contaminés par les prêles, la vératre, ensilages contaminés par le datura. Des accidents peuvent être observés également à la suite de consommation de certaines criblures d'origine étrangère très contaminées en nielle, ivraie et parfois en ergot ou par l'ingestion de tourteaux toxiques utilisés comme engrais (ricin) et accidentellement confondus avec des tourteaux alimentaires.

En ce qui concerne les plantes alimentaires cultivées, des accidents graves à dominante hépatique ont été signalés par consommation excessive de certains trèfles (trifoliose) comme le trèfle incarnat ou le trèfle hybride. Le sorgho fourrager ne doit pas être pâturé ou distribué au cheval lorsque la plante est jeune car il contient un facteur toxique (hétéroside cyanogénétique). Certaines graines de légumineuses comme la gesse chiche, la vesce et le lupin amer sont dangereuses pour le cheval.

Les principales intoxications végétales avec leurs symptômes et conséquences sont décrites dans le tableau 9.8, mais des informations supplémentaires et des contrôles peuvent être effectués par le Centre national d'informations toxicologiques vétérinaires à l'École nationale vétérinaire de Lyon (coordonnées en fin de chapitre).

Tableau 9.8. Principales intoxications végétales chez le cheval[1] (d'après Jean-Blain et Grisvard, 1973 ; Garnier *et al.*, 1961).

Nom vulgaire	Principe toxique et localisation	Caractéristiques principales de l'intoxication
I – Arbres, arbustes, arbrisseaux		
Acacia	Phytotoxine : robine	Troubles digestifs et cardiaques
	Écorce de l'arbre	Dose mortelle : 150 g d'écorce
Buis	Alcaloïdes	Symptomatologie digestive. intoxication aiguë
	Toutes les parties de la plante	Dose mortelle : 750 g de feuilles
Cytise	Alcaloïdes : cystisine	Convulsions et dyspnée, coliques, salivation
	Toutes les parties	Dose mortelle de graines : 200 à 400 g
Gui	Viscotoxine, polypeptide	Troubles digestifs, dyspnée, ataxie
	Toute la plante	Mortelle
If	Alcaloïdes (toxines)	Très fréquente, symptômes nerveux
	Toutes les parties sauf arille (= fruit)	Dose mortelle : 100 à 500 g de feuilles
Laurier-cerise	Acide cyanhydrique	Troubles respiratoires
		Mort
Rhododendron kalmia	Andromedotoxine	Vertiges, ataxie, dyspnée, troubles digestifs
		Intoxication surtout avec espèces ornementales
Troène	Inconnu. Rameaux et fruits	Gastro-entérite
II – Plantes herbacée sauvages		
Aristoloche	Inconnu	Paralysie, état comateux, polyurie considérable jusqu'à 100 l d'urine par jour
	Toute la plante	En général non mortelle
Colchique	Alcaloïdes : colchicine	Intoxication par les feuilles et les graines au printemps exceptionnellement
	Toute la plante	en automne, avec les fleurs
		Diarrhée, colique, néphrite
		Dose mortelle : quelques kilos de plante fraîche
Digitale	Hétéroside cardiotoxique	Rare. Signes digestifs et urinaires
	Toutes les parties	Dose mortelle : 140 g de feuilles
Fougère Grand Aigle	Thiaminase (antivitamine B1)	Troubles locomotion (traitement par vitamine B_1)
Lierre terrestre	Non connu	Symptômes cardiaques et respiratoires avant élévation de la température centrale. Aiguë
	Toute la plante	Souvent mortelle

Millepertuis	Hypericine, pigment. Photosensibilisant	Photosensibilisation, érythème, prurit, excoriations cutanées, gonflement des paupières Ne se produit que si l'animal est mis au soleil
	Toute la plante	
Prêles	Alcaloïdes, thiaminase (antivitamine B12)	Par le foin contaminé. Forme chronique ; incoordination motrice, amaigrissement
	Toutes les parties	
Verâtre	Alcaloïdes	Intoxication par les foins. Symptômes digestifs, tremblement musculaires, hypersudation
	Toute la plante	Dose mortelle : 1 kg de feuilles sèches

III – Plantes herbacée cultivées

Sorgho	Hétéroside cyanogénétique	Intoxication aiguë mortelle par hétéroside cyanogénétique mais aussi manifestations
	Chez la plante jeune	d'encéphalose hépatique, parésie arrière, avortement
Trèfle hybride incarnat	Non connu	Trifoliose
		Syndrome hépatique avec photosensibilisation secondaire (appelé aussi encéphalose hépatique)

IV – Graines toxiques

Datura	Alcaloïdes	Par contamination du maïs
		Diarrhées, anoréxie, dose toxique : 0,5 % de l'aliment
Gesse jarosse	Acides aminés neurotoxiques	Paralysie ; cornage important
Ivraie	Alcaloïde : témuline teneur très variable	Intoxication par les criblures. Symptômes nerveux, ébriété, démarche ataxique
		Dose mortelle : 3 à 5 kg
Lupin jaune	Non connu	Ictère : sang dans les urines
Nielle	Saponoside	Troubles digestifs chroniques. Amaigrissement
		Peu toxique
Vesce	Acides aminés, neurotoxiques, substances hépatotoxiques	Encéphalose hépatique : symptômes nerveux, digestifs, ictère Photosensibilisation

V – Fruits – Divers

Glands	Tannins	Relativement fréquente. Intoxication chronique grave souvent mortelle.
		Signes urinaires : urine noirâtre, épaisse
		Mort par néphrite
Lin	Hétéroside cyanogénétique	Intoxication aiguë, avec symptômes respiratoires. Les tourteaux ne doivent pas renfermer plus de 350 mg d'hétéroside cyanogénétique par kilogramme
Ricin	Ricine, phytotoxine	Troubles digestifs et généraux violents
	Uniquement dans la graine	Intoxication accidentelle par les tourteaux
		Dose mortelle : 25 à 50 g

[1] Centre national d'informations toxicologiques vétérinaires, coordonnées en fin de chapitre.

Les mycotoxines

De nombreuses **moisissures** toxigènes sont en théorie susceptibles de provoquer des accidents chez le cheval. Au cours des dernières années, deux mycotoxicoses ont été diagnostiquées et décrites dans cette espèce en France.

Il s'agit de :
– la stachybotryotoxicose due au développement de *Stachybotrys atra* sur des pailles mal conservées et humides. Cette moisissure sécrète une mycotoxine du groupe des trichothécènes qui produit une stomatite, une rhinite avec jetage, une conjonctivite, des fissures au niveau des commissures labiales et sur les naseaux ;
– la leuco-encéphalomalacie toxique des équidés due au développement de *Fusarium monioliforme* sur du maïs moisi et qui se traduit par une mort rapide liée à une dégénérescence des hémisphères cérébraux.

Certaines moisissures telles qu'*Aspergillus* ou *Alternaria* pourraient agir en provoquant des phénomènes d'allergie pulmonaire à l'origine de l'emphysème lors de la distribution et/ou manipulation de foins contaminés.

Des moisissures peuvent se développer également dans les ensilages mal préparés et/ou mal conservés (voir chapitre 11). Les moisissures les plus courantes sont :
– *Penicillium cyclopium* qui peut se développer uniquement au front des silos et qui produit de l'acide penicillique ou de la patuline à l'origine de neurotoxicose ;
– *Trichoderma viride* qui peut se développer au centre du silo et qui produit de la trichodermine à l'origine de gastroentérotoxicose ;
– *Fusarium poae* qui produit de la poïne également à l'origine de gastroentérotoxicose ;
– *Fusarium moniliforme* qui peut être présent aussi dans les ensilages de maïs et induire les troubles cités précédemment sur la plante entière de maïs ou le grain.

L'aflatoxicose est assez rare. Elle provient soit de tourteau d'arachide altéré ou de la consommation de maïs en grain qui a été mal conservé. Elle se traduit par une baisse d'état général liée à une perte d'appétit et l'apparition d'un ictère et des troubles nerveux du comportement. La législation fixe une teneur maximale de 0,01 ppm d'aflaxtoxine B_1 dans les aliments complets.

Enfin le *grass sickness* du cheval au pâturage serait causé par une mycotoxine neurotoxique.

Les toxines bactériennes

La contamination de fourrages ou de grains par des cadavres de petits animaux (rongeurs, chats, oiseaux) ou par leurs excréments peut être à l'origine du botulisme. Cette intoxication est liée à la présence de la toxine neurotrope de *Clostridium botulinum* ayant contaminé les aliments. Elle est très grave et aboutit à la mort en 12 à 80 heures après que l'animal ait présenté des symptômes de paralysie du train postérieur, du pharynx et de la langue.

Les intoxications par des additifs et conservateurs

Certains antibiotiques et ionophores utilisés comme facteurs de croissance chez les bovins (Monensin) ou comme anticoccidien chez les volailles (Lasalocid sodium, Narasin) déterminent des accidents mortels chez le cheval aux doses où ils sont habituellement employés chez ces espèces. Des intoxications collectives ont été observées en France avec le Narasin à la suite d'erreur de fabrications d'aliments composés.

Adresses utiles

Bureau interprofessionnel d'études analytiques (BIPEA)
64 avenue Louis Roche
92230 Gennevilliers

Centre national d'informations toxicologiques vétérinaires
École nationale vétérinaire de Lyon
Appel 24 h sur 24 h — Tél. 04.78 87.10.40

Laboratoire des courses hippiques (LCH)
15 rue du Paradis
91370 Verrières-le-Buisson
http://www.fncf.fr/index.php?id=17

Pour en savoir plus

Agabriel J., Trillaud-Geyl C., Martin-Rosset W., Jussiaux M., 1982. Utilisation de l'ensilage de maïs par le poulain de boucherie. *Inra Prod. Anim.*, 49, 5-13.

Balssa F., Bonnaire Y., 2007. Easy preparative scale syntheses of labelled xanthines: caffeine, theophylline and theobromine. *J. Label. Compd. Radiopharm.*, 50, 33-41.

Bigot G., Trillaud-Geyl C., Jussiaux M., Martin-Rosset W., 1987. Élevage du cheval de selle du sevrage au débourrage : alimentation hivernale, croissance et développement. *Inra Prod. Anim.*, 69, 45-53.

Bonnaire Y., Maciejewski P., Popot M.A., Pottin S., 2008. Feed contaminants and antidoping tests. *In : 4th European Worshop Equine Nutrition*, EAAP, n° 125, Wageningen Academic Publishers, 1399-414.

Boothe D.M., 1997. Nutraceuticals in veterinary medicine. Part 1. Definitions and regulations. *Comp. Cont. Educ. Pract. Vet.*, 19, 1248-1255.

Boothe D.M., 1998. Nutraceuticals in veterinary medicine. Part 2. Safety and efficacy. *Comp. Cont. Educ. Pract. Vet.*, 20, 15-21.

Bouchet J.P., Gueguen L., 1981. Constituants minéraux majeurs des fourrages et des aliments concentrés, *In : Prévision de la valeur nutritive des aliments des ruminants,* (Demarquilly C., ed.), Inra Éditions, Paris, 189-202.

Cemagref, ITEB, Inra, ITCF, 1993. *Entre foin et ensilage, l'enrubannage.* Éditions de l'Institut de l'élevage, 43 p.

Cordesse R., 1985. Technologie du traitement des pailles à l'ammoniac. *In : Les fourrages secs, récolte, traitements, utilisation* (Demarquilly C., ed.), Inra Éditions, p. 231-242.

Demarquilly C., 1973. Principes de base de l'ensilage. *Fourrages, 56*, 15-26.

Dulphy J.P., Demarquilly C., 1981. Problèmes particuliers aux ensilages. *In : Prévision de la valeur nutritive des aliments des ruminants*, (Demarquilly C., ed.), Inra Éditions, Paris, 81-10.

EC, 1979. Council Directive 79/373/EEC of 2 April 1979 on the marketing of compound feedingstuffs. *Official Journal L., 86*, 30-37.

EC, 1982. Council Directive 82/471/EEC concerning certain products used in animal. *Official Journal L., 213*, 8-14.

EC, 1990. Council Directive 90/167/EEC of 26 March 1990 laying down the conditions governing the preparation, placing on the market and use of medicated feedingstuffs in the Community. *Official Journal L., 92*, 42-48.

EC, 1993. Council Directive 97/74/EEC of 22 September 1993 on feedingstuffs intended for particular nutritional purposes. *Official Journal L., 237*, 23-27.

EC, 1996. Council Directive 96/25/EEC on the circulation of feed materials, amending Directives 70/524/EEC, 74/63/EEC, 82/47/EEC and 93/74/EEC and repealing Directive 77/101/EEC. *Official Journal L., 125*, 35-58.

EC, 2003. Commission Regulation (EC) no. 1831/2003 of the European Parliament and of the Council on additives for use in animal nutrition. *Official Journal L., 268*, 29-43.

EC, 2004. Commission Decision of 1 March 2004 adopting a list of materials whose circulation or use for animal nutrition purposes is prohibited. *Official Journal L., 67*, 31-33.

EC, 2008a. Commission Directive 2008/38/EC establishing a list of intented uses of animal feedingstuffs for particular nutritional purposes. *Official Journal L., 62*, 9-22.

EC, 2008b. Community Register of Feed additives pursuant to regulation (EC) n° 183/2003. Appendixes 3 & 4. Annex : List of additives. Revision 27. <http://ec.europa.eu/food/food/animalnutrition/feedadditives/comm_register_feed_additives_1831-03.pdf> (consulté le 17 octobre 2011).

Garnier G., Bezanger-Beauquesne L., Debreaux G., 1961. *Ressources médicinales de la flore française*, Vigot Frères, Paris, 2 volumes.

IFHA, undated. International agreement on breeding racing and wagering and appendixes. <http://www.horseracinginfted.com>.

Inra, 1987. *Les fourrages secs : Récolte – Traitement – Utilisation*, (Demarquilly C., ed.), Inra Éditions, 689 p.

Inra, 1988. *Alimentation des bovins, ovins et caprins* (Jarrige R., ed.) Inra Éditions, 471 p.

Inra – AFZ, 2004. *Tables de composition et de valeur nutritive des matières premières destinées aux animaux d'élevage*, (Sauvant D., Perez J.M., Tran G., eds.). Inra Éditions, 301 p.

ITCF, 1984. *Les stades de développement des graminées fourragères*, ARVALIS, Paris, 4 p.

ITEB, 1984. *Le point sur la paille, un aliment pour les ruminants*, Éditions de l'Institut de l'élevage.

Jean-Blain C., Grisvard M., 1973. *Plantes vénéneuses*. La Maison rustique, Paris, 139 p.

Julliand V., De Fombelle A., Varloud M. 2006. Starch digestion in horses: The impact of feed processing. *Livest. Sci., 100*, 44-52.

Martin-Rosset W., Vermorel M., Doreau M., Tisserand J.L., Andrieu J., 1994. The french horse feed evaluation systems and recommended allowances for energy and protein. *Livest. Prod. Sci.,* 40, 37-56.

Mercier C., 1970. Les divers procédés et leur action au niveau de l'amidon du grain. *Ind. Alim. Anim.,* 211, 27-36.

Meschy F., 2010. *Nutrition minérale des ruminants,* Collection Savoir Faire, Éditions Quae, 208 p.

Micol D., Martin-Rosset W., Trillaud-Geyl C., 1997. Systèmes d'élevage et d'alimentation à bases de fourrages pour les chevaux. *Inra Prod. Anim.,* 10, 363-374.

Murray S.M., Flickinger E.A., Patil A.R., Merchen M.R., Brent J.L., Fahey G.C., 2001. In vitro fermentation characteristics of native and processed ceral grains and potaoe starch using ileal chime from dogs. *J. Anim. Sci.,* 79, 435-444.

Périgaud S., Coppenet M., 1975. Diagnostics géochimiques interférences avec la culture fourragère et son intensification. *In : Les acquisitions récentes sur les carences en oligo-éléments du sol aux ruminants.* Bull. Tech. CRZV Theix, Inra, n° spécial, 49-66.

Pion R., 1981. *Les protéines des graines et des tourteaux. In prévision de la valeur nutritive des aliments des ruminants.* Inra Éditions, 259-263.

Poppenga R.H., 2001. Risks associated with the use of herbs and other dietary supplements. *Vet. Clin. North Am. Equine Pract.,* 17, 455-477.

Respondek F., Lallemand A., Julliand V., Bonnaire Y., 2006. Urinary excretion of dietary contaminants in horses. *Equine Vet. J.,* Suppl. 36, 664-667.

Thivend P., 1981.Les constituants glucidiques des aliments concentrés et des sous produits. *In : Prévision de la valeur nutritive des aliments des ruminants.* Inra Éditions, 219-235.

Trillaud-Geyl C., 1995. Utilisation des sous produits dans l'alimentation du cheval. *In : 21ᵉ Journée de la recherche équine,* IFCE, Paris, 1ᵉʳ Mars, 20-29.

Trillaud-Geyl C., Martin-Rosset W., 2007. Alimentation du cheval en croissance avec des fourrages ensilés. *In : 33ᵉ Journée de la recherche équine,* IFCE, Paris, 8 Mars, 199-212.

Trunk W., 2008. Revision of the EU-legislation on the marketing and use of feed with particular focus on nutrition of horses. *In : 4th European Worshop Equine Nutrition,* EAAP, n° 125, Wageningen Academic Publishers, 415-416.

10

Pâturage

Le cheval est un herbivore. L'herbe pâturée constitue l'essentiel de son alimentation pendant 6 à 10 mois de l'année selon le type d'animaux (jument, jeune cheval), la race exploitée (course, sport, loisirs ou trait) et les conditions de milieu. L'herbe peut couvrir 40 à 90 p. 100 des besoins nutritionnels annuels totaux selon le type et la race des chevaux.

Les prairies permanentes couvrent 35 p. 100 de la surface agricole utile en France (Agreste France, Mémento 2009, les surfaces toujours en herbe couvrent 9,96 millions d'hectares sur les 28 millions de la surface agricole utile). On les trouve aussi bien en zones de plaines, de collines ou de montagnes, en régions humides ou sèches. À l'exception des prairies les plus intensives réservées aux animaux à fort besoin (*i.e.* vaches laitières), les chevaux exploitent seuls, ou le plus souvent en association ou en alternance avec des ruminants, les prairies permanentes entretenues ou les parcours selon les systèmes d'exploitation. Les chevaux sont aussi impliqués dans la préservation des zones naturelles sensibles.

Ce chapitre présente le fonctionnement de l'écosystème prairial soumis au pâturage, l'utilisation de l'herbe par le cheval, les systèmes d'alimentation incluant l'herbe pâturée, le parasitisme lié à l'ingestion d'herbe. Il propose enfin des recommandations de gestion du pâturage.

Fonctionnement de l'écosystème prairial pâturé

Pascal Carrère

En milieu tempéré, la pérennité des communautés végétales herbacées (prairies) est liée aux défoliations répétées, par fauche ou par pâturage, qui maintiennent le milieu ouvert et empêchent la colonisation par des espèces arbustives. La durabilité des prairies est donc indissociable des activités d'élevage. Ces écosystèmes représentent un réservoir de diversité végétale et animale, et rendent de nombreux services environnementaux tels que la lutte contre l'érosion ou le stockage de carbone dans le sol. Dans un contexte global incertain, des questionnements émergent sur la capacité des prairies à s'adapter aux aléas (climat, ravageurs) ou sur leur contribution au bilan de gaz à effet de serre. À l'échelle de l'exploitation, les interrogations portent sur la sécurisation des systèmes fourragers et sur les complémentarités entre types de prairies (temporaires *versus* permanentes ; peu *versus* très diverses).

Dans ce contexte et afin d'utiliser au mieux les potentialités de ces écosystèmes, il est nécessaire d'avoir une meilleure compréhension de l'activité des principaux agents biologiques (plantes, herbivores, micro-organismes du sol) qui pilotent la dynamique de l'écosystème prairial. Ce paragraphe se focalise sur les relations entre la gestion et la dynamique de végétation, en faisant ressortir le rôle de l'animal, et plus particulièrement celui des équins, dans le fonctionnement de la prairie.

L'écosystème prairial, sa gestion et sa dynamique

L'écosystème prairial pâturé est un système biologique complexe qui fait interagir l'atmosphère, le sol (y compris la microfaune des décomposeurs), la biomasse végétale et les herbivores. Des échanges d'énergie et de matière s'effectuent entre ces différents compartiments et s'analysent à travers les cycles biogéochimiques (eau, carbone, azote, phosphore, etc.). En fixant le CO_2 atmosphérique et en absorbant les nutriments en solution dans le sol, les végétaux assurent la production primaire (PP) de la prairie, dont 40 à 50 p. 100 contribuent à la croissance du compartiment racinaire. Les herbivores consomment une partie de la biomasse aérienne et expirent environ 70 p. 100 du carbone ainsi ingéré, afin d'acquérir l'énergie nécessaire à leur métabolisme. Ils restituent la différence au sol sous forme de pissats et de fèces. Ces déjections contiennent également 20 à 25 p. 100 de l'azote ingéré. Ainsi, le sol reçoit des déjections animales riches en nutriments, sous des formes assez facilement minéralisables. En ce sens, l'animal est un accélérateur du cycle des nutriments, et de l'azote en particulier. Les matériaux végétaux épigés (*i.e.* feuilles) non consommés, de même que les matériaux hypogés (*i.e.* racines) vieillissant, entrent en sénescence et forment la litière. Une partie du carbone, de l'azote et du phosphore apportés s'accumule dans le sol, tandis que l'autre partie est utilisée par les décomposeurs en produisant du gaz carbonique et des nutriments assimilables par les végétaux, bouclant ainsi le cycle.

La variété des facteurs pédoclimatiques (milieux), mais également la diversité des pratiques de gestion, ont produit des systèmes prairiaux contrastés, qui diffèrent par leur capacité de production et leur composition botanique. Ces différences résultent des effets cumulés des pratiques sur les états et les performances du complexe sol-végétation. Dans un contexte pédoclimatique donné, deux facteurs apparaissent comme déterminants : la disponibilité des éléments minéraux, et l'importance des perturbations (figure 10.1). Ils déterminent la composition botanique (liste des espèces et de leur proportion relative) de la communauté mais également son état et ses performances (production de biomasse, qualité des fourrages, souplesse d'exploitation). L'Inra a montré que des relations fortes existent entre la gestion, les performances agronomiques et la composition botanique de la prairie. Si une exploitation extensive (*e.g.* peu ou pas de fertilisation, fauches tardives, chargement animal faible) permet de maintenir une richesse floristique élevée (40 à 70 espèces par parcelle), des pratiques plus intensives se traduisent par un appauvrissement et une banalisation de la flore.

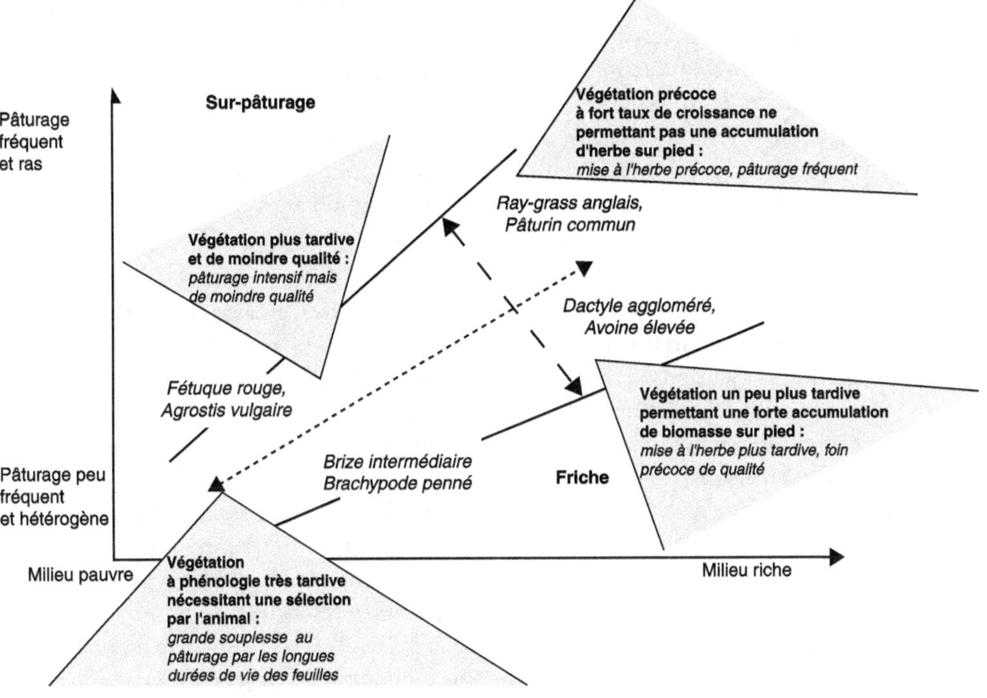

Figure 10.1. Stratégie d'espèces et modalité d'exploitation des prairies (adapté de Cruz *et al.*, 2002).

Les communautés végétales prairiales s'organisent en fonction de la disponibilité en nutriments (richesse du milieu) et de l'intensité des perturbations (intensité d'exploitation). Les lignes continues figurent les limites acceptables pour la durabilité des couverts. La flèche en tirets (---) donne le sens des évolutions pilotées majoritairement par l'intensité d'exploitation, la flèche en pointillé (...) celles pilotées majoritairement par des modifications de disponibilité en nutriments. Les noms d'espèces sont donnés à titre d'exemple.

Comprendre les mécanismes pour prédire les dynamiques et les performances

Dans des prairies permanentes du Massif central, des niveaux de production très variables ont été mesurés selon les espèces dominantes de la communauté végétale. Dans les communautés dominées par l'agrostide commune (*Agrostis tenuis*), la fétuque rouge (*Festuca rubra*) et le trèfle blanc (*Trifolium repens*), la production annuelle est de l'ordre de 3,0 à 4,5 t matière sèche (MS)/ha. Elle varie entre 4,5 et

6,5 t MS/ha dans les prairies à base de fléole des prés (*Phleum pratense*), pâturin des prés (*Poa pratensis*), avoine jaunâtre (*Trisetum flavescens*) et trèfle blanc (*Trifolium repens*) et elle est comprise entre 6,5 et 9,0 t MS/ha dans les communautés composées de dactyle aggloméré (*Dactylis glomerata*), ray-grass (*Lolium perenne*) et pâturin commun (*Poa trivialis*). L'essentiel de la production de ces prairies (70 à 80 p. 100) s'effectue sur le premier cycle de repousse, alors que les facteurs pédoclimatiques (température, précipitations, photopériode, minéralisation de l'azote) sont favorables à la croissance. Lorsqu'un ou plusieurs de ces facteurs deviennent limitants, la production s'en trouve réduite et la structure de la communauté végétale se modifie. Les différences de croissance entre espèces se manifestent lors de ces épisodes de stress mettant en évidence la diversité des stratégies de capture des ressources des plantes. Cela souligne la pertinence d'avoir des références pour les espèces dominantes afin d'identifier les leviers du fonctionnement des communautés.

Ces références existent pour des espèces classiquement utilisées dans des prairies temporaires, par exemple, la production de ray-grass (*Lolium perenne*) (Perma) varie de 2,5 à 13,0 t de MS/ha/an suivant les apports d'azote. Cependant, pour la majorité des espèces prairiales, peu de choses sont connues quant à l'effet des facteurs de gestion sur leur production et sur leur valeur alimentaire. La productivité et la valeur nutritive de 13 espèces de graminées natives issues de prairies permanentes ont été comparées à l'Inra. Il a été montré que plusieurs graminées natives, comme la houlque laineuse (*Holcus lanatus*), l'avoine élevée (*Arrhenatherum elatius*), la fléole des prés (*Phleum pratense*), présentent une production annuelle moyenne d'énergie ou de protéines supérieure au cultivar de ray-grass utilisé comme contrôle. Ces travaux montrent également que la production annuelle d'énergie digestible et de protéines est fortement corrélée à quelques caractères morphologiques (appelés « traits » en écologie) foliaires tels que la taille des feuilles, la teneur en matière sèche ou en azote des limbes matures. L'approche fonctionnelle, qui consiste à regrouper les espèces en fonction de leurs traits de vie, de morphologie, de phénologie et de composition, permet d'identifier des groupes d'espèces qui présentent les mêmes types de réponses aux facteurs de gestion (défoliation) et au niveau des ressources (disponibilité en minéraux, eau et lumière).

Le concept de groupe fonctionnel de réponse est en ce sens efficace pour rendre compte de la dynamique de la composition botanique des prairies. Une classification fonctionnelle des principales graminées prairiales a été proposée. Elle considère six types principaux sur la base de la précocité et de la vitesse de croissance de ces espèces (tableau 10.1).

Ce cadre d'analyse, basé sur le fonctionnement des espèces, permet de comprendre pourquoi une augmentation de la disponibilité en éléments nutritifs tend à accroître la productivité du couvert et augmente la compétition pour la lumière, favorisant en cela les espèces capables d'investir dans les structures verticales en fabriquant un petit nombre d'unités fonctionnelles de grande taille. Tout changement rapide du régime de perturbations se traduit par une compétition entre les groupes fonctionnels susceptible d'entraîner une diminution de la diversité.

Tableau 10.1. Description des types de valeur d'usage des graminées, de leur aptitude à la gestion et des espèces types associées (d'après Cruz *et al.*, 2010).

Type	Description	Aptitude	Espèces type
A	Espèces de milieux fertiles plutôt de petite taille, phénologie très précoce et avec une durée de vie courte des feuilles	Pâturage précoce et fréquent	*Lolium perenne* (Ray-grass anglais), *Alopecurus pratensis* (Vulpin des près), *Holcus lanatus* (Houlque laineuse)
B	Espèces de milieux fertiles, d'assez grande taille, présentant une phénologie moyennement précoce et une durée de vie des feuilles plus longue que le type A	Fauche assez précoce de qualité. Leur capacité à accumuler de la biomasse sur pied (durée de vie des feuilles) leur procure une souplesse d'exploitation en fauche tardive lorsque c'est la quantité qui est privilégiée	*Dactylis glomerata* (dactyle aggloméré), *Festuca arundinacea* (Fétuque élevée), *Arrhenantherum elatius* (Fromental ou avoine élevée)
b	Espèces préférant des milieux relativement fertiles mais se différenciant des deux groupes précédents par leur phénologie tardive	Espèces subordonnées de prés de fauche ou d'espèces permettant un pâturage plus estival	*Trisetum flavescens* (avoine jaunâtre ou trisette, prés de fauche), *Agrostis capillaris* (Agrostide vulgaire, pacages de fertilité moyenne à bonne), *Phleum pratense* (Phléole des prés)
C	Espèces de petite taille typiques de pacages maigres. Ces espèces présentent une assez bonne valeur fourragère au stade végétatif. Leur phénologie est assez précoce	Peu adaptées aux pratiques de fauche tant pour leurs caractéristiques de faible production que par les surfaces qu'elles occupent (souvent des pentes)	*Festuca rubra* (Fétuque rouge), *Cynosurus cristatus* (Crételle), *Briza media* (Brise intermédiaire ou Amourette)
D	Espèces de taille moyenne à grande, très tardives et avec une longue durée de vie de feuilles. Présentes dans des sols peu riches	Typiques des estives ou parcours peu fertiles et peu utilisés. Espèces avec une faible valeur fourragère	*Brachypodium pinnatum* (Brachypode penné), *Helictotrichon sulcatum* (avoine sillonnée) ; *Deschampsia cespitosa* (Canche coespiteuse), *Molinie caeroulea* (Molinie bleue)

Les espèces adaptées à la sous-exploitation présentent des traits convergents (par exemple, des feuilles peu digestibles, à faible teneur en eau et faible surface par unité de matière sèche). Ces espèces qui tendent à conserver les nutriments acquis forment des litières qui se décomposent lentement dans le sol. Cette approche fonctionnelle est essentielle pour comprendre d'une part comment la diversité de la végétation affecte les cycles C-N, donc la durabilité de la fertilité ou la dynamique du stockage du carbone dans le sol, et d'autre part le rôle des interactions entre l'herbe et l'animal sur la dynamique du système. Au pâturage, des groupes d'espèces avec un fonctionnement contrasté mais coexistant ont été identifiés au sein d'une même parcelle. Un premier groupe correspond à des espèces compétitrices tolérantes au pâturage, un second à des espèces conservatives de petite taille capables d'éviter le pâturage, et un troisième à des espèces conservatrices de grande taille. Les deux premiers groupes coexistent dans les zones bien pâturées, le troisième étant caractéristique des zones non défoliées. Cela montre que l'hétérogénéité structurelle créée par le pâturage résulte en une grande diversité d'espèces au fonctionnement complémentaire et qui, à l'échelle de la communauté végétale, peuvent être les garantes de la stabilité ou de la résistance du couvert (et remplir les fonctions attendues).

Les cycles du carbone et de l'azote, un moteur de la dynamique du système

Les cycles des nutriments dans l'écosystème sont intimement liés à sa gestion. Le chargement animal, qui détermine le taux de consommation de la production primaire par les herbivores, contrôle la proportion des retours riches en éléments minéraux (déjections) par rapport aux retours pauvres (organes végétaux sénescents). Les pratiques de fertilisation, en modifiant la disponibilité en nutriments, augmentent la production primaire et stimulent la minéralisation des matières organiques du sol (MOS). Ainsi, les pratiques de gestion conditionnent le bilan des éléments, notamment le stockage ou la minéralisation nette du carbone et de l'azote. De plus, en prairies permanentes, l'absence de travail du sol favorise le stockage des MOS.

La composition floristique variée de la prairie permanente permet une certaine économie d'azote à l'échelle du système d'exploitation. En effet, les légumineuses prairiales sont presque toujours présentes et représentent la principale source d'azote de la prairie car l'entrée se fait *via* la fixation symbiotique de l'azote atmosphérique dans les nodosités. En absence de stress hydrique, une prairie contenant de 15 à 20 p. 100 de taux pondéral de trèfle blanc, peut soutenir une exportation de l'ordre de 200 kg d'azote par hectare et par an. De plus, avec des teneurs en azote élevées et plus stables dans le temps que celles des graminées, les légumineuses représentent un fourrage de haute valeur alimentaire (voir chapitres 12 et 16). Le niveau de fertilité azoté du sol et son potentiel de fourniture en phosphore influencent le développement des légumineuses. La bonne capacité de recyclage des éléments N et P est un des moteurs de la présence des légumineuses. De même, le pâturage a un effet sur la dynamique des légumineuses dans les couverts. Il intervient principalement sur les flux d'azote *via* les déjections animales, ainsi que sur les rapports de compétition entre espèces végétales du fait des choix alimentaires de l'animal. Au pâturage, il conviendra de respecter le démarrage de croissance plus tardif des légumineuses, qui sont de ce fait fragilisées par des exploitations précoces. Les complémentarités entre espèces, dans des couverts diversifiés, sont un facteur de régulation des cycles C et N en prairies. Les légumineuses assurent une entrée d'azote qui est transférée aux espèces assimilatrices *via* la minéralisation. Parmi les espèces assimilatrices, les espèces compétitives (*e.g.* ray-grass) valorisent de fortes disponibilités en azote, tandis que des espèces conservatives (*e.g.* fétuques fines) sont capables d'extraire l'azote sous de faibles concentrations. Ces différentes stratégies se complètent pour assurer la conservation et la valorisation des nutriments dans l'écosystème. De plus, la disponibilité en azote minéral dans l'écosystème détermine le sens de la compétition entre ces groupes et régule la composition botanique de la prairie.

Le comportement dual des équins exacerbe les hétérogénéités existantes : épuisement en P et K des zones rases, enrichissement local des zones refusées. Les excès de coupe et de piétinement sur les surfaces rasées présentent des aspects positifs, en particulier dans des milieux initialement engorgés par des excès de matières organiques. Il a été montré que des sols prélevés sous des surfaces rasées par les chevaux bénéficient d'un désengorgement de la chaîne catabolique des MOS et sont améliorés du point de vue de leur potentiel de minéralisation de l'azote. Cependant, la végétation ne serait pas à même d'exprimer ce potentiel de croissance du fait du très faible indice foliaire maintenu par le pâturage ras et de la faible disponibilité potassique dans ces zones. Ces résultats ont récemment été validés et complétés en zones humides (marais poitevin).

Rôle de l'animal dans le fonctionnement de la prairie

Le pâturage est une exploitation directe et économiquement performante, mais souvent hétérogène, de la production primaire. La sélection de la ressource par l'animal, la distribution non homogène de ses déjections et son piétinement modifient sans cesse la structure spatiale de la prairie. Il en résulte une large gamme d'habitats qui facilite la coexistence d'espèces adaptées à des niches écologiques différentes et favorise la diversité végétale. Au cours de la saison de pâturage, l'hétérogénéité du couvert va se structurer. Lorsque la pression de pâturage est faible, les animaux focalisent leur activité de pâturage sur une partie de la surface. Une macro hétérogénéité, caractérisée par la coexistence de zones bien pâturées (faible quantité, forte qualité) et de zones partiellement ou totalement rejetées (forte quantité, faible qualité), apparaît. Les choix de l'animal dépendent de l'hétérogénéité perçue du couvert et tendent à la renforcer par des prélèvements différentiels et localisés des tissus de meilleure qualité. L'organisation spatiale de ces zones peut être influencée par la localisation de points d'attraction, tels que le point d'eau ou la zone de couchage. La stabilité de ces structures est notamment fonction de l'échelle d'étude (locale *vs* plus large), du niveau d'intensité du pâturage et de la composition botanique locale. Les équins ont la capacité d'exploiter des couverts de qualité moyenne à faible (voir paragraphe « Utilisation des ressources pâturées par le cheval » p. 376). Ils exercent des pressions de pâturage localement très fortes. Leur spécificité de séparer assez fortement leurs activités d'ingestion et de restitution entraîne des conséquences très importantes sur la structuration de la végétation à l'échelle parcellaire et sur son fonctionnement à l'échelle locale.

Le comportement de l'animal au pâturage (voir paragraphe « Utilisation des ressources pâturées par le cheval » p. 376) détermine l'intensité et la fréquence de la défoliation locale et conditionne donc en partie son potentiel de repousse. Lorsque les animaux reviennent pâturer des zones précédemment défoliées, ils maintiennent le couvert végétal à un stade jeune et digestible, ce qui induit une réduction du matériel sénescent et une augmentation de l'azote disponible dans le sol. Cette rétro-action positive entre pâturage et qualité du fourrage encourage l'utilisation répétée de zones précédemment défoliées. La baisse de production primaire consécutive à une défoliation est très souvent plus faible que celle attendue car la végétation développe des mécanismes adaptatifs de compensation en réponse à la défoliation. Ce mécanisme de « croissance compensatrice » est d'ordre environnemental (réduction de l'auto-ombrage), physiologique (augmentation de l'efficience photosynthétique, réallocation de la croissance vers les parties aériennes) ou morphogénétique (activation des bourgeons axillaires, tallage et développement clonal). Il augmente avec l'intensité de défoliation et un temps de repos long après la défoliation la favorise. Il a été montré que les ovins pâturent les zones préférées avec une fréquence faible mais une intensité forte, plutôt que l'inverse.

À l'échelle locale, le pâturage affecte la diversité en réduisant la compétition entre les plantes, mais également à travers la défoliation sélective, qui crée une compétition asymétrique pour les espèces préférées. À l'échelle de la parcelle, ces modifications de diversité peuvent résulter de différents mécanismes n'intervenant pas de façon régulière : utilisation de l'espace par les animaux, distribution des restitutions, dispersion des semences contenues dans les fèces. Si on considère le cas spécifique du pâturage équin, il faut considérer les conséquences sur la végétation à deux échelles : la parcelle et le niveau local. À l'échelle de la parcelle, le comportement du cheval conduit à une macro-hétérogénéité marquée, structurée en zones d'alimentation rases et zones de refus caractéristiques. Il produit également un transfert de fertilité, avec épuisement local des zones pâturées et un enrichissement des zones de latrine. Ainsi, pour un couvert végétal donné, le comportement dual du cheval dans l'exploitation de la parcelle va conduire à des dynamiques de végétation contrastées entre les zones rases et les zones refusées, basées sur l'évolution des stratégies d'espèces (figure 10.2). À l'échelle locale, les zones surpâturées seront composées d'une végétation rase avec peu de biomasse sur pied, une faible production primaire mais une bonne qualité (feuilles jeunes). Dans ces zones, la végétation reconstituera peu ses réserves. Le système racinaire sera chétif et souvent affaibli à cause de la faible quantité d'assimilats qui lui sera allouée, l'essentiel étant réalloué à la reconstitution de l'appareil foliaire (repousse). Ces conditions sélectionneront des espèces de petite taille, à port prostré (espèces stolonifères) ou à rosette, avantagées par leur stratégie d'évitement du pâturage. Dans les zones refusées, la forte accumulation de biomasse s'accompagne d'une baisse de sa qualité (augmentation de la proportion des tissus de soutien riches en composés pariétaux). On enregistre un enrichissement local en éléments nutritifs qui stimule la production primaire, d'où une forte compétition pour la lumière. Dans ces zones, on sélectionne des espèces de grande taille très compétitrices ou eutrophes. Ces dernières présentent une stratégie rudérale, c'est-à-dire opportuniste, leur permettant de se développer très rapidement dans des zones enrichies en éléments minéraux et de maintenir leur domination par une occupation de l'espace importante (grandes rosettes, feuilles larges et étalées) et un recrutement important de nouveaux individus (production d'une multitude de semences à même de germer dès que les conditions sont propices). Cela conduit à l'hypothèse que l'hétérogénéité structurelle créée par le pâturage peut modifier les fonctionnements des communautés et induire des divergences persistantes dans la diversité des parcelles.

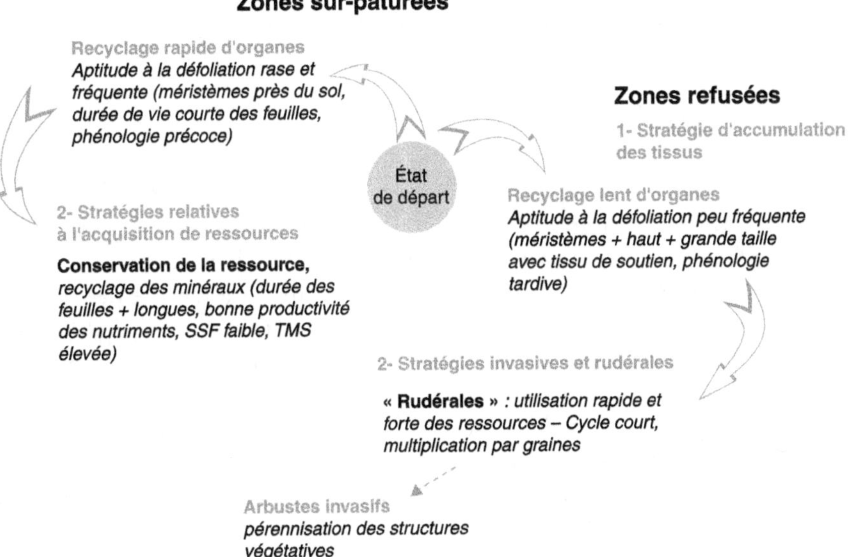

Figure 10.2. Trajectoires des dynamiques et évolution des stratégies des espèces végétales dans les zones rases et refusées, résultant d'un pâturage équin (d'après Carrère, 2007).

SSF : surface spécifique des feuilles (rapport de la surface sur la masse des feuilles) ;
TMS : teneur en matière sèche (rapport du poids sec sur le poids frais des feuilles).

Conclusions

Raisonner le pâturage consiste à gérer les états et performances de la végétation, pour qu'ils soient en adéquation avec les objectifs d'exploitation. Pour cela, le gestionnaire dispose de leviers d'action, parmi lesquels on peut citer les dates de mise à l'herbe, le type et la durée du pâturage, le niveau de chargement, la mixité du type d'animal pâturant, l'alternance fauche-pâture d'une année sur l'autre, la fauche des refus ou la fertilisation raisonnée. L'efficacité de ces outils et leur aptitude à modifier les performances des prairies dépend des modalités de leur mise en œuvre et de l'état du système auquel ils sont appliqués. Toute intervention à l'aide de l'un de ces facteurs représente pour le système une perturbation qui se traduira soit par un retour vers l'état initial, soit par un changement d'état et de performance. La connaissance précise de la réponse du système à ces leviers est indispensable pour les utiliser pleinement.

Par ailleurs, le pâturage équin présente un intérêt comme outil de gestion de nombreux milieux semi-naturels, en particulier car son caractère hétérogénéisant favorise la diversification des habitats, élément favorable au maintien d'espèces et de communautés d'intérêt patrimonial dans des milieux sensibles. Dans les milieux sous exploités, les équins peuvent être des vecteurs de remise en route des cycles biologiques engorgés par l'accumulation de litières de faible qualité. Il faudra cependant veiller, et ce d'autant plus que le milieu présente une bonne fertilité, à ce que la gestion ne pousse pas à une divergence trop forte entre zones pâturés et zones refusées, dualité qui pourrait conduire à un épuisement des zones rases et à une eutrophisation des zones refusées.

Utilisation des ressources pâturées par le cheval

Géraldine Fleurance, Nadège Edouard, Patrick Duncan, René Baumont, Bertrand Dumont

Le processus de pâturage découle d'une série de décisions prises par les herbivores à différentes échelles spatio-temporelles qui vont de la sélection des bouchées jusqu'au choix des sites d'alimentation au cours de la journée de pâturage. Ces décisions répondent à des contraintes relatives au couvert végétal (*e.g.* hauteur d'herbe, valeur nutritive) et aux caractéristiques des animaux (*e.g.* morphologiques, physiologiques, cognitives, sociales). De ces décisions découlent les quantités d'herbe ingérées et la répartition du prélèvement des animaux qui déterminent leurs performances zootechniques et leur impact sur le couvert. Identifier et hiérarchiser les facteurs agissant sur l'ingestion journalière et la sélectivité des herbivores est ainsi un préalable indispensable pour disposer de leviers d'action permettant de conduire les animaux au plus près des objectifs des éleveurs.

Ingestion d'herbe et facteurs de variation

La quantité de nutriments obtenue par un herbivore est fonction de la quantité de matière sèche ingérée et de la digestibilité de cette ration. L'ingestion journalière est susceptible de varier dans de plus larges proportions que la digestibilité de l'herbe, et peut être décomposée analytiquement comme le produit de la vitesse d'ingestion et de la durée d'alimentation journalière.

Vitesse d'ingestion et durée d'alimentation journalière

La vitesse d'ingestion (VI, g/min) correspond au produit de la taille des bouchées réalisées par les herbivores par leur fréquence. Lorsque la disponibilité de l'herbe s'amenuise, la masse des bouchées prélevées par les animaux diminue également. Néanmoins, grâce à leur double rangée d'incisives, les chevaux sont moins contraints par les faibles hauteurs d'herbe que les ruminants de même format (*e.g.* bovins). Lorsque la masse des bouchées diminue, la fréquence de préhension augmente mais cette augmentation ne permet pas de maintenir la VI indéfiniment. Chez la majorité des herbivores, la courbe qui décrit la relation entre la VI et la quantité de ressource disponible (appelée réponse fonctionnelle) est de forme asymptotique. Ce résultat a récemment été mis en évidence chez des chevaux de différents formats (poneys 250 kg, chevaux de selle 600 kg, chevaux de trait 950 kg) mis à jeun quelques heures avant les tests (figure 10.3) et pâturant des couverts issus d'une prairie temporaire (biomasse de 82 à 513 g MS/m², hauteur de 3 à 63 cm, teneur en parois de 53 à 68 % NDF/MS). Comme chez les ruminants, le temps nécessaire à la préhension et à la mastication des bouchées a augmenté linéairement avec la quantité prélevée à chaque bouchée, et ceci pour les trois types d'équins. La prise en compte de la teneur en fibres du couvert dans le modèle n'a pas modifié la prévision du temps de manipulation de la bouchée. Ainsi, les chevaux ont semblé relativement tolérants vis-à-vis de la fibrosité de l'herbe dans la gamme testée. Chez les ruminants pâturant des couverts épiés, les tiges peuvent agir comme des barrières à la formation des bouchées, impliquant une diminution de leur masse ainsi qu'un temps de manipulation accru susceptibles de faire chuter la VI.

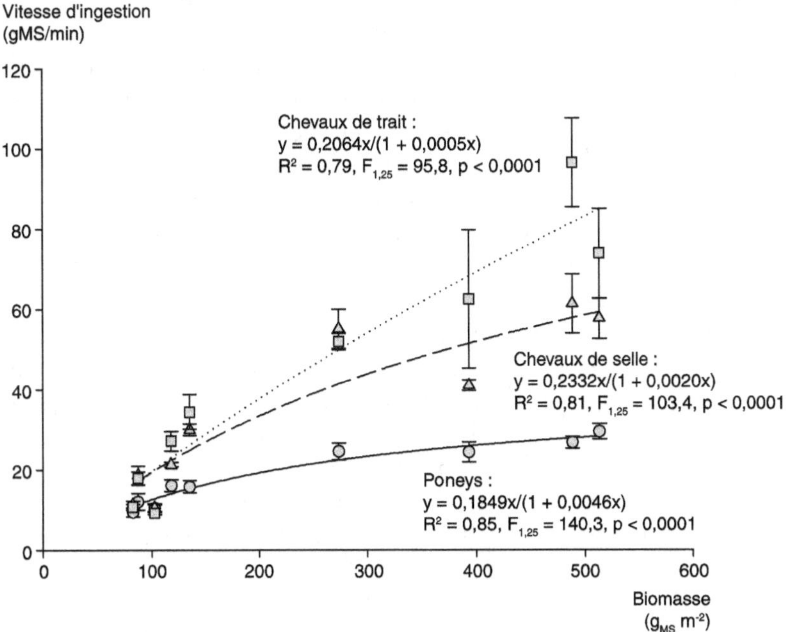

Figure 10.3. Relation entre biomasse végétale et vitesse d'ingestion (± erreur standard) chez des poneys (cercles), des chevaux de selle (triangles) et des chevaux de trait (carrés) (d'après Fleurance *et al.*, 2009).

Chez les chevaux, la durée d'alimentation journalière est longue (en moyenne 15 h/j *vs* 8 h/j chez les ruminants). Elle s'organise en repas (généralement 3 à 5 par jour), durant lesquels l'ensemble du troupeau pâture pendant plusieurs heures. Deux repas principaux au lever du jour et à la tombée de la nuit ont été mis en évidence chez les équins tout comme chez les ruminants. L'alimentation nocturne du cheval peut représenter entre 20 et 50 p. 100 du temps de pâturage total. Elle est permise par un transit digestif rapide lié à l'absence de rumen et donc de contraintes liées à la fragmentation des particules alimentaires. Les travaux réalisés par l'Inra, l'IFCE et le CNRS ont montré que face à une diminution de la disponibilité en herbe, les chevaux ont la capacité d'augmenter leur temps de pâturage journalier dans une certaine mesure afin de compenser la diminution de leur vitesse d'ingestion. Ainsi, des poulains en croissance pâturant, dans un système de conduite en rotation, une herbe rase de 3,5 cm ont augmenté leur temps de pâturage journalier jusqu'à 19 h. Ce mécanisme a permis aux animaux de maintenir leur ingestion journalière de matière sèche mais a induit des coûts énergétiques qui se sont répercutés sur leur croissance.

Ingestion journalière

L'ingestion réalisée par les herbivores varie dans de larges proportions selon les situations de pâturage. Ses facteurs de variation sont bien documentés pour les ruminants. Les niveaux d'ingestion de bovins ont été estimés entre 14 et 32 g MS/kg PV/j et l'abondance des données disponibles a permis d'aboutir à des modèles de prévision des niveaux d'ingestion en relation avec la disponibilité de l'herbe et la conduite du pâturage. À l'inverse, peu de travaux ont mesuré l'ingestion journalière des chevaux au pâturage et ses facteurs de variation. De par leur physiologie digestive, les chevaux sont moins contraints que les ruminants par la nécessité de réduire la taille des particules alimentaires (voir chapitre 1) et sont de ce fait capables de consommer de plus grandes quantités de fourrages que les bovins, notamment de fourrages grossiers. Dans les prairies humides du marais poitevin, les quantités de matière sèche ingérées par des chevaux en croissance (29 g MS/kg PV/j) ont également été plus élevées que celles de jeunes bovins (19 g MS/kg PV/j). Les niveaux d'ingestion de matière sèche digestible mesurés dans cette étude ont également été supérieurs chez les chevaux (16 g MS digestible/kg PV/j contre 11 g MS digestible/kg PV/j chez les bovins). Ces résultats confirment les mesures réalisées à l'auge par Duncan *et al.* (1990) sur une large gamme de qualité de fourrages (40 à 70 % NDF/MS) distribués *ad libitum* qui ont permis de conclure que l'ingestion de matière sèche digestible était supérieure de 40 p. 100 chez les chevaux. La comparaison du niveau de satisfaction des besoins entre équins et ruminants n'a à ce jour été effectuée que pour des animaux nourris à l'auge. Dans ce cas, des juments de trait ont conservé un bilan énergétique positif quel que soit leur statut physiologique, même sur des fourrages de qualité médiocre (stades épiaison ou floraison) alors que des vaches et des brebis n'ont pas pu couvrir leurs besoins de gestation ou de lactation sur ces mêmes fourrages (figure 10.4) (voir chapitre 1).

Les résultats disponibles concernant les niveaux d'ingestion volontaire des chevaux au pâturage sont limités (tableau 10.2).

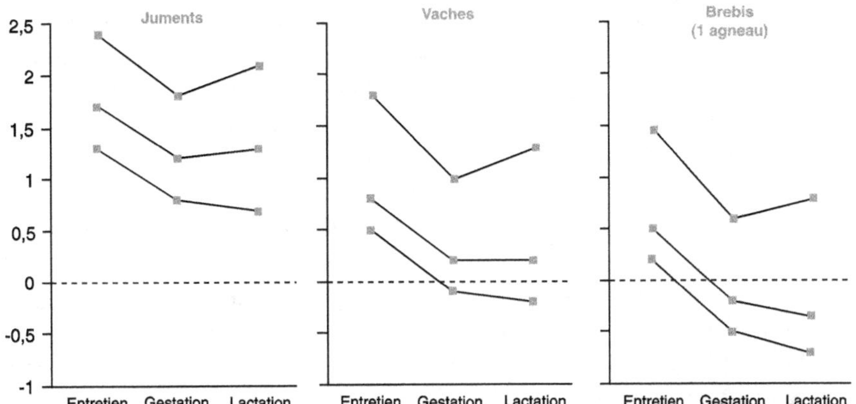

Figure 10.4. Bilan énergétique de juments, vaches et brebis selon le stade végétatif du fourrage (besoins exprimés en multiples du besoin d'entretien, herbe distribuée à l'auge) : prairie naturelle au stade pâturage (courbe du haut), prairie naturelle au stade épiaison (courbe intermédiaire), prairie naturelle au stade floraison (courbe du bas) (d'après Thériez *et al.*, 1994).

Tableau 10.2. Quantités de matière sèche ingérées par des chevaux au pâturage (d'après Edouard *et al.*, 2009, pour une synthèse).

	Poids vif (kg)	Ingestion (g MS /kg PV/j)	Pâturage	Prairies
Adultes à l'entretien				
trait	674	34	Continu	Naturelles humides (marais poitevin, France)
Przewalski	279	35	Continu	Naturelles et roselières (Autriche)
Juments en lactation				
selle	560	24	Continu	Temporaires (Nouvelle Zélande)
Camargue	372	38	Continu	Naturelles humides (Camargue, France)
Poulains en croissance				
selle (1 an)	350	20	Tournant	Temporaires (Nouvelle Zélande)
selle (1 an)	266-355	12-16	Continu	Naturelles ± fertilisées (Australie)
selle (1-2 ans)	340-480	19-23	Tournant	Prairies temporaires (Corrèze et Normandie, France)
selle (2 ans)	477-514	21 24	Tournant	Prairies temporaires (Corrèze, France)
trait (2-3 ans)	719-742	19-33	Tournant	Naturelles humides (marais poitevin, France)
trait (2-7 ans)	410-850	26-32	Continu	Naturelles humides (marais poitevin, France)

À l'entretien, des juments de trait exploitant des prairies humides du marais poitevin et des chevaux Przewalski pâturant des prairies naturelles et roselières ont des niveaux d'ingestion respectivement de 34 et 35 g MS/kg PV/j. Ces valeurs sont très supérieures à celles observées à l'auge pour des hongres à l'entretien consommant à l'écurie des fourrages verts ou secs de prairie naturelle offerts à volonté (19 à 23 g MS/kg PV/j). En lactation, les quantités ingérées par des juments Camargue pâturant des prairies naturelles humides sont très élevées (38 g MS/kg PV/j) et supérieures à celles observées à l'auge (31 à 34 g MS/kg PV/j). Chez les poulains en croissance, les valeurs d'ingestion journalières rapportées au poids vif des animaux sont systématiquement plus élevées pour les animaux de trait que pour les animaux de selle. Comme à l'auge, les variations d'ingestion en fonction de l'âge des animaux sont faibles une fois rapportées au poids vif des animaux. Mais la description des variations de l'ingestion volontaire du cheval à l'herbe en fonction des caractéristiques des animaux (*e.g.* format, état physiologique) reste largement à préciser alors que celle-ci est relativement bien connue à l'auge (voir chapitres 1, 3, 5 et 7).

La connaissance des variations du niveau d'ingestion des animaux de même type avec la nature et les caractéristiques du couvert végétal reste incomplète. Des juments en lactation conduites en continu sur des prairies humides en Camargue ingèrent 38 g MS/kg PV/j contre 24 g MS/kg PV/j pour des juments au même stade de lactation pâturant en continu des prairies temporaires à base de ray-grass et de trèfle blanc en Nouvelle-Zélande. La variation est légèrement plus élevée que celle mesurée à l'auge chez des juments allaitantes alimentées à volonté avec des régimes à base de foin (88 à 95 p. 100) de qualité différente : 28 à 32 g MS/kg PV/j. En revanche, des travaux récents conduits par l'Inra, l'IFCE et le CNRS ont montré que les niveaux d'ingestion du cheval en croissance au pâturage restent relativement stables lorsque la hauteur et la biomasse du couvert végétal varient dans la gamme étudiée. Ainsi, une diminution de la biomasse végétale de 350 g MS/m² à 230 g MS/m², correspondant à une réduction de la hauteur du couvert de 9,4 à 6,6 cm, n'a pas affecté les niveaux d'ingestion des poulains (en moyenne 20 g MS/kg PV/j) et les croissances des animaux ont été comparables. Des jeunes chevaux ont également maintenu leur niveau d'ingestion constant (21 g MS/kg PV/j) sur des couverts végétatifs de bonne qualité (49 % NDF/MS et 18 % MAT/MS) entre 17 cm (200 g MS/m²) et 6 cm (71 g MS/m²) de hauteur et de biomasse, et ils ont réalisé des croissances similaires. Il semblerait qu'en situation comparable des ruminants de même format soient davantage limités par l'accessibilité du couvert en raison de leur moindre capacité à pâturer ras et longtemps. Lorsque nous avons ensuite laissé le couvert le plus haut devenir mature (80 cm, 830 g MS/m², 62 % NDF/MS et 7 % MAT/MS) et que les animaux pâturaient ces couverts de 7, 13 et 80 cm de hauteur en choix binaires, leur ingestion journalière est restée constante (24 g MS/kg PV/j, soit 13 g MS digestible/kg PV/j) en dépit du choix contrasté offert aux animaux.

Ainsi, même si des lois générales commencent à apparaître, la diversité des travaux réalisés révèle le manque d'études comparatives en conditions contrôlées qui permettraient de comprendre l'origine des variations d'ingestion observées et de préciser la capacité du cheval à couvrir ses besoins dans les différentes situations de pâturage.

Déterminants des choix alimentaires

Influence des caractéristiques du couvert prairial

Les chevaux, à l'inverse des ruminants, ne semblent pas posséder de mécanismes de détoxification des métabolites secondaires présents dans les dicotylédones et exploiteraient préférentiellement les graminées. Néanmoins, ils sont aussi capables d'élargir considérablement leur régime alimentaire, notamment en hiver en milieu naturel (*e.g.* Camargue) ou lorsque la pression de pâturage augmente. La palatabilité de quelques graminées a été précisée dans le cadre d'une étude utilisant des tests de choix. Les chevaux ont exprimé une préférence nette pour la fétuque rouge (*Festuca rubra*) et la fétuque élevée (*Festuca arundinacea*) alors que le ray-grass commun (*Lolium perenne*), le vulpin des prés (*Alopecurus pratensis*) et la fléole des prés (*Phleum pratense*) étaient moins appréciés. Une préférence pour le ray-grass hybride (*Lolium italicum* × *Lolium perenne*) a également été constatée. Un autre mécanisme important de défense des plantes vis-à-vis des herbivores est lié à la présence d'éléments non digestibles et de composantes structurales (parois végétales) qui diluent la fraction nutritive utile de la plante et réduisent sa digestibilité (voir chapitre 12). Au sein des prairies, les chevaux sont connus pour entretenir par le pâturage des zones d'herbes rases et pour éviter les zones d'herbes hautes où ils concentrent leurs déjections. Ce comportement a longtemps été expliqué par une stratégie antiparasitaire mais des travaux récents suggèrent que la sélection de zones rases de haute valeur nutritive par les chevaux pourrait davantage répondre à une stratégie de maximisation de l'ingestion de nutriments digestibles. Ainsi, alors qu'en situation de choix binaires entre des couverts végétatifs de bonne qualité, des chevaux de selle en croissance ont systématiquement sélectionné le couvert le plus haut, ils ont préféré un couvert ras de bonne qualité (13,5 % MAT/MS ; 55,5 % NDF/MS) à un couvert épié plus haut mais de plus faible valeur nutritive (7,0 % MAT/MS ; 62,0 % NDF/MS). Les animaux exploitent le couvert ras pendant 70 p. 100 de leur temps d'alimentation, et le flux d'ingestion de protéines digestibles apparait comme le principal déterminant de la sélection alimentaire des animaux (figure 10.5).

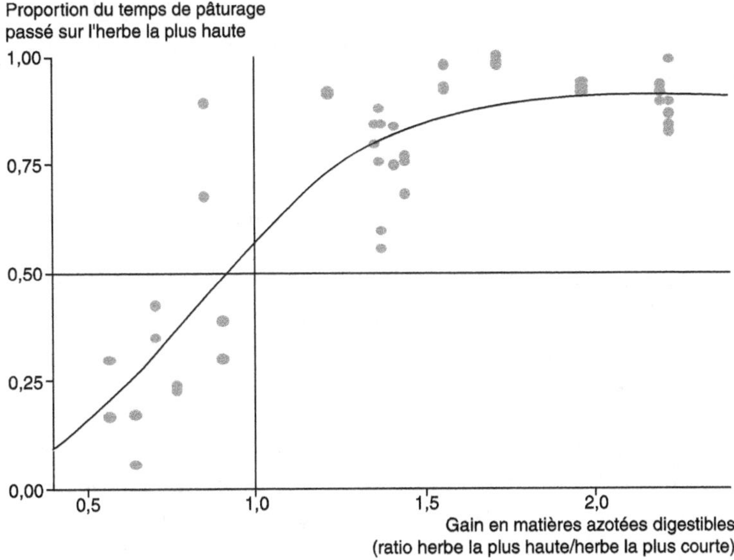

Figure 10.5. Sélection exprimée par les chevaux en fonction du flux d'ingestion de protéines digestibles permis par chacun des couverts offerts en choix binaires (d'après Edouard *et al.*, 2010).

Influence des caractéristiques des animaux

La modulation des choix alimentaires des équins selon les caractéristiques propres des animaux n'a été que très peu abordée. Des auteurs ont montré que des ânesses et des ponettes Shetland en lactation sélectionnaient davantage les zones d'herbe végétative rase que leurs congénères taries, ce qui confirme que la consommation d'azote digestible est un déterminant majeur de la sélection alimentaire des équins. L'influence de l'environnement social des animaux a fait l'objet d'études plus nombreuses. La facilitation sociale permet d'accélérer les processus d'apprentissage en permettant l'acquisition de préférences et d'évitements plus rapidement que par essai-erreur. Les chevaux adultes seraient capables de tels apprentissages. Au pâturage, il serait même possible d'après certains auteurs de provoquer une aversion conditionnée à l'aide de chlorure de lithium pour éviter que les chevaux ne consomment une plante toxique *Oxytropis sericea*. En revanche, il n'a jusqu'ici jamais été montré que le régime alimentaire de poulains était influencé par celui de leur mère ou des congénères avec lesquels ils pâturaient. Les interactions agonistiques entre individus d'un même groupe modifient également le comportement et le régime alimentaire des subordonnés qui n'ont plus accès à certaines ressources rares et préférées. Ainsi, en Camargue, des juments pâturant dans des grands groupes ont manifesté plus d'interactions agonistiques qui se sont traduites par de plus fréquentes interruptions de leurs phases de pâturage que dans des petits groupes. L'initiation des mouvements d'ensemble du troupeau est en général un processus distribué entre quelques individus. Lors des déplacements collectifs, l'étalon a plusieurs fois été décrit comme poussant les juments accompagnées de leurs jeunes pour les inciter à changer de site d'alimentation. Il semble que ce comportement de poussée soit spécifique au cheval, alors que par ailleurs rien n'indique que les chevaux aient au pâturage des stratégies sociales distinctes de celles des ruminants de grand format.

Conclusion

La régulation de l'ingestion et des choix alimentaires des chevaux au pâturage reste peu connue comparativement aux ruminants. Les chevaux sont capables d'ajuster leur comportement alimentaire (temps de pâturage, vitesse d'ingestion, choix de sites d'alimentation) en réponse à des variations de disponibilité et de qualité du couvert végétal. Un certain nombre des ajustements comportementaux que nous avons décrits sont similaires à ceux réalisés par les ruminants de même format : préférence pour les couverts végétatifs hauts qui leur permettent de maximiser leur flux d'ingestion lorsque ceux-ci sont de bonne qualité, maximisation du flux d'ingestion en azote et tactiques d'échantillonnage dans les environnements plus contraints. Les contraintes liées au fonctionnement du tractus digestif sont cependant beaucoup plus limitées, si bien que l'ingestion des chevaux est moins affectée par la qualité de la ressource du fait de la rapidité de passage des particules alimentaires (voir chapitre 1). Leur aptitude à valoriser des couverts de faible qualité pourrait les faire contribuer efficacement à l'ouverture des milieux, d'autant plus que leur bilan énergétique reste satisfaisant lorsqu'ils exploitent des fourrages grossiers. En dépit de cette faculté à exploiter l'herbe âgée, les chevaux créent et maintiennent au sein du couvert prairial des zones d'herbe rase de bonne qualité qu'ils exploitent préférentiellement grâce à leur double rangée d'incisives. À l'avenir, il sera important d'analyser comment l'ingestion des chevaux et la sélection de leur régime alimentaire au pâturage sont influencées par le format et le niveau de besoins des animaux.

Les systèmes d'élevage, d'alimentation et fourragers

William Martin-Rosset, Bernard Morhain

L'herbe est utilisée au cours du cycle d'élevage de tous les chevaux. Il importe de préciser dans quelles conditions, les performances zootechniques permises et la place du pâturage dans le système fourrager de l'exploitation.

Systèmes d'élevage et d'alimentation à l'herbe

Les systèmes varient selon la race et le type de pâturage.

La jument allaitante

La mise à l'herbe de la jument allaitante intervient en avril au cours du 1er ou 2e mois de lactation pour les races de sport et de course respectivement (voir chapitre 3, figures 3.10 et 3.11) et au cours des jours qui précèdent la mise bas pour les races de loisirs et de trait (voir chapitre 3, figures 3.12 et 3.13). La saison de pâturage dure de 180 à 240 jours selon les races. Elle peut se prolonger au début de l'hiver pour les races de trait, voire de loisirs. Le chargement moyen pour la saison de pâturage estivale varie de 1 à 2 juments par hectare selon la race et le type de pâturage.

Le pâturage bien conduit permet à la jument allaitante de couvrir ses besoins nutritionnels en conditions normales de précipitations, sauf peut-être temporairement en été en zones sèches (voir chapitre 3, figures 3.12 et 3.15). La jument peut maintenir son état corporel optimum pour les races de course et de sport (voir chapitre 3, figures 3.10 et 3.11), ou restaurer son état corporel pour les races de loisirs et de trait (voir chapitre 3, figures 3.12 à 3.13 et 3.15c). Les juments de sport, de loisirs et de trait réalisent au pâturage respectivement 65, 85 et 95 p. 100 de la reprise de poids vif total entre la mise bas et le tarissement. Le poulain est sevré en fin d'été ou au début de l'automne. La complémentation n'est pas nécessaire sauf pour les races de course (voir chapitres 3 et 5) si les conditions de pâturage sont optimales : mise à l'herbe précoce et sans sécheresse estivale. Seule la supplémentation en minéraux et oligoéléments est requise pour compenser les déficits de l'herbe.

Le jeune cheval

Les jeunes chevaux sont mis à l'herbe également en avril à l'âge moyen de 12-24 et 36 mois selon les races de course, sport et loisirs (voir chapitre 5). Le pâturage pour les races de sport et loisirs dure 180 et 240 jours respectivement. Le chargement moyen au cours de la saison de pâturage est de 2,6 chevaux à l'hectare mais avec des variations de 1,5 à 3,5 selon la pluviométrie. Le chargement varie également fortement au cours de la saison dans le cas d'un pâturage tournant en raison de l'évolution de la production d'herbe au cours de l'été (figure 10.6).

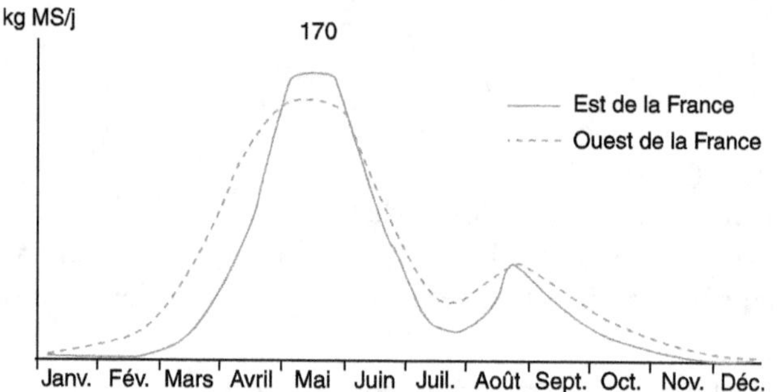

Figure 10.6. Production journalière de la prairie permanente au cours de l'année dans deux régions (d'après Mohrain *et al.*, 2007).

Dans des conditions normales de production et d'exploitation de l'herbe (mise à l'herbe précoce sans pluviométrie excessive au printemps et sans sécheresse estivale prononcée) en pâturage tournant, les jeunes chevaux réalisent soit une croissance continue soit une croissance discontinue selon le gain de poids vif permis au cours de l'hiver précédent. Ils atteignent, quel que soit le mode de croissance, un poids vif et un développement comparables à 18-30 et 42 mois (voir chapitre 5, figure 5.17).

Les jeunes chevaux de sport et de loisirs réalisent en moyenne au pâturage, entre le sevrage et 42 mois, respectivement 60 et 80 p. 100 de leur gain de poids vif total sur des prairies fertilisées en Normandie ou en Limousin.

La complémentation n'est pas nécessaire si la production d'herbe est normale. Seule une supplémentation en minéraux et oligoéléments est requise pour corriger les déficits de l'herbe.

Systèmes fourragers

Les besoins alimentaires des chevaux doivent être essentiellement satisfaits pendant le cycle d'élevage par les fourrages et, en premier lieu, par l'herbe pâturée pour des raisons économiques. Mais la production d'herbe est extrêmement variable au cours de l'année. Cette ressource doit donc être gérée en cherchant les moyens de faire face aux excédents de printemps puis au déficit en été et en hiver (fourrages conservés) par l'ajustement des surfaces mises à disposition des animaux (chargement) et par la récolte anticipée des excédents au printemps.

La production fourragère journalière exprimée en kilo de matière sèche par hectare varie fortement avec la saison (figure 10.6). Elle dépend de la température, de l'eau et des nutriments disponibles au niveau des racines, du stade de développement des plantes herbacées qui constituent la prairie (voir paragraphe « Fonctionnement de l'écosystème prairial pâturé » p. 367). L'éleveur pourra intervenir sur les choix des espèces qui réagissent différemment aux conditions climatiques, sur la fertilisation, sur les dates et les pratiques de pâturage, les fréquences et les techniques de récolte des fourrages conservés. En moyenne, dans les systèmes fourragers exploités par des ruminants, la production totale de la prairie permanente, en zone de plaine, est de 5 à 8 tonnes de matière sèche valorisable par les animaux.

La valeur alimentaire de l'herbe varie également au cours de la saison (voir chapitre 12). D'une manière générale, elle diminue au fur et à mesure du développement de l'appareil végétatif des espèces prairiales, depuis le stade feuillu jusqu'à la grenaison. Au même stade végétatif, elle est plus élevée au cours du premier cycle de récolte que lors des cycles suivants. Toutefois, la valeur nutritive des repousses diminue moins rapidement que celle de l'herbe de premier cycle. La récolte et la conservation des fourrages vont occasionner des pertes qui se concrétiseront par une diminution des quantités de matière sèche et de la valeur nutritionnelle du fourrage de départ (voir chapitre 11).

Pour maximiser l'utilisation des fourrages dans l'alimentation des chevaux, en particulier de ceux à forts besoins, il faut leur mettre à disposition, à volonté, un fourrage de qualité. Il est donc nécessaire de jouer à la fois sur la disponibilité d'une ressource qui ne se renouvelle pas de manière régulière tout au long de l'année et sur la qualité de cette ressource qui va diminuer avec l'âge des plantes. En fonction du type de chevaux alimentés, des conditions pédologiques et climatiques qui conditionnent à la fois le bien-être des animaux et la portance des sols, l'éleveur a le choix de recourir soit aux stocks d'herbe sur pied soit aux fourrages récoltés. Les stocks d'herbe sur pied ne font pas référence aux refus laissés par les mêmes animaux sur la parcelle lors d'un précédent passage mais à des repousses après une exploitation sous forme de fauche ou de pâture. Depuis le milieu des années 1980, le réseau de fermes de références, Éleveurs de Bovins Demain (aujourd'hui dénommé Réseaux d'Élevage), suivi en partenariat par l'Institut de l'élevage et les Chambres d'Agriculture, a proposé des recommandations concernant la conduite du pâturage et de l'ensemble du système fourrager adaptées aux principales régions françaises et à différents niveaux d'intensification. Pour chaque situation, a été définie une situation d'équilibre entre surface de pâturage mise à disposition des troupeaux, surfaces récoltées, date de récolte et fertilisation azotée. Bien que la transposition aux équins nécessite des adaptations à faire en fonction de la valeur du chargement spécifique à l'espèce (UGB, voir paragraphe « Évaluation du chargement au pâturage : barème UGB » p. 388), puis à valider sur le terrain (opération en cours au moment de l'édition), le raisonnement peut être mis à profit pour la conduite du système fourrager de ceux-ci.

Plusieurs objectifs sont visés simultanément : éviter le manque d'herbe au cours de l'été lorsque la pousse de l'herbe ralentit, constituer les stocks de fourrages en quantité et en qualité pour la période hivernale, mettre à disposition des animaux, pendant la période la plus longue possible, une herbe de bonne valeur alimentaire. Un exemple des référentiels pour atteindre au mieux ces objectifs est présenté dans les tableaux 10.3 et 10.4. Ils concernent les troupeaux de vaches allaitantes de l'est de la France.

Tableau 10.3. Indicateurs de cohérence du système fourrager en fonction du chargement : exemple des bovins (d'après Réseau d'Élevage – Institut de l'élevage et Chambre d'Agriculture, 1999).

Chargement sur herbe (UGB*/ha)	1,0	1,1	1,2	1,3	1,4	1,5
Autonomie (stock herbe/besoins totaux en p. 100)	115	110	105	100	90	90
Fumure azotée annuelle (unités d'azote/ha)	0	0-40	70	90	90	90
Chargement de printemps (ares/UGB)	40-45	40	35	30	30	30
p. 100 fauche de printemps/ surface totale en herbe	> 50	> 50	> 50	> 50	> 50	> 50
p. 100 fauche précoce/surface totale	0	0	25	25	30	33
Date de la fauche			20-25 mai	15-20 mai	15-20 mai	15-20 mai
Valorisation de l'herbe (t MS/ha)	5	5,5	6	6,5	6,5	6,5

* UGB : unité gros bétail.

Les chargements observés varient entre 1,0 et 1,5 unités de gros bétail (UGB) par ha. Jusqu'à 1,3 UGB/ha, la production des prairies est suffisante pour nourrir le cheptel durant toute l'année. Au-delà de ce seuil, le recours à d'autres fourrages, le plus souvent l'ensilage de maïs, est indispensable. Dans la situation la plus extensive, sans fertilisation azotée, le chargement est voisin d'une UGB/ha. La récolte des excédents de printemps se fait sous forme de foin récolté durant le mois de juin. Compte tenu de la fauche tardive et de la faible pousse de l'herbe à cette période, les repousses ne peuvent être pâturées qu'à partir du 10 juillet ce qui impose de prévoir une surface de pâture suffisante au printemps (45 ares/ UGB). En été, les surfaces doivent être agrandies pour atteindre au minimum 80 ares/UGB. Dans ces conditions, la pousse du mois de mai ne peut pas être totalement maîtrisée et il est impossible d'éviter les refus. D'autre part, les regains (deuxième coupe d'herbe) sont peu abondants. Le système est donc autonome mais avec une part de fourrages de qualité médiocre ou moyenne de la fin mai à la mi-juillet puis au cours de l'hiver ce qui va pénaliser les performances des animaux, en particulier les croissances des broutards (veaux de 9 mois au sevrage). Il est possible d'améliorer la qualité du foin par la technique du déprimage, c'est-à-dire par un premier pâturage d'une partie des surfaces qui seront récoltées en foin, au début du mois d'avril dès que les sols portent. L'avantage de cette technique est d'obtenir à la même date un foin abondant mais de meilleure qualité tout en permettant de disposer de suffisamment d'herbe en début de printemps.

L'amélioration de la qualité des fourrages passe par une réduction des surfaces allouées au troupeau de printemps. Avec une fertilisation modérée (70 unités d'azote par hectare), il est possible de réduire à 35 ares la surface de pâture par UGB au printemps. Dans ces conditions, il est impératif de mettre à disposition des animaux des repousses dès le 20 juin afin d'éviter le manque d'herbe parce que la surface de départ ne suffit plus à couvrir les besoins du troupeau. Un quart de la surface fauchée devra l'être tôt en saison, au plus tard dès le 25 mai. Pour assurer régulièrement une récolte de qualité à cette date, il est indispensable de recourir à l'ensilage ou à l'enrubannage. Par rapport à la situation précédente, l'herbe pâturée est de meilleure qualité avec moins de refus, les fourrages récoltés jeunes sont également de meilleure valeur nutritive. La conséquence directe de telles pratiques se manifeste à travers les croissances des veaux qui peuvent être augmentées de 20 p. 100. En contrepartie, le recours à la fertilisation minérale et la récolte précoce augmentent les coûts des fourrages. Avec une telle conduite, le chargement global est de 1,2 UGB/ha et l'herbe suffit à alimenter l'ensemble du troupeau pendant toute l'année. Des conduites plus intensives sont possibles. Elles sont plus coûteuses et elles ne se justifient que lorsque les surfaces en herbe sont trop exiguës.

Tableau 10.4. Durée des périodes de pâturage et surface nécessaire en fonction du chargement : exemple des bovins (d'après Réseau d'Élevage — Institut de l'élevage et Chambre d'Agriculture, 1999).

Chargement annuel (UGB/ha)	Surface nécessaire par période de pâturage (ares/UGB)									
	15/4	1/5	15/5	1/6	15/6	1/7	15/7	1/8	15/8	1/9
1	45						60			80
1,1	40					55			75	
1,2	35				50			70		
1,3	30				45		65			
1,4	30				45		65			
1,5	30				45		65			

Dans tous les cas, sur des surfaces qui n'ont pas été pâturées durant l'hiver, la maîtrise du pâturage passe par une mise à l'herbe précoce et par la fauche d'au moins la moitié des surfaces qui seront pâturées en fin de saison. Certains de ces systèmes ont été testés par l'Inra et l'IFCE avec succès au plan expérimental chez les chevaux de sport ou loisirs et de trait : 15 à 46 p. 100 de la surface a été fauchée dans les conditions de la Normandie (Le Pin au Haras) et du Limousin (Chamberet) avec une variation annuelle importante liée au climat (tableau 10.5). Mais les systèmes fourragers des chevaux présentent des particularités par rapport à ceux des bovins allaitants :

– d'une part, le pâturage hivernal du cheval, fréquent et abusif (chargement et temps de séjour excessifs), qui entraîne un ralentissement et un étalement de la pousse de printemps doit être évité pour assurer la longévité des prairies ;

– d'autre part, il peut être nécessaire à certaines périodes d'avoir recours à un pâturage rationné pour conduire des animaux à faibles besoins sur des surfaces de forte valeur nutritive afin d'éviter certains problèmes de santé (voir chapitre 2).

Tableau 10.5. Durée de pâturage, chargement et fourrages récoltés sur des pâturages en zones océanique (Le Pin) ou continentale (Chamberet) exploités par des chevaux de selle de différents âges (d'après Trillaud-Geyl *et al.*, 1990).

Âge (période de pâturage)	1 an (12-18 mois)	2 ans (24-30 mois)	3 ans (36-42 mois)
Site	Le Pin	Chamberet	Chamberet	Le Pin
Durée (j)	163	169	162	138
Surfaces (ha)	11,5	18,5	13,2	11,5
Nombre de cycles	5	5	4	4
Poids initial des chevaux (kg)	328	328	440	496
Croissance des chevaux (g/j)	596	666	326	540
Chargement moyen au cours de la saison (nombre d'animaux/ha) (variation au cours des cycles)	1,9 (1,2 à 3,0)	1,6 (1,2 à 3,0)	1,8 (1,3 à 3,9)	1,9 (1,4 à 2,3)
Fourrage récolté TMS/ha	4,2	4,2	4,3	4,1

Évaluation du chargement au pâturage : barème UGB

Principe

Un système d'évaluation du chargement en chevaux au pâturage a été élaboré en 1990 par l'Inra et l'Institut de l'élevage. Ce système a conduit à établir un barème unité gros bétail (UGB) qui a été testé à titre expérimental entre 1990 et 2010 par l'Institut de l'élevage dans le cadre du Réseau Références technico-économiques. Les résultats obtenus par l'Inra et l'IFCE au cours de ces dernières années sur l'évaluation de la valeur des aliments (voir chapitre 12) et des quantités ingérées du cheval au pâturage (voir paragraphe « Utilisation des ressources pâturées par le cheval » p. 376) ont permis de valider et d'actualiser le barème UGB (tableau 10.6).

Tableau 10.6. Barème unité gros bétail (UGB) Inra-IE (d'après Martin-Rosset *et al.*, 1990 ; actualisé en 2011).

Types de chevaux	Races de trait[1] (750 kg)	Races de selle[1] (550 kg)	Poneys[1] (300 kg)
Jument seule (tarie et ± gestante ≤ 5 mois)	0,87 (pour 365 j)	0,71 (pour 365 j)	0,38 (pour 365 j)
Poulain produit à 7 mois	0,75* (par tête)	0,49 (par tête)	0,26 (par tête)
Total jument pendant 1 an + son poulain sevré à 6 mois	1,62	1,20	0,64
Élèves (femelles ou mâles)			
7 à 12 mois	0,78* (pour 365 j)[2]	0,56 (pour 365 j)[3]	0,27 (pour 365 j)[4]
13 à 24 mois	1,00** (pour 365 j)	0,89 (pour 365 j)	0,49 (pour 365 j)
25 à 36 mois	1,04*** (pour 365 j)	0,94 (pour 365 j)	0,56 (pour 365 j)
> 36 mois	0,98**** (pour 365 j)	0,78 (pour 365 j)	0,41 (pour 365 j)
Étalons			
> 36 mois	1,10	1,00	0,53

NB : Pour les chevaux de trait, adopter les valeurs proposées pour la jument seule.

[1]poids de la jument adulte ; [2]soit de 7 à 12 mois : 0,39 par animal ; [3]soit de 7 à 12 mois : 0,28 par animal ; [4]soit de 7 à 12 mois : 0,14 par animal.

* poulain non complémenté ; ** pouliche de renouvellement complémentée : 0,92 ; *** pouliche de renouvellement complémentée : 0,95 ; **** pouliche de renouvellement complémentée : 0,79.

Le système est basé essentiellement sur deux critères : la consommation de fourrages grossiers et le temps de présence des animaux sur l'exploitation. La consommation de matière sèche de fourrages est donc liée aux besoins nutritionnels des différents types de chevaux (voir chapitres 3, 4, 5, 7 et 8) et à la valeur nutritive des fourrages établie chez le cheval (voir chapitres 1, 12 et 16). La consommation de matière sèche correspond à la capacité d'ingestion des chevaux, c'est-à-dire à la quantité de matière sèche nécessaire pour couvrir les besoins des différents types de chevaux d'un format donné dans chaque race (voir chapitre 1). Le temps de présence très précis des chevaux sur l'exploitation correspond à la durée effective de séjour exprimée en jours sur l'exploitation des chevaux au cours de leurs cycles normaux d'élevage tels qu'ils sont décrits pour chaque type de chevaux dans les chapitres 3, 4, 5, 7 et 8.

Ce système a été construit selon les mêmes principes que celui établi et utilisé pour les bovins de races allaitantes. De plus, les valeurs UGB ont été systématiquement calées en valeur relative par rapport à la valeur absolue de référence retenue pour les bovins allaitants : 1 UGB = 1 vache charolaise (650 kg) + son veau (48 kg) selon l'Inra (1988) pour tenir compte des spécificités physiologiques et métaboliques des deux espèces d'herbivore (voir chapitre 1). Cette démarche permet l'utilisation cohérente de l'UGB sur les exploitations où sont produits à la fois des chevaux et des bovins.

Types d'animaux

Trois grandes catégories d'animaux ont été considérées pour les races de selle et de trait :
– jument suitée : mère + poulain de 0 à 8 mois ;
– étalon : adulte ;
– jeunes ou élèves : mâles ou femelles de 8 à 48 mois.

Les poids vifs adultes moyens de référence retenus ont été de 750 kg pour les races de trait et de 550 kg pour les races de selle. Les besoins nutritionnels des trois catégories d'animaux pour chaque race sont ceux établis en 2011 (voir chapitres 3, 4, 5 et 7).

La démarche a été étendue aux poneys, à la demande des utilisateurs, bien que nous ne disposions pas du même niveau d'information (voir chapitre 8). Le poids vif adulte moyen de référence retenu est de 300 kg et les besoins nutritionnels sont ceux évalués en 2011 (voir chapitre 8).

Fourrage de référence

La valeur énergétique moyenne de 0,57 UFC/kg MS correspondant à deux fourrages verts de prairie permanente de plaine pâturée au 1er cycle aux stades pleine épiaison et/ou floraison (voir chapitre 16 n° FV0040 et FV0050 des tables Inra 2011 des aliments) a été retenue comme pour les bovins (tables Inra, 2007, n° FV0040 et FV0050 p. 184).

Consommation de matière sèche

C'est la quantité de matière sèche du fourrage de référence à ingérer seulement par chaque type d'animal pour couvrir ses besoins nutritionnels. Pour certains types d'animaux la quantité d'aliment concentré apportée en complément a été déduite de la quantité totale de matière sèche nécessaire pour couvrir la totalité des besoins nutritionnels. Les consommations de matière sèche établies en 2011 pour construire ce système tiennent compte de deux nouveautés par rapport à celles évaluées en 1990 (voir chapitres 1 et 12).

Il a été tenu compte en 2011 du coût énergétique de l'ingestion des fourrages, ce qui conduit à une diminution de la valeur énergétique des fourrages (voir chapitre 12) et notamment de celle du fourrage de référence : – 8 p. 100. Par voie de conséquence, les niveaux de consommation sont plus élevés. Il a été établi que le cheval au pâturage maintient sa consommation de matière sèche journalière exprimée par kg de poids vif au cours de la saison malgré l'évolution de la composition chimique et de la structure du couvert végétal pour des pâturages entretenus, si le chargement est optimum (voir paragraphe « Ingestion d'herbe et facteurs de variation » p. 376).

Barème UGB

Le barème proposé remplace donc celui utilisé à titre expérimental depuis 1990. Il repose sur des bases nutritionnelles spécifiques aux équins même si pour des raisons de cohérence et d'utilisation au sein des mêmes exploitations exploitant des chevaux et des bovins, il a été calé par rapport au barème UGB des bovins (tableau 10.6).

Conclusions

La possibilité de faire coïncider les périodes de forts besoins des animaux avec les périodes où l'herbe est disponible en quantité et en qualité et, inversement, de pouvoir éventuellement les restreindre au moment où les fourrages sont les moins disponibles et/ou que leur valeur alimentaire est limitée, permet de nourrir les chevaux avec des rations constituées essentiellement de fourrages et d'herbe pâturée. Dans la mesure où les erreurs grossières de conduite sont évitées, les performances des animaux peuvent être maintenues avec un faible recours aux aliments concentrés et, ainsi, réduire considérablement le coût de l'alimentation.

Toutefois, dans de nombreuses régions, le manque d'herbe est problématique en été, surtout pendant les années sèches dont la fréquence a tendance à augmenter. Pour ne pas pénaliser la productivité des juments et la croissance de leurs poulains, certains éleveurs avancent les dates des poulinages même si les juments doivent être alimentées, en début de lactation, avec des fourrages de bonne qualité et une complémentation accrue en aliments concentrés. Comparés aux systèmes fourragers pratiqués dans les élevages bovins, les systèmes équins comportent une faible proportion de surfaces récoltées au printemps par rapport aux surfaces pâturées qui sont très importantes. Il en résulte des risques d'augmentation des excédents et des refus d'herbe, à la fin du printemps, suivis d'un manque de repousse assez rapidement en début d'été. Il a été démontré en élevage bovin qu'une telle conduite pénalisait les croissances des jeunes animaux et l'état d'engraissement des mères. Par ailleurs, le pâturage hivernal des chevaux est fréquent. S'il se poursuit trop longtemps, il perturbe à court terme la pousse de printemps et, à long terme, il réduit la productivité de la prairie.

À même niveau de fertilisation, les quantités d'herbe valorisées par les chevaux sont d'ailleurs significativement inférieures à celles obtenues dans les élevages bovins. Dans le système présenté pour les juments poulinières de selle (voir chapitre 3, figure 3.11), la quantité d'herbe valorisée varie de 4,5 à 6 tonnes de matière sèche par hectare, selon que la surface allouée pendant l'été est de 0,5 ou 0,7 hectare par jument. Pour une fertilisation azotée de même niveau (180 unités par hectare), la quantité d'herbe valorisée en système bovin est au minimum de 7 à 8 tonnes de matière sèche, en situation favorable de l'Ouest. Dans les élevages de chevaux de sport qui ont servi à l'Institut de l'élevage pour l'établissement des référentiels technico-économiques, dans des exploitations conduites avec des faibles niveaux de fertilisation, le chargement est d'environ une jument par hectare sur toute l'année. La quantité d'herbe valorisée est d'environ 4,5 tonnes par jument contre 5 à 6 tonnes en système bovin. La moindre valorisation de l'herbe par les chevaux (digestibilité plus faible : voir chapitres 1 et 12) explique en partie cet écart. Leur comportement au pâturage, avec des zones de refus et des zones où ils ont tendance à couper l'herbe très ras, limite la production de la prairie. La conduite du pâturage avec des reports d'herbe sur pied importants, des périodes où les chevaux surpâturent en raison du manque de ressources disponibles peut produire les mêmes effets.

Les marges de progrès dans l'exploitation des fourrages, notamment l'herbe, par les chevaux sont donc importantes. Elles reposent sur l'utilisation du système d'évaluation du chargement des surfaces fourragères élaboré par l'Inra et l'Institut de l'élevage et sur de meilleures pratiques. À l'avenir, des stratégies innovantes de conduite des animaux et d'utilisation de la prairie devront être élaborées afin que l'élevage réponde, en plus de sa fonction productive, aux nouveaux enjeux environnementaux (*e.g.* changement climatique, érosion de la biodiversité) (voir chapitre 14).

Conduite du pâturage

Au plan zootechnique : choix du système de pâturage

Catherine Trillaud-Geyl, William Martin-Rosset

L'éleveur a le choix entre deux grands types de systèmes de pâturage : le pâturage en rotation ou le pâturage en continu (figure 10.7).

Pâturage en rotation

Le pâturage en rotation classique consiste à diviser la prairie en plusieurs parcelles : 3 au minimum pour des prairies de productivité moyenne, ou plus pour des prairies plus intensives (figure 10.7e et f). Les chevaux seuls ou associés à des bovins pâturent successivement les différentes parcelles en tournant plus ou moins rapidement selon les cycles et en modulant le chargement (nombre de chevaux/ha) afin d'exploiter à chaque cycle l'herbe au stade optimum (figures 10.8 et 10.9). Pour cela, il faut maîtriser le chargement en animaux et le temps de séjour des animaux.

On distingue trois notions distinctes de chargement :
– le chargement « instantané » qui doit être élevé au début du printemps (supérieur à 5 chevaux/ha) pour permettre de faire face à une pousse d'herbe très importante puis plus faible ensuite pour s'adapter à l'importance de la repousse d'herbe ;
– les chargements moyens au cours des cycles de pâturage, qui diminuent en fonction de l'avancement de la saison de pâturage : supérieur à 2 chevaux/ha au cours des cycles 1 et 2, puis 70 p. 100 du 1er cycle pour le 3e cycle et 50 p. 100 pour les derniers cycles (figure 10.8) ;
– le chargement pour la période totale de pâturage, qui doit être voisin de 2 chevaux/ha sur des prairies de bonne qualité, avec des variations pouvant aller de 1,0 à 2,5 selon la situation géographique (zones sèches ou humides) et la qualité de la prairie.

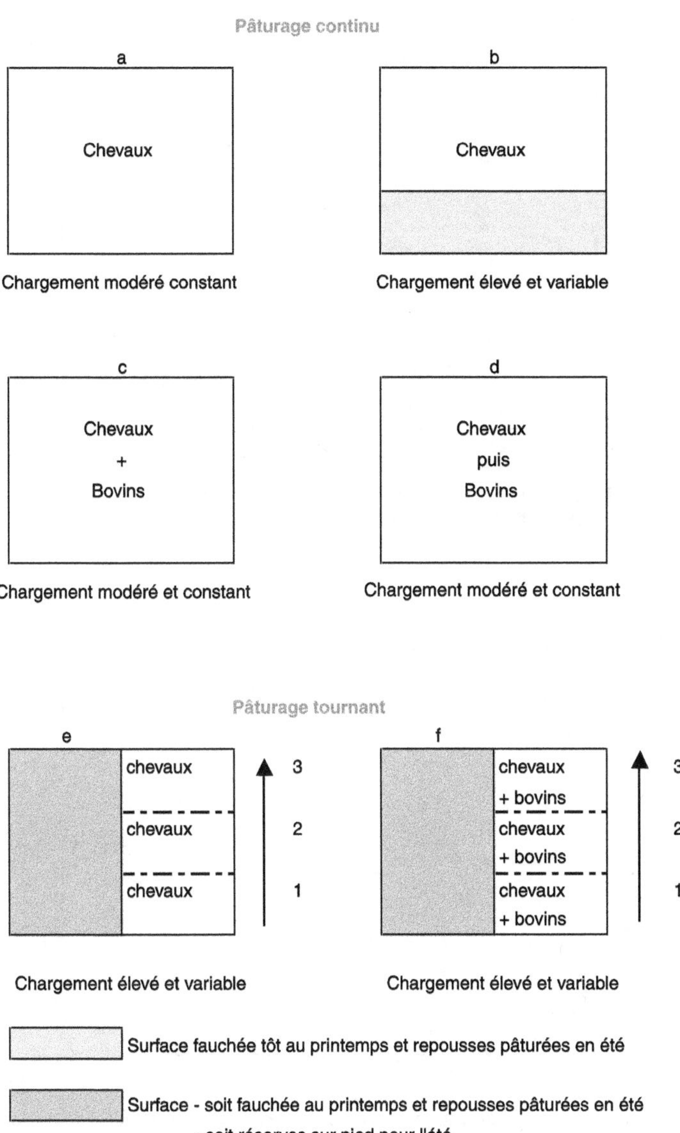

Figure 10.7. Systèmes de pâturage.

Le temps de séjour est directement lié à la quantité d'herbe disponible et au chargement adapté à chaque cycle. Il augmente au cours de la saison tandis que le chargement diminue (figure 10.9).

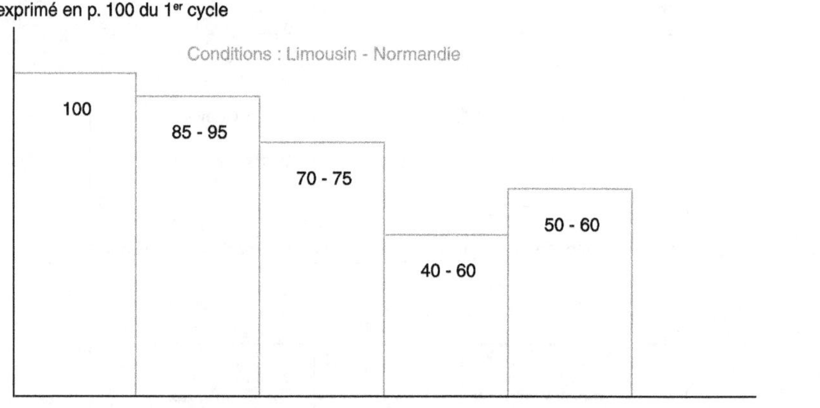

Figure 10.8. Évolution du chargement à l'hectare au cours de la saison dans le cas d'un pâturage tournant (d'après Trillaud-Geyl *et al.*, 1990).

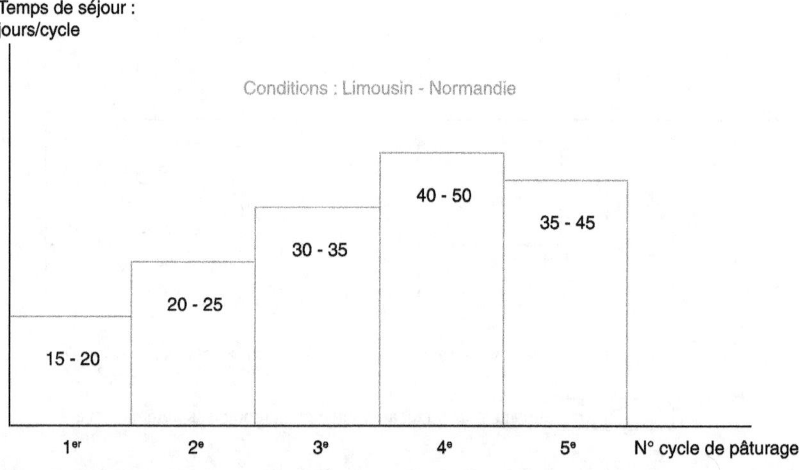

Figure 10.9. Évolution du temps de séjour des chevaux sur la totalité de la prairie au cours de la saison dans le cas d'un pâturage tournant (d'après Trillaud-Geyl *et al.*, 1990).

Au plan pratique, l'herbe est pâturée pour le premier cycle jusqu'à une ou deux semaines après le stade épi à 10 cm, et pour les repousses à des âges compris entre 20 et 50 jours suivant le numéro de cycle de végétation. Il faut en effet maîtriser la montée en épi au printemps en adaptant une rotation rapide de 20 à 25 jours puis, quand les ébauches d'épis ont été supprimées et que les repousses sont feuillues, la rotation peut être plus lente de 30 à 50 jours suivant la vitesse de la repousse de l'herbe (figure 10.9). Mais 50 à 75 p. 100 de la surface sont seulement exploités au 1ᵉʳ cycle car la croissance de l'herbe est fréquemment explosive au printemps : les parcelles en excédent sont alors fauchées ou mieux ensilées (enrubannage). Inversement, en été, la production d'herbe diminue considérablement, les animaux exploitent alors les parcelles récoltées au printemps. Les difficultés résident dans l'importance de la surface à récolter selon les conditions climatiques annuelles et la précocité de la prairie, mais aussi dans le choix de la date de coupe car elle conditionne son introduction dans le calendrier de pâturage et la qualité de l'herbe offerte. L'enrubannage est sans doute la meilleure formule car il permet de récolter et d'avoir des repousses très tôt à une date qui est mieux maîtrisée comparativement à la récolte de foin. Il est préférable d'alterner la fauche et la pâture sur les différentes parcelles d'une année à l'autre afin de mieux contrôler la composition de la flore et la masse des refus. Les refus doivent être coupés à partir du 2ᵉ cycle dès la sortie des animaux sinon ils prennent rapidement une grande extension. Ce système est bien adapté aux prairies de plaine situées en zones océaniques. Il permet de mieux maîtriser l'effet spécifique du comportement alimentaire du cheval au pâturage (zones pâturées/zones refusées). Il maximise la productivité de la prairie, la production fourragère (en lien avec la fumure azotée et le gain de poids vif par hectare).

Pâturage continu

Le pâturage continu consiste à faire pâturer des chevaux sur une prairie, le plus souvent de surface fixe, avec un chargement modéré constant (figure 10.7a). Les performances individuelles des animaux sont bonnes mais la production de la prairie est limitée. La maîtrise des refus est plus difficile ainsi que la gestion des périodes de sécheresse car les chevaux exploitent les zones les plus productives. La conduite et la productivité peuvent être améliorées si une partie de la surface est fauchée au printemps et les repousses pâturées en été, ou si la surface initiale est agrandie en été (figure 10.7b).

Le pâturage mixte chevaux-bovins

Les chevaux peuvent être associés à des bovins soit en pâturant simultanément, soit séparément et successivement les mêmes prairies dans le cadre de systèmes en rotation ou continu (figures 10.7c, d, f) pour maximiser la quantité d'herbe consommée et mieux maîtriser la qualité du couvert végétal en raison de la complémentarité de leurs comportements alimentaires propres (voir paragraphe « Déterminants des choix alimentaires » p. 380 et chapitre 14, paragraphe « L'impact du pâturage équin sur la diversité floristique et faunistique des milieux pâturés » p. 511).

À titre d'exemple, les jeunes chevaux de 1 ou 2 ans peuvent être associés au pâturage avec des bœufs de 1 ou 2 ans dans un système en rotation comme cela a été étudié par l'Inra et l'IFCE en Normandie (figure 10.7f). Le ratio exprimé en pourcentage du poids vif total chevaux + bovins doit être de 30-35 p. 100 de chevaux pour 65-70 p. 100 de bovins sur des prairies fertilisées de plaine pour espérer favoriser la croissance des deux espèces animales (tableau 10.7). La totalité de l'herbe produite au cours de la saison est pâturée lorsque les conditions climatiques sont favorables et que le chargement total est bien ajusté au cours de la saison sans modifier le ratio chevaux/bovins.

Dans d'autres situations, le pâturage des chevaux et des bovins (ou moutons quelquefois) alternent. Dans les haras destinés à la production de chevaux de course, les bovins (bœufs), voire les moutons, pâturent après un premier passage des chevaux. On ne dispose pas de résultats expérimentaux pour évaluer objectivement l'intérêt de cette pratique. En revanche, les chevaux de trait exploitent couramment au cours ou en fin d'été, voire en hiver, les refus laissés par les bovins au cours de la saison de pâturage. Dans certains cas, les chevaux de trait nettoient ces refus en fin d'hiver avant la mise à l'herbe des bovins. Cette pratique dispense de la fauche, maximise la production animale et favorise la productivité de la prairie si le chargement et les temps de séjour sont bien adaptés.

Tableau 10.7. Exploitation d'une prairie naturelle fertilisée par des chevaux de 2 ans et des bœufs de 1 et 2 ans (d'après Martin-Rosset *et al.*, 1984).

	Conditions : Normandie	
	10 chevaux + 10 bovins	**5 chevaux + 15 bovins**
Période de pâturage – durée	5/4 au 3/10-181 j	
Surface totale pâturée[1] (ha)	10,1	10,1
Chevaux en p. 100 du poids vif total	59,9	31,4
Chargement moyen (animaux/ha)		
Chevaux	1,52	0,77
Bovins*	1,46	2,20
Croît journalier (g/j)		
Chevaux	579	791
Bovins	793	1009
Gain de poids vif/ha (kg)		
Chevaux	155	113
Bovins	242	360
Total	397	473
Fourrage récolté	Néant	Néant

[1] 150 Unités d'azote en 3 épandages ; * Bovins : bœufs de 1 ou 2 ans.

Principe pour améliorer la conduite des animaux

La date de la mise à l'herbe doit être précoce. En zone tempérée, elle a lieu en avril mais elle est fortement dépendante des conditions climatiques annuelles et de la portance des sols, notamment au printemps. Les chevaux exercent sur la pelouse une pression élevée (1,7 kg/cm^2) et ils se déplacent davantage que les bovins (3 à 10 km/j selon la taille des parcelles), ce qui peut conduire à une détérioration du sol (porosité), une modification néfaste du couvert et une diminution de la production d'herbe plus ou moins durables. La durée de la saison de pâturage varie entre avril et novembre de 160 à 240 jours selon les régions et le type de chevaux exploités. Le nombre de cycles varie de 3 à 5 respectivement en zones de montagnes ou collinaires et de plaine. Le « pâturage » des chevaux après novembre dans les zones tempérées océaniques doit être évité car il épuise la végétation par destruction des talles des graminées notamment, et il favorise l'apparition de plantes diverses à port étalé (rosettes, etc.) mal consommées en été.

Quels que soient le système et son mode de conduite, l'élément déterminant est le chargement instantané et moyen au cours de chaque cycle en relation avec les conditions climatiques et la fertilisation azotée. La mesure de la hauteur de l'herbe avec un herbomètre à plateau fournit une bonne indication de la quantité d'herbe offerte avant la rentrée des animaux sur chaque parcelle. Le dernier élément de décision est la priorité qui est donnée à la croissance individuelle des animaux ou à la productivité de la prairie, exprimée en gain de poids vif/ha, car il existe une relation entre ces deux paramètres et le chargement (figure 10.10). Avant l'optimum, la croissance individuelle des animaux est privilégiée car ils disposent d'herbe à volonté mais la productivité de la prairie est limitée. À l'optimum, le chargement est accru, la productivité de la prairie est élevée car la croissance individuelle reste forte. Mais le système est plus délicat à conduire et il nécessite une fumure azotée plus importante.

Les recommandations pratiques détaillées sont données dans l'ouvrage *Alimentation des chevaux*, Inra-IFCE, 2012.

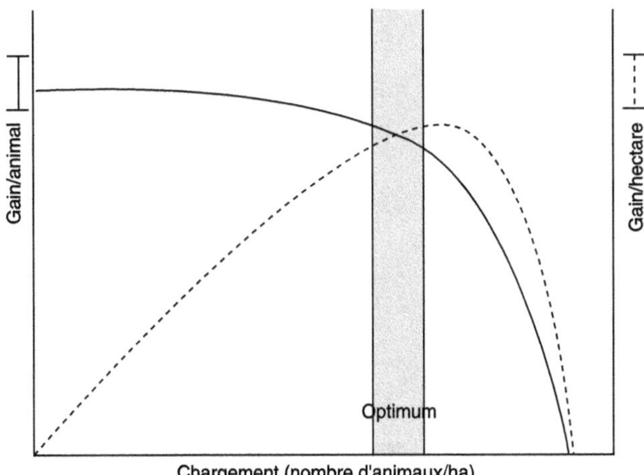

Figure 10.10. Influence du chargement sur le gain moyen quotidien et le gain de poids vif à l'hectare : schéma théorique (d'après Mott, 1960).

Au plan agronomique

Daniel Leconte, Catherine Trillaud-Geyl

Une problématique connue

Les prairies pâturées uniquement par des chevaux présentent des zones surpâturées et des zones de refus. La flore des zones surpâturées est envahie par des plantes à rosette (pâquerette, pissenlit, plantain majeur et paturin annuel) alors que les zones refusées sont colonisées par des espèces à grand développement (houlque laineuse, dactyle, vulpin des prés, chiendent, graminées nitrophiles exigeantes à fort rendement), et autres plantes diverses (tableau 10.8). Les analyses de sol montrent que les zones de refus s'enrichissent en azote et matière organique d'une part, et d'autre part en minéraux (phosphore et potasse surtout, magnésium dans une moindre mesure, tableau 10.9) en raison de la concentration sur ces zones des restitutions (crottins et urines) par les chevaux des prairies (voir chapitre 14).

Tableau 10.8. Espèces différentielles des zones refusées et surpâturées (Abondance : %) (d'après Leconte, 2004).

Mesures réalisées en juin	Zone	
	Surpâturée	**Refusée**
Agrostide commune	11,64	2,66
Crételle commune	2,55	0,80
Dactyle aggloméré	0,00	2,50
Fétuque élevée	0,79	1,69
Houlque laineuse	11,41	24,95
Vulpin des prés	5,44	8,95
Gesse des prés	0,00	2,41
Lotier des marais	0,08	4,10
Trèfle blanc	35,22	5,96
Achillée millefeuille	0,80	2,42
Carex sp.	1,03	2,57
Chardon des champs	0,08	1,77
Jonc sp.	6,44	9,65
Ortie dioïque	0,00	0,81
Renoncule rampante	0,16	1,85
Stellaire graminée	0,00	2,50
Total poacées	53,6	63,5
Total fabacées	37,8	14,9
Total diverses	8,5	21,6

Tableau 10.9. Teneur en minéraux du sol des zones de refus et de pâturage dans un Haras de l'Orne* (d'après Laissus, 1980).

	pH	P 205	K 20	Mg 0	Ca 0
Zone de refus	6,28	0,57	0,37	0,26	4,08
Zone pâturée	6,48	0,30	0,10	0,20	4,08

*Fumure au cours des 3 dernières années : 132 Unités/ha de P 205 et 78 Unités/ha de k 20, 1 tonne de chaux/ha.

Il existe peu d'études publiées sur l'état et l'évolution des prairies pâturées par des chevaux comparées à celles pâturées par des bovins dans le même contexte régional. En Normandie, dans le cas de deux sites étudiés, les prairies du Pays du Merlerault pâturées par des chevaux sont proches des références régionales avec un peu plus de poacées, moins de fabacées et plus de diverses (tableau 10.10). La situation de ces prairies évolue lentement car le chargement et la fumure, et autres techniques culturales, sont modérés et assez stables d'une année à l'autre. En revanche, les prairies peuvent se dégrader plus fortement et plus rapidement dans le cas de la mauvaise conduite des chevaux et de la médiocre gestion des surfaces fourragères (haras du nord-est de la France). Les poacées ne représentent alors que 42 p. 100, et les diverses atteignent près de 50 p. 100 dont 20 p. 100 sont des plantes toxiques et indésirables (tableau 10.10).

Tableau 10.10. Composition botanique des prairies des haras comparée aux normes régionales (présence relative P %) (d'après Leconte, 2011).

	Prairies normandes			Haras du Pays du Merlerault		Nord-est
Type	Pâture	Fauche	Moyenne	Haras national[1]	Haras privé[2]	Haras privés[3]
Années	2002 à 2010	2002 à 2010	2002 à 2010	2010	2008	2004
Nombre de parcelles	341	65	406	11	20	20
Ray-grass anglais	9,83	7,27	9,42	8,40	7,47	8,99
Agrostides sp.	9,47	8,08	9,25	9,17	8,44	6,79
Houlque laineuse	7,97	6,46	7,73	7,34	8,96	2,02
Pâturin commun	8,72	7,49	8,53	10,08	10,38	4,72
Poacées humides	6,84	7,37	6,93	14,84	15,56	1,86
Autres poacées	6,19	8,98	6,64	5,75	2,57	7,08
Poacées séchantes	5,81	6,99	6,00	2,96	2,46	11,10
Fabacées	12,17	11,51	12,06	9,98	6,66	8,98
Aromatiques et divers NA	15,93	22,02	16,91	20,55	17,13	28,82
Toxiques et indésirables	17,07	13,83	16,55	10,93	20,36	19,65
Poacées	54,83	52,64	54,48	58,54	55,84	42,56
Fabacées	12,17	11,51	12,06	9,98	6,66	8,98
Diverses	33,00	35,84	33,45	31,48	37,49	48,47

[1] Pâturage mixte chevaux – bovins (bœufs) simultané, système continu, Chargement 0,6 à 1,1 UGB/ha, fumure 0N-35P-45K, fauche des refus 1 fois/an ;

[2] Pâturage chevaux seuls, système continu, chargement 0,8 UGB/ha, fumure 0N-30 à 50 P-50 à 80 K en pâture plus 90 K en fauche, fauche des refus 1 fois/an ;

[3] Pâturage chevaux seuls, système de pâturage continu, chargement non contrôlé de 0,3 à plus de 3 UGB/ha, absence de fumure, absence de fauche des refus.

Principes pour améliorer la gestion des prairies

Les prairies doivent être assainies par la remise en état des fossés, voire un drainage, surtout après une étude préalable technique sérieuse.

Les prairies doivent être amendées mais après qu'une analyse de sols des différentes zones ait été réalisée. De nombreux laboratoires d'analyses des sols prescrivent un plan de fumure de fond sur plusieurs années à partir d'un échantillon de terre. Un diagnostic nutritionnel des prairies peut également être réalisé en complément de l'analyse de sol. Ce diagnostic consiste à mesurer l'état de nutrition sur la plante à partir d'un échantillon d'herbe. Les teneurs ainsi mesurées enregistrent à la fois l'offre alimentaire disponible du sol et son interception par la plante, fonction de nombreux paramètres liés au climat, aux associations botaniques, au mode d'exploitation, etc. Ce diagnostic peut être effectué sur des prairies permanentes ou sur des prairies temporaires installées depuis au moins deux ans pour que le système racinaire corresponde à un état stable. On exclura de ce diagnostic les associations graminées/trèfle blanc comportant plus de 25 p. 100 de trèfle blanc au printemps. La fumure azotée nécessaire dépend des besoins liés au rendement moyen attendu en tonnes de matière sèche (fonction de l'effectif d'animaux exprimé en UGB) corrigé par la fourniture minérale du sol, la contribution des légumineuses et enfin les restitutions par les urines et fèces des animaux (voir chapitre 14).

L'effet de la fumure minérale (N, P, K) sous forme d'engrais sur la composition minérale de l'herbe est en moyenne connu même si cet effet peut varier avec la capacité de rétention du sol (figure 10.11). La fumure azotée accroît la teneur en azote de l'herbe et de la plupart des éléments, en particulier pour le calcium, le magnésium, le potassium, le sodium et les oligoéléments. L'apport de phosphates accroît la teneur en phosphore mais aussi en manganèse et molybdène. La fumure potassique augmente la teneur en potassium et dans une moindre mesure en calcium et magnésium, mais diminue celle du sodium. L'hétérogénéité des prairies doit être corrigée par des apports de fumier composté (voir chapitre 14) et de fertilisants minéraux uniquement sur les zones surpâturées.

L'hétérogénéité spatiale peut être limitée au plan cultural par la fauche des refus et leur enlèvement s'ils sont importants, et l'alternance fauche-pâture des parcelles différentes d'une année à l'autre.

L'hersage de la prairie pour niveler le sol dégradé par le piétinement et pour arracher la végétation morte est nécessaire. Il est d'une efficacité limitée sur les mousses si la prairie n'est pas par ailleurs assainie et le chargement en animaux n'est pas mieux ajusté. Par ailleurs, il est sans effet bénéfique sur la minéralisation de la matière organique.

Les mauvaises herbes peuvent être maîtrisées au plan cultural en lien avec une conduite raisonnée du pâturage. Il convient tout d'abord de cerner les causes de développement de ces mauvaises herbes et d'adapter une stratégie en fonction de leur origine (en utilisant la méthode de diagnostic des prairies de l'Inra proposée par Leconte, 1991, et vulgarisée par le GNIS, l'Institut de l'élevage ou Arvalis). Parmi les causes de développement, il faut signaler :

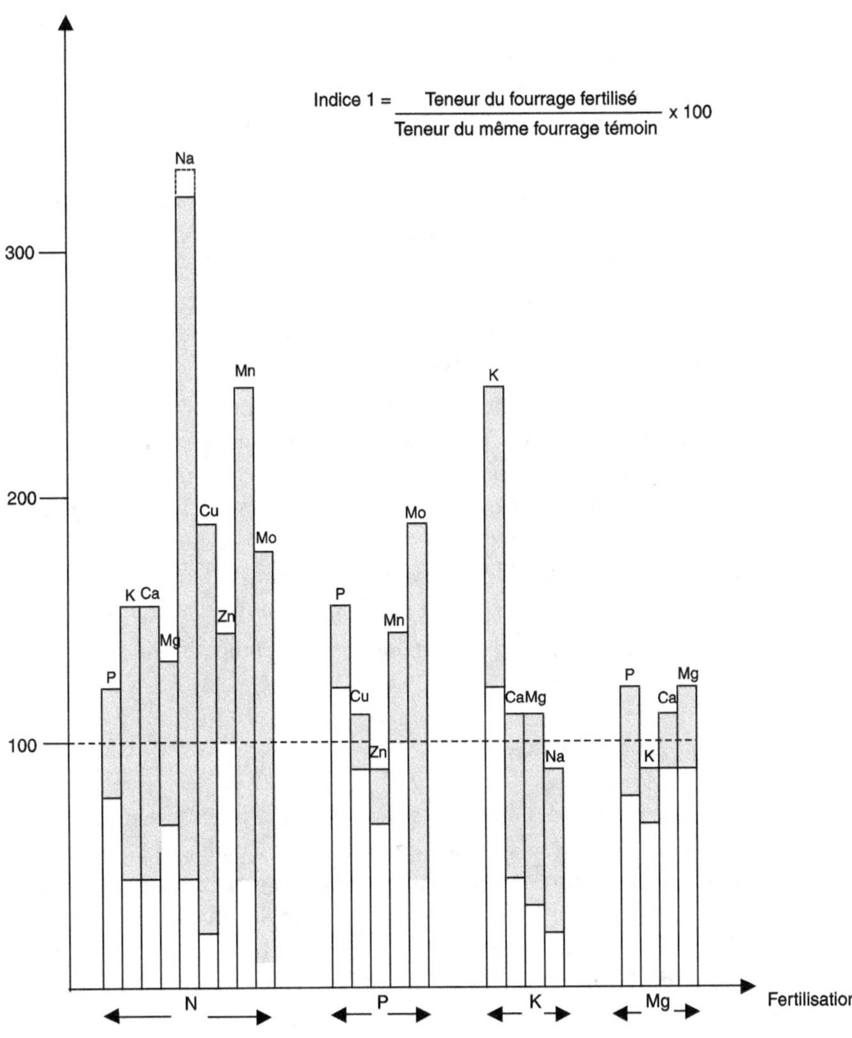

Figure 10.11. Effets de la fertilisation sur la composition minérale des fourrages (d'après Périgault, 1975).

N : azote ; P : phosphore ; K : potassium ; Ca : calcium ; Mg : magnésium ; Na : sodium ; Cu : cuivre ; Zn : zinc ; Mn : manganèse ; Mo : molybdène.

– le surpâturage en été ;
– le pâturage en condition humide en hiver ;
– l'affouragement avec du foin « contaminé » ;
– l'épandage de fumier contenant des graines ;
– l'absence de fauche ou fauche trop tardive.

On utilisera soit la lutte chimique (herbicide) ciblée sur les zones concernées, soit la lutte par l'adaptation des pratiques au cycle de vie de l'adventice (période de fauche optimale pour épuiser la racine par exemple, empêcher la formation de graines ou arrachage des racines (rumex) et des rhizomes en cas de rénovation de la prairie).

La prairie peut être sur-semée avec du trèfle blanc dans les zones de refus ou de ray-grass anglais dans les zones pâturées et dans les zones de sol nu. La prairie sera re-semée si elle est trop dégradée et notamment envahie par plus de 20 p. 100 de plantes diverses toxiques ou indésirables. Il faut privilégier le ray-grass anglais diploïde, les fétuques, la fléole, le pâturin des prés et le trèfle blanc à dose modérée (voir *Alimentation des chevaux*, 2012).

Le simple respect de ces principes de bonne conduite permet de limiter l'apparition des zones de refus et la présence de mauvaises herbes au sein des parcelles. Cependant, les choix des espèces et des variétés à semer ne dépendent pas uniquement du mode d'utilisation et des performances attendues pour les animaux, mais aussi des conditions pédoclimatiques. C'est pourquoi il est important de se rapprocher des réseaux de compétences locales (Chambre départementale d'Agriculture) en ce qui concerne la gestion technique des prairies.

Les recommandations pratiques détaillées sont données dans *Alimentation des chevaux* (Inra-IFCE, 2012).

Au plan sanitaire : parasitisme

Jacques Cabaret

Le parasitisme interne des équins est très diversifié. Il comprend des nématodes (vers ronds), des cestodes et des trématodes (vers plats), des larves d'insectes (Arthropodes) et des protozoaires. Au pâturage, la préoccupation majeure réside dans l'infestation par les grands et les petits strongles, et chez les jeunes, un cestode (*Anoplocephala*) est également rencontré. En Europe, 73 % des chevaux de tout âge ont des strongles (grands et petits) et 10 % ont des Anoplocéphales dans leur tube digestif.

Cycles des parasites au pâturage

Nématodes

La phase libre correspond au développement des œufs présents dans les fèces, émis sur le pâturage, en larves infestantes qui vont migrer sur l'herbe. Ce développement a lieu en 5 à 8 jours dans les conditions optimales de température et d'humidité.

La phase parasitaire est assez différente selon qu'il s'agit de petits (Cyathostomes) ou de grands strongles (Strongylus). Chez ces derniers, trois espèces sont fréquentes et présentent des cycles avec migrations au sein du cheval hôte. *Strongylus vulgaris* est un strongle « artériel » en raison de sa migration dans les artères. Après ingestion, les larves infestantes pénètrent dans le cæcum et le colon, et subissent une mue.

Ces nouvelles larves migrent à contre-courant sanguin pour atteindre les artères mésentériques où elles s'accumulent puis muent en stade pré-adulte. À ce stade, les larves migrent par voie sanguine vers le gros intestin et forment des nodules dans la muqueuse digestive. Les pré-adultes quittent ensuite les nodules, atteignent la lumière du gros intestin, pour mûrir en adultes mâles et femelles qui vont se reproduire. Il se passe six mois entre l'ingestion d'une larve infestante et l'émission des premiers œufs dans les fèces. Les larves ingérées de *S. edentatus* (strongle hépato-péritonéal) entreprennent des migrations similaires mais parviennent au foie par la veine porte puis migrent en retour vers le cæcum. La période entre l'ingestion et la présence de vers adultes et leur émission d'œufs dure de 9 à 10 mois. La migration des larves de *Strongylus equinus* (strongle hépato-pancréatique) est également complexe. Les larves migrent par voie péritonéale vers le foie, puis ensuite vers le pancréas, d'où elles repartiront pour atteindre le gros intestin. La période entre l'ingestion de larves infestantes et l'émission d'œufs par les adultes est d'environ 9 mois. Les larves infestantes de petits strongles présentes dans l'herbe sont ingérées et migrent dans la muqueuse du tube digestif. Après un séjour de deux semaines, les larves regagnent la lumière de l'organe et muent en pré-adultes. L'intervalle entre l'ingestion de larves et l'excrétion d'œufs par les adultes est de 2 à 3 mois. Enfin, un autre vers rond, *Trichostrongylus axei*, a la faculté d'infester tous les herbivores, dont le cheval, et la durée de son cycle est beaucoup plus courte, de l'ordre du mois.

Anoplocéphales

Ils nécessitent un hôte intermédiaire (un acarien oribate présent sur les pâturages) pour accomplir leur cycle. Le développement en stade infestant demande quatre mois. L'ingestion des oribates se réalise accidentellement au cours du broutage. Il faut environ 1 à 2 mois pour que les larves ingérées par le cheval se développent en adultes et que des œufs (ou des anneaux) soient retrouvés dans les matières fécales.

Diagnostic du parasitisme

Les examens de laboratoire sur les matières fécales

Les examens de matières fécales (coproscopie) permettent d'effectuer un comptage des œufs de parasites. Les œufs de strongles se différencient facilement de ceux des *Anoplocephala*. Les œufs des petits et grands strongles ne se différencient pas à l'examen direct, une coproculture est nécessaire pour faire la distinction entre petits et grands strongles, et nécessite une dizaine de jours. Le prélèvement de fèces doit être récolté fraîchement émis, puis les fèces doivent être conservées à 4 °C pour éviter l'évolution des œufs en larves. L'envoi vers le laboratoire (de préférence en début de semaine) doit se faire rapidement et sous froid.

Le pseudo parasitisme et la coprophagie

Les poulains pratiquent pour 85 % d'entre eux la coprophagie, et pour certains, jusqu'à six mois. Ils ingèrent des fèces de chevaux adultes parasités et éliminent dans leurs matières fécales les œufs de parasites qu'ils ont ingérés. Il s'agit de pseudo parasitisme et les examens coproscopiques chez le jeune poulain ne renseignent pas toujours sur la réalité de l'infestation par les strongles digestifs.

L'infestation des parcelles

Les éléments infestants sur les parcelles peuvent être dénombrés. L'examen est relativement coûteux et les laboratoires d'analyses aptes à cet examen sont peu nombreux. Dans les conditions de la pratique, il n'est quasiment pas utilisé bien que cet examen permette de localiser les parcelles les plus contaminées.

Les traitements et leur bon usage

Les molécules disponibles

Les produits sont commercialisés sous leur marque originale ou le générique. Il est fortement déconseillé de se fournir en génériques mal connus sur Internet.

Tableau 10.11. Les ressources thérapeutiques pour les équins (d'après le Dictionnaire des Médicaments vétérinaires et des produits de Santé animale commercialisés en France, 2005, avec cédérom, Édition Le Point Vétérinaire ; Marchiondo *et al.*, 2006).

Efficacité	Principe actif	Dose par kg de poids vif
Nématodes (Petits et grands strongles)	Thiabendazole	50-100 mg
	Fébantel	6 mg
	Fenbendazole	7,5 mg
	Mebendazole	5-10 mg
	Oxibendazole	10 mg
	Pyrantel	6,6 mg
	Piperazine	15 mg
Nématodes et Gastérophiles	Fébantel et Métrifonate	6 mg et 30 mg
	Mébendazole et Métrifonate	5 mg et 30 mg
	Ivermectine	200 µg
	Moxidectine	400 µg
Cestodes (*Anoplocephala*)	Praziquantel	1 mg
	Pyrantel	13,2 mg

Traiter aux moments critiques

Bien que tous les anthelminthiques ne soient commercialisables en France que sur prescription vétérinaire (Listel, art. L5144-1 du CP), la décision de traiter est essentiellement prise par les propriétaires de chevaux. Un calendrier de traitement a été publié dans une revue vétérinaire : mars/avril (traitement nématodes et

Anoplocephala), juin (nématodes), septembre (nématodes), novembre (nématodes, *Anoplocephala* et *Gasterophilus*). Ces traitements répétés ne peuvent constituer une stratégie durable : en effet, la résistance des strongles chez les chevaux est très répandue. Les traitements doivent s'intégrer dans une bonne gestion des pâturages.

Ajuster la dose au poids

Le sous dosage par sous-estimation du poids est courant, même chez les chevaux de sport. Le poids vif doit être évalué *a minima* à l'aide de la méthode et de l'outil qui sont décrits dans le chapitre 2, paragraphe « Notion de poids vif » p. 86. Cette estimation permet d'éviter des erreurs grossières de sous dosage.

Les traitements et leur impact écologique sur l'entomofaune

Les traitements par les lactones macrocycliques (Ivermectine et Moxidectine) ou certaines molécules à vocation insecticide (Métrifonate) sont ceux qui ont le plus d'impact sur l'entomofaune. Cet impact peut réduire la dégradation des matières fécales et aboutir à leur accumulation sans recyclage. C'est une raison pour laquelle on ne doit pas utiliser uniquement ces produits et recourir également aux groupes des benzimidazoles (Thiabendazole, Fenbendazole, Mebendazole et Oxibendazole) ou pro-benzimidazole (Fébantel) ou des tetrahydropyrimidines (Pyrantel).

L'utilisation des parcelles pour réduire l'infestation

La majorité des recommandations sont valides pour l'ensemble des herbivores.

Les pâturages mixtes

Les pâturages communs avec des bovins ou des petits ruminants diminuent le parasitisme interne car les parasites du cheval ne se développent pas chez les autres herbivores. Un seul nématode parasite *Trichostrongylus axei* peut infester tous les herbivores et il est présent chez environ 15 % des chevaux en France.

Limitation de l'utilisation hivernale des prairies

L'hiver réduit les possibilités de développement des œufs de parasites mais ne l'arrête pas complètement. De plus, les larves infestantes présentes sur le pâturage survivent bien et conservent leur pouvoir infestant pendant plusieurs mois. Le pâturage en hiver peut donc être source de nouvelles infestations.

Les parcelles nouvellement semées indemnes de parasites

La préparation du sol pour les semis enfouit les larves infestantes et les pâturages nouvellement semés ne constituent pas un danger pour l'infestation. De même, les prairies qui sont utilisées au printemps pour fabriquer de l'ensilage, de l'enrubanné, ou du foin en début d'été, constituent des futurs pâturages indemnes de larves infestantes.

Un chargement faible

Les chargements élevés augmentent le risque d'infestation des chevaux. Ce risque peut être modulé selon l'usage des pâturages par les chevaux (voir paragraphe « Au plan zootechnique : choix du système de pâturage » p. 392).

Des parcelles pour les jeunes plus sensibles

Les jeunes sont plus sensibles à l'infestation parasitaire et, lorsqu'ils sont séparés de leur mère, il est judicieux de leur réserver les pâturages les moins contaminés (prairies semées, de fauche, etc.).

Gestion chimique de l'infestation des parcelles

Les actions mécaniques sur les parcelles (labourage, éventuellement hersage) ont probablement une action défavorable sur l'infestation des parcelles dans la mesure où les larves infestantes de strongles présentes sur l'herbe ou dans le feutrage entre herbe et sol, sont enfouies en partie dans le sol et ne seront plus accessibles aux chevaux. Toutefois, aucune démonstration expérimentale n'est disponible et ces pratiques culturales devraient être évaluées quant à leur efficacité vis-à-vis de la réduction de l'infestation des pâturages. Les engrais classique NPK, les superphosphates, l'urée et les ammonitrates n'ont pas d'effet sur les stades infestants des nématodes au pâturage. Les épandages de cyanamide calcique ne permettent pas non plus un contrôle des strongles dans le cas d'un épandage annuel en mars. Ce produit semble réduire les infestations par des parasites qui nécessitent un hôte intermédiaire, comme certains cestodes.

Prévenir et gérer la résistance aux traitements

Gérer les introductions de chevaux infestés

Lors d'achat de chevaux venant d'autres sites, il est très utile de pratiquer une quarantaine (et non pas pour les seuls parasites). Il apparaît que l'introduction sans contrôle d'animaux est une source de parasites et en particulier de parasites résistants. À l'arrivée d'un nouveau cheval, il est conseillé de réaliser une coproscopie, puis ensuite un traitement avec au moins deux types de molécules (benzimidazole et pyrantel ou benzimidazole et ivermectine par exemple), et enfin de contrôler la réussite du traitement (10-15 jours après).

Alterner les molécules

Les mécanismes d'action des antiparasitaires sont très différents et il est impératif d'alterner les différents groupes de molécules (lactones macrocycliques, benzimidazoles ou pyrantel).

Réduire le nombre de traitements

La pression de sélection exercée par les traitements est un facteur important d'apparition des résistances des nématodes aux antiparasitaires. Des suivis coproscopiques permettent d'évaluer la nécessité des traitements.

Préserver des refuges de nématodes non traités sur les pâtures

Cette mesure a pour objet de limiter l'extension de la résistance lorsqu'elle est déjà présente. Lors de résistance clairement évaluée, il faut éviter d'offrir aux chevaux, après un traitement, des prairies totalement indemnes de nématodes car, dans ce cas, seuls les parasites résistants coloniseront le pâturage et permettront une diffusion ultérieure de la résistance. Il apparaît que la gestion des pâturages est différente selon que les chevaux hébergent ou non des nématodes résistants. Il s'agit du *treat and move* (traiter et changer de parcelle, la plus saine possible) dans le cas de parasites sensibles et de *move and treat*, donc l'inverse, lors de résistance.

Pour en savoir plus

Archer M., 1978. Further studies on palatability of grasses to horses. *J. Brit. Grassland Soc.*, 33, 239-243.

Bigot G., Célié A., Deminguet S., Perret E., Pavie J., Turpin N., 2011. Exploitation des prairies dans des élevages de chevaux de sport en Basses-Normandie. *Fourrages*, 207, 231-240.

Cabaret J., Charvet C., Fauvin A., Silvestre A., Sauvé C., Cortet J., Neveu C., 2009. Strongles du tractus digestif, des ruminants : mécanismes de résistance aux anthelminthiques et conséquences sur leur gestion. *Bull. Acad. Vét. France*, 162, 33-38.

Carrère P., 2007. Fonctionnement de l'écosystème prairial pâturé. *In : 33ᵉ Journée de la recherche équine*, Les Haras Nationaux, Paris, 8 mars, 215-230.

Carrère P., Dumont B., Cordonnier S., Orth D., Teyssonneyre F., Petit M., 2002. L'exploitation des prairies de montagne peut-elle concilier biodiversité et production fourragère. Agriculture et produits alimentaires de Montagne. *In : Actes du colloque Inra-ENITAC*, 41-46.

Cruz P., Duru M., Therond O., Theau J.P., Ducourtieux C., Jouany C., Al Haj Khaled R., Ansquer P., 2002. Une nouvelle approche pour caractériser les prairies naturelles et leur valeur d'usage. *Fourrages*, 172, 335-354.

Cruz P., Theau J.P., Lecloux E., Jouany C., Duru M., 2010. Typologie fonctionnelle des graminées fourragères pérennes : une classification multitraits. *Fourrages*, 201, 11-17.

Duncan P., 1992. *Horses and Grasses: The Nutritional Ecology of Equids and Their Impact on the Camargue*. Springer-Verlag, New-York, 279 p.

Duncan P., Foose T.J., Gordon I.J., Gakahu C.G., Lloyd M., 1990. Comparative nutrient extraction from forages by grazing bovids and equids: a test of the nutritional model of equid/bovid competition and coexistence. *Oecologia*, 84, 411-418.

Edouard N., Fleurance G., Duncan P., Baumont R., Dumont B., 2009. Déterminants de l'utilisation de la ressource pâturée par le cheval. *Inra Prod. Anim.*, 22(5), 363-374.

Edouard N., Duncan P., Dumont B., Baumont R., Fleurance G., 2010. Foraging in a heterogeneous environment – An experimental study of the trade-off between intake rate and diet quality. *Appl. Anim. Behav. Sci.*, 126, 27-36.

Fleurance G., Fritz H., Duncan P., Gordon I.J., Edouard N., Vial C., 2009. Instantaneous intake rate in horses of different body sizes: Influence of sward biomass and fibrousness. *Appl. Anim. Behav. Sci.*, 117, 84-92.

Fontaine S., Carrère P., 2008. Pourquoi le stockage de carbone est plus stable dans les couches profondes du sol. *Biofutur*, 286, 54-56.

Inra, 1988. *Alimentation des bovins, ovins, caprins* (Jarrige R., ed.), Inra Éditions, 471 p.

Inra – IFCE, 2012. *Alimentation des chevaux*, Éditions Quae, sous presse.

Kilani M., Guillot J., Polack B., Chermette R., 2003. Helminthoses digestives. *In : Principales maladies infectieuses et parasitaires du bétail. Europe et régions chaudes. 2. Maladies Bactériennes, Mycoses, Maladies parasitaires 2* (Lefèvre P.-C., Blancou J., Chermette R., eds), Lavoisier, Paris, 1309- 1424.

Laissus R., 1980. Production d'herbe et amélioration des herbages pour chevaux. CEREOPA, 6ᵉ journée d'étude du 5 mars, 32-43.

Laissus R., 1985. Re-semis des prairies permanentes sans labour préalable, après emploi des désherbants totaux à l'automne, favorisant l'action des lombrics, pendant l'hiver, sur la structure du sol. *Acad. Agri. de France*, 71(3), 229-240.

Lamoot I., Vandenberghe C., Bauwens D., Hoffmann M., 2005. Grazing behaviour of free ranging donkeys and Shetland ponies in different reproductive states. *J. Ethol.*, 23, 19-27.

Leconte D., 1991a. Diagnostic et rénovation d'une prairie. *Fourrages*, 125, 35-39.

Leconte D., 1991b. Comportement des graminées prairiales sur deux types de sols. *Fourrages*, 125, 29-33.

Leconte D., 2004. Synthèse des observations réalisées sur les prairies permanentes du Haras national du Pin, non publié.

Leconte D., 2011. Améliorer les herbages des haras : un mythe. *Equ'idée*, 74, 26-28.

Leconte D., Luxen P., Bourcier J.F., 1998. Raisonner l'entretien et le choix des techniques de rénovation. *Fourrages*, 153, 15-29.

Louault F., Michalet-Doreau B., Petit M., Soussana J.F., 2002. Potentialités des prairies permanentes de montagne pour la production fourragère et la gestion de l'espace. Agriculture et produits alimentaires de Montagne. *In : Actes du colloque Inra-ENITAC*, pp. 33-39.

Louault F., Pillar V.D., Aufrère J., Garnier E., Soussana J.-F., 2005. Plant traits and functional types in response to reduced disturbance in semi-natural grassland. *J. Vegetation Sci.*, 16, 151-160.

Marchiondo A., White G., Smith L., Reinemeyer C., Dasciano J., Johnson E., Shugart J., 2006. Clinical field efficacy and safety of pyrantel pamoate paste (19.13% w/w pyrantel base) against *Anoplocephala spp.* Naturally infected horses. *Vet. Parasitol.*, 137, 94-102.

Martin-Rosset W., Trillaud-Geyl C., Jussiaux M., Agabriel J., Loiseau P., Béranger C., 1984. Exploitation du pâturage par le cheval en croissance ou à l'engrais. *In : Le cheval* (Jarrige R., Martin-Rosset W., eds), Inra Éditions, 584-599.

Martin-Rosset W., Liénard G., Rivot D., 1990. Barème de chargement du pâturage par le cheval en UGB (version provisoire), Inra – Institut de l'élevage.

Martin-Rosset W., 2011. Valeur alimentaire des fourrages verts chez le cheval. *Fourrages*, 207, 173-180.

Martin-Rosset W., Trillaud-Geyl C., 2011. Pâturage associé des chevaux et des bovins sur des prairies permanentes : premiers résultats expérimentaux. *Fourrages*, 207, 211-214.

Mésochina P., 2000. Niveau d'ingestion du cheval en croissance au pâturage : mise au point méthodologique et étude de quelques facteurs de variation, thèse de doctorat, Institut National Agronomique, Paris-Grignon, 158 p.

Mésochina P., Micol D., Peyraud J.L., Duncan P., Trillaud-Geyl C., 2000. Ingestion d'herbe au pâturage par le cheval de selle en croissance ; effet de la biomasse d'herbe et de l'âge des poulains. *Ann. Zootech.*, 49, 505-515.

Mott G.O., 1960. Grazing pressure and the measurement of pasture production. *In : Proc. of the 8th Intern. Grassld Congr.*, 606-611.

Morhain B., Veron J., Martin-Rosset W., 2007. Systèmes fourragers, systèmes d'élevage et d'alimentation des chevaux. *In : 33e Journée de la recherche équine,* Les Haras Nationaux, Paris, 8 Mars, 151-163.

Périgault S., 1975. Influence de la fertilisation sur la composition minérale des fourrages. Conséquences Zootechniques. *Fourrages*, 63, 107-125.

Pfister J.A., Stegelmeier B.L., Cheney C.D., Ralphs M.H., Gardner D.R., 2002. Conditioning taste aversions to locoweed (*Oxytropis sericea*) in horses. *J. Anim. Sci.*, 80, 79-83.

Pontes L. da S., Carrère P., Andueza D., Louault F., Soussana J.F., 2007. Seasonal productivity and nutritive value of temperate grasses found in semi-natural pastures in Europe: responses to cutting frequency and N Supply. *Grass and forage Science*, 62, 485-496.

Réseaux d'Élevage, Chambre d'Agriculture, Institut de l'élevage, 1999. *Déciviande : Démarche de Conseil en Élevage Viande. Classeur de fiches techniques* (Morhain B., ed.), Institut de l'élevage, 100 p.

Rossignol N., Bonis A., Bouzillé J.B., 2006. Consequence of grazing pattern and vegetation structure on the spatial variations of net N mineralization in a wet grassland. *Applied Soil Ecology*, 31, 62-72.

Thébault A., 2003. Protocoles de vermifugation des chevaux. *Le Point Vétérinaire*, 34(234), 48.

Thériez M., Petit M., Martin-Rosset W., 1994. Caractéristiques de la conduite des troupeaux allaitants en zones difficiles. *Ann. Zootech.*, 43, 33-47.

Trillaud-Geyl C., Thirion A., Bigot G., Jussiaux M., Martin-Rosset W., 1990. Exploitation du pâturage par le cheval en croissance. *In : 16e Journée de la recherche équine,* Les Haras Nationaux, Paris, 7 Mars, 30-45.

Trillaud-Geyl C., Martin-Rosset W., 2011. Pâturage du cheval de selle en croissance. Synthèse de résultats expérimentaux et recommandations. *Fourrages*, 207, 225-230.

11

Récolte et conservation des fourrages

Eric Pottier, William Martin-Rosset

Le cheval est un herbivore. À ce titre, les fourrages constituent la base de son alimentation. Au cours du cycle annuel d'élevage des différents types de chevaux (voir chapitres 3, 4, 5, 7 et 8) ou tout au long de l'année lorsqu'il travaille (voir chapitre 6), le cheval est nourri avec des fourrages conservés pendant six mois. Les fourrages conservés représentent de 30 à 90 p. 100 de la ration journalière selon le type de chevaux, l'état et le stade physiologique, la race et les objectifs technico-économiques. Les fourrages conservés peuvent couvrir de 25 à 85 p. 100 des besoins énergétiques et de 20 à 95 p. 100 des besoins azotés selon le type de fourrages. C'est pourquoi il importe de bien connaître et maîtriser les méthodes de récolte et de conservation des fourrages et leurs conséquences sur la valeur alimentaire et la valeur hygiénique des fourrages.

Technique et technologie

La récolte des fourrages est une étape particulièrement importante dans l'année pour les exploitations d'élevage herbivore. Quel que soit le système de production, l'alimentation des troupeaux repose pour partie sur l'utilisation de fourrages récoltés principalement au printemps pour alimenter les animaux pendant l'hiver et pallier éventuellement aux périodes de moindre production fourragère. Les sécheresses répétées et plus ou moins sévères subies depuis la fin des années 1990 ont révélé tout l'enjeu de la gestion des fourrages et de la constitution des stocks. La récolte des fourrages représente un investissement important, tout d'abord en terme de travail mobilisé mais surtout par les coûts directs engendrés. Une étude réalisée par la fédération départementale des Centres d'utilisation des machines agricoles (CUMA) de Vendée en 2002 a évalué à environ 140 €, 240 € et 130 € le coût, hors main d'œuvre, de récolte d'un hectare d'herbe respectivement sous forme d'ensilage, d'enrubannage et de foin. Ces coûts varient peu en fonction du rendement et le coût du kilo de fourrage valorisé va varier de façon importante en fonction des pertes subies à la récolte mais surtout lors de la conservation et à la distribution. Les caractéristiques du fourrage à la distribution (valeur nutritionnelle, présence éventuelle de composés toxiques) vont également avoir une incidence économique au moins par les corrections qu'il faudra apporter au niveau de la ration. La maîtrise technique de la récolte et de la conservation des fourrages représente donc un enjeu économique. Cette première partie aborde de façon globale les différents modes de récolte possibles des fourrages, leurs avantages, leurs inconvénients et précise les points importants à prendre en compte pour produire un fourrage de qualité sur le plan de la nutrition et de la santé. Il s'intéresse plus particulièrement à l'herbe, récoltée et conservée sous différentes formes, qui reste, et de loin, le fourrage le plus utilisé pour alimenter les équidés.

Les différents modes de conservation des fourrages

On distingue trois modes de conservation des fourrages. Le foin est certainement le plus connu et le plus utilisé pour alimenter les chevaux. L'ensilage est également une technique qui a largement fait ses preuves. Envisageable pour l'herbe, elle s'est surtout développée de façon concomitante à la culture du maïs ou des sorghos, et plus récemment des céréales dites à paille. Enfin, l'enrubannage est un mode de conservation beaucoup plus récent qui a connu un véritable essor en France au cours de ces 15 dernières années et que l'on peut situer entre le foin et l'ensilage d'où l'appellation ensilages mi-fanés. Chacun de ces modes de conservation fait appel à des itinéraires techniques différents pour assurer la production d'un fourrage de qualité, ici plutôt considérée sous l'angle de l'ingestibilité et la santé.

Le foin

Il s'agit dans ce cas de permettre une conservation de qualité en amenant le végétal à une teneur en eau d'au maximum 25 % qui ne permet plus aux micro-organismes, moisissures principalement, de pouvoir se développer et se multiplier. La principale difficulté de ce mode de récolte qui concerne avant tout les prairies est d'obtenir un taux de matière sèche (MS) suffisamment élevé proche de 85 % à partir de fourrage vert contenant 70-80 % d'eau. La dessiccation demande de 2 à 3 jours, dans le meilleur des cas, à plus d'une semaine. La rapidité de ce séchage est fonction des conditions climatiques, des caractéristiques du fourrage (espèce, teneur en eau, biomasse présente) mais également des matériels mis en œuvre et des modalités de leur utilisation. Pour le foin, il faut compter en moyenne entre 4 et 5 jours pour atteindre une teneur en matière sèche suffisante. Cette durée est bien connue pour représenter un risque par rapport à la météorologie surtout dans le cas de fauches précoces. Ce séchage requiert également un certain nombre de fanages qui vont favoriser l'aération du fourrage et ainsi accélérer sa dessiccation. Ces opérations sont particulièrement nécessaires lorsque les quantités présentes au sol sont importantes.

L'ensilage

Il s'agit dans ce cas d'une conservation dite par voie humide. Les fourrages sont récoltés et stockés à des teneurs en matière sèche qui oscillent entre 15 % et 35 % voire un peu plus pour le maïs. La réussite de la conservation du fourrage avec de telles teneurs en eau repose sur une acidification du milieu grâce au développement préférentiel de bactéries lactiques, plus particulièrement du groupe des homolactiques, qui permet l'obtention d'une atmosphère anaérobie. Celles-ci vont transformer les sucres solubles disponibles en acide lactique. Cette acidification doit être obtenue le plus rapidement possible afin de limiter les pertes. Selon le barème établi par l'Inra (tableau 11.1) une conservation de qualité se caractérise par le res-

Tableau 11.1. Qualité de conservation des ensilages : barème Inra des caractéristiques physico-chimiques (d'après Dulphy et Demarquilly, 1981).

a- Barème d'appréciation

Classe	Acides gras volatils (mmoles/ kg MS)	Acide acétique (g/kg MS)	Acide butyrique (g/kg MS)	N-NH$_3$ (p. 100 N total) Maïs	Luzerne	Autres plantes	N soluble (p. 100 N total)
Excellent	< 330	< 20	0	< 5	< 8	< 7	< 50
Bon	330-660	20-40	< 5	5-10	8-12	7-10	50-60
Médiocre	660-1000	40-55	> 5	10-15	12-15	10-15	60-70
Mauvais	1000-1330	55-75	> 5	15-20	16-20	15-20	> 65
Très mauvais	> 1330	> 75	> 5	> 20	> 20	> 20	> 75

b- Types d'appréciation et corrections à apporter aux résultats de contrôle

	% MS	pH	N-NH$_3$ (p. 100 N total)	N soluble (p. 100 N total)	Acide lactique (g/kg MS)	Acides gras volatils (g/kg MS)	Alcools (g/kg MS)
Correction de la teneur en matière sèche			NH$_3$ X		X	X	X
Qualité de conservation		X	X			X Acide butyrique	
Valeur azotée			X	X			
Ingestibilité	X		X	X		Acide acétique X	

Selon l'espèce végétale, on utilisera pour juger de la qualité de conservation surtout : l'acide acétique et les acides gras volatils pour les graminées (ray-grass en particulier) ; la proportion N-NH$_3$ et les acides gras volatils pour les légumineuses (luzerne notamment).

pect d'un certain nombre de critères. Pour des teneurs inférieures à 35 % de MS le pH doit être inférieur ou égal à 4. Simultanément, les teneurs en azote ammoniacal ($N-NH_3$) ne doivent pas dépasser les 5 à 7 p. 100 de l'azote total, la teneur en acide acétique doit être inférieure à 25 g/kg de MS et les acides propionique et butyrique ne doivent être présents qu'à l'état de trace. La réussite de l'ensilage repose donc sur deux facteurs, la disponibilité en sucres fermentescibles et l'élimination de toutes traces d'oxygène, favorable au développement des bactéries lactiques. La disponibilité en sucres va tout d'abord dépendre du matériel végétal et de sa richesse en sucres solubles. Celle-ci varie en fonction de l'espèce fourragère et du stade du végétal. Suffisants avec les ray-grass (125 à 150 g de glucides solubles/kg de MS), les teneurs sont souvent déficitaires avec les prairies naturelles (60 à 100 g de glucides solubles/kg de MS) et plus encore avec le dactyle (30 à 70 g de glucides solubles/kg de MS) et la luzerne (40 à 80 g/kg de MS). La teneur va également diminuer avec le développement végétatif. Outre la teneur, ces sucres doivent également être rapidement disponibles pour les bactéries. C'est pourquoi un hachage fin est préconisé. Il importe lors du chantier de récolte d'éliminer au maximum l'oxygène. Le silo doit être rempli le plus rapidement possible et fermé de façon hermétique. Le tassement, qui permet de chasser l'air est particulièrement important dans le cas d'un ensilage récolté à des teneurs en MS supérieures à 30 % ce qui est le cas des maïs ou des graminées et des légumineuses ayant subi un préfanage ou bien encore si le fourrage est récolté en brins longs.

L'enrubannage

C'est une technique de récolte beaucoup plus récente qui s'est au départ développée dans les pays du nord de l'Europe où les conditions climatiques rendent plus aléatoires la production de fourrages de qualité par la voie sèche. Il s'agit, dans sa méthode la plus classique, d'ensacher à l'aide d'un film plastique étirable des balles rondes, d'où l'appellation courante « balle ronde enrubannée », voire des bottes cubiques. Si la stabilité des ensilages coupe fine est assurée par une acidification rapide du milieu, ce n'est pas le cas dans les balles rondes enrubannées où les brins d'herbe sont quasiment entiers. Cela a comme conséquences de diminuer la densité du fourrage récolté et donc d'emprisonner plus d'air, de limiter la disponibilité immédiate en sucres solubles pourtant nécessaires aux bactéries acidifiantes. C'est pourquoi la stabilité du produit n'est obtenue qu'en récoltant un fourrage suffisamment sec. Le pH n'est de fait plus un critère pertinent de jugement de la qualité mais c'est avant tout la teneur en MS comme le montre le tableau 11.2. La teneur optimale de MS à rechercher est de 50 à 60 %. Des études conduites par l'Institut de l'élevage montrent que ces taux peuvent être atteints relativement rapidement, en moins de deux jours (fauche le matin, récolte le lendemain en fin d'après-midi) lorsque les conditions météorologiques sont favorables. La technique de l'enrubannage présente comme avantage d'utiliser la même chaîne de récolte et de distribution que le foin, exception faite de la nécessité de disposer d'une enrubanneuse. Si cette technique diminue le nombre de fanages, elle génère un coût supplémentaire et demande une organisation particulière des chantiers de récolte, plus mobilisatrice de main d'œuvre. Si l'enrubannage doit être rapidement réalisé, les contraintes sont moindres qu'avec la technique de l'ensilage. S'il est préférable de le faire dès le pressage, il est possible de reporter l'enrubannage de quelques heures, sans toutefois dépasser les 24 h et en évitant que les bottes supportent des intempéries. Le débit moyen d'un chantier étant de 3 à 4 ha par jour au maximum, on ne peut récolter simultanément que des surfaces de dimension moyenne.

Tableau 11.2. Résultat de conservation et de contamination butyrique par classe de teneur en matière sèche (d'après Corrot *et al.*, 1998).

Classe de matière sèche	Azote soluble (%)	Azote ammoniacal (%)	Acide acétique (g/kg MS)	Acide propionique et butyrique (g/kg MS)	Spores/g
< 30		12,9	13,5	30,7	69 180
30 à 40	63,4	10,9	10,1	16,2	24 550
40 à 50	47,4	6,9	7,6	6,2	2 270
50 à 60	37,8	6,1	6,2	3,3	470
> 60	31,2	3,6	5,3	2,2	90
Recommandations classiques	< 50	< 7	< 20	< 0,5	100 à 1 000

Problèmes posés par la récolte et la conservation des fourrages

Des pertes aux différentes étapes de la récolte et du stockage

Dès l'instant où un fourrage est fauché, différents processus vont conduire à des pertes de matière sèche. Celles-ci vont apparaître à différents niveaux de la chaîne de récolte, tout d'abord au champ puis lors de la conservation, et ce pour différentes raisons.

Des pertes par processus respiratoires

Les premières pertes vont être induites par la poursuite des phénomènes respiratoires affectant le matériel végétal après la fauche. L'importance de ces pertes est fonction de l'espèce végétale, de la rapidité de dessiccation du fourrage et du mode de récolte, en sec ou humide. Celles-ci sont très variables. Dans le cas d'un foin sec, ces pertes perdurent jusqu'à ce que le foin ait atteint environ 75 % de la MS à raison de 1 à 1,5 % de la MS fauchée par jour. Ces pertes sont d'autant plus faibles qu'un temps chaud et sec permet un séchage rapide. Elles représentent finalement de 3 à 10 p. 100 de la matière sèche fauchée. Elles seront moins élevées dans le cas d'un fourrage récolté sous forme humide (figure 11.1). Dans le cas de l'ensilage ou de l'enrubannage, les processus respiratoires vont encore se produire quelques temps après la récolte puis des fermentations anaérobies, nécessaires à la conservation qui va également conduire à d'autres pertes de matière sèche, vont se mettre en place. Ces phénomènes sont moindres avec l'enrubannage car les fermentations sont réduites.

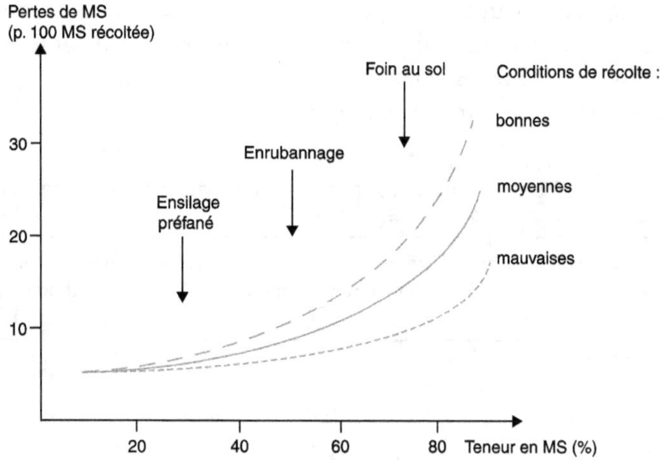

Figure 11.1. Évolution des pertes de matière sèche (MS) pour les différentes techniques selon les conditions de récolte.

Des pertes mécaniques

Au cours des différentes étapes nécessaires à la récolte d'un fourrage, des pertes générées par les outils utilisés et leur utilisation, vont se cumuler. Tout d'abord au moment de la fauche. Elles vont principalement dépendre de la hauteur de coupe, du type de faucheuse utilisée et de l'état du couvert végétal, notamment si celui-ci est versé. Dans le cas de graminées, une variation de 1 cm de la hauteur de coupe autour de la hauteur conseillée de 6-7 cm fera varier le rendement de 100 à 200 kg de MS par hectare. Ensuite, chaque manipulation du fourrage, nécessaire pour accélérer le séchage ou permettre sa récolte, va engendrer de nouvelles pertes. La teneur en matière sèche du végétal lors du passage et les modalités d'utilisation des outils vont fortement influer sur l'importance de celles-ci. Enfin, lors de la récolte, une part du fourrage peut également rester sur le champ.

Des pertes par lessivage

Il s'agit des pertes qu'entraîne la pluie sur un fourrage en cours de séchage. Aux effets directs de la pluie sur le fourrage s'ajoutent des effets indirects par une augmentation du temps de séjour au sol et une augmentation des manipulations nécessaires à la ventilation. Ce problème concerne principalement les foins et l'importance sera d'autant plus forte que le séchage sera déjà avancé et la pluviosité élevée. La pluie va entraîner un lessivage des constituants solubles de la plante, modifier sa composition chimique ce qui va se traduire par une diminution de la valeur nutritionnelle du fourrage récolté. Ainsi, les valeurs énergétique et azotée d'un foin de prairie naturelle de plaine récolté au stade de début épiaison par temps de pluie diminuent de 0,04 UFC et de 3 g de MADC/kg MS en comparaison d'une récolte par beau temps, soit une diminution moyenne de 5 p. 100 voire plus si le fourrage séjourne longtemps au sol.

Des pertes en cours de conservation

Il faut distinguer les foins secs des foins humides et de l'ensilage. Avec le foin traditionnel, récolté à plus de 85 % de MS, les pertes en cours de conservation sont extrêmement faibles dès lors que l'on prend soin du stockage. Selon les auteurs, celles-ci oscillent entre 1 et 4 p. 100. Des teneurs en matière sèche plus faibles conduisent d'une part à des pertes plus élevées dues à l'échauffement du fourrage, et d'autre part à la production de jus dans le cas d'ensilage dont la teneur en MS ne dépasse guère les 30 %. Ces pertes sont quasiment proportionnelles à la teneur en MS à la récolte. Globalement, les pertes engendrées par la récolte de fourrages puis leur stockage ne sont pas négligeables et peuvent même être importantes (tableau 11.3). On estime que celles-ci peuvent varier de 10 p. 100 dans le meilleur des cas à près de 30 p. 100, cela sans prendre en considération l'inconsommable. Elles sont plus élevées avec les légumineuses (25 p. 100) qu'avec des graminées récoltées en sec (de 10 à 20 p. 100). Par contre, dans des conditions optimales de récolte, les pertes cumulées par ensilage sont peu différentes de celles du foin. La technique de l'enrubannage semble toutefois diminuer leur importance.

Tableau 11.3. Estimation des pertes selon le mode de récolte du fourrage en p. 100 de la MS totale récoltée (d'après Dulphy, 1997).

Bilan des pertes	Foins beau temps	Balles rondes enrubannées à 50 % MS	Ensilage coupe fine à 25 % MS
Au champ	12-18	4-7	2-3
À la conservation	1-2	7-7	10-15
À la reprise	~ 0	0-3	3-7
À l'utilisation	2-4	1-2	0-2
Pertes totales	15-24	9-19	15-27

Une microflore complexe

Il existe une multitude de micro-organismes présents lors de la récolte : des bactéries, des levures, des moisissures. Réussir à conserver un fourrage repose sur une maîtrise de leur développement respectif, soit en empêchant toute prolifération comme c'est le cas avec le foin pour des teneurs en matière sèche au moins égales à 85 %, soit en favorisant les espèces favorables à la bonne conservation du fourrage au détriment d'autres qui pourraient être pathogènes. C'est ce à quoi il faut parvenir avec les voies humides.

Une microflore abondante et diversifiée

La microflore des fourrages est particulièrement diversifiée. On peut distinguer la flore des champs présente avant la récolte, la flore qui va s'installer en cours de récolte puis la flore de stockage. L'importance relative de chacune dans le fourrage stocké va dépendre d'un certain nombre de facteurs favorables ou pas au développement de l'une ou l'autre de ces flores. De façon simple, on peut regrouper ces micro-organismes en trois catégories : les bactéries lactiques, les autres bactéries et les levures et moisissures. Les bactéries lactiques sont des bactéries anaérobies strictes qui présentent un fort pouvoir acidifiant. Elles ont besoin pour se développer de disposer de sucres fermentescibles immédiatement disponibles avec lesquels elles vont produire de l'acide lactique qui va faire rapidement baisser le pH. La seconde catégorie se compose de bactéries aérobies strictes, d'anaérobies facultatifs, et d'anaérobies stricts que sont notamment les bactéries butyriques. Ce sont des bactéries présentes essentiellement dans le sol sous une forme sporulée et leur germination est nécessaire à leur développement. Enfin, si les moisissures sont aérobies, les levures peuvent se développer en l'absence ou non d'oxygène.

Des développements aux conséquences variables

Le développement de ces différents micro-organismes va toujours se traduire par des pertes de matière sèche et une diminution de la valeur énergétique et azotée par l'utilisation des sucres et des acides aminés du fourrage. Les moisissures et les levures vont également avoir pour effet d'augmenter ces pertes en rendant une partie du fourrage impropre à la consommation, voire peu appétant avec éventuellement la sécrétion de substances qui peuvent être toxiques (voir chapitre 9).

Plus problématique est la capacité de certains de ces micro-organismes, et notamment le groupe des bactéries butyriques, à sécréter des substances toxiques pour les animaux les consommant. Dans le genre *Listeria*, il faut évoquer l'espèce *monocytogenes* potentiellement dangereuse, pouvant causer des encéphalites et des avortements avec des fourrages fortement contaminés, tout particulièrement chez les petits ruminants.

Les ensilages sont ensemencés par des Entérobactéries suite à des épandages de fumure organique trop tardifs par rapport à la récolte. Les Entérobactéries réduisent les nitrates des plantes en nitrites et monoxyde d'azote, voire en ammoniac qui induisent chez la vache laitière des perturbations métaboliques (alcalose) et/ou des troubles de la reproduction. Chez le cheval, aucun trouble n'a été rapporté dans la littérature, sans doute parce que l'utilisation des ensilages est encore peu répandue. Un pH faible inférieur à 4 et un abaissement rapide du pH dans les ensilages sont des facteurs limitant leur développement.

Les *Clostridia* apparaissent dans les ensilages à la suite de l'incorporation de terre lors de la récolte. *Clostridia tyrobutiricum* produit de l'acide butyrique et de l'hydrogène à partir de lactates au cours de la conservation. Leur présence entraîne une appétibilité et une ingestion moindres, une réduction de la teneur en énergie digestible, quelquefois une dégradation accrue des protéines des fourrages avec production anormale d'ammoniac qui peut dépasser la capacité du foie à détoxifier l'ammoniac *via* le cycle endogène de l'urée. *Clostridia botulinum*, bien que très peu fréquent dans les ensilages, est très pathogénique notamment chez le cheval, provoquant le botulisme car les toxines produites par la bactérie (toxine *Botulinum* de types B, C, D) sont absorbées directement dans l'intestin grêle contrairement aux ruminants chez qui elles sont pour une grande part détoxifiées au préalable dans le rumen. Une fauche assez haute, un préfanage adéquat, un contrôle efficace au préalable des taupes et campagnols terrestres pour éviter la formation de taupinières, un épandage de fumure organique en tout début d'hiver et enfin une étanchéité totale des silos éliminent les risques. La possibilité d'utiliser des conservateurs efficaces n'a pas été étudiée chez le cheval. Bien qu'aucun cas de botulisme n'ait été encore signalé chez le cheval, il faut favoriser un pH s'abaissant rapidement à moins de 4 dans les ensilages et une teneur en MS assez élevée (50 % minimum pour les balles rondes enrubannées) ainsi qu'une bonne anaérobiose pour limiter très fortement le développement de *Listeria*.

Les moisissures concernent surtout les balles rondes enrubannées ayant des teneurs en MS insuffisante (< 50 %) et plus rarement les ensilages si leur pH est supérieur à 5-6. Quatre facteurs conditionnent leur développement : présence d'oxygène, humidité excessive, activité importante de l'eau (Aw), température élevée et substrats disponibles. Dans le cas du cheval, quatre toxines pourraient être quelquefois incriminées dans les ensilages moisis :

– l'acide penicillique à action neurotoxique ;

– la trichodermine et la poïne à action gastrotoxique ;

– et enfin les fumonisines qui peuvent provoquer une leucoencéphalomalacie.

Mais le risque paraît limité car la plupart des toxines produites sembleraient souvent instables dans les ensilages bien réalisés. En revanche, certaines moisissures que l'on peut rencontrer sur des fourrages échauffés, telle que *Aspergillus fumigatus*, peuvent être responsables de mycoses.

La question des allergies respiratoires dans le cas de l'utilisation de foins est très certainement prépondérante chez le cheval et elle n'est pas à négliger chez l'Homme (maladie dite du poumon fermier, asthme et bronchite chronique). De nombreux agents peuvent en être responsables, des moisissures (*Alternaria, Mucor, Aspergillus*, etc.) ou des bactéries comme les *Penicillium*.

Des conditions de développement différentes selon les catégories

Ces différentes moisissures présentent des exigences de développement et de sensibilité différentes en pH et à la pression osmotique. La pression osmotique est déterminée par la concentration en sucs cellulaires de la plante et donc la teneur en matière sèche. Ainsi, les bactéries butyriques sont très sensibles à des acidités relativement basses, pH inférieur à 4, et plus sensibles que les bactéries lactiques à des pressions osmotiques élevées. Accroître la teneur en matière sèche du fourrage au moment de la récolte permet donc d'améliorer la conservation et de limiter le développement des micro-organismes indésirables (figure 11.2). Cette technique est obligatoire dans le cas de fourrages récoltés en brins longs comme c'est le cas pour l'enrubannage. Concernant *Listeria monocytogenes*, une étude réalisée par l'Inra entre 1990 et 1992 sur plus de 350 prélèvements de fourrages récoltés a montré que moins de 8 p. 100 d'entre eux étaient positifs et que les ensilages tout comme les balles rondes enrubannées n'étaient pas plus contaminée que les foins.

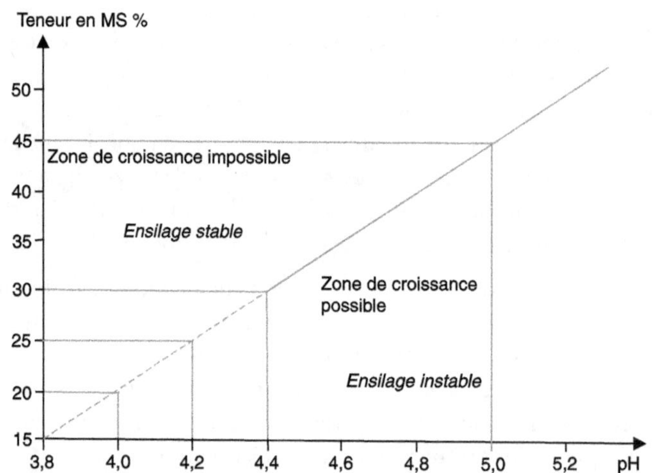

Figure 11.2. Influence de la teneur en matière sèche inhibant la croissance des bactéries butyriques.

S'adapter aux conditions climatiques

Exception faite de l'ensilage réalisé en coupe directe qui intéresse avant tout les céréales mais peu les graminées et encore moins les légumineuses, les autres modalités de récolte, ensilage préfané, enrubannage et foin, nécessitent de disposer de plusieurs jours consécutifs de beau temps, non seulement sans pluie mais également plutôt ensoleillés. La principale difficulté réside à disposer des conditions climatiques optimales pendant toute la phase du chantier de récolte. Le risque que ce ne soit pas le cas est d'autant plus grand que la durée du chantier est longue et que l'on se situe tôt dans l'année, au printemps plutôt qu'en été. L'enrubannage représente aujourd'hui une vraie alternative pour sécuriser une récolte. Elle permet d'envisager des fauches relativement précoces au printemps mais également aujourd'hui en automne.

Les précautions à prendre de la récolte à la conservation

Il ne s'agit pas de développer dans ce paragraphe l'ensemble des facteurs qui influent sur la réalisation des chantiers mais uniquement de discuter sur ceux qui peuvent être maîtrisés au travers des choix techniques.

Assurer une dessiccation rapide des fourrages

Quel que soit le fourrage, il importe de faire en sorte que le temps de séjour au sol soit le plus court possible, bien évidemment pour limiter la prise de risque par rapport aux conditions climatiques mais également pour préserver la meilleure qualité possible du fourrage. La technique du séchage en grange permet bien évidemment de se soustraire des aléas climatiques. C'est toutefois une technique relativement coûteuse qui ne peut être envisagée que dans des systèmes où les surfaces fauchées et les volumes à sécher sont importants. Toutefois, ces conditions de séchage idéales, par ventilation et à l'abri de la lumière, garantissent une qualité du fourrage sur le plan de la valeur énergétique, protéique et vitaminique, qui peut et doit se traduire par une diminution des besoins de complémentation en concentré. Enfin, ce mode de séchage, sous réserve que les conditions de stockage soient également bonnes, limite les risques sanitaires liés au développement de bactéries et des moisissures.

Ne pas faucher trop bas

Il importe tout d'abord de ne pas faucher trop bas. Dans le cas des fourrages qui demandent un certain temps de séchage, la hauteur de fauche va influer directement sur la rapidité du séchage. Tout d'abord, plus on fauchera bas, plus la quantité de fourrage sera importante, et plus il faudra de temps. D'autre part, en ne fauchant pas trop bas on va permettre à l'air de pouvoir mieux circuler dans l'andain et ainsi accélérer le séchage. Une hauteur de fauche de 6 à 7 cm, soit la largeur d'une main, est ainsi considérée comme un bon compromis entre des préoccupations qualitatives et des nécessités de rendement (tonnes de MS/ha). La fauche doit intervenir sur un fourrage qui n'est pas humide, après la disparition de la rosée. Dans le cas des légumineuses, luzerne ou trèfle violet, il ne faut toutefois pas faucher en plein soleil.

Faner juste après la fauche

La dessiccation est rapide dans les quelques heures qui suivent la fauche, puis elle diminue de façon régulière. Pour profiter au maximum de l'efficacité du séchage, il est souhaitable, contrairement à ce qui est le plus souvent pratiqué, de faner immédiatement après la fauche. Ce fanage a pour intérêt d'aérer les andains et de favoriser la ventilation en profondeur du fourrage. Cela permet de surcroît de travailler sur un fourrage vert qui limite les pertes. Ceci est particulièrement important pour les légumineuses, luzerne et trèfle violet pour lesquels les feuilles sèchent beaucoup plus rapidement que les tiges.

Utiliser une faucheuse conditionneuse

L'utilisation de faucheuses conditionneuses accélère de façon importante le séchage des fourrages. Ces outils ont un intérêt tout particulier pour les légumineuses et surtout la luzerne qui présente la caractéristique d'avoir des tiges relativement grosses et beaucoup plus résistantes au séchage. La conditionneuse, qu'elle soit à fléau ou à rouleau, va permettre d'écraser ou de casser la tige et ainsi accélérer la dessiccation. Outre l'accélération du séchage, les faucheuses conditionneuses réduisent également le nombre de fanages. Dans tous les cas, ces outils participent à diminuer les pertes par respiration et les pertes mécaniques. Exception faite d'une récolte par ensilage, il est également souhaitable de ne pas constituer d'andains au moment de la fauche mais de préférer un étalement maximum du fourrage sur le sol.

Intervenir en début ou en fin de journée

L'herbe en cours de dessiccation présente une relative hétérogénéité de séchage, au niveau de l'épaisseur du fourrage et des organes. Les feuilles présentent des teneurs en eau rapidement plus faibles que les tiges, voire les inflorescences, et celles du dessous plus encore que celles du dessus. La manipulation sur des andains dont le dessus est déjà relativement sec va provoquer des pertes qui vont avant tout affecter les feuilles et donc au final la valeur du fourrage récolté. Ceci est particulièrement important avec les légumineuses. Il convient donc, dans le cas de prairies principalement composées de graminées, de s'interdire en présence de légumineuses de brasser un fourrage trop sec. Il est toujours préférable d'intervenir relativement tôt dans la journée dès la disparition de la rosée.

Limiter les contaminations et les pertes de fourrage à la récolte

La contamination des fourrages se fait pour partie par la terre qui peut être ramassée lors de la fauche et des opérations suivantes, fanage et andainage. Ce problème se pose avec plus d'acuité dans le cas des prairies permanentes. Il faut en tout premier lieu veiller à ce que les parcelles destinées à la fauche soit relativement saines sans présence de monticules de terre provoqués par des taupes ou des rats taupiers très présents dans certaines régions. Un passage de herse étrille ou de tout autre outil permettant un étalement de ces monticules puis une lutte adaptée doivent alors être mis en œuvre.

Ne pas faucher trop bas

Pour limiter la contamination des fourrages au moment de la récolte, il convient de ne pas faucher en dessous d'une hauteur de 6 à 7 cm, surtout dans le cas d'un ensilage ou d'un enrubannage. Le ramassage du fourrage pour des hauteurs plus faibles entraîne obligatoirement un réglage du faneur et de l'andaineur qui va inévitablement amener à incorporer de la terre dans le fourrage. Ce risque est d'autant plus élevé que la surface de la prairie présente des déformations inéluctables comme les traces de roue des tracteurs ou des marques de pieds.

Faner au bon moment

Pour limiter les pertes dites mécaniques, il faut éviter de faner en fin de matinée ou en tout début d'après midi. Il est toujours préférable de réaliser ces opérations le matin juste après la disparition de la rosée ou le soir quand l'atmosphère est un peu plus humide. Outre le fait que ces pertes vont affecter le rendement, elles vont principalement concerner les feuilles et donc diminuer finalement la valeur du fourrage récolté. Ceci est particulièrement bien connu pour les grandes légumineuses mais cela vaut également pour les graminées et plus encore les associations avec trèfle. Le fanage, qui reste l'opération qui occasionne le plus de pertes, ne doit pas se faire avec précipitation. Il convient de travailler en régime lent avec une faneuse en position oblique.

Réaliser un chantier de récolte le plus propre possible

Les opérations mises en œuvre lors du chantier de récolte sont une autre source de contamination importante, principalement pour l'ensilage et dans une moindre mesure l'enrubannage. Il convient d'organiser un chantier qui limite au maximum l'introduction de terre dans le stockage. Cela n'est pas toujours facile pour la réalisation des ensilages au champ. C'est pourquoi il est préférable que cela se fasse sur des sols bétonnés et plutôt en silo couloir.

Récolter au bon moment

Il importe également de respecter une teneur optimale de matière sèche adaptée à chaque type de récolte. Si le fourrage doit être parfaitement sec pour le foin, il faut viser des taux relativement précis pour l'ensilage et l'enrubannage. Dans le cas des ensilages, il faut rechercher au minimum une teneur de 25 % et de 35 % de MS respectivement pour l'herbe et le maïs. Avec l'enrubannage, on dispose d'un peu plus de souplesse. Si une teneur comprise entre 50 et 60 % de MS est souhaitable, une récolte un peu en deçà ou au-dessus n'affectera pas fortement la qualité du fourrage distribué. Le risque principal est celui du développement des bactéries butyriques qui pose avant tout des problèmes aux éleveurs de vaches laitières.

Assurer une parfaite conservation des fourrages

Quel que soit le mode de stockage et plus particulièrement si les conditions de récolte n'ont pas été optimales, il convient d'assurer une parfaite conservation du fourrage pour non seulement limiter les pertes inconsommables mais également pour éviter le développement de micro-organismes pathogènes. La réussite des ensilages repose en grande partie sur la qualité de la conservation. Il importe de faire en sorte qu'aucune reprise de fermentations n'ait lieu à l'ouverture des silos, ce qui oblige également à avancer relativement rapidement sur le front d'attaque lors de la distribution aux animaux. Il est conseillé d'atteindre une vitesse d'avancement de 10 à 20 cm par jour. Aussi, il convient lors de la réalisation du silo de le dimensionner de la façon la plus adaptée au regard des besoins quotidiens du troupeau.

Tout comme pour l'ensilage, des règles sont à respecter pour assurer une parfaite conservation des fourrages enrubannés qui ont été parfaitement décrites :
– dans le cas de botte rondes, il faut veiller à une bonne régularité des balles et à obtenir des densités élevées ;

– le plastique utilisé doit être de qualité et il est préférable d'utiliser des films larges ;
– au moment de l'enrubannage, il faut s'assurer que le recouvrement du film à chaque passage soit suffisant (50 p. 100) et que le nombre de couches soit au minimum de quatre, voire supérieur pour des fourrages plutôt secs avec des tiges (risques de perforation) ;
– les bottes sont plutôt stockées sur leur face plane, sans être empilées, et sur une surface plane ;
– en cours de conservation, il convient de surveiller l'apparition de trous éventuels (oiseaux, chats, etc.) et être vigilant par rapport aux rongeurs.

L'ouverture va provoquer une reprise des fermentations. Pour en limiter les effets, il est conseillé de respecter une vitesse de « consommation ». En hiver, il est souhaitable de consommer une balle ronde enrubannée en 5 ou 6 jours.

L'utilisation de conservateurs à destination des ensilages ou des foins est parfois conseillée pour mieux maîtriser les conditions de conservation. Il en existe une gamme relativement diverse (acide formique, propionique, sels d'acide, ferments lactiques, etc.) qui vont agir de différentes façons (par modification du pH, par destruction ou inhibition de l'activité des micro-organismes indésirables). Si certains ont une réelle efficacité, leur utilisation s'avère souvent délicate et oblige parfois à des équipements spécifiques à leur incorporation qui en limitent leur intérêt, et les possibilités d'utilisation d'ensilages additionnés de conservateurs pour alimenter des chevaux ne sont pas encore connues. Dans tous les cas, leur utilisation ne dédouane pas de mettre en œuvre toutes les conditions nécessaires pour assurer une bonne conservation. Quel que soit le mode de récolte, et plus encore dans le cas des fourrages stockés humides, il est illusoire de penser que la conservation aura été parfaite. Certaines parties du silo ou la périphérie de certaines bottes enrubannées présenteront des zones altérées qu'il conviendra d'éliminer. Dans le cas où celles-ci seraient trop importantes sur une botte, il est préférable de ne pas la distribuer.

Fourrages déshydratés

Compte tenu du coût de l'énergie, ce sont essentiellement les légumineuses, notamment la luzerne, et le maïs plante entière qui sont déshydratés pour être distribués en complément dans la ration. Le séchage doit être bien conduit en durée et température pour éviter la réaction dite de Maillard qui provoque une liaison entre les protéines et les glucides, et une diminution de la digestibilité des matières azotées.

Pailles de céréales et de légumineuses

Les pailles de céréales à petits grains sont disponibles en grande quantité pour être utilisées comme litière mais également comme aliments chez le cheval. Leur récolte ne pose pas de problème particulier puisqu'elle est réalisée avec le même matériel que pour les foins, à une période qui est favorable, l'été, et que le produit est déjà suffisamment sec pour être pressé. Il est toutefois nécessaire de rappeler que la récolte doit intervenir rapidement après la moisson afin de soustraire les pailles aux intempéries occasionnelles en été (orages) et limiter ainsi les possibilités de contamination par des moisissures. Leur valeur nutritive est médiocre et elles doivent être impérativement complémentées (voir chapitres 9, 12 et 16).

La valeur nutritive des pailles de céréales peut être améliorée par des traitements à la soude ou à l'ammoniac anhydre (NH_3). Le second traitement est plus intéressant car il augmente non seulement la digestibilité mais également la teneur azotée (voir chapitres 9 et 16).

L'ammoniac anhydre est injectée soit dans :
– une meule de balles classiques, recouverte d'un film plastique à raison de 50 g/kg de paille traitée. La réaction chimique dure de 1 à 2 mois ;
– le cœur des balles rondes à l'aide d'une fourche à dents creuses (système ARMAKO) à raison de 30 g/kg de paille. Les pailles sont ensuite enfermées dans une gaine de polyéthylène ;
– une enceinte thermique (fours FMA, SFS, CIL, etc.) à raison de 30 g/kg de paille. Le traitement est effectué en 24 heures, après chauffage de la paille à 90 °C pendant 15 heures.

Les pailles ainsi traitées sont disponibles environ 1 à 3 mois après la fin du traitement selon la technique, « en meule » ou « en balles rondes », que le traitement ait lieu en été ou en automne.

Les améliorations de la valeur nutritive des pailles de céréales obtenues n'excluent pas la complémentation minérale, vitaminique, énergétique et azotée, car seule une partie de l'azote fixé après traitement à l'ammoniaque sera utilisée par le cheval.

Les pailles de diverses graminées fourragères (Ray-grass, etc.) et de légumineuses (pois) issues de la production de semences n'ont pas besoin d'être traitées car leur composition chimique et leur valeur nutritive sont meilleures (voir chapitres 9 et 16), mais elles doivent être récoltées et conservées dans de bonnes conditions et complémentées comme les pailles de céréales.

Effets sur la valeur alimentaire

Effets sur la composition chimique et la valeur nutritive

Les ensilages

Seuls les ensilages de graminées, de maïs plante entière ou de prairie naturelle sont utilisés chez le cheval.

La teneur en MS des ensilages varie de 25 à 35 p. 100 selon qu'il s'agit d'ensilages directs ou préfanés respectivement. Mais seuls les ensilages préfanés sont recommandés pour le cheval.

Les teneurs en matières minérales (MM), en matières azotées totales (MAT) et cellulose brute (CB) des ensilages comparées à celles des fourrages verts correspondants varient peu lorsqu'elles sont exprimées par rapport à la MS corrigée pour les quantités de produits volatils perdues au cours du séchage de l'échantillon. Il est donc possible de prévoir la composition chimique des ensilages à partir de celles des fourrages verts correspondants (tableau 11.4) ce qui est très important pour prévoir la valeur énergétique et azotée des ensilages.

Tableau 11.4. Prévision de la composition chimique des fourrages conservés (Y dans les équations), à partir des valeurs du fourrage vert correspondant (X dans les équations) (d'après Inra, 1988).

	Techniques de conservation	Cendres (g/kg MS)	Matières azotées (g/kg MS)	Cellulose brute (g/kg MS)
Prairies naturelles et graminées	*Ensilage*			
	Préfané	$Y = 0,882\,X + 21,0$	$Y = 0,859\,X + 26,3$	$Y = 0,935\,X + 31,0$
	Mi-fané*	$Y = 0,479\,X + 43,4$	$Y = 0,926\,X + 11,2$	$Y = 0,757\,X + 95,0$
	Foin			
	Ventilé	$Y = 0,587\,X + 35,0$	$Y = 0,963\,X - 1,0$	$Y = 0,927\,X + 42,5$
	Sol, beau temps	$Y = 0,796\,X + 14,7$	$Y = 0,963\,X - 1,0$	$Y = 0,927\,X + 42,5$
	Sol < 10 jours	$Y = 0,839\,X + 18,7$	$Y = 0,963\,X - 6,0$	$Y = 0,852\,X + 96,8$
Luzerne	*Foin*			
	Ventilé	$Y = 0,809\,X + 14,4$	$Y = 0,472\,X + 87,4$	$Y = 0,670\,X + 127$
	Sol, beau temps	$Y = 0,809\,X + 2,4$	$Y = 0,472\,X + 83,4$	$Y = 0,670\,X + 150$
	Sol, pluie	$Y = 0,809\,X + 0,4$	$Y = 0,472\,X + 78,4$	$Y = 0,670\,X + 193$
Trèfle violet	*Foin*			
	Ventilé	$Y = X - 12$	$Y = X - 16$	$Y = X + 38$
	Sol	$Y = X - 3$	$Y = X - 13$	$Y = X + 48$
Maïs	*Ensilage*	$Y = X$	$Y = 0,98\,X$	$Y = 1,05\,X$

* Mi fané : balle ronde enrubannée ;

Pour les ensilages de maïs : MS ensilage (%) = 0,865 MSv + 5,96 ;

MS = teneur en matière sèche du fourrage vert à la mise en silo (en %).

Les ensilages d'herbe ont une proportion en azote soluble dans l'azote total bien supérieure à celle des fourrages verts correspondants : 45 à 85 p. 100 contre 15 à 25 p. 100 respectivement. Cette proportion en azote soluble a un effet limitant sur la valeur azotée réelle (exprimée en MADC) des fourrages ensilés chez le cheval. C'est pourquoi le coefficient de correction de la teneur en MAD des fourrages ensilés pour évaluer la quantité d'acides aminés absorbés est de 0,70 contre 0,90 pour les fourrages verts dans le système Inra d'évaluation de la valeur azotée des aliments chez le cheval (voir chapitre 12).

La digestibilité de la matière organique (MO) des ensilages d'herbe ou de maïs est seulement diminuée de 1 à 2 points lorsque celle-ci est comparée, pour chaque type de fourrage ensilé, au fourrage vert correspondant au même stade végétatif. Il en résulte que la digestibilité de MO de l'ensilage pourra être prévue correctement à partir de celle du fourrage vert sur pied au moment de la récolte. La valeur énergétique de l'ensilage d'herbe est donc seulement inférieure de 10 p. 100 (soit 0,07 UFC) pour une prairie naturelle ensilée au 1er cycle stade début épiaison.

En revanche, la valeur azotée réelle (MADC) des ensilages d'herbe est très inférieure à celle du fourrage vert correspondant : – 13 p. 100 (- 10 g MADC/kg MS) pour une prairie naturelle ensilée au 1er cycle au stade début épiaison, bien que la digestibilité des MAT soit proche. La différence est due à la forte proportion d'azote soluble dans l'ensilage qui est mal utilisé par le cheval pour fournir des acides aminés.

Les valeurs énergétiques et azotées sont maximales lorsque les ensilages préfanés sont récoltés au stade optimale permis (et recommandé) par ce mode de récolte : 1er cycle au plus tard stade début épiaison (ex. prairie naturelle 0,62 UFC/kg MS et 66 g MADC/kg MS respectivement, voir chapitre 16).

Les fourrages enrubannés

La teneur en MS des balles rondes enrubannées varie de 50 à 65 p. 100.

La teneur en MM des balles rondes enrubannées est inférieure à celle du fourrage vert correspondant au même stade végétatif tandis que la teneur en CB est plus élevée, et que la teneur en MAT varie peu.

La digestibilité de la MO des balles rondes enrubannées est légèrement plus faible (1 à 2 points) que celle du fourrage vert correspondant au même stade végétatif, mais elle est comparable à celle de l'ensilage préfané récolté au même stade végétatif également. La valeur énergétique des balles rondes enrubannées est donc très voisine de celle des ensilages en première approximation.

Nous ne disposons pas de données sur la teneur en azote soluble des balles rondes enrubannées. Celle-ci doit être intermédiaire entre celle du fourrage vert (15 à 25 p. 100) et du foin (< 40 p. 100) récolté au même stade car la proportion d'azote soluble dans l'azote total est limitée et bien plus faible que chez les ensilages (40 à 85 p. 100). La teneur en MADC serait de 71 g MADC/kg MS pour les balles rondes enrubannées de prairie naturelle récoltées au 1er cycle stade début épiaison tandis qu'elle est de 73 et 68 g MADC/kg MS pour le fourrage vert et le foin récolté au même stade végétatif et seulement de 59 g MADC/kg MS pour l'ensilage d'herbe pré fané correspondant.

Les valeurs énergétiques et azotées sont maximales lorsque les balles rondes enrubannées sont récoltées au stade optimal permis (et recommandé) par ce mode de récolte : 1er cycle, stade début épiaison (ex. prairie naturelle de plaine 0,60 UFC/kg MS et 80 g MADC/kg MS, voir chapitre 16).

Les foins

Par rapport au fourrage vert correspondant, les teneurs en MM et en MAT d'une part et en CB d'autre part sont respectivement inférieures et supérieures. La proportion d'azote soluble dans l'azote total est un peu plus élevée (30 à 45 p. 100) que celle des fourrages verts correspondants (15 à 25 p. 100). Les modifications de la composition chimique sont plus élevées pour les foins récoltés au sol par temps humide que par beau temps ou par ventilation en grange. Les modifications sont également plus élevées pour les légumineuses que pour les graminées, à cause de la fragilité de leurs feuilles qui peuvent être partiellement perdues.

La digestibilité de MO des foins est donc plus faible de 4 à 6 points que celle des fourrages verts correspondants (figure 11.3). La fenaison entraîne donc une diminution de la valeur énergétique de 10 p. 100 (soit 0,07 UFC/kg MS) pour un foin de prairie naturelle de plaine récolté au stade épiaison dans de bonnes conditions.

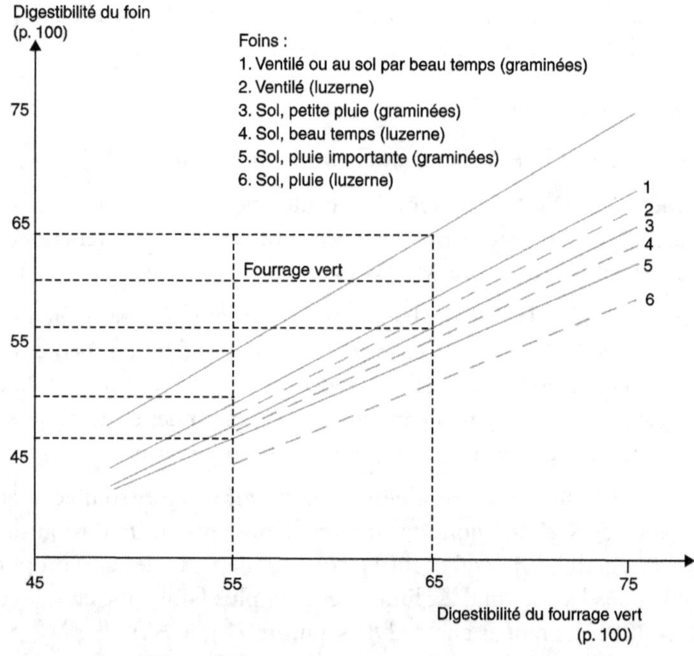

Figure 11.3. Diminution de la digestibilité de la matière organique entraînée par la fenaison.

La teneur en MAD des foins est plus faible de 5 à 10 p. 100 car la digestibilité des MAT est diminuée de 4 à 6 points. La valeur azotée réelle exprimée en MADC est inférieure de 10 p. 100 (soit 8 à 10 g MADC/kg MS) car la teneur en azote soluble est plus élevée que dans le fourrage vert correspondant et une partie des MAT peut être moins digestible car plus ou moins liée aux parois végétales.

Dans les deux cas, une proportion significative des MAT est donc mal utilisée par le cheval.

Les valeurs énergétiques et azotées du foin sont optimales lorsqu'il est récolté au 1er cycle stade épiaison pour permettre de bonnes conditions de séchage (sans risque important de pluie qui lessive les éléments nutritifs et diminue la valeur nutritive), soit par exemple pour une prairie naturelle de plaine : 0,55 UFC et 52 g MADC/kg MS (voir chapitre 16).

Les fourrages déshydratés

La déshydratation n'entraîne pas de modification de la composition chimique si le séchage est bien réalisé, et les valeurs énergétique et azotée ne varient pas par rapport à celles du fourrage vert correspondant au même stade végétatif. Mais la valeur azotée peut être réduite si le séchage est trop important (durée et/ou température) car il se produit une liaison dite réaction de Maillard entre les protéines des matières azotées totales et les glucides de la plante, notamment chez les légumineuses, qui diminue la digestibilité des matières azotées totales.

Les valeurs énergétique et azotée de la luzerne déshydratée sont de 0,62 UFC et 110 g MADC/kg MS pour des luzernes dénommées 18-19 % MAT. Mais elles peuvent être élevées (0,70 UFC et 146 g MADC/kg MS) pour des luzernes dites 22-25 % MAT qui sont maintenant disponibles sur le marché (voir chapitre 16).

Les pailles de céréales ou de légumineuses

Les pailles sont constituées essentiellement de tiges et des gaines des plantes arrivées à maturité. Aussi les parois végétales, riches en lignine représentent 80 p. 100 de la matière sèche. Les pailles sont pauvres en matières azotées totales (25 à 50 g/kg MS), en glucides solubles (< 10g/kg MS), en minéraux (sauf le potassium) et en vitamines. Les pailles sont donc peu digestibles (dMO : 35 à 42 p. 100 pour les pailles de céréales et de pois).

Les traitements aux alcalis ou à l'ammoniac anhydre améliorent la digestibilité de MO des pailles de 3 à 12 points selon les familles céréales/légumineuses et l'espèce végétale (avoine, blé, etc.), le traitement, la complémentation azotée, minérale des rations. Le traitement à l'ammoniac augmente la teneur en matières azotées totales jusqu'à 50-100 g/kg MS. Pourtant, la valeur azotée n'est pas améliorée car une forte proportion (25-30 p. 100) de l'azote fixé par les pailles lors du traitement est excrétée dans les fèces. Les pailles traitées à l'ammoniac sont mieux acceptées que les pailles traitées à la soude.

Les valeurs énergétiques des pailles natives de céréales ou de pois varient de 0,29 à 0,36 UFC/kg MS et la valeur azotée de 0 à 30 g MADC/kg MS. Les pailles de céréales traitées à l'ammoniac ont une valeur énergétique de 0,37 à 0,39 UFC/kg MS. Leur valeur azotée est modérément améliorée par rapport à la forte élévation de la teneur en MAT due au traitement (voir chapitre 16).

Au plan général

Le mode de récolte principalement et de conservation dans une moindre mesure peuvent modifier les teneurs en minéraux, oligoéléments et de certaines vitamines des fourrages.

Au cours de la fenaison, les teneurs en minéraux diminuent car il y a des pertes de matière organique par respiration qui s'arrêtent lorsque la teneur en matière sèche dépasse 65 %. Les pertes sont plus ou moins importantes selon la durée pour atteindre ce seuil (tableau 11.5). Le séchage prolongé au sol des foins lors des mauvaises conditions climatiques entraîne une destruction oxydative accélérée du carotène précurseur de la vitamine A (figure 11.4).

Tableau 11.5. Modifications possibles de la composition minérale due à la fenaison (en p. 100 du fourrage vert) (d'après Inra, 1981).

	Composition minérale	Foin ventilé	Foin séché au sol	
			Beau temps	Mauvais temps
Graminées	Ca P Mg	0	0	− 10
	Na K	0	0	− 30
Légumineuses	Ca P Mg	− 5	− 10	− 20
	Na K	0	0	− 30

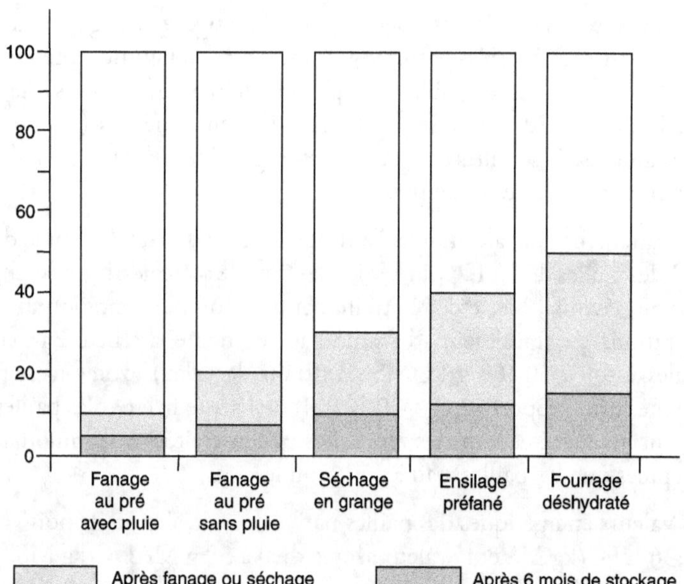

Figure 11.4. Effet du mode de récolte et conservation des fourrages sur la disponibilité relative du carotène par rapport à sa concentration initiale dans le fourrage vert.

Les modifications peuvent également provenir de la diminution de la proportion de feuilles ou de limbes au profit de celle des tiges. C'est particulièrement vrai pour les légumineuses lors d'une fenaison trop violente ou après un séchage trop prolongé qui détache les feuilles.

Au cours de l'ensilage, la teneur en minéraux diminue en raison de deux phénomènes contradictoires : une perte de matière organique (par respiration puis fermentation) qui conduit à une augmentation de 10 p. 100 en moyenne de la teneur en minéraux, et une perte de 5 à 35 p. 100 en minéraux par drainage des éléments les plus solubles (tableau 11.6).

Tableau 11.6. Modifications possibles de la composition minérale dues à l'ensilage (en p. 100 du fourrage vert) (d'après Inra, 1981).

		Ca P Mg	Na K
Pas de pertes de MS dans les jus		+ 10	+ 10
% MS à la mise au silo	20-23	0	− 5
	18	− 5	− 10
	13	− 20	− 35

Les teneurs en minéraux et oligoéléments peuvent être artificiellement accrues lorsque les ensilages sont fauchés trop bas ou en raison de la présence exagérée de taupinières. En revanche, les ensilages assurent une conservation satisfaisante du carotène.

La déshydratation n'a pas d'effet sur les minéraux majeurs et elle préserve l'essentiel du carotène si elle est bien conduite.

Stades optima de fauche pour la récolte de fourrages conservés

Les graminées et prairies naturelles

Au cours du 1er cycle de végétation, la valeur nutritive diminue tandis que la quantité de matière sèche produite à l'hectare augmente avec l'âge de la plante. Un compromis pour récolter un optimum d'UFC/ha devrait être trouvé au moment de l'épiaison (figure 11.5). Si les fourrages sont récoltés dès le stade début de l'épiaison la quantité d'UFC/ha atteint son maximum car la valeur énergétique et la production de MS/ha sont élevées. Ces fourrages sont destinés aux animaux à fort besoin : juments et poulains de 1 an (1er hiver après le sevrage). Les repousses seront alors importantes et précoces. Si le stade de récolte est retardé pour préparer les fourrages conservés destinés à des chevaux à besoins nutritionnels plus limités (jeunes chevaux de 2-3 ans), les quantités de MS/ha seront plus élevées mais la valeur énergétique pourra être encore satisfaisante si le stade épiaison n'est pas dépassé. En revanche, les repousses seront plus tardives et moins importantes. Dans le cas de la récolte de fourrages à partir de repousses, il conviendrait de les faucher à des âges voisins de 6 (repousses à tiges) à 8 semaines (repousses feuillues).

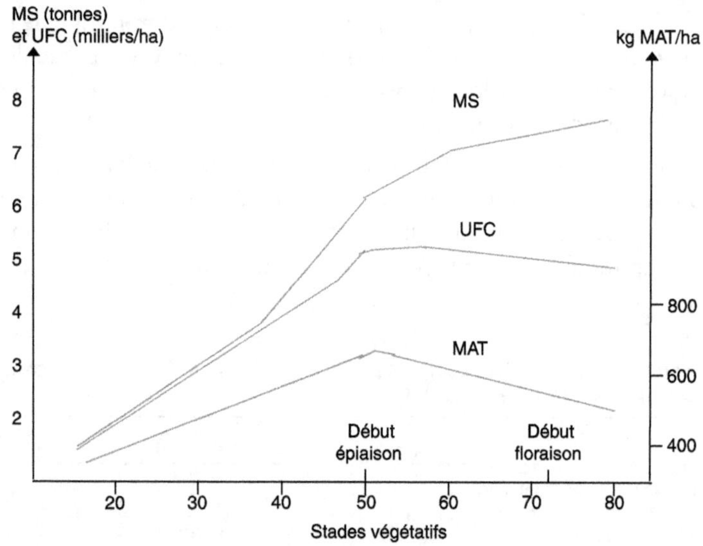

Figure 11.5. Évolution au cours du premier cycle de végétation du ray-grass italien et des quantités de matière sèche (MS), d'UFC et MAT à l'hectare (Adapté chez le cheval à partir des résultats sur les ruminants de Demarquilly et Andrieu, 1988. Voir p. 457, chapitre 12).

Le maïs

La digestibilité du maïs plante entière est pratiquement constante car l'accroissement de la part de l'épi dont la digestibilité est élevée et constante compense la diminution de la digestibilité du reste de la plante (tableau 11.7).

Tableau 11.7. Composition morphologique moyenne de la plante entière de maïs de la floraison femelle au stade vitreux du grain (maturité physiologique) qui se situe à 60 à 70 jours après la floraison (d'après Inra, 1981).

Stades végétatifs	Début floraison femelle	Laiteux	Pâteux	Vitreux
Teneur en matière sèche de la plante (p. 100)	14-16	21-24	25-29	32-35
Part des différents organes dans la matière sèche de la plante (p. 100)				
Limbes	20-25	15-18	12-15	10-12
Tiges + graines	50-55	35-40	25-30	20-25
Épi complet	20-25	45-50	55-60	60-70
Grain	0	18-23	35-50	45-55

Le stade optimum d'exploitation se situe environ deux mois après la floraison lorsque le grain a atteint un stade vitreux (30-35 p. 100 MS). La production d'UFC et de MS/ha est alors maximum et la teneur en MS très favorable à une bonne conservation par ensilage.

Effets sur l'ingestibilité des fourrages conservés

Les foins de prairie naturelle ou de graminées et de légumineuses très bien récoltés et conservés sont aussi bien consommés que les fourrages verts correspondant : 1,7 à 2,3 kg MS/100 kg poids vif (tableau 11.8).

Les ensilages d'herbe préfanés et bien conservés de prairie naturelle sont un peu moins bien consommés que les fourrages verts correspondant (1,2 à 1,8 kg MS/100 kg de poids vif) surtout si leur teneur en matière est limitée (25 % *vs* 35 % MS). En revanche, les ensilages mi-fanés (enrubannés) sont mieux consommés et le niveau de consommation augmente avec leur teneur en matière sèche (2,2 à 2,6 kg MS/100 kg de poids vif).

Les ensilages de maïs sont d'autant mieux consommés que leur teneur en matière sèche est élevée 0,9 à 2,0 MS/100 kg de poids vif pour des teneurs en matière sèche respectives de 25 et 35 %.

Les fourrages déshydratés sont distribués normalement en quantité limitée. La déshydratation bien conduite n'a pas de raison d'être un facteur limitant surtout si les fourrages sont bien conditionnés.

Les pailles de céréales sont relativement consommées : 1,2 à 1,5 kg MS/100 kg de poids vif. Ces quantités peuvent être plus faibles si elles sont restées au champ trop longtemps, se sont mouillées et souillées.

Tableau 11.8. Ingestibilité des principaux fourrages chez le cheval*.

Aliments	Quantités ingérées** (kg MS/100 kg poids vif)
Fourrages verts de prairie naturelle	1,8-2,1
Foins de prairie naturelle ou de graminées	1,7-2,1
Foins de légumineuses	2,1-2,3
Pailles	1,2-1,5
Ensilage de maïs bien conservé	
à 25 % de MS	0,9-1,2
à 30 % de MS	1,2-2,0
Ensilage d'herbe bien conservé (prairie naturelle)	
à 25 % de MS	1,2-1,5
à 35 % de MS	1,5-1,8
Enrubannés (prairie naturelle, graminée)	
à 45 % de MS	2,2-2,4
à 60 % de MS	2,4-2,6

MS : matière sèche ;

* Quantité maxima de fourrage ingérée par l'animal lorsque l'aliment est distribué seul, à volonté ;

** Les fourchettes représentent la variation entre animaux et selon la quantité du fourrage.

Pour en savoir plus

Agabriel J., Trillaud-Geyl C., Martin-Rosset W., Jussiaux M., 1982. Utilisation de l'ensilage de maïs par le poulain de boucherie. *Inra Prod. Anim.*, 49, 5-13.

Bigot G., Trillaud-Geyl C., Jussiaux M., Martin-Rosset W., 1987. Élevage du cheval de selle du sevrage au débourrage : alimentation hivernale, croissance et développement. *Inra Prod. Anim.*, 69, 45-53.

Corrot G., Delacroix J., 1992. *Balles Rondes Enrubannées, contamination en spores butyriques et qualité de conservation du fourrage.* Institut de l'élevage, Comptes Rendus n° 91201 et 92204, Editions Technipel.

Corrot G., Champouillon M., Clamen E., 1998. Qualité bactériologique des balles rondes enrubannées. Maîtrise des contaminations. *Fourrages*, 156, 421-429.

Demarquilly C., 1986. L'ensilage et l'évolution récente des conservateurs. *Inra Prod. Anim.*, 63, 5-12.

Demarquilly C., Dulphy J.P., Andrieu J.P., 1998. Valeurs nutritive et alimentaire des fourrages selon les techniques de conservation : Foin, ensilage, enrubannage. *Fourrages*, 155, 349-369.

D'Mello J.P.F., Placinta C.M., Mc Donald A.M.C., 1999. Fusarium mycotoxins: a review of global implications for animal health, welfare and productivity. *Anim. Feed. Sci. Tech.*, 80, 183-205.

Dulphy J.P., Demarquilly C., 1981. Problèmes particuliers aux ensilages. *In : Prévision de la valeur nutritive des aliments des ruminants* (Demarquilly C., ed.), Inra Éditions, 81-10.

Dulphy J.P., 1997. Fenaison : pertes en cours de récolte et de conservation. *In : Les fourrages secs* (Demarquilly C., ed.), Inra Éditions, 103-104.

Escoula L., 1977. Moisissures des ensilages et conséquences toxicologiques. *Fourrages*, 69, 97-114.

Gaillard F., 1998. De la fauche à la distribution des fourrages. Les innovations récentes du machinisme. *Fourrages*, 155, 319-330.

Inra, 1981. Barème de qualité des ensilages. *In : Prévision de la valeur nutritive des aliments des ruminants* (Demarquilly C., ed.), Inra Éditions, 81-104.

Inra, 1988. *Alimentation des bovins, ovins et caprins* (R. Jarrige, ed.), Éditions Inra, Paris, 471 p.

Inra, 2007. *Alimentation des bovins, ovins et caprins* (J. Agabriel, ed.), Éditions Quae, 307 p.

Le Bars J., Escoula G., 1974. Champignons contaminant les fourrages. Aspects toxicologiques. L'alimentation et la vie. *Bull. Soc. Sci. Hyg. Alim.*, 62(2), 126-142.

Martin-Rosset W., 2007. Valeur nutritionnelle des fourrages chez le cheval. *In : 33e Journée de la recherche équine*, Les Haras nationaux, 8 Mars, Paris, 179-198.

Martin-Rosset W., Andrieu J., Vermorel M., Dulphy J.P., 1984. Valeur nutritive des aliments pour le cheval. *In : Le cheval* (Jarrige R., Martin-Rosset W., eds), Inra Éditions, 209-238.

Morhain B., Martin-Rosset W., Véron J., 2007. Systèmes d'élevage et d'alimentation à base de fourrages pour les chevaux et systèmes fourragers correspondants. *In : 33e Journée de la recherche équine*, Les Haras Nationaux, Paris.

Munier E., Morlon P., 1987. Le séchage du foin au champ I. Les facteurs physiques du séchage du foin. *Fourrages*, 109, 53-74.

Pelhate J., 1897. La microbiologie des foins. *In : Les fourrages secs* (Demarquilly C., ed.), Inra Éditions, 63-81.

Ricketts S.W., Greet T.R.C., Glyn P.J., Ginnett C.D.R., Mc Allister E.P., Mc Craig J., Skinner P.H., Webbon P.M., Frape D.L., Smith G.R., Murray L.G., 1984. Thirteen cases of botulism in horses fed big bale silage. *Equine Vet. J.,* 16, 515-518.

Roberts T.A., 1988. Botulism. *In : Silage and health chalcombe* (Starck B.A., Wildinson J.M., eds), Marlow, 35-43.

Schukking S., Overvest J., 1979. Direct and indirect losses causes by wilting. *In : Forage conservation in the 80° s* (Thomas C., ed.), 210-213.

Scudamore K., Livesey T., 1998. Occurence and significance of micotoxins in forage crops and silage: a review. *J. Sci. Food Agric.*, 77, 1-17.

Séguin V., Garon D., Lemauviel-Lavenant S., Gallard Y., Ourry A., 2011. Comment améliorer la qualité sanitaire des fourrages pour réduire les pathologies respiratoires équines ? (Martin-Rosset W., Morhain B., Bigot G., Vial C., eds), numéro spécial collectif. *Fourrages*, 207, 189.

Trillaud-Geyl C., Martin-Rosset W., 2007. Alimentation du cheval en croissance avec des fourrages ensilés. *In : 33ᵉ Journée de la recherche équine*, Les Haras Nationaux, Paris.

Willkinson J.M., 1998. Evolution des modes de récoltes des fourrages en Europe. *Fourrages,* 155, 287-292.

Zimmer E., 1977. Factors influencing fodder conservation. *In: Proc. Int. Meeting on Animal Production from Temperate Grassland*, Irish Grassland and Animal Prod. Ass., Dublin, 21-125.

12

Valeur alimentaire des aliments

William Martin-Rosset

La valeur énergétique et azotée

La valeur alimentaire intègre deux notions fondamentales des aliments : leur valeur nutritive et leur aptitude à être consommé. La valeur nutritive est caractérisée par la teneur en énergie, en acides aminés, en minéraux et oligoéléments. L'aptitude à être consommé correspond à la quantité d'aliments que l'animal peut et doit ingérer pour contribuer, dans le cadre d'une ration, à couvrir ses besoins.

Les constituants organiques majeurs

Les aliments destinés à l'alimentation des chevaux sont exclusivement d'origine végétale. Ils sont constitués d'eau et de matière sèche (MS). Cette dernière comporte des matières minérales (ou cendres) et de la matière organique. Les glucides, les lipides et les protéines sont les constituants majeurs de la matière organique. Ils sont localisés soit dans les parois cellulaires, soit dans le contenu intracellulaire (cytoplasme) des végétaux (figure 12.1).

Les constituants intracellulaires

Les glucides solubles (sucres essentiellement) sont présents dans tous les aliments mais dans des teneurs très variables, de 2 à 60 % de la matière sèche (voir chapitre 16, annexe 4).

Les amidons (glucides complexes) se trouvent essentiellement dans les grains-graines et leurs sous-produits mais aussi dans les tubercules. Leurs teneurs varient de 1 à 85 % de la matière sèche (voir chapitre 16, tables).

Les matières grasses (ou lipides) sont présents dans les graines oléagineuses et leurs sous-produits (1 à 46 % de MS, voir chapitre 16, tables) tandis que les autres aliments en contiennent moins de 5 % de la matière sèche (voir chapitre 16, annexe 5). Ces matières grasses sont constituées pour environ la moitié d'acides gras qui sont généralement très désaturés. Les acides linoléique (C18:2) et linolénique (C18:3) sont en proportions très élevées dans certaines huiles végétales (voir chapitre 16, annexe 6).

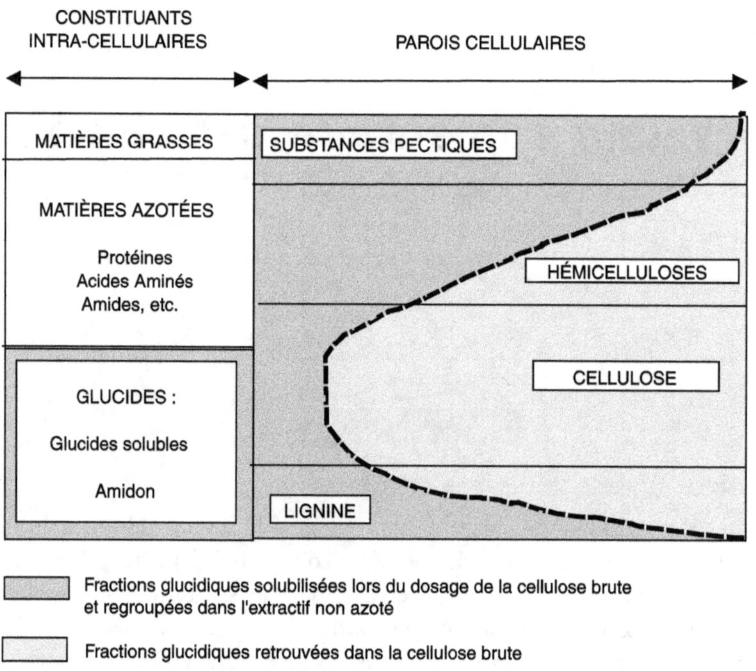

Figure 12.1. Schéma des constituants de la matière organique des aliments et de leur fractionnement par la méthode d'analyse classique.

La teneur en matières azotées des aliments varie de 5 à 60 % de la matière sèche. Les matières azotées sont constituées essentiellement de protéines mais également de constituants non protéiques. Les constituants non protéiques sont abondants dans l'appareil végétatif des plantes fourragères ainsi que dans les racines, mais en faible concentration dans les graines. Ils représentent de 15 à 20 p. 100 de l'azote des fourrages verts, cette proportion étant plus élevée dans les tiges que dans les feuilles, dans les légumineuses que dans les graminées. Ce sont surtout des amides et des acides aminés libres, mais aussi des peptides de faible poids moléculaire, des amines. Leur teneur est accrue dans les foins et surtout dans les ensilages à partir de la dégradation des protéines par les protéases du végétal au cours du préfanage puis par celles des bactéries qui se développent dans les fourrages ensilés.

Les protéines des fourrages verts représentent en général de 75 à 80 p. 100 de l'azote total. Cette proportion est diminuée dans les ensilages, d'autant plus que la fermentation a été plus intense.

La quasi-totalité de l'azote des céréales et des graines protéagineuses se trouve sous forme de protéines : protéines cytoplasmiques de l'embryon, voisines de celles de l'appareil végétatif, mais surtout protéines de réserves déposées sous forme de corpuscules protéiques dans les cellules de l'albumen des céréales et du cotylédon des légumineuses. On sait que ces protéines sont mal pourvues en acides aminés indispensables (prolamines) dans le cas des céréales fourragères, et bien pourvues (globulines) dans celui des graines oléo-protéagineuses et de leurs tourteaux.

Les constituants des parois cellulaires

Les parois cellulaires représentent de 15 à 90 p. 100 de la matière sèche, en particulier pour les pailles et certaines enveloppes de graines (60 à 90 p. 100) mais seulement de 15 à 45 p. 100 pour les aliments concentrés. Les parois des fourrages occupent une place intermédiaire : 30 à 80 p. 100 de la matière sèche.

L'analyse chimique des aliments

L'objet de l'analyse des aliments est de mesurer (dosage) la teneur de constituants clés qui permettent de prévoir en routine leur valeur nutritive afin de composer et calculer des rations équilibrées devant satisfaire les besoins nutritionnels des chevaux.

Les dosages sont réalisés par des laboratoires d'analyses qui doivent utiliser des méthodes de série, simples, basées sur des travaux scientifiques publiés, recommandés par l'Union Européenne ou l'Association française de normalisation (Afnor) et approuvés par le Service de la répression des fraudes (Direction générale de la concurrence de la consommation et de la répression des fraudes, DGCCRF), l'Institut national de la recherche agronomique (Inra) et l'Association française de zootechnie (AFZ) (tableau 12.1). Certaines méthodes sont aussi répertoriées par le Bureau interprofessionnel pour les études analytiques (BIPEA, adresse en fin de chapitre).

Les laboratoires d'analyses de série comparent leurs résultats régulièrement à partir des mêmes échantillons analysés dans le cadre de chaînes analytiques organisées par le BIPEA.

La teneur en eau et détermination de la teneur en matière sèche (MS)

La teneur en eau est le premier paramètre qui est déterminé lors de la prise en charge initiale d'un échantillon par le laboratoire (tableau 12.1). En règle générale, la teneur en eau d'un aliment correspond à la perte de masse qu'il subit lorsqu'il est maintenu à 103 °C ± 1 °C pendant 4 heures dans une étuve. Deux catégories d'aliments doivent être traitées, en particulier les ensilages et les aliments composés riches en sucres.

Les ensilages contiennent des produits organiques volatils (ammoniaque, acides gras volatils, alcools et acides lactiques) (tableau 12.2) qui sont perdus lors de séchage à l'étuve dans les conditions recommandées, ce qui induit une sous-estimation de la teneur en matière sèche variant de 2 à 5 %. La valeur déterminée doit donc être corrigée après analyse complète de la qualité fermentaire de l'ensilage (tableau 12.2).

Tableau 12.1. Récapitulatif des méthodes principales de dosages des aliments (d'après Inra, 1981 ; Inra-AFZ, 2004).

Humidité	Méthodes par dessiccation selon Afnor NF V18-109 pour les matières premières courantes
Matières minérales ou cendres	Incinération selon Afnor V18-101
Matières azotées totales	Méthode par minéralisation azote type Kjeldahl selon Afnor NF V18-100, 1977 ou type Dumas selon Afnor NF V18-120, 1997
Acides aminés	Hydrolyse acide (HCl, 6N) suivie d'une analyse par chromatographie. Selon les méthodes, l'hydrolyse peut durer de 24 à 48 heures et la température varier de 110 °C à 145 °C. Méthionine et cystine font l'objet d'une oxydation performique et le tryptophane est obtenu après une hydrolyse alcaline
Cellulose brute	Méthode de Weende basée sur une hydrolyse acide suivie d'une hydrolyse basique selon Afnor V03-040, 1977 ; méthode CEE directive 92/89 pour les fourrages et Afnor NF V03-40, 1993 pour les matières premières
Fractionnement des parois cellulaires (PC) selon Van Soest ou Fibersac pour les fourrages	Méthodes dérivées de la méthode séquentielle décrite par Van Soest selon Afnor NFV18-122, 1997 NDF (*Neutral Detergent Fibre*) ou parois cellulaires obtenues par actions de docecylsulfate en milieu neutre avec l'utilisation éventuelle d'enzymes (amylase et protéase) ADF (*Acid Detergent Fibre*) ou ligno-cellulose obtenue par action du cetyletrimethylaminonium (CTAB) en milieu acidifié par H_2SO_4 72 % à partir du résidu NDF ADL (*Acid Detergent Lignin*) ou lignine estimée après destruction de la cellulose vraie par H_2SO_4 72 % à partir du résidu ADF
Amidon	Méthode polarimétrique « Ewers » telle que décrite dans la 3e directive CEE 72/199 modifiée le 27/11/1980. La méthode enzymatique est quelquefois utilisée (BIPEA, 1992)
Sucres solubles	Matières premières : il s'agit en général des sucres totaux obtenus par la méthode Leiff-Schoorl (extraction à l'éthanol) mais d'autres méthodes existent telles que les méthodes enzymatiques Fourrages : Mesure du pouvoir réducteur des glucides solubles dans l'eau ou l'alcool après hydrolyse de 30 min en milieu HCl 0,2 N. Dans le cas des luzernes et des fourrages tropicaux, il faut également doser l'amidon par méthode enzymatique après avoir extrait les glucides hydrosolubles
Matières grasses brutes	Les matières grasses brutes correspondent aux substances extraites par un solvant (éther éthylique, éther de pétrole, hexane). Pour les principales matières premières, la méthode de référence est Afnor NF V18-117, 1997
Acides gras	Méthodes par extraction au chloroforme méthanol, extraction des méthyl-esters pour analyse par chromatographie
Minéraux et oligoéléments	Méthodes spectroscopiques adaptées à chaque minéral telle que Afnor V18-108 pour le calcium et Afnor NF V18-106 pour le phosphore
Phosphore phytique	La teneur se calcule à partir de la teneur en acide phytique, 28,2 % de l'acide phytique. Différentes méthodes sont utilisées pour la mesure de l'acide phytique : précipitation d'un composé ferrique ou HPLC

Tableau 12.2. Correction de la teneur en matière sèche des ensilages (d'après Dulphy et Demarquilly, 1981).

a – Méthodes de dosage utilisées pour déterminer la teneur des ensilages en différents produits volatils.

Ammoniaque (N-NH$_3$)	Méthode Conway (Crosby, Lockwood – London, 1957)
Azote soluble (N-soluble)	Méthode Kjeldhahl
Acide lactique	Méthode de Noll, 1974 : L (+) Lactate determination with LDH, GPT and NAD, *In : Methods of enzymatic analysis*, vol. 3, 145.
AGV et alcools	Chromatographie en phase gazeuse (Jouany *et al.*, 1982)

b – Correction après analyse complète de la qualité fermentaire.

Dans ce cas il faut connaître :
- la famille botanique du fourrage ;
- le pH de l'ensilage ;
- les teneurs en NH$_3$, acides gras volatils (AGV), alcools, acides lactique ;
- les conditions de séchage ;
- la teneur en MS non corrigée (MS$_{nc}$).

La correction se fait ainsi : MS corrigée = MS non corrigée × facteur de correction

Facteur de correction (pertes en g) = (1000 + pertes à l'étuve) / 1000

Il faut donc calculer les pertes à l'étuve : Pertes = quantités de produits volatils × volatilité

La quantité de produits volatils en g/kg MS$_{nc}$ est connue. Ces produits sont :
- NH$_3$;
- AGV (acétique, propionique, butyrique, etc.) ;
- alcools ;
- acide lactique.

On néglige l'acide formique qui n'a pas d'intérêt nutritionnel et se trouve toujours en petite quantité dans les ensilages. Les coefficients de volatilité sont très variables.

A – Séchage à 80 °C

Étuve de petite capacité – 48 heures pas de ventilation   Étuve de grande capacité – 24 heures avec ventilation

Coefficient de volatilité (× 100) des différents ensilages

		pH de l'ensilage						
Graminées	Produits	3,8	4,0	4,2	4,4	4,6	4,8	5,0
	NH$_3$	43	52	62	71	81	90	100
	AGV	92	87	83	78	73	69	64
	Alcools	100	100	100	100	100	100	100
	Acide lactique	14	14	14	14	14	14	14

		Teneur en acide acétique (g/kg MS$_{n.c.}$ de l'ensilage)		
Maïs	Produits	10	20	30
	NH$_3$	38	38	38
	AGV	68	80	92
	Alcools	100	100	100
	Acide lactique	11	11	11

Mode de calcul : exemples

Graminées ayant un pH = 4,2 : pertes = NH$_3$ × 0,62 + AGV × 0,83 + alcools + acide lactique × 0,14

Maïs ensilage avec 18 g/kg MS d'acide acétique :

pertes = NH$_3$ × 0,38 + AGV × 0,78 + alcools + acide lactique × 0,11

Dans ces équations les teneurs en NH$_3$, AGV, alcools et acide lactique sont exprimées en g/kg de MS non corrigée.

Autres ensilages : riches en MAT, prendre les coefficients de volatilité des luzernes,

pauvres en MAT, prendre les coefficients des graminées,

Calcul définitif : exemple pour un ensilage de graminées de pH = 4,2 séché à 80 °C.

		Pertes
NH$_3$	2 × 0,62	1,24
AGV	30 × 0,83	24,90
Alcools	15 × 1	15,00
Acide lactique	60 × 0,14	8,40
		49,54 ~ 50

Facteur de correction = (1 000 + 50) / 1000 = 1,050

Si la teneur en MS mesurée à l'étuve est de 18,0 % la teneur réelle en MS est donc de 18 × 1,050 = 18,90 %. En revanche, si les teneurs en MAT (mesurée sur le frais) et en cellulose brute sont respectivement de 12 et 28 p. 100 sur la base de MS non corrigée elles sont en réalité de 12/1,05 = 11,4 % et de 28/1,05 = 26,7 %.

B – Séchage à 100 °C

Dans ce cas les coefficients de volatilité ne sont pas précisément connus. On sait cependant que la volatilité de l'acide lactique dépend du temps de séchage et on pourra adopter les coefficients de volatilité suivants :

Acide lactique	Graminées et maïs		24 heures : 20
			48 heures : 40
Alcools	toujours 100		
NH$_3$	Graminées	bonne conservation	75
		mauvaise conservation	100
	Maïs		60
AGV	100		

Les aliments composés qui contiennent plus de 4 % de sucres provenant de mélasse et les aliments simples riches en sucres tels que les caroubes, produits céréaliers hydrolysés, sont séchés sous vide partiel seulement à 80-85 °C en présence d'un produit déshydratant ou avec une arrivée d'air chaud et sec.

Dans tous les cas, il faut utiliser des appareils reconnus par les services officiels.

La teneur en cendres (MM) et en matière organique (MO)

La teneur en cendres est mesurée par le poids du résidu obtenu après incinération durant 6 h à 550 °C ± 10 °C de l'aliment dans un four (tableau 12.1).

Elle n'a pas de signification nutritionnelle particulière pour raisonner l'alimentation minérale des chevaux car il faut avoir recours aux dosages spécifiques des minéraux (P – Ca – Mg). En revanche, elle permet de calculer la teneur en matière organique (MO) d'un aliment :

$$MO = MS - \text{cendres}.$$

Elle est utilisée également pour déceler la pollution des fourrages par de la terre.

La teneur en matières azotées totales (MAT) ou protéines brutes

La méthode Kjeldhal est la référence pour doser l'azote total des aliments (tableau 12.1). Elle consiste à minéraliser l'azote organique par de l'acide sulfurique. L'azote ammoniacal ainsi formé (sulfate d'ammonium) est déplacé chimiquement par de la soude puis dosé par titrimétrie. Mais cette méthode est longue, aussi les laboratoires de série réalisent un dosage colorimétrique de l'ammoniaque avec un appareil auto-analyseur.

La teneur en MAT est obtenue par convention en multipliant cette teneur par un coefficient 6,25. Ce coefficient provient du calcul suivant : 100 / 16 car il suppose que les matières azotées analysées contiennent en moyenne 16 % d'azote.

Le dosage a été semi-automatisé (méthode Dumas). L'échantillon sous forme de pellet est incinéré en présence d'oxygène dans un tube à combustion à haute température (950 °C). Les composés formés (CO_2, H_2O, NO_2 et SO_2) sont entraînés par un gaz vecteur (hélium). Ils traversent de la laine de pyrex qui retient les cendres et les impuretés. L'eau est éliminée dans un condenseur. Les différents gaz sont ensuite homogénéisés dans un ballast.

Une fraction représentative est prélevée et entraînée vers les différents pièges :
– cuivre chaud (750 °C), réduction des oxydes d'azote en N_2 et « piégeage » des composés soufrés et de l'oxygène :

$$2\ Cu + O_2 \rightarrow 2\ CuO$$
$$2\ Cu + NO_2 \rightarrow 2\ CuO + \tfrac{1}{2}\ N_2$$

– LecoSorb (NaOH) et Anhydrone (perchlorate de magnésium), pièges pour le CO_2 et l'eau restante.

Il reste N_2 qui sera détecté par un catharomètre (conductimétrie thermique).

Cette méthode est assez rapide. La teneur en azote mesurée par la méthode Dumas est en moyenne supérieure de 4 p. 100 à celle dosée par la méthode de référence. Les résultats obtenus avec les deux méthodes sont très cohérents puisqu'il est possible de prévoir la valeur N Kjeldhal (Y) à partir de la valeur N Dumas (X) à l'aide de la relation établie par Aufrère et Dudilieu (Inra) :

Y = 0,9755X – 0,511   R² = 0,999   N = 49 (fourrages et aliments concentrés).

La teneur en glucides solubles (GS)

Les glucides des fourrages solubles dans l'eau (sucres et fructosannes) sont dosés par le pouvoir réducteur de l'extrait après une hydrolyse de 30 min en milieu chlorhydrique (HCl 0,2 N) (tableau 12.1). La méthode de Somogyi (1952) peut être aussi utilisée.

Il est possible de connaître l'ordre de grandeur de la teneur en glucides cytoplasmiques des fourrages sans la doser, à partir des résultats du bulletin d'analyse car les glucides sont l'élément le plus variable de la fraction indéterminée des fourrages.

$$GS = MS - (\text{cendres + matières azotées + cellulose brute})$$

Sans bulletin d'analyse, il est encore possible de connaître l'ordre de grandeur en utilisant le tableau du chapitre 16 (annexe 4).

Les glucides des aliments concentrés solubles dans l'eau ou dans l'alcool sont dosés par des méthodes usuelles telles que le pouvoir réducteur, le dosage des glucides totaux, dosage spécifique enzymatique du glucose ou du saccharose.

La teneur en amidon

Les fourrages tropicaux peuvent contenir de l'amidon. Celui-ci est dosé, après extraction des glucides solubles, par la méthode enzymatique de Thivend *et al.* (1965). Cette méthode permet de doser l'ensemble des constituants amylacés quelle que soit leur solubilité dans l'alcool ou dans l'eau et quelle que soit la nature des autres glucides de l'aliment (fructosannes, alpha-galactosides, saccharose, etc.). Dans cette méthode, l'amidon subit une dispersion puis une action de l'amyloglucosidase. Le glucose ainsi libéré est dosé par spectrophotométrie par la méthode à la gluco-oxydase.

La méthode polarimétrique consiste à mesurer le pouvoir rotatoire d'une solution obtenue après hydrolyse de l'amidon par de l'acide chlorhydrique. Elle surestime de 3 à 5 % de la MS la teneur en amidon des produits renfermant des hémicelluloses facilement hydrolysables, par exemple certains sons. Par ailleurs, elle indique des teneurs en amidon pour des aliments qui n'en contiennent pas (ex. pulpe betteraves).

La teneur en cellulose brute (CB)

Elle est déterminée classiquement par la méthode de Weende. La cellulose brute est le résidu obtenu après une double hydrolyse réalisée successivement avec une solution acide (H_2SO_4 à 1,25 %) et une solution alcaline diluée (NaOH ou KOH à 1,25 %) (tableau 12.1).

La cellulose brute est un résidu cellulosique composé de cellulose (70-90 %), de lignine (5-10 %), d'hémicelluloses (5-10 %) et de matières azotées (1-3 %). C'est une estimation par excès de la cellulose. Le dosage est très long et seulement manuel. C'est pourquoi il est progressivement remplacé par le fractionnement dit de Van Soest bien qu'il n'ait pas pu être automatisé, et n'a pas d'un point de vue strictement biochimique et surtout nutritionnel une signification très supérieure.

Le fractionnement des parois cellulaires (NDF - ADF et ADL)

La méthode de Van Soest résulte de l'utilisation successive de détergents :
– neutre pour extraire des milieux aqueux un résidu qui constitue les parois cellulaires totales ou NDF (*Neutral Detergent Fibre*) ;
– puis d'un détergent en milieu acide ($H_2SO_4^-N$) pour extraire un nouveau résidu constitué de lignocelluloses acides ou ADF (*Acid Detergent Fibre*) ;
– et enfin d'un solvant comme le permanganate pour extraire la lignine ou ADL (*Acid Detergent Lignin*) (tableau 12.1).

Ce fractionnement peut être réalisé par méthode directe ou enchaînée dite méthode séquentielle. Les résultats des dosages de chaque fraction par les deux méthodes sont bien corrélés mais il faut savoir que les résultats obtenus par méthode séquentielle sont légèrement inférieurs à ceux obtenus par la méthode directe.

La méthode Van Soest intiale est entièrement manuelle et longue à mettre en œuvre comme la méthode de Weende. À l'inverse, elle a pu être améliorée techniquement pour faciliter sa mise en œuvre et traiter beaucoup plus d'échantillons dans le même temps grâce à deux protocoles de travail qui ont été proposés successivement : le dispositif « Fibertec » en 1975, puis le dispositif « Fibersac » en 1996.

Matières grasses brutes (MG) ou extrait éthéré

Les matières grasses sont extraites sous reflux par l'éther éthylique. L'extrait obtenu ne comporte pas la totalité des lipides (tableau 12.1). En revanche, il contient des substances non lipidiques solubles dans le solvant, notamment des pigments qui dans le cas des fourrages peuvent représenter près de 50 % de l'extrait. Cet extrait constitue une estimation par excès des lipides des aliments. Il n'a donc pas une grande signification nutritionnelle. C'est pourquoi il n'est pas utilisé dans la prévision de la valeur énergétique des fourrages.

Pour des raisons de sécurité du travail de laboratoire et de pureté de l'extrait obtenu, l'hexane ou éther de pétrole porté à ébullition à 55-60 °C remplace l'éther éthylique porté à ébullition à 35 °C.

Extractif non azoté (ENA)

Il représente les glucides intracellulaires (solubles et amidon) et environ plus de la moitié des constituants des parois (figure 12.1). Il est calculé par différence à 100 des composés indiqués précédemment :

$$ENA = 100 - (MAT + CB + MG + MM).$$

Il n'a pas de signification nutritionnelle car sa valeur cumule les incertitudes des méthodes utilisées pour doser les autres composés.

Les minéraux et les oligoéléments

Les minéraux (Ca-P-Mg) et les oligoéléments (Cu-Zn-Mn-Se-Co) sont dosés par méthodes spectroscopiques qui sont adaptées à chaque constituant (tableau 12.1).

L'analyse fourragère

C'est l'analyse classique requise *a minima* pour caractériser un aliment et prévoir sa valeur nutritive. Elle comporte le dosage de l'eau, des matières minérales (ou cendres), des matières azotées, des matières glucidiques (cellulose brute et extractif non azoté) et les matières grasses. Les méthodes de dosage utilisées sont officiellement reconnues et leur mode opératoire précisément décrit (tableau 12.1). La répétabilité des résultats qu'elles fournissent lors du dosage d'un même composé deux fois consécutives sur un même échantillon dans le même laboratoire a été établie. La reproductibilité entre laboratoires du dosage d'un même échantillon est également démontrée dans le cadre de comparaison organisée par le BIPEA.

L'échantillonnage des aliments en vue de l'analyse de laboratoire

L'échantillonnage doit être impérativement le plus représentatif possible des stocks de l'aliment considéré. Il est donc recommandé de procéder comme indiqué :

– prélèvements de plusieurs échantillons d'importance comparable répartis régulièrement dans tout le volume stocké en utilisant le moyen le plus adapté (main, tarière, sortie de goulotte, etc.) à la nature de l'aliment et sa forme de stockage (silos, balles, sacs, etc.) ;

– regroupement des échantillons et mélange pour réaliser un nouvel échantillon destiné aux laboratoires d'analyse d'environ 1 kg pour un fourrage et de 200 g pour un aliment concentré ;

– conditionnement et envoi de l'échantillon au laboratoire : il est préférable d'adresser dans les meilleurs délais l'échantillon au laboratoire. Les échantillons d'aliments « secs » (foins ou aliments concentrés) sont expédiés dans une boîte de carton. Les échantillons d'aliments humides (ensilages, balles rondes enrubannées) sont conditionnées dans un sac plastique inclus dans une boîte cartonnée contenant éventuellement une briquette de glace (type glacière de camping) si le transport excède 48 h ;

– conservation des échantillons : dans tous les cas de figure, les échantillons ne sont jamais conservés dans des sacs en plastique plus de 48 h à température ambiante, voire au soleil. Les échantillons d'ensilage sont mis au réfrigérateur.

Le laboratoire effectuera, après broyage, une prise d'échantillon pour réaliser l'analyse (0,5 à 1 g). Le broyage de l'échantillon destiné à l'analyse est une opération qui doit être réalisée avec soins pour éviter des pertes d'humidité, de matière sèche sous forme de poussière ou de produits volatils. Si la teneur en eau de l'échantillon est supérieure à 12-15 % du poids brut (par exemple les ensilages), un préséchage à 60-70 °C est nécessaire. Tous les aliments sont broyés, en vue de l'analyse, avec une grille dont les trous font 0,8 ou 1 mm.

L'opportunité des analyses de laboratoire

Les analyses ont un coût. Elles peuvent être limitées si on dispose d'informations assez complètes sur les aliments.

Dans le cas des fourrages, la connaissance de leur nature (prairies permanentes ou temporaires), l'espèce pour une prairie temporaire (ray-grass, fétuque), le numéro de cycle (ou numéro de la coupe) ou la date de fauche, etc. permettent d'avoir une idée satisfaisante de la composition chimique et de la valeur nutritive en utilisant les tables données dans le chapitre 16.

Dans le cas des aliments concentrés, les tables donnent des valeurs de composition chimique qui proviennent, pour un critère donné, de la moyenne établie par l'Association française de zootechnie (banque de données de l'alimentation animale) à partir des analyses réalisées en France par les entreprises du secteur de l'alimentation animale et différents organismes (tables Inra-AFZ, 2004, 2e Édition). Il est également possible de déduire la teneur en certains composés en utilisant les relations intra aliments qui existent entre ces composés et d'autres composés réputés déterminants (tables Inra-AFZ, 2004).

La digestibilité : élément majeur de la valeur énergétique et azotée

Notions de digestibilité

La digestibilité d'un aliment est fonction de la digestibilité de chacun de ses constituants chimiques.

Le contenu cellulaire des tissus végétaux a une digestibilité réelle proche de 1. Les glucides solubles sont totalement digestibles et l'amidon l'est pour une très large part aussi (environ 70 à 90 p. 100). Les matières azotées ont aussi une digestibilité réelle qui varie de 82 p. 100 pour les fourrages à 95 p. 100 pour les aliments concentrés. Les lipides ont une digestibilité réelle du même ordre, mais cela a peu d'importance pour les fourrages car leur teneur en lipides est faible.

À cause de l'excrétion dans les fèces (crottins) de matières organiques endogènes (enzymes, mucus de l'épithélium intestinal, etc.), ou microbiennes (matières azotées), la digestibilité apparente du contenu cellulaire et de ses composants est bien inférieure à 100 p. 100. Elle varie de 10 à 40 p. 100 lorsque la teneur en contenu cellulaire augmente de 20 à 50 % (figure 12.2). Cela est particulièrement vrai pour les matières azotées pour lesquelles la digestibilité s'accroît de 30 à 75 p. 100 lorsque la teneur en matières azotées totales varie de 5 à 25 % dans la matière sèche.

Les parois cellulaires sont dégradées dans le gros intestin. L'importance de la dégradation varie selon le tissu végétal considéré, l'espèce auquel il appartient, son état de maturité, etc. L'absence de rumination et la faible longueur du temps de séjour des parois végétales dans le gros intestin (24 à 30 heures) par rapport à celui observé dans le rumen des ruminants (48 à 72 heures) expliquent en grande partie que la digestion de ces parois soit plus faible chez le cheval que chez le ruminant.

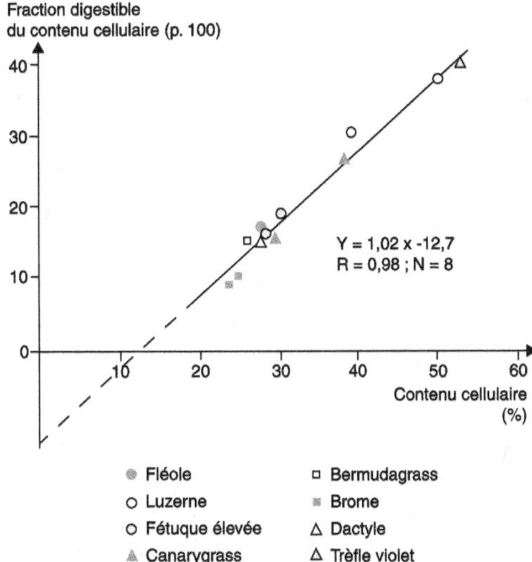

Figure 12.2. Liaison entre la fraction digestible du contenu cellulaire et la teneur en contenu cellulaire des fourrages (d'après Fonnesbeck, 1969).

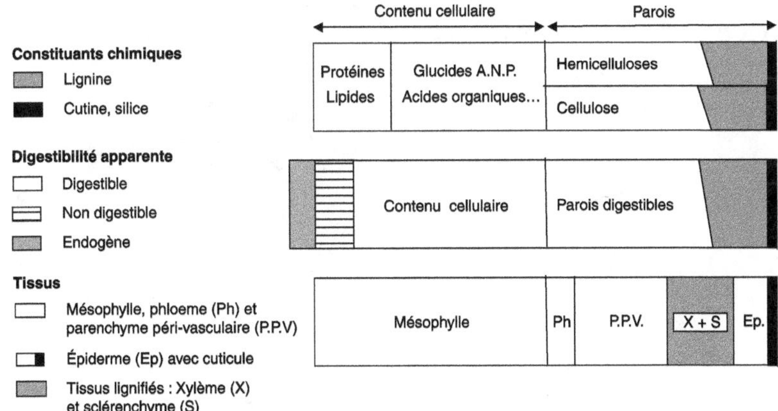

Figure 12.3. Représentation schématique des constituants anatomiques et chimiques (organiques) d'un fourrage et de leur digestibilité (digestibilité de la matière organique : 0,70) (d'après Jarrige, 1981).

Au plan nutritionnel, on peut donc, comme chez le ruminant, distinguer dans les parois végétales (figure 12.3) :

– une partie qui est potentiellement digestible. Elle est représentée par les tissus à parois minces et composée de polyosides, non protégés de la dégradation bactérienne par de la lignine ou de la cutine ;

– une partie qui est totalement indigestible (indigestible pariétal). Elle comprend les tissus à parois épaisses dont les polyholosides sont protégés de l'attaque des bactéries par de la lignine ou de la cutine.

Comme pour les ruminants, la teneur en indigestible pariétal des fourrages est élevée pour les chevaux. Cette teneur est plus forte dans les tiges que dans les feuilles. Elle s'accroît avec l'âge et est plus élevée chez les graminées que chez les légumineuses comparées à même teneur en lignine.

Par contre, la teneur en indigestible pariétal est faible pour les aliments concentrés, quoique très variable. Elle est particulièrement faible avec les graines de céréales, de protéagineux et d'oléagineux. Elle est plus élevée dans leurs sous-produits (issue de meunerie, tourteaux) mais dépend du diagramme de mouture des céréales et du degré de décorticage des graines oléagineuses avant extraction de l'huile. Les racines et leurs sous-produits (cas des betteraves et des pulpes de betteraves) sont pauvres en indigestible pariétal.

La digestibilité des aliments est étroitement liée à leur teneur en parois indigestibles, donc plus particulièrement à leur teneur en lignine. La cellulose brute est le critère analytique le plus utilisé pour estimer la teneur en parois végétales des aliments car c'est un bon indicateur de la digestibilité : plus les aliments sont riches en cellulose brute et moins ils sont digestibles (figure 12.4). Son dosage est assez long, c'est pourquoi de nouveaux critères plus simples et plus rapides à doser ont été proposés. Il s'agit de la teneur en parois cellulaires totales (NDF), la ligno-cellulose (ADF) et la lignine (ADL). La digestibilité de la matière organique est très liée à ces différents critères.

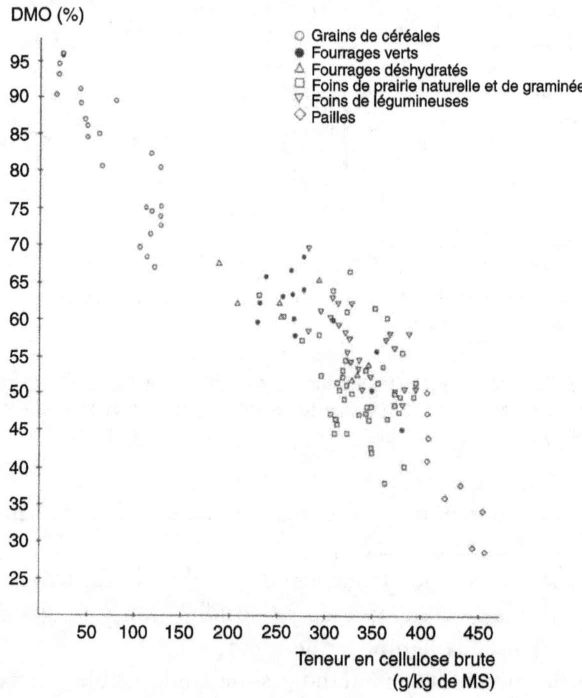

Figure 12.4. Relation, chez le cheval, entre le coefficient de digestibilité de la matière organique des principaux aliments (dMO en p. 100) et leur teneur en cellulose brute (d'après Martin-Rosset *et al.*, 1984).

Digestibilité de la matière organique

Fourrages

La digestibilité des fourrages verts diminue avec l'âge au cours des différents cycles de végétation. Cette évolution est liée à la variation de leur composition chimique induite par l'évolution de la composition morphologique. La teneur en parois cellulaires de moins en moins digestibles s'accroît avec l'augmentation de la proportion de tiges au détriment de la proportion de feuilles riches en contenu cellulaire (figures 12.5 et 12.6).

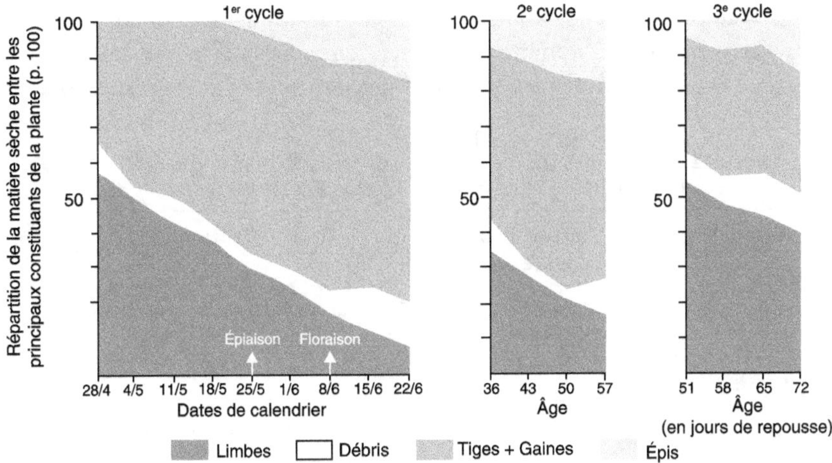

Figure 12.5. Évolution avec l'âge au cours des différents cycles de végétation, de la composition morphologique du ray-grass d'Italie (d'après Demarquilly et Andrieu, 1988).

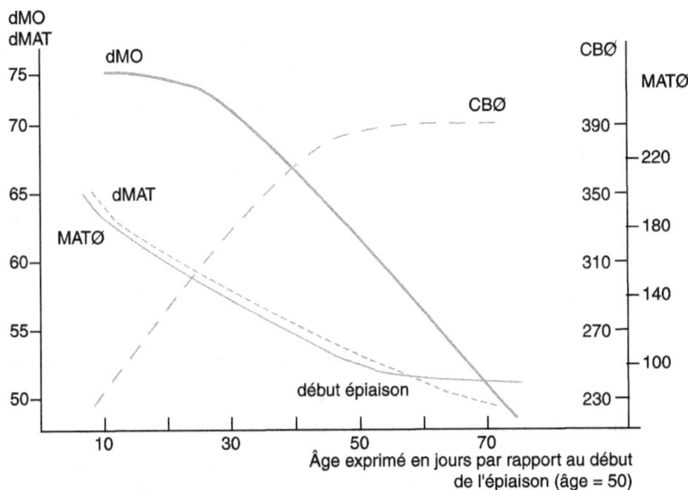

Figure 12.6. Évolution de la digestibilité de la matière organique (dMO) et des teneurs en matières azotées (MATØ) et en cellulose brute (CBØ) en g par kg de matière organique, de la fléole avec l'âge, (x) au cours du premier cycle de végétation (adapté de Martin-Rosset *et al.*, 1984).

La digestibilité des fourrages conservés dépend de celle du fourrage vert à la récolte (et donc de son âge) et à un moindre degré des conditions de récolte.

Les relations entre la digestibilité de la matière organique et la composition chimique ont été établies pour les foins grâce à des données obtenues à l'Inra à l'aide d'un protocole standardisé. Six chevaux de selle ont été alimentés à volonté avec les fourrages étudiés pendant trois semaines comprenant : deux semaines d'adaptation plus une semaine de mesures par récolte totale des fèces. La relation établie à partir de 72 données entre la digestibilité de la matière organique et la cellulose brute est négative (tableau 12.3). Elle est différente pour les foins de graminées et de légumineuses. De telles relations existent aussi pour les fourrages verts mais le nombre de données obtenues à l'Inra est encore insuffisant (n = 14) pour proposer des équations spécifiques aussi précises que pour les foins.

Tableau 12.3. Relation entre la digestibilité de la matière organique (dMO en p. 100) des foins et leur teneur en cellulose brute (CB en g/kg MS) (d'après Martin-Rosset *et al.*, 1984).

Nature botanique	Nombre de données	Intervalle de variation de CB	Équations*	Syx	R
Prairie naturelle	28	230-375	(1) dMO = 87,89 − 0,1180 CB	± 4,1	0,711
Prairie temporaire de graminées	19	295-390	(2) dMO = 81,51 − 0,0792 CB	± 6,3	0,422
Légumineuses	25	285-395	(3) dMO = 90,52 − 0,0995 CB	± 3,7	0,666
Ensemble des foins	72	230-395	(4) dMO = 78,33 − 0,0746 CB	± 6,0	0,414

*La prise en compte de la teneur en matières azotées en plus de la teneur en cellulose brute n'améliore pas la précision des relations mentionnées dans ce tableau.

La digestibilité des repousses de tous les fourrages est toujours inférieure à celle des fourrages correspondants au début du 1er cycle, mais elle diminue moins vite pour les repousses feuillues que pour les repousses à tiges (figure 12.7).

L'influence variétale est assez faible et les facteurs de milieu ont une influence limitée, du moins au 1er cycle, puisque la digestibilité d'une plante à un stade donné a sensiblement la même valeur, quels que soient le lieu, l'année et l'importance de la fertilisation azotée.

La digestibilité des ensilages d'herbe (préfanés ou mi-fanés) ou de maïs est seulement diminuée de 1 à 2 points lorsque celle-ci est comparée, pour chaque type de fourrage, au fourrage vert correspondant au même stade végétatif car leur composition chimique varie peu lorsque la récolte (et conservation) est réalisée dans de bonnes conditions (voir chapitre 11). La digestibilité des foins est plus faible de 4 à 6 points que celle du fourrage vert correspondant car la fenaison entraîne une augmentation de la teneur en parois végétales par suite de la perte de feuilles. En revanche, la déshydratation n'entraîne pas d'effet significatif sur la digestibilité si elle est bien réalisée car la composition chimique varie peu.

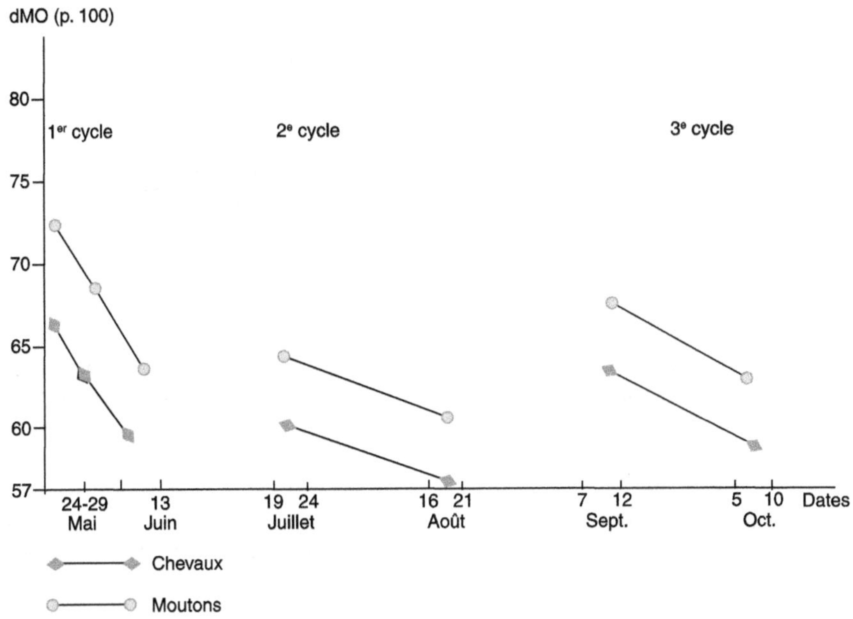

Figure 12.7. Évolution de la digestibilité de la matière organique d'une prairie naturelle au cours des différents cycles et stades de végétation chez le cheval et le mouton (d'après Chenost et Martin-Rosset, 1985).

Les fourrages secs sont le plus souvent distribués aux chevaux sous forme longue. Mais, pour faciliter le stockage et leur manutention, et/ou pour permettre leur incorporation dans les aliments composés, ils peuvent être pressés directement dans une presse à piston (fourrages comprimés) ou dans une presse à filière (fourrages compactés), ou encore pressés après broyage dans une presse à filière (fourrages condensés, voir chapitre 11). Ces traitements modifient la digestibilité mais les rares résultats disponibles sont contradictoires car les effets du traitement technologique dépendent du niveau d'alimentation : à volonté *versus* limité. Il n'en est pas tenu compte actuellement.

Depuis plusieurs décennies, on a essayé d'améliorer par un traitement chimique aux alcalis la valeur nutritive des fourrages pauvres, en particulier des pailles (voir aussi chapitre 11). Le traitement des pailles avec des alcalis efficaces, tels que la soude et l'ammoniac, rompt les liaisons entre les hémicelluloses et la lignine, ce qui accroît la digestibilité des parois végétales. Par ailleurs, le traitement améliore la digestion des fibres cellulosiques en détruisant la structure cristalline de la cellulose.

L'utilisation de pailles traitées à la soude chez le cheval a été étudiée dès la première guerre mondiale, puis précisée plus tard (voir chapitre 11). Le traitement des pailles à la soude augmente la digestibilité de la matière organique de 10 à 14 points, comme chez le ruminant.

Le traitement des pailles à l'ammoniac permet d'obtenir une amélioration comparable de la digestibilité de la matière organique. La paille traitée à l'ammoniac semble, par ailleurs, être mieux acceptée par les chevaux que celle traitée à la soude (voir chapitre 11).

Les traitements aux alcalis n'entraînent pas de variations de la teneur en cellulose brute des pailles (voir chapitre 11). Ce critère ne pourra donc pas être utilisé pour prévoir la digestibilité des pailles ainsi traitées.

Aliments concentrés

La digestibilité des aliments concentrés est également reliée négativement à la teneur en cellulose brute, que ce soit pour les grains (céréales) ou les graines (légumineuses) et en particulier leurs sous-produits respectifs : issues et tourteaux (tableau 12.4).

Tableau 12.4. Relations entre digestibilité de la matière organique et la composition chimique des aliments concentrés simples (d'après Martin-Rosset et Tran, non publié ; extrait de Martin-Rosset, 2004).

Aliments	Équations	Écart-type résiduel (ETR)	R^2
Tous les aliments (n = 42)	dMO = 89,0 − 1,01 CB	± 7,1	0,674
	dMO = 85,7 − 0,959 CB + 0,117 MAT	± 7,1	0,692
	dM0 = 69,2 − 0,538 CB + 0,352 MAT + 0,214 GC	± 6,5	0,745
Céréales (n = 10)	dMO = 93,2 − 1,68 CB	± 1,3	0,987
	dMO = 99,3 − 1,67 CB − 0,553 MAT	± 1,4	0,992
	dM0 = 47,0 − 0,223 CB + 0,345 MAT + 0,530 GC	± 0,2	0,969
Coproduits de céréales (n = 17)	dMO = 89,8 − 1,90 CB	± 3,3	0,890
	dMO = 100 − 1,97 CB − 0,594 MAT	± 2,9	0,936
	dM0 = 70,7 − 1,17 CB + 0,22 MAT + 0,235 GC	± 3,0	0,953
Graines des protéagineux (n = 10)	dM0 = 58,9 + 0,193 CB + 0,480 MAT + 0,254 GC	± 2,6	0,904
Tourteaux (n = 14)	dMO = 92,7 − 1,26 CB	± 4,6	0,676
	dMO = 63,2 − 0,263 CB + 0,442 MAT	± 2,4	0,928
	dM0 = 64,7 − 0,477 CB + 0,697 MAT − 1,423 GC	± 1,9	0,961

MO : matière organique ; CB : cellulose brute ; MAT : matières azotées totales ; GC : glucides cytoplasmiques (= sucres solubles + amidon), en % de MS.

Les céréales sont soumises à des traitements technologiques variés (voir chapitre 9, tableau 9.4) pour permettre ou favoriser leur digestion. L'avoine est une exception puisqu'elle peut être utilisée à l'état natif. Les digestibilités des céréales indiquées dans les tables correspondent donc à des céréales ayant toutes subi un traitement primaire (voir chapitre 16). Et les équations de prévision de la digestibilité sont basées sur des fichiers de données expérimentales obtenues sur des céréales traitées. Mais l'effet des traitements technologiques (mécaniques ou thermiques) sur la digestibilité de la matière organique des céréales ne semble pas déterminant parce que le critère digestibilité est trop global pour le mettre en évidence. L'effet majeur est d'augmenter la proportion d'amidon digéré dans l'intestin grêle pour augmenter la valeur énergétique nette (voir paragraphe « Cas particuliers des céréales ayant subi des traitements technologiques » p. 468).

Digestibilité des matières azotées

Fourrages

La digestibilité des matières azotées totales (MAT) diminue avec l'âge au cours du premier cycle car la teneur en MAT décroît en raison de la diminution de la proportion de feuilles (riches en contenu cellulaire) au profit de la proportion de tiges (figures 12.5 et 12.6). En revanche, la digestibilité des MAT au début de chaque cycle suivant est supérieure à celle du 1er cycle car la teneur en MAT est plus élevée.

La digestibilité mesurée permet de déterminer la teneur en matières azotées digestibles (MAD). La teneur en MAD des fourrages augmente avec la teneur en MAT (tableau 12.5). La quantité des MAD sera donc toujours plus élevée au début de chaque cycle et supérieure au cours des repousses.

Tableau 12.5. Teneur moyenne en matières azotées apparemment non digestibles (MAND en g/kg de matière sèche) et relations entre la teneur en matières azotées digestibles (MAD en g/kg de matière sèche) et les teneurs en matières azotées totales (MAT en g/kg de matière sèche) et en cellulose brute (CB en g/kg de matière sèche) des fourrages (d'après Martin-Rosset *et al.*, 1984).

Aliments	n	Teneur en MAND	Équations	Écart-type résiduel (ETR)	R^2
Fourrages verts					
Prairie naturelle et prairie temporaire de graminées	14	48	MAD* = − 27,33 + 0,8614 MAT	± 7,7	0,967
			MAD* = − 74,52 + 0,9568 MAT + 0,1167 CB	± 6,3	0,980
Foins					
Prairie naturelle et prairie temporaires de graminées	47	43	MAD* = − 25,96 + 0,8357 MAT	± 7,1	0,968
Légumineuses	25	50	MAD* = − 29,95 + 0,8673 MAT	± 9,2	0,933
Ensemble des foins	72	46	MAD* = − 27,57 + 0,8441 MAT	± 8,6	0,964

*La teneur en cellulose brute n'améliore pas significativement la précision.

La composition en acides aminés des protéines végétales est très peu variable suivant l'organe végétal, la famille botanique, l'espèce ou l'âge de la plante. Et cette composition est bien équilibrée en acides aminés indispensables.

Le mode de conservation des fourrages entraîne une diminution de la digestibilité des matières azotées lorsqu'on compare la fenaison, et dans une moindre mesure l'ensilage (par préfanage ou enrubannage : mi-fanés), au même fourrage vert car la teneur en matières azotées totales diminue dans le cas des foins. Cette variation se traduit, par exemple dans le cas d'une prairie naturelle de plaine récoltée au premier cycle (stade épiaison), par une baisse de la valeur MADC en moyenne de 5 p. 100 pour les ensilages mi-fanés, de 14 p. 100 pour les foins et de 18 p. 100 pour les ensilages préfanés en raison d'une partie des matières azotées fixées à la fraction indigestible des parois végétales des foins ou d'une proportion relativement importante de matières azotées contenues sous forme soluble dans les ensilages, et dans ce dernier cas ne fournissant pas d'acides aminés à l'animal hôte (voir aussi chapitre 11).

La déshydratation n'entraîne pas de modifications de la composition chimique si le séchage est bien réalisé pour ne pas provoquer une liaison dite réaction de Maillard entre les protéines des matières azotées et les glucides de la plante notamment chez les légumineuses. La digestibilité n'est pas modifiée significativement par rapport à celle du fourrage vert correspondant au même stade végétatif.

Le conditionnement des fourrages (compactage – compression ou condensation) entraîne des modifications de la digestibilité qui sont contradictoires selon les études car cela dépend en particulier si les chevaux ont été alimentés en quantité limitée ou à volonté. En l'absence de données suffisantes, ces modifications ne sont donc pas considérées.

Le traitement à l'ammoniac des pailles entraîne une augmentation nette de leur teneur en azote mais pas de leur teneur en MAD car l'ammoniac fixé sur la paille est transformé en urée chez le cheval et n'est pas valorisé directement par celui-ci (voir chapitre 11).

Aliments concentrés

La digestibilité des matières azotées des céréales, et donc la teneur en MAD, est liée positivement et linéairement à leur teneur en MAT. À même teneur en MAT, la digestibilité des matières azotées des céréales est supérieure à celle des fourrages. Cependant, elle peut être variable selon le procédé technologique subi par les céréales : on sait en effet que les traitements thermiques excessifs entraînent généralement une diminution de la digestibilité des matières azotées (réactions de Maillard). Si on fait abstraction de quelques essais où de tels procédés ont été utilisés, il existe une relation linéaire et relativement étroite entre la teneur en MAD des céréales (en g/kg de MS) et leur teneur en MAT (en g/kg de MS) (tableau 12.6). La prise en compte de la teneur en cellulose brute ne permet pas d'améliorer la précision de la relation.

La digestibilité des matières azotées (dN) des sous-produits végétaux (issues de céréales ou tourteaux) peut être influencée par la teneur en parois végétales, notamment la fraction indigestible (ADF) et donc par la technologie utilisée : farine basse de blé tendre *versus* son de blé tendre, dN = + 5 points ; tourteau de tournesol partiellement décortiqué *versus* non décortiqué, dN = + 4 points.

La digestibilité des matières azotées des graines de légumineuses et d'oléagineux est le plus souvent très élevée en raison de la forte teneur en matières azotées totales (200 à 550 g/kg de matière sèche). Mais elle peut être limitée par des teneurs élevées en parois végétales, notamment leur fraction indigestible (ADF) (lupin, tournesol).

Tableau 12.6. Relation entre la teneur en matières azotées digestibles et la teneur en matières azotées totales des aliments concentrés simples et prévision (d'après Martin-Rosset *et al.*, 2006 ; Martin-Rosset et Tran, non publié ; extrait de Martin-Rosset, 2004).

Aliments	Équations	Écart-type résiduel (ETR)	R^2
Tous les aliments (n = 42)	MAD = 10,7 + 0,911 MAT − 0,121 CB	± 8,6	0,959
Céréales (n = 23)	MAD = − 2,68 + 0,833 MAT	± 5,4	0,969
Coproduits de céréales (n = 17)	MAD = − 17,6 + 0,865 MAT + 0,051 CB	± 6,7	0,945
Graines oléagineux et protéagineux (n = 10)	MAD = 2,59 + 0,844 MAT − 0,103 CB	± 4,6	0,996
Tourteaux (n = 14)	MAD = − 43,6 + 0,989 MAT − 0,127 CB	± 6,3	0,998

MAT : matières azotées totales ; CB : cellulose brute ; MAD : matières azotées digestibles, en g/kg MS.

Méthodes de prévision de la digestibilité

Fourrages

La prévision de la digestibilité de la matière organique et des matières azotées des fourrages verts et conservés, et donc de leur valeur énergétique et azotée peut être effectuée à l'aide de deux méthodes :
– première méthode : prévision à partir des seules caractéristiques botaniques.
Nous avons vu que la digestibilité des fourrages dépendait avant tout de leurs caractéristiques au moment de la récolte (espèce, cycle, âge) ainsi que des conditions de récolte dans le cas des fourrages conservés. Il est donc possible de prévoir par simple lecture des tables (voir chapitre 16) la valeur nutritive des fourrages lorsque ces informations sont disponibles. Cette approche simple, qui ne nécessite pas d'analyse chimique, est suffisamment précise pour réaliser des calculs de rationnement.
– deuxième méthode : prévision à partir de l'analyse chimique.
Cette méthode utilise les relations qui existent entre la digestibilité de la matière organique et les teneurs en parois végétales (tableau 12.7) d'une part, et entre la teneur en MAD et la teneur en MAT d'autre part (tableaux 12.5 et 12.6).

Elle nécessite une analyse chimique qui doit être réalisée par des laboratoires. Cette méthode est particulièrement recommandée pour prévoir la digestibilité des matières azotées car on sait que pour une espèce exploitée la teneur en matières azotées totales peut largement varier en fonction des conditions de milieu.

Prévision de la digestibilité de la matière organique

La digestibilité de la matière organique des fourrages peut être prévue soit à partir de la teneur en cellulose brute (tableau 12.3), soit à partir des teneurs en parois fractionnées en NDF et ADL (tableau 12.7). Les équations proposées ont été établies en reliant les digestibilités mesurées *in vivo* à la composition chimique d'une gamme de fourrages verts ou conservés étudiés à l'Inra. La précision de la prévision est meilleure lorsqu'on utilise les teneurs en NDF et ADL plutôt que la teneur en CB, respectivement ± 2,5 et ± 6,0.

Tableau 12.7. Prévision de la digestibilité de la matière organique (dMO en p. 100) des fourrages verts et conservés à partir de leur composition chimique (d'après Martin-Rosset *et al.*, 1996).

Intervalles de variation de			Équation	Écart-type résiduel (ETR)	R^2
CB	NDF	ADL	N = 52		
239-424	477-737	27-97	dMO = 67,78 + 0,07088 MAT	± 2,5	0,878
			− 0,000045 NDF^2 − 0,12180 ADL		

NDF : teneurs en parois totales (g/kg MS), ADL : teneurs en Lignine (g/kg MS) ; MAT : teneurs en matières azotées totales (g/kg MS).

Les méthodes analytiques pour doser les teneurs en CB, NDF et ADL sont longues à mettre en œuvre. C'est pourquoi une méthode enzymatique simulant la digestion totale des fourrages (ou digestibilité) a été mise au point à l'Inra. Cette méthode comprend trois étapes :
– un prétraitement avec de la pepsine (Merck n°7190 : 1/1 000) dans de l'acide chlorhydrique (0,2 % de pepsine dans 0,1 NHCl) maintenu au bain-marie à 40 °C pendant 24 h ;
– hydrolyse de l'amidon du précédent mélange maintenu au bain-marie à 80 °C pendant 30 min ;
– l'attaque du mélange ainsi traité par une cellulase fongique (Onozuka R10 extrait de Trichoderma viride, Yakault Honsha Co Ltd, Japon) pendant 24 h au bain-marie à 40 °C et enfin filtration et rinçage.

La dégradabilité de la matière sèche de fourrages verts ou conservés ainsi déterminée au laboratoire a été reliée à la digestibilité de la matière organique des mêmes fourrages mesurée *in vivo* à l'Inra (tableau 12.8). La précision de la prévision de la digestibilité de la matière organique est très bonne (± 1,9) et concurrentielle avec la précision observée avec les méthodes chimiques. De plus, la méthode a permis de tenir compte de la famille botanique (graminées *versus* légumineuses) et du mode de conservation (fourrages verts *versus* foins). En ce qui concerne les ensilages préfanés ou mi-fanés, l'équation de prévision pourra être utilisée en retenant la correction établie pour les fourrages verts.

La prévision au laboratoire de la dMO par cette méthode rapide est très utile car la teneur en matière organique digestible (MO × dMO = MOD) est un paramètre majeur des équations de prévision directe de la valeur UFC des fourrages (voir tableau 12.13).

Tableau 12.8. Prévision de la digestibilité de la matière organique (dMO en p. 100) des fourrages verts ou conservés à partir de la digestibilité de la matière sèche (dCell MS en p. 100) mesurée par la méthode pepsine cellulase (d'après Martin-Rosset *et al.*, 1996).

Intervalles de variation (en g/kg MS) de			Équation	Écart-type résiduel (ETR)	R^2
CB	NDF	ADL	N = 52		
239-424	477-737	27-97	dMO = − 29,38 + Δ + 2,30315 dCell MS − 0,01384 dCell MS²	± 1,90	0,927
			Δ = + 4,12 fourrages verts (et ensilages)		
			Δ = 0 foins de graminées et de prairies naturelles		
			Δ = − 2,61 foins de légumineuses		

Prévision de la teneur en matières azotées digestibles (MAD)

La prévision de la teneur en MAD à partir de la teneur en MAT utilise les équations établies pour les fourrages verts ou conservés (tableau 12.5). L'équation générale pourra être utilisée pour les ensilages préfanés tandis que l'équation fourrages verts sera utilisée pour les ensilages mi-fanés.

Cas particulier des fourrages pâturés

Les chevaux pâturent le plus souvent des prairies naturelles mais dans certains cas des praires temporaires à base de ray-grass ou fétuque seuls ou des mélanges ray-grass, fétuque, dactyle et trèfle. Les équations de prévision de la dMO proposées dans les tableaux 12.7 et 12.8 sont polyvalentes même si on a introduit une correction qui tient compte de la nature des fourrages : types (verts, ensilages et foins) et familles (graminées et légumineuses).

Dans le cas du pâturage, la digestibilité de l'herbe varie en continu au cours de la saison. Il n'a pas pu être réalisé chez le cheval autant de mesures sur les fourrages verts que chez les ruminants et notamment à autant de stades végétatifs. C'est pourquoi, si on souhaite élargir le spectre de prairies utilisées et envisager une plus grande précision de la prévision de la digestibilité des fourrages verts, il est possible aussi de prévoir la digestibilité de la MO du cheval à partir de celle mesurée chez les ruminants par l'Inra en utilisant des équations établies dans le cadre de comparaisons réalisées à l'Inra simultanément chez les deux espèces animales (tableau 12.9).

Tableau 12.9. Prévision de la digestibilité de la matière organique (dMO_{ch} en p. 100) du cheval à partir de celle du ruminant (dMO_R en p. 100) (d'après Martin-Rosset *et al.*, 1984).

Nature botanique	Intervalles de variation dMO en p. 100	Équations	Écart-type résiduel (ETR)	R²
Prairie naturelle et temporaire de graminées n = 18	36 < dMO_R < 76	$dMO_{Ch} = -14,91 + 1,1544\ dMO_R$	± 2,3	0,960
Légumineuses n = 15	55 < dMO_R < 66	$dMO_{Ch} = -9,94 + 1,1262\ dMO_R$	± 2,6	0,712

Il est donc possible d'utiliser pour prévoir la dMO des fourrages pâturés chez le cheval :

– soit les équations polyvalentes des tableaux 12.7 ou 12.8 ;

– soit la relation cheval-ruminant.

En revanche, la digestibilité des matières azotées des fourrages verts est peu influencée par le mode d'utilisation (vert ou foins) chez le cheval comme chez le ruminant. Il en résulte que chez les deux espèces animales, il existe des relations comparables et assez étroites entre les teneurs en MAD et en MAT : à même teneur en MAT, la teneur en MAD des fourrages verts peut donc être considérée chez le cheval comme très proche de celle mesurée chez le mouton (tableau 12.10).

Tableau 12.10. Relations chez le cheval et le mouton entre la teneur en matières azotées digestibles (MAD g/kg MS) des fourrages verts et leur teneur en matières azotées totales (MAT : g/kg MS) (d'après Martin-Rosset *et al.*, 1984).

	N	Équations	Écart-type résiduel (ETR)	R²
Cheval	12	MAD = – 44,32 + 0,9645 MAT	± 7,2	0,978
Moutons	12	MAD = – 43,89 + 0,9438 MAT	± 4,4	0,990

Il est donc possible d'utiliser, pour prévoir la teneur en MAD des fourrages verts pâturés :

– soit les valeurs des tables (chapitre 16) ;

– soit les équations de prévisions indiquées tableau 12.5 ;

– ou les valeurs MAD des tables pour les ruminants (Inra, 2007), notamment pour élargir la gamme des prairies temporaires et des stades végétatifs pâturés.

Aliments concentrés simples

La digestibilité de la matière organique et la teneur en matières azotées digestibles peuvent être aussi prévues selon deux méthodes :

– première méthode : prévision à partir des seules caractéristiques botaniques et technologiques.

Si les aliments concentrés ont subi des traitements identifiés et correspondants à ceux des aliments indiqués dans les tables (voir chapitre 16 et chapitre 9), il est possible de lire et d'utiliser directement la digestibilité de la matière organique et la teneur en matières azotées digestibles indiquées.

– deuxième méthode : prévision à partir de l'analyse chimique.

Lorsque les traitements technologiques utilisés pour préparer les aliments concentrés ne sont pas connus ou sont différents de ceux indiqués pour l'aliment correspondant des tables (voir chapitres 9 et 15), il faut avoir recours à l'analyse chimique réalisée par un laboratoire.

Cette méthode utilise les relations qui ont été établies entre la digestibilité de la matière organique et la composition chimique (tableau 12.4) d'une part, entre la teneur en MAD et la teneur en MAT (tableau 12.6) d'autre part.

Prévision de la digestibilité de la matière organique

La teneur en matière organique digestible (MOD = MO × dMO) des aliments concentrés simples est un paramètre majeur dans les équations de prévision directe de la valeur UFC (voir tableau 12.15).

La digestibilité de la matière organique peut être prévue à partir de la teneur en cellulose brute seule, ou combinée avec la teneur en MAT voire en glucides cytoplasmiques (tableau 12.4). Il n'y a malheureusement pas encore assez de données expérimentales pour proposer des équations utilisant les teneurs en parois établies par la méthode Van Soest comme pour les fourrages.

La digestibilité de la matière organique peut être aussi prévue, comme pour les fourrages, à l'aide d'une méthode enzymatique. Le principe de la méthode est le même que celui décrit précédemment pour les fourrages mais l'équation est bien sûr différente. La dégradabilité de la matière organique des aliments concentrés simples ainsi déterminée au laboratoire a été reliée à la digestibilité de la matière organique des mêmes aliments mesurée *in vivo* à l'Inra et dans les universités de Turin et Campobasso en Italie (tableau 12.11). L'équation doit être utilisée seulement pour des aliments ayant subi un traitement technologique. La précision est satisfaisante (2 à 3 points) pour des aliments ayant subi des traitements technologiques simples (aplatissage-broyage-décorticage) mais moins satisfaisante pour des aliments soumis à des traitements plus complexes (± 4 à 5 points). En pratique, les céréales entières, à l'exception de l'avoine, ne sont pas utilisées en l'état, *e.g.* natives (orge, maïs notamment). Pour l'avoine entière ou aplatie, on pourra utiliser la digestibilité de la matière organique des tables (voir chapitre 16) car elle correspond à la moyenne de la forme native ou aplatie. En ce qui concerne les autres céréales traitées par voie thermique, il est facile de comprendre la variabilité de la prévision en considérant l'effet de ces traitements sur les proportions d'amidon rapidement-lentement digestibles et résistantes (voir chapitre 9, tableau 9.5) selon la température du traitement appliqué, voire de la pression exercée (voir chapitre 9, tableau 9.4). Pour la pulpe de betterave déshydratée, on utilisera la relation suivante : dMO (p. 100) = dCell MO (p. 100) + 17,6.

L'équation générale (tableau 12.11) devra être améliorée à l'avenir en étendant la gamme d'aliments, mais surtout de traitements étudiés.

Tableau 12.11. Prévision de la digestibilité de la matière organique (dMO en p. 100) des aliments concentrés simples, ayant subi un traitement technologique, à partir de la digestibilité de la matière organique (dCell MO en p. 100) mesurée par la méthode pepsine cellulase (d'après Martin-Rosset *et al.*, 2011).

Intervalle de variation de CB en g/kg MS	Équation N = 17 aliments	Écart-type résiduel (ETR)	R^2
23-195	dMO = 0,6837 dCell MO + 19,447	± 5,6	0,560

Prévision de la teneur en matières azotées digestibles (MAD)

La prévision de la teneur en MAD doit être effectuée à partir de la composition chimique et en utilisant les équations du tableau 12.6.

Influence de la ration

La digestibilité du fourrage complémenté par une proportion d'aliment concentré variant de 0 à 90 % n'est pas significativement modifiée lorsque l'animal reçoit un niveau d'alimentation modéré : inférieur ou égal à 2,5 fois le niveau d'alimentation correspondant à l'entretien.

On considère donc qu'il n'y a pas d'interactions digestives négatives sur la digestibilité des rations lorsque le niveau d'alimentation varie de 1 (entretien) à 2, quelle que soit la proportion d'aliment concentré dans la ration. En revanche, il pourrait être possible qu'il y ait un effet négatif sur la digestibilité de la ration chez le cheval recevant une ration très riche en aliment concentré (plus de 60 %) et comprenant des céréales ayant subi un traitement technologique, notamment thermique, à un niveau d'alimentation supérieur à deux fois l'entretien, apportant ainsi plus de 3,5-4,0 g d'amidon par kilo de poids vif. Il est alors possible qu'une proportion accrue d'amidon parvenant dans le gros intestin limite la digestion des parois végétales. Mais cela concerne une situation exceptionnelle par rapport à l'ensemble de la population de chevaux : les chevaux d'hippodrome en période de courses de sprint. Il n'est donc pas tenu compte des interactions digestives fourrages/concentrés sur la digestibilité des fourrages de base de la ration. Dans le cas des chevaux de courses, l'effet négatif éventuel sur la digestibilité des fourrages, qui représentent une proportion très limitée de la ration (30 p. 100), est réglé en majorant les apports alimentaires pour compenser cet effet somme toute assez limité.

Influence de l'animal

La digestibilité des rations à base de foin de pré comprenant une proportion modérée (≤ 20 p. 100) d'aliment concentré n'est pas significativement différente entre races de selle et de trait. En revanche, la digestibilité de la matière organique (dMO) est légèrement inférieure chez le cheval de selle que chez le poney : – 2 points. La différence est encore plus grande chez l'âne (– 5 points) lorsqu'il est alimenté avec des fourrages pauvres.

La digestibilité des rations à base de fourrage (20 p. 100 d'aliment concentré) n'est pas affectée chez la jument alimentée à volonté **en lactation** alors que le niveau d'alimentation est de 2,5 fois supérieur à celui de la même jument tarie alimentée et nourrie également à volonté. En revanche, la digestibilité est diminuée de – 5 points (10 p. 100) chez la jument au cours des 8e-11e mois de **gestation,** comparée à la même jument non gestante alimentée à volonté en raison de la diminution du temps de séjour des aliments dans le tube digestif, gros intestin en particulier car le taux de remplissage est alors limité par l'espace occupé par le fœtus (voir chapitre 1).

L'effet du **travail** sur la digestibilité des rations reste controversé car l'ensemble des résultats expérimentaux obtenus est contradictoire. Mais il est possible de conclure à ce jour sur la base des travaux les plus sûrs que le travail d'intensité légère à modérée effectué par des chevaux recevant leur ration à base de foin complémenté jusqu'à 60 % d'aliment concentré et distribuée à un niveau d'alimentation correspondant à 2 fois le niveau d'apport à l'entretien (2,0 à 2,2 kg MS/100 kg poids vif environ) ne modifie pas significativement la digestibilité de la ration. Il n'est donc pas nécessaire d'effectuer une correction sur la digestibilité du fourrage et donc de la ration pour calculer les apports alimentaires.

Conclusion sur les effets des facteurs de variation

La valeur de digestibilité des aliments, notamment des fourrages, indiquée dans les tables de la valeur nutritive du chapitre 16 et mesurée chez le cheval à l'entretien, peut être utilisée sans correction liée à la composition de la ration (proportion d'aliment concentré) ou liée à la situation physiologique du cheval (travail, lactation, croissance). Dans le cas particulier de la gestation, il en a été tenu compte en majorant les apports alimentaires recommandés proposés dans le chapitre 3 grâce aux nombreux essais d'alimentation réalisés à l'Inra et pour éviter à l'utilisateur de faire lui-même cette correction.

La détermination de la valeur énergétique nette des aliments : UFC

La valeur énergétique nette d'un aliment est calculée à partir de la teneur en énergie brute (EB), de la digestibilité de l'énergie (dE), du rapport énergie métabolisable/énergie digestible (EM/ED), et de l'efficacité de l'utilisation de l'énergie métabolisable pour l'entretien (km) :

$$EN = EB \times dE \times (EM/ED) \times km.$$

La valeur énergétique peut être établie à l'aide de deux méthodes selon le niveau de précision souhaitée et les compétences de l'utilisateur.

Tableau 12.12. Équations utilisées pour calculer la teneur en énergie brute des aliments à partir de leurs constituants (en g/kg de MO). Pour **les fourrages** : EB en kcal/kg MO soit EBø ; **pour les aliments concentrés simples** : EB en kcal/kg MS ; pour **les aliments composés** : EB en kcal/kg MO soit EBø (d'après Inra, 2007).

Type d'aliment	N	Équations	Écart-type résiduel (ETR)	R^2
Fourrages verts et foins			± 38	0.89
Graminées	166	EBø = 4 531 + 1,735 MATø + Δ		
Prairies permanentes		Δ = − 71 fourrages verts de graminées		
Légumineuses et céréales immatures		Δ = − 11 fourrages verts de trèfle violet, sainfoin, de prairie permanente de montagne, foins de prairies temporaires, céréales immatures en vert		
		Δ = + 82 fourrages verts de luzerne et de prairie permanente de plaine, foins de prairies permanentes de plaine et de montagne		
Fourrages verts				
Sorgho	8	EBø = 4 478 + 1,265 MATø	± 37	0,81
Maïs[a]	59	EBø = 4 487 + 2,019 MATø	± 25	0,33
Ensilages d'herbe				
Pré fanés		EBø = 1,03 × EBø vert		
Mi fanés		EBø = EBø vert		
Ensilages de maïs		EBø = 1,02 × EBø vert si MS < 30 %		
		EB = EB vert + 25 si MS > 30 %		
Luzernes déshydratées	27	EBø = 4 618 + 2,051 MATø	± 64	0,41
Aliments concentrés simples[b]	> 2 000	EB = 4 134 + 1,473 MAT + 5,239 MG + 0,925 CB − 4,46 MM + Δ[b]		
Aliments concentrés composés	83	EB = 5,7 MAT + 9,57 MG + 4,24 (MO − MAT − MG)	± 67	0,83

[a] Équation applicable également pour le maïs déshydraté en plante entière ;

[b] dans cette équation, les valeurs sont exprimées en g/kg MS. Pour les valeurs de Δ(kcal/kg MS) par groupe de matières premières, se reporter au tableau 12.13.

Fourrages et aliments concentrés simples

Méthode analytique

Il s'agit de la méthode de référence établie par l'Inra qui a été utilisée pour évaluer la valeur énergétique des aliments des tables. Elle nécessite de bien connaître et maîtriser le système des UFC dont le principe est décrit chapitre 1 (figure 1.9 p. 42). Elle consiste à calculer la valeur énergétique pas à pas des aliments en utilisant pour chaque pas des relations existant entre la valeur énergétique et la composition chimique des aliments.

Énergie brute (EB)

La teneur en énergie brute est mesurée au laboratoire par calorimétrie. Elle est exprimée en kilocalories/kg de matière sèche (kcal/kg MS). Elle peut être prévue à partir de la composition chimique en utilisant différents modèles ou équations de prévision qui diffèrent selon les aliments (tableaux 12.12 et 12.13) :

– **les fourrages** : la teneur en énergie brute peut être prévue à partir de la teneur en matières azotées totales en utilisant des équations propres à chaque classe de fourrages (tableau 12.12) ;

– **les aliments concentrés simples** : la teneur en énergie brute est prévue à l'aide d'une équation établie par Inra – AFZ, 2004 (tableaux 12.12 et 12.13).

Tableau 12.13. Valeurs du coefficient Δ à utiliser pour prévoir la teneur en énergie brute des **aliments concentrés simples** (d'après Inra–AFZ, 2004 ; Tran et Sauvant, 2004).

Groupes de matières premières	Δ
Corn gluten meal	308
Concentré protéique de luzerne	248
Drèches de distillerie de blé, gluten feed de blé, son de maïs, son de riz	138
Graine de colza, graine de lin, graine de coton, tourteau de coton	116
Avoine, issues de blé, corn gluten feed, drèches d'amidonnerie de maïs, farine basse de maïs, sorgho	75
Herbe déshydratée, paille	46
Orge	36
Radicelles d'orge	– 43
Tourteau de lin, tourteau de palmiste, graine de soja, tourteau de soja, tourteau de tournesol, graine de tournesol	– 46
Manioc	– 55
Féverole, lupin, pois	– 87
Pulpe de betterave, mélasse, vinasse, pulpe de pomme de terre	– 103
Lactosérum	– 177
Coques de soja	– 231
Autres matières premières sauf amidon et drèches de brasserie	0

Énergie digestible (ED)

La teneur en énergie digestible est prévue à partir de la teneur en énergie brute et de la digestibilité de l'énergie des aliments (dE) mesurée expérimentalement chez le cheval :

ED = EB × dE

ED en kcal/kg MS ;

EB en kcal/kg MS ;

dE en p. 100.

Pour les laboratoires d'analyse, la digestibilité de l'énergie peut être prévue à partir de la digestibilité de la matière organique quand cette dernière est connue :

dE = 0,0340 + Δ + 0,9477 dMO

dE et dMO en p. 100 ;

Δ : + 1,1 pour les aliments concentrés ;

Δ : − 1,1 pour les fourrages.

Exemple 12.1

dE = 55,8 p. 100 lorsque dMO = 60 p. 100 pour **le fourrage**.

Pour les laboratoires d'analyses, la digestibilité de la matière organique est prévue à partir de l'analyse chimique ou par mesure au laboratoire selon des équations ou méthodes élaborées par l'Inra :

– prévision de la digestibilité de la matière organique à partir de la composition chimique des aliments mesurés au laboratoire, **fourrages** : tableaux 12.3 et 12.7 ; **concentrés simples** : tableau 12.4 ;

– prévision de la digestibilité de la matière organique par la mesure de la digestibilité de la matière sèche ou de la matière organique au laboratoire par la méthode enzymatique pepsine-cellulase.

Pour **les fourrages** (tableau 12.8) :

dMO = − 29,38 + Δ + 2,30315 dCell MS − 0, 01384 dCell MS^2 ;

ETR = ± 1,90 ; R^2 = 0,927 ; n = 52 ;

dMO : digestibilité de la matière organique en p. 100 ;

dCell MS : digestibilité cellulase de la matière sèche en p. 100.

Δ : + 4,12 pour les fourrages verts de prairies naturelles (et ensilages) ;

Δ : 0 pour le foin de prairies naturelles et de graminées ;

Δ : − 2,61 pour les foins de luzerne.

Exemple 12.2

dMO = 63,1 p. 100 lorsque dCell MS = 60 p. 100 pour un **fourrage vert de prairie naturelle**.

Pour **les concentrés** (tableau 12.11) :

dMO = 0,6837 dCell MO + 19,447 ;

ETR = ± 5,6 ; N = 17.

dMO : digestibilité de la matière organique en p. 100 ;

dCell MO : digestibilité cellulase de la matière organique en p. 100.

dMO = 83,7 p. 100 lorsque dCell MO = 93,9 p. 100 pour le **maïs grain broyé**.

Énergie métabolisable (EM)

C'est la valeur énergétique potentielle des aliments. La teneur en énergie métabolisable (EM) est prévue à partir de la teneur en énergie digestible (ED) et du rapport énergie métabolisable/énergie digestible :

$EM = ED \times (EM/ED)$

EM et ED en kcal/kg MS ;

EM/ED : ratio qui tient compte des pertes d'énergie sous forme d'urine et de méthane.

Pour **tous les aliments (sauf les aliments riches en protéines et la pulpe de betteraves),**

$EM/ED = 84,07 + 0,0165\ CB - 0,0276\ MAT + 0,0184\ GC,$

$ETR = 1,37$; $R^2 = 0,45$; $n = 79$;

EM/ED : exprimé en p. 100 ;

CB : cellulose brute (en g/kg MS) ;

MAT : matières azotées totales (en g/kg MS) ;

GC : glucides cytoplasmiques (en g/kg MS).

EM = 86,6 p. 100 pour **un foin de prairie permanente** ayant des teneurs en CB = 295 g ; MAT = 127 g et GC = 60 g par kg MS.

Pour **les aliments riches en protéines,**

$EM/ED = 94,36 - 0,0110\ CB - 0,0275\ MAT.$

Les sigles ont la même signification et expression que précédemment.

Pour **la pulpe de betteraves,**

$EM/ED = 89$ p. 100.

À titre de repère la valeur du rapport EM/ED varie selon les classes d'aliments :
– tourteaux d'oléagineux : 78-80 p. 100 ;
– fourrages : 84-88 p. 100 ;
– pailles : 90-91 p. 100 ;
– céréales : 90-95 p. 100.

Cas particulier des **ensilages d'herbe**, la valeur EM doit être corrigée car une proportion (15 p. 100) de matières azotées digestibles présentes sous forme d'azote non aminé (ammoniac, urée) n'est pas utilisée comme source d'énergie.

EM corrigée = EM – (MAT × 4,2 × 0,15)

EM en kcal/kg MS ; MAT en g/kg MS.

4,2 : coefficient exprimé en kcal/g MAD, il correspond à la quantité d'énergie métabolisable par gramme de MAD utilisée comme source d'énergie.

Énergie nette (EN)

La valeur énergétique nette est calculée à partir de la teneur en énergie métabolisable (EM) et de l'efficacité de l'utilisation de l'énergie (km) :

EN = EM × km ou kmc

km : pour **aliments concentrés** ;

kmc : pour **les fourrages** (exclus fourrages déshydratés en pellets) après correction (C) pour le coût énergétique de l'ingestion.

L'efficacité de l'utilisation de l'énergie peut être prévue à l'aide du jeu d'équations établies par classe d'aliments (tableau 12.14).

Tableau 12.14. Prévision de l'efficacité de l'utilisation de l'énergie (km) à partir de la composition chimique des aliments (d'après Vermorel et Martin-Rosset, 1997).

	Écart-type résiduel (ETR)	R^2
Fourrages (n = 47)		
100 km = 71,64 – 0,0289 CB + 0,0148 MAT	± 0,94	0,878
100 km = 65,21 – 0,0178 CB + 0,0181 MAT + 0,0452 GC	± 0,53	0,963
100 km = 57,56 – 0,0110 CB + 0,0105 MAT + 0,0270 GC + 0,0150 MOD	± 0,40	0,980
Céréales, graines légumineuses (n = 22)		
100 km = 82,27 – 0,0248 CB – 0,0160 MAT	± 0,66	0,962
100 km = 72,34 + 0,0119 CB – 0,0081 MAT + 0,0112 GC	± 0,35	0,990
100 km = 93,18 – 0,0490 CB – 0,0101 MAT – 0,0127 MOD	± 0,59	0,971
100 km = 77,45 – 0,0060 MAT + 0,0106 MAT – 0,0054 MOD	± 0,32	0,992
Sous-produits céréales (n = 18)		
100 km = 100,32 – 0,0194 MO – 0,0120 MAT – 0,0530 CB	± 0,76	0,887
100 km = 94,41 – 0,0237 MO – 0,0022 MAT + 0,0121 GC	± 0,45	0,961
Tourteaux (n = 8)		
100 km = 67,13 + 0,00278 CB + 0,00528 MAT	± 0,44	0,700
100 km = 67,03 + 0,00426 MAT + 0,01566 GC	± 0,29	0,900

MO : matière organique (g/kg MS) ; CB : cellule brute (g/kg MS) ;
MAT : matières azotées totales (g/kg MS) ; GC : glucides cytoplasmiques (g/kg MS) ;
MOD : matière organique digestible (g/kg MS).

Mais la valeur de l'efficacité de l'utilisation de l'énergie (km) est corrigée dans le **cas des fourrages** pour le coût énergétique de l'ingestion à partir de la teneur en parois (cellulose brute) :

$$\Delta km = -\,0{,}20\ CB + 2{,}50\ ;\ CB\ \text{exprimée en \% MS.}$$

La correction Δkm est alors appliquée à km établie précédemment :

$$kmc = km - \Delta km.$$

Valeur en unité fourragère cheval (UFC)

La valeur des aliments en énergie nette exprimée en unité fourragère cheval est calculée à partir de la valeur énergie nette (EN en kcal/kg MS) de l'aliment considérée et de la valeur énergie nette (EN : kcal/kg MS) de l'orge de référence (87 % de MS) :

$$UFC = (EN\ \text{aliment} : kcal/kg\ MS)/(EN\ \text{orge} : 2\ 250\ kcal/kg\ MS).$$

Exemple 12.5

Calcul de la valeur énergétique d'un **foin de prairie permanente** récoltée en Normandie : **1er cycle – début épiaison** le 25 Mai (code FF0060 des tables).

EB = 4 418 kcal/kg MS

ED = EB × dE

dMO = 62 p. 100

dE (p. 100) = 0,0340 + Δ + 0,9477 dMO $\Delta = -\,1{,}1$

dE = 57,7 p. 100

ED = 4 418 × 0,577   **ED = 2 549 kcal/kg MS**

$$EM = ED \times \frac{EM}{ED}$$

$\dfrac{EM}{ED}$ (p. 100) = 84,07 + 0,0165 CB – 0,0276 MAT + 0,0184 GC

CB = 295 g/kg MS   MAT = 127 g/kg MS   GC = 60 g/kg MS

$$\frac{EM}{ED} = 86{,}5\ \text{p. 100}$$

EM = 2 549 × 0,865   **EM = 2 205 kcal/kg MS**

Km = 57,56 – 0,0110 CB + 0,0105 MAT + 0,0270 GC + 0,0150 MOD

MOD = MO × dMO

MOD = 910 × 0,62

MOD = 564 g/kg MS

km = 65,7

Δ km = – 0,20 CB (%) + 2,50   CB = 29,5 %

Δ km = – 3,4

kmc = km – Δ km

kmc = 65,7 – 3,4 = 62,3

EN = EM × kmc

EN = 2 205 × 0,623   **EN = 1 374 kcal/kg MS**

$$UFC = \frac{EN\ \text{fourrage}}{EN\ \text{orge}} = \frac{1\ 374\ kcal/kg\ MS}{2\ 250\ kcal/kg\ MS}$$

UFC = 0,61

La même démarche doit être suivie pour les autres catégories d'aliments.

Méthode directe

La valeur énergétique des fourrages et des aliments concentrés simples peut être prévue directement à l'aide d'équations établies par l'Inra qui relient la valeur énergétique exprimée en UFC à la composition chimique (tableau 12.15).

Tableau 12.15. Équations de prévision directe de la valeur énergétique nette UFC (par Kg MS) **des fourrages et des aliments concentrés simples** (d'après Martin-Rosset *et al.*, 1994).

	Écart-type résiduel (ETR)	R^2
Fourrages (n = 47)		
UFC = 0,825 − 0,0011 CB + 0,0006 MAT	± 0,043	0,832
UFC = 0,568 − 0,0007 CB + 0,0007 MAT + 0,0018 GC	± 0,031	0,922
UFC = − 0,124 + 0,0003 GC + 0,0013 MOD	± 0,012	0,988
UFC = − 0,0557 + 0,0006 GC + 0,2589ED	± 0,007	0,996
Aliments concentrés simples (n = 51)		
UFC = 0,815 − 0,0009 CB + 0,0003 MAT + 0,0006 GC	± 0,06	0,931
UFC = 0,131 − 0,0006 CB − 0,0003 MAT + 0,00134 MOD	± 0,041	0,967
UFC = − 0,730 − 0,0007 MAT + 0,00057 MO + 0,3944 ED	± 0,033	0,979
UFC = − 0,134 + 0,0003 CB − 0,0004 MAT + 0,0003 GC + 0,3160 ED	± 0,017	0,995

MO = matière organique (g/kg MS) ; CB = cellulose brute (g/kg MS) ; MAT = matières azotées totales (g/kg MS) ; GC = glucides cytoplasmiques (g/kg MS) ; MOD = matière organique digestible (g/kg MS) ; ED = énergie digestible (Mcal/kg MS).

La valeur prévue par la méthode directe est très comparable à celle calculée précédemment mais un peu moins précise : Δ = ± 0,01 à 0,02 UFC/kg MS.

Cas particuliers des céréales ayant subi des traitements technologiques

Les valeurs indiquées dans les tables correspondent à des céréales ayant subi des traitements mécaniques ou thermiques. Il s'agit donc de valeurs actuelles et fiables car elles intègrent les progrès de l'industrie de l'alimentation. Elles relativisent aussi l'impact des traitements technologiques. Si on considère le maïs grain, céréale réputée contenir 24 p. 100 de son amidon sous forme peu digestible (voir chapitre 9, tableau 9.5) dans l'intestin grêle contre 13 et 17 p. 100 respectivement pour l'orge et le blé, la variation de 20 points de la proportion d'énergie sous forme de glucose issue de la digestion de l'amidon dans l'intestin grêle n'entraîne qu'une variation de 3 p. 100 de la valeur énergétique nette : 0,04 UFC/1,30 UFC/kg MS. Il en est de même si on considère le son de blé. La variation de 20 p. 100 de la fourniture de glucose au cours de la digestion dans l'intestin grêle ne diminue la valeur énergétique nette que de 1,1 à 2,4 p. 100 soit : 0,01 UFC/0,817 UFC/kg MS et 0,02 UFC/0,847 UFC/kg MS respectivement pour les sons gros et fin de blé.

Les valeurs énergétiques proposées sont par ailleurs robustes lorsque le niveau d'alimentation varie de 1 (entretien) à 2, que la proportion d'aliment concentré dans la ration varie de 0 à 60 p. 100, ce qui correspond à la majorité des situations pratiques rencontrées, et que les aliments concentrés sont distribués après les fourrages à chaque repas. Les céréales seront d'autant mieux valorisées, *e.g.* la valeur énergétique moins altérée, que la quantité d'amidon offerte ne dépassera pas 3,5 à 4,0 g d'amidon/kg PV, limite qui correspond à la capacité connue de digestion de l'amidon par l'intestin grêle.

Les aliments composés

La valeur énergétique peut être prévue directement à partir de la composition chimique et de certains constituants digestibles grâce à des équations établies par l'Inra à partir d'une gamme d'aliments composés dont la composition pondérale (nature et proportion des matières utilisées pour formuler) et la composition chimique ont été fournies confidentiellement par l'industrie de l'alimentation (tableau 12.16).

Tableau 12.16. Équations de prévision directe de la valeur énergétique nette UFCø (par kg MO) des aliments composés à partir de la composition chimique et de certains constituants digestibles (d'après Martin-Rosset *et al.*, 1994).

	Écart-type résiduel (ETR)	R^2
UFCø = 1,326 − 1,937 CBø − 0,135 MATø	± 0,06	0,956
UFCø = 1,333 − 1,684 ADFø − 0,096 MATø	± 0,06	0,958
UFCø = 1,173 − 1,605 CBø + 0,051 MATø + 0,215 AMIDø	± 0,04	0,976
UFCø = 1,181 − 1,397 ADFø + 0,082 MATø + 0,214 AMIDø	± 0,04	0,978
UFCø = 1,219 − 0,852 ADFø − 0,287 NDFø − 0,857 Liø + 0,034 MATø + 0,207 AMIDø	± 0,03	0,988

MO : matière organique (kg/kg MO) ; CB : cellulose brute (kg/kg MO) ; MAT : matières azotées totales (kg/kg MO) ; GC : glucides cytoplasmiques (kg/kg MO) ; NDF : neutral detergent fiber (kg/kg MO) ; ADF : acid detergent fiber (kg/kg MO) ; Li : Lignine (kg/kg MO) ; UFCø : Unité Fourragère/kg MO. + 0,02 UFC par point de matières grasses (MG) (extrait éthéré) au-dessus de 3,5 % de MG dans la matière organique.

Ces équations sont particulièrement utiles car la formule de l'aliment est confidentielle. La proportion de chaque matière première et le traitement technologique qu'elles ont subi font partie des secrets de fabrication. Toutefois, le fabricant est tenu de donner des informations minimales : composition chimique et valeur énergétique (voir chapitre 9).

La détermination de la valeur azotée des aliments : MADC

La valeur azotée des aliments est exprimée en matières azotées digestibles (MAD) corrigée pour la fraction des matières azotées totales ne fournissant pas d'acides aminés. Elle est alors exprimée en matières azotées digestibles propres au cheval ou MADC. La teneur en MADC est le produit de la teneur en MAD par un facteur de correction k variable avec le type d'aliment (tableau 12.17) :

MADC = MAD × k.

Tableau 12.17. Valeur du coefficient de correction k des matières azotées digestibles pour calculer la teneur en matières azotées digestibles cheval (d'après Macheboeuf *et al.*, 1995 et 1996 ; Martin-Rosset *et al.*, 2012).

Coefficient	Type d'aliment
Fourrages	
k = 0,90	Fourrages verts, ensilages d'herbe mi-fanés
k = 0,85	Foins, fourrages déshydratés
k = 0,70	Ensilage d'herbe pré-fané correctement conservés
k = 0,60	Pailles et sous-produits riches en lignine
Aliments concentrés simples	
k = 0,87	Céréales natives
k = 0,92	Céréales traitées et issues
k = 0,94	Graines de légumineuses et tourteaux
k = 0,85	Luzernes déshydratées
k = 0,70	Betteraves déshydratées
k = 0,60	Coques de soja, sous-produits riches en Lignine

Fourrages et aliments concentrés simples

La teneur en MAD peut être prévue à partir des équations qui la relient à la composition chimique, essentiellement la teneur en MAT pour les fourrages (tableau 12.5) et pour les aliments concentrés simples (tableau 12.6).

La valeur du coefficient k a été établie à partir d'études de digestion réalisées à l'Inra. Cette valeur dépend de la nature de l'aliment (tableau 12.17).

Méthode analytique

Les fourrages

La teneur en MAD est calculée à partir de la teneur en MAT et de la digestibilité des matières azotées totales (dN) lorsque celle-ci est connue.

$$g\ MAD/kg\ MS = g\ MAT/kg\ MS \times dN$$

sinon MAD est prévue en utilisant les équations du tableau 12.5.

La teneur en MADC est calculée en utilisant le coefficient k approprié au type de fourrage considéré (tableau 12.17).

Exemple 12.6

Calculs de la valeur azotée d'un **foin de prairie permanente** récoltée en Normandie : **1ᵉʳ cycle début épiaison – le 25 Mai (code FF0060 des tables).**
MAT = 127 g/kg MS
MAD = − 25,96 + 0,8357 MAT
MAD = 80 g/kg MS
MADC = MAD × k   k = 0,85
MADC = 80 × 0,85
MADC = 68 g/kg MS

Les aliments concentrés simples

La teneur en MAD est calculée à partir de la teneur en MAT et de la digestibilité des matières azotées totales (dN) lorsque celle-ci est connue :

g MAD/kg MS = g MAT/kg MS × dN

sinon MAD est prévue en utilisant les équations du tableau 12.6.

La teneur en MADC est calculée en utilisant le coefficient k approprié au type d'aliment considéré (tableau 12.17) :

g MADC/kg MS = g MAD/kg MS × k.

Exemple 12.7

Calcul de la valeur azotée d'un aliment concentré simple : **Orge (code CC0010 des tables).**

MAT = 116 g/kg MS

MAD = − 2,68 + 0,833 MAT

MAD = 94 g/kg MS

MADC = MAD × k   k = 0,87

MADC = 94 × 0,87

MADC = 82 g/kg MS

Méthode directe

La valeur azotée des fourrages (tableau 12.18) et des aliments concentrés simples (tableau 12.19) peut être prévue en routine directement à l'aide d'équations établies par l'Inra et qui relient la valeur azotée exprimée en g de MADC à la composition chimique. Cette valeur est très comparable à celle calculée précédemment mais un peu moins précise.

Tableau 12.18. Équations de la prévision directe de la valeur azotée (g MADC/kg MS) des fourrages (d'après Martin-Rosset et Jestin, 2009).

Fourrages	Écart-type résiduel (ETR)	R^2
Fourrages verts		
Prairies naturelles, graminées		
MADC = − 67,1 + 0,861 MAT + 0,105 CB	± 5,4	0,962
Ensilages préfanés (prairies naturelles)		
MADC = − 23,0 + 0,816 MAT − 0,058 CB	± 7,2	0,894
Ensilages mi-fanés (prairies naturelles)		
MADC = − 52,0 + 0,683 MAT + 0,132 CB	± 6,1	0,845
Foins		
MADC = − 35,3 + 0,748 MAT + 0,0316 CB	± 7,7	0,897

MAT : matières azotées totales (g/kg MS) ; MADC : matières azotées digestibles cheval (g/kg MS) ; CB : cellulose brute (g/kg MS).

Tableau 12.19. Équations de la prévision directe de la valeur azotée (g MADC/kg MS) des aliments concentrés simples : matières premières (d'après Martin-Rosset et Jestin).

Aliments concentrés	Écart-type résiduel (ETR)	R²
Céréales (n = 10)		
MADC = − 4,50 + 0,738 MAT	± 5,4	0,951
Coproduits céréales (n = 19)		
MADC = − 8,52 + 0,859 MAT − 0,227 CB	± 6,4	0,955
Graines (n = 10)		
MADC = − 2,32 + 0,804 MAT − 0,0719 CB	± 4,3	0,976
Tourteaux (n = 13)		
MADC = − 27,3 + 0,894 MAT − 0,145 CB	± 3,9	0,978
Graminées et luzerne déshydratés (n = 8)		
MADC = − 23,3 + 0,725 MAT	± 4,7	0,993

MAT : matières azotées totales (g/kg MS) ; MADC : matières azotées digestibles cheval (g/kg MS) ; CB : cellulose brute (g/kg MS).

Les aliments composés

Méthode additive

La teneur en MAD puis en MADC est d'abord calculée pour chaque matière première (aliments concentrés simples) rentrant dans la formule de l'aliment composé selon le même principe que précédemment. Puis la valeur en MADC de l'aliment composé est obtenue en additionnant la quantité de MADC pondérée par la proportion de chaque matière première dans la formule. Cette méthode est seulement praticable par les formulateurs des aliments des fabricants car il faut en particulier connaître la proportion des différentes matières premières qui entrent dans la composition pondérale de l'aliment composé.

Tableau 12.20. Équations de la prévision directe de la valeur azotée (g MADC/kg MO) des aliments composés (d'après Martin-Rosset et Jestin, 2009).

	Écart-type résiduel (ETR)	R²
$MADC_\emptyset = -28,8 + 0,850\ MAT_\emptyset$	± 9,1	0,967
$MADC_\emptyset = -12,9 + 0,847\ MAT_\emptyset - 0,109\ CB_\emptyset$	± 7,2	0,984
$MADC_\emptyset = -9,74 + 0,844\ MAT_\emptyset - 0,0120\ NDF_\emptyset - 0,103\ ADF_\emptyset + 0,0923\ ADL_\emptyset$	± 3,4	0,985

MO : matière organique (g/kg MS) ; MAT : matières azotées totales (g/kg MO) ; MADC : matières azotées digestibles cheval (g/kg MO) ; CB : cellulose brute (g/kg MO) ; NDF : *neutral detergent fibre* (g/kg MO) ; ADF : *acid detergent fibre* (g/kg MO) ; ADL : lignine (g/kg MO).

Méthode directe

La valeur azotée est prévue directement à partir de la composition chimique des aliments composés donnée par l'analyse de laboratoire grâce à des équations établies par l'Inra à partir d'une gamme d'aliments composés dont la composition pondérale (nature et proportion des matières premières utilisées pour formuler) et la composition chimique de ces aliments ont été fournies confidentiellement par l'industrie de l'alimentation (tableau 12.20).

Les constituants minéraux et leur détermination

Les minéraux majeurs : calcium (Ca), phosphore (P) et magnésium (Mg)

Les teneurs en minéraux majeurs des tables précédentes (Inra, 1990) ont été révisées par l'Inra en 2007. Pour les fourrages, les teneurs ont diminué pour tenir compte de l'évolution des modes de production et de l'évolution des rendements de ces deux dernières décennies. Dans le cas des aliments concentrés, les teneurs ont également varié car elles reposent sur une compilation de plusieurs centaines d'analyses réalisées pour chaque matière première, effectuée par l'Association française de zootechnie et l'Inra en 2002 (voir chapitre 16, tables).

Le calcium

Le calcium est abondant dans les légumineuses, les crucifères et les pulpes de betteraves. En revanche, il est très peu présent dans les céréales, le maïs ensilage (forme de stockage insoluble du calcium). La teneur des graminées est inférieure à celle des légumineuses. La teneur diminue au cours du 1er cycle des fourrages puis augmente au cours des suivants. La teneur est réduite par la fenaison et l'ensilage (tableau 12.21).

La digestibilité du calcium varie de 55 à 75 p. 100. Elle augmente avec la teneur en calcium de la ration. Elle est plus importante chez les fourrages que chez les aliments concentrés. Elle est également plus élevée chez les légumineuses que chez les graminées. Chez les légumineuses, la digestibilité du calcium n'est pas affectée si le rapport calcium/oxalate est supérieur à 0,5. La digestibilité du calcium n'est pas influencée par la nature du sol. En revanche, la digestibilité diminue si la teneur en phosphore phytique est très élevée car il se forme un complexe entre le calcium et le phosphore qui empêche l'absorption du calcium.

Le phosphore

Le phosphore est abondant dans les céréales et surtout dans les tourteaux et issues de meunerie. Il est très faible dans les pulpes de betterave, le maïs ensilé et dans les foins récoltés tardivement. Mais la teneur est très variable (tableau 12.21). Elle diminue au cours du 1er cycle de végétation des fourrages et augmente au cours des cycles suivants. Elle diminue également après fenaison et ensilage.

Tableau 12.21. Composition phosphocalcique de quelques aliments (d'après Inra, 2007).

	Moyenne	Écart type	Minimale	Maximale
a. Fourrages				
Phosphore (g/kg MS)				
Graminées	3,0	0,6	2,0	5,1
Légumineuses	2,7	0,4	2,0	3,7
Prairies naturelles	3,0	0,9	1,2	4,1
Maïs ensilé	1,8	0,3	0,5	4,9
Calcium (g/kg MS)				
Graminées	4,7	1,0	2,4	7,1
Légumineuses	14,0	2,7	8,8	18,5
Prairies naturelles	6,0	1,6	3,5	11,8
Maïs ensilé	2,0	0,5	1,0	5,0
b. Concentrés				
Phosphore (g/kg MS)				
Céréales	6	3,5	3,7	17
Coproduits de céréales	9	4,2	1	15
Tourteaux	15	5	7	24
Coproduits divers	15	14	3	52
Calcium (g/kg MS)				
Céréales	0,2	0,2	0,01	0,6
Coproduits de céréales	1,7	3,9	0,1	18
Tourteaux	0,6	0,8	0,01	2,8
Coproduits divers	3,1	8,3	0,1	14,7

La digestibilité du phosphore varie de 35 à 55 p. 100 lorsque la teneur en phosphore phytique est faible. Le phosphore phytique est un hexaphosphate d'inositol. La digestibilité est réduite de près de la moitié si la teneur en phosphore phytique s'accroît, ce qui est le cas chez les céréales et leurs issues ou dans une moindre mesure chez les graines de légumineuses ou les tourteaux. C'est pourquoi il faut complémenter avec des phosphates de bonne qualité ayant un taux d'extraction citrique supérieur à 85 %. La digestibilité augmente avec la teneur en phosphore et la teneur en sodium de la ration. En revanche, elle est limitée par l'accroissement de la teneur en calcium notamment si le rapport Ca/P est supérieur à 3-4. La digestibilité du phosphore ne semble pas influencée par la teneur en magnésium.

Le magnésium

La teneur en magnésium est en général plus importante chez les légumineuses que chez les graminées. Elle diminue avec le stade végétatif des graminées surtout au 1er cycle mais elle augmente au cours des cycles suivants. En revanche, elle n'est pas influencée par le mode de conservation des fourrages. La teneur est faible dans les céréales mais très élevée dans les tourteaux. Elle est intermédiaire dans leurs sous-produits. La teneur a une variabilité importante (tableau 12.22).

Tableau 12.22. Teneur en magnésium (g/kg MS) de quelques aliments.

	Moyenne	Écart type	Mini.	Maxi.
a. Fourrages verts (d'après Inra, 2007)				
Graminées	1,6	0,2	1,2	2,0
Légumineuses	2,6	0,7	1,5	3,5
Prairies naturelles	2,3	0,3	1,9	3,1
Maïs ensilé	1,2	0,3	0,1	5,0
b. Aliments concentrés (d'après Sauvant *et al.*, 2004)				
Céréales	1,3	0,2	1,0	1,6
Coproduits de céréales	2,5	1,2	0,4	4,8
Tourteaux	4,3	1,6	0,7	6,6
Coproduits divers	1,6	1,0	0,5	4,5

La digestibilité du magnésium varie de 40 à 60 p. 100, essentiellement avec la nature des aliments car la variation avec la teneur en magnésium de l'aliment et/ou de la ration est controversée. La digestibilité est supérieure chez les fourrages, notamment la luzerne par rapport aux aliments concentrés. Elle serait également supérieure chez les sources inorganiques par rapport aux sources organiques des plantes. Mais il n'y a pas de différence de digestibilité entre sources inorganiques de magnésium, et il n'y a pas d'effet de la présence d'oxalates de calcium. En revanche, la digestibilité diminue avec l'élévation des teneurs en potassium et surtout en phosphore de la ration.

Le sodium

La teneur en sodium est très faible et très variable dans la plupart des aliments : fourrages ou aliments concentrés (tableaux 12.23 et 12.24). Elle diminue dans les fourrages au cours du 1er cycle de végétation. Elle ne varie pas avec la fenaison mais diminue de 15 p. 100 dans les ensilages. La digestibilité du sodium varie de 75 à 94 p. 100.

Le potassium, chlore

La teneur en potassium est très élevée tandis qu'elle est beaucoup plus modérée pour le chlore dans les fourrages (tableau 12.23). La teneur en potassium est assez élevée dans les aliments concentrés tandis qu'elle est faible pour le chlore (tableau 12.24). Les teneurs sont également très variables quels que soient les aliments.

La digestibilité du potassium varie de 61 à 65 p. 100 tandis que celle du chlore atteint 100 p. 100.

Tableau 12.23. Composition moyenne en potassium, sodium et chlore (en g/kg MS) des principales catégories de fourrages (d'après Inra, 2007).

	Moyenne	Écart type	Minimale	Maximale
Potassium				
Graminées	25	5	15	35
Légumineuses	24	6	15	35
Prairies naturelles	19	4	11	25
Maïs ensilé	9	3	3	25
Sodium				
Graminées	0,5	0,3	0,2	1,6
Légumineuses	0,4	0,1	0,3	0,6
Prairies naturelles	1,8	1,3	0,5	3,2
Maïs ensilé	0,2	0,2	0,01	1,4
Chlore				
Graminées	8,3	1,3	6,0	12,0
Légumineuses	4,8	0,6	4,0	6,0
Prairies naturelles	6,4	1,7	4,2	8,4
Maïs ensilé	2,9	1,2	0,4	11,0

Tableau 12.24. Composition moyenne en potassium, en sodium et en chlore (en g/kg MS) des principaux aliments concentrés (d'après Sauvant *et al.*, 2004).

	Moyenne	Écart type	Minimale	Maximale
Potassium				
Céréales	6	3,5	3,7	17
Coproduits de céréales	9	4,2	1	15
Tourteaux	15	5	7	24
Coproduits divers	15	14	3	52
Sodium				
Céréales	0,2	0,2	0,01	0,6
Coproduits de céréales	1,7	3,9	0,1	18
Tourteaux	0,6	0,8	0,01	2,8
Coproduits divers	3,1	8,3	0,1	14,7
Chlore				
Céréales	0,9	0,1	0,1	1,5
Coproduits de céréales	1,7	1,9	0,3	6,8
Tourteaux	1,2	1,5	0,4	6,8
Coproduits divers	5,2	8,3	0,3	30,9

> **En résumé**
>
> Les teneurs en minéraux des fourrages varient :
> - d'une part avec la plante (famille, espèce, variété), sa croissance (stade de développement, numéro de cycle, année d'exploitation, date du semis), sa composition morphologique (rapport feuille/tige) ;
> - d'autre part avec le milieu : le climat, le sol et les conditions de fertilisation et d'exploitation.
> Les teneurs en minéraux des aliments donnés dans les tables sont des teneurs moyennes brutes. Il est tenu compte de la digestibilité des minéraux dans l'évaluation des besoins des animaux (voir chapitres 1, 3, 5, 6, 7, 8 et 13).
> La complémentation en minéraux est toujours nécessaire quel que soit le fourrage de base pour équilibrer la ration et couvrir les besoins des animaux (chapitres 1 à 8, et 13). Mais il est recommandé de ne pas dépasser les limites d'apports journaliers indiqués (voir chapitre 2, tableaux 2.1 et 2.12) et de respecter les équilibres entre minéraux.

Les oligoéléments

Les connaissances sur la teneur en oligoéléments des aliments sont limitées, hétérogènes et relativement anciennes en ce qui concerne les fourrages (voir chapitre 16, annexe 1). Les teneurs en oligoéléments des aliments concentrés simples sont un peu plus nombreuses. Elles ont été compilées et publiées dans les tables Inra-AFZ, 2004, pour plus de 200 matières premières (voir les tables correspondantes). Pour tous les aliments, les teneurs sont indicatives car celles-ci sont très fortement liées aux conditions pédoclimatiques et technologiques lors de la récolte et/ou de la transformation des aliments.

Les fourrages et surtout les céréales sont mal pourvus en **cuivre** (< 10 mg/kg MS) contrairement aux issues de céréales (15 à 20 mg/kg MS), graines de légumineuses (10 à 15 mg/kg MS) et surtout aux tourteaux (19 à 70 mg/kg MS). La teneur du maïs ensilé est très faible tandis qu'elle est très élevée dans la mélasse de canne. La digestibilité du cuivre varierait de 24 à 48 p. 100. Les différences entre sources inorganiques et organiques sont contradictoires.

Les graines de légumineuses (0,08 à 0,39 mg/kg MS) et surtout les tourteaux (0,11-0,49 mg/kg MS) sont mieux pourvues en **cobalt** que la plupart des fourrages, excepté peut-être la luzerne déshydratée (0,08 à 0,30 mg/kg MS). L'effet du stade de récolte et du mode de conservation n'est pas connu.

La teneur en **zinc** des fourrages et des céréales, des graminées et des légumineuses est limitée (20 à 50 mg/kg MS) tandis qu'elle est élevée chez les tourteaux et les issues de céréales (53 à 103 mg/kg MS). La teneur du maïs ensilé est limitée (20 mg/kg MS). La digestibilité du zinc serait de l'ordre de 20 p. 100, et l'effet de la source de zinc, inorganique *versus* organique, sur la digestibilité est contradictoire.

La teneur en **manganèse** des aliments est plutôt plus élevée dans les fourrages que dans les aliments concentrés mais très variable dans les deux cas : respectivement 25 à 150 mg/kg MS et 10 à 50 mg/kg MS. Elle est plus élevée dans les graminées que dans les légumineuses. La teneur est plus élevée dans les issues de céréales (100 à 130 mg/kg MS) que dans les céréales ou même les tourteaux (9 à 54 mg/kg MS). La digestibilité du manganèse varie de 10 à 28 p. 100. Elle ne varie pas avec la source de manganèse.

La teneur en **fer** n'est pas bien connue dans les fourrages. En revanche, elle est élevée surtout dans les céréales (37 à 182 mg/kg MS) et leurs issues (137 à 164 mg/kg MS), et dans les tourteaux (200 à 370 mg/kg MS). Elle est plutôt limitée dans les graines de légumineuses (27 à 69 mg/kg MS). L'utilisation du fer serait limitée lorsque les teneurs de la ration en cuivre, cobalt, zinc et manganèse sont supérieures aux teneurs normales recommandées.

La teneur en **sélénium** des fourrages est très faible, en général < 0,1 mg/kg MS. Les légumineuses sont un peu plus riches que les graminées. La teneur est très influencée par la teneur en sélénium des sols et leur pH. Le sélénium est présent dans les plantes sous forme organique : sélénocystine, sélénocystéine, sélénométhionine. Il est possible d'enrichir au champ les fourrages à récolter par épandage très contrôlé. Les issues de céréales et les tourteaux (0,24 à 0,82 mg/kg MS) sont mieux pourvus en sélénium que les céréales et les graines de légumineuses (0,10 à 0,20 mg/kg MS).

La teneur en **iode** des fourrages varie de 0,1 à 0,3 mg/kg MS et il y a peu de différence entre graminées et légumineuses. Elle est limitée pour le maïs ensilé (0,1 mg/kg MS). Il y a un effet sol sensible, mais l'influence du mode de récolte n'est pas connue. La teneur des céréales et de leurs coproduits est faible (< 0,2 mg/kg MS). Elle peut être plus élevée dans les tourteaux mais très variable (de 0,2 mg à 1,2 mg/kg MS). La teneur est très élevée dans les pulpes de betteraves et mélasse (1 à 2 mg/kg MS).

En résumé

Les teneurs en oligoéléments des fourrages varient, comme pour les minéraux, avec la plante, le milieu et le mode d'utilisation et d'exploitation. En raison de l'influence de tous ces facteurs, les teneurs données dans la table de composition des fourrages (voir chapitre 16) sont des valeurs moyennes indicatives. Il est utile de connaître pour la région donnée les teneurs habituelles pour les oligoéléments les plus classiques (Cu – Co – Zn au minimum).

Les rations doivent être complémentées (y compris au pâturage) pour la plupart des oligoéléments afin de couvrir les besoins des animaux (chapitres 1, 3 à 8 et 13) tout en respectant des limites à ne pas dépasser et les équilibres entre certains oligoéléments et pour certains animaux quelquefois (voir chapitre 2, tableaux 2.1 et 2.12).

Les vitamines

La vitamine A appartient au groupe des rétinoïdes qui ont l'activité biologique de tous les transrétinols. Le rétinol n'est pas présent à l'état naturel dans les aliments. Il provient de la transformation des caroténoïdes des plantes. Il est convenu d'admettre qu'une Unité Internationale (UI) de vitamine A est équivalente à 0,300 µg de transrétinols. Le β-carotène est la source principale de vitamine A. Il est transformé en rétinyl palmitate ou rétinyl stéarate dans l'intestin grêle pour être stocké dans le foie. L'importance de cette conversion dépend de la quantité de β-carotène ingérée. Il est admis actuellement que 1 mg de β-carotène est équivalent à 400 UI de vitamine A.

Les fourrages verts sont riches en carotènes qui sont les précurseurs de la vitamine A (voir chapitre 16, annexe 2). La teneur en carotène est plus faible dans les fourrages récoltés (voir chapitre 11, figure 11.4). La déshydratation industrielle bien conduite préserve l'essentiel des teneurs en carotène (exemple la luzerne). L'ensilage permet également une conservation satisfaisante.

En revanche, le fanage, réalisé en particulier dans de mauvaises conditions, réduit beaucoup la teneur en carotène par destruction oxydative liée à l'ensoleillement prolongé. Les céréales (sauf le maïs grain jaune), leurs issues et les pailles sont mal pourvues en carotène (voir chapitre 16, annexe 2). L'ensilage de maïs, les racines et les tubercules sont également pauvres en carotène.

L'efficacité du β-carotène synthétique utilisé dans les compléments comme source de provitamine A n'est pas avérée actuellement.

Le rétinyl acétate ou palmitate sont les formes souvent utilisées pour la complémentation en vitamine A car ils sont plus stables que le rétinol (non estérifié). Et il est admis que 1 UI de vitamine A est équivalente à l'activité biologique de 0,550 μg de trans-rétinyl palmitate et de 0,344 μg de trans-rétinyl acétate.

La vitamine D est présente chez les plantes sous forme d'ergocalciférol, vitamine D_2 et chez les animaux de cholécalciférol, vitamine D_3. La teneur des aliments est généralement faible mais la vitamine D est synthétisée au niveau de la peau grâce aux rayons ultraviolets sous forme de 7-déshydrocholestérol.

La teneur en vitamine D peut être élevée chez les foins mais est très variable. Elle est très faible chez les fourrages verts, les ensilages et les aliments concentrés (voir chapitre 16, annexe 2). La vitamine D_3 est la forme la plus utilisée pour la complémentation en vitamine D.

La vitamine E provient de 8 composés naturels : 4 tocophérols (α, β, γ, δ) et 4 tocotrienols (α, β, γ, δ). Ces composés sont constitués d'un anneau de chromanol et d'une chaîne latérale branchée sur le carbone 16. Cette chaîne est saturée chez les tocophérols tandis qu'elle est insaturée chez les tocotrienols. L'activité biologique de ces différentes formes dépend du nombre et du placement de groupements méthyl sur l'anneau de chromanol. Il existe huit différents stéréoisomères. L'isomère naturel, encore appelé RRR, est celui qui a l'activité biologique la plus élevée (1,49 UI/mg).

La teneur en vitamine E est en général élevée mais très variable chez les fourrages verts et les fourrages récoltés précocement (10 à 150 UI/kg MS). Elle est faible et très variable chez les aliments concentrés (50 à 30 UI/kg MS).

La vitamine K existe naturellement chez les plantes sous forme de phyloquinone (K_1 ; 2-méthyl-3-phytil-1,4-naphtoquinone). Les fourrages sont très bien pourvues (3 à 22 mg/kg MS) tandis que les céréales sont pauvres (0,2 à 0,4 mg/kg MS).

Les bactéries du tube digestif produisent de la vitamine K sous forme de ménaquinone K_2 ; 2-méthyl-1,4-naphtoquinones, mais on ignore la contribution à la couverture des besoins. La forme synthétique utilisée pour complémenter est la ménadione. L'excès de phyloquinone est sans conséquence connue.

Les teneurs en **thiamine** des aliments concentrés sont plutôt élevées (céréales 3 à 6 mg/kg MS et leurs issues 8 à 23 mg/kg MS, tourteaux 6 à 12 mg/kg MS). Les formes utilisées pour la supplémentation sont la thiamine hydrochloride ou la thiamine mononitrate.

Les légumineuses sont plutôt riches en **riboflavine** (13 à 17 mg/kg MS) comparées aux foins de graminées (7 à 10 mg/kg MS) et surtout aux céréales (< 2 mg/kg MS). Les formes naturelles de riboflavine sont la flavine adenine dinucléotide (FAD) et la flavine mono nuclétotide (FMM). Il y aurait une synthèse microbienne de riboflavine dans le gros intestin.

La **niacine** est présente naturellement dans les aliments sous deux formes : acide nicotonique (pyridine-3-acide carboxylique) et la nicotinamide (acide nicotinic amide) ou NAD et NADP. Les céréales en seraient pourvues (16 à 94 mg/kg MS) mais près de 90 p. 100 n'est pas disponible. Il n'en est pas tenu compte dans les apports. Les fourrages pourraient en contenir de 24 à 42 mg/kg MS, mais sous quelle forme ? Les graines d'oléagineux en seraient également pourvues mais 40 p. 100 seraient seulement disponibles. Le tourteau de soja pourrait en contenir environ 30 mg/kg MS mais on ignore la part qui est disponible.

La **biotine** est un acide 2-kéto-3,4-imidazilido-2-tétrahydiothiophinevaléric qui peut exister sous 8 formes d'isomères, mais seule la forme d-biotine a une activité biologique. La biotine est présente chez les plantes sous une forme liée à une protéine, exemple la biocytine : ε-N-biotinyl-L-lysine. Sa disponibilité dépend de la protéine à laquelle elle est liée. La luzerne verte est bien pourvue (0,49 mg/kg MS) mais la teneur diminue fortement après récolte sous forme de foin (0,20 mg/kg MS). La teneur des céréales varie de 0,11 à 0,50 mg/kg MS. Elle est très faible chez le maïs (0,06 à 0,10 mg/kg MS).

Le folate (ou acide folique) est présent dans les aliments. Les foins de luzerne et fléole en contiendraient 2,3 à 4,1 mg/kg MS tandis que les teneurs seraient faibles dans les céréales (< 0,6 mg/kg MS). Les teneurs des fourrages verts sont très probablement plus élevées. L'acide folique est synthétisé par la microflore du gros intestin. La disponibilité de l'acide folique apporté sous forme de complément serait faible.

Les **vitamines B** sont présentes dans les aliments et synthétisées par les micro-organismes du tube digestif.

La concentration en **vitamine C** n'est pas connue chez les aliments. La vitamine C existe sous deux formes, L-acide ascorbique et L-déhydro-acide ascorbique, qui ont une activité biologique équivalente. La forme synthétique la plus efficace pour complémenter serait l'ascorbyl palmitate.

Quantités ingérées d'aliments

La quantité d'aliment que le cheval peut ingérer dépend de facteurs liés à l'aliment et à l'animal.

En ce qui concerne les aliments, la quantité ingérée est en général plus importante pour les fourrages qui constituent la base de la ration, que pour les aliments concentrés qui sont apportés seulement en complément et en quantité limitée.

Les aliments dont l'ingestion est la plus variable sont les fourrages en raison de leurs caractéristiques propres. Leur teneur en eau peut varier de 15 à 85 % entre une herbe de printemps au stade du pâturage et un foin récolté en juin-juillet, alors que la teneur en eau des aliments concentrés ne varie que de 10 à 20 %. C'est pourquoi les quantités ingérées d'aliments sont exprimées en kilos de matière sèche, élément moins variable pour comparer les aliments. Mais même sur cette base les quantités consommées de fourrage varient encore beaucoup en raison des caractéristiques botaniques, composition chimique, conditions de récolte et conservation, de traitements technologiques. Chaque aliment, et en particulier les fourrages, est donc caractérisé par son **ingestibilité** qui exprime la quantité d'aliment qu'un type d'animal donné peut spontanément consommer lorsque celui-ci est offert seul et à volonté. L'ingestibilité a été exprimée en kilos de matière sèche par 100 kg de poids vif (kg MS/100 kg PV). Elle a été déterminée pour les grandes catégories de fourrages (tableau 12.25).

Tableau 12.25. Ingestibilité des principaux fourrages chez le cheval (d'après Martin-Rosset et Doreau, 1984 ; Trillaud-Geyl et Martin-Rosset, 2005).

Aliments	Quantités ingérées[1,2] (kg MS/100 kg poids vif)
Fourrages verts de prairie naturelle	1,8-2,1
Foins de prairie naturelle ou de graminées	1,7-2,1
Foins de légumineuses	2,1-2,3
Pailles	1,2-1,5
Ensilage de maïs bien conservé	
à 25 % de MS	0,9-1,2
à 30 % de MS	1,2-2,0
Ensilage d'herbe préfané bien conservé (prairie naturelle)	
à 25 % de MS	1,2-1,5
à 35 % de MS	1,5-1,8
Ensilage mi-fané (prairie naturelle, graminée)	
à 45 % de MS	2,2-2,4
à 60 % de MS	2,4-2,6

MS : matière sèche ; [1] quantité maximale de fourrage ingérée par l'animal lorsque l'aliment est distribué à volonté ; [2] les fourchettes représentent la variation entre animaux.

L'ingestibilité des fourrages varie de 0,9 à 2,6 kg MS/100 kg PV. Elle est plus limitée pour les ensilages à faible teneur en matière sèche, d'où la nécessité absolue de les préfaner, et pour les pailles en raison d'une teneur très élevée en cellulose brute. Elle est plus élevée pour les légumineuses que pour les graminées (10 à 15 p. 100).

Contrairement aux ruminants la teneur en cellulose brute limite peu l'ingestibilité des fourrages sauf dans le cas extrême des pailles (figure 12.8). En revanche, le cheval est très sensible aux qualités organoleptiques, en particulier dans le cas des ensilages ou des ensilages mi-fanés en balles rondes enrubannées (BRE) car la teneur et la composition en acides gras volatils et/ou en ammoniac doivent correspondre à une très bonne qualité de conservation pour ne pas être des éléments limitants (voir chapitre 11). C'est pourquoi il n'y a pas, comme chez les ruminants, de système d'évaluation puis de prévision des quantités ingérées de fourrages basé sur une régulation physique de l'ingestion (notion d'encombrement des fourrages dans le tube digestif).

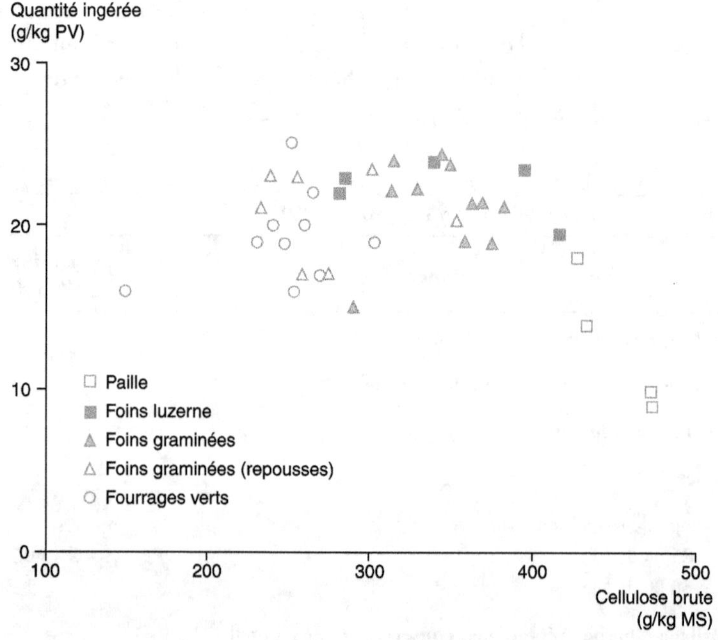

Figure 12.8. Variation de l'ingestibilité des fourrages avec la teneur en cellulose brute (d'après Dulphy *et al.*, 1997).

Mais la quantité de fourrages consommée diminue lorsque la quantité d'aliment concentré augmente dans la ration selon un processus de substitution qui a été mesuré et établi chez le cheval et dont il faut tenir compte dans le rationnement (voir chapitres 2 et 13).

Le facteur animal interfère avec le facteur aliment. Il est décrit dans le chapitre 1 pour en tenir compte dans le rationnement (voir chapitres 2 et 13). Cela conduit à exprimer les quantités ingérées en kilos de matière sèche pour 100 kg de poids vif dans toutes les situations physiologiques, aussi bien pour les fourrages que pour les aliments concentrés car il faut aussi tenir compte du taux de substitution des deux catégories d'aliments dans le rationnement de certains types d'animaux (juments-jeune chevaux, chapitres 3 et 5 notamment).

Les quantités d'aliments consommées par le cheval sont donc dans tous les cas exprimées en kg de MS/100 kg PV pour tenir compte des facteurs de variation liés aux aliments mais aussi aux animaux et à leurs interactions. Les quantités sont indiquées dans les tableaux recommandés sous forme de fourchettes pour chaque type d'animaux afin de couvrir, notamment, le maximum de situations générées par les différents types de fourrages qu'il est possible d'utiliser. Ces valeurs sont directement issues des essais d'alimentations réalisés pour les établir.

Adresses utiles

Association française de zootechnie (AFZ)
16, Rue Claude Bernard
75231 Paris Cedex 05

Bureau interprofessionnel d'études analytiques (BIPEA) 6 à 14 Avenue Louis Roche
92230 Gennevilliers
Tél. 01.47.33.54.60 — Fax 01.40.86.92.59
http://www.bipea.org

Pour en savoir plus

Bouchet J.P., Gueguen L., 1981. Constituants minéraux majeurs des fourrages et des aliments concentrés. *In : Prévision de la valeur nutritive des aliments des ruminants* (Demarquilly C., ed.), Inra Éditions, 189-202.

Chenost M., Martin-Rosset W., 1985. Comparaison entre espèce (mouton, cheval, bovin) de la digestibilité et des quantités ingérées de fourrages verts. *Ann. Zootech.*, 34, 291-312.

Demarquilly C., Andrieu J., 1981. Les fourrages. *In : Prévision de la valeur nutritive des aliments des ruminants* (Demarquilly C., ed.), Inra Editions, 13314-335.

Dorléans M., 1998. Comparaison des méthodes « Fibertec » et « Fibersac » pour doser les constituants pariétaux des aliments selon la méthode de Van Soest. *Inra Prod. Anim.*, 40, 45-56.

Dulphy J.P., Demarquilly C., 1981. Problèmes particuliers aux ensilages. *In : Prévision de la valeur nutritive des aliments des ruminants* (Demarquilly C., ed.), Inra Éditions, 81-104.

Dulphy J.P., Martin-Rosset W., Dubroeucq H., Jailler M., 1997. Evaluation of voluountary intake of forage through fed to light horse. Comparison with sheep. Factors of variation and prediction. *Livest. Prod. Sci.*, 52, 97-104.

Fonnesbeck P.V., 1969. Partionning the nutrients of forages for horses. *J. Anim. Sci.*, 28, 624-633.

Giger S., Pochet S., 1987. Méthodes d'estimation des constituants pariétaux. *Inra Prod. Anim.*, 70, 49-60.

Inra, 1981. *Prévision de la valeur nutritive des aliments des ruminants* (Demarquilly C., ed.), Inra Éditions, 580 p.

Inra, 1984. *Le cheval* (Jarrige R., Martin-Rosset W., eds), Inra Éditions, 687 p.

Inra – AFZ, 2004. *Tables de composition et de valeur nutritive des matières premières destinées aux animaux d'élevage* (Sauvant D., Perez J.M., Tran G., eds), Inra Éditions, 301 p.

Inra, 2007. *Alimentation des bovins, ovins et caprins* (Agabriel J., ed.), collection Guide Pratique, Éditions Quae, 307 p.

Jarrige R., 1981. Les constituants des glucides des fourrages : variations digestibilité et dosage. *In : Prévision de la valeur nutritive des aliments des ruminants* (Demarquilly C., ed.), Inra Éditions, 13-40.

Jouany J.P., 1982. Volatile fatty acids and alcohol diterusination indigestive contents, silage juice, bacterial cultures and anaerobic fermentations contents. *Science des Aliments*, 2, 131-144.

Lamand M., Bellanger J., 1981. Stratégie du dosage des oligoéléments dans les fourrages et les aliments composés, interprétation des résultats. *In : Prévision de la valeur nutritive des aliments des ruminants* (Demarquilly C., ed.), Inra Éditions, 203-212.

Macheboeuf D., Marangi M., Poncet C., Martin-Rosset W., 1995. Study of nitrogen digestion from different hays by the mobile nylon bag technique in horses. *Ann. Zootech.*, 44, Suppl. 219.

Macheboeuf D., Poncet C., Jesting M., Martin-Rosset W., 1996. Use of a mobile nylon bag technique with caecum fistulated horses as an alternative method for estimating pre-caecal and total tract nitrogen digestibilites of feedstuffs. *In : Proceedings 47th European Association for Animal Production Meeting*, Lillehammer, Norway, August, 26-29, Abstract H 4.9., Wageningen Publishers, The Netherlands, 10 p.

Martin-Rosset W., Doreau M., 1984. Consommation d'aliments et d'eau. *In : Le cheval* (Jarrige R., Martin-Rosset W., eds), Inra Éditions, 333-354.

Martin-Rosset W., Andrieu J., Vermorel M., Dulphy J.P., 1984. Valeur nutritive des aliments chez le cheval. *In : Le cheval* (Jarrige R., Martin-Rosset W., eds), Inra Éditions, 209-238.

Martin-Rosset W., Dulphy J.P., 1987. Digestibility. Interactions between forages and concentrates in horse: Influence of feeding level. Comparison with sheep. *Livest. Prod. Sci.*, 17, 263-276.

Martin-Rosset W., Doreau M., Boulot, S., Miraglia N., 1990. Influence of level of feeding and physiological state on diet digestibility in light and heavy breed horses. *Livest. Prod. Sci.*, 25, 257-264.

Martin-Rosset W., Vermorel M., Doreau M., Tisserand J.L., Andrieu J., 1994. The french horse feed evaluation systems and recommended allowances for energy and protein. *Livest. Prod. Sci.*, 40, 37-56.

Martin-Rosset W., Andrieu J., Vermorel J., 1995. Méthodes rapides de prévision de la valeur énergétique nette des aliments pour les chevaux. *In : 21e Journée de la recherche équine*, Les Haras Nationaux, Paris, 3-14.

Martin-Rosset W., Andrieu J., Jestin M., 1996. Prediction of the organic matter digestibilty(OMD) of forages in horses from the chemical composition. *In : Proceeding 47th annual EAAP meeting*, Lillehammer 25-29 august, Horse commission, Session Nutrition, Abstract H-4.7, Wageningen Academic publishers, The Netherlands, 4 p.

Martin-Rosset W., Andrieu J., Jestin M., 1996. Prediction of the organic matter digestibilty(OMD) of forages in horses by pepsine cellulase method. *In : Proceeding 47th annual EAAP meeting*, Lillehammer 25-29 august, Horse commission, Session Nutrition, Abstract H4-6, Wageningen Academic publishers, The Netherlands, 6 p.

Martin-Rosset W., Andrieu J., Vermorel M., Jestin M., *et al.*, 2006. Routine methods for predicting the net energy and protein values of concentrates for horses in the UFC and MADC systems. *Livest. Prod. Sci.*, 100, 53-69.

Martin-Rosset W., 2007. Valeur nutritionnelle des fourrages chez le cheval. *In : 21e Journée de la recherche équine*, Les Haras Nationaux, Paris, 179-198.

Martin-Rosset W., Macheboeuf D., Poncet C., Jestin M., 2012. Nitrogen digestion of a large range of hays by mobile nylon bag technique in horses. In : Proceeding 6th European Workshop Equine Nutrition, EAAP Publications (in press), Wageningen Academic Publishers, Wageningen, The Netherlands.

Martin-Rosset W., Andrieu J., Sufrire J., Jestin M., 2012. Prediction of organic matter digestibility of forages and concentrates using different methods. In : Proceeding 6th European Workshop Equine Nutrition, EAAP Publications (in press), Wageningen Academic Publishers, Wageningen, The Netherlands.

McLean B.M.L., Afralzadeh A., Bates L., Mayes R.W., Hovell F.D.D., 1995. Voluntary intake, digestibility and rate of passage of a hay and a silage fed to horses and cattle. Proc. Br. Soc. Anim. Sci., 164.

Moore-Colyer M.J.S., Longland A.C., 2000. Intakes and in vivo apparent digestibilities of four types of conserved grass forage by ponies. Anim. Sci., 71, 527-534.

Müller C.E.; Uden P., 2007. Preference of horses for grass conserved as hay, haylage or silage. Anim. feed sci. tech., 132, 66-78.

Noll F., 1974. L (+) Lactate determination with LDH,GPT and NAD. *In : Methods of enzymatic analysis* (Bergmeyer H.U., ed.), Academic Press, New-York, vol. 3, 145.

Sauvant D., Perez J.M., Tran G., 2004. *Tables de composition et de valeur nutritive des matières premières destinées aux animaux d'élevage*, Inra Éditions, 301 p.

Thivend P., Mercier Ch., Guilbot A., 1965. Dosage de l'amidon dans les milieux complexes. *Ann. Biol. Anim. Bioch. Biophys.*, 11, 292-294.

Tran G., Sauvant D., 2004. Données chimiques et de valeur nutritive. *In : Table de composition et de valeur nutritive des matières premières destinées aux animaux d'élevage* (Sauvant D., Perez J.M., Tran G., eds), Inra Éditions, 22.

Trillaud-Geyl C., 1995. Utilisation des sous-produits dans l'alimentation du cheval. *In : 21e Journée de la recherche équine*, Les Haras Nationaux, Paris, 20-29.

Trillaud-Geyl C., Martin-Rosset W., 2005. Feeding the young horse managed with moderate growth. *In : Proceeding 2nd European workshop Equine nutrition*, EAAP Publications, n° 114, Wageningen Academic Publishers, The Netherlands, 147-158.

Van Soest P.J., 1963. Use of detergent in the analysis of fibrous feeds. II. A rapid method for the determination of fiber and lignin. *J. Assoc. Off. Anal. Chem.*, 46, 829-835.

Van Soest P.J., Wine R.H., 1967. Use of detergent in the analysis of fibrous feeds. IV. Determination of plant Cell-Wall Constituents. *J. Assoc. Off. Anal. Chem.*, 50, 50-55.

Varloud M., de Fombelle A., Goachet A. G., Drogoul C., Julliand V., 2004. Partial and total apparent digestibility of dietary carbohydrates in horses as affected by the diet. Anim. Sci., 79, 61-72.

Vermorel M., Martin-Rosset W., 1997. Concepts, scientific bases, structure and validation of the French horse net energy system (UFC). *Livest. Prod. Sci.*, 261-275.

13

Calcul des rations

Luc Tavernier, William Martin-Rosset

Il existe différentes méthodes pour déterminer la composition de la ration et les quantités d'aliments à distribuer pour assurer les apports en énergie (UFC) et en matières azotées (MADC) recommandés pour chaque type d'animaux dans les tableaux des chapitres 3 à 8.

Deux méthodes sont proposées au choix :
– une méthode graphique ;
– une méthode informatique.

Le mode de calcul de la complémentation minérale et vitaminique est également exposé à la fin de ce chapitre.

Méthodes de calcul de la ration journalière

Les différentes méthodes et leur base commune

Les deux méthodes ont en commun de partir de la représentation graphique :
– des principaux aliments utilisés par le cheval, pour mieux les visualiser que dans les tables de la composition chimique et de la valeur nutritive des aliments (rapportées dans le chapitre 16) ;
– de la ration optimale à constituer pour mieux déterminer les aliments qui rentreront dans sa composition.

Représentation graphique des aliments

Tous les aliments proposés dans les tables sont caractérisés par leurs valeurs énergétique et azotée exprimées respectivement en UFC et en grammes de MADC par kg de matière sèche (MS). Ils peuvent être représentés graphiquement.

Exemple 13.1

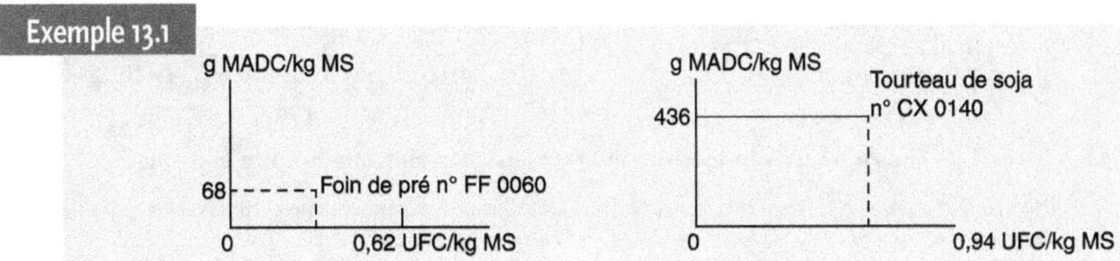

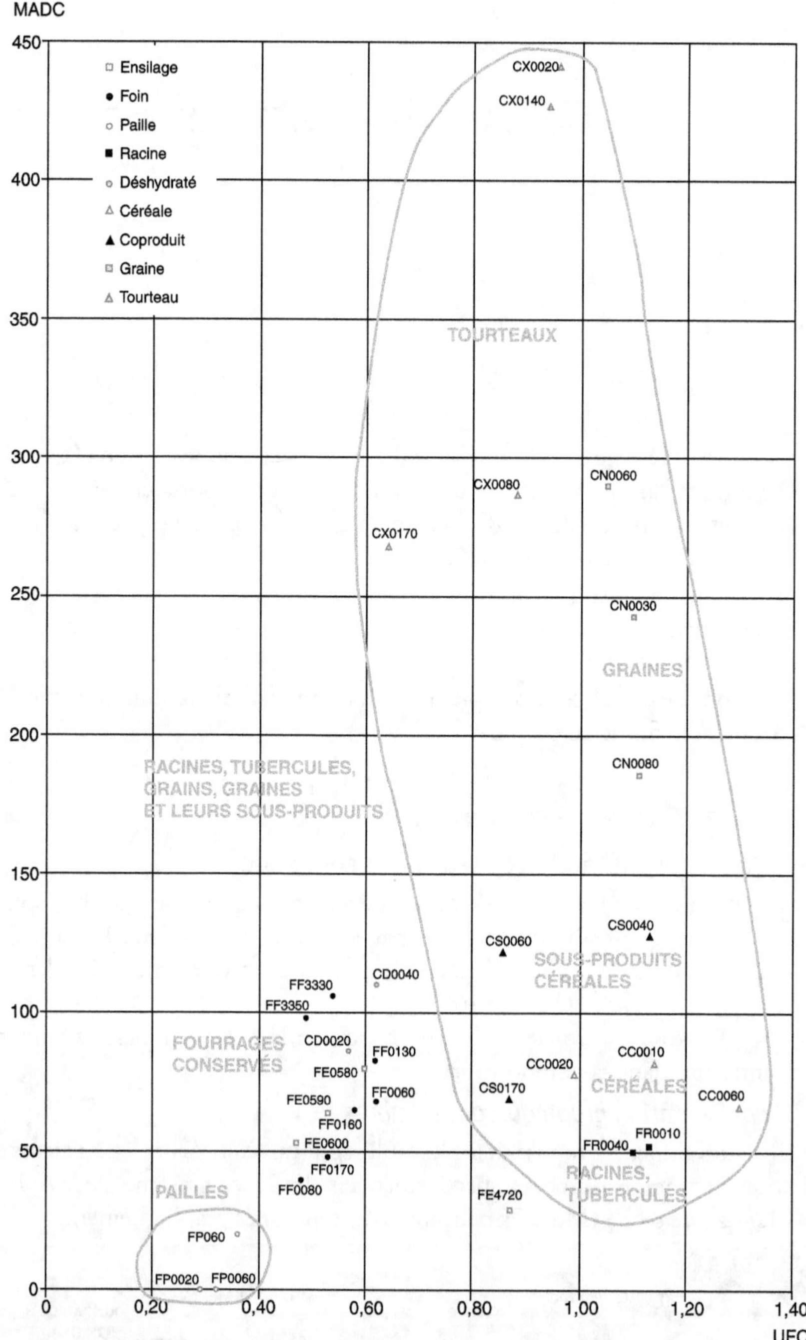

Figure 13.1. Représentation graphique des aliments les plus courants.

Les lettres et nombres correspondent aux codes d'identification des aliments répertoriés dans les tables de la composition chimique et de la valeur nutritive des aliments du chapitre 16.

On repère facilement sur la droite horizontale (UFC/kg MS) les aliments les plus riches en énergie et sur la droite verticale (g MADC/kg MS) les aliments les plus riches en matières azotées.

On a regroupé sur un même graphique (figure 13.1), les aliments les plus courants en les repérant par leurs numéros indiqués dans les tables, chapitre 16.

Caractéristiques et représentation graphique de la ration optimale

La ration journalière optimale est celle qui fournit les quantités d'énergie (X, UFC), et de matières azotées (Y, g MADC) correspondant aux apports alimentaires journaliers totaux recommandés pour le type d'animal considéré (tableaux chapitres 3 à 8) grâce à la quantité de matière sèche consommée appartenant à la fourchette indiquée dans la colonne « Consommation de MS (kg) » des tableaux correspondants.

Plus on souhaite utiliser de fourrage et plus on choisit une consommation de matière sèche proche de la borne maximale. Inversement, si on désire minimiser la consommation de fourrage, on choisit une consommation de matière sèche proche de la valeur basse.

Jument de selle de 500 kg en très bon état corporel au cours du 1er mois de lactation, conduite en box sur litière de paille

Apports alimentaires recommandés (voir chapitre 3, tableau 3.7) :

Énergie	Matières azotées	Consommation
8,5 UFC	956 g MADC	11,5-15,0 kg MS

Un kg de matière sèche de la ration destinée à cette jument a donc les teneurs suivantes en énergie et en matières azotées.

Si on veut distribuer beaucoup de foin :
8,5/15 = 0,57 UFC/kg MS   956/15 = 64 g MADC/kg MS

Si on veut limiter la quantité fourrages :
8,5/11,5 = 0,74 UFC/kg MS   956/11,5 = 83 g MADC/kg MS

La ration optimale (R) peut être représentée sur le même graphique que les aliments grâce aux caractéristiques (teneurs) que l'on a précédemment calculées.

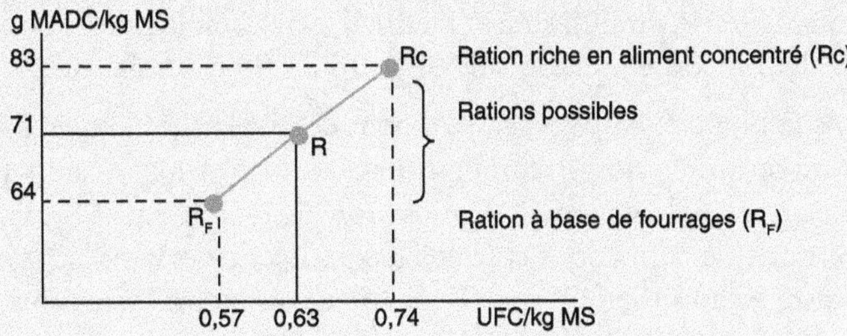

Un kilogramme de matière sèche de cette ration a donc des teneurs en énergie de X, UFC/Consommation de MS, et en matières azotées de Y, g MADC/Consommation de MS.

Il existe entre ces deux extrêmes RF et RC un grand nombre de rations possibles selon le niveau de consommation choisi. Ainsi, pour une consommation de matière sèche intermédiaire entre 11,5 et 15 kg (soit 13,5 kg de MS), la ration optimale R est caractérisée par :

– une teneur UFC/kg de MS 8,5 / 13,5 = 0,63 ;
– une teneur MADC/kg de MS 956 / 13,5 = 71 g.

Cette ration intermédiaire aura une proportion de fourrages supérieure à RC mais inférieure à RF et inversement en ce qui concerne la proportion d'aliment concentré.

Méthode graphique de calcul de la ration journalière

Cas A : composition et calcul d'une ration optimale composée de 1 ou 2 aliments

La figure 13.1 est reproduite en annexe. Ce format doit être utilisé pour appliquer la méthode graphique. Il permet des calculs plus aisés et plus précis. Les mesures évoquées dans la suite du chapitre sont issues de ce format. Nous vous conseillons de photocopier cette feuille ou de la télécharger à l'adresse suivante : http://www.centre-equestre-bergerie-nationale.ffe.com/.

Si le point R ainsi placé sur le même graphique que les aliments coïncide avec un aliment dont on dispose (ex. : foin de pré) il suffit de le retenir et d'en distribuer la quantité correspondant à la consommation possible (colonne : Consommation de MS des tables, chapitres 3 à 8). Dans ce cas de figure, la ration est seulement équilibrée par rapport aux besoins en UFC, MADC pour la consommation de matière sèche visée. Il faudra donc systématiquement l'équilibrer avec un aliment minéral et vitaminique (AMV) (voir paragraphe « Calcul de la complémentation minérale et vitaminée » p. 499).

On admettra que l'aliment peut constituer la ration R si ses teneurs en UFC/kg MS et MADC/kg MS ne sont pas écartées respectivement de plus de 0,05 UFC et de plus de 5 p. 100 de g MADC de celles de la ration. Ce cas de figure très favorable ne se produit que si l'animal a des besoins nutritionnels très limités : cheval au repos, cheval de selle de 3 ans en fin de croissance.

Dans la plupart des cas et notamment celui des animaux en production, il faut constituer une ration R comprenant au moins deux aliments F (fourrage) et C (aliment complémentaire). L'utilisation du graphique des aliments permet de déterminer les aliments F et C et leurs pourcentages dans la ration R. Le principe consiste à choisir le fourrage (F) et à déterminer les caractéristiques de l'aliment complémentaire (C).

Exemple 13.3

Jument gestante de 550 kg au 6ᵉ mois de gestation

Apports alimentaires recommandés (voir chapitre 3, tableau 3.8) :

Énergie	Matières azotées	Consommation
4,8 UFC	387 g MADC	7,5 à 10,0 kg MS

La ration optimale doit avoir des teneurs variant entre :
4,8/10 = 0,48 UFC/kg de MS et 4,8/7,5 = 0,64 UFC/kg de MS et
387/10 = 39 g MADC/kg MS et 387/7,5 = 52 g MADC/kg MS

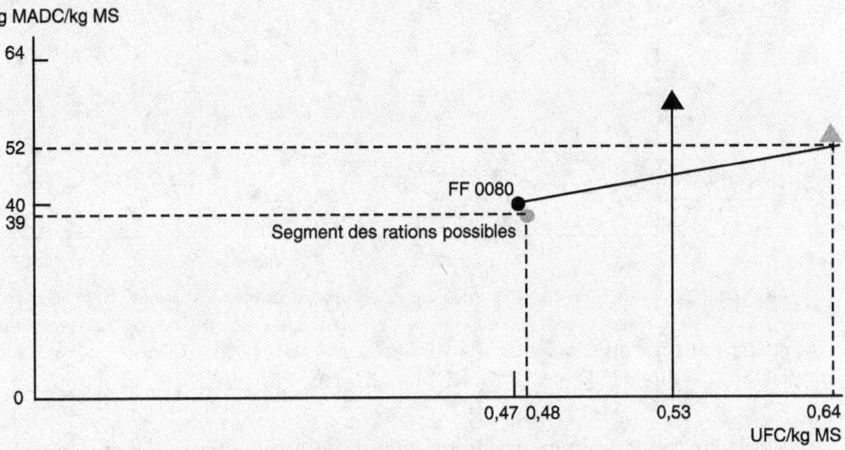

- Ration optimale si la consommation est de 10 kg MS
- Ration optimale si la consommation est de 7,5 kg MS
- Ration à base de foin FF 0080 si la consommation est de 10 kg MS
- Ration à base d'ensilage mi fané FE 0590 si la consommation est de 9 kg MS

Le foin FF0080 présente des valeurs nutritives proches de celles de la ration optimale. Il peut donc être utilisé à raison de 10 kg de matière sèche afin de couvrir les besoins en MADC et UFC. On apportera ainsi 10 × 0,48 UFC, soit 4,8 UFC et 10 × 40 = 400 g de MADC. La ration est parfaitement équilibrée à 0,01 UFC et + 13 g MADC près.

L'ensilage de prairie naturelle de plaine mi-fané FE0590 pourrait également convenir (0,53 UFC et 64 g MADC/kg MS). Dans ce cas, il convient d'apporter 4,8/0,53 = 9 kg de matière sèche de fourrage pour couvrir les besoins en énergie et la ration apporte par voie de conséquence : 9 × 64 = 576 g de MADC soit un excès de 576 g – 387 g = 189 g. Cet excès de MADC était prévisible puisque l'aliment était situé au-dessus de la droite des R possibles.

Cet exemple illustre un principe de calcul mais ne saurait être mis en œuvre sans plus de réflexion.

Exemple 13.4

Jument de selle de 500 kg en état corporel moyen au 11ᵉ mois de gestation

Apports alimentaires recommandés (voir chapitre 3, tableau 3.7) :

Énergie	Matières azotées	Consommation
5,5 UFC	530 g MADC	8,0-11,5 kg MS

La ration optimale doit avoir des teneurs de 5,5/10,0 = 0,55 UFC et 530/10,0 = 53 g MADC/kg MS, dans l'hypothèse où l'on dispose d'un stock important de fourrage et que l'on retient une consommation de matière sèche de 10,0 kg.

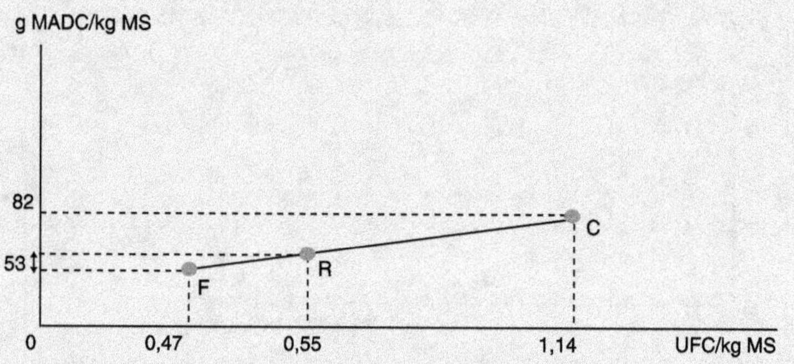

La ration pourrait être constituée d'un ensilage de prairie naturelle mi-fané récolté au 1ᵉʳ cycle à la floraison point F 0,47 UFC et 53 g MADC/kg MS (n°FE0600 dans les tables du chapitre 16) et d'orge, point C : 1,14 UFC et 82 g MADC/kg MS (CC0010) car le point R se situe sur la droite joignant F et C.

R doit être obligatoirement sur le segment de droite joignant F et C pour constituer une ration comprenant deux aliments. Plus le pourcentage de l'aliment F dans la ration est important, plus le point R est proche de F et éloigné de C.

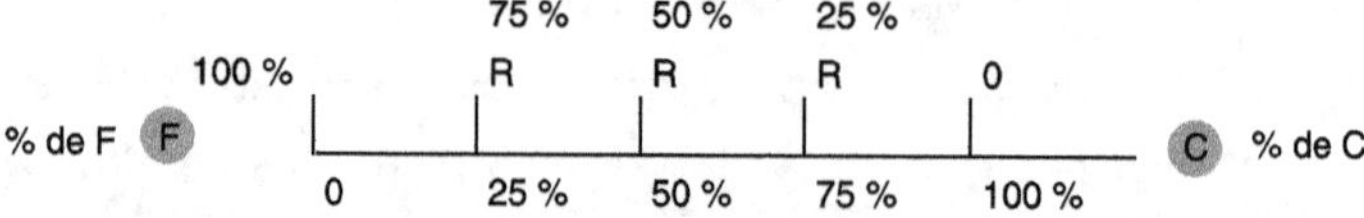

En pratique, il suffit de mesurer en millimètre avec un double décimètre la plus grande des deux distances FR, RC. En l'occurrence, il s'agit de RC puis de mesurer la distance FC :

– F et C : distance (FC) ou dFC ;

– C et R : distance (CR) ou dCR.

Le pourcentage de F dans la ration R est calculé par la relation suivante :

$$\text{pourcentage de F} = \text{distance (CR)} / \text{distance (FC)}.$$

Connaissant le pourcentage de F dans la ration ainsi que la quantité de matière sèche totale consommée, on en déduit la quantité de F dans la ration. La quantité de C est la quantité de matière sèche totale consommée de la ration moins la quantité de matière sèche à consommer de F.

Exemple 13.5

Jument de selle de 500 kg en état corporel moyen au 11e mois de gestation (cf. graphique précédent de l'exemple 4)

dFC = 10,3 mm   dCR = 8,9   p. 100 de F = 8,9/10,3 = 0,864 ou 86,4 p. 100

La ration optimale est donc constituée de 86,4 p. 100 de l'ensilage mi-fané FF0600.

La consommation de matière sèche retenue est de 10,0 kg soit 10,0 × 0,864 = 8,64 kg de matière sèche d'ensilage mi-fané (n° FE0600, des tables chapitre 16) et il y a donc 10 − 8,64 = 1,36 kg de MS d'orge.

Vérification :

Ration	Apports ration	Apports recommandés journaliers
8,64 kg MS d'ensilage mi-fané	× 0,47 UFC/kg MS = 4,06 UFC	
1,36 kg MS d'orge	× 1,14 UFC/kg MS = 1,55 UFC	
Soit **au total 5,61 UFC** par jour.		**5,5 UFC**
Soit + 0,11 UFC de différence, ce qui est acceptable.		
8,64 kg MS d'ensilage mi-fané	× 53 g MADC/kg MS = 458 g MADC	
1,36 kg MS d'orge	× 82 g MADC/kg MS = 112 g MADC	
Soit **au total 570 g MADC** par jour.		**530 g MADC**
Soit + 0,40 g MADC de différence, ce qui est acceptable.		

Il est possible de vérifier les pourcentages de fourrage et d'aliment concentré établis à l'aide des mesures effectuées sur le graphique en posant l'équation à une inconnue suivante :

$$0,47\ F + 1,14\ C = 0,55 \times 100 \qquad (1)$$

F : pourcentage de fourrage dans la ration ;

C : pourcentage de concentré dans la ration ;

0,47 : valeur énergétique (en UFC) de l'ensilage mi-fané (n° FE0600) ;

1,14 : valeur énergétique (en UFC) de l'orge (n° CC0010) ;

0,55 : valeur énergétique (en UFC) de la ration optimale recherchée.

Le pourcentage de concentré (C) dans la ration est égal à :

$$C = 100\ (\text{ration totale}) - F \qquad (2)$$

On remplace C dans l'équation (1) par l'expression (2) :

$$0,47\ F + 1,14\ (100 - F) = 0,55 \times 100$$

$$0,47\ F + 114 - 1,14\ F = 55$$

$$F\ (0,47 - 1,14) = 55 - 114$$

$$- 0,67\ F = - 59$$

$$F = 59\ /\ 0,67 = 88,1\ \text{p. 100}$$

$$C = 100 - 88 = 12\ \text{p. 100}$$

Ce calcul algébrique simple permet :

– de vérifier que le calcul effectué précédemment à l'aide du seul graphique est juste à 1,7 % près, F = 88,1 p. 100 au lieu de 88,4 p. 100 ;

– de montrer que l'on peut parvenir rapidement à la composition optimale de la ration en utilisant le graphique et/ou un calcul algébrique simple.

Cas B : ration optimale composée de trois aliments

La ration optimale n'est pas toujours située sur le segment de droite reliant deux aliments facilement disponibles. Il faut alors composer une ration à l'aide de trois aliments en utilisant le même principe que précédemment et en progressant par étape.

L'aliment de départ (D) est celui que l'utilisateur veut utiliser en priorité dans sa ration (le fourrage récolté pour l'hiver, la céréale cultivée, les coproduits de l'agriculture ou les sous-produits d'une industrie proche). Cet aliment est repéré par le point D sur le graphique par ses teneurs en UFC/kg MS et MADC/kg MS.

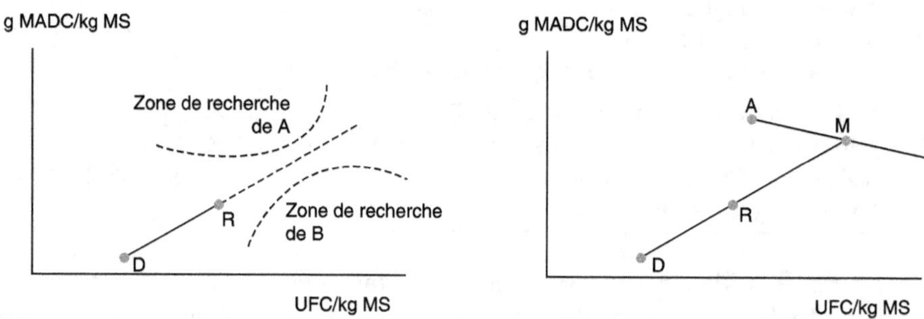

L'aliment D est associé au mélange (M) des deux autres aliments A et B de la ration. Le mélange M de A et B doit donc trouver sur la droite DR, du côté opposé à D, pour que l'ensemble constitue la ration (D + M = R). Les deux aliments A et B doivent être situés de part et d'autre de cette droite pour que le mélange M se trouve sur la droite DR.

La ration est constituée à partir de l'aliment D et du mélange M introduit dans la ration (R) selon les pourcentages calculés comme indiqué ci-dessous, après avoir mesuré au double décimètre les distances MR et DM.

Pourcentage de D dans R = distance MR / distance DM   (1)

On calcule ainsi la quantité de D dans R en multipliant le résultat (1) par la consommation totale de matière sèche visée dans la fourchette des tables d'apports recommandés. On en déduit la quantité de M dans la ration.

Lorsque les aliments A et B on été choisis, on calcule le pourcentage de l'aliment le plus proche de M, A dans notre exemple, en mesurant au double décimètre les distances (BM, AB).

Pourcentage de A dans M = distance BM / distance AB   (2)

En multipliant ce pourcentage par la quantité de mélange calculée précédemment, on obtient la quantité de A et donc, par différence, de B.

Exemple 13.6

Jument de selle de 500 kg en très bon état corporel au cours du 1er mois de lactation

Apports alimentaires recommandés (voir chapitre 3, tableau 3.7) :

Énergie	Matières azotées	Consommation
8,5 UFC	956 g MADC	11,5-15,0 kg MS

Supposons que l'on souhaite une densité énergétique de la ration intermédiaire. On retient une valeur de consommation de la matière sèche de 13 kg.

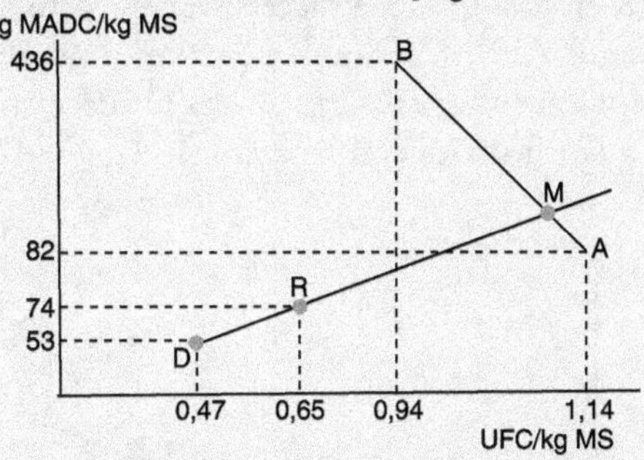

La ration optimale doit apporter 0,65 UFC (8,5/13) et 74 g MADC (956/13) par kg de MS. L'aliment D est un ensilage de prairie naturelle mi-fané : 0,47 UFC et 53 g MADC/kg MS (n° FE0600 des tables du chapitre 16). L'aliment A peut être de l'orge (n° CC0010). On peut ajouter un aliment B : tourteau de soja 48 (n° CX0140) pour équilibrer la ration R en matières azotées.

On mesure les distances :

MR = 72 mm   DM = 100 mm

BM = 91 mm   AB = 106 mm.

On calcule :

Le pourcentage de D dans R = 72/100 = 0,72 ou 72 p. 100   (1).

La quantité de D est donc de 0,72 × 13 kg de MS = 9,36 kg MS.

La quantité de M est donc de 13,0 − 9,36 = 3,64 kg de MS.

Le pourcentage de A dans M = 91/106 = 0,876 ou 87,6 p. 100   (2).

Le pourcentage de A (ou orge) dans M = 0,876, donc la quantité est de 0,876 × 3,64 = 3,19 kg de MS d'orge.

La quantité de B (ou tourteau de soja, 48) dans M est donc 3,64 − 3,19 = 0,45 kg de MS de soja.

Vérification (tableau 13.1) :

Ration	Apports calculés
9,36 kg MS de foin × 0,47 UFC/kg MS =	4,40 UFC
3,19 kg MS d'orge × 1,14 UFC/kg MS =	3,64 UFC
0,45 kg MS de soja × 0,94 UFC/kg MS =	0,42 UFC
Soit **au total 8,49 UFC** par jour pour 8,5 UFC d'apport recommandé	
9,36 kg MS de foin × 53 g MADC/kg MS =	496 g MADC
3,19 kg MS d'orge × 82 g MADC/kg MS =	262 g MADC
0.45 kg MS de tourteau de soja × 436 g MADC/kg MS =	196 g MADC
Soit **au total 954 g MADC** par jour pour 956 g MADC d'apport recommandé.	

La méthode algébrique pourrait à nouveau permettre de vérifier que le calcul est juste comme dans l'exemple 5.

Cas C : ration optimale composée de plus de trois aliments

La démarche générale est la même que celle présentée précédemment. Après avoir choisi un aliment de départ, on trace la droite DR, l'utilisateur peut ensuite décider de distribuer un aliment comprenant un mélange de A et B. Il positionne le point M_1 sur le segment AB en fonction des pourcentages respectifs de A et B dans M_1. Puis à partir de M_1, il choisit un complémentaire situé de l'autre coté du segment DR. Supposons que cet aliment soit C, en traçant le segment $(M_1 C)$, on coupe DR en M_2. On crée successivement deux mélanges M_1 et M_2 à partir de trois aliments A, B, C, complémentaires d'un aliment D. Chaque mélange ou point graphique ainsi créé est considéré successivement comme un aliment quelconque à partir duquel on repart.

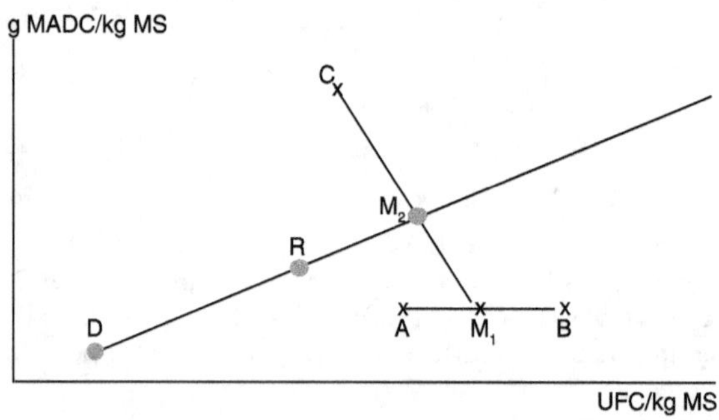

On mesure les distances DM_2, et la plus grande des deux distances DR ou DM_2. On en déduit le pourcentage de D ou de M_2 selon la distance choisie. On calcule ensuite à l'aide de ce pourcentage, les quantités respectives de D et de M_2. On reproduit le même raisonnement de proche en proche en calculant les quantités de C et M_1 dans M_2 puis de A et B dans M_1.

Cas D : ration comprenant des pourcentages fixés à l'avance de fourrages (F) et d'aliment concentré (C)

Le fourrage (F) a une valeur nutritive connue ou est choisie au départ, on peut donc tracer la droite FR. La position du point C est déterminée en divisant la distance FR mesurée sur le graphique par le pourcentage fixé d'aliment concentré C dans R.

FC = distance FR / p. 100 de C.

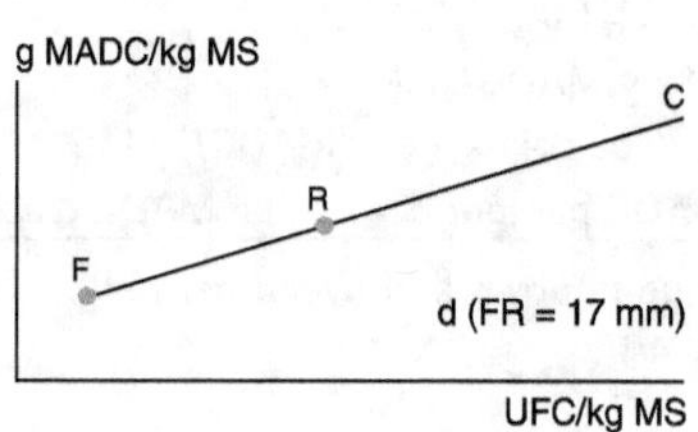

Exemple 13.7

Ration comprenant 60 p. 100 de fourrage (F) et 40 p. 100 d'aliment concentrés (C)

dFR = 17 mm

Pourcentage de C dans R = 0,40 (ou 40 p. 100)

dFC = 17/0,40 = 43 mm

Le point C est situé à 43 mm de F sur la droite FC passant par R.

Si aucun aliment concentré simple n'est proche de C, il faut constituer en C un mélange à partir de deux ou plusieurs aliments concentrés simples intéressants, comme indiqué précédemment dans les cas B ou C.

Cas E : ration de base comprenant des pourcentages fixés à l'avance de deux fourrages (F_1) et (F_2)

Les fourrages F_1 et F_2 sont choisis *a priori* de même que leurs pourcentages dans le mélange de fourrages F. On peut tracer le segment F_1-F_2 et calculer la position de F, distance F_2F = distance F_1F_2 × pourcentage de F_1. La droite FR peut être tracée et prolongée pour choisir de calculer la proportion d'aliment concentré (C) à distribuer pour complémenter éventuellement la ration selon les modalités indiquées précédemment.

Exemple 13.8

Ration comprenant x p. 100 de fourrage (F) et y p. 100 d'aliment concentré (C)

La ration est à base de deux fourrages. F_1 est un foin tandis que F_2 est de la paille en proportion respectives connues de 40 et 60 p. 100 (ou 0,4 et 0,6) de la partie fourrages de la ration.

Distance F_1F_2 = 10 mm

Distance F_2F = 10 mm × 0,6 = 6 mm

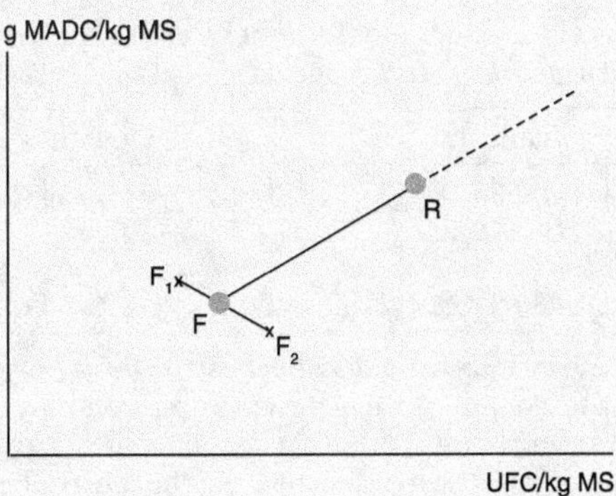

Méthode informatique

Le calcul des rations distribuées à tous les types de chevaux peut être effectué à l'aide d'un logiciel *EquInration*, élaboré par l'Inra, à partir des données établies par l'Inra (ce logiciel remplace le logiciel *ChevalRation* élaboré initialement par L. Tavernier et F. Arslanian sur les bases scientifiques de l'Inra et qui utilisait le principe de calcul des rations rappelé dans ce chapitre).

Le programme calcule les rations :
• à l'aide de la méthode graphique exposée dans ce chapitre et testée sur un grand nombre de rations, en particulier celles qui ont été utilisées au cours des nombreux essais d'alimentation réalisés par l'Inra (Centre de recherche de Clermont-Ferrand/Theix) et à l'IFCE (Station expérimentale de Chamberet), au CEZ de Rambouillet (Section hippique) et à l'ENE de Saumur (Section instruction) ;
• et sur la base des recommandations établies par l'Inra en 1984, révisées en 1990 puis en 2011 :
  – apports alimentaires en énergie, en matières azotées, en minéraux ainsi que les quantités de matière sèche que le cheval doit consommer pour satisfaire ses besoins et qui sont rapportés dans cet ouvrage dans les chapitres 3 à 8 ;
  – valeurs nutritives des aliments disponibles pour alimenter le cheval et qui sont rapportées à la fin de cet ouvrage au chapitre 16.

Calcul des quantités de matière brute de chaque aliment à distribuer

Au plan pratique les quantités d'aliments distribuées sont exprimées en kg d'aliment brut. Elles sont ainsi calculées :

Quantité d'aliments (kg brut) = $\dfrac{a}{b}$

a : quantité d'aliments exprimée en kg de matière sèche ;
b : pourcentage de matière sèche de l'aliment considéré indiqué dans les tables du chapitre 16.

Exemple 13.9

Ration d'une jument de selle de 500 kg en très bon état corporel moyen au 1er mois de lactation

D'après les calculs effectués précédemment, exemple 6 de ce chapitre, la ration exprimée en kg de matière sèche est composée de :

Aliments	Quantités MS	Teneur en MS
Ensilage mi-fané (n° FE0600)	9,36 kg MS	55 % ou 0,55
Orge (CC 0010)	3,19 kg MS	87 % ou 0.87
Tourteau de soja 48 (n° CX0140)	0,45 kg MS	88 % ou 0,88

La quantité brute de fourrage à distribuer est : 9,36 kg / 0,55 = 17 kg.
La quantité brute d'orge à distribuer est : 3,19 kg / 0,87 = 3,66 kg.
La quantité brute de tourteau de soja à distribuer est : 0,45 kg / 0,88 = 0,51 kg.
La ration exprimée en kg brut d'aliment à distribuer est donc composée de 17 kg d'ensilage mi-fané, de 3,66 kg d'orge et de 0,51 kg de tourteau de soja 48.

Vérification des calculs – Fiche de rationnement

Les principaux éléments nécessaires au calcul d'une ration et les résultats obtenus doivent être reportés sur une fiche de rationnement (tableau 13.1). Cette fiche permet de vérifier :

– si la composition de la ration est correcte ;

– si les apports alimentaires totaux effectués par la ration sont égaux aux apports alimentaires recommandés dans le cas de l'énergie (à 0,05 UFC près) et des matières azotées (à 5 p. 100 près au maximum) ;

– ou s'ils sont différents (le plus souvent inférieurs) aux apports recommandés dans le cas des minéraux, calcium (Ca) et phosphore (P), pour prévoir une complémentation minérale ;

– en ce qui concerne les oligoéléments, il faut aussi équilibrer la ration avec une complémentation notamment pour le cuivre (Cu) et le zinc (Zn) et bien respecter le rapport Cu/Zn (voir chapitres 1 et 2) ;

– en ce qui concerne les vitamines, il faut équilibrer la ration avec une complémentation (A, D, E).

Par ailleurs, la comparaison de la composition de la ration établie, en utilisant la fiche du tableau 13.1 (modèle vierge en annexe), au guide de la composition des rations les plus courantes, indiquées tableau 13.2, permet de vérifier à la fin des calculs que la ration est plausible.

Calcul de la complémentation minérale et vitaminée

Les rations distribuées permettent rarement de satisfaire les besoins du cheval, compte tenu des teneurs des aliments en minéraux (voir tables du chapitre 16), en oligoéléments (chapitre 16, annexe 1 : fourrages, et tables Inra-AFZ, 2004 ; aliments concentrés) et en vitamines (voir chapitre 16, annexe 3). Il faut donc compléter les rations par des aliments minéraux et vitaminiques (AMV).

L'aliment minéral et vitaminique est distribué soit seul en plus de la ration de base, soit inclus dans l'aliment composé complémentaire ou complet distribué pour équilibrer la ration.

Phosphore (P) et calcium (Ca)

Les apports recommandés journaliers sont donnés dans les tableaux pour chaque type d'animaux (voir chapitres 3 à 8). Par différence entre ces recommandations et les apports réalisés par la ration optimale de base calculée pour effectuer les apports d'énergie et de matières azotées (cf. fiche de rationnement : tableau 13.1), on obtient le déficit en P et Ca, c'est-à-dire la quantité de P et Ca que doit apporter l'AMV et inversement. On calcule le rapport Ca/P de ce déficit et on choisit un AMV ayant un rapport Ca/P égal ou légèrement supérieur.

Les aliments minéraux et vitaminiques du commerce sont définis par leurs teneurs en P et Ca, dont l'indication est obligatoire sur les étiquettes. Ainsi un complément peut contenir de 5 à 12 % de P et de 8 à 25 % de Ca. Un AMV de type 7-12 apporte 70 g de P et 120 g de Ca par kg (ou 7 % et 12 % respectivement).

Tableau 13.1. Fiche de rationnement : exemple 6 jument de selle, 1er mois de lactation, 500 kg.

Aliments	Valeur nutritive des aliments par kg MS					Apports nutritifs des aliments par jour					
	UFC	MADC	P	Ca	Mg	Quantités MS (kg)	UFC (g)	MADC (g)	P (g)	Ca (g)	Mg (g)
Ensilage de prairie naturelle mi fané n° FF0600*	0,47	53	3,1	5,2	2,4	9,36	4,4	496	29,0	48,7	22,5
Orge n° CC0010*	1,14	82	4	0,8	1,3	3,19	3,6	262	12,8	2,6	4,1
Tourteau soja n° CX0140*	0,94	436	7	3,9	3,3	0,45	0,4	196	3,2	1,8	1,5
(2) Apports journaliers totaux calculés						13,00[1]	8,5	954	45	53,1	28,1
(1) Apports journaliers recommandés (voir chapitre 3, tableau 3.7)						11,0-15,0[1]	8,5	956	49	56	11
(3) Différence (2) – (1)						1	0,0	– 2,0	– 4,0	– 2,9	17,1
% d'erreur = (3) / (1)							0 %	0 %	– 8 %	– 5 %	155 %

Composition de la ration en matière première brute

Aliments	Quantité (kg) (1)	Teneur en MS** (2)	Quantité (kg) (3) = (1)/(2)	Prix/kg (4)	Prix/jour (3) × (4)
Ensilage de prairie naturelle mi fané FF0600*	9,36	0,55	17,02	0,24	4,08
Orge CC0010*	3,19	0,87	3,66	0,22	0,81
Tourteau soja CX0140*	0,45	0,88	0,51	0,34	0,17
					Total 5,06

* Code des aliments des tables du chapitre 16 ; ** MS : matière sèche.

[1] Les apports journaliers calculés de MS sont inclus dans la fourchette des recommandations : voir chapitre 3, tableau 3.7.

Tableau 13.2. Guide de la composition des rations.

Type animal	État physiologique	Objectif zootechnique	Pourcentages		Commentaires**
			Fourrages*	Concentré	
Juments	Gestation		50-95	5-50	Fourrages B ↑ à TB //
	Lactation		50-95	5-50	Fourrages M ↑ à TB //
Étalons	Repos		85-95	5-15	Paille// + Fourrages M à TB //
	Service		60-70	30-40	Paille// + Fourrages M à TB //
Cheval de selle en croissance	1 an	Croît optimum	40-65	35-60	Fourrage B à TB ↑ ou E //
		Croît modéré	65-75	25-35	Fourrage M à B ↑
	2 ans	Croît optimum	75-80	20-25	Fourrage B à TB ↑ ou E //
		Croît modéré	80-85	15-20	Fourrage M ↑ ou B //
	3 ans	Croît optimum	80-85	15-20	Fourrage B //
		Croît modéré	85-90	10-15	Paille ↑ + Foin B //
Cheval de trait	1 ou 2 ans	Croît optimal	40-60	40-60	Fourrage B ↑ à TB //
en croissance	1 ou 2 ans	Croît modéré	85-90	10-15	Paille ↑ + Foin B //
à l'engrais	10 mois	Croît très élevé	30-50	50-70	Fourrage TB à E ↑
	12 mois	Croît très élevé	40-70	30-60	Fourrage TB à E ↑
Cheval au travail					
selle	Repos à travail intense		35-95	5-65	Foin B à TB // + Paille //
trait			55-95	5-45	Foin M à B // + paille //

M : fourrages de qualité moyenne ; B : fourrages de qualité bonne ; TB : fourrages de qualité très bonne ; E : Fourrages de qualité exceptionnelle.

↑ : fourrages distribués à volonté ; // fourrages distribués en quantité limitée.

* La paille est incluse dans les pourcentages de fourrages indiqués ; ** la paille est distinguée des fourrages pour préciser le mode de distribution qui lui est spécifique.

Situation de déficit

La quantité d'AMV à distribuer quotidiennement est obtenue en divisant le déficit journalier en phosphore de la ration de base par le pourcentage de phosphore de l'AMV (indiqué sur l'étiquette).

$$\text{Quantité de l'AMV à distribuer (g/j animal)} = \frac{\text{Déficit en P (g/j/animal)} \times 100}{\text{Pourcentage de P dans l'AMV}}.$$

Exemple 13.10

Calcul de la quantité d'AMV

La quantité d'AMV de type 7-12 à distribuer pour un déficit journalier de 10 g en P sera de (10 g ×100) / 7 = 143 g/j/animal.

Si la ration de base n'est pas, ou très peu, déficitaire en P et Ca (moins de 10 p. 100 des apports recommandés), il faut par sécurité soit distribuer un AMV convenablement dosé en sodium et oligoéléments, soit mettre à la disposition des animaux un bloc à lécher enrichi en oligoéléments. Dans ce dernier cas, il faut bien veiller à ce que les chevaux en consomment régulièrement. Il est fréquent qu'avec ce type de produits, les chevaux ne règlent pas spontanément leur consommation au niveau de leurs besoins.

Exemple 13.11

Apports recommandés en P (49 g/jour) et Ca (56 g/jour) pour une jument de 500 kg au 1er mois de lactation (voir chapitre 3, tableau 3.7)

La ration calculée précédemment dans l'exemple 6 apporte 53 g de Ca et 45 g de P (tableau 13.1). Les déficits en calcium et phosphore sont respectivement de 5 % et 8 %. Il est indispensable de distribuer un AMV afin de couvrir les besoins en minéraux. Cet AMV aura un rapport Ca/P égal à celui des déficits soit 3/4 soit environ 0,8.

Situation d'excédents

Si la ration est excédentaire, notamment en calcium (exemple rations riche en luzerne déshydratée), on peut admettre un excès d'apport de calcium de 15 p. 100 à la condition que les apports recommandés en phosphore (et en vitamine D) soient au minimum totalement satisfaits. Le cheval est relativement tolérant aux excès de calcium et il ne semble pas y avoir de blocage important dans l'absorption des oligoéléments, dans ces limites.

Les apports de Ca et P doivent être raisonnés avec ceux de vitamine D.

Sodium (Na)

Il faut vérifier si l'AMV choisi complémente à lui seul la ration en sodium. Cependant, quand on distribue de faibles quantités d'AMV, il est souvent préférable de mettre une pierre de sel à la libre disposition des animaux plutôt que de chercher un AMV ayant une teneur en sodium adéquate.

Magnésium (Mg) et oligoéléments

Les apports recommandés totaux en magnésium et en oligoéléments peuvent être calculés facilement en multipliant leur concentration optimum dans la ration indiquée dans le tableau 2.1 du chapitre 2, par la consommation d'aliments exprimée en kg de matière sèche pour chaque catégorie d'animaux (tableaux des chapitres 3 à 8).

Les tables d'apports recommandés expriment également ces besoins calculés (voir chap. 3 à 8, tabl.).

(1) Apports recommandés = Concentration (voir chap. 2, tabl. 2.1)
$\times$ Consommation (kg MS) (voir chap. 3 à 8, tabl.)

Les teneurs en magnésium et en oligoéléments de l'AMV, du commerce ou de l'aliment composé contenant l'AMV utilisé précédemment pour compléter la ration en P et Ca, doivent être comprises entre les valeurs indiquées dans le tableau 13.3 pour satisfaire les apports recommandés.

Tableau 13.3. Ordre de grandeur de la composition théorique de l'aliment minéral et vitaminique en magnésium, sodium, oligoéléments et vitamines pour tous les types de chevaux (voir chapitres par types de chevaux pour le calcium et le phosphore).

Teneurs	Quantité distribuée par jour		
	50 g	100 g	150 g
Magnésium (%)	6-8	3-4	2-3
Sodium (%)	10-14	5-12	3-10
Cuivre[1] (mg/kg)	800-2 000	400-1 000	250-700
Cobalt[1] (mg/kg)	30-50	15-25	9-16
Zinc[1] (mg/kg)	3 500-10 000	1 750-5 000	1 250-3 300
Manganèse[2] (mg/kg)	0-4 000	0-2 000	0-1 300
Vitamine A[3] (UI/kg)	400 000-1 500 000	200 000-750 000	130 000-500 000
Vitamine D[3] (UI/kg)	75 000-300 000	37 000-150 000	25 000-100 000

[1] Les besoins en cuivre, cobalt et zinc sont élevés pour tous les chevaux sauf le cheval de boucherie à l'engrais : on recherchera donc préférentiellement les AMV dont les teneurs sont proches de la valeur la plus élevée de la fourchette.

[2] Les besoins en manganèse sont élevés seulement pour le cheval de boucherie à l'engrais recevant des régimes à base d'ensilage de maïs : on recherchera donc préférentiellement pour ce type d'animal les AMV dont les teneurs sont proches de la valeur la plus élevée de la fourchette.

[3] Les besoins en vitamines sont élevés pour les juments, les étalons, les chevaux au travail : on recherchera donc préférentiellement les AMV dont les teneurs sont proches de la valeur la plus élevée de la fourchette.

Les apports réellement effectués par l'AMV ou l'aliment composé sont calculés comme suit :

$$(2) \ \text{Apports réellement effectués} = \text{Teneurs en minéraux AMV ou de l'aliment composé (indiquées sur l'étiquette)} \times \text{Quantité d'AMV ou d'aliment composé distribuée (kg MS)}$$

Il suffit alors de comparer les apports effectués (2) et recommandés (1) pour déterminer le taux de satisfaction des besoins. Ce taux doit être compris entre 80 et 140 p. 100.

Exemple 13.12

Cheval de sang d'un poids vif adulte de 500 kg en période d'élevage, 1er hiver (6-12 mois), croissance optimale et recevant une ration comprenant 5 kg MS d'ensilage mi-fané, 3,1 kg d'un aliment complémentaire de fourrage dont les caractéristiques figurent dans le tableau ci-contre.

Le tableau 5.8 du chapitre 5 indique les apports recommandés (à satisfaire).

Le bilan nutritionnel de la ration (tableau 13.4) montre à la ligne (3) que les apports recommandés sont couverts, pour les éléments figurant dans la fiche de ration, voire excédentaires sans préjudice. Il n'est pas nécessaire d'avoir recours à un AMV.

Exemple 13.13

Cheval de sang d'un poids vif adulte de 500 kg en période d'élevage, 1er hiver (6-12 mois), croissance optimale et recevant une ration comprenant 5 kg MS d'ensilage mi-fané, 2 kg de MS d'orge, 0,15 kg MS de tourteau de soja et 0,8 kg MS de luzerne déshydratée à 18 % de MAT soit au total 8 kg MS.

Le tableau 5.8 du chapitre 5 indique les apports recommandés (à satisfaire).

La fiche de rationnement (tableau 13.5) montre à la ligne 3 que celle-ci est déficitaire en cuivre et zinc. Il faut donc avoir recours à un AMV. Comment le choisir ?

Choix de l'AMV

La difficulté de l'exercice vient de la nécessité de couvrir les besoins des animaux tout en respectant les principaux équilibres nutritionnels en particulier le rapport Ca/P et Cu/Zn. Ces rapports s'obtiennent tout simplement en divisant les apports recommandés correspondants. Il faut d'abord fixer une quantité d'AMV à apporter et déterminer si les teneurs de l'AMV nécessaires à utiliser pour combler les déficits sont compatibles avec le tableau 13.3.
La ration de l'exemple 13.12 (tableau 13.5) est déjà bien pourvue en calcium et phosphore excédentaire en magnésium, voir ligne 3.
Le rapport Ca/P des excédents avant correction par l'AMV est de 7,5/1,6 soit 4,7. L'AMV apportera un peu de calcium et de phosphore. Pour ne pas augmenter encore l'excès de calcium et de phosphore, il faut choisir un apport modéré d'AMV (exemple 25 g) et un rapport Ca/P faible. La plupart des AMV ont un rapport Ca/P variant entre 1 et 3, il faut choisir un rapport de 1. Un AMV de type 8/8 amenant 8 g de calcium et 8 g de phosphore pour 100 g de produit et autant de calcium sans magnésium (sinon le plus faible possible) convient.
Le déficit en cuivre est de 17,3 mg et celui en zinc est de 100,1 mg. Pour que 25 g d'AMV apportent 17 mg de cuivre et 100 mg de zinc, il suffit donc que l'AMV titre 17/25 × 1 000 mg /kg de cuivre soit environ 680 mg et 100/25 × 1 000 mg de zinc soit environ 800 mg de cuivre et 4 000 mg de zinc par kg d'AMV (tableau 13.3, colonne 50 g, diviser par 2 la fourchette cuivre, soit 400-1 000 et la fourchette zinc, soit 1 750-5 000, car seulement 25 g d'AMV sont apportés, et retenir une valeur dans cette fourchette pour chaque oligoélément, 800 mg pour le cuivre et 4 000 mg pour le zinc).
Attention, si les teneurs en oligoéléments des aliments concentrés sont relativement stables, celles des fourrages sont très variables en fonction de la région. Il est indispensable de se rapprocher des instituts de conseil agricole susceptibles de connaître les références locales en la matière afin de retenir pour les fourrages, les teneurs les plus probables.
Les apports réalisés par l'AMV figurent en ligne (4) de la fiche de rationnement, les apports totaux en ligne (5), les différences entre apports recommandés et réalisés figurent en ligne (6), alors que les pourcentages de couverture des besoins figurent en ligne (7). Les besoins sont couverts. L'excédent en magnésium n'est pas préjudiciable. Le rapport Ca/P final est de 1,6 très voisin de celui des besoins, le rapport final Cu/Zn est de 0,2 très proche de celui des besoins.

Tableau 13.4. Fiche de rationnement, exemple 12 : jeune cheval, période d'élevage, 6-12 mois (poids vif adulte 500 kg). Ration composée d'un fourrage complémenté par un aliment composé.

Aliments	Valeur nutritive des aliments par kg MS								Apports nutritifs des aliments par jour							
	UFC	MADC	P (g)	Ca (g)	Mg (g)	Cu (mg)	Zn (mg)	Quantités (kg MS)	UFC	MADC (g)	P (g)	Ca (g)	Mg (g)	Cu (mg)	Zn (mg)	
Ensilage de prairie naturelle mi fané FF 0600*	0,47	53	3,1	5,2	2,4	5,6	36	5,0	2,35	265	15,5	26,0	12,0	30,0	180,0	
Aliment complémentaire de fourrage	0,9	110	3,0	6,0	1,3	19	80	3,1	2,79	341	9,3	18,6	4,0	58,9	248,0	
																Cu/Zn
(2) Apports journaliers totaux calculés								8,1¹	5,14	606	24,8	44,6	16,0	88,9	428,9	0,21
(1) Apports journaliers recommandés (tableaux chapitres 5, 8)								6,5-8,0¹	5,10	567	25	37	5	75	375	0,20
(3) Différence (2) – (1)								1	0,04	39,0	– 0,2	7,6	11,0	13,9	53,0	
(4) % d'erreur = (3) / (1)								1 %	1 %	7 %	– 1 %	21 %	220 %	19 %	14 %	

		Ca/P final	1,8
		Ca/P besoins	1,5

Aliments	Quantités (kg MS) (1)	Teneur en MS* (2)	Quantités (kg brut) (3) = (1) / (2)	Prix/kg (4)	Prix/jour (3) × (4)
Foin enrubanné FF0600	5	0,55	9,09	0,24	2,18
Aliment complémentaire de fourrage	3,1	0,88	3,52	0,42	1,48
					Total 3,66

* Code des aliments des tables du chapitre 16 ; ** MS : matière sèche.
¹Les apports journaliers calculés de MS sont inclus dans la fourchette des recommandations : voir chapitre 5, tableau 5.8.

Tableau 13.5. Fiche de rationnement, exemple 13 : jeune cheval, période d'élevage, 6-12 mois (poids vif adulte 500 kg). Ration fermière.

Aliments	Valeur nutritive des aliments par kg MS							Apports nutritifs des aliments par jour							
	UFC	MADC	P (g)	Ca (g)	Mg (g)	Cu (mg)	Zn (mg)	Quantités (kg MS)	UFC	MADC (g)	P (g)	Ca (g)	Mg (g)	Cu (mg)	Zn (mg)
Ensilage de prairie naturelle mi-fané n° FF0600*	0,47	53	3,1	5,2	2,4	6	36	5,00	2,75	265	15,5	26,0	12,0	30,0	180,0
Orge n° CC0010*	1,14	82	4	0,8	1,3	10	35	2,00	2,28	164	8,0	1,6	2,6	20,0	70,0
Tourteau soja n° CX0140*	0,94	436	7,1	3,9	3,3	19	54	0,15	0,14	65	1,1	0,6	0,5	2,9	8,1
Luzerne déshydratée n° CD0020*	0,57	86	2,6	20,0	1,6	6	21	0,80	0,46	69	2,1	16,0	1,3	4,8	16,8
															Cu/Zn
(2) Apports journaliers totaux calculés								8,0[1]	5,23	563	26,6	44,5	16,4	57,7	271,9 0,21
(1) Apports journaliers recommandés (2) (tableaux chapitres 3 à 7)								8,0[1]	5,10	567	25	37	5	75	375 0,20
(3) Différence (2) − (1)								1	0,13	− 4	1,6	7,5	11,4	− 17,3	− 100,1
(4) % d'erreur = (3) / (1)									3 %	− 1 %	6 %	20 %	228 %	− 28 %	− 27 %

								Apports AMV aliments par jour							Cu/Zn
(4) Apport AMV			80	80	0,0	800	4 000	0,025	0,0	0,0	2,0	2,0	0,0	20,0	100,0 0,21
(5) Apports aliments + AMV = (2) + (4)											28,6	46,5	16,4	77,7	374,9
(6) Différence (5) − (1)											4,1	9,5	11,4	0	0
(7) % de couverture des besoins = (5) / (1)											114 %	125 %	228 %	104 %	100 %

	Ca/P final	1,6
	Ca/P besoins	1,5

Aliments	Quantités (kg MS) (1)	Teneur en MS** (2)	Quantités (kg brut) (3) = (1) / (2)	Prix/kg (4)	Prix/jour (3) × (4)
Ensilage prairie naturelle mi-fané n° FF0600*	5	0,55	9,09	0,24	2,18
Orge n° CC0010*	2	0,87	2,29	0,22	0,51
Tourteau soja n° CX0140*	0,15	0,88	0,17	0,34	0,06
Luzerne déshydratée n° CD0020*	0,8	0,92	0,87	1,34	1,17
					Total 2,75

* Code des aliments des tables du chapitre 16 ; ** MS : matière sèche.

[1] Les apports journaliers calculés de MS sont inclus dans la fourchette des recommandations : voir chapitre 5, tableau 5.8.

Vitamines

Les apports recommandés totaux théoriques de chaque vitamine (exprimés en unités internationales, UI ou mg selon les vitamines) peuvent être calculés selon la même méthode que les minéraux :

(1) Apports recommandés = Concentration vitamine de la ration (voir chap. 2, tabl. 2.1) × Consommation (kg MS) (voir chap. 3 à 8, tableaux).

Les apports réellement effectués par l'AMV ou l'aliment composé contenant l'AMV distribué sont calculés comme suit :

(2) Apports réellement effectués = Teneurs en vitamines de l'AMV ou de l'aliment composé (indiquées sur l'étiquette) × Quantité d'AMV ou d'aliment composé distribuée (kg MS).

Les teneurs en vitamines de l'AMV ou de l'aliment composé contenant l'AMV doivent être comprises entre les valeurs indiquées dans le tableau 13.3 pour satisfaire les apports recommandés.

Il suffit alors de comparer les apports effectués (2) et recommandés (1) pour déterminer le taux de satisfaction des besoins. Ce taux doit être inférieur ou égal à 150 p. 100. Il faut éviter en effet des excès trop importants de vitamine A qui risquent de provoquer une carence secondaire en vitamine E et d'accroître la fragilité osseuse (voir chapitres 1, 2 et 5). Il convient de maintenir un rapport vitamine A/vitamine D compris entre 5 et 10 avec des apports suffisants en calcium et en phosphore.

Exemple 13.14

Cheval de sang d'un poids vif adulte de 500 kg en période d'élevage, 1er hiver (6-12 mois), croissance optimale et recevant une ration comprenant 5 kg MS de foin d'ensilage mi-fané, 2 kg de MS d'orge, 0,15 kg MS de tourteau de soja et 0,8 kg de luzerne déshydratée à 18 % de MAT soit au total 8 kg MS.

Le tableau 5.8 du chapitre 5 indique les apports recommandés : 25 900 UI vitamine A/jour/animal.

Par prudence, on néglige systématiquement l'apport vitaminique des aliments car la durée de conservation des vitamines est de l'ordre de 5 à 6 mois.

Pour que l'AMV précédent (voir exemple 13.5) convienne et couvre les besoins en vitamine A, il faut que 25 g de l'AMV, soit 0,025 kg, procure 25 900 UI. La teneur en vitamine A de l'AMV est donc de 25 900/25 × 1 000 = 1 036 000 UI/kg. Cette valeur correspond à la valeur intermédiaire de la fourchette colonne 50 g du tableau 13.3 divisé par 2 puisque seulement 25 g d'AMV sont distribués.

Il n'est pas toujours facile de trouver un AMV correspondant précisément aux calculs précédents. L'essentiel est que les apports couvrent les besoins et que les excédents soient dans les fourchettes énoncées plus haut.

Fiche type complète de calculs de ration

La fiche utilisée dans les exemples précédents est une fiche simplifiée pour aborder le principe du calcul des rations. Une fiche type plus complète a été établie dans le cadre de l'ouvrage *Alimentation des chevaux, Tables d'apports alimentaires recommandés* (chapitre 2).

Tableau 13.6. Fiche type complète.

Partie 1 : Composition de la ration

Aliments*	Quantité (kg MS) (1) =(3) × (2)	Teneur en MS* (2)	Quantités (kg brut) (3) = (1) / (2)	Prix/kg	Prix/jour

Partie 2 : Valeur nutritive aliments par kg MS*

Aliments*	UFC	MADC	P (g)	Ca (g)	Mg (g)	Cu (mg)	Zn (mg)	Quantités de MS (kg MS)	UFC	MADC (g)	P (g)	Ca (g)	Mg (g)	Cu (mg)	Zn (mg)	Vit. A (UI)	Vit. D (UI)	Vit. E (UI)	% de fourrages
																				MADC/UFC obtenu / Ca/P obtenu / Cu/Zn obtenu
(2) Apports journaliers totaux calculés																				

(Colonnes d'en-tête « Apports nutritifs des aliments par jour » : UFC, MADC (g), P (g), Ca (g), Mg (g), Cu (mg), Zn (mg), Vit. A (UI), Vit. D (UI), Vit. E (UI))

Partie 3 : Calcul avant correction minérale et vitaminique

	Options basse	Options haute	UFC	MADC (g)	P (g)	Ca (g)	Mg (g)	Cu (mg)	Zn (mg)	Vit. A (UI)	Vit. D (UI)	Vit. E (UI)	MADC/UFC théorique	Ca/P théorique	Cu/Zn théorique	Vit. A/Vit. D théorique
(1) Apports journaliers recommandés**																
Consommation (kg MS)																
Concentration énergétique (UFC/kg MS)																
Concentration azotée (g MADC/kg MS)																
			UFC	MADC (g)	P (g)	Ca (g)	Mg (g)	Cu (mg)	Zn (mg)	Vit. A (UI)	Vit. D (UI)	Vit. E (UI)	MADC/UFC solde			
(3) Solde = (2) − (1) (4) % d'erreur = (3)/(1)																

Partie 4 : Conception de l'AMV, solde minéral et vitaminique

P (g/kg)	Ca (g/kg)	Mg (g/kg)	Cu (mg/kg)	Zn (mg/kg)	Vit. A (UI/kg)	Vit. D (UI/kg)	Vit. E (UI/kg)	Quantités (kg)		P (g)	Ca (g)	Mg (g)	Cu (mg)	Zn (mg)	Vit. A (UI)	Vit. D (UI)	Vit. E (UI)	Ca/P final avec AMV	Cu/Zn final avec AMV	Vit. A/Vit. D final avec AMV
									(4) Apports AMV											
									(4) Apports journaliers totaux calculés											
									solde final											
									% de (1)											

* Table des aliments chapitre 16. ** Tables des apports alimentaires recommandés chapitres 3 à 7.

La fiche type complète (tableau 13.6) comprend quatre parties pour considérer et enchaîner tous les éléments essentiels du calcul des rations :
– la composition de la ration (aliments choisis et quantités à distribuer) : **partie 1 ;**
– la valeur nutritive complète des aliments (et les apports nutritifs journaliers par les aliments qui en découlent) : **partie 2 ;**
– le calcul de la ration avant la correction minérale et vitaminique (en comparant les apports nutritionnels de la ration calculée et les apports recommandés) : **partie 3 ;**
– la conception de l'AMV pour équilibrer la ration en minéraux et vitamines : **partie 4.**

Les ratios nutritionnels majeurs à calculer et à maîtriser progressivement sont indiqués dans les parties 2, 3 et 4 de la fiche.

L'utilisation pratique de cette fiche complète est détaillée et illustrée dans le chapitre 2 de l'*Alimentation des chevaux, Tables d'apports alimentaires recommandés* pour calculer en routine les rations.

Pour en savoir plus

Inra-AFZ, 2004. *Tables de composition et de valeur nutritive des matières premières destinées aux animaux d'élevage* (Sauvant D., Perez J.M., Tran G., eds), Inra Éditions – AFZ, 302 p.

Inra, 2012. *EquInration, Logiciel de calculs des rations du cheval,* en préparation.

Tavernier L., 1988. Pour une méthode de rationnement des chevaux « ChevalRation ». *In : 14ᵉ Journée de la recherche équine*, IFCE, Paris, 9 mars, 70-85.

Tavernier L., 1989. Présentation d'un logiciel de rationnement des chevaux. *In : 15ᵉ Journée de la recherche équine*, IFCE, Paris, 8 mars, 185-187.

Tavernier L., Arslanian F., 1990. Logiciel *ChevalRation, In : Alimentation des chevaux* (Martin-Rosset W., ed.), chapitre 8, Inra Édition, 232 p. CEREOPA, épuisé.

14

Impact environnemental des chevaux

Depuis le sommet de Rio en 1992, la protection de l'environnement est devenue une préoccupation du monde politique et des responsables scientifiques qui a été confirmée par les sommets suivants (Kyoto en 1997 et Copenhague en 2009) malgré les difficultés rencontrées pour parvenir à un consensus sur les mesures à prendre.

L'agriculture est concernée directement, à la fois par les rejets des animaux d'élevage et par leur impact sur la végétation et les paysages ruraux.

Ce chapitre a pour objet de faire le point sur ces deux aspects, maîtrise de la bio-diversité et gestion des rejets, pour situer le cheval par rapport aux autres animaux d'élevage et proposer quelques solutions.

L'impact du pâturage équin sur la diversité floristique et faunistique des milieux pâturés

Géraldine Fleurance, Bertrand Dumont,
Patrick Duncan, Anne Farruggia, Thierry Lecomte

Les progrès récents de l'identification des cheptels ont permis de mettre en évidence une forte augmentation des effectifs d'équidés (chevaux, ânes et leurs hybrides) en France. Fin 2008, on recensait ainsi 900 000 équidés soit une augmentation d'environ 20 000 équidés par an depuis 2006 (ECUS, 2010). Même si ils pèsent encore peu au regard des effectifs de bovins (19 199 000 têtes de bovins recensées en 2010 ; Institut de l'élevage), les équidés jouent un rôle croissant dans l'entretien des surfaces pâturées. Ils sont également de plus en plus utilisés pour préserver la diversité biologique dans des milieux à forte valeur écologique (*e.g.* les réserves naturelles), qu'ils pâturent seuls ou en association avec des ruminants. Dans ce contexte, de nouveaux questionnements relatifs à leur impact sur la dynamique des espaces qu'ils pâturent voient le jour et s'inscrivent notamment dans les réflexions portant sur le développement de systèmes d'élevage à haute valeur environnementale (cf. *high nature value farming, European Forum for Nature Conservation and Pastoralism*, www.efncp.org). Les recherches sur ces thématiques chez les équidés ont essentiellement été conduites chez les chevaux et sont encore peu nombreuses. Les résultats suggèrent que l'impact du pâturage des équidés suit les mêmes principes que ceux identifiés chez les autres grands herbivores. Néanmoins, leur physiologie digestive différente leur confère une plus forte capacité d'ingestion et leur double rangée d'incisives leur permettent de pâturer plus ras que des ruminants de même taille, ce qui conduit à augmenter plus fortement l'hétérogénéité structurale du couvert pâturé.

L'objectif de ce paragraphe est de synthétiser les résultats de recherche disponibles concernant l'impact du pâturage équin sur la diversité biologique des milieux pâturés.

Impact du pâturage équin sur les communautés végétales

Mécanismes d'action des grands herbivores sur la diversité floristique des milieux pâturés

Le pâturage est une exploitation directe économiquement performante, mais souvent hétérogène, de la production primaire des prairies et des parcours. Le prélèvement et la sélection de la végétation par l'animal, la distribution non homogène de ses déjections et son piétinement modifient la structure spatiale du couvert. Il en résulte une large gamme d'habitats, qui facilitent la coexistence d'espèces adaptées à des niches écologiques différentes et favorisent la diversité végétale. L'ensemble des mécanismes mis en jeu sont souvent explicités et scindés en deux grands types : ceux qui résultent d'un effet direct sur les plantes par ablation ou blessures de tissus et ceux qui sont le fait d'un effet indirect et la plupart du temps différé.

Les effets directs des grands herbivores sur les plantes sont fortement liés à leur prélèvement sélectif et au piétinement. Le prélèvement de matériel végétal par les animaux entraîne généralement une diminution de la biomasse, aussi bien au niveau du système racinaire que des parties épigées de la plante. La consommation d'organes reproducteurs par les grands herbivores peut aussi affecter la floraison et la production de graines. Le prélèvement d'autres parties de la plante peut conduire à réduire la floraison, le nombre et la taille des graines du fait d'une diminution de la disponibilité des ressources. Le piétinement des animaux affecte également de manière importante les tissus végétaux, entraînant souvent la mort de la plante concernée ou de la partie située au-dessus du point endommagé. Enfin, le dépôt de fèces et d'urine peut causer des dommages physiques aux plantes ou avoir des effets toxiques locaux même si son principal impact est indirect au travers du cycle des nutriments et de la dispersion des graines.

Parmi les effets indirects des grands herbivores sur les plantes, on classe en premier lieu les effets sur la végétation induits par l'apport de nutriments provenant des déjections. Ces apports modulent les cycles biogéochimiques qui sous tendent la production primaire, notamment en accélérant le cycle de l'azote. À l'échelle parcellaire, le comportement spécifique des équidés vis-à-vis des déjections (séparation des activités d'ingestion et de restitutions) entraine des transferts de fertilité, avec un épuisement local des zones pâturées et un enrichissement des zones de latrine (voir chapitre 10, paragraphe « Fonctionnement de l'écosystème prairial pâturé » p. 367). Les grands herbivores favorisent également la dispersion des graines à l'échelle paysagère *via* le transport des graines sur leur fourrure ou le dépôt de leurs fèces. Ils peuvent enfin accroître le recrutement des plantules grâce à la création de trouées au sein du couvert. Celles-ci sont des sites de germination privilégiés puisque les jeunes plantules y sont à l'abri de la compétition avec les plantes adultes. Ces trouées peuvent être liées au piétinement des animaux (voire au creusement pour la recherche de sels minéraux par exemple) ou apparaître suite à la mort de plantes causée par les déjections des herbivores.

Au sein des systèmes pâturés, la richesse spécifique végétale dépend de l'équilibre entre les processus de colonisation par des *pools* d'espèces présentes à plus large échelle spatiale et les processus de disparition des espèces à une échelle plus locale, résultant notamment des mécanismes de compétition. On peut définir la compétition entre plantes comme le résultat d'une interaction entre plusieurs individus partageant des besoins pour une ressource présente en quantité limitée et conduisant à une altération de la croissance, de la reproduction et/ou de la survie de certains de ces individus. Par leur impact sur les processus de colonisation et de disparition des espèces, les grands herbivores déterminent donc de manière importante la diversité floristique du milieu. Lorsque les herbivores réduisent ou altèrent les interactions compétitives entre plantes, leur présence conduit à une plus forte coexistence entre espèces et augmente la diversité. Cependant, dans des situations où le pâturage tend à accroître la dominance d'une espèce déjà dominante, ou en situation de pâturage intensif prolongé où seules les espèces les plus résistantes au pâturage survivent, la diversité végétale décline. Ceci rejoint l'hypothèse de « stress intermédiaire » de Grime (1973) selon laquelle la richesse en espèces végétales est maximale pour des niveaux intermédiaires de biomasse (*e.g.* correspondant à une intensité de pâturage modérée).

L'action des herbivores sur la diversité des milieux pâturés dépend également fortement de la sélectivité des différents types d'animaux. Le format, la physiologie digestive, la morphologie buccale et dentaire des espèces d'herbivores expliquent des différences de choix alimentaires, et donc d'impact potentiel sur la diversité des couverts. Certains résultats présentés dans cette synthèse illustrent notamment les différences d'impact entre chevaux et ruminants. L'effet de l'âge ou du sexe de l'animal est généralement lié à celui de son format. Il en est de même pour celui de la race, qui se heurte parfois à la difficulté d'être dissocié de celui des expériences alimentaires antérieures de l'animal, dont on sait qu'elles influencent ses choix à l'âge adulte. Dans une situation de pâturage entre plusieurs espèces d'herbivores, les effets sur le couvert peuvent différer de ceux caractérisant un pâturage mono-spécifique. Différentes espèces d'herbivores sont en effet à l'origine d'effets compensatoires quand leurs modes de prélèvement différent et conduisent à une utilisation complémentaire du couvert végétal.

Effet de l'exclusion d'un pâturage équin ou équin-bovin

La majorité des études visant à analyser l'impact du pâturage équin sur la flore concernent les zones humides. Les travaux de recherches, menés principalement dans les années 90, s'inscrivaient alors dans un contexte de conservation de milieux sensibles à fortes contraintes. Ces études ont largement utilisé la technique des exclos afin de soustraire certaines zones au pâturage et comparer leur évolution à celle des zones pâturées. Ainsi, en Camargue, la suppression du pâturage équin a entraîné en quelques années un développement important de certaines espèces pérennes (le roseau *Phragmites* dans les marais, le dactyle aggloméré *Dactylis glomerata* et le chiendent *Agropyron* dans les prairies) et la diminution de la quasi-totalité des espèces annuelles (figure 14.1). L'ouverture du milieu par le pâturage et le piétinement des animaux favorise en effet le remplacement d'espèces compétitives pour la lumière par des espèces de petite taille et/ou compétitives vis-à-vis des nutriments du sol, ce qui permet la coexistence d'un plus grand nombre d'espèces. Aux Pays-Bas, en milieu dunaire, les chevaux ont limité le développement de graminoïdes compétitives (*e.g.* laîche des sables *Carex arenaria*, calamagrostis commun *Calamagrostis epigejos*) et ont amélioré la richesse spécifique du milieu comparativement aux zones non pâturées. En situation de pâturage mixte entre chevaux et bovins dans une zone humide des Pays-Bas, la consommation et le piétinement exercés par les animaux ont permis de contrôler la croissance du phragmite commun *Phragmites australis* et des cirses *Cirsium spp* et de favoriser l'installation d'espèces de petite taille (*e.g.* pâturin commun *Poa trivialis*), améliorant ainsi la valeur fourragère du couvert. L'action des herbivores a été particulièrement importante aux périodes où l'abondance de leurs ressources préférées s'amenuisait dans les prairies alentours. En Camargue et dans

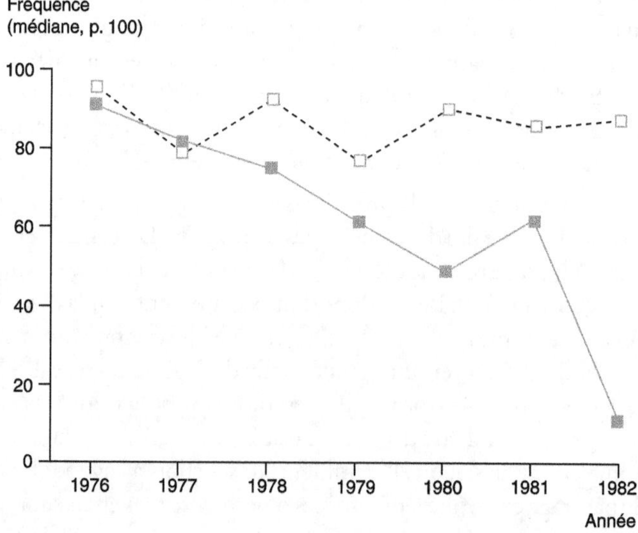

Figure 14.1. Réponse de la pâquerette annuelle (*Bellis annua*) à la suppression du pâturage équin dans des zones de mise en défens (ligne pleine), comparée aux zones pâturées (pointillés) (d'après Duncan, 1992).

le marais poitevin, la suppression du pâturage mixte chevaux-bovins a rapidement conduit à une diminution de la richesse spécifique végétale au profit d'une augmentation de l'abondance de certaines espèces (*e.g.* dactyle des grèves *Aeluropus littoralis* en Camargue, chiendent rampant *Elymus repens* dans le marais poitevin). Dans les prairies de plaine du Montana et du Wyoming, le pâturage par des chevaux en association avec des espèces sauvages (mouflons et cerfs) s'est aussi révélé nécessaire au maintien d'espèces peu compétitives (*e.g.* stipe chevelue *Stipa comata*, pâturin de Sandberg *Poa secunda*). Enfin, en zone agricole extensive du Massif central, le pâturage répété du cheval de landes de montagne humide et le piétinement exercé sur les zones à ligneux à l'occasion de la défécation a permis la régression progressive des espèces ligneuses (*e.g.* myrtille commune *Vaccinium myrtillus*, myrtille des marais *Vaccinium uliginosum*, genêt poilu *Genista pilosa*, bruyère commune *Calluna vulgaris*) et des graminées de la lande (fétuque ovine *Festuca ovina*, canche flexueuse *Deschampsia flexuosa*, nard raide *Nardus stricta*) au profit de graminées fourragères (fétuque rouge *Festuca rubra*, agrostis commun *Agrostis tenuis*).

L'amplitude de l'impact du pâturage par les chevaux sur les communautés végétales est néanmoins dépendante des facteurs abiotiques tels que la fertilité du sol et les gradients de précipitation. Ainsi, dans le désert du Nevada, la richesse spécifique mesurée dans les zones soustraites au pâturage est trois fois plus élevée que celle des zones pâturées par des équins. Cette divergence par rapport aux études citées précédemment s'explique par des conditions de milieu totalement différentes. En particulier, l'effet positif du pâturage équin sur les capacités de colonisation d'autres espèces végétales a pu être limité en raison de la productivité réduite du site et du faible recouvrement de la végétation. Les bénéfices de l'ouverture du milieu vis-à-vis de la compétition pour la lumière étaient donc ici inexistants. Par ailleurs, les espèces dominantes des milieux désertiques, adaptées à la rétention d'eau par des mécanismes limitant la transpiration (*e.g.* épines) et comportant des composés secondaires, sont généralement peu appréciées par les herbivores. Les chevaux pourraient donc avoir préférentiellement sélectionné des espèces rares et ainsi provoqué leur diminution voire leur disparition. Au-delà de l'influence des facteurs abiotiques propres à ce type de milieu, il est également possible que l'impact négatif du pâturage équin sur la biodiversité résulte du fait que les chevaux, indigènes à l'Eurasie, s'apparentent ici à une espèce introduite.

Effet du niveau de chargement en pâturage équin

Très peu de travaux ont analysé les conséquences de différents modes de conduite des chevaux au pâturage sur la diversité floristique des couverts. Seule l'influence du niveau de chargement en pâturage continu a fait l'objet de quelques études. En Islande, des scientifiques ont analysé pendant huit ans l'effet d'un pâturage estival par des chevaux à trois niveaux de chargements (190 kg PV/ha, 330 kg PV/ha, 406 kg PV/ha). Au chargement le plus élevé, la diminution de la hauteur d'herbe et son uniformisation (hauteur moyenne < 5 cm) ainsi que l'augmentation de la proportion de sol nu ont favorisé l'installation de nouvelles espèces, principalement des bryophytes. Ces espèces, adaptées aux conditions climatiques spécifiques de ces régions nordiques, contribuent à l'augmentation de la richesse spécifique du milieu mais sont par ailleurs très peu intéressantes sur le strict plan zootechnique. L'abondance des espèces préférentiellement pâturées par les chevaux (carex noir *Carex nigra* et agrostis commun *Agrostis capillaris*) a diminué au profit d'espèces plus tolérantes au pâturage, adaptées aux habitats perturbés et fortement minérotrophes.

Dans des prairies fertiles en Limousin (alt. 430 m), l'Inra et l'IFCE ont quantifié l'impact de groupes de trois ou cinq chevaux de selle pâturant en continu des parcelles de 2,7 ha de mi-mai à fin juillet, puis de début septembre à mi-novembre. Ces deux niveaux de chargements (1 000 *vs* 600 kg de poids vif/ha) ont entraîné une évolution divergente des légumineuses qui ont augmenté de 4 à 16 p. 100 de la surface de la parcelle après quatre années de suivi au fort chargement alors qu'elles restaient stables autour de 8 p. 100 au chargement allégé. La richesse spécifique du couvert (en moyenne 28 espèces végétales par parcelle) n'a en revanche pas été affectée par le chargement au cours des quatre années. Une conclusion analogue a été tirée dans une prairie naturelle humide du marais poitevin, où après cinq années d'application des traitements, le nombre d'espèces végétales (en moyenne 44 espèces par parcelle) n'a pas été affecté par le chargement en chevaux dans une gamme comprise entre 300 et 900 kg de poids vif/ha. Ces deux résultats s'expliquent par l'existence d'une hétérogénéité de structure du couvert (*i.e.* mosaïque de patches ras et haut) au sein des parcelles pâturées par les chevaux dans la gamme de chargement étudiée.

Parmi les herbivores domestiques, les chevaux se caractérisent en effet par leur mode d'utilisation hétérogène des couverts. Grâce à leur double rangée d'incisives, ils créent et entretiennent des zones d'herbes rases au sein d'une matrice d'herbes hautes peu utilisée pour l'alimentation et où ils concentrent leurs déjections (voir chapitre 10, paragraphe « Influence des caractéristiques du couvert prairial » p. 380). Des auteurs ont observé une certaine stabilité inter-annuelle de la mosaïque de placettes rases et de zones d'herbe haute, propice à une divergence fonctionnelle au sein des couverts. Ainsi, dans les prairies naturelles humides du marais poitevin, des travaux ont montré que l'accroissement de l'hétérogénéité structurale du couvert lié au pâturage équin permettait une coexistence d'espèces végétales plus importante comparativement à un pâturage bovin plus homogène ou à une parcelle témoin non pâturée.

Valorisation en pâturage mixte de la complémentarité avec les bovins

Le régime alimentaire des équins au pâturage présente de fortes similitudes avec celui des bovins. Néanmoins, les chevaux utilisent moins largement les dicotylédones que les ruminants car ils seraient moins aptes à détoxifier les métabolites secondaires de ces plantes. Ils sont donc plutôt spécialistes des graminées (voir chapitre 10, paragraphe « Influence des caractéristiques du couvert prairial » p. 380). Au sein de prairies permanentes, des auteurs ont mis en évidence un effet significatif de l'espèce d'herbivore (bovin, ovin, équin) sur la richesse spécifique du couvert et l'abondance des dicotylédones. Cette dernière est supérieure dans les parcelles pâturées par les chevaux et cela même si les écarts absolus restent limités. Les chevaux semblent en revanche moins aptes que les bovins pour limiter l'expansion des ligneux en situation de sous-chargement. Ainsi, aux Pays-Bas, une prairie naturelle humide pâturée par des chevaux a été rapidement envahie par le sureau noir (*Sambucus nigra*) alors que ce processus était fortement ralenti en pâturage bovin à même niveau de chargement. En Belgique, des auteurs ont également observé une utilisation significative du saule rampant (*Salix repens*) par les bovins alors que les chevaux ne permettaient pas de freiner l'invasion des prairies par cette espèce. Des travaux réalisés en moyenne montagne humide (Massif central) par l'Inra ont cependant montré que le piétinement exercé par les chevaux pouvait avoir un effet significatif sur certains ligneux bas dans les peuplements à myrtilles (*Vaccinium myrtillus*).

En raison de leur physiologie digestive, les chevaux sont aussi moins contraints que les ruminants par la nécessité de réduire la taille des particules alimentaires. Leur ingestion est de ce fait moins limitée par la qualité de la végétation. Comparativement aux bovins, les chevaux se caractérisent donc par des niveaux d'ingestion élevés, notamment de fourrages grossiers (voir chapitre 10, paragraphe « Ingestion journalière » p. 378) et semblent plus efficaces pour contrôler la végétation à même niveau de chargement. Au marais Vernier, les chevaux ont ainsi contribué efficacement à limiter l'abondance du jonc épars (*Juncus effusus*) au contraire des bovins qui le consommaient peu. En moyenne montagne humide (Massif central), la forte capacité d'ingestion des chevaux a également permis une plus forte régression des graminées de faible valeur fourragère (*e.g.* nard raide *Nardus stricta*, canche flexueuse *Deschampsia flexuosa*) et un meilleur développement des graminées de bonne valeur fourragère (fétuque rouge *Festuca rubra*, agrostis *Agrostis tenuis*) comparativement à un pâturage bovin (figure 14.2).

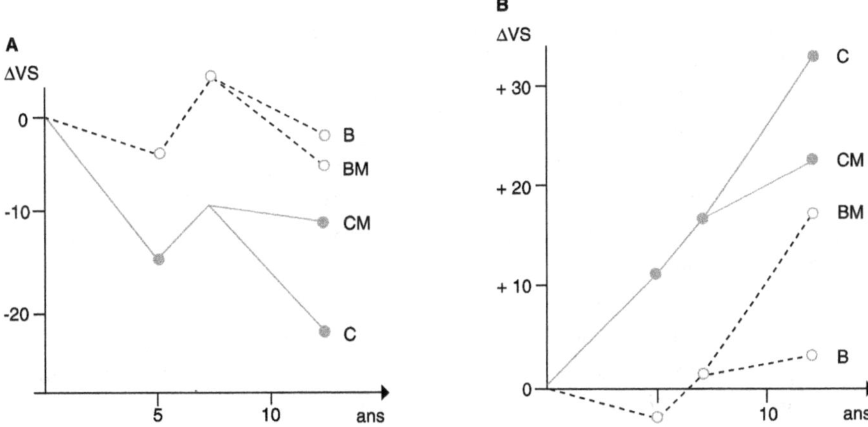

Figure 14.2. Variation de la contribution spécifique des graminées de faible (A) et de bonne (B) valeur fourragère au cours de 12 années de pâturage mono-spécifique ou mixte (C : chevaux, B : bovins, CM : chevaux puis mixte, BM : bovins puis mixte) (d'après Loiseau et Martin-Rosset, 1988).

Les chevaux ont ainsi amélioré la valeur pastorale du couvert et augmenté sa richesse spécifique comparativement à un pâturage bovin. En pâturage mixte, l'introduction de bovins avec les chevaux après un pâturage équin a réduit les effets positifs de celui-ci tandis que l'introduction de chevaux avec les bovins après un pâturage bovin a eu un effet bénéfique. L'utilisation des équins présente un intérêt encore accru par rapport aux ovins pour limiter l'extension du nard et améliorer la valeur pastorale de ces couverts.

Les pratiques de pâturage mixte se fondent sur la complémentarité des capacités de sélection des espèces animales pour utiliser au mieux une ressource diversifiée. Dans le marais poitevin, un pâturage mixte équin-bovin s'est révélé le plus favorable sur le plan de la diversité botanique du fait de l'amélioration de la diversité des zones hautes peu utilisées par les chevaux. En effet, les bovins n'ayant pas la capacité de pâturer les zones rases se sont reportés sur les zones hautes et y ont limité le développement d'espèces nitrophiles compétitives. En moyenne montagne, des travaux conduits par l'Inra ont également conclu à une plus grande efficacité d'un pâturage mixte bovin-équin pour le contrôle de jeunes pousses de ligneux (bouleau *Betula* sp., peuplier tremble *Pepulus tremula*, saule blanc *Salix alba*, noisetier commun *Corylus avellana*) comparé au seul pâturage bovin. Le pâturage extensif par ces espèces n'a néanmoins pas permis de stopper le développement du genêt à balais (*Cytisus scoparius*) qui était bien établi. La part relative des effets liés à la consommation des individus adultes, des jeunes plantules et à leur piétinement mériterait d'être analysée afin d'interpréter des résultats apparemment divergents avec ceux cités précédemment.

Impact du pâturage équin sur les communautés animales

Mécanismes d'action des grands herbivores sur la diversité faunistique des prairies

Les grands herbivores jouent un rôle important dans le maintien de la diversité faunistique au sein des milieux pâturés. Comme pour la diversité végétale, une intensité de pâturage modérée génératrice d'hétérogénéité est généralement considérée comme étant favorable à la plus grande richesse spécifique animale car elle permet la coexistence de plusieurs habitats. Cependant, lorsque le pâturage est utilisé dans un objectif bien précis de conservation d'un groupe d'espèces, la pression de pâturage doit en priorité être raisonnée en fonction du cycle biologique de celles-ci.

Les oiseaux ont été les plus étudiés quant à leur réponse vis-à-vis du pâturage par les grands herbivores. Pour plusieurs espèces, les différentes hauteurs générées par le pâturage jouent un rôle important pour certaines fonctions vitales. Ainsi, de nombreuses espèces utilisent les zones d'herbe haute comme sites de nidification et sont de ce fait particulièrement sensibles à une augmentation de la pression de pâturage. En revanche, la consommation de la végétation dominante par les grands herbivores peut favoriser certaines espèces d'oiseaux herbivores de petite taille qui ont besoin d'un couvert ras de bonne qualité pour s'alimenter. Dans les roselières, les grands herbivores peuvent augmenter la surface en eau libre et ainsi favoriser les espèces qui utilisent cet habitat pour se reposer, se nourrir (*e.g.* canards et foulques) ou nidifier (*e.g.* grèbes). La majorité des espèces de petits mammifères rencontrés dans les prairies préfèrent le couvert d'une végétation haute pour s'abriter des prédateurs. Pour les invertébrés, les principaux effets négatifs du pâturage des grands herbivores sont liés à la diminution de l'abondance des plantes à fleurs dans certaines communautés, mais aussi selon les groupes à la diminution de la quantité de litière, de la hauteur du couvert et à un microclimat rendu plus extrême. Ainsi, les populations d'insectes réagissent-elles rapidement aux différences de structures de végétation générées par le chargement. Des travaux conduits par l'Inra montrent que le nombre d'individus et d'espèces d'orthoptères (sauterelles, criquets) et de lépidoptères (papillons) augmente généralement aux chargements allégés par rapport aux chargements élevés, avec pour ces derniers une dynamique parallèle à celle des plantes à fleurs. Néanmoins, un chargement élevé peut être positif pour d'autres espèces, par exemple les coprophages ou certains coléoptères chasseur-coureur qui ont besoin de zones d'herbe rase. Certains orthoptères ont aussi besoin de zones d'herbe rase ou d'un couvert haut et dense à différents moments de leur cycle. Globalement, l'allégement du niveau de chargement permet la coexistence d'un plus grand nombre d'espèces du fait de la diversité en habitats, ce qui valide les modèles théoriques existants, et corrobore nombre de travaux expérimentaux.

Pâturage équin et diversité faunistique des prairies

Oiseaux

Plusieurs études, conduites principalement en zones humides, illustrent comment le pâturage par les équins conduits seuls ou en association avec les bovins peut favoriser l'avifaune. Ainsi, en Camargue, le pâturage équin-bovin a permis d'accroître l'abondance des ressources alimentaires des oiseaux d'eau herbivores et granivores (*e.g.* canard chipeau *Anas strepera*, canard colvert *Anas platyrhynchos*). En limitant le développement aérien des plantes émergentes (*e.g.* scirpe maritime *Scirpus maritimus*, phragmite commun *Phragmites australis*), les herbivores domestiques ont augmenté la quantité de lumière disponible pour les phanérogames et algues submergées consommées par les oiseaux. De même, aux Pays-Bas, le contrôle du phragmite commun *Phragmites australis* par les équins et les bovins a permis d'accroître l'accessibilité des proies de plusieurs espèces d'oiseaux ayant besoin d'habitats ouverts (*e.g.* spatule blanche *Platalea leucorodia*). Au sein des prairies naturelles humides des marais de l'ouest de la France, des travaux ont montré que la hauteur d'herbe était une caractéristique cruciale pour l'alimentation des Anatidés herbivores (oies, canards) et que l'attractivité du site pour une espèce donnée variait selon le type d'herbivore domestique (chevaux ou bovins). Ainsi, les zones rases (< 4 cm) créées par les chevaux s'avèrent favorables au canard siffleur (*Anas penelope*) qui y bénéficie d'une végétation en croissance de bonne qualité. En revanche, un couvert plus homogène et plus haut (~ 10 cm) généré par les bovins favorise l'oie cendrée (*Anser anser*) de plus grand format, qui a besoin d'une herbe plus abondante. Une végétation courte entretenue par le pâturage équin peut également favoriser les oiseaux insectivores qui détectent plus facilement leurs proies au sein des zones rases (*e.g.* traquet motteux *Oenanthe oenanthe*, bergeronnette grise *Motacilla alba*). Des effets en cascade sont parfois observés : sur une île de Caroline du Nord, les chevaux introduits ont entraîné une diminution du recouvrement de l'espèce végétale dominante (spartine alterniflore *Spartina alterniflora)* et donc des sites de nidification de la mouette atricille (*Larus atricilla*) et de la sterne de Forster (*Sterna forsteri*). Le déclin de ces oiseaux caractérisés par un comportement agressif a permis l'établissement d'une richesse spécifique deux fois plus élevée dans les sites où les chevaux étaient présents comparativement aux sites non pâturés (20 *vs* 10 espèces). Parmi les oiseaux recensés dans les sites pâturés, 17 espèces s'alimentaient préférentiellement à partir d'invertébrés benthiques dont l'accessibilité était améliorée par l'ouverture des berges par les chevaux.

Une seule étude, conduite en Argentine, témoigne de l'effet de différentes pressions de pâturage sur l'avifaune. Certaines espèces d'oiseaux (*e.g.* vanneau tero *Vanellus chilensis*) ont été observées exclusivement dans les sites où le chargement était élevée (30 chevaux/km²) tandis que d'autres (*e.g.* pipit *Anthus* spp.) ont préféré les zones faiblement pâturées (6 à 17 chevaux/km²). Globalement, la richesse spécifique et l'abondance des oiseaux ont été les plus fortes dans les sites où la densité de chevaux était intermédiaire ou nulle comparativement aux zones fortement pâturées. Ces dernières étaient caractérisées par une plus faible diversité d'habitats et par une pression de prédation sur les œufs cinq fois plus élevée.

Petits mammifères

Peu d'études ont analysé l'impact du pâturage par les chevaux sur les populations de petits mammifères. En Camargue, des prairies à Dactyle soustraites au pâturage équin ont été colonisées par le campagnol provençal (*Pitymys duodecimcostatus*), probablement en raison de l'augmentation de la hauteur du couvert végétal et de l'absence de compaction du sol. Dans le New Forest, la diversité en espèces et la taille des populations de petits mammifères (souris, campagnols, musaraignes) ont également été supérieures dans les zones soustraites au pâturage mixte par les poneys, les bovins et les cerfs. Un effet facilitateur du pâturage des grands herbivores vis-à-vis des petits mammifères herbivores a néanmoins pu être mis en évidence dans une étude où les lapins ont bénéficié des zones rases entretenues par les grands herbivores dont les chevaux, alors qu'ils ne peuvent maintenir eux-mêmes ces couverts ras.

Invertébrés

L'influence du pâturage équin sur les populations d'orthoptères a été analysée dans une pelouse sèche du Causse Méjean. À l'exception des zones de refus, les strates d'herbe haute ont fortement régressé en présence des chevaux (pressions de pâturage comprises entre 1,9 et 5,4 chevaux/ha selon les faciès de végétation) en comparaison des sites non pâturés. Dix-neuf espèces d'orthoptères ont été recensées dans les parcelles pâturées contre 16 espèces dans les parcelles non pâturées, 14 espèces étant communes aux deux traitements. Les cinq espèces présentes exclusivement dans la pelouse pâturée étaient caractéristiques de milieux ouverts. La richesse spécifique du peuplement d'orthoptères n'a néanmoins pas été influencée significativement par le traitement appliqué. Au sein de prairies fertiles soumises à deux niveaux de chargements en chevaux (1 000 kg de poids vif/ha *vs* 600 kg de poids vif/ha), l'Inra et l'IFCE ont montré après quatre années d'application des traitements un effet positif de l'allègement du chargement sur l'abondance des espèces de carabes et d'orthoptères présentant une affinité pour l'herbe haute (> 10 cm). La richesse spécifique des carabes et des orthoptères n'a cependant pas été affectée par le niveau de chargement. Au sein de prairies semi-naturelles en Suède, la forte sélectivité des ovins vis-à-vis des plantes à fleurs a limité l'offre en nectar et par conséquent la richesse spécifique en papillons. En revanche, les parcelles pâturées par des équins avaient un nombre moyen d'espèces de papillons supérieur, identique à celui recensé dans les parcelles pâturées par des bovins ou dans des couverts non pâturés (figure 14.3). Au marais Vernier, la richesse spécifique et l'abondance des Syrphidés (insectes floricoles) ont augmenté dans les parcelles soumises au pâturage extensif par les chevaux et les bovins en comparaison des parcelles utilisées de manière intensive ou non pâturées.

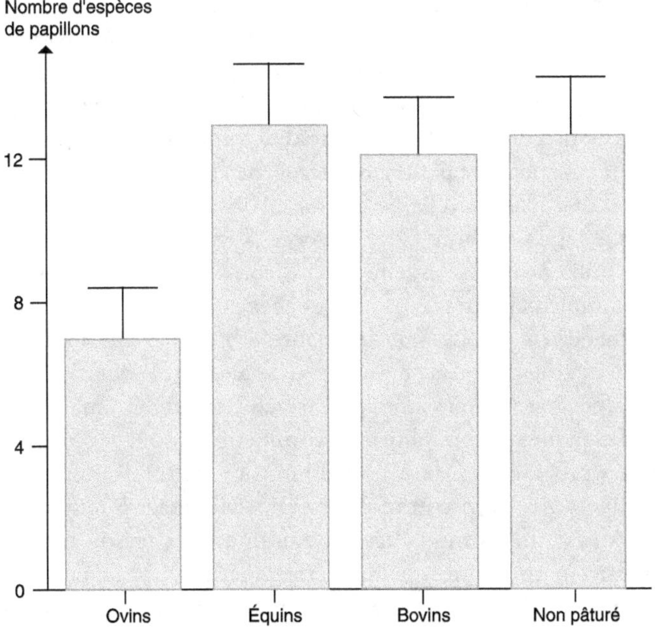

Figure 14.3. Effet du régime de pâturage sur la richesse spécifique en papillons dans des prairies semi-naturelles (d'après Öckinger *et al.*, 2006).

Au sein des prairies, les lombriciens jouent un rôle déterminant dans la préservation de la biodiversité en contribuant à l'alimentation de nombreuses espèces de vertébrés européens et en agissant sur les migrations verticales de la banque de graines. Des recherches effectuées sur les bords du Rhône montrent que la biomasse lombricienne relativement pauvre d'un milieu non pâturé pendant plusieurs années peut être multipliée par 10 après trois années de pâturage extensif par les chevaux. Enfin, une étude suisse relative à l'impact du pâturage par les herbivores (chevaux, bovins, ovins) sur les escargots terrestres des prairies permanentes de moyenne montagne montre que la richesse spécifique et l'abondance des escargots étaient indépendantes du type d'herbivore ; celles-ci ont cependant diminué lorsque la pression de pâturage augmentait.

Conclusion

Les effectifs d'équidés augmentent en France et en Europe, et l'utilisation de l'herbe pâturée comme ressource alimentaire leur confère un rôle significatif dans la gestion des écosystèmes pâturés. Les équins sont également utilisés à des fins de conservation dans les espaces naturels protégés. Pourtant, les références concernant l'impact du pâturage équin sur la diversité biologique des prairies sont encore limitées et de ce fait nous avons pu dans ce chapitre recenser de manière exhaustive l'ensemble des travaux français et internationaux sur cette thématique. La majorité des résultats disponibles ont été acquis dans des milieux spécifiques, notamment les zones humides. Les équidés possèdent de nombreux atouts, complémentaires de ceux des ruminants domestiques, pour préserver ou augmenter la biodiversité des prairies. Les chevaux se caractérisent notamment par une forte capacité d'ingestion de fourrages grossiers qui les rend efficaces pour contrôler les graminoïdes compétitives et maintenir les milieux ouverts. Leur mode de pâturage hétérogène (*i.e.* ils entretiennent des zones rases au sein d'une matrice d'herbe haute) favorise, au moins pendant un temps, la coexistence d'un nombre élevé d'espèces végétales et animales au sein du couvert. Ils utilisent moins largement les dicotylédones que les ruminants, mais des études complémentaires seront nécessaires pour déterminer si ce comportement peut bénéficier à la diversité des plantes à fleurs et aux insectes pollinisateurs. Enfin, le piétinement des chevaux peut également limiter le développement des ligneux. Les mécanismes impliqués semblent connus, mais les résultats quantifiés manquent pour la plupart des milieux et pour les groupes d'organismes cibles des programmes de conservation. Les études disponibles sont aussi souvent d'une durée trop courte pour évaluer l'impact à long terme du pâturage équin. À l'avenir, les modalités de conduite des chevaux favorisant la diversité des prairies permanentes devront être précisées, ainsi que leurs conséquences zootechniques, et ceci dans une gamme de milieux représentative des zones d'élevage et de zones plus marginales.

Les rejets

William Martin-Rosset, Géraldine Fleurance

Les chevaux produisent, directement au cours de leur période d'élevage ou d'utilisation, des rejets qui sont le résultat de la digestion plus ou moins complète des aliments qu'ils consomment pour couvrir leurs besoins nutritionnels. Ces rejets concernent le méthane, l'azote et les minéraux. Ils ont été évalués essentiellement à partir des études de digestion et de métabolisme chez le cheval et/ou le poney.

Évaluation quantitative des émissions de méthane entérique

Les émissions de méthane par les animaux d'élevage toutes espèces confondues représentent 97 p. 100 du méthane produit par l'agriculture en France. Les émissions proviennent d'une part de méthane entérique issu des processus digestifs et d'autre part émis à partir des déjections animales. Le méthane entérique représente en France 45 p. 100 des émissions en raison du grand nombre d'herbivores, ruminants surtout et équins dans une moindre mesure compte tenu des effectifs respectifs (32 millions de bovins + ovins + caprins et 1 million d'équins). Le pouvoir de réchauffement global du méthane est de 21 à 23 fois supérieur à celui du dioxyde de carbone (CO_2) et sa durée de vie dans l'atmosphère est courte (12 à 20 ans). La réduction des émissions de méthane peut donc avoir un effet sur l'effet de serre en quelques décennies.

Les émissions de méthane par les équins ont été évaluées en trois étapes : l'estimation des effectifs des différentes catégories d'équins, l'établissement d'un modèle de prévision de l'émission de méthane à partir de la quantité de méthane émise pour une catégorie de chevaux, le calcul de l'émission journalière de méthane à partir des apports alimentaires recommandés en UFC par l'Inra (1990) et de la composition moyenne des rations utilisées en France.

Les évaluations des effectifs équins ont été réalisées à partir des statistiques publiées dans les annuaires ECUS édités en 2007 par l'IFCE (et projetées sur 5 ans) en les déclinant au sein de chaque groupe de races : trait, selle (course, sport, loisirs), poneys, en différentes catégories : jument, étalons, poulains, chevaux, pour tenir compte des besoins et apports nutritionnels spécifiques (et donc de la nature de la ration) à chaque catégorie (tableau 14.1).

Les émissions de méthane entérique ont été estimées à partir des besoins énergétiques des chevaux exprimés en UFC établis en 1990 par l'Inra pour les différentes catégories d'équidés. Les besoins ont été convertis en énergie digestible en utilisant les équations de prévision du système UFC (voir chapitres 1 et 12). L'émission de méthane a été ensuite estimée à partir de la quantité d'énergie digestible ingérée à l'aide de l'énergie du méthane (ECH_4) exprimée en pourcentage de l'énergie digestible (ED) ingérée (ECH_4 p. 100 ED) et établie à partir de mesures réalisées chez le cheval par l'Inra (Vermorel *et al.*, 1997).

ECH_4 (p. 100 ED) = 7,57 − (0,12 × 28,4 CB %) − (0,01 × MAT %) − (0,05 × GC %)

CB : cellulose brute ; MAT : matières azotées totales ; GC : glucides cytoplasmiques.

Tableau 14.1. Facteurs d'émission et émissions de méthane par les équidés en France en 2007 (d'après Vermorel *et al.*, 2008).

	Effectif annuel (× 1 000)	Facteur d'émission (kg/tête/an)	CH$_4$ total (t/an)	% équidés
Juments races lourdes nourrices	51	29,4	1 489	7,4
Juments races lourdes non fécondées	38	19,4	734	3,6
Poulains races lourdes abattus à 8 mois	27	3,7	101	0,5
Poulains races lourdes abattus à 12 mois	7	13,5	92	0,5
Poulains + pouliches races lourdes renouvellement (0-36 mois)	27	21,6	594	2,9
Étalons races lourdes	3	22,3	60	0,3
Juments de course, sport et loisirs, nourrices	90	25,1	2 273	11,2
Juments de course, sport et loisirs, non fécondées	23	17,5	402	2,0
Chevaux de sport et loisirs	381	20,4	7 784	38,5
Poulains de race sport et loisirs (0-36 mois)	110	19,9	2 187	10,8
Étalons de course, sport et loisirs	9	23,5	211	1,0
Chevaux de course	16	30,2	488	2,4
Poulains de course (0-24 mois)	60	17,9	1 071	5,3
Poulains de course (24-48 mois)	60	30,2	1 812	9,0
Total chevaux	**900**	**21,4**	**19 298**	**95,5**
Ponettes et ânesses, nourrices	13	14,6	188	0,9
Femelles non fécondées, poneys et ânes	25	10,0	252	1,2
Étalons ânes et poneys	2	11,5	22	0,1
Poneys et ânons (0-3 ans)	35	12,7	442	2,2
Total ânes et poneys	75	12,1	904	4,5
Total équins	**975**	**20,7**	**20 202**	**100**

Les émissions de méthane ont alors été calculées pour chaque catégorie d'équidés répertoriée dans le tableau 14.1 en tenant compte de leur état et stade physiologique (entretien seul, gestation, lactation, croissance, travail) et des types d'alimentation correspondant à l'écurie ou au pâturage. En pratique, les calculs de l'émission journalière de méthane sont effectués à partir de l'apport recommandé en UFC (Inra, 1990) et de la composition moyenne des rations utilisées en France.

Les rejets annuels de méthane entérique par les équidés ont été évalués à 20 202 tonnes pour un effectif global de 975 000 animaux. Ce facteur d'émission est donc en moyenne de 20,7 kg/animal/an. C'est pour la jument nourrice qu'il est le plus élevé (29,7 kg) ; ce qui représente 34 p. 100 de la valeur établie pour la vache allaitante nourrice. Globalement, la part des équidés dans les émissions totales de méthane entérique des animaux de ferme est seulement de 1,5 p. 100 contre 90 p. 100 pour les ruminants.

Évaluation quantitative des rejets d'azote et de minéraux

Émission de fèces

Le cheval adulte à l'entretien de 500 kg alimenté à volonté à l'auge avec des fourrages verts seuls émet quotidiennement en moyenne 3,95 ± 0,47 kg MS de fèces (coefficient de variation : 11,8 p. 100) soit 8 g MS/kg PV pour une quantité ingérée moyenne de 9,40 ± 0,68 kg MS (coefficient de variation : 7,2 p. 100) soit 19 g MS/kg PV d'après les mesures effectuées à l'Inra.

La quantité de fèces augmente de 15 à 35 p. 100 avec l'accroissement de la teneur en matière sèche des fourrages verts au cours d'un même cycle de végétation.

La variabilité individuelle de la quantité de fèces produite par les animaux est en moyenne de 9,0 p. 100 au cours de la saison de pâturage. Elle s'accroît au cours du 1er cycle de végétation et se stabilise au cours des cycles suivants.

La quantité de fèces émise diminue de − 12 p. 100 en moyenne lorsque le cheval est complémenté avec 30 p. 100 d'aliment concentré par rapport à la matière sèche totale ingérée car le cheval diminue son ingestion de fourrage en raison d'une substitution d'aliment concentré par rapport au fourrage. À l'auge, le taux de substitution moyen dans le cas d'un régime foin de prairie naturelle est de 1,2 kg MS ingérée en moins de fourrage pour 1 kg de MS d'aliment concentré ingéré en plus.

Excrétion fécale d'azote

La teneur en azote des fèces du cheval de 500 kg à l'entretien consommant à volonté des fourrages verts de prairie naturelle au cours des trois cycles annuels de végétation est en moyenne de 132 ± 24 g MAT/kg MS fécale soit 1,02 ± 0,11 g MAT/kg PV (tableau 14.2) avec un coefficient de variation lié aux interactions cycles et stades qui est de 10,8 p. 100. Elle est en moyenne peu différente entre cycles mais elle diminue intra-cycle en général au cours des deux premiers cycles du printemps et de l'été de 26 et 15 p. 100 respectivement (figure 14.4). La variation individuelle de la teneur en MAT des fèces liée aux animaux est de 10,5 à 13,6 p. 100 entre cycles de végétation et de 11,9 à 12,7 p. 100 intra-cycles.

Tableau 14.2. Émission de fèces par le cheval de selle consommant à l'auge et à volonté une prairie naturelle récoltée en vert (n = 5 animaux) (d'après Martin-Rosset, non publié).

	Ingéré			Ingéré par kg PV (g MS)	Excrété par kg PV			Saison
	Compositions chimique %				(g MS)	(g MAT/ MS)	(g cendres/ MS)	
	MS	MAT/MS	Cendres/ MS					
1er Cycle								
Stade 1	15,0	17,9	10,4	19,0	7,0	1,21	0,11	
Stade 2	16,6	15,1	10,1	19,3	7,5	1,01	0,11	Printemps
Stade 3	18,4	13,6	9,2	18,6	7,8	0,90	0,12	
2e Cycle								
Stade 1	19,8	12,7	11,0	20,3	8,9	1,11	0,16	Été
Stade 2	26,6	11,7	12,8	17,5	8,6	0,94	0,18	
3e Cycle								
Stade 1	23,3	20,5	13,8	16,3	7,4	0,97	0,10	Automne
Stade 2	26,3	15,4	20,8*	19,6	8,6	0,98	0,19*	
Moyenne				18,7	7,8	1,02	0,14	
Écart-type				± 1,3	± 0,9	0,11	0,04	
Coefficient variation (%)				7,0	11,5	10,8	28,6	

*Contamination avec de la terre.

L'excrétion d'azote journalière du cheval de 500 kg est donc en moyenne de 514 ± 52 g MAT/j/al soit une restitution totale pour une saison entière de pâturage (avril-octobre : 210 j) de 108 kg de matières azotées totales (ou 17 kg ou unités d'azote : 108/6,25). L'excrétion journalière d'azote peut être prévue à l'aide d'une équation établie chez le cheval adulte ne consommant que des fourrages verts de prairie naturelle (tableau 14.3). Cette équation est totalement cohérente (même variable) que celle établie par l'Inra chez le cheval consommant à l'auge des fourrages secs. Mais l'équation établie sur des fourrages secs a été privilégiée en raison du plus grand nombre de données obtenues qu'avec des fourrages verts (tableau 14.3). Il faut connaître d'une part la teneur en MAT du fourrage pâturé par lecture dans les tables des aliments si le numéro de cycle et le stade de végétation sont connus, ou par l'analyse fourragère, et d'autre part la quantité de matière sèche ingérée dont une estimation est indiquée pour les principaux états physiologiques dans le tableau 14.4, afin de calculer la quantité de MAT ingérée par kilo de poids vif mesuré ou estimé (voir chapitre 2). Mais l'excrétion fécale diminue de 5 à 15 p. 100 lorsque le cheval est complémenté avec un aliment concentré qui représente de 10 à 30 p. 100 de la quantité de matière sèche totale ingérée soit 1 à 3 kg MS.

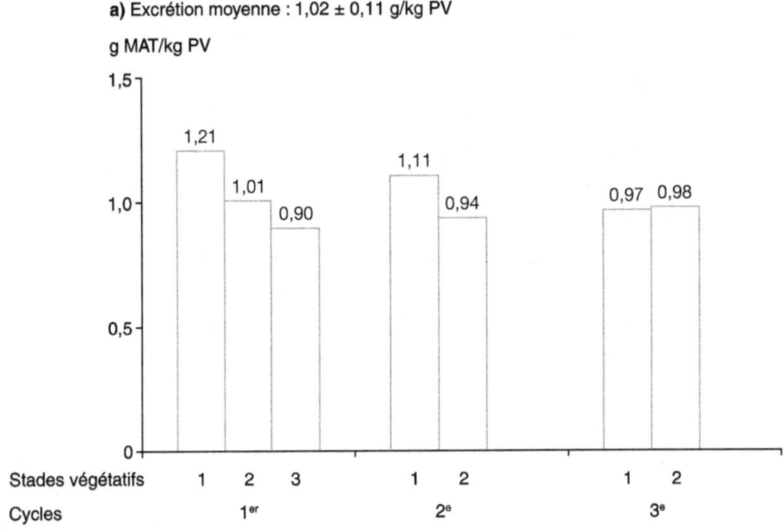

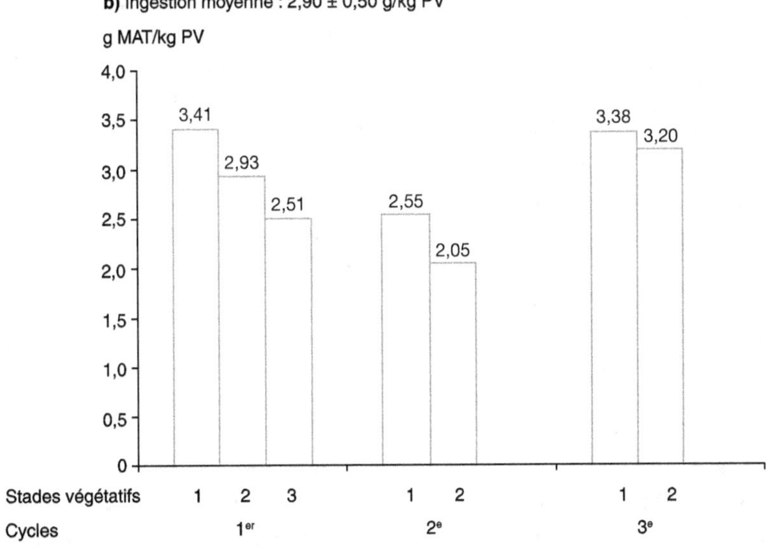

Figure 14.4. Ingestion et excrétion fécale d'azote par le cheval de selle adulte consommant à volonté une prairie naturelle en vert offerte à volonté à l'auge au cours de la saison de pâturage (d'après Martin-Rosset, non publié).

Tableau 14.3. Prévision des rejets fécaux (par kg PV) de matières azotées totales (MATf*) et de minéraux totaux (MITf) avec les quantités journalières ingérées (g/kg PV) de MATi et de MITi chez le cheval consommant des foins de prairie naturelle (d'après Martin-Rosset et Fleurance, non publié).

Équations	R²	ETR	CV (%)
g MATf/kg PV = 0,331 + 0,256 (g MATi/kg PV)	0,866	0,11	11,2
g MITf/kg PV = 0,370 + 0,358 (g MITi/kg PV)	0,548	0,16	16,3

*MAT = N × 6,25 ; f : fécal ; i : ingéré ; ETR : écart type résiduel ; CV : coefficient de variation.

L'azote excrété dans les fèces est constitué de 85 à 95 p. 100 de protéines dont 57 p. 100 sont des protéines microbiennes et 43 p. 100 des protéines endogènes (mucus, enzymes digestifs, etc., voir chapitre 1) et des protéines indigestibles liées aux parois végétales (voir chapitres 1 et 12). Les fèces ne contiendraient que 5 à 8 % d'azote ammoniacal.

Les quantités de fèces journalières varient bien sûr avec le type d'animal qui pâture et son état physiologique. À titre indicatif, le poids de fèces produit par une jument notamment allaitante qui est conduite couramment au pâturage est plus élevé de 35 à 40 p. 100 environ que celui du cheval adulte à l'entretien de même poids vif car les quantités consommées sont très élevées, 90 à 160 g MS/kg $PV^{0,75}$, chez la jument allaitante contre 75-115 g MS/kg $PV^{0,75}$ chez le cheval à l'entretien (voir chapitre 1). Le cheval de trait produit en moyenne 15 p. 100 de fèces de plus que le cheval de selle par kilo de poids vif lorsqu'il consomme le même régime à base de fourrage car le niveau de l'ingestion du cheval de trait exprimé par kilo de poids vif est également plus élevé.

Le poids de fèces du cheval en croissance exprimé par kilo de poids vif est assez voisin de celui du cheval adulte à l'entretien consommant le même fourrage offert à volonté car les quantités ingérées sont comparables : 97 à 108 g MS et 75 à 115 g MS/kg $PV^{0,75}$ respectivement chez le jeune cheval (1 à 3 ans) et l'adulte à l'entretien (voir chapitre 1, tableau 1.5).

La teneur en azote des fourrages verts consommés d'une part, et d'autre part les quantités ingérées, pour exprimer en fonction du poids vif l'azote ingéré, doivent être déterminées pour utiliser ces équations. La teneur en azote du fourrage peut être soit lue dans les tables des aliments (voir chapitre 16), si on a déterminé le cycle et le stade végétatif des fourrages verts pâturés, soit fournie par l'analyse de laboratoire. Les quantités de matière sèche consommées sont données à titre indicatif dans le tableau 14.4.

Excrétion fécale des minéraux

La teneur moyenne en minéraux totaux (ou cendres) des fèces des chevaux alimentés comme précédemment au cours de la même étude est de 175 ± 27 g/kg MS soit 1,40 ± 0,40 g/kg PV mais avec un coefficient de variation très élevé 28,6 p. 100. La teneur en minéraux varie en effet avec le numéro de cycle, mais aussi au cours de chaque cycle de 14 à 92 p. 100, surtout du dernier cycle d'automne lié dans ce dernier cas à une contamination de l'herbe par de la terre (figure 14.5).

Tableau 14.4. Consommation journalière de matière sèche (g/kg PV/j/al) : valeurs indicatives.

	Selle (PV adulte : 500 kg)	Trait (PV adulte : 700 kg)
Adulte	20-21	23-34
Jument		
Gestation	18-20	20-22
Lactation	20-28	23-31
Jeunes (1 à 3 ans)	19-23	21-26

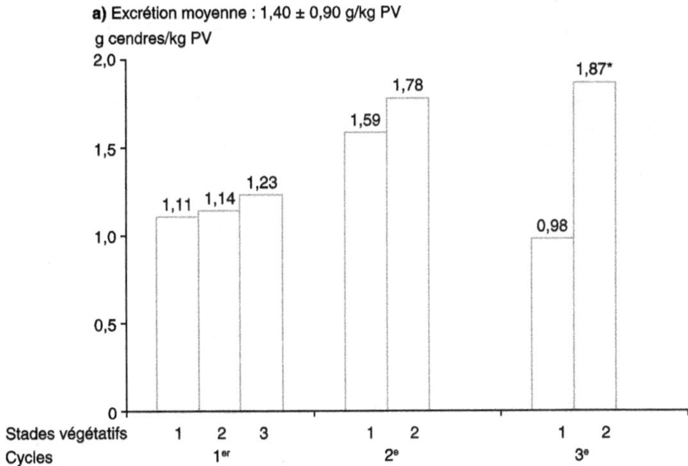

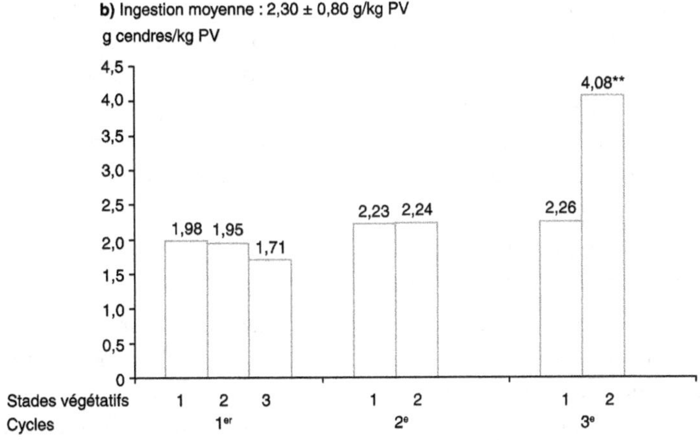

Figure 14.5. Ingestion et excrétion fécale de minéraux totaux (cendres) chez le cheval de selle (d'après Martin-Rosset, non publié).

* Contamination par de la terre ; ** Contamination de l'ingéré par de la terre.

L'excrétion journalière de minéraux du cheval est de 701 ± 177 g/j/al. À l'échelle de la saison de pâturage (210 jours) cela représente 147 kg de restitution totale. L'excrétion journalière de minéraux totaux peut être prévue à l'aide d'une équation avec une précision modérée chez des chevaux adultes ne consommant que des fourrages verts (tableau 14.3). L'effet de la complémentation en aliment concentré n'a pas été évalué mais il est raisonnable de penser à partir d'observations réalisées à l'auge, que celle-ci n'est pas très importante car les aliments concentrés ont une teneur en minéraux totaux qui est en moyenne relativement proche de celles des fourrages.

La quantité journalière de minéraux totaux excrétés dans les fèces varie comme pour l'azote avec le type d'animal et son état physiologique.

Les fèces des chevaux sont riches en calcium et phosphore surtout, et moins bien pourvues en magnésium, sodium et potassium (tableau 14.5).

Tableau 14.5. Teneur en minéraux des fèces et de l'urine du cheval (mg/kg PV) (d'après Hintz et Schryver 1973 et 1976 ; Schryver *et al.*, 1970, 1971 ; Meyer, 1980 ; Van Doorn, 2003).

Minéraux	Ca	P	Mg	Na	K
Fèces	90-100	75-85	15-20	8-30	15-25
Urine	40-50	20-25	5-15	10-30	125-150

Le cheval de 500 kg excrète dans les fèces au cours d'une saison totale de pâturage, environ 10 kg de calcium, 8 kg de phosphore, 2 kg de magnésium et 2 kg de potassium. Ces excrétions moyennes varient en fonction de la teneur en minéraux des fourrages pâturés car celle-ci est très variable (voir chapitres 12 et 16), mais également avec les interactions digestives entre les minéraux eux-mêmes.

L'excrétion fécale du calcium augmente avec la teneur de l'ingéré et également, dans une certaine mesure, avec la teneur en phosphore. L'excrétion du phosphore augmente avec les teneurs en phosphore et du calcium de l'ingéré mais dans ce dernier cas seulement lorsque le rapport Ca/P ne dépasse pas 2,5-3,0. L'excrétion du magnésium est accrue par les teneurs en magnésium, phosphore et calcium de l'ingéré. Enfin, l'excrétion fécale du sodium diminue lorsque l'ingestion en potassium augmente.

Les quantités journalières des différents minéraux excrétés varient avec le type d'animal et l'état physiologique.

Les coefficients de digestibilité des minéraux sont comparables entre état physiologique sauf pour le potassium où il est plus faible pour la jument allaitante et le jeune cheval (voir chapitre 1, tableau 1.14). Il faudrait donc tenir compte de cette particularité pour calculer un bilan de restitution en potassium très précis en majorant de 20 à 30 p. 100 la teneur en potassium des fèces de la jument allaitante ou des jeunes chevaux.

Émission d'urine

Le cheval à l'entretien de 500 kg alimenté avec des régimes à base de fourrage (45 à 95 p. 100) produit quotidiennement de 12 à 25 ml/kg PV d'urine soit de 6 à 13 l d'après différentes mesures expérimentales de bilan effectuées en box à l'Inra. La quantité produite est bien sur liée en grande partie à la quantité d'eau bue, qui est elle-même reliée à la quantité de matière sèche ingérée. C'est la raison pour laquelle les besoins en eau sont exprimés par kg de matière sèche. Mais il a été montré depuis longtemps que des chevaux alimentés avec un même fourrage en vert ou sec consomment respectivement 30 et 2 l d'eau contenue dans le fourrage, mais aussi 18 et 40 l d'eau de boisson. Les quantités totales d'eau consommées sont alors voisines. C'est pourquoi il est possible d'extrapoler les mesures effectuées en box au pâturage.

Excrétion urinaire d'azote

L'excrétion d'azote (N) urinaire a seulement été mesurée chez le cheval adulte consommant à l'auge des fourrages conservés. La teneur en azote de l'urine varie de 0,5 g N à 1,2 g N/kg PV^{0,75} lorsque la quantité ingérée d'azote s'accroît de 0,7 à 1,7 g N/kg PV^{0,75} chez le cheval adulte à l'entretien de 500 kg consommant des régimes à base de fourrages conservés plus ou moins complémentés d'après les mesures de bilan réalisées à l'Inra. La quantité d'azote urinaire excrétée peut être prévue à l'aide d'une des deux équations proposées tableau 14.6.

Tableau 14.6. Prévision des rejets urinaires d'azote (mg Nu/kg PV^{0,75}) à partir des quantités d'azote ingérées (g Ni/ kg PV^{0,75}) consommant des régimes foins + concentrés (d'après Vermorel, Martin-Rosset et Fleurance, non publié).

Équations	R^2	ETR	CV (%)
mg Nu/kg PV^{0,75} = 548,13 g Ni g/kg × PV^{0,75} + 47,17	0,716	93,8	13,7
mg Nu/kg PV^{0,75} = 6,04 g MSI × PV^{0,75} + 94,91 MAT (% MS) − 753,09	0,824	74,4	10,9

MSI : matière sèche ingérée ; u : urine ; i : ingéré ; ETR : écart type résiduel ; CV : coefficient de variation.

Le cheval de 500 kg rejetterait de 53 à 80 g d'azote (N) par jour soit 331 à 500 g de MAT/j. Au cours d'une saison de pâturage de 210 jours, il rejetterait de 70 à 105 kg de matières azotées totales (N × 6,25 × 210) correspondant à 11-17 unités d'azote (70 ou 105/6,25).

Excrétion urinaire de minéraux

L'urine du cheval est chargée en minéraux totaux. Elle est très riche en potassium et bien pourvue en calcium. La teneur en phosphore et en sodium est limitée tandis qu'elle est faible en magnésium (tableau 14.5).

Le cheval de 500 kg à l'entretien excréterait donc au cours d'une saison totale de pâturage environ 5 kg de calcium, 2,5 kg de phosphore, 1,0 kg de magnésium,

1,5 kg de sodium et 14,0 kg de potassium. Ces valeurs constituent bien sûr des ordres de grandeur plausibles mais les teneurs en minéraux des fourrages pâturés varient entre espèces végétales et au cours de la saison (voir chapitres 12 et 16), et il y a aussi des interactions entre les minéraux eux-mêmes.

L'excrétion urinaire de différents minéraux augmente en général avec leur teneur dans l'ingéré. En revanche, l'excrétion du calcium diminue quand la teneur en calcium de l'ingéré augmente. C'est pourquoi il faut respecter un rapport 1,5-2,0 dans la ration (voir chapitre 2). L'excrétion du magnésium augmente avec l'élévation de la teneur en calcium mais diminue avec l'accroissement de la teneur en phosphore. L'excrétion en sodium diminue quand la quantité ingérée de potassium augmente.

L'excrétion urinaire des différents minéraux varie avec leur digestibilité, comme dans le cas de l'excrétion fécale, essentiellement pour le potassium dont la digestibilité est plus faible pour la jument allaitante et le jeune cheval.

Le fumier

Quantité produite

Environ 60 p. 100 du million d'équidés élevés et/ou utilisés en France produisent du fumier. Il s'agit essentiellement des chevaux de course, de sport, de loisirs et des poneys. Les juments et les jeunes chevaux sont élevés en box ou en stabulation pendant l'hiver tandis que les chevaux au travail sont conduits tout au long de l'année presque exclusivement en box à l'exception d'une fraction des chevaux de loisirs et des poneys. Une population croissante des chevaux au travail est concentrée en zone périurbaine : les centres d'entraînement qui regroupent plusieurs centaines de chevaux de course et une proportion très élevée des 7 200 centres équestres. À titre d'exemple, un cheval d'un poids vif moyen de 500 kg produit annuellement environ 20 tonnes de fumier (fèces + urine + pailles = fumier). La quantité de fumier produite par la population équine est donc de l'ordre de plusieurs millions de tonnes. Cette estimation sommaire peut varier aussi avec la nature des litières utilisées : pailles, lin, chanvre, copeaux ou semoulettes de bois.

Trois possibilités majeures s'offrent aujourd'hui pour valoriser le fumier dans un intérêt techno-économique respectueux de l'environnement : la culture des champignons, le compostage, la production d'énergie. Tous ces procédés et leurs débouchés sont décrits en détails dans différentes publications accessibles via internet : *Pour mieux gérer son fumier de cheval* édité par la Fédération interprofessionnelle du cheval de sport, de loisirs et de travail (FIVAL) en 2006 (www.fival.info) ; *Le compost de fumier de cheval en élevage* édité par l'IFCE (www.ifce.fr) et *La méthanisation* ou *La combustion* édité par le pôle de compétitivité équin (www.cheval-fumier.com). Ils sont soumis à une réglementation officielle du ministère de l'Agriculture, de l'Environnement et de la Santé (*via* la DASS) et rapportés dans des publications qu'il est vivement conseillé de consulter.

Caractéristiques physicochimiques majeures du fumier

Le fumier a des caractéristiques qui varient avec la proportion de paille (ou d'autres litières) qu'il contient mais également selon la durée et la qualité du stockage (tableau 14.7). Les teneurs en matière sèche, en azote total et le rapport C/N sont particulièrement différents entre un fumier pailleux et « fait ». Le fumier est riche en matière organique, azote total et bien pourvu en phosphore et en potasse, mais la teneur en azote ammoniacal est faible.

Tableau 14.7. Composition chimique du fumier et du compost (d'après IFCE, 2007 ; FIVAL, 2006).

Composition chimique	Fumier				Compost			
	Pailleux par kg brut	Fait[1] par kg brut	Courant par kg brut	par kg sec	Mini par kg brut	Maxi par kg brut	Moyenne par kg brut	par kg MS
MS	66,4	42,1	54,0	–	38,0	45,0	41,0	–
MO	54,6	18,4	41,0	89,1	11,0	17,0	14,0	23,7
pH	7,6	8,0	–	–	7,7	8,0	7,7	–
N total	8,7	6,2	8,2	17,8	4,1	6,2	5,2	8,8
C/N	37,2	17,7	–	–	14,0	18,0	16,0	16,0
N ammoniacal	–	–	2,1	4,6	–	–	–	–
P_2O_5	3,7	3,1	3,2	7,0	2,9	4,6	3,7	6,3
K_2O	17,0	12,2	9,0	19,6	5,4	10,3	7,9	13,4
MgO	–	–	2,0	4,3	–	–	–	–
CaO	–	–	–	–	7,7	16,4	12,1	20,5

[1] Stocké depuis 2 mois.

Modes de valorisation

Substrat pour les champignonnières

La culture du champignon de Paris a constitué jusqu'en 1996 un débouché majeur qui utilisait 1 260 000 tonnes de fumier. Aujourd'hui cette culture, qui est en forte restructuration, n'en utiliserait plus qu'approximativement 500 000 tonnes (FIVAL, 2006).

Le compostage

Le fumier brut est peu utilisé pour épandage agricole direct car il est pauvre en éléments fertilisants. Sa transformation dans le sol par les micro-organismes mobilise beaucoup d'azote du fumier qui n'est plus disponible pour les cultures pratiquées. Par ailleurs, il peut contaminer les sols, d'une part en graines adventices compte tenu de la digestion chez le cheval, et d'autre part en pathogènes pour les animaux. Le compostage préalable doit donc être préféré.

Le processus du compostage consiste à faire transformer le produit initial, mis en andain, par les microorganismes à une température de 50 °C minimum pendant 10 à 12 semaines après 2 retournements espacés de 4 à 6 semaines (IFCE, 2007). Le procédé a pour objectif majeur d'atteindre un rapport C/N < 30 et une composition favorable au plan agronomique (tableau 14.8).

Tableau 14.8. Valeur agronomique du compost (d'après IFCE, 2007).

	N	P	K	Ca	Mg
Unité agronomique	5,2	3,7	7,9	12,1	1,6

Le coût de la réalisation et l'épandage d'un compost est plus faible que l'achat et l'épandage d'un engrais chimique correspondant en unité agronomique 62 *vs* 89 Euros/ha (IFCE, 2007).

La production d'énergie

Le fumier peut être valorisé en produisant soit une énergie directement utilisable par combustion soit indirectement par méthanisation.

La combustion

Il s'agit de brûler, dans des installations adaptées, la biomasse pour produire de la chaleur. Cela concerne surtout les fumiers pailleux à base de paille ou de copeaux. Le résidu ne contient que des matières minérales qui représentent seulement 10-15 p. 100 du volume initial. L'intérêt économique est discuté (FIVAL, 2006).

La cogénération

C'est un procédé intermédiaire entre la combustion et la méthanisation car la cogénération consiste à brûler le fumier dans un incinérateur couplé à un dispositif de récupération de la chaleur pour produire de l'énergie transportable sous forme de vapeur ou comme électricité. Ce procédé pourrait être intéressant dans les zones à forte concentration de chevaux pour alimenter les unités de cogénération grâce à un service d'enlèvement de proximité (FIVAL, 2006 ; Pôle Compétitivité Équin, 2000). Il permet d'améliorer le bilan environnemental des incinérateurs.

La méthanisation

Le procédé a pour objet de produire une énergie renouvelable, le méthane, et un résidu valorisable. C'est un procédé biologique au cours duquel la biomasse est dégradée par des microorganismes en absence d'oxygène. Cette digestion anaérobique produit un biogaz composé essentiellement de méthane et d'un digesta riche en N, P, et K qui représente 80 à 90 p. 100 du produit initial. Le méthane est utilisé pour produire soit de la chaleur, soit de l'électricité tandis que le digesta est valorisé sous forme d'amendement organique. Le procédé est utilisé surtout pour des fumiers à base de paille car les fumiers à base de copeaux ont un pouvoir méthanogène moindre (FIVAL, 2006 ; Pôle Compétitivité Équin, 2010).

Conclusions

Le cheval produit peu de méthane. C'est donc un animal plutôt favorable à la maîtrise des gaz à effets de serre contrairement aux ruminants. Il restitue annuellement au cours de la saison de pâturage 20 à 40 unités d'azote dont 60 p. 100 environ par voie urinaire. Ces restitutions sont mal réparties sur le territoire pâturé, ce qui justifie de le corriger par une fumure appropriée (voir chapitre 10). Les restitutions minérales sont importantes par voie fécale et par voie urinaire. Elles sont inégalement réparties sur le territoire pâturé tant qualitativement que quantitativement, ce qui nécessite de les corriger comme dans le cas de l'azote (voir chapitre 10). Il est possible de prévoir au pâturage, avec une précision très bonne à modérée, les rejets respectivement azotés totaux et minéraux totaux (*e.g.* par voie fécale et urinaire) du cheval, à l'aide d'indicateurs simples et communs aux deux voies d'élimination pour chacun des deux types de rejets. Les rejets des différents minéraux ne peuvent être prédits actuellement avec une précision satisfaisante, c'est pourquoi aucune équation n'est proposée. Il faut se limiter à des bilans moyens en utilisant la teneur moyenne en minéraux des fèces et/ou de l'urine publiée dans la littérature, résumée dans ce chapitre, et des quantités de fèces et d'urine indiquées également dans ce chapitre.

Lorsque le cheval est conduit en box, les rejets azotés et minéraux se retrouvent dans le fumier. Les volumes croissants de fumier produit par les équins nécessitent de mettre en œuvre des procédés efficaces de leur transformation pour les valoriser. Ces procédés existent. Ils devront être mis en place rapidement, notamment en zone périurbaine où le nombre de chevaux dans les centres équestres et d'entrainement augmente.

Pour en savoir plus

Ademe, 2003. Réalisation d'un référentiel techno-économique des limites de méthanisation de produits organiques agricoles et non agricoles à petite échelle en France. 2, Rue du Square La Fayette BP90046, 49004 Angers cedex 01 <http://www.ademe.fr>.

Afnor, 2006. Norme NFU 44-501 – amendements organiques : dénomination et spécification.

Amiaud B., 1998. Dynamique végétale d'un écosystème prairial soumis à différentes modalités de pâturage, exemple des communaux du Marais Poitevin, thèse de doctorat, Université de Rennes I, 317 p.

Arlt D., Forslund P., Jepsson T., Pärt T., 2008. Habitat-specific population growth of a farmland bird. *PLoS ONE*, 3(8), 1-10.

Beever E.A., Brussard P.F., 2000. Examining ecological consequences of feral horse grazing using exclosures. *Western North American Naturalist*, 60(3), 236-254.

Boschi C., Baur B., 2007. The effect of horse, cattle and sheep grazing on the diversity and abundance of land snails in nutrient-poor calcareous grasslands. *Basic and Applied Ecology*, 8, 55-65.

Carrère P., Orth D., Kuiper R., Poulin N., 1999. Development of shrub and young trees under extensive grazing. *In : Proceedings of the International occasional symposium of the European Grassland Federation*, 27-29 mai 1999, Thessaloniki, Greece, 39-43.

Chenost M., Martin-Rosset W., 1985. Comparaison entre espèces (mouton, cheval, bovin) de la digestibilité et des quantités ingérées des fourrages verts. *Ann. Zootech.*, 54, 291-312.

CITEPA, 2007. *Emissions dans l'air : données nationales sur le méthane*, <http://www.citepa. org/emissions/nationale/Ges/ges_ch4.htm> (consulté le 28 novembre 2011).

Dumont B., Farruggia A., Garel J.-P., Bachelard P., Boitier E., Frain M., 2009. How does grazing intensity influence the diversity of plants and insects in a species-rich upland grassland on basalt soils?, *Grass and Forage Science*, 64, 92-105.

Duncan P., 1992. *Horses and Grasses : The Nutritional Ecology of Equids and Their Impact on the Camargue*. Springer-Verlag, New-York, 279 p.

Duncan P., D'Herbes J.M., 1982. The use of domestic herbivores in the management of wetlands for waterbirds in the Camargue, France. *In: Managing wetlands and their birds*, International Waterfowl Research Bureau, Slimbridge, UK.

Durant D., Loucougaray G., Fritz H., Briand M., Duncan P., 2002. Principles underlying the use of wet grasslands for wintering herbivorous ducks and geese, and their management implications. *In : Multi-function grasslands* (Durand J.L., Emile J.-C., Huyghe C., Lemaire G., eds), Grassland Science in Europe,7, 916-917.

Durant D., Fritz H., Duncan P., 2004. Feeding patch selection by herbivorous Anadidae: the influence of body size, and of plant quantity and quality. *J. Avian Biol.*, 35, 144-152.

ECUS, 2010. *Tableau économique, statistique et graphique du cheval en France : données 2009-2010*. REFErences – Réseau Economique de la Filière Equine, 63 pp.

Edwards P.J., Hollis S., 1982. The distribution of excreta on New Forest grassland used by cattle, ponies and deer. *J. Applied Ecol.*, 19, 953-964.

Energies et développement, 2005. *L'énergie biomasse*, <http://www.enerdev.org> (consulté le 28 novembre 2011).

Fahnestock J.T., Detling J.K., 1999. The influence of herbivory on plant cover and species composition in the Pryor Mountain Wild Horse Range, USA. *Plant Ecology*, 144, 145-157.

FIVAL, 2006. *Pour mieux gérer son fumier de cheval*, 104, Rue Réaumur, 75002 Paris, p. 40, <http://www.fival.info>.

Fleurance G., Dumont B., Farruggia A., 2010. How does stocking rate influence biodiversity in a hill-range pasture continuously grazed by horses? I*n : 23rd General Meeting of the European Grassland Federation*, Kiel, 29 August – 2 September 2010, 1043-1045.

Grime J.P., 1973. Control of species density in herbaceous vegetation. *J. Environ. Manage.*, 1, 151-167.

Hill S.D., 1985. Influences of large herbivores on small rodents in the New Forest, Hampshire, PhD Thesis, University of Southampton.

Hintz H.F., Schryver H.F., 1973. Magnesium, calcium and phosphorus metabolism in ponies fed varying levels of magnesium. *J. Anim. Sci.*, 37, 927-930.

Hintz H.F., Schryver H.F., 1976. Potassium metabolism in ponies, *J. Anim. Sci.*, 42, 637-643.

Hoste-Danylow A., Romanowski J., Zmihorski M., 2010. Effects of management on invertebrates and birds in extensively used grassland of Poland. *Agriculture, Ecosystems and Environment*, 139, 129-133.

IFCE, 2007. *Le compostage du fumier de cheval en élevage.* Guide Pratique, p. 11, <http://www.ifce.fr> (consulté le 28 septembre 2011).

Lamoot I., Meert C., Hoffmann M., 2005. Habitat use of ponies and cattle foraging together in a coastal dune area. *Biological Conservation*, 122, 523-536.

Lecomte T., 2005. Les entomocénoses liées aux grands herbivores dans une perspective de preservation de la biodiversité. Premières Rencontres Entomologiques Grand Est – Les Insectes : de l'inventaire à la gestion.

Lecomte T., 2008. La gestion conservatoire des écosystèmes herbacés par le pâturage extensif : une contribution importante au maintien de la diversité fongique fimicole. *Bulletin mycologique et botanique Dauphiné-Savoie*, 191, 11-22.

Lecomte T., Le Neveu C., 1992. Dix ans de gestion d'un marais par le pâturage extensif : comparaison des phytocénoses induites par des chevaux et des bovins (Marais Vernier, Eure, France). *In : 18ᵉ Journée d'Etude du CEREOPA*, Paris, 29-36.

Lecomte T., Le Neveu C., 1993. Insectes floricoles et déprise agricole : application à la gestion des Réserves Naturelles du Marais Vernier (Eure – France). *In : Actes du Séminaire du Mans « Inventaire et cartographie des invertébrés comme contribution à la gestion des milieux naturels français »*, Secrétariat de la faune et de la flore, Muséum nationale d'Histoire Naturelle Paris 1993, pp. 118-123.

Levin P.S., Ellis J., Petrik R., Hay M.E., 2002. Indirect effect of feral horses on estuarine communities. *Conservation Biology*, 16(5), 1364-1371.

Loiseau P., Martin-Rosset W., 1988. Evolution à long terme d'une lande de montagne pâturée par des bovins et des chevaux. I. Conditions expérimentales et évolution botanique. *Agronomie*, 8(10), 873-880.

Loucougaray G., Bonis A., Bouzillé J.-B., 2004. Effects of grazing by horses and/or cattle on the diversity of coastal grasslands in western France. *Biological Conservation*, 116, 59-71.

Magnusson B., Magnusson S.H., 1990. Studies in the grazing of a drained lowland fen in Iceland. I. The responses of the vegetation to livestock grazing. *Buvisindi Iceland Agricultural Science*, 4, 87-108.

Marion B., Bonis A., Bouzille J.-B., 2010. How much does grazing-induced heterogeneity impact plant diversity in wet grasslands? *Ecoscience*, 17(3), 1-11.

Martin-Rosset W., Loiseau P., Molenat G., 1981. Utilisation des pâturages pauvres par le cheval. *Bull. Tech. Inf.*, 362-363, 587-608.

Martin-Rosset W., Andrieu J., Vermorel M., Dulphy J.P., 1984. Valeur nutritive des aliments pour le cheval. *In : Le cheval* (Jarrige R., Martin-Rosset W., eds), Inra Éditions, France, 209-238.

Martin-Rosset W., Dulphy J.P., 1987. Digestibility interactions between forages and concentrates in horses: Influence of feeding level – Comparison with sheep. *Livest. Prod. Sci.*, 17, 263-276.

Martin-Rosset W., Doreau M., Boulot S., Miraglia N., 1990. Influence of level of feeding and physiological state on diet digestibility in hight and heavy breed horses. *Livest. Prod. Sci.*, 25, 257-264.

Martin-Rosset W., Trillaud-Geyl C., 2011. Pâturage associé des chevaux et des bovins sur des prairies permanentes : premiers résultats expérimentaux, *Fourrages*, 207, 211-214.

Mesleard F., Lepart J., Grillas P., Mauchamp A., 1999. Effects of seasonal flooding and grazing on the vegetation of former ricefields in the Rhône delta (Southern France). *Plant Ecology*, 145, 101-114.

Meyer H., 1980. Na-stoffweschel un Na-Bedarf des Pferdes. *Ubers Tierernährg.*, 8, 37-64.

Meyer H., 1990. Contribution to water and mineral metabolism of the horse. Advance in animal physiology and animal nutrition – Suppl. *J. Anim. Physiol. Anim. Nutr.*, 21, 1-102.

Nicaise L., 1996. L'herbivore, facteur d'augmentation de la diversité biologique des milieu artificiels : l'exemple des digues aménagées par la Compagnie Nationale du Rhône, thèse, Université de Rouen.

Pflimlin A., Le Gall A., Farruggia A., Hacala S., 2003. *Le compost : mieux qu'un engrais de ferme*, Institut de l'élevage, 12 p.

Öckinger E., Eriksson A.K., Smith H.G., 2006. Effects of grassland abandonment, restoration and management on butterflies and vascular plants. *Biological Conservation*, 133: 291-300.

Oosterveld P., 1983. Eight years of monitoring of rabbits and vegetation development on abandoned arable fields grazed by ponies. *Acta Zoologica Fennica*, 174, 71-74.

Pôle Compétitivité Équin, 2010. T*rouver la solution pour la gestion de votre fumier de cheval*, <http ://cheval-fumier.com> ou <http ://www.pole-filiere-equine.com> (consulté le 28 septembre 2011).

Putman R.J., Edwards P.J., Mann J.C., How R.C., Hill S.D., 1989. Vegetational and faunal changes in an area of heavily grazed woodland following relief of grazing. *Biological Conservation*, 47, 13-32.

Schryver H.F., Craig P.H., Hintz H.F., 1970. Calcium metabolism in ponies fed varying levels of calcium. *J. Nutr.*, 100, 955-964.

Schryver H.F., Hintz H.F., Craig P.H., 1971a. Calcium metabolism in ponies fed high phosphorus diet. *J. Nutr.*, 101, 259-264.

Schryver H.F., Hintz H.F., Craig P.H., 1971b. Phosphorus metabolism in ponies fed varying levels of phosphorus. *J. Nutr.*, 101, 1257-1263.

Schryver H.F, Hintz H.F, Craig P.H., Hogue D.E., Lowe, J.E., 1972. Site of phosphorus absorption from the interstine of the horse. *J. Nutr.*, 102, 143-147.

Stewart G.B., Pullin A.S., 2008. The relative importance of grazing stock type and grazing intensity for conservation of mesotrophic 'old meadow' pasture. *Journal for Nature Conservation*, 16, 175-185.

Tatin L., Dutoit T., Feh C., 2000. Impact du pâturage par les chevaux de Przewalskii (Equus przewalskii) sur les populations d'orthoptères du Causse Méjean (Lozère, France). *Revue d'Écologie (Terre & Vie)*, 55, 241-261.

Ten Harkel M.J., Van der Meulen F., 1995. Impact of grazing and atmospheric nitrogen deposition on the vegetation of dry coastal dune grasslands. *Journal of Vegetation Science*, 6, 445-452.

Van Doorn D., 2003. Equine phosphorus absorption and excretion, Ph.D dissertation, University of Utrecht, The Netherlands, pp. 125.

Vermorel M., Martin-Rosset W., 1997. Concepts, scientific bases, structure and validation of the French horse net energy system (UFC). *Livest. Prod. Sci.*, 47, 261-275.

Vermorel M., Martin-Rosset W., Vernet J., 1997. Energy utilization of twelve forages or mixed diets for maintenance by sport horses. *Livest. Prod. Sci.*, 47, 157-167.

Vermorel M., Jouany J.P., Eugène M., Sauvant D., Noblet J., Dourmad J.-Y., 2008. Evaluation quantitative des émissions de méthane entérique par les animaux d'élevage en 2007 en France. *Inra Prod. Anim.*, 21, 403-418.

Vulink J.T., 2001. Hungry herds: Management of temperate lowland wetlands by grazing, PhD University of Groningen, The Netherlands.

Vulink J.T., Drost H.J., Jans L., 2000. The influence of different grazing regimes on Phragmites-shrub vegetation in the well-drained zone of a eutrophic wetland. *Applied Vegetation Science*, 2, 73-80.

Zalba S.M., Cozzani N.C., 2004. The impact of feral horses on grassland bird communities in Argentina. *Animal Conservation*, 7, 35-44.

15

Le comportement et sa gestion au cours de la période d'élevage et à l'écurie

Martine Hausberger, Léa Lansade, Séverine Henry

La prise en compte de la gestion raisonnée du comportement au cours de la période d'élevage des animaux de rente, pour améliorer leurs performances zootechniques en favorisant leur bien-être, est maintenant bien reconnue grâce aux progrès des sciences du comportement réalisés au cours des trois dernières décennies.

Le cheval n'échappe pas à cette évolution de la zootechnie. Il est même particulièrement concerné puisqu'il doit non seulement être bien élevé au cours des quatre premières années de sa vie (voir chapitres 3, 5 et 8) mais également être bien conduit pendant sa vie adulte (voir chapitres 2 et 6).

Les objectifs de ce chapitre sont de montrer :
– la mise en place du comportement du cheval dès le plus jeune âge jusqu'à l'âge adulte dans son environnement incluant les pratiques d'élevage ;
– la nécessité de préserver sinon d'améliorer les conditions de vie à l'écurie du cheval adulte.

La description et l'explication des comportements observés sont accompagnées de recommandations pratiques pour optimiser la gestion du comportement au cours des périodes d'élevage et d'utilisation du cheval.

L'environnement naturel du cheval

Dans les conditions naturelles de vie, telles qu'on peut les observer chez les chevaux féraux (populations domestiques relâchées) ou les chevaux de Przewalski, le cheval présente des caractéristiques comportementales communes entre populations. Le cheval tend à vivre dans des domaines vitaux (où toutes les activités du groupe ont lieu) dont la taille dépend des ressources disponibles (jusqu'à 200 km²) et qui disposent des ressources alimentaires nécessaires ainsi que de zones d'abris, des sources d'eau. Le cheval « modèle » progressivement ce domaine en créant des pistes liées aux déplacements routiniers à la queue leu leu, des zones d'élimination et des zones de roulades. L'activité prédominante est l'alimentation qui peut occuper 14 à 18 h de la vie quotidienne du cheval (voir chapitre 1, paragraphe « Ingestion d'aliments » p. 29). L'alimentation est caractérisée par sa mobilité (le cheval mange en marchant) et surtout sa grande diversité : graminées, mais aussi pousses d'arbustes, plantes aquatiques, baies font partie de son régime alimentaire (voir chapitre 10). On peut même dire qu'il y a une recherche active de la diversité, démontrée expérimentalement, très certainement afin de répondre aux divers besoins physiologiques. Par ailleurs, le cheval vit en groupes sociaux de type harem (1 à 2 étalons et 2 ou 3 juments adultes et leurs descendants récents), des groupes de mâles célibataires (3 à 10) ou de jeunes de 2-3 ans, même si des cas d'étalons solitaires sont également observés.

Globalement donc, activité alimentaire, repos et déplacements lents prédominent, et ce dans une vie sociale bien organisée basée sur des affinités entre individus et une connaissance du statut de chacun. Seuls les cas de danger ou la période de reproduction voient apparaitre de la locomotion rapide, de la vigilance, des parades, etc.

Le développement comportemental

La naissance du poulain a lieu loin du groupe social et il vivra ses premières 24 et 48 h dans un lien exclusif avec sa mère. La première tétée a lieu rapidement après la naissance, généralement dans les deux heures bien que de grandes variations interindividuelles existent (0,5 h à 7 h pour un poulain bien portant). Le transfert passif d'immunité au poulain *via* le premier lait maternel ou colostrum, est possible lors des 12 premières heures de vie. Pendant les premières semaines de vie, le jeune passe la majorité du temps près de sa mère (90 % du temps à moins de 5 m) et tète très fréquemment, près de 60 fois par jour. Progressivement avec l'âge, le poulain s'éloigne de sa mère, le nombre de tétées par jour diminue (moins de 10 avant le sevrage), tandis que le temps de pâturage augmente pour atteindre 40 % du budget-temps à 6 mois (voir chapitre 5, paragraphe « Allaitement » p. 208). Il est à noter que des poulains orphelins ne développent pas des schémas de comportements alimentaires normaux, excepté s'ils sont placés avec un adulte. Le sevrage se prépare sur plusieurs mois avec progressivement une prise de distance réciproque du jeune et de la jument, une diminution de la fréquence des tétées, un passage à une alimentation mixte et le développement d'un réseau social plus large. Il est réalisé sous l'initiative maternelle vers l'âge de neuf mois, soit peu de temps avant la naissance du poulain suivant. Les juments qui n'attendent pas de poulain peuvent continuer à allaiter beaucoup plus longtemps. Il s'agit uniquement d'un sevrage alimentaire et une relation privilégiée avec la mère peut être maintenue jusqu'à l'âge de deux ans.

Le jeune cheval évolue dans un contexte social diversifié où il interagit d'abord avec sa mère puis progressivement avec tous les membres du groupe : autres jeunes de même âge ou plus âgés, autres juments non apparentées ou apparentées, étalon. Ce réseau social riche est essentiel au développement comportemental et en particulier au développement des compétences sociales.

Le rôle des influences sociales et de l'expérience individuelle sur le développement du comportement alimentaire

Dans le milieu naturel, le jeune cheval doit apprendre à consommer les aliments adéquats, donc à discriminer, catégoriser (ex. comestible/toxique), à les localiser, donc associer un lieu ou un indice visuel avec une ressource, et ce dans un habitat complexe et vaste.

On sait encore assez peu de choses sur la mise en place de la sélectivité alimentaire. Parmi les mécanismes invoqués, une transmission par le lait maternel ne peut pas être exclue (voir autres espèces) et il a été proposé que la coprophagie (ingestion des crottins en particulier maternels) permette une transmission de préférences alimentaires ainsi que l'inoculation d'une flore de bactéries et de protozoaires adaptée à la digestion de fibres. Enfin, le poulain broute la plupart du temps pendant que sa mère elle-même s'alimente, ce qui pourrait favoriser une sélection adéquate des items alimentaires (catégorie de plante, partie de la plante, état de développement de la plante, etc.) par observation du modèle maternel, premier modèle dont le comportement influence grandement et pour longtemps la relation du poulain avec son environnement. On ne sait rien des possibles autres influences sociales sur le développement des préférences alimentaires. Globalement, toutes les expériences visant à démontrer un apprentissage par observation (le cheval observe un individu entrainé à réaliser une tâche : par exemple, ouvrir une boîte contenant de la nourriture) ont connu un échec mais il semble que l'attention de l'observateur soit attirée vers le lieu où se trouve le dispositif. Ce phénomène d'accentuation locale prend sans doute tout son sens en conditions naturelles où la connaissance des lieux dans lesquels trouver la ressource pourrait ainsi être facilitée par l'expérience des autres individus.

L'expérience individuelle reste néanmoins importante et diverses expérimentations ont démontré que le cheval est capable de discriminer des *stimuli* visuels (par ex. des figures géométriques) renforcés par de la nourriture, de catégoriser des formes, tailles ou natures de *stimuli* et ce avec une mémoire à très long terme (6 à 10 ans au moins). L'apprentissage se fait mieux si chaque stimulus est associé à un renforcement alimentaire différent (par ex. carottes/pommes), révélant ainsi que le cheval associe un stimulus donné à une ressource, un processus sans doute majeur dans l'acquisition des compétences sur le terrain.

Enfin, une étude récente a montré que si un poulain est confronté à des informations visuelles et spatiales congruentes ou non sur la localisation d'un aliment, il donne la préférence à l'information spatiale. Le cheval pourrait donc bien d'abord apprendre à localiser les ressources dans l'espace puis apprendre plus finement à discriminer les aliments. À ce stade, il associe caractéristiques de l'aliment et conséquences post-ingestives et il peut développer des aversions alimentaires conditionnées, comme cela a été démontré expérimentalement, un mécanisme permettant d'apprendre à éviter les plantes toxiques. Cependant cela pourrait ne fonctionner que pour les substances agissant rapidement : ainsi, une injection d'apomorphine, connue pour induire une aversion alimentaire, n'a un tel effet que si elle est réalisée juste après l'absorption de l'aliment.

Le cheval utilise très certainement tous ces mécanismes pour sélectionner les plantes appropriées et assurer la diversité alimentaire observée sur le terrain et activement recherchée par le cheval en milieu domestique.

L'impact des pratiques d'élevage sur le développement comportemental

Les conditions de développement du jeune en milieu domestique diffèrent considérablement du milieu naturel : interventions autour de la naissance, sevrage précoce à la fois alimentaire et social, maintien des jeunes en groupes de même âge même sexe, etc. Or toute intervention a un impact, vécu subjectivement par l'animal de façon plus ou moins positive. Ainsi, la pratique développée dans certains élevages qui consiste à amener manuellement le poulain à la mamelle, a des répercussions sur le développement comportemental du poulain : attachement excessif à la mère, peu de jeux et d'interactions avec les autres jeunes. Par ailleurs, cette intervention humaine n'accélère généralement pas la prise alimentaire : le poulain a en effet du mal à « s'accrocher » à la mamelle s'il intervient trop tôt et la jument ne l'autorise pas forcément à téter. Des résultats similaires ont été obtenus avec des individus ayant reçu le biberon. D'autres pratiques plus intensives à la naissance, comme l'« imprégnation du poulain nouveau-né » promue à une certaine époque, ont des effets tout aussi négatifs et durables. Dans cette méthode, il est préconisé de manipuler le poulain nouveau-né sur l'ensemble du corps et de l'exposer à différents *stimuli* (licol, tondeuse, etc.) auxquels il sera confronté ultérieurement. De fait, non seulement cette manipulation n'a pas l'effet escompté (pas de meilleur contact à l'homme ou aux objets) mais on constate à court terme un retard développemental (délai de 1re tétée, etc.), des comportements aberrants (tétées sur divers substrats), à moyen et long terme un attachement excessif à la mère associé à un retard de la prise d'aliments solides et un retrait social par rapport aux autres jeunes. En conséquence, ils mettront aussi plus de temps à surmonter le stress du sevrage.

Le sevrage est une autre étape clé, qui en situation domestique n'est pas juste une étape de transition alimentaire, mais également une phase de séparation sociale. Le sevrage pratiqué dans les élevages est le plus souvent une séparation brutale de la mère et du jeune qui intervient généralement entre l'âge de 4 et 6 mois (voir chapitre 5, paragraphe « Le sevrage » p. 211). Outre les manifestations comportementales bien connues des premiers jours (vocalisations, locomotion accrue, agressivité, etc.), et les risques associés (blessures, chutes, etc.), on note un retard de croissance et une perte de poids. À court terme, des tétées redirigées (par rapport à des congénères par exemple), de la consommation de bois, des morsures des congénères sont fréquents. Dans une étude sur 225 poulains, les auteurs ont estimé que 10 p. 100 des poulains avaient développé un tic à l'appui un mois après le sevrage, 30 de la lignophagie à 3 mois, 5 p. 100 des stéréotypies locomotrices à 10 mois. Deux aspects sont en jeu ici liés à la pratique humaine : la transition alimentaire et la transition sociale.

Sur le plan social, on observe un gradient d'impact selon la pratique choisie, la plus négative étant des séparations répétées de la mère avant sevrage (pour « habituer » le poulain) qui semblent le sensibiliser grandement au stress de séparation, suivie de la séparation brutale le plus souvent pratiquée. Des alternatives comme un retrait progressif des juments du groupe, ou mieux encore l'introduction d'adultes expérimentés, permettent de réduire le stress de la séparation, l'expression de tétées non nutritives et l'émergence de comportements anormaux. *A minima*, sevrer en groupes de jeunes au pré permet le retour plus rapide à un budget normal d'activité par rapport à un isolement social en box. La pratique la moins adéquate est clairement le confinement individuel du poulain au box associé à une prédominance d'alimentation concentrée.

En parallèle, une attention particulière doit être donnée à l'alimentation, le passage rapide aux granulés industriels pouvant induire le développement de stéréotypies et de troubles gastriques. Il est donc important de fournir aux jeunes une alimentation mixte et un accès aux fourrages avant le sevrage pour faciliter le passage à une alimentation uniquement solide et limiter la perte de poids post-sevrage (voir chapitre 5). Les poulains nourris avant et après le sevrage par un régime riche en matière grasse et en fibres sont également moins stressés immédiatement après le sevrage que ceux ayant un régime à base de glucides et d'amidon, et sont moins réactifs dans d'autres situations. Enfin, le maintien des jeunes à l'herbe après le sevrage plutôt qu'en box ou en stabulation, contribue à limiter l'émergence de comportements stéréotypés et permet le retour rapide à un budget-temps normal pour l'espèce.

La présence d'adultes est également bénéfique à des stades ultérieurs, leur introduction dans des groupes de jeunes de 1 et 2 ans permettant une meilleure cohésion sociale et moins de comportements d'excitation, source possible d'accidents.

Enfin, la forte motivation alimentaire des chevaux permet de faciliter différents aspects de la relation homme/jeune cheval. La simple exposition répétée du jeune à des personnes, avec l'apport de foin, a permis de faciliter le contact chez de jeunes chevaux de deux ans. L'utilisation de renforcement alimentaire dans toutes les tâches d'éducation ou de soins constitue également un bon moyen pour obtenir à la fois des progrès rapides et une bonne relation mais aussi pour gommer les effets des manipulations de routine invasives.

Le cheval adulte à l'écurie

Le cheval domestique est le plus souvent hébergé dans de petits boxes, avec des sorties quotidiennes réduites et son alimentation se compose essentiellement d'un aliment concentré et de fourrages secs distribués en un nombre limité de repas. Ces conditions entraînent de nombreux comportements anormaux comme les stéréotypies (tic à l'air, tic à l'ours, tic ambulatoire, etc.) qui touchent entre 5,2 p. 100 et 32,5 p. 100 de la population. D'autres comportements anormaux, qualifiés de comportements aberrants (grattage du sol ou léchage de mur et de barreaux) et qui peuvent évoluer en stéréotypies, ont été mis en évidence chez des jeunes chevaux hébergés au box par comparaison avec d'autres jeunes chevaux hébergés dans un paddock en herbe. Non seulement ces comportements anormaux peuvent être considérés comme des indicateurs de mal-être mais ils peuvent avoir des conséquences non négligeables pour le propriétaire au niveau de la diminution potentielle des performances de l'animal, voire de son prix de vente. Une fois installées, ces stéréotypies sont très difficiles à faire disparaitre, voire irréversibles. Il est fortement déconseillé de tenter de les atténuer par des moyens coercitifs, comme les colliers anti-tiques ou les grilles de porte. Cela ne ferait que rajouter du stress et amplifier l'état de mal-être. Le seul moyen de les éviter est donc la prévention.

Pour des raisons pratiques, tous les propriétaires de chevaux ne peuvent se résoudre à laisser leurs chevaux en permanence au pré avec des congénères, ce qui serait l'idéal. Pour prévenir l'apparition des stéréotypies et augmenter le bien-être des chevaux en box, différents types d'enrichissements environnementaux peuvent être mis en place. Ils portent sur l'alimentation, l'environnement social, la structure des bâtiments ou l'apport de divers *stimuli* sensoriels.

Les enrichissements alimentaires permettent d'augmenter le temps que les chevaux passent à s'alimenter tout en stimulant le sens du goût. Pour cela, il est possible de varier le goût et la formulation de la ration ou d'utiliser des dispositifs distribuant les aliments progressivement et à différents endroits du box. On peut simplement disposer plusieurs filets à foin au lieu d'un, ou cacher les aliments dans la paille plutôt que de les mettre dans une mangeoire. Ainsi les chevaux peuvent exprimer le comportement de fourragement qu'ils ont à l'état naturel où ils se déplacent d'un aliment à l'autre.

Les enrichissements sociaux permettent au cheval d'être en contact avec ses congénères. Plusieurs études ont montré que le fait de maintenir les animaux en groupe, que ce soit au sevrage ou à l'entraînement, permet de limiter les comportements agressifs envers l'homme et l'apparition de comportements anormaux. Même si par commodité et par tradition, beaucoup de propriétaires apprécient que leur cheval vive en box individuel afin d'être rapidement disponible, il n'est pas nécessaire de les maintenir ainsi en permanence. Il est largement préférable de les rentrer à l'écurie uniquement lorsqu'ils sont utilisés, la journée par exemple, et de les relâcher le reste du temps en pâture avec leurs congénères.

Concernant l'aménagement des boxes, une grande taille facilite les moments de repos. La litière est également à prendre en compte. La paille favorise les comportements de repos en position latérale par rapport aux copeaux. De plus, elle permet au cheval de passer du temps à la manger et diminue les comportements stéréotypiques. Enfin, il est recommandé d'ajouter diverses stimulations sensorielles dans l'environnement. Il est possible de suspendre ou de poser au sol différents types d'objets dans le box, comme des ballons ou des rondins de bois. Ces objets favorisent les comportements d'exploration que les chevaux expriment à l'état naturel. Il est important de changer très régulièrement ces objets afin qu'ils gardent leur intérêt, sinon ils ne sont plus d'aucune utilité. Des brosses en chiendent peuvent également être fixées au mur afin de permettre aux chevaux de se gratter, comportement impossible à réaliser lorsque tous les murs du box sont lisses. L'ajout d'odeurs, grâce au dépôt de quelques gouttes d'huiles essentielles sur les objets précédents, permet de stimuler le sens olfactif. Certaines odeurs comme la rose et la camomille auraient même un effet apaisant. Enfin, il a été montré que la musique permet de diminuer le stress.

L'ensemble de ces enrichissements permettent aux chevaux d'exprimer un maximum des comportements qu'ils auraient à l'état naturel, et de réduire le temps passé à être inoccupé. Outre un effet sur le bien-être, ils permettent également de limiter les comportements dangereux envers l'homme et de réduire l'émotivité des chevaux. En raison des ces bénéfices multiples, il est donc fortement recommandé de les mettre en place dans les écuries.

En conclusion

Les conditions offertes aux chevaux domestiques à tous leurs stades de développement sont bien éloignées des conditions naturelles, ce qui ne serait pas une problématique majeure si on ne constatait pas des « déviances » associées, allant d'altérations visibles du comportement (stéréotypies : jusqu'à 60 à 80 p. 100 des chevaux observés sur certains sites), d'agressivité entre congénères ou envers l'homme, voire de problèmes physiologiques (exemple : ulcères). Outre l'aspect restriction spatiale mentionné ci-dessus, lié au confinement au box, trois grandes catégories de problèmes peuvent être identifiées : les restrictions sociales et divers stress sociaux, dont particulièrement celui du sevrage, les actions humaines (à la naissance, au travail, dans les soins de routine), mais aussi et de façon très centrale les aspects alimentaires. Au-delà d'une association de plus en plus claire entre manque de fourrages et excès d'aliments concentrés trop riche en énergie avec l'émergence de stéréotypies, et ce dès le plus jeune âge, la répartition temporelle de la distribution, la disponibilité et la variété des fourrages offerts ont toutes une importance. Une étude récente illustre l'impact majeur pour le cheval de la réalisation du comportement alimentaire. Ainsi, une étude réalisée sur des poulinières en paddock sans herbe a montré que ces juments avaient une activité locomotrice intense, peu de relations sociales, restreintes à des comportements agonistiques, et ce en parallèle avec de faibles performances de reproduction. Le simple apport durant ce temps au paddock (6 h) de filets à foin a eu un impact majeur : baisse des comportements agressifs et augmentation de la cohésion sociale, diminution de la locomotion (donc de la perte d'énergie), apparition de comportements de « confort », augmentation de l'état corporel et même des performances de reproduction.

Les pratiques alimentaires sont donc cruciales, avec un impact souvent sous-estimé. Faut-il parler d'enrichissement pour ce qui devrait être la base même des pratiques : fourrage en permanence et prédominant, diversité des fourrages ? Une vision simple et raisonnée des besoins fondamentaux des chevaux devrait suffire à leur garantir un état de vie décent.

Pour en savoir plus

Benhajali H., Richard-Yris M.A., Leroux M., Ezzaouia M., Charfi F., Hausberger M., 2008. A note on the time budget and social behaviour of densely housed horses. *Appl. Anim. Behav. Sci.,* 112, 196-200.

Benhajali H., Richard-Yris M.A., Ezzaouia M., Charfi F., Hausberger M., 2009. Foraging opportunity: a crucial criterion for horse welfare. *Animal,* 3, 1308-1312.

Benhajali H., Richard-Yris M.A., Ezzaouia M., Charfi. F., Gautier E., Hausberger M., 2010. Stéréotypes chez les chevaux domestiques : des corrélats inattendus avec la reproduction, les capacités cognitives et les conditions de travail. *In : 36ᵉ Journée de la recherche équine,* IFCE, Paris, 4 Mars 2010, 113-139.

Benhajali H., Richard-Yris M.A., Ezzaouia M., Charfi F., Hausberger M., 2010. Reproductive status and stereotypies in breeding mares: a brief report. *Appl. Anim. Behav. Sci.,* 128, 64-68.

Bourjade M., Moulinot M., Henry S., Richard-Yris M.A., Hausberger M., 2006. Enrichissement social des groupes de jeunes chevaux domestiques par la présence d'individus adultes non apparentés : effets sur le comportement. *In : 32ᵉ Journée de la recherche équine,* IFCE, Paris, 4 Mars 2010, 61-69.

Bourjade M., Moulinot M., Henry S., Richard-Yris M.A., Hausberger M., 2008. Could adults be used to improve social skills of young horses. *Dev. Psychobiol.,* 50, 408-417.

Bourjade M., de Boyer des Roches A., Hausberger M., 2009. Adult-young ratio, a major factor in regulating social behaviour of young. A horse study. *PloS ONE,* 4, e4888.

Crowell-Davis S., Weeks J., 2005. Maternal behaviour and mare-foal interaction. *In : The Domestic Horse* (Mills D.S., Mc Donnell S.M., eds), Cambridge University Press, 126-138.

Duncan P., Harvey P.H., Wells S.M., 1984. On lactation and associated behaviour in a natural herd of horses. *Anim. Behav.,* 32, 255-263.

Fureix C., Coste C., Jego P., Hausberger M., 2010. Indicateurs de bien-être/mal-être chez le cheval : une synthèse. *In : 36ᵉ Journée de la recherche équine,* IFCE, Paris, 4 Mars 2010, 111-122.

Glendinning S.A., 1974. A system of rearing foals on an automatic calf-feeding machine. *Equine Vet. J.,* 6, 12-16.

Goodwin D., Davidson H.P.B., Harris P., 2005. Sensory varieties in concentrate diets for stabled horses : effects on behaviour and selection. *Applied Anim. Behav. Sci.,* 90, 337-349.

Goodwin D., Davidson H.P.B., Harris P., 2007. A note on behaviour of stabled horses with foraging devices in mangers and buckets. *Applied Anim. Behav. Sci.,* 105, 238-243.

Hausberger M., Richard-Yris M.A., 2005. Individual differences in the domestic horse, origins, development and stability. *In : The Domestic Horse* (Mills D.S., Mc Donnell S.M., eds), Cambridge University Press, 33-52.

Hausberger M., Henry S., Richard-Yris M.A., 2007a. Early experience and behavioural development in foals. *In : Horse behaviour and welfare* (Hausberger M., Søndergaard E., Martin-Rosset W., eds), Wageningen Academic Publishers, 37-46.

Hausberger M., Henry S., Larose C., Richard-Yris M.A., 2007b. First suckling: a crucial event for mother-young attachment ? An experimental study in horses (*Equus caballus*). *J. Comp. Psychol.,* 121, 109-112.

Heleski C., Shelle A., Nielsen B., Zanella A., 2002. Influence of housing on weanling horse behaviour and subsequent welfare. *Applied Anim. Behav. Sci.,* 78, 291-302.

Henry S., Hemery D., Richard M.A., Hausberger M., 2005. Human-mare relationships and behaviour of foals toward humans. *Applied Anim. Behav. Sci.,* 93, 341-362.

Henry S., Briefer S., Richard-Yris M.A., Hausberger M., 2006. Utilisation des influences sociales autour du sevrage. *In : 32ᵉ Journée de la recherche équine,* IFCE, Paris, 1ᵉʳ mars 2006, 71-81.

Henry S., Richard-Yris M.A., Hausberger M., 2010. Faut-il manipuler le poulain nouveau-né ? Les effets à court et long termes de l'imprégnation et de l'assistance humaine lors de la première tétée. *In : 36ᵉ Journée de la recherche équine,* IFCE, 4 Mars 2010, Paris, 152-160.

Jorgensen G.H., Hanche-Olsen S., Boe K.F., 2009. Use of items of enrichment for individual and group kept horses. *In : 5ᵗʰ International Conference of the Society for Equitation Science,* July 12th – 14ᵗʰ, Sydney, Australia.

Lansade L., Simon F., 2010. Horses'learning performances are under the influence of several temperamental dimensions. *Applied Anim. Behav. Sci.,* 125, 30-37.

Lansade L., Bertrand M., Boivin X., Bouissou M.F., 2004. Effects of handling at weaning on manageability and reactivity of foals. *Applied Anim. Behav. Sci.,* 87, 131-149.

Lansade L., Lévy F., Bouissou M.F., 2005. Recherche d'un lien entre le tempérament du cheval et son aptitude à être utilisé. *In : 31ᵉ Journée de la recherche équine,* IFCE, 2 Mars 2005, Paris, 119-130.

Lansade L., Bouissou M.F., Erhard H.W., 2008. Fearfulness in horses: A temperament trait stable across time and situations. *Applied Anim. Behav. Sci.,* 115, 182-200.

Lansade L., Leconte M., Pichard G., 2008. Développement d'un outil de prédiction du tempérament et des aptitudes mentales du cheval aux différentes disciplines équestres. *In : 34ᵉ Journée de la recherche équine,* IFCE, 28 Février 2008, Paris, 17-30.

Lansade L., Neveux C., Coorevits S., Lévy F., 2010. Effets de 11 jours de mise en box individuel sur les performances d'apprentissage et la réactivité des yearlings. *In : 36ᵉ Journée de la recherche équine,* IFCE, 4 Mars 2010, Paris, 141-151.

Lansade L., Neveux C., Valenchon M., Moussu C., Yvon J.M., Lévy F., 2011. Enrichir l'environnement permet d'améliorer le bien-être des chevaux, de diminuer leur émotivité et d'augmenter le risque de la sécurité des manipulateurs. *In : 37ᵉ Journée de la recherche équine*, IFCE, 28 Février 2011, Paris, 33-41.

Lesimple C., Fureix C., Le Scolan N., Lunel C., Richard-Yris M.A., Hausberger M., 2010. Interférences entre management, émotivité et capacités d'apprentissage : un exemple dans les centres équestres. *In : 36ᵉ Journée de la recherche équine*, IFCE, 4 Mars 2010, Paris, 169-176.

Lesimple C., Fureix C., Menguy H., Hausberger M., 2010. Human direct actions may alter animal welfare, a study in horses. *PloS ONE*, 4, e10257.

McBride S.D., Long L., 2001. Management of horses showing stereotypic behaviour, owner perception and the implications for welfare. *Vet. Rec.*, 148, 799-802.

Nicol C., Badnell-Waters A., Bice R., Kelland A., Wilson A., Harris P., 2005. The effects of diet and weaning method on the behaviour of young horses. *Applied Anim. Behav. Sci.*, 95, 205-221.

Parker M., Goodwin D., Redhead E.S., 2008. Survey of breeders' management of horses in Europe, North America and Australia: Comparison of factors associated with the development of abnormal behaviour. *Applied Anim. Behav. Sci.*, 114, 206-215.

Pedersen G.R., Sondergaard E., Ladewig J., 2004. The influence of bedding on the time horses spend recumbent. *J. Equine Vet. Sci.*, 24, 153-158.

Raabymagle P., Ladewig J., 2006. Lying behavior in horses in relation to box size. *J. Equine Vet. Sci.*, 26, 11-17.

Sondergaard E., Ladewig J., 2004. Group housing exerts a positive effect on the behaviour of young horses during training. *Applied Anim. Behav. Sci.*, 87, 105-118.

Waring G.H., 2003. *Horse behaviour. The behaviour traits and adaptations of domestic and wild horses, including ponies.* 2ⁿᵈ ed., Noyes Series in Animal Behavior, Ecology, Conservation, and Management, New Jersey, 456 p.

Waters A., Nicol C., French N., 2002. Factors influencing the development of stereotypic and redirected behaviours in young horses: findings of a four year prospective epidemiological study. *Equine Vet. J.*, 34, 572-579.

16

Tables de la composition chimique et de la valeur nutritive des aliments

William Martin-Rosset, Michel Jestin, Gilles Tran, Pascal Champciaux

Présentation des tables

Ces tables comprennent les principaux aliments disponibles pour alimenter les chevaux : fourrages et aliments concentrés. Elles indiquent :

– la composition chimique des aliments : teneurs en principaux constituants nécessaires pour apprécier et/ou calculer leur valeur nutritive ;

– la valeur énergétique et la valeur azotée indispensables pour calculer les rations des chevaux.

À cela s'ajoutent des annexes rapportant les teneurs en certains éléments nécessaires pour vérifier l'équilibre nutritionnel des rations.

Les tables proviennent :

– pour les fourrages, des nouvelles tables Inra 2007 des ruminants pour la composition chimique ;

– pour les aliments concentrés simples ou matières premières des nouvelles tables Inra-AFZ 2002, pour la composition chimique établie à partir de la banque de données de l'alimentation animale de l'AFZ.

Les valeurs énergétiques et azotées :

– des fourrages sont différentes des tables précédentes Inra 1990, même lorsque la composition chimique est identique car elles prennent en compte l'évolution des systèmes Inra qui conduit notamment à une diminution de la valeur énergétique et à une plus grande diversification des valeurs azotées (voir chapitres 1 et 12) ;

– des aliments concentrés et des coproduits sont différentes, en particulier la valeur azotée pour tenir compte du progrès des connaissances en ce qui concerne la digestion des matières azotées (voir chapitres 1 et 12).

Les codes correspondent à ceux des tables Inra 2007 des ruminants. La suite de la codification des aliments pour une même catégorie d'aliments n'est pas toujours continue car tous les aliments des tables ruminants n'ont pas été retenus pour le cheval.

Ces codes sont ceux qui sont utilisés également dans le logiciel *EquInration*.

Classement des aliments

Types d'aliments	Code	Numéros	Pages
Fourrages			
Fourrages verts	FV		
Prairies permanentes		FV0020 à FV0220	556
Graminées fourragères		FV0410 à FV1390	556-560
Légumineuses fourragères		FV2120 à FV2400	560
Ensilages	FE		
Prairies permanentes		FE0490 à FE1000	562
Graminées fourragères		FE1570 à FE4140	564-566
Céréales plantes entière		FE4710 à FE4770	566
Foins	FF		
Prairies permanentes		FF0010 à FF0580	568-570
Graminées fourragères		FF1060 à FF2730	570-576
Légumineuses fourragères		FF3220 à FF3660	576-578
Pailles, fourrages lignifiés	FP	FF0020 à FF0160	578
Racines, tubercules	FR	FR0010 à FR0040	578
Matières premières concentrées			
Déshydratés et agglomérés	CD	CD0020 à CD0090	580
Céréales	CC	CC0010 à CC0100	580
Coproduits de céréales	CS	CS0010 à CS0250	582-584
Autres produits d'origine végétale	CF	CF0010 à CF0200	584
Graisses	CG	CG0010 à CG0030	584
Graines	CN	CN0010 à CN0120	584-586
Tourteaux	CX	CX0010 à CX0170	586

Signification des abréviations

MS	teneur en matière sèche de l'aliment (%)
UFC	valeur énergétique nette exprimée en unité fourragère cheval (UFC/kg)
MADC	matières azotées digestibles cheval (g/kg MS)
MO	teneur en matière organique (g/kg)

MAT	teneur en matières azotées totales (N × 6,25) (g/kg)
CB	teneur en cellulose brute Weende (g/kg)
NDF	teneur en *Neutral Detergent Fibre* (parois totales) (g/kg)
ADF	teneur en *Acid Detergent Fibre* (Lignocellulose) (g/kg)
ADL	teneur en *Acid Detergent Lignin* (Lignine) (g/kg)
MG	teneur en matières grasses dosées par l'extrait éthéré (g/kg)
Amidon	teneur en amidon (g/kg)
dMO, dMA, dE	coefficients de digestibilité de la MO, MAT, énergie (p. 100)
P	teneur en phosphore (g/kg)
Ca	teneur en calcium total (g/kg)
Mg	teneur en magnésium (g/kg)
EB	teneur en énergie brute (kcal/kg)
ED	teneur en énergie digestible (kcal/kg)
EM	teneur en énergie métabolisable (kcal/kg)

Définition des stades de végétation des fourrages

Graminées fourragères et prairies permanentes au premier cycle de végétation

– Stade « feuillu » : la base de l'épi de la graminée, ou des graminées les plus représentatives (prairies permanentes), est située dans la gaine à une hauteur inférieure à 7 cm au-dessus du plateau de tallage.

– Stade « épis » à 10 cm ou stade « pâturage » (prairies permanentes) : la base de l'épi est située dans la gaine à une hauteur comprise entre 7 et 10 cm au-dessus du plateau de tallage.

– Stade « début épiaison » : apparition des épis hors de la gaine ; en pratique de 5 à 10 p. 100 des plantes examinées sur une ligne de un mètre ont leurs épis sortis de la gaine.

– Stade « épiaison » : 50 p. 100 des plantes examinées sur une ligne de un mètre ont leurs épis sortis de la gaine.

– Stade « épiaison » : 90 p. 100 des plantes examinées sur une ligne de un mètre ont leurs épis sortis de la gaine.

– Stade « début floraison » : de 5 à 10 p. 100 des plantes ont leurs étamines sorties.

– Stade « fin floraison » : la majeure partie des plantes ont leurs étamines sorties.

Céréales plante entière

— Stade « montaison » : absence totale d'épis sortis de la gaine.

— Stade « floraison » : soies du maïs visibles sur 50 p. 100 des plantes.

— Stade « laiteux » : le grain a pris sa forme définitive et est rempli d'un liquide laiteux.

— Stade « pâteux » : le grain est coloré, s'écrase facilement sous la pression des doigts et son contenu est pâteux.

— Stade « vitreux » : le grain a un aspect corné ; il est ferme bien qu'on puisse encore le rayer à l'ongle.

Légumineuses fourragères

— Stade « végétatif » : absence totale de boutons floraux.

— Stade « début bourgeonnement » : apparition des boutons floraux ; en pratique de 5 à 10 p. 100 des tiges examinées sur une ligne de un mètre ont des boutons floraux à leur extrémité.

— Stade « bourgeonnement » : 50 p. 100 des tiges examinées sur une ligne de un mètre ont des boutons floraux à leur extrémité.

— Stade « début floraison » : de 5 à 10 p. 100 des tiges examinées sur une ligne de un mètre ont au moins une fleur épanouie.

Traitements technologiques affectant les aliments

Les aliments qui sont donnés dans les tables correspondent :
- à des aliments en l'état : fourrages verts (voir chapitres 9 à 12) ;
- à des aliments récoltés à l'aide de machines agricoles classiques ou les plus modernes et conservés : ensilages, foins, fourrages déshydratés selon des techniques décrites (voir chapitre 11) ;
- à des sous-produits issus des cultures et de leurs récoltes (voir chapitre 9) ;
- à des matières premières (aliments concentrés simples) issues des cultures après récoltes : grains et graines natives ou subissant ultérieurement des traitements technologiques pour être le plus souvent incorporées dans des aliments composés (voir chapitre 9).

Les effets des traitements technologiques sur la composition chimique et la valeur nutritive ont été largement décrits dans les chapitres 9, 11 et 12. Les valeurs nutritives indiquées dans les tables correspondent donc à celles d'aliments ayant subi ces traitements :
- pour les fourrages : ensilages, fenaison, déshydratation ;

- pour les aliments concentrés simples :
  - céréales soumises à des traitements mécaniques et/ou thermiques,
  - issues de céréales : provenant des céréales soumises à des traitements mécaniques de la meunerie et/ou de l'amidonnerie,
  - tourteaux provenant des graines soumises à des traitements mécaniques ou chimiques, de l'huilerie,
  - autres produits d'origine végétale issus de l'industrie,
  - graisses : uniquement des huiles d'origine végétale issues de l'industrie.

Tableaux de composition chimique et de la valeur nutritive des aliments

Code INRA	FOURRAGE VERT	%	Valeur nutritive				
			UF/kg	g/kg	Kcal/kg / %		
		MS	UFC	MADC	EB dE	ED	EM
PRAIRIE PERMANENTE, PLAINE (NORMANDIE)							
1er cycle (a)							
FV0020	10/05, pâturage ST=298°C	16,6	0,76 / 0,13	107 / 18	4 399 / 69	3 037	2 574
FV0030	25/05, début épiaison ST=470°C	17,2	0,69 / 0,12	76 / 13	4 410 / 64	2 804	2 419
FV0040	10/06, épiaison ST=685°C	20,2	0,61 / 0,12	60 / 12	4 438 / 57	2 530	2 216
FV0050	25/06, floraison ST=903°C	19,2	0,53 / 0,10	47 / 9	4 413 / 50	2 226	1 969
2e cycle après coupe épiaison							
FV0100	Repousses feuillues de 5 semaines	18,4	0,72 / 0,13	146 / 27	4 511 / 66	2 966	2 481
FV0110	Repousses feuillues de 7 semaines	18,8	0,69 / 0,13	95 / 18	4 434 / 64	2 819	2 407
3e cycle							
FV0130	Repousses feuillues de 6 semaines	15,7	0,70 / 0,11	134 / 21	4 477 / 65	2 895	2 434
PRAIRIE PERMANENTE, DEMI-MONTAGNE (AUVERGNE)							
1er cycle							
FV0160	25/05, pâturage	16,7	0,79 / 0,13	99 / 17	4 379 / 71	3 119	2 638
FV0180	25/06, épiaison	20,4	0,61 / 0,12	60 / 12	4 387 / 57	2 501	2 186
FV0190	10/07, floraison	21,7	0,50 / 0,11	46 / 10	4 304 / 49	2 124	1 874
2e cycle après coupe épiaison							
FV0200	Repousses feuillues de 6 semaines	18,5	0,72 / 0,13	137 / 25	4 453 / 66	2 929	2 436
3e cycle							
FV0220	Repousses feuillues de 7 semaines	19,6	0,69 / 0,14	111 / 22	4 356 / 65	2 817	2 367
GRAMINÉE FOURRAGÈRE, RAY-GRASS D'ITALIE, NON ALTERNATIF							
Année d'exploitation, 1er cycle							
FV0410	Épi à 10 cm du sol	15,8	0,78 / 0,12	97 / 15	4 243 / 72	3 069	2 575
FV0440	Épiaison	17,8	0,62 / 0,11	37 / 7	4 180 / 60	2 520	2 203

Par kg de matière sèche / (par kg de produit brut *ou* digestibilité en %).

(a) ST = Somme cumulée des températures au-dessus de 0°C depuis le 1er avril.

Code INRA	g/kg / %		Constituants organiques g/kg						Minéraux g/kg		
	MO dMO	MAT dMA	CB	NDF	ADF	ADL	MG	Amidon	P	Ca	Mg
FV0020	889 74	172 69	244	525	280				4,0	6,0	1,9
FV0030	906 68	133 64	272	550	303				3,8	5,6	1,9
FV0040	921 61	109 61	313	587	336				3,6	5,2	1,9
FV0050	922 54	92 57	335	606	354				3,6	4,7	1,9
FV0100	897 71	215 76	267	545	299				4,0	6,9	2,2
FV0110	903 68	155 68	272	550	303				3,8	6,9	2,2
FV0130	895 69	201 74	269	547	300				4,0	6,0	2,4
FV0160	905 76	166 67	224	485	247				2,7	5,1	2,3
FV0180	928 61	111 61	304	583	331				1,8	4,5	2,2
FV0190	917 53	92 56	323	595	344				1,5	3,5	2,2
FV0200	905 71	209 73	229	512	263				2,4	7,0	2,2
FV0220	895 69	179 69	230	549	278				2,7	7,0	3,1
(Lolium multiflorum)											
FV0410	886 77	168 64	188	450	215				3,0	4,3	1,4
FV0440	903 65	88 46	265	541	292				2,3	4,3	1,4

Par kg de matière sèche / digestibilité en %.

Code INRA	FOURRAGE VERT	%	UF/kg	g/kg	Valeur nutritive	Kcal/kg / %	
		MS	UFC	MADC	EB / dE	ED	EM
GRAMINÉE FOURRAGÈRE, RAY-GRASS D'ITALIE, NON ALTERNATIF							
Année d'exploitation, 2e cycle après coupe épiaison							
FV0490	Repousses à tiges de 6 semaines	17,6	0,61 / 0,11	91 / 16	4 252 / 59	2 517	2 154
Année d'exploitation, 3e cycle							
FV0520	Repousses feuillues de 6 semaines	20,3	0,70 / 0,14	91 / 19	4 253 / 67	2 844	2 407
GRAMINÉE FOURRAGÈRE, RAY-GRASS ANGLAIS							
Année d'exploitation, 1er cycle variétés tardives							
FV0690	Épi à 10 cm du sol	17,2	0,79 / 0,14	92 / 16	4 197 / 75	3 127	2 654
FV0720	Épiaison	19,8	0,63 / 0,12	40 / 8	4 183 / 61	2 568	2 262
Année d'exploitation, 2e cycle après coupe épiaison							
FV0810	Repousses feuillues de 6 semaines	20,3	0,75 / 0,15	112 / 23	4 282 / 70	3 003	2 523
Année d'exploitation, 3e cycle							
FV0860	Repousses feuillues de 6 semaines	16,6	0,70 / 0,12	108 / 18	4 283 / 67	2 863	2 417
GRAMINÉE FOURRAGÈRE, FÉTUQUE ÉLEVÉE							
Année d'exploitation, 1er cycle							
FV1070	Épi à 10 cm du sol	20,0	0,65 / 0,13	101 / 20	4 162 / 64	2 646	2 248
FV1100	Épiaison	20,9	0,56 / 0,12	60 / 12	4 131 / 56	2 310	2 015
Année d'exploitation, 2e cycle après coupe épiaison							
FV1150	Repousses feuillues de 5 semaines	20,8	0,64 / 0,13	98 / 20	4 173 / 64	2 653	2 254
Année d'exploitation, 3e cycle							
FV1180	Repousses feuillues de 6 semaines	17,7	0,64 / 0,11	101 / 18	4 125 / 64	2 622	2 227
GRAMINÉE FOURRAGÈRE, DACTYLE							
Année d'exploitation, 1er cycle							
FV1240	Épi à 10 cm du sol	16,7	0,73 / 0,12	138 / 23	4 267 / 69	2 946	2 460
FV1260	Début épiaison	16,3	0,68 / 0,11	97 / 16	4 192 / 66	2 757	2 351

Par kg de matière sèche / (par kg de produit brut *ou* digestibilité en %).

| Code INRA | g/kg / % | | Constituants organiques | | | | | g/kg | | Minéraux | | g/kg |
	MO / dMO	MAT / dMA	CB	NDF	ADF	ADL	MG	Amidon	P	Ca	Mg

(Lolium multiflorum)

Code INRA	MO / dMO	MAT / dMA	CB	NDF	ADF	ADL	MG	Amidon	P	Ca	Mg
FV0490	895 / 64	150 / 67	276	570	308				3,0	4,8	1,4
FV0520	893 / 72	156 / 65	228	476	239				3,0	5,2	1,4

(Lolium perenne)

Code INRA	MO / dMO	MAT / dMA	CB	NDF	ADF	ADL	MG	Amidon	P	Ca	Mg
FV0690	880 / 80	157 / 65	227	511	255				3,7	5,7	1,5
FV0720	904 / 66	87 / 51	305	595	327				2,7	5,2	1,5
FV0810	890 / 75	180 / 69	230	519	257				3,7	6,2	1,7
FV0860	893 / 72	173 / 69	244	535	266				4,1	6,2	1,7

(Festuca arundinacea)

Code INRA	MO / dMO	MAT / dMA	CB	NDF	ADF	ADL	MG	Amidon	P	Ca	Mg
FV1070	869 / 68	165 / 68	247	550	278				3,0	3,8	1,5
FV1100	883 / 60	111 / 60	295	594	321				2,7	3,3	1,5
FV1150	873 / 68	161 / 68	256	543	284				4,1	4,8	2,0
FV1180	861 / 68	164 / 69	260	546	279				3,4	5,7	2,0

(Dactylis glomerata)

Code INRA	MO / dMO	MAT / dMA	CB	NDF	ADF	ADL	MG	Amidon	P	Ca	Mg
FV1240	875 / 74	210 / 73	233	537	248				3,4	3,8	1,6
FV1260	878 / 71	159 / 68	256	560	284				2,3	2,9	1,6

Par kg de matière sèche / digestibilité en %.

Code INRA	FOURRAGE VERT	Valeur nutritive					
		%	UF/kg	g/kg		Kcal/kg / %	
		MS	UFC	MADC	EB dE	ED	EM
GRAMINÉE FOURRAGÈRE, DACTYLE							
Année d'exploitation, 2e cycle après coupe épiaison							
FV1340 Repousses feuillues de 5 semaines		20,5	0,62 0,13	106 22	4 266 60	2 572	2 196
Année d'exploitation, 3e cycle							
FV1390 Repousses feuillues de 6 semaines		18,2	0,63 0,11	111 20	4 253 61	2 611	2 216
LÉGUMINEUSE FOURRAGÈRE, LUZERNE							
1er cycle							
FV2120 Bourgeonnement		17,6	0,63 0,11	131 23	4 431 60	2 657	2 252
FV2140 Floraison		21,7	0,55 0,12	113 24	4 434 54	2 374	2 034
2e cycle après coupe bourgeonnement							
FV2150 Repousses à tiges de 5 semaines		19,3	0,66 0,13	154 30	4 509 62	2 800	2 338
3e cycle							
FV2200 Repousses à tiges de 5 semaines		21,0	0,67 0,14	168 35	4 487 63	2 834	2 339
4e cycle							
FV2250 Repousses à tiges de 5 semaines		19,1	0,68 0,13	178 34	4 370 65	2 854	2 316
LÉGUMINEUSE FOURRAGÈRE, TRÈFLE VIOLET							
1er cycle							
FV2320 Bourgeonnement		14,3	0,72 0,10	112 16	4 303 68	2 948	2 466
FV2340 Floraison		18,0	0,63 0,11	96 17	4 322 61	2 637	2 250
2e cycle après coupe bourgeonnement							
FV2370 Repousses à tiges de 6 semaines		16,4	0,71 0,12	132 22	4 324 67	2 916	2 416
3e cycle							
FV2400 Repousses à tiges de 6 semaines		14,2	0,74 0,11	145 21	4 198 72	3 010	2 450

Par kg de matière sèche / (par kg de produit brut *ou* digestibilité en %).

| Code INRA | Constituants organiques | | | | | | | | Minéraux | | |
| | g/kg / % | | g/kg | | | | | | g/kg | | |
	MO dMO	MAT dMA	CB	NDF	ADF	ADL	MG	Amidon	P	Ca	Mg
(Dactylis glomerata)											
FV1340	892 65	166 71	290	614	315				3,0	5,2	1,8
FV1390	886 66	174 71	273	600	297				3,0	6,2	1,8
(Medicago sativa)											
FV2120	888 64	193 75	299	488	315				2,7	16,1	1,5
FV2140	898 58	168 74	333	525	344				2,3	16,1	1,5
FV2150	894 67	222 77	286	487	311				2,7	14,6	2,0
FV2200	882 68	241 77	261	468	287				2,7	18,5	2,0
FV2250	850 70	259 76	207	442	258				2,7	18,0	2,0
(Trifolium pratense)											
FV2320	883 73	180 69	232	447	280				2,7	12,7	3,0
FV2340	897 66	154 69	289	491	326				2,3	12,2	3,0
FV2370	878 72	205 72	219	452	279				2,7	13,7	3,5
FV2400	842 77	226 71	166	426	256				3,0	12,2	3,5

Par kg de matière sèche / digestibilité en %.

| Code INRA | ENSILAGE | % | Valeur nutritive | | Kcal/kg / % | | |
| | | | UF/kg | g/kg | | | |
		MS	UFC	MADC	EB dE	ED	EM
PRAIRIE PERMANENTE, PLAINE (NORMANDIE)							
Préfané coupe fine							
FE0490	1er cycle (a) 25/05, début épiaison ST=470°C	33,5	0,62 0,21	66 22	4 509 61	2 768	2 268
FE0500	1er cycle (a) 10/06, épiaison ST=685°C	33,5	0,56 0,19	55 18	4 533 56	2 535	2 114
FE0530	2e cycle après déprimage Repousses à tiges de 7 semaines	33,5	0,59 0,20	56 19	4 535 58	2 635	2 201
FE0560	2e cycle après coupe épiaison Repousses feuillues de 7 semaines	33,5	0,62 0,21	78 26	4 529 61	2 780	2 252
Mi-fané							
FE0580	1er cycle (a) 25/05, début épiaison ST=470°C	55,0	0,60 0,33	80 44	4 437 60	2 674	2 205
FE0590	1er cycle (a) 10/06, épiaison ST=685°C	55,0	0,53 0,29	64 35	4 427 54	2 410	2 019
FE0600	1er cycle (a) 25/06, floraison ST=903°C	55,0	0,47 0,26	53 29	4 400 49	2 138	1 809
FE0660	2e cycle après coupe épiaison Repousses feuillues de 7 semaines	55,0	0,60 0,33	98 54	4 470 60	2 694	2 193
PRAIRIE PERMANENTE, DEMI-MONTAGNE (AUVERGNE)							
Préfané coupe fine							
FE0920	1er cycle 10/06, début épiaison	33,5	0,63 0,21	95 32	4 493 62	2 807	2 279
FE0930	1er cycle 25/06, épiaison	33,5	0,56 0,19	71 24	4 483 56	2 507	2 083
FE0940	2e cycle après coupe épiaison Repousses feuillues de 6 semaines	33,5	0,64 0,22	136 46	4 535 64	2 883	2 255
Mi-fané							
FE0960	1er cycle 10/06, début épiaison	55,0	0,61 0,33	72 39	4 403 61	2 696	2 200
FE0970	1er cycle 25/06, épiaison	55,0	0,53 0,29	51 28	4 359 54	2 373	1 982
FE0980	1er cycle 10/07, floraison	55,0	0,45 0,25	40 22	4 304 48	2 050	1 729
FE0990	2e cycle après coupe épiaison Repousses feuillues de 6 semaines	55,0	0,62 0,34	107 59	4 483 62	2 789	2 189

Par kg de matière sèche / (par kg de produit brut *ou* digestibilité en %).

(a) *ST = Somme cumulée des températures au-dessus de 0°C depuis le 1er avril.*

Code INRA	g/kg / %		Constituants organiques						Minéraux		
	MO	MAT	g/kg						g/kg		
			CB	NDF	ADF	ADL	MG	Amidon	P	Ca	Mg
	dMO	dMA									
FE0490	896	141	285	549	313				3,2	6,3	2,2
	66	66									
FE0500	909	120	324	582	345				3,1	5,7	2,2
	60	65									
FE0530	909	121	328	585	349				3,1	6,3	2,1
	62	66									
FE0560	893	160	285	549	313				3,2	8,0	2,0
	66	70									
FE0580	912	134	301	562	326				3,2	6,3	2,2
	65	66									
FE0590	919	112	332	588	352				3,1	5,7	2,2
	59	64									
FE0600	919	96	349	603	366				3,1	5,2	2,4
	52	61									
FE0660	910	155	301	562	326				3,2	8,0	2,0
	65	70									
FE0920	906	154	276	541	306				2,4	5,3	1,9
	67	68									
FE0930	916	122	315	574	338				1,8	4,9	1,9
	60	65									
FE0940	895	206	245	514	280				2,4	8,2	1,9
	68	73									
FE0960	917	149	293	556	320				2,4	5,3	1,9
	66	69									
FE0970	922	114	325	583	346				1,8	4,9	1,9
	59	64									
FE0980	917	96	340	595	358				1,5	3,6	1,9
	51	59									
FE0990	911	205	268	534	299				2,4	8,2	1,9
	67	75									

Par kg de matière sèche / digestibilité en %.

Code INRA	ENSILAGE	Valeur nutritive				Kcal/kg / %		
		%	UF/kg	g/kg				
		MS	UFC	MADC	EB / dE	ED	EM	

GRAMINÉE FOURRAGÈRE, RAY-GRASS D'ITALIE, NON ALTERNATIF

Préfané coupe fine

Code INRA	ENSILAGE	MS	UFC	MADC	EB / dE	ED	EM
FE1580	1er cycle	33,5	0,63	47	4 298	2 685	2 229
	Début épiaison		0,21	16	62		
FE1600	1er cycle	33,5	0,57	36	4 309	2 457	2 079
	Fin épiaison		0,19	12	57		
FE1630	2e cycle après coupe épiaison	33,5	0,55	61	4 347	2 431	2 010
	Repousses à tiges de 7 semaines		0,18	20	56		

Mi-fané

Code INRA	ENSILAGE	MS	UFC	MADC	EB / dE	ED	EM
FE1650	1er cycle	55,0	0,61	55	4 235	2 593	2 171
	Début épiaison		0,33	30	61		
FE1670	1er cycle	55,0	0,54	39	4 218	2 337	1 993
	Fin épiaison		0,30	21	55		
FE1680	1er cycle	55,0	0,50	32	4 204	2 207	1 893
	Début floraison		0,28	17	52		
FE1710	2e cycle après coupe épiaison	55,0	0,52	74	4 278	2 329	1 936
	Repousses à tiges de 7 semaines		0,29	40	54		

GRAMINÉE FOURRAGÈRE, RAY-GRASS ANGLAIS

Préfané coupe fine

Code INRA	ENSILAGE	MS	UFC	MADC	EB / dE	ED	EM
FE2590	1er cycle variétés tardives	33,5	0,62	51	4 293	2 682	2 249
	Début épiaison		0,21	17	62		
FE2610	1er cycle variétés tardives	33,5	0,56	35	4 283	2 442	2 084
	Fin épiaison		0,19	12	57		
FE2630	2e cycle après coupe épiaison	33,5	0,58	61	4 328	2 562	2 115
	Repousses à tiges de 7 semaines		0,20	20	59		

Mi-fané

Code INRA	ENSILAGE	MS	UFC	MADC	EB / dE	ED	EM
FE2740	1er cycle variétés tardives	55,0	0,61	59	4 233	2 592	2 204
	Début épiaison		0,34	33	61		
FE2760	1er cycle variétés tardives	55,0	0,54	38	4 199	2 326	2 014
	Fin épiaison		0,30	21	55		
FE2770	1er cycle variétés tardives	55,0	0,52	37	4 212	2 252	1 953
	Début floraison		0,29	20	53		
FE2790	2e cycle après coupe épiaison	55,0	0,57	74	4 270	2 490	2 078
	Repousses à tiges de 7 semaines		0,32	41	58		

GRAMINÉE FOURRAGÈRE, DACTYLE

Préfané coupe fine

Code INRA	ENSILAGE	MS	UFC	MADC	EB / dE	ED	EM
FE3980	1er cycle	33,5	0,61	79	4 292	2 729	2 198
	Début épiaison		0,21	26	64		

Par kg de matière sèche / (par kg de produit brut *ou* digestibilité en %).

| Code INRA | Constituants organiques | | | | | | | | Minéraux | | |
| | g/kg / % | | g/kg | | | | | | g/kg | | |
	MO (dMO)	MAT (dMA)	CB	NDF	ADF	ADL	MG	Amidon	P	Ca	Mg
FE1580	890 / 67	117 / 57	254	520	283				2,6	4,6	1,3
FE1600	901 / 61	95 / 54	297	571	327				2,3	4,6	1,3
FE1630	895 / 60	132 / 66	301	575	331				2,6	4,6	1,3
FE1650	908 / 66	108 / 57	275	545	305				2,6	4,6	1,3
FE1670	914 / 60	85 / 51	310	586	340				2,3	4,6	1,3
FE1680	915 / 57	76 / 46	317	594	347				2,3	4,6	1,3
FE1710	911 / 59	125 / 65	314	590	344				2,6	4,6	1,3
FE2590	889 / 67	117 / 62	304	586	328				2,8	5,8	1,4
FE2610	897 / 61	91 / 56	327	612	353				2,6	5,8	1,4
FE2630	890 / 64	134 / 65	288	568	312				2,8	5,8	1,6
FE2740	908 / 66	108 / 61	316	599	341				2,8	5,8	1,4
FE2760	912 / 60	81 / 52	335	620	361				2,6	5,8	1,4
FE2770	916 / 58	79 / 52	344	631	371				2,3	5,8	1,4
FE2790	908 / 63	127 / 65	303	585	328				2,8	5,8	1,6
FE3980	871 / 68	163 / 69	270	574	293				2,3	2,7	1,4

Par kg de matière sèche / digestibilité en %.

Code INRA	ENSILAGE	Valeur nutritive					
		%	UF/kg	g/kg		Kcal/kg / %	
		MS	UFC	MADC	EB / dE	ED	EM
GRAMINÉE FOURRAGÈRE, DACTYLE							
Préfané coupe fine							
FE4000	1er cycle	33,5	0,54	61	4 319	2 462	2 040
	Fin épiaison		0,18	20	57		
FE4040	2e cycle après coupe épiaison	33,5	0,53	75	4 340	2 427	1 976
	Repousses feuillues de 7 semaines		0,18	25	56		
Mi-fané							
FE4070	1er cycle	55,0	0,60	100	4 288	2 668	2 161
	Début épiaison		0,33	55	62		
FE4090	1er cycle	55,0	0,52	73	4 261	2 361	1 964
	Fin épiaison		0,29	40	55		
FE4100	1er cycle	55,0	0,49	67	4 266	2 239	1 877
	Début floraison		0,27	37	52		
FE4140	2e cycle après coupe épiaison	55,0	0,52	92	4 295	2 380	1 947
	Repousses feuillues de 7 semaines		0,29	51	55		
CÉRÉALE PLANTE ENTIÈRE, MAÏS							
Conditions normales de végétation							
FE4710	Hachage fin sans conservateur	30,0	0,87	29	4 452	2 983	2 706
	Pâteux, 30% MS		0,26	9	67		
FE4720	Hachage fin sans conservateur	35,0	0,87	29	4 452	2 983	2 735
	Vitreux, 35% MS		0,31	10	67		
Mauvaises conditions de végétation							
FE4770	Hachage fin sans conservateur	32,0	0,80	33	4 411	2 797	2 517
	Sécheresse estivale, pauvre en épis		0,26	11	63		

Par kg de matière sèche / (par kg de produit brut *ou* digestibilité en %).

| Code INRA | Constituants organiques | | | | | | | | Minéraux | | |
| | g/kg / % | | g/kg | | | | | | g/kg | | |
	MO dMO	MAT dMA	CB	NDF	ADF	ADL	MG	Amidon	P	Ca	Mg
FE4000	890 61	129 67	325	630	351				2,3	2,7	1,4
FE4040	886 60	151 71	314	618	340				2,6	5,2	1,4
FE4070	898 67	158 70	289	593	313				2,3	2,7	1,4
FE4090	908 60	122 66	333	638	360				2,3	2,7	1,4
FE4100	914 57	113 66	350	655	378				2,3	2,7	1,4
FE4140	906 60	145 70	324	629	351				2,6	5,2	1,4
(Medicago sativa)											
FE4710	954 72	69 51	205	444	226				1,8	2,0	1,2
FE4720	954 72	69 51	201	441	221				1,8	2,0	1,2
FE4770	943 68	77 51	203	465	223				1,8	2,0	1,2

Par kg de matière sèche / digestibilité en %.

Code INRA	FOIN	Valeur nutritive					
		% MS	UF/kg UFC	g/kg MADC	EB / dE	ED	EM

PRAIRIE PERMANENTE, PLAINE (NORMANDIE)

Ventilé

Code INRA	FOIN	% MS	UFC	MADC	EB/dE	ED	EM
FF0010	1er cycle (a) 10/05, feuillu ST=298°C	85,0	0,69 0,58	95 81	4 437 64	2 821	2 399
FF0020	1er cycle (a) 25/05, début épiaison ST=470°C	85,0	0,62 0,52	68 58	4 418 58	2 567	2 221
FF0030	1er cycle (a) 10/06, épiaison ST=685°C	85,0	0,55 0,46	52 44	4 420 53	2 326	2 042
FF0050	2e cycle après coupe épiaison Repousses feuillues de 7 semaines	85,0	0,62 0,52	83 71	4 445 58	2 583	2 220

Fané au sol par beau temps

Code INRA	FOIN	% MS	UFC	MADC	EB/dE	ED	EM
FF0060	1er cycle (a) 25/05, début épiaison ST=470°C	85,0	0,62 0,52	68 58	4 418 58	2 567	2 221
FF0070	1er cycle (a) 10/06, épiaison ST=685°C	85,0	0,55 0,47	52 44	4 434 53	2 334	2 049
FF0080	1er cycle (a) 25/06, floraison ST=903°C	85,0	0,48 0,41	40 34	4 410 47	2 080	1 842
FF0130	2e cycle après coupe épiaison Repousses feuillues de 7 semaines	85,0	0,62 0,52	83 71	4 445 58	2 583	2 220
FF0150	3e cycle Repousses feuillues de 8 semaines	85,0	0,64 0,54	99 84	4 387 60	2 645	2 247

Fané au sol (<10 jours)

Code INRA	FOIN	% MS	UFC	MADC	EB/dE	ED	EM
FF0160	1er cycle (a) 25/05, début épiaison ST=470°C	85,0	0,58 0,50	65 55	4 405 56	2 463	2 144
FF0170	1er cycle (a) 10/06, épiaison ST=685°C	85,0	0,53 0,45	48 41	4 420 52	2 278	2 010
FF0180	1er cycle (a) 25/06, floraison ST=903°C	85,0	0,46 0,39	37 31	4 397 46	2 026	1 803
FF0230	2e cycle après coupe épiaison Repousses feuillues de 7 semaines	85,0	0,59 0,50	80 68	4 427 56	2 476	2 140

PRAIRIE PERMANENTE, PLAINE (CRAU)

Fané au sol par beau temps

Code INRA	FOIN	% MS	UFC	MADC	EB/dE	ED	EM
FF0360	1er cycle 10/05, 1re coupe précoce	85,0	0,60 0,51	57 49	4 369 57	2 491	2 160
FF0370	1er cycle 25/05, 1re coupe tardive	85,0	0,47 0,40	47 40	4 380 46	2 018	1 774
FF0380	2e cycle après coupe épiaison 10/07, 2e coupe	85,0	0,57 0,49	65 55	4 446 54	2 389	2 060

Par kg de matière sèche / (par kg de produit brut *ou* digestibilité en %).

(a) ST = *Somme cumulée des températures au-dessus de 0°C depuis le 1er avril.*

Code INRA	MO (g/kg / %) dMO	MAT (g/kg / %) dMA	CB	NDF	ADF	ADL	MG	Amidon	P	Ca	Mg
			Constituants organiques (g/kg)						**Minéraux** (g/kg)		
FF0010	900 / 68	165 / 68	269	566	300				3,3	4,9	3,0
FF0020	910 / 62	127 / 63	295	591	321				3,2	4,6	2,0
FF0030	919 / 57	104 / 59	333	628	353				3,1	4,2	2,0
FF0050	908 / 62	148 / 66	295	591	321				3,2	5,6	2,2
FF0060	910 / 62	127 / 63	295	591	321				3,2	4,6	2,0
FF0070	922 / 57	104 / 59	333	628	353				3,1	4,2	2,0
FF0080	923 / 51	88 / 54	353	648	369				3,1	3,9	2,2
FF0130	908 / 62	148 / 66	295	591	321				3,2	5,6	2,2
FF0130	887 / 65	170 / 68	272	569	302				3,3	4,6	3,1
FF0160	909 / 60	122 / 62	317	613	340				3,2	4,6	2,0
FF0170	921 / 56	99 / 57	351	646	368				3,1	4,2	2,0
FF0180	922 / 50	83 / 52	370	664	384				3,1	3,9	2,2
FF0230	906 / 60	143 / 65	317	613	340				3,2	5,6	2,2
FF0360	905 / 61	112 / 60	281	578	310				3,0	10,5	3,0
FF0370	913 / 50	97 / 57	328	623	349				3,0	10,0	2,5
FF0380	918 / 58	122 / 62	269	566	300				3,0	11,0	2,5

Par kg de matière sèche / digestibilité en %.

Code INRA	FOIN	%	UF/kg	g/kg	EB dE	Kcal/kg / %	
		MS	UFC	MADC		ED	EM

PRAIRIE PERMANENTE, PLAINE (CRAU)

Fané au sol par beau temps

Code INRA	FOIN	MS	UFC	MADC	EB dE	ED	EM
FF0390	3e cycle 25/08, 3e coupe	85,0	0,62 0,53	72 62	4 406 58	2 560	2 195

PRAIRIE PERMANENTE, DEMI-MONTAGNE (AUVERGNE)

Ventilé

Code INRA	FOIN	MS	UFC	MADC	EB dE	ED	EM
FF0420	1er cycle 20/05, feuillu	85,0	0,71 0,60	91 77	4 470 65	2 891	2 454
FF0430	1er cycle 10/06, début épiaison	85,0	0,64 0,54	79 67	4 472 59	2 647	2 275
FF0440	1er cycle 25/06, épiaison	85,0	0,55 0,47	53 45	4 442 53	2 338	2 048
FF0460	2e cycle après coupe épiaison Repousses feuillues de 6 semaines	85,0	0,66 0,56	120 102	4 540 60	2 737	2 296

Fané au sol par beau temps

Code INRA	FOIN	MS	UFC	MADC	EB dE	ED	EM
FF0490	1er cycle 10/06, début épiaison	85,0	0,64 0,54	79 67	4 486 59	2 655	2 283
FF0500	1er cycle 25/06, épiaison	85,0	0,55 0,47	53 45	4 465 53	2 350	2 058
FF0510	1er cycle 10/07, floraison	85,0	0,47 0,40	40 34	4 392 46	2 023	1 788
FF0520	2e cycle après coupe épiaison Repousses feuillues de 6 semaines	85,0	0,66 0,56	120 102	4 545 60	2 740	2 298

Fané au sol (<10 jours)

Code INRA	FOIN	MS	UFC	MADC	EB dE	ED	EM
FF0550	1er cycle 10/06, début épiaison	85,0	0,61 0,52	75 64	4 472 57	2 550	2 205
FF0560	1er cycle 25/06, épiaison	85,0	0,54 0,46	50 42	4 451 52	2 294	2 020
FF0570	1er cycle 10/07, floraison	85,0	0,45 0,38	37 31	4 379 45	1 969	1 749
FF0580	2e cycle après coupe épiaison Repousses feuillues de 6 semaines	85,0	0,61 0,52	116 99	4 527 57	2 581	2 178

GRAMINÉE FOURRAGÈRE, RAY-GRASS D'ITALIE, NON ALTERNATIF

Ventilé

Code INRA	FOIN	MS	UFC	MADC	EB dE	ED	EM
FF1060	1er cycle 1 semaine avant le début de l'épiaison	85,0	0,66 0,56	54 46	4 279 61	2 617	2 289
FF1080	1er cycle Épiaison	85,0	0,59 0,50	38 32	4 250 56	2 376	2 106

Par kg de matière sèche / (par kg de produit brut *ou* digestibilité en %).

| Code INRA | Constituants organiques | | | | | | | | Minéraux | | |
| | g/kg / % | | g/kg | | | | | | g/kg | | |
	MO / dMO	MAT / dMA	CB	NDF	ADF	ADL	MG	Amidon	P	Ca	Mg
FF0390	905 / 62	133 / 64	258	556	291				4,0	13,0	2,5
FF0420	909 / 69	159 / 67	250	548	284				2,4	4,2	2,5
FF0430	916 / 64	142 / 65	285	582	313				2,2	3,9	1,7
FF0440	923 / 57	106 / 59	324	619	345				1,8	3,7	1,7
FF0460	909 / 65	200 / 71	255	553	288				2,2	5,8	1,7
FF0490	919 / 64	142 / 65	285	582	313				2,2	3,9	1,7
FF0500	928 / 57	106 / 59	324	619	345				1,8	3,7	1,7
FF0510	919 / 50	88 / 54	342	637	360				1,6	2,9	1,7
FF0520	910 / 65	200 / 71	255	553	288				2,2	5,8	1,7
FF0550	918 / 61	137 / 65	308	604	332				2,2	3,9	1,7
FF0560	927 / 56	101 / 58	344	639	362				1,8	3,7	1,7
FF0570	918 / 49	83 / 52	360	654	375				1,6	2,9	1,7
FF0580	908 / 61	195 / 70	280	577	309				2,2	5,8	1,7
FF1060	906 / 66	107 / 59	256	567	291				2,4	3,5	2,0
FF1080	908 / 60	84 / 53	288	594	318				2,2	3,5	1,4

Par kg de matière sèche / digestibilité en %.

Code INRA	FOIN	%	UF/kg	g/kg	Kcal/kg / %		
		MS	UFC	MADC	EB / dE	ED	EM
GRAMINÉE FOURRAGÈRE, RAY-GRASS D'ITALIE, NON ALTERNATIF							
Ventilé							
FF1120	2e cycle après coupe épiaison Repousses à tiges de 7 semaines	85,0	0,56 0,47	61 52	4 312 53	2 269	1 999
Fané au sol par beau temps							
FF1140	1er cycle Épiaison	85,0	0,59 0,50	38 32	4 250 56	2 376	2 106
FF1170	1er cycle Floraison	85,0	0,47 0,40	18 16	4 248 46	1 957	1 762
FF1190	2e cycle après coupe épiaison Repousses à tiges de 7 semaines	85,0	0,56 0,47	61 52	4 316 53	2 272	2 001
FF1220	3e cycle Repousses feuillues de 7 semaines	85,0	0,64 0,55	78 66	4 322 59	2 558	2 208
Fané au sol (<10 jours)							
FF1250	1er cycle Épiaison	85,0	0,56 0,48	34 29	4 232 54	2 274	2 027
FF1280	1er cycle Floraison	85,0	0,46 0,39	15 13	4 235 45	1 905	1 723
FF1300	2e cycle après coupe épiaison Repousses à tiges de 7 semaines	85,0	0,54 0,46	57 49	4 298 52	2 215	1 962
GRAMINÉE FOURRAGÈRE, RAY-GRASS ANGLAIS							
Ventilé							
FF1520	1er cycle variétés tardives 1 semaine avant le début de l'épiaison	85,0	0,65 0,56	58 49	4 271 61	2 612	2 300
FF1540	1er cycle variétés tardives Épiaison	85,0	0,60 0,51	37 31	4 253 57	2 424	2 164
FF1570	2e cycle après coupe épiaison Repousses à tiges de 7 semaines	85,0	0,59 0,51	62 53	4 302 56	2 405	2 112
Fané au sol par beau temps							
FF1640	1er cycle variétés tardives Épiaison	85,0	0,60 0,51	37 31	4 253 57	2 424	2 164
FF1660	1er cycle variétés tardives Début floraison	85,0	0,53 0,45	27 23	4 269 52	2 200	1 980
FF1680	2e cycle après coupe épiaison Repousses à tiges de 7 semaines	85,0	0,59 0,51	62 53	4 297 56	2 403	2 110
FF1710	2e cycle après coupe épiaison Repousses feuillues de 7 semaines	85,0	0,67 0,57	95 81	4 345 61	2 667	2 294
Fané au sol (<10 jours)							
FF1840	1er cycle variétés tardives Épiaison	85,0	0,57 0,48	33 28	4 235 55	2 322	2 083

Par kg de matière sèche / (par kg de produit brut *ou* digestibilité en %).

Code INRA	MO / dMO	MAT / dMA	CB	NDF	ADF	ADL	MG	Amidon	P	Ca	Mg
	g/kg / %				g/kg					g/kg	
FF1120	909 / 57	117 / 61	310	622	340				2,4	3,5	1,4
FF1140	908 / 60	84 / 53	288	594	318				2,2	3,5	1,4
FF1170	918 / 50	57 / 38	327	644	358				1,9	3,5	1,2
FF1190	910 / 57	117 / 61	310	622	340				2,4	3,5	1,4
FF1220	902 / 64	141 / 65	243	535	272				2,7	4,3	1,4
FF1250	906 / 58	79 / 51	311	623	341				2,2	3,5	1,4
FF1280	917 / 49	52 / 34	346	669	377				1,9	3,5	1,2
FF1300	908 / 56	112 / 60	331	649	362				2,4	3,5	1,4
FF1520	902 / 66	113 / 61	302	619	326				2,7	4,3	1,5
FF1540	909 / 61	83 / 52	325	647	350				2,4	4,3	1,6
FF1570	906 / 60	119 / 62	297	613	321				2,7	4,3	1,8
FF1640	909 / 61	83 / 52	325	647	350				2,4	4,3	1,6
FF1660	918 / 56	69 / 46	347	674	374				2,2	4,3	1,6
FF1680	905 / 60	119 / 62	297	613	321				2,7	4,3	1,8
FF1710	898 / 66	165 / 68	264	573	286				2,9	4,7	1,8
FF1840	907 / 59	78 / 50	345	672	371				2,4	4,3	1,6

Par kg de matière sèche / digestibilité en %.

Code INRA	FOIN	Valeur nutritive					
		% MS	UF/kg UFC	g/kg MADC	EB dE	ED	EM
						Kcal/kg / %	

GRAMINÉE FOURRAGÈRE, RAY-GRASS ANGLAIS

Fané au sol (<10 jours)

Code INRA	FOIN	MS	UFC	MADC	EB / dE	ED	EM
FF1860	1er cycle variétés tardives Début floraison	85,0	0,52 0,44	23 20	4 251 50	2 145	1 940
FF1880	2e cycle après coupe épiaison Repousses à tiges de 7 semaines	85,0	0,56 0,48	59 50	4 279 54	2 299	2 030
FF1910	2e cycle après coupe épiaison Repousses feuillues de 7 semaines	85,0	0,63 0,54	92 78	4 323 59	2 559	2 214

GRAMINÉE FOURRAGÈRE, FÉTUQUE ÉLEVÉE

Ventilé

Code INRA	FOIN	MS	UFC	MADC	EB / dE	ED	EM
FF2180	1er cycle 1 semaine avant le début de l'épiaison	85,0	0,57 0,49	74 63	4 248 56	2 399	2 059
FF2190	1er cycle Épiaison	85,0	0,51 0,43	53 45	4 234 52	2 182	1 906
FF2210	2e cycle après coupe épiaison Repousses feuillues de 7 semaines	85,0	0,54 0,46	69 59	4 245 54	2 281	1 971

Fané au sol par beau temps

Code INRA	FOIN	MS	UFC	MADC	EB / dE	ED	EM
FF2230	1er cycle Épiaison	85,0	0,51 0,43	56 48	4 216 52	2 173	1 898
FF2260	1er cycle Floraison	85,0	0,42 0,36	46 39	4 205 44	1 845	1 629
FF2270	2e cycle après déprimage Repousses à tiges de 5 semaines	85,0	0,54 0,45	75 63	4 133 55	2 266	1 953
FF2280	2e cycle après coupe épiaison Repousses feuillues de 7 semaines	85,0	0,53 0,45	72 61	4 218 54	2 266	1 959

Fané au sol (<10 jours)

Code INRA	FOIN	MS	UFC	MADC	EB / dE	ED	EM
FF2310	1er cycle Épiaison	85,0	0,49 0,42	52 45	4 198 50	2 118	1 860
FF2340	1er cycle Floraison	85,0	0,40 0,34	42 36	4 187 43	1 792	1 590
FF2350	2e cycle après déprimage Repousses à tiges de 5 semaines	85,0	0,50 0,43	71 60	4 101 53	2 159	1 872
FF2360	2e cycle après coupe épiaison Repousses feuillues de 7 semaines	85,0	0,52 0,44	69 58	4 196 53	2 208	1 919

GRAMINÉE FOURRAGÈRE, DACTYLE

Ventilé

Code INRA	FOIN	MS	UFC	MADC	EB / dE	ED	EM
FF2460	1er cycle 1 semaine avant le début de l'épiaison	85,0	0,65 0,55	114 97	4 369 62	2 715	2 295

Par kg de matière sèche / (par kg de produit brut _ou_ digestibilité en %).

Code INRA	Constituants organiques								Minéraux		
	g/kg / %		g/kg						g/kg		
	MO	MAT	CB	NDF	ADF	ADL	MG	Amidon	P	Ca	Mg
	dMO	dMA									
FF1860	916 / 54	64 / 43	365	696	393				2,2	4,3	1,6
FF1880	903 / 58	114 / 61	319	640	344				2,7	4,3	1,8
FF1910	895 / 64	160 / 67	288	602	312				2,9	4,7	1,8
FF2180	888 / 61	135 / 64	273	584	296				2,7	2,7	2,5
FF2190	896 / 56	106 / 59	316	643	346				2,4	2,7	2,0
FF2210	890 / 58	128 / 63	296	619	326				2,9	3,5	1,7
FF2230	892 / 56	106 / 62	316	643	346				2,4	2,7	2,0
FF2260	895 / 47	92 / 59	348	682	379				2,2	2,7	1,5
FF2270	864 / 59	131 / 67	288	609	318				2,9	3,5	1,5
FF2280	884 / 58	128 / 66	296	619	326				2,9	3,5	1,7
FF2310	890 / 54	101 / 61	336	668	367				2,4	2,7	2,0
FF2340	893 / 46	87 / 57	366	704	398				2,2	2,7	1,0
FF2350	859 / 57	126 / 66	311	637	341				2,9	3,5	2,0
FF2360	881 / 57	123 / 66	317	644	347				2,9	3,5	1,7
FF2460	896 / 67	185 / 73	275	593	304				2,4	2,7	3,0

Par kg de matière sèche / digestibilité en %.

Code INRA	FOIN	%	Valeur nutritive		Kcal/kg / %		
		MS	UF/kg UFC	g/kg MADC	EB dE	ED	EM

GRAMINÉE FOURRAGÈRE, DACTYLE

Ventilé

Code INRA	FOIN	MS	UFC	MADC	EB / dE	ED	EM
FF2470	1er cycle Épiaison	85,0	0,59 0,50	80 68	4 303 58	2 500	2 159
FF2490	2e cycle après coupe épiaison Repousses feuillues de 7 semaines	85,0	0,54 0,46	80 68	4 323 54	2 322	2 011

Fané au sol par beau temps

FF2520	1er cycle Épiaison	85,0	0,59 0,50	80 68	4 289 58	2 492	2 152
FF2550	1er cycle Floraison	85,0	0,45 0,38	46 40	4 293 46	1 978	1 748
FF2570	2e cycle après déprimage Repousses à tiges de 8 semaines	85,0	0,38 0,32	40 34	4 282 40	1 691	1 499
FF2590	2e cycle après coupe épiaison Repousses feuillues de 7 semaines	85,0	0,54 0,46	80 68	4 314 54	2 318	2 006

Fané au sol (<10 jours)

FF2660	1er cycle Épiaison	85,0	0,56 0,48	76 65	4 272 56	2 389	2 074
FF2690	1er cycle Floraison	85,0	0,44 0,37	43 36	4 275 45	1 923	1 708
FF2710	2e cycle après déprimage Repousses à tiges de 8 semaines	85,0	0,37 0,31	36 31	4 268 38	1 640	1 460
FF2730	2e cycle après coupe épiaison Repousses feuillues de 7 semaines	85,0	0,51 0,44	77 65	4 296 52	2 214	1 927

LÉGUMINEUSE FOURRAGÈRE, LUZERNE

Ventilé

FF3220	1er cycle Début bourgeonnement	85,0	0,58 0,49	114 97	4 348 58	2 514	2 128
FF3240	1er cycle Début floraison	85,0	0,53 0,45	104 88	4 351 54	2 330	1 992
FF3270	2e cycle après coupe bourgeonnement Repousses à tiges de 7 semaines	85,0	0,55 0,46	111 95	4 387 55	2 396	2 041

Fané au sol par beau temps

FF3330	1er cycle Bourgeonnement	85,0	0,54 0,45	106 90	4 402 54	2 357	2 018
FF3350	1er cycle Floraison	85,0	0,49 0,41	98 83	4 419 49	2 178	1 879
FF3370	2e cycle après coupe bourgeonnement Repousses à tiges de 7 semaines	85,0	0,54 0,46	108 92	4 434 54	2 374	2 035

Par kg de matière sèche / (par kg de produit brut _ou_ digestibilité en %).

Code INRA	MO / dMO (g/kg / %)	MAT / dMA (g/kg / %)	CB (g/kg)	NDF (g/kg)	ADF (g/kg)	ADL (g/kg)	MG (g/kg)	Amidon (g/kg)	P (g/kg)	Ca (g/kg)	Mg (g/kg)
FF2470	899 / 62	138 / 68	307	647	332				2,2	2,3	1,5
FF2490	903 / 58	139 / 68	323	665	349				2,4	3,9	1,5
FF2520	896 / 62	138 / 68	307	647	332				2,2	2,3	1,5
FF2550	914 / 50	93 / 59	357	704	385				1,9	1,9	1,5
FF2570	915 / 43	84 / 56	356	703	384				2,4	3,5	1,7
FF2590	901 / 58	139 / 68	323	665	349				2,4	3,9	1,5
FF2660	894 / 60	133 / 67	328	671	355				2,2	2,3	1,5
FF2690	912 / 49	88 / 57	374	723	403				1,9	1,9	1,5
FF2710	914 / 42	79 / 54	373	722	402				2,4	3,5	1,7
FF2730	899 / 56	134 / 67	343	688	371				2,4	3,9	1,5
FF3220	891 / 62	185 / 73	311	520	326				2,4	12,5	2,5
FF3240	897 / 58	171 / 72	338	539	343				2,4	12,5	2,5
FF3270	901 / 59	181 / 72	338	539	343				2,2	11,0	2,0
FF3330	907 / 58	174 / 72	351	548	352				2,4	12,5	2,5
FF3350	915 / 53	163 / 71	374	564	367				2,2	12,5	2,5
FF3370	913 / 58	177 / 72	361	555	359				2,2	11,0	2,0

Par kg de matière sèche / digestibilité en %.

Code INRA	FOIN	%	UF/kg	g/kg		Kcal/kg / %	
		MS	UFC	MADC	EB dE	ED	EM
	Valeur nutritive						

LÉGUMINEUSE FOURRAGÈRE, TRÈFLE VIOLET

Ventilé

Code INRA	FOIN	MS	UFC	MADC	EB / dE	ED	EM
FF3520	1er cycle Début bourgeonnement	85,0	0,62 / 0,53	111 / 94	4 290 / 61	2 618	2 191
FF3540	1er cycle Début floraison	85,0	0,56 / 0,47	89 / 75	4 306 / 56	2 398	2 049

Fané au sol

Code INRA	FOIN	MS	UFC	MADC	EB / dE	ED	EM
FF3620	1er cycle Bourgeonnement	85,0	0,53 / 0,45	101 / 86	4 294 / 54	2 300	1 946
FF3640	1er cycle Floraison	85,0	0,49 / 0,42	82 / 70	4 313 / 50	2 171	1 874
FF3660	2e cycle après coupe bourgeonnement Repousses à tiges de 7 semaines	85,0	0,53 / 0,45	110 / 93	4 351 / 52	2 284	1 928

Par kg de matière sèche / (par kg de produit brut *ou* digestibilité en %).

Code INRA	PAILLE, FOURRAGES LIGNIFIÉS	% MS	UF/kg UFC	g/kg MADC	EB / dE	Kcal/kg / % ED	EM
FP0020	Paille de Blé, Seule (a)	88,0	0,29 / 0,26	0 / 0	4 340 / 32	1 393	1 259
FP0040	Paille de Blé, Traitée à l'ammoniac	88,0	0,37 / 0,33	40 / 35	4 380 / 40	1 738	1 539
FP0060	Paille d'Orge, Seule (a)	88,0	0,32 / 0,28	0 / 0	4 300 / 35	1 503	1 356
FP0080	Paille d'Orge, Traitée à l'ammoniac	88,0	0,39 / 0,35	40 / 35	4 300 / 43	1 829	1 619
FP0090	Paille d'Avoine, Seule (a)	88,0	0,35 / 0,31	0 / 0	4 240 / 39	1 642	1 485
FP0140	Paille de Graminée fourragère	88,0	0,36 / 0,32	30 / 27	4 340 / 39	1 681	1 490
FP0160	Paille de Pois, Seule (a)	86,0	0,36 / 0,31	20 / 17	4 130 / 41	1 678	1 500

Par kg de matière sèche / (par kg de produit brut *ou* digestibilité en %).

(a) Paille distribuée seule mais correctement complémentée en azote et en minéraux

Code INRA	RACINES, TUBERCULES	% MS	UF/kg UFC	g/kg MADC	EB / dE	Kcal/kg / % ED	EM
FR0010	Betteraves Fourragères (a)	13,0	1,13 / 0,15	52 / 7	4 110 / 84	3 452	3 224
FR0030	Betteraves Sucrières (a)	23,2	1,13 / 0,26	44 / 10	4 020 / 85	3 417	3 239
FR0040	Carottes (a)	12,5	1,10 / 0,14	49 / 6	4 030 / 87	3 506	3 257

Par kg de matière sèche / (par kg de produit brut *ou* digestibilité en %).

(a) Les valeurs UF de ces racines riches en sucres rapidement fermentescibles ne sont valables que si les racines sont distribuées en quantité limitée (< 3 kg MS chez l'équin adulte). Pour des quantités plus…

| Code INRA | Constituants organiques | | | | | | | | Minéraux | | |
| | g/kg / % | | g/kg | | | | | | g/kg | | |
	MO dMO	MAT dMA	CB	NDF	ADF	ADL	MG	Amidon	P	Ca	Mg
FF3520	880 / 66	180 / 72	245	485	299				2,7	10,3	2,0
FF3540	895 / 60	150 / 69	301	524	337				2,2	9,9	2,0
FF3620	886 / 58	167 / 71	280	509	323				2,4	9,9	2,0
FF3640	900 / 54	141 / 68	337	549	361				2,2	9,5	2,0
FF3660	894 / 57	179 / 72	286	514	327				2,4	10,3	2,5

Par kg de matière sèche / digestibilité en %.

| Code INRA | Constituants organiques | | | | | | | | Minéraux | | |
| | g/kg / % | | g/kg | | | | | | g/kg | | |
	MO dMO	MAT dMA	CB	NDF	ADF	ADL	MG	Amidon	P	Ca	Mg
FP0020	920 / 35	35 / 0	420	798	504				1,0	2,0	1,0
FP0040	915 / 43	100 / 57	419	766	504				1,0	3,5	1,0
FP0060	920 / 38	38 / 0	420	798	504				1,0	3,5	1,0
FP0080	920 / 46	100 / 57	420	766	504				1,0	3,5	1,5
FP0090	910 / 42	32 / 0	420	760	470				1,0	3,5	1,0
FP0140	926 / 42	84 / 52	400	760	480				1,0	3,0	1,0
FP0160	901 / 44	66 / 43	413						1,0	5,0	1,0

Par kg de matière sèche / digestibilité en %.

| Code INRA | Constituants organiques | | | | | | | | Minéraux | | |
| | g/kg / % | | g/kg | | | | | | g/kg | | |
	MO dMO	MAT dMA	CB	NDF	ADF	ADL	MG	Amidon	P	Ca	Mg
FR0010	915 / 87	104 / 66	70						1,5	2,5	1,3
FR0030	968 / 88	84 / 70	58						1,5	3,0	1,3
FR0040	910 / 88	105 / 62	100						3,0	4,5	1,9

Par kg de matière sèche / digestibilité en %.

...élevées, prendre 1 UFC.

Code INRA	CONCENTRÉ, COPRODUIT	Valeur nutritive					
		%	UF/kg	g/kg		Kcal/kg / %	
		MS	UFC	MADC	EB / dE	ED	EM
DÉSHYDRATÉS ET AGGLOMÉRÉS (a)							
CD0020	Luzerne, MAT < 16% sur sec	**91,4**	**0,57** 0,52	**86** 79	**4 302** 54	**2 318**	**1 991**
CD0030	Luzerne, MAT 17-18% sur sec	**90,6**	**0,60** 0,54	**104** 94	**4 301** 57	**2 435**	**2 067**
CD0040	Luzerne, MAT 18-19% sur sec	**90,6**	**0,62** 0,56	**110** 100	**4 299** 58	**2 515**	**2 123**
CD0050	Luzerne, MAT 22-25% sur sec	**89,8**	**0,70** 0,63	**146** 131	**4 279** 66	**2 840**	**2 326**
CD0060	Maïs, stade laiteux	**91,0**	**0,77** 0,70	**32** 29	**4 417** 62	**2 739**	**2 446**
CD0070	Maïs, stade vitreux	**91,0**	**0,92** 0,84	**29** 26	**4 424** 68	**3 008**	**2 755**
CD0080	R.G.I., 1er cycle, début épiaison	**91,0**	**0,73** 0,66	**53** 48	**4 190** 66	**2 757**	**2 404**
CD0090	R.G.I., 2e cycle, 5 semaines	**91,0**	**0,71** 0,65	**92** 84	**4 240** 63	**2 650**	**2 247**
CÉRÉALES							
CC0010	Orge	**86,7**	**1,14** 0,99	**82** 71	**4 390** 79	**3 480**	**3 247**
CC0020	Avoine	**88,1**	**0,99** 0,87	**78** 69	**4 656** 68	**3 151**	**2 871**
CC0030	Avoine décortiquée	**85,6**	**1,14** 0,98	**92** 79	**4 484** 78	**3 518**	**3 268**
CC0040	Blé dur	**87,6**	**1,21** 1,06	**116** 102	**4 425** 85	**3 744**	**3 456**
CC0050	Blé tendre	**86,8**	**1,23** 1,07	**85** 74	**4 351** 84	**3 675**	**3 473**
CC0060	Maïs	**86,4**	**1,30** 1,12	**66** 57	**4 463** 85	**3 803**	**3 647**
CC0070	Riz cargo	**87,4**	**1,33** 1,16	**65** 57	**4 299** 87	**3 751**	**3 672**
CC0080	Seigle	**87,3**	**1,20** 1,05	**63** 55	**4 294** 85	**3 655**	**3 421**
CC0090	Sorgho	**86,5**	**1,24** 1,07	**77** 67	**4 502** 81	**3 637**	**3 470**
CC0100	Triticale	**87,3**	**1,21** 1,06	**77** 67	**4 311** 84	**3 603**	**3 412**

Par kg de matière sèche / (par kg de produit brut *ou* digestibilité en %).

(a) Fourrages agglomérés dans des presses à filières sans (fourrages compactés) ou avec broyage préalable (fourrages condensés).

Code INRA	MO g/kg / % dMO	MAT g/kg / % dMA	CB	NDF	ADF	ADL	MG	Amidon	P	Ca	Mg
				Constituants organiques g/kg						Minéraux g/kg		
CD0020	892 / 59	151 / 67	320	503	363	91	24		2,6	20,4	1,6
CD0030	885 / 61	175 / 70	295	474	338	86	27		2,6	21,8	1,7
CD0040	883 / 62	184 / 71	283	461	326	83	28		2,7	22,3	1,7
CD0050	871 / 70	233 / 74	211	379	255	69	34		2,7	25,2	1,9
CD0060	950 / 67	76 / 50	223	496	247	27	25	170	1,8	2,3	1,5
CD0070	954 / 68	72 / 47	195	450	215	23	30	300	1,8	2,3	1,5
CD0080	899 / 69	105 / 59	238	508	269		25		2,7	4,3	1,0
CD0090	889 / 67	161 / 68	263	553	292		25		3,0	4,8	2,0
CC0010	974 / 83	116 / 81	52	216	63	11	21	602	4,0	0,8	1,3
CC0020	970 / 70	111 / 81	138	372	169	28	54	411	3,6	1,2	1,1
CC0030	975 / 82	124 / 81	47	136	54	20	29	615	3,3	1,0	1,0
CC0040	978 / 88	165 / 81	31	164	43	13	21	633	3,9	0,9	1,2
CC0050	982 / 88	121 / 81	26	143	36	11	17	698	3,7	0,8	1,1
CC0060	986 / 89	94 / 81	25	120	30	6	43	742	3,0	0,5	1,2
CC0070	988 / 91	92 / 82	5	10	7	0	13	868	2,3	0,1	1,6
CC0080	979 / 89	103 / 70	22	161	36	10	14	616	3,4	1,2	1,2
CC0090	983 / 84	109 / 81	27	108	43	12	34	741	3,2	0,3	1,4
CC0100	978 / 87	110 / 81	27	146	37	12	15	686	4,0	0,8	1,1

Par kg de matière sèche / digestibilité en %.

Code INRA	CONCENTRÉ, COPRODUIT	%	UF/kg	g/kg	Kcal/kg / %		
		MS	UFC	MADC	EB dE	ED	EM
COPRODUITS DE CÉRÉALES							
CS0010	Remoulage de blé dur	86,9	**0,98** 0,85	**134** 116	**4 606** 71	3 276	2 886
CS0020	Son de blé dur	86,6	**0,89** 0,77	**129** 112	**4 585** 67	3 053	2 656
CS0030	Farine basse de blé tendre	88,2	**1,24** 1,09	**109** 96	**4 515** 83	3 737	3 498
CS0040	Remoulage blanc de blé tendre	87,9	**1,13** 0,99	**128** 113	**4 553** 81	3 684	3 293
CS0050	Remoulage demi-blanc de blé tendre	88,1	**0,97** 0,85	**129** 114	**4 542** 72	3 271	2 869
CS0060	Son de blé tendre	87,1	**0,86** 0,75	**122** 106	**4 511** 66	2 964	2 570
CS0090	Gluten feed de blé, amidon 25% sur brut	90,6	**0,94** 0,85	**117** 106	**4 439** 73	3 222	2 778
CS0100	Gluten feed de blé, amidon 28% sur brut	87,9	**0,98** 0,86	**118** 104	**4 546** 72	3 293	2 898
CS0110	Corn gluten feed	88,0	**0,83** 0,73	**161** 142	**4 468** 67	2 995	2 504
CS0120	Corn gluten meal	89,5	**1,23** 1,10	**573** 513	**5 510** 91	5 025	3 799
CS0140	Farine fourragère de maïs	87,3	**1,21** 1,06	**61** 53	**4 632** 80	3 706	3 427
CS0150	Amidon de maïs	88,1	**1,49** 1,31	**7** 6	**4 185** 97	4 079	4 079
CS0170	Son de maïs	87,8	**0,87** 0,76	**69** 61	**4 506** 63	2 849	2 559
CS0180	Tourteau de germes de maïs déshuilé	87,4	**0,90** 0,79	**217** 190	**4 658** 74	3 447	2 778
CS0190	Tourteau de germes de maïs expeller	91,5	**1,17** 1,07	**113** 103	**4 964** 78	3 872	3 357
CS0200	Tourteau de maïs de semoulerie	89,4	**1,02** 0,91	**96** 86	**4 540** 74	3 353	2 984
CS0220	Radicelles d'orge de brasserie déshydratées	89,3	**0,76** 0,68	**166** 148	**4 415** 86	3 782	2 320
CS0230	Brisures de riz	87,4	**1,32** 1,15	**64** 56	**4 311** 86	3 720	3 649
CS0240	Son de riz déshuilé	90,2	**0,85** 0,77	**88** 79	**4 220** 66	2 785	2 451

Par kg de matière sèche / (par kg de produit brut *ou* digestibilité en %).

Code INRA	MO / dMO (g/kg / %)	MAT / dMA (g/kg / %)	CB	NDF	ADF	ADL	MG	Amidon	P	Ca	Mg
	Constituants organiques			g/kg					**Minéraux** g/kg		
CS0010	954 / 74	178 / 82	82	364	107	31	49	342	9,4	1,4	2,3
CS0020	944 / 69	169 / 83	117	499	151	43	51	230	11,2	1,6	3,1
CS0030	984 / 81	145 / 82	17	111	25	5	27	676	4,1	1,0	1,8
CS0040	962 / 83	170 / 82	56	261	74	22	40	430	8,1	1,3	2,6
CS0050	951 / 75	175 / 80	80	356	104	30	40	314	9,9	1,5	4,0
CS0060	942 / 68	170 / 78	105	455	136	39	40	227	11,4	1,6	4,8
CS0090	918 / 75	163 / 78	62	312	90	30	44	274	8,2	1,3	3,2
CS0100	953 / 75	164 / 78	69	324	95	31	32	317	8,5	1,8	2,6
CS0110	930 / 70	219 / 80	85	384	100	12	31	205	10,1	1,8	3,9
CS0120	979 / 95	677 / 90	12	26	8	2	28	192	5,4	0,8	0,4
CS0140	973 / 80	103 / 64	66	293	79	12	62	522	5,3	1,4	1,5
CS0150	997 / 100	9 / 89	2	0			5	950	0,0	0,2	0,0
CS0170	932 / 65	124 / 60	146	595	166	26	41	340	3,4	5,4	1,6
CS0180	964 / 76	295 / 80	101	425	119	17	29	155	7,2	0,5	3,1
CS0190	941 / 78	166 / 74	67	317	82	21	149	323	9,1	0,4	3,2
CS0200	948 / 77	149 / 70	62	298	75	14	68	403	8,6	1,6	2,9
CS0220	937 / 63	244 / 74	142	447	168	29	21	126	6,2	3,2	1,7
CS0230	990 / 90	88 / 80	12	59	15	6	14	882	2,5	0,5	1,7
CS0240	872 / 68	160 / 60	103	267	125	44	34	335	19,7	2,4	9,0

Par kg de matière sèche / digestibilité en %.

Code INRA	CONCENTRÉ, COPRODUIT	%	UF/kg	g/kg	Kcal/kg / %		
					Valeur nutritive		
		MS	UFC	MADC	EB / dE	ED	EM
COPRODUITS DE CÉRÉALES							
CS0250	Son de riz gras	90,1	1,07 / 0,96	90 / 81	5 133 / 70	3 592	3 143
AUTRES PRODUITS D'ORIGINE VÉGÉTALE							
CF0010	Manioc, amidon 67% sur brut	88,0	1,23 / 1,08	10 / 9	3 937 / 88	3 448	3 396
CF0020	Manioc, amidon 72% sur brut	87,3	1,28 / 1,12	9 / 8	4 073 / 87	3 533	3 512
CF0080	Coques de soja	89,4	0,69 / 0,62	40 / 36	4 355 / 57	2 494	2 170
CF0100	Farine de gousse de caroube	84,5	0,72 / 0,61	12 / 10	4 164 / 55	2 290	2 116
CF0130	Mélasse de betterave	75,7	1,18 / 0,89	111 / 84	3 685 / 95	3 496	3 195
CF0140	Mélasse de canne	73,7	1,19 / 0,88	26 / 19	3 573 / 95	3 384	3 191
CF0170	Pulpe de betterave déshydratée	89,1	0,85 / 0,76	29 / 26	4 060 / 73	2 973	2 646
CF0180	Pulpe de betterave déshydratée mélassée	88,3	0,86 / 0,76	32 / 28	4 077 / 73	2 982	2 654
CF0200	Pulpe de pomme de terre déshydratée	87,4	1,09 / 0,95	6 / 5	4 210 / 80	3 379	3 176
GRAISSES							
CG0040	Huiles	100,0	2,96 / 2,96		9 380 / 88	8 254	7 883
GRAINES							
CN0010	Graine de colza	92,2	1,43 / 1,32	154 / 142	6 836 / 87	5 947	4 438
CN0030	Féverole à fleurs blanches	86,1	1,10 / 0,95	243 / 209	4 475 / 86	3 835	3 252
CN0040	Féverole à fleurs colorées	86,5	1,11 / 0,96	229 / 198	4 479 / 86	3 837	3 307
CN0050	Graine de lin	90,3	1,30 / 1,17	188 / 170	6 402 / 79	5 075	4 035
CN0060	Lupin blanc	88,6	1,05 / 0,93	290 / 257	5 060 / 79	4 000	3 296
CN0070	Lupin bleu	90,2	1,02 / 0,92	262 / 236	4 849 / 79	3 842	3 196

Par kg de matière sèche / (par kg de produit brut *ou* digestibilité en %).

Code INRA	MO dMO (g/kg / %)	MAT dMA (g/kg / %)	CB	NDF	ADF	ADL	MG	Amidon	P	Ca	Mg
					Constituants organiques (g/kg)					Minéraux (g/kg)		
CS0250	910 / 72	153 / 64	86	228	99	36	182	304	17,9	0,9	7,3
CF0010	938 / 91	31 / 45	50	97	69	24	7	762	1,1	2,6	1,2
CF0020	974 / 91	29 / 45	33	72	47	14	6	82	1,0	1,7	1,7
CF0080	947 / 60	134 / 50	382	631	452	24	25	0	1,5	5,5	2,5
CF0100	964 / 58	52 / 39	86	320	276	154	5	7	1,1	5,1	0,6
CF0130	871 / 91	145 / 85	0				2	0	0,3	1,4	0,6
CF0140	860 / 91	55 / 60	0				15	0	0,8	10,1	4,5
CF0170	923 / 76	91 / 45	194	454	231	21	10	0	1,0	14,8	2,0
CF0180	928 / 76	99 / 46	194	454	231	11	7	0	1,0	14,4	1,2
CF0200	964 / 82	53 / 17	182	297	206	58	4	432	1,5	6,2	1,6
CG0040	1 000 / 88	0 / 0									
CN0010	957 / 84	207 / 79	89	190	134	59	455	0	7,2	5,1	
CN0030	959 / 89	311 / 83	87	160	106	8	13	433	5,5	1,7	
CN0040	961 / 89	294 / 83	91	161	107	9	15	442	5,3	1,6	
CN0050	952 / 83	250 / 80	102	245	148	62	362	0	6,8	4,2	
CN0060	961 / 82	385 / 80	128	214	154	10	95	0	4,3	3,8	
CN0070	962 / 82	340 / 82	165	247	197	17	59	0	4,1	3,6	

Par kg de matière sèche / digestibilité en %.

Code INRA	CONCENTRÉ, COPRODUIT	Valeur nutritive					
		%	UF/kg	g/kg		Kcal/kg / %	
		MS	UFC	MADC	EB / dE	ED	EM
GRAINES							
CN0080	Pois	86,4	1,11 / 0,96	186 / 161	4 366 / 83	3 629	3 223
CN0090	Pois chiche	89,0	1,11 / 0,99	174 / 155	4 708 / 79	3 710	3 257
CN0100	Graine de soja extrudée	88,1	1,11 / 0,98	316 / 278	5 530 / 76	4 191	3 474
CN0120	Graine de tournesol	93,0	1,30 / 1,21	128 / 119	6 849 / 71	4 851	4 007
TOURTEAUX							
CX0010	Tourteau d'arachide détoxifié, cellulose < 9% sur brut	89,6	1,02 / 0,91	461 / 413	4 917 / 84	4 118	3 232
CX0020	Tourteau d'arachide détoxifié, cellulose > 9% sur brut	89,2	0,96 / 0,86	451 / 402	4 834 / 82	3 949	3 068
CX0040	Tourteau de colza	88,7	0,74 / 0,66	286 / 254	4 611 / 62	2 843	2 371
CX0050	Tourteau de coprah expeller	91,2	0,76 / 0,69	150 / 137	4 767 / 62	2 977	2 050
CX0080	Tourteau de lin déshuilé	88,6	0,88 / 0,78	294 / 260	4 610 / 74	3 425	2 853
CX0090	Tourteau de lin expeller	90,4	0,94 / 0,85	273 / 247	4 882 / 75	3 657	3 061
CX0100	Tourteau de palmiste expeller	90,6	0,79 / 0,72	92 / 83	4 803 / 65	3 137	2 610
CX0120	Tourteau de sésame expeller	93,9	0,95 / 0,89	387 / 363	4 956 / 76	3 767	3 047
CX0130	Tourteau de soja 46	87,6	0,93 / 0,81	413 / 362	4 659 / 78	3 621	2 897
CX0140	Tourteau de soja 48	87,8	0,94 / 0,83	436 / 383	4 703 / 80	3 768	2 992
CX0150	Tourteau de soja 50	87,6	0,93 / 0,81	456 / 399	4 697 / 79	3 727	2 948
CX0160	Tourteau de tournesol non décortiqué	88,7	0,59 / 0,52	223 / 198	4 626 / 50	2 320	1 916
CX0170	Tourteau de tournesol partiellement décortiqué	89,7	0,64 / 0,57	273 / 245	4 628 / 55	2 557	2 084

Par kg de matière sèche / (par kg de produit brut *ou* digestibilité en %).

Code INRA	MO / dMO (g/kg / %)	MAT / dMA (g/kg / %)	CB	NDF	ADF	ADL	MG	Amidon	P	Ca	Mg
			Constituants organiques (g/kg)						**Minéraux** (g/kg)		
CN0080	965 / 87	239 / 83	60	139	69	3	12	516	4,6	1,3	
CN0090	966 / 82	223 / 83	40	104	42	2	68	504	4,1	1,3	
CN0100	941 / 79	395 / 85	59	125	73	12	203	0	6,3	3,6	
CN0120	963 / 74	172 / 79	167	310	201	62	479	0	5,8	3,0	
CX0010	933 / 87	546 / 90	76	159	96	28	38	0	6,3	2,2	
CX0020	934 / 85	551 / 87	134	225	157	51	10	0	6,3	2,2	
CX0040	921 / 64	380 / 80	139	319	221	108	26	0	12,9	9,4	
CX0050	932 / 65	225 / 71	141	546	286	66	89	0	5,9	1,3	
CX0080	934 / 77	359 / 87	110	257	156	66	34	0	9,0	5,0	
CX0090	935 / 78	342 / 85	113	259	157	67	90	0	9,1	4,7	
CX0100	954 / 68	163 / 60	197	726	445	134	94	0	6,1	3,1	
CX0120	879 / 79	463 / 89	64	201	106	19	118	0	12,6	18,1	
CX0130	926 / 83	494 / 89	70	142	85	5	19	0	7,1	3,9	
CX0140	927 / 83	516 / 90	68	139	83	8	21	0	7,1	3,9	
CX0150	928 / 83	539 / 90	44	102	55	4	17	0	7,1	3,9	
CX0160	930 / 52	312 / 76	287	463	330	113	23	0	11,3	4,4	
CX0170	925 / 57	373 / 78	236	400	276	92	19	0	12,0	4,5	

Par kg de matière sèche / digestibilité en %.

Annexes

Les tables comportent différentes annexes qui indiquent :
– les teneurs en oligoéléments et vitamines des fourrages (annexes 1 et 2) ;
– les sources inorganiques d'apport minéral pour complémenter les rations (annexe 3) ;
– les teneurs des fourrages en sucres, amidon et en extrait éthéré qui peuvent dans certains cas être utilisés dans les équations de prévision de la valeur énergétique (annexe 4) ;
– enfin la composition en acides gras des principales huiles végétales qui peuvent être utilisées dans l'alimentation du cheval notamment à l'effort (annexe 6).

Annexe 1. Teneurs en oligo-éléments des fourrages[a] (d'après Inra, 1988).

		Nombre	Cuivre	Zinc	Manganèse	Molybdène
Fourrages verts						
Prairies permanentes						
1er cycle	stade pâturage	9	7,4	48,0	149,0	0,87
1er cycle	épiaison	9	5,9	36,0	148,0	0,83
1er cycle	floraison	9	5,0	34,0	141,0	0,75
Dactyle						
1er cycle	stade végétatif[1]	7	7,5 ± 2,8	32,0 ± 9,0	112,0 ± 32,7	2,28 ± 0,36
	épiaison	32	6,0 ± 1,0	23,0 ± 5,1	105,0 ± 49,4	1,49 ± 0,84
	floraison	10	4,8 ± 1,1	18,0 ± 4,9	91,4 ± 45,0	0,94 ± 0,22
2e cycle[2]		25	6,8 ± 1,1	22,2 ± 3,7	129,3 ± 62,9	2,55 ± 0,47
3e cycle[2]		14	6,5 ± 0,9	25,2 ± 2,0	128,4 ± 48,5	3,37 ± 0,79
4e cycle et autres[2]		9	8,7 ± 0,9	30,8 ± 3,9	193,9 ± 66,5	–
Fétuque des prés						
1er cycle	stade végétatif[1]	11	5,4 ± 1,5	23,8 ± 6,2	90,5 ± 30,1	–
	épiaison	8	4,8 ± 1,3	19,5 ± 4,3	86,5	0,87
2e cycle[2]		11	5,7 ± 1,3	27,1 ± 7,9	118,3 ± 35,9	–
3e cycle[2]		9	5,7 ± 0,9	21,8 ± 7,0	96,0 ± 31,4	–
4e cycle et autres[2]		7	6,6 ± 0,4	27,1 ± 10,8	115,0 ± 73,5	–
Fétuque élevée						
1er cycle	stade végétatif[1]	38	6,5 ± 1,3	38,0 ± 13,3	81,3 ± 48,0	1,14 ± 0,60
	épiaison	30	5,1 ± 2,5	20,9 ± 7,9	77,9 ± 43,2	0,80 ± 0,34
	floraison	6	3,8 ± 1,5	23,0 ± 20,6	93,5 ± 34,2	–
2e cycle[2]		24	5,6 ± 1,4	24,2 ± 14,2	113,1 ± 60,3	0,53 ± 0,41
3e cycle[2]		31	5,9 ± 1,0	27,8 ± 13,6	47,3 ± 52,9	1,08 ± 1,06
4e cycle et autres[2]		30	6,3 ± 1,2	22,8 ± 9,3	131,0 ± 58,2	0,76 ± 0,71

Ray-grass anglais						
1er cycle	stade végétatif[1]	18	5,2 ± 1,7	23,9 ± 9,5	84,7 ± 29,0	1,60
	épiaison	17	4,0 ± 1,3	19,5 ± 9,5	74,0 ± 25,0	1,01 ± 0,48
2e cycle[2]		15	5,2 ± 1,8	26,5 ± 8,2	148,4 ± 45,4	–
3e cycle[2]		10	6,0 ± 0,9	37,0 ± 9,6	125,0 ± 22,2	–
4e cycle et autres[2]		12	6,9 ± 1,0	33,8 ± 9,2	151,3 ± 65,2	–
Ray-grass italien						
1er cycle	stade végétatif[1]	16	8,1 ± 2,0	32,2 ± 6,6	85,1 ± 38,4	–
	épiaison	13	5,0 ± 1,4	23,8 ± 7,5	79,6 ± 41,7	–
2e cycle[2]		13	5,8 ± 1,0	32,7 ± 8,8	133,8 ± 45,4	–
3e cycle[2]		15	7,2 ± 1,3	32,2 ± 7,5	139,0 ± 32,7	–
4e cycle et autres[2]		4	6,8 ± 2,0	31,8 ± 6,7	121,0 ± 23,4	–
Fléole						
1er cycle	stade végétatif[1]	22	5,4 ± 2,1	37,4 ± 13,8	77,5 ± 34,1	1,30 ± 0,60
	épiaison	17	3,8 ± 1,0	25,3 ± 10,7	59,7 ± 36,1	1,05 ± 0,41
	floraison	4	3,1 ± 0,8	22,3 ± 6,2	27,7 ± 10,0	1,00
2e cycle[2]		15	5,1 ± 0,8	24,5 ± 12,7	73,0 ± 36,5	0,75 ± 0,28
3e cycle[2]		8	5,6 ± 0,8	21,0 ± 7,1	74,1 ± 36,0	1,96
4e cycle et autres[2]		4	6,6 ± 1,4	27,0 ± 2,2	113,8 ± 42,0	0,95
Luzerne						
1er cycle	stade végétatif	6	8,8 ± 0,5	32,3 ± 3,1	26,7 ± 1,2	1,30 ± 0,64
	Bourgeonnement	12	7,5 ± 1,3	22,9 ± 4,3	25,5 ± 10,5	1,07 ± 0,32
	floraison	19	7,7 ± 2,0	22,0 ± 5,9	27,5 ± 9,3	0,56 ± 0,40
2e cycle		27	8,5 ± 2,1	22,3 ± 5,3	52,7 ± 36,0	0,47 ± 0,42
3e cycle		17	8,6 ± 1,5	24,1 ± 4,8	43,9 ± 35,3	0,44 ± 0,31
4e cycle et autres		16	8,9 ± 1,5	22,8 ± 3,3	36,6 ± 24,2	0,77 ± 0,09
Foins						
Prairie permanente						
	1re coupe	454	5,2 ± 0,5	29,1 ± 0,5	158,2 ± 5,3	0,63 ± 0,04
Ray-grass d'Italie						
	1re coupe	23	4,9 ± 0,3	26,5 ± 1,4	110,0 ± 14,5	–
Luzerne						
	1re coupe	23	7,1 ± 0,3	24,6 ± 2,1	29,0 ± 2,4	–
	2e coupe	19	7,5 ± 0,3	23,7 ± 1,1	–	–
Paille d'orge		6	3,1 ± 0,9	7,3 ± 3,9	17,6 ± 9,2	–
Ensilages de maïs		32	6,1 ± 0,3	26,0 ± 1,6	55,6 ± 8,7	–
Betteraves			7,0	28,0	–	–

– Données non disponibles ;

[a] Pour les aliments concentrés simples : voir tableau Inra-AFZ, 2004 .

[1] Stade végétatif : avant ou au stade épi à 10 cm au-dessus du sol ;

[2] L'âge des repousses est compris entre 4 et 9 semaines.

Annexe 2. Teneur en vitamines de quelques aliments (UI/kg MS) (d'après Inra, 1988).

	Vitamine A	Vitamine D	Vitamine E
Fourrages verts de graminées	25 000	30	17
Foins			
Prairie naturelle (frais)	6 000	600	10
Prairie naturelle (stockés)	1 500	–	–
Ray-grass italien	116 000	2 000	–
Ray-grass annuel	48 000	–	210
Luzerne	46 000	600	11
Céréales (grains)			
Orge	1 000	–	25
Maïs	1 000	–	25
Sorgho	–	–	12
Blé	–	–	17
Avoine	–	–	15
Ensilages			
Maïs	6 000	300	–
Seigle	23 000	–	–
Sorgho	14 000	–	–
Pailles			
Avoine	1 000	700	–
Blé	1 000	700	–
Tourteaux			
Soja	–	–	7
Tournesol (expeller, décortiqué)	–	–	12
Coton (expeller, 41% protéines)	–	–	35
Issues de meunerie			
Son blé	1 000	–	21
Son de riz	–	–	66

– Données non disponibles.

Annexe 3. Principales sources inorganiques d'apport minéral.

Sources minérales	P (%)	Ca (%)	Mg (%)	Autres éléments[a] (%)
Phosphate bicalcique anhydre	20-22	28	–	–
Phosphate bicalcique hydraté	17,5	23	–	–
Phosphate monoammonique	27	–	–	N 12
Phosphate diammonique	23	–	–	N
Phosphate de magnésium	13-15	–	24-28	–
Phosphate monocalcique	22-24	18-21	–	–
Phosphate monobicalcique	20	20	–	–
Phosphate monosodique anhydre	25,5	–	–	Na 19
Phosphate monosodique hydraté	20	–	–	Na 16
Phosphate triple Mg, Ca, Na	17	8	5	Na 13
Carbonate de calcium (calcaires)	–	35-38	2-4[a]	–
Carbonate de Ca et Mg (dolomie)	–	22	10	–
Carbonate de calcium anhydre	–	36	–	Cl 14
Oxyde de magnésium CP[b]	–	–	64	–
Oxyde de magnésium[c]	–	–	55-59	–
Oxyde de magnésium[d]	–	–	55-59	–
Hydroxyde de magnésium	–	–	38-39	–
Sulfate de magnésium hydraté	–	–	17	S 22

[a] Uniquement pour les carbonates d'origine marine (maërl, lithothamnium) ;

[b] CP = chimiquement pur ;

[c] Granulométrie inférieure à 500 µ ;

[d] Granulométrie supérieure à 500 µ ;

– Données non disponibles.

Annexe 4. Teneur en sucres et en amidon des fourrages (en % de la MS) (d'après Inra, 2007).

Types de fourrages	Sucres[1]	Amidon
Fourrages verts		
Ray-grass		
Semis de l'année	3-10	–
1er Cycle : Stade feuillu	10-15	–
Montaison	10-20	–
Épiaison	10-20	–
Floraison	10-15	–
Repousses avec épis	10-15	–
Repousses feuillues	5-10	–
Autres graminées		
Semis de l'année	3-8	–
1er Cycle	5-10	–
Repousses	4-8	
Luzerne et trèfle violet[2]		
1er Cycle : Début bourgeonnement	6-10	Traces
Fin floraison	3-5	–
2e et 3e Cycle	3-6	–
Trèfle blanc	3-4	–
Maïs plante entière		
Stade laiteux (24 % MS)	15	17
Stade pâteux (29 % MS)	11	26
Stade vitreux (34 % MS)	9	30
Stade vitreux > 35 % (39 % MS)	7,5	32
Choux	20-30	–
Fourrages conservés		
Foins de 1er cycle		
Prairie naturelle	4-8	–
Ray-grass	8-15	–
Autres graminées	3-8	–
Légumineuses	2-4	–
Foins de repousses (regains)	3-5	–
Ensilages d'herbe		
Ensilages sans conservateur	0-2	–
Ensilages avec conservateur efficace		
Ray-grass	2-6	–
Autres espèces	1-2	–

Ensilages de maïs		
Stade laiteux (25 % MS)	14	17
Stade pâteux (30 % MS)	11	25
Stade vitreux (35 % MS)	9	29
Stade vitreux (40 % MS)	7,5	31
Racines, tubercules		
Betteraves	62	–
Navets	40	–
Pommes de terre crues	–	60-65
Topinambours	63	–

[1] Sous le terme de « sucres », on entend ici les glucides solubles dans l'eau. Ce sont effectivement des sucres (glucose, fructose, saccharose, etc.) dans la plupart des aliments, mais il s'y ajoute des frutosanes dans le cas des graminées, l'insuline du topinambour, etc.

[2] Ajouter 2 points pour le trèfle violet.

– Données non disponibles.

Annexe 5. Teneurs en extrait éthéré des fourrages verts et déshydratés. Ces teneurs ont été considérées comme inchangées pour les ensilages correspondants réalisés en coupe directe ou préfanés, divisées par 1,5 pour les ensilages mi-fanés et divisés par 2 pour les foins correspondants (d'après Inra, 2007).

Types de fourrages	Extrait éthéré (en g/kg de MS)
Prairies permanentes et graminées fourragères	
Années de semis, quel que soit le stage	30
Années d'exploitation	
1er Cycle	
Déprimage	35
Feuillu	31
Épi à 10 cm	27
Début épiaison	25
Epiaison	23
Fin épiaison	21
Début floraison	18
Floraison	16
Fin floraison	15
Repousses	
Quels que soient l'âge et le cycle	25
Légumineuses fourragères	
Luzerne	
1er Cycle	
Végétatif 30 cm	36
Végétatif 60 cm	32
Début bourgeonnement	30
Bourgeonnement	28
Début floraison	25
Floraison	23
Repousses	
Quels que soient l'âge du cycle	30
Trèfle violet	
1er Cycle	
Végétatif	33
Début bourgeonnement	30
Bourgeonnement	27
Début floraison	25
Floraison	23
Fin floraison	21
Repousses	
Quels que soient l'âge et le cycle	30
Trèfle blanc	
Quels que soient l'âge et le cycle	30
Sainfoin	
Quels que soient l'âge et le cycle	30

Céréales plante entière			
Maïs		Début de formation de la graine	22
		Laiteux-pâteux	25
		Pâteux-vitreux	30
		Vitreux	30
Orge		Floraison	20
		Laiteux	25
		Laiteux-pâteux	30
		Pâteux	30
Blé		Quel que soit le stade	30
Avoine		Début montaison	38
		Début épiaison	30
		Floraison	25
		Laiteux-pâteux	25
		Pâteux	30
Seigle		Début montaison	25
		Début épiaison	25
		Épiaison	25
		Floraison	25
		Laiteux-pâteux	30
		Pâteux	35
Sorgho	1er Cycle	Avant début de l'épiaison	35
		Début de l'épiaison	31
		Épiaison	29
		Floraison	27
		Laiteux	30
	Repousses	Feuillues	35
		Épiées	30

Protéagineux			
Soja	Variétés précoces	Formation des gousses	25
		Début de formation de la graine	50
		Maturité de la graine	75
	Variétés tardives	Début floraison	20
		Floraison	20
		Formation des gousses	25
		Début de formation de la graine	35
Pois		Formation de la graine	30
		Jaunissement de la graine	35
Féverole		Floraison	30
		Formation des gousses	30
		Graines consistantes	25
		Début de maturité de la graine	20
Lupin blanc		Floraison	25
		Début de formation de la graine	30

Annexe 6. Composition en acides gras de quelques huiles végétales (extrait de AFZ-Inra, 2004).

Acides gras (% AG totaux)	Colza	Coprah	Palme	Soja	Tournesol
C6+C8+C10	–	13,1	–	–	–
C12:0	0,2	46,4	0,3	–	0,2
C14:0	0,1	17,7	0,6	0,1	0,2
C16:0	4,2	8,9	43,0	10,5	6,3
C16:1	0,4	0,4	0,2	0,2	0,4
C18:0	1,8	3,0	4,4	3,8	4,3
C18:1	58,0	6,5	37,1	21,7	20,3
C18:2 ω-6	20,5	1,8	9,9	53,1	64,9
C18:3 ω-3	9,8	0,1	0,3	7,4	0,3
C20:0	–	0,5	0,4	0,3	–
C20:1	–	–	–	0,2	–
C22:1	0,4	–	–	0,3	–

– Données non disponibles.

Pour en savoir plus

Inra, 1988. *Alimentation des bovins, ovins et caprins* (Jarrige R., ed.), Inra Éditions, 471 p.

Inra, 1990. *Alimentation des chevaux* (Martin-Rosset W., ed.), Inra Éditions, 232 p.

Inra, 2007. *Alimentation des bovins, ovins et caprins* (Agabriel J., ed.), Éditions Quae, 307 p.

Inra – AFZ. 2004. *Tables de composition et de valeur nutritive des matières premières destinées aux animaux d'élevage* (Sauvant D., Perez J.M., Tran G., eds) Inra Éditions – AFZ, 301 p.

Autres ouvrages à consulter

AFTAA-AFZ, 2005. *Plantes et extraits en nutrition animales*, Journée AFTAA-AFZ, 20 janvier, Paris, AFZ.

AFPF, 2011. L'utilisation des ressources prairiales et du territoire par le cheval (Bigot G., Martin-Rosset W., Morhain B., Vial-Pion C. eds). *Fourrages*, 207, 153-240.

AFZ-Inra, 2004. *Tables de la composition et de la valeur nutritive des matières premières destinées aux animaux d'élevage*, 2ᵉ édition, Éditions Quae.

Courtot D., Jaussaud P., 1990. *Le contrôle antidopage chez le cheval*, Éditions Quae, 155 p.

ECUS, annuel. *Tableau économique, statistique et graphique du cheval en France*, IFCE.

EAAP, 2003. *Working animals in agriculture and transport* (Pearson R.A., Lhoste P., Saastamoinen M., Martin-Rosset W., eds), Technical Series, n° 6, Wageningen Academic Publishers, The Netherlands, 209 p.

EAAP, 2005. *The growing horse : nutrition and prevention of growth disorders* (Julliand V., Martin-Rosset W., eds), n° 114, Wageningen Academic publishers, The Netherlands, 320 p.

EAAP, 2006. *Nutrition and feeding the broodmare* (Miraglia N., Martin-Rosset W., eds), n° 120, Wageningen Academic publishers, The Netherlands, 416 p.

EAAP, 2006. Local animal resources and products in sustainable development: role and potential of equids (Miraglia N., Burger D., Kapron M., Flanagan J., Langlois B., Martin-Rosset W.), *In : Livestock farming systems* (Rubino R., Sepe L., Dimitriadou A., Gibon A., eds), n° 118, Wageningen Academic publishers, The Netherlands, 217-232.

EAAP, 2007. *Horse behaviour and welfare* (Hausberger M., Sondergaard E., Martin-Rosset W., eds), n° 122., Wageningen Academic publishers, The Netherlands, 152 p.

EAAP, 2008. *Nutrition of the exercising horse* (Saastamoinen M., Martin-Rosset W., eds), n°125, Wageningen Academic publishers, The Netherlands, 432 p.

FIVAL, 2006. *Pour mieux gérer son fumier de cheval*, FIVAL Ed.

FIVAL-France Galop-Cheval Français, 2008. *Valorisation du fumier de cheval*. La méthanisation – La combustion – Le compostage, Pôle de Compétitivité filière équine ed., 23 Rue Pasteur, 14120 Mondeville.

Hodgson D.R., Rose J.R., 1994. *The athletic horse*. Sanders Company Independance square west, Philadelphia, USA, 497 p.

IFCE, 2005. *Le cheval : techniques d'élevage*, Librairie Les Haras Nationaux, 242 p.

IFCE, 2007. *Le compostage de fumier de cheval en élevage*. Guide Pratique, IFCE, 11 p.

IFCE, 1972 – 2011. *Comptes rendus des Journées annuelles de la recherche équine*. IFCE, Librairie Les Haras Nationaux.

Jean-Blain C., Grisvard M., 1973. *Les plantes vénéneuses*. La Maison Rustique, Paris, 139 p.

Lhoste P.H., Havard M., Vall E., 2010. *La traction animale*, Éditions Quae, 223 p.

Abréviations et unités

Abréviations

AA	acides aminés
AAE (AAI)	acides aminés essentiels (indispensables)
ADF	*Acide Detergent Fiber*
AGL	acides gras libres
AGNE	acides gras non estérifiés
AGV	acides gras volatils
C_2	acide acétique
C_3	acide propionique
C_4	acide butyrique
AMID	amidon
AMV	aliment minéral et vitaminique (ex. CMV)
ANP	azote non protéique
ATP	Adénosine Triphosphate
Ca	calcium
Cal	calorie
CB	cellulose brute
Co	cobalt
Cu	cuivre
d	distance entre deux points
DCAD (BCAA)	*Dietary Cation-Anion Difference* (bilan cation-anion alimentaire)
dMO	digestibilité de la matière organique
EB	énergie brute
ED	énergie digestible
EM	énergie métabolisable
EN	énergie nette
ENA	extractif non azoté
Fe	fer
FSH	*Follicle stimulating Hormone*
g	gramme
GH	*Growth Hormone* (hormone de croissance)
GMQ	gain moyen quotidien

HG	hauteur au garrot
HR	humidité relative
I	iode
Ig	immunoglobuline
IGF-1	*Insuline-Like Growth Factor 1*
kcal	kilocalorie
kg	kilogramme
kg brut	kilogramme d'aliment brut
kg	kiloforce
kgm	kilogramme mètre
Km	rendement énergie métabolisable en énergie nette à l'entretien
LC	lignocellulose
LH	*Luteinizing Hormone* (hormone lutéale)
MAD	matières azotées digestibles
MADC	matières azotées digestibles cheval
MAT	matières azotées totales
Mcal	mégacalorie
MG	matières grasses
Mg	magnésium
mg	milligramme
Mn	manganèse
MO	matière organique
MS	matière sèche
MS/100 kg PV (MS/kg $PV^{0,75}$)	quantité de matière sèche ingérée par 100 kg de poids vif (ou par kg de poids métabolique)
Na	sodium
NB	niveau d'alimentation bas
NDF	*Neutral Detergen Fiber*
NEC	notation état corporel
NH	niveau d'alimentation haut
OC	ostéochondrose
OPG	œufs de parasite par gramme de fèces
P	phosphore
Ppm	parties par millions (équivalent à milligrammes par kg)
PT	périmètre thoracique
PV	poids vif
QR	quotient respiratoire
R	ration complète
TBC	température basse critique

THC	température haute critique
UFC	unité fourragère cheval
UI	unité internationale
µg	microgramme
V	vitesse
VO_2	consommation d'oxygène
VO_2 max	consommation d'oxygène maximum
Zn	zinc
ZNT	zone neutralité thermique

Unités

µg	microgramme	10 µg = 0,001 mg	
mg	milligramme	1 mg = 1 000 µg	1 mg = 0,001 g
g	gramme	1 g = 1 000 mg	1 g = 0,001 kg
kg	kilogramme	1 kg = 1 000 g	
g/kg	gramme/kilogramme	ou 0,1 p. 100	
10 g/kg	10 grammes/kilogramme	ou 1 p. 100	
mg/g	milligramme/gramme	ou 0,1 p. 100	
mg/kg	milligramme/kilogramme	ou 0,0001 p. 100	
kcal	kilocalorie	1 kcal = 1 000 cal	kJ = kilojoule
Mcal	mégacalorie	1 Mcal = 1 000 kcal	1 kcal = 4,185 kJ

Lexique

Acides aminés. Unités de base (au nombre de 20) des protéines, ils contiennent au moins une fonction acide. Comme les espèces monogastriques (ex. : porc) et les autres herbivores (ex. : vache), le cheval ne peut pas synthétiser (ou le fait à une vitesse trop faible) une dizaine de ces acides aminés, qui sont dits indispensables ou essentiels (chapitre 1).

Acides gras longs. Monoacides à chaîne carbonée linéaire qui sont (avec le glycérol) les unités constitutives des lipides, plus précisément des glycérides. Les acides gras à 18 atomes de carbone et non saturés sont de loin les plus importants dans les aliments végétaux (chapitres 1, 3, 6, 12).

Acides gras volatils (AGV). Mélange d'acides acétique, propionique, butyrique et, en quantités plus faibles, d'acides isobutyrique, valérianique, isovalérianique, etc., qui est produit par la population microbienne dans le gros intestin. On exprime généralement la proportion de chacun de ces acides par son pourcentage molaire dans le mélange (chapitre 1).

Acide lactique – lactate. Produit du métabolisme anaérobie du glucose pendant un effort intense (chapitres 1 et 6).

Aliment d'allaitement. Aliment lacté sec qui, après dilution dans l'eau, donne un lait de remplacement (chapitre 5).

Aliment complet. Aliment composé fabriqué qui apporte en proportion adéquate la totalité des éléments nutritifs nécessaires à la satisfaction des besoins nutritionnels. Il peut se substituer intégralement aux rations traditionnelles (chapitre 9).

Aliment complémentaire. Aliment composé fabriqué, destiné à compléter et équilibrer une ration à base de fourrages, pour que celle-ci apporte tous les éléments nutritifs nécessaires à la satisfaction des besoins nutritionnels (chapitre 9).

Amidon. Glucide de réserve constitué d'un mélange de deux polymères de glucose : l'un linéaire, l'amylose, et l'autre ramifié, l'amylopectine. Il est présent sous forme de granulés dans les tissus de réserve des grains dont il est le principal constituant, de certaines graines et des tubercules (chapitres 9, 12 et 16).

AMV. Aliment minéral et vitaminique, voir composé minéral et vitaminique ou CMV (chapitres 2 et 13).

Anthelminthique. Produit de traitement contre les helminthes ou vers (chapitres 2 et 10).

Appétit – appétence. Stimulation à satisfaire la faim, désir de nourriture de l'animal. La vitesse d'ingestion de la nourriture, surtout au début du repas, est un bon critère d'appréciation de ce facteur (chapitres 1 et 12).

Appétibilité (ou palatabilité) d'un aliment. Ensemble des caractéristiques physiques (port de la plante, piquants, etc.) et chimiques (odeur, goût, etc.) qui agissent sur l'appétence de l'animal (chapitres 9 et 12).

Apports alimentaires recommandés (ou recommandations alimentaires). Quantités d'éléments nutritifs que l'animal doit ingérer pour réaliser les performances souhaitées, dans la limite de ses capacités de production. Dans la plupart des cas, ces apports alimentaires couvrent les dépenses physiologiques, ou besoins nets, avec une certaine marge de sécurité ; on peut alors parler aussi de besoins alimentaires (chapitre 1). Cependant dans certains cas, ils ne couvrent pas la totalité des dépenses physiologiques et impliquent une mobilisation des réserves corporelles : juments taries ou en début de lactation (chapitre 3), cheval au travail (chapitre 6).

Azote non protéique (ANP). Azote des constituants azotés alimentaires qui n'est pas sous forme de protéines : acides aminés libres, amides, etc. On peut l'assimiler à l'azote des constituants solubles dans l'éthanol à 80 p. 100. Ce terme désigne également les sources d'azote non protéique d'origine industrielle tels que l'urée, les sels ammoniacaux, les vinasses, etc. (chapitres 1 et 12).

Bactéries cellulolytiques. Bactéries qui hydrolysent la cellulose et les hémicelluloses dans le gros intestin (chapitre 1).

Besoins d'entretien. Dépenses physiologiques liées au fonctionnement de l'organisme des animaux au repos, vivant dans des conditions normales d'élevage, sans variation de poids et sans modification de la composition corporelle (chapitre 1).

Besoin de production. Dépenses physiologiques correspondant à l'élaboration de produits : fœtus, lait, gain de poids ou au travail musculaire (chapitre 1).

Besoin total. Somme des besoins d'entretien et de production (chapitre 1).

Capacité d'ingestion d'un cheval. Souvent appelée à tort appétit, quantité d'aliments que peut ingérer volontairement l'animal alimenté à volonté. Elle est déterminée par la dépense énergétique donc par le niveau de production ; elle dépend aussi de caractéristiques anatomiques (taille des compartiments du tube digestif, etc.) et physiologiques (appétit, équilibre physiologique, etc.) (chapitre 1).

Catabolisme. Dégradation biochimique d'un composé ou d'un ensemble de composés dans l'organisme (chapitre 1)

Cellulose. Constituant de base des parois cellulaires végétales, formé de longues chaînes d'unités glucose. Ces chaînes sont associées en fibrilles, puis en fibres, formant ainsi un réseau qui assure la rigidité de la paroi et ne peut être solubilisé que par les acides très concentrés : acide sulfurique 72 p. 100 (chapitre 12).

Cellulose brute (CB). Résidu organique obtenu à l'issue de deux hydrolyses successives (acide sulfurique 0,26 N puis potasse 0,23 N) selon une méthode dérivée de celle de la station de Weende. C'est une estimation par excès de la cellulose puisqu'il contient une fraction variable de la lignine et des hémicelluloses (chapitre 12).

Colostrum. Premier lait produit par la jument au cours des 12 à 36 heures suivant le poulinage. Il apporte au poulain nouveau-né les immunoglobulines nécessaires pour le protéger contre les maladies néonatales, au cours des premiers jours de vie (chapitre 3).

Composé minéral et vitaminique ou CMV (désormais aliment minéral et vitaminique, AMV). Aliment complémentaire constitué principalement de minéraux (annexe 1), contenant au moins 40 p. 100 de cendres brutes et supplémenté en vitamines (chapitres 2 et 13).

Concentrés (abrégé d'aliments concentrés). Aliments ayant une teneur en énergie nette (UFC) élevée dans la matière sèche, et parfois aussi une teneur élevée en MADC. On distingue :
– des aliments concentrés simples (chapitre 9) : graines oléagineuses ; grains (céréales) et fruits ; sous-produits de ces graines et fruits, ainsi que des racines et tubercules, ayant conservé une teneur élevée en UFC ;
– des aliments concentrés composés : mélanges d'aliments concentrés simples pouvant aussi contenir une certaine proportion d'autres aliments (fourrages) (chapitre 9).

Consommation. Quantité d'aliments que l'animal doit ingérer pour satisfaire ses besoins nutritionnels. Le cheval a la particularité comme l'homme de pouvoir ingérer pendant une période relativement longue une quantité d'aliments supérieure à ses besoins lorsqu'ils lui sont offerts à volonté (chapitres 1 et 2).

Constituants intra-cellulaires. Ensemble des substances organiques situées à l'intérieur des cellules végétales (par opposition à celles constituant les parois) : sucres, amidon, acides organiques, acides aminés libres, amides, protéines, lipides, etc. Ils sont pour la plupart, mais pas tous (amidon), extraits en totalité par la solution aqueuse contenant un détergent neutre (chapitre 12).

Coproscopie. Examen microscopique des crottins pour déterminer une numération des œufs de strongles et d'ascaris. Les résultats sont fournis en œufs par gramme (OPG) de matières fécales (chapitres 2 et 12).

Croissance. Augmentation, en fonction du temps, du poids vif (ex. : gain de poids journalier) et des dimensions de l'animal (ex. : hauteur au garrot) (chapitre 5).

Croissance compensatrice. Gain de poids journalier élevé et supérieur à celui que l'animal aurait produit s'il n'avait pas précédemment subi une restriction des apports alimentaires (chapitre 5).

Dépense physiologique ou besoin net. Quantité totale d'énergie ou d'un nutriment perdue, fixée ou sécrétée par l'animal en bonne santé, placé dans des contions de milieu optimales et recevant une ration en tous points équilibrés (chapitre 1).

Dépôts adipeux. Ensemble des tissus gras d'un animal. Ces dépôts stockent majoritairement des lipides (voir réserves corporelles). La note d'état corporel (de 0, très maigre, à 5, très gras) donne une estimation simple de ces dépôts (chapitres 1, 3, 5, 6, 7 et 8).

Dette d'oxygène. Au cours de la période de récupération suivant le travail, la consommation d'oxygène (VO_2) reste encore relativement élevée pendant une durée qui dépend de l'intensité de l'effort précédent. La différence entre la VO_2 mesurée pendant la récupération et la VO_2 enregistrée au cours du repos complet s'appelle la dette d'oxygène. Contrairement à ce que l'on croit généralement, la dette d'oxygène ne sert pas à remplacer l'oxygène emprunté à l'organisme pendant l'exercice. La dette d'oxygène est associée à la resynthèse des réserves énergétiques qui ont été épuisées et à l'élimination de l'acide lactique accumulé au cours de l'exercice (chapitres 1 et 6).

Développement. Ensemble des phénomènes qui concourent à la constitution d'un cheval adulte depuis la fécondation et qui se traduit par des modifications morphologiques, anatomiques et chimiques (chapitre 5).

Endogène. Qui est produit dans l'organisme. Les constituants endogènes passant dans le contenu digestif sont les constituants des cellules qui se détachent (desquamation) de la paroi digestive, ceux des sécrétions digestives (salive, suc gastrique, suc pancréatique), l'urée qui diffuse à partir du sang (chapitres 1 et 12).

Énergie brute (EB). Quantité de chaleur produite au cours de la combustion complète d'un gramme de composé organique dans un calorimètre en présence d'oxygène (254 bars). La teneur en énergie brute d'un aliment est exprimée en kilocalories (kcal) par g de matière sèche ou en mégacalories (Mcal) par kg de matière sèche (chapitres 1, 12 et 16).

Énergie nette (EN). Quantité d'énergie qui contribue à couvrir les dépenses d'entretien et de production d'un animal. Elle correspond à l'énergie métabolisable, déduction faite des pertes d'énergie sous forme d'extra chaleur qui se produisent au cours de la consommation et de la digestion des aliments et de l'utilisation métabolique des nutriments. Elle est exprimée en unités fourragères cheval (UFC) (chapitres 1, 12 et 16).

Engraissement ou finition. Accroissement avec le temps de la masse corporelle comportant une part importante de dépôts adipeux que l'on peut relier à un gain de poids journalier élevé ou à un âge avancé de l'animal (chapitre 7).

Entretien. Dans la situation d'entretien, l'animal maintient constants son poids vif et sa composition corporelle et il ne produit rien, ni croît, ni lait, ni travail (chapitre 1).

État corporel. État d'engraissement des animaux (chapitres 2 et 7).

Expansion. Procédé technologique utilisé pour traiter l'ensemble des matières premières constituants un aliment composé complet le plus souvent ou seulement sa partie céréalière (on parle alors de semi-expansion). Le procédé consiste à soumettre l'aliment complet ou sa partie céréalière réduits en farine à une injection de vapeur et à une très forte pression mécanique élevant la température de l'aliment vers 90 °C pour assurer une gélatinisation de l'amidon. Le traitement s'achève par une décompression brutale qui entraîne une forte augmentation du volume du granulé, justifiant le terme expansé (chapitres 9 et 12).

Extrusion. Précédé technologique très voisin de l'expansion. La différence essentielle porte sur l'absence de décompression brutale en fin de traitement dans le cas de l'extrusion (chapitres 9 et 12).

Fibre musculaire. Unité structurale de base du muscle squelettique (chapitre 6).

Fèces. Excréments solides (crottins). Elles sont formées des constituants alimentaires non digérés, de corps bactériens et de constituants endogènes (chapitre 12).

Floconnage. Procédé technologique utilisé pour traiter les grains des céréales. Le procédé consiste à soumettre les céréales à une injection de vapeur à une température de 100-120 °C, sous pression atmosphérique normale ou élevée, pendant 5 à 30 minutes. Le traitement s'achève par un aplatissage des céréales entre des rouleaux cannelés (chapitres 9 et 12).

Follicule. Structure de l'ovaire grossissant puis se remplissant de liquide pour expulser l'ovocyte lors de l'ovulation (chapitre 3).

Force de traction. Effort développé par un cheval pour déplacer une masse (chapitre 6).

Fourrages. Aliments constitués par l'appareil aérien (tiges, feuilles et appareil reproducteur) des plantes fourragères, naturelles ou cultivées. Les plantes récoltées après la floraison comportent une certaine proportion de graines ou de grains, immatures ou à maturité (chapitre 9, 12 et 16).

FSH. *Folliculo Stimulating Hormone*, une des deux gonadotrophines agissant sur la croissance folliculaire (chapitre 3).

GH. *Growth Hormone* ou hormone de croissance, hormone protéique sécrétée par l'anthéhypophyse et agissant sur l'ensemble des tissus soit directement soit *via* l'IGF-1 pour réguler le métabolisme (chapitres 3 et 5).

Glucides solubles (sous-entendu dans l'eau) ou glucides cytoplasmiques. Ils comportent les sucres libres et les fructosanes. Les premiers sont le glucose, le fructose, le saccharose (le sucre de betterave) et des sucres mineurs. Les fructosanes sont des chaînes courtes de fructose accrochées à une unité glucose initiale. Ils s'accumulent à la base des tiges de certaines graminées, plus particulièrement des ray-grass dont ils expliquent la richesse en glucides solubles (chapitres 12 et 16).

Glucose. Sucre simple. Présent à l'état libre en petites quantités dans les végétaux, c'est surtout l'unité de base de la cellulose et de l'amidon. C'est le sucre du sang. Il est absorbé en quantités importantes dans l'intestin (chapitre 1) et aussi synthétisé dans le foie (néoglucogenèse) à partir du propionate et d'autres corps glucoformateurs.

Glycémie. Concentration en glucose du sang de l'animal ; chez le cheval, elle est plus élevée (0,8 à 1,2 g/litre) que chez les ruminants (chapitres 1 et 6).

Glycogène. Forme de réserve du glucose dans le foie ou les muscles (chapitres 1 et 6).

Gonadotrophine. Deux hormones protéiques LH et FSH sécrétées par l'antéhypophyse et contrôlant l'activité des gonades (chapitre 3).

Hémicelluloses. Ensemble des polyosides des parois cellulaires qui sont solubles dans les solutions alcalines ou acides relativement diluées. Les xylanes sont les plus importants chez les graminées. Ils ont des liaisons chimiques avec la lignine, qui sont rompues par les traitements alcalins (soude, ammoniaque) dans le cas des pailles et autres sous produits lignifiés (chapitre 12).

IGF-1. *Insuline like growth factor 1*, protéine proche de l'insuline dont les sécrétions effectuées par la majorité des tissus mais particulièrement par le foie sont contrôlées par la GH (chapitres 3 et 5).

Imbibition. Possibilité pour un aliment (ex. : pulpes de betteraves déshydratées) d'absorber de l'eau rapidement et en plus ou moins grande quantité (chapitre 9).

Imprégnation. Notion d'empreinte, issue d'observations chez des oiseaux nidifuges (oies, poules), définie par Lorenz (1935) comme l'« acquisition de l'objet » vers lequel s'orientent « les réactions instinctives sociales ». L'empreinte consiste pour le jeune animal à suivre le premier objet mobile (la mère en situation naturelle) qu'il rencontre après l'éclosion. Ce mécanisme a été reconnu comme servant de base aux choix des partenaires sociaux et sexuels ultérieurs.

En se basant sur les phénomènes d'empreinte connus chez les espèces d'oiseaux nidifuges, un vétérinaire américain, Robert Miller, a lancé une méthode désignée sous le terme d'« imprégnation du poulain » (Miller, 1991). Dans cette méthode, il préconise, juste après la naissance et avant même la première tétée, de manipuler le poulain sur l'ensemble du corps et de l'exposer aux différents objets de crainte, tels que la tondeuse et le licol, auxquels il sera confronté ultérieurement. Selon l'auteur, ces manipulations seraient « marquées » de façon indélébile dans la mémoire du poulain, rendant ainsi plus faciles les manipulations ultérieures. L'ensemble des scientifiques s'accorde sur le fait qu'il ne s'agit pas d'empreinte au sens propre du terme et aucune étude scientifique n'a enregistré les effets positifs mentionnés par l'auteur (Henry *et al.*, JRE, 2010) (chapitre 15).

Ingestibilité d'un fourrage (néologisme). Quantité (matière sèche) de ce fourrage qui est ingérée lorsqu'il est distribué à volonté comme seul aliment. On compare l'ingestibilité des différents fourrages en les distribuant à des animaux de même capacité d'ingestion (chapitres 1 et 12). L'ingestibilité varie fondamentalement en sens inverse de la teneur en parois lignifiées du fourrage et de l'effet d'encombrement qu'il exerce dans le tube digestif : gros intestin (chapitre 2). Elle dépend en outre de l'appétibilité du fourrage.

Interactions agonistiques. Interactions visant à résoudre un conflit avec un autre animal (ex. : menace, agression, soumission).

Joule. Unité physique de travail (chapitre 1). 1 joule = 4,18 calories.

Kilogrammètre. Unité physique de travail (chapitre 1 et 6).

Laiton. Jeune poulain de races de trait allaité par sa mère (chapitre 7).

LH. *Luteinising hormone,* une des deux gonadotrophines induisant l'ovulation (chapitre 3).

Lignine. Polymère très complexe de haut poids moléculaire et de structure condensée qui incruste les parois épaisses de cellules végétales et empêche leur dégradation par la population microbienne du gros intestin. Elle est assimilée au résidu organique obtenu après la solubilisation de tous les autres constituants (chapitres 12 et 16).

Lignocellulose. Résidu obtenu après l'hydrolyse de l'aliment par l'acide sulfurique 0,5 N en présence de détergent (acide détergent fibre – ADF). En plus de la lignine et de la cellulose, il contient une fraction des hémicelluloses et d'autres constituants (chapitres 12 et 16).

Lipides. Nom générique des corps gras. Les plus importants sont de loin les glycérides, esters des acides gras (chapitres 1, 3, 5, 6, 12 et 16).

Maniements. Opération qui consiste à palper le corps de l'animal en différents sites pour apprécier son état corporel (chapitre 2).

Masse corporelle. Voir poids vif vide (chapitres 1 et 2).

Matières azotées digestibles (MAD). Quantité de matières azotées ingérées diminuée de la quantité de matières azotées excrétée dans les fèces. La teneur en MAD d'un aliment ou d'une ration est obtenue en multipliant sa teneur en matières azotées totales par la digestibilité apparente de l'azote (chapitres 1 et 12).

Matières azotées digestibles cheval (MADC). Quantité de matières azotées digestibles fournissant des acides aminés. La teneur en MADC d'un aliment ou d'une ration est obtenue en multipliant successivement sa teneur en matières azotées totales par la digestibilité apparente de l'azote et par un facteur de correction variable selon le type de fourrage. Ce facteur de correction dépend de la digestibilité réelle dans l'intestin des matières azotées des fourrages et du taux d'absorption sous forme d'acides aminés (chapitres 1 et 12).

Matières grasses. Terme courant désignant les substances extraites des tissus animaux ou végétaux par certains solvants organiques utilisés au laboratoire. La matière organique extraite par l'éther éthylique ou l'éther de pétrole des aliments végétaux est une estimation généralement par excès de leur teneur en lipides (chapitres 1 et 16).

Métabolisme. Ensemble des transformations chimiques et biologiques qui s'accomplissent dans l'organisme (chapitre 1).

Newton. Unité physique de force (chapitre 6).

Nutriments. Constituants sanguins (glucose, etc.) provenant de l'absorption des produits terminaux de la digestion dans le tube digestif (chapitre 1).

Oligoéléments. Éléments minéraux qui n'interviennent qu'à dose très faible dans le métabolisme des êtres vivants (systèmes enzymatiques, hormones) (chapitres 1, 2, 12 et 16).

Ovulation. Émission par le follicule de l'ovocyte qui va être fécondé (chapitre 3).

Palatabilité. Valeur stimulante d'un aliment qui dépend de ses caractéristiques organoleptiques mais également de l'état interne du sujet et de son expérience antérieure vis-à-vis de cet aliment.

Parois cellulaires. Ensemble des parois squelettiques des aliments d'origine végétale. Elles comportent quatre groupes de constituants : la cellulose, les hémicelluloses, les substances pectiques et la lignine. La teneur en parois cellulaires est estimée de façon approximative par le résidu obtenu à la suite du traitement de l'aliment par une solution aqueuse contenant un détergent neutre (*Neutral Detergent Fibre*, NDF de Van Soest) (chapitres 1 et 12).

Période anovulatoire (ou anœstrus saisonnier ou inactivité ovarienne hivernale). Période sans ovulation, centrée en hiver et dont la durée varie en fonction du niveau d'alimentation (chapitre 3).

Photopériode. Variation de la longueur de l'éclairement journalier en fonction de la saison (chapitre 3).

Poids métabolique ($P^{0,75}$). Poids vif élevé à la puissance^{0,75}. Cette expression traduit le fait que les dépenses d'entretien et la capacité d'ingestion varient moins que le poids vif. Elle permet de mieux comparer les besoins et la capacité d'ingestion des animaux ou des espèces de poids très différents (chapitre 1).

Poids vif vide ou masse corporelle. Poids vif diminué du poids du contenu de l'ensemble des compartiments digestifs pleins (chapitre 1)

Précocité de l'animal. Aptitude de l'animal à réaliser rapidement les différentes phases de son développement, pour atteindre soit l'état de développement et/ou d'engraissement requis pour l'abattage à un âge faible, soit un stade adulte s'il ne s'agit pas d'animaux destinés à la boucherie (chapitres 5 et 7).

Progestérone. Hormone sécrétée par les cellules du corps jaune issue de la transformation du follicule après l'ovulation (chapitre 3).

Protéines. Macromolécules organiques constituées d'acides aminés. Les protéines des fourrages ont une composition en acides aminés pratiquement constante et bien équilibrée. Les protéines totales des grains et des graines sont des mélanges en proportions variables, selon l'espèce, de protéines de composition différente en acides aminés (chapitres 1 et 12).

Ration de base. Constituée de fourrages, mais peut aussi comporter des racines et des tubercules, ainsi que des sous-produits divers (de graines et de fruits) ayant une faible concentration énergétique (chapitres 2 et 13).

Ration complète. Mélange de la ration de base (fourrage) et des aliments concentrés en un « plat unique » (chapitre 2).

Rationnement. Démarche qui consiste à choisir des aliments et à en calculer les quantités nécessaires à distribuer pour apporter aux animaux tous les éléments nutritifs dont ils ont besoin (chapitres 2 et 13).

Remoulage. Sous-produit constitué essentiellement des enveloppes des grains de blé obtenues lors du traitement aboutissant aux farines panifiables (75 à 80 p. 100 du grain) (chapitres 9 et 16).

Renforcement. Évènement qui permet d'augmenter la probabilité qu'un comportement soit répété. Cette notion de renforcement est très liée à une motivation sous-jacente.

On distingue deux types de renforcements : dans le cas du renforcement positif, on ajoute un stimulus plaisant (ex. : la nourriture est un renforcement positif pour un individu qui a faim) dès que l'animal produit le comportement désiré, alors que dans le cas d'un renforcement négatif, on retire un stimulus déplaisant dès qu'il produit la réponse (ex. : un animal sautera une petite barrière après un signal lumineux annonciateur d'un choc électrique dans le compartiment de départ, ce qui permettra à l'animal d'éviter de recevoir cette stimulation aversive) (Richard-Yris *et al.*, JRE, 2004 ; Sankey *et al.*, JRE, 2009) (chapitre 15).

Réserves corporelles. Essentiellement les graisses (ou les lipides) contenues dans l'organisme des animaux qu'ils peuvent utiliser (mobiliser) lorsque les apports alimentaires sont insuffisants ou au contraire accumuler (stocker) lorsque ceux-ci sont supérieurs aux besoins (chapitres 1, 2, 3, 4, 5, 6 et 8).

Restriction alimentaire. Réduction temporaire des apports alimentaires, effectuée à une période donnée du cycle d'élevage ou de production d'un animal (chapitres 1, 2, 3, 4, 5, 6 et 8).

Stéréotypie. Comportements « répétés et invariants, sans but ni fonction apparents ». Elles sont de nature locomotrice (ex. : « tic de l'ours », encensement) ou orale (ex. : tic à l'appui, mouvements de langue ou de lèvres). Les stéréotypies, non observées chez les chevaux en condition naturelle, représentent un mode d'expression d'un état de mal-être par certains individus, qui peut s'appuyer pour partie sur une sensibilité aux conditions environnementales d'origine génétique (Fureix *et al.*, JRE, 2010) (chapitre 15).

Strongles digestifs. Nématodes parasites du tube digestif. On distingue les petits (ou cyathostomes) et les grands strongles (Strongylus) (chapitres 2 et 10).

Substances pectiques. Groupe complexe de polyosides localisés dans les lamelles moyennes où ils jouent le rôle de ciment intercellulaire, et dans la paroi primaire des cellules végétales. Abondantes dans les fruits et les racines, elles sont solubles dans la solution aqueuse contenant un détergent neutre (chapitre 12).

Tourteau décortiqué. Le décortiquage (ou le dépelliculage) de la graine a pour but de séparer les enveloppes riches en parois cellulaires des autres constituants de la graine pour produire un aliment enrichi en protéines et de digestibilité plus élevée (chapitres 9 et 16).

Tourteau déshuilé. Aliment obtenu après l'extraction à l'aide d'un solvant de l'huile des graines. Le produit obtenu contient généralement moins de 4 p. 100 de matières grasses (chapitres 9 et 16).

Tourteau expeller. Aliment obtenu après extraction par pression de l'huile des graines. Le produit obtenu contient 5 à 10 p. 100 de matières grasses (chapitres 9 et 16).

Transition alimentaire. Période de courte durée (quelques jours à 2-3 semaines) pendant laquelle la nature et/ou les quantités d'aliments offerts à l'animal changent progressivement (chapitre 2).

Travail de traction. Produit de la force de traction par la distance parcourue (chapitre 6).

Unité fourragère cheval (UFC). Quantité d'énergie nette d'un kg (brut) d'orge de référence (870 g de matière sèche) pour l'entretien du cheval. 1 UFC = 2 250 kilocalories d'énergie nette pour l'entretien (chapitres 1 et 12).

Zone de neutralité thermique (ZNT). Zone de température ambiante où le cheval ne dépense pas d'énergie supplémentaire pour maintenir constante sa température corporelle à 38 °C.

Index

L

Lactate 43, 229
Lactation 19, 25, 46, 48, 56, 62
Lactose 19, 35, 47, 121, 124, 317
Lait 317
L-carnitine 154
Législation 344
Levures 353, 418
LH 114, 151
Lipides 19, 170, 227, 311
Lipogenèse 228
Locomotion 237, 240

M

Magnésium 191
Maïs (plante entière) 432
Mamelle 19, 119
Maniement 87, 31
Mastication 30, 35, 298
Matière organique 437
Matières
    azotées 35, 52, 330, 438
    digestibles 26, 453, 455
    digestibles cheval 51
    grasses 50, 121, 317, 437, 444
    minérales 437
    premières 551
    sèche 121, 439
    totales 442
Mensurations 21
Métabolisme 21, 124, 298, 317
    aérobie 224-225, 242
    anaérobie 15, 225, 242
    de base 41
Méthane 14, 523
Méthanisation 534
Méthode
    factorielle 51, 97
    globale 97
Microflore 63, 100
Microorganismes 78, 100
Minéraux 98, 121, 249, 294, 445, 473
Minéraux organiques 354
Modèle maternel 543
Moisissures 362
Monte 154
Muscle 98, 167
Musculature 169
Mycotoxine 98

N

Néoglucogenèse 53, 229
Niveau d'alimentation 22
Niveau de production 17-18
Nutriments 24

O

Obésité 162
Ocytocine 19, 120
Œstrogène 19, 113-114, 119, 174
Oligoéléments 63, 116, 118, 122, 126, 156, 192, 252, 445, 588
Orge 49
Orphelin 210
Os 78, 167
Ossification 172
Ostéocalcine 172-173
Ostéochondrose 184
Ostéopathie 98

P

Paille 101, 334, 429
Parasitisme 101, 402
Parathormone (PTH) 174
Parois
    cellulaires 439, 444
    végétales 36
Pathologies
    alimentaires 98, 101
    ostéo-articulaires 77, 104
Pâturage 138
    continu 395
    mixte 395, 514
    rotation 392
Périmètre thoracique 88
Pertes fourrages 415
Phosphore 172, 191
Photopériode 112, 153
Poids
    spécifique 336
    vide 90, 287
    vif 86, 203, 299, 321
Pompe à calcium 234
Poneys 297
Potassium 192
Poulinage 111, 138-141, 144

Adresses utiles

Agence de l'environnement et de la maîtrise de l'énergie (Ademe)
2 Square La Fayette
BP 90406
49004 Angers cedex 01
www.ademe.fr

Agence française de normalisation (Afnor)
11, rue Francis de Pressensé
93571 La Plaine Saint Denis cedex
www.afnor.fr

Association française de zootechnie (AFZ)
16, rue Claude Bernard
75231 Paris cedex 05
www.zootechnie.fr

Bureau interprofessionnel d'études analytiques (BIPEA)
6-14, avenue Louis Roche
92230 Genevilliers
www.bipea.org

Centre d'enseignement zootechnique (CEZ)
Parc du Château
78160 Rambouillet
www.rambouillet.fr/Centre-d-enseignement-zootechnique.html

Centre de coopération internationale en recherche agronomique pour le développement (Cirad)
Campus International de Baillarguet
TA 179/B
34398 Montpellier cedex 5
www.cirad.fr

Groupement national interprofessionnel des semences et plants (GNIS)
44 rue du Louvre75001 Paris
www.gnis.fr

Institut national de la recherche agronomique (Inra)
147, rue de l'Université
75431 Paris cedex 07
www.inra.fr

Institut de l'élevage (IE)
149, rue de Bercy
75595 Paris cedex 12
www.inst-elevage.asso.fr

Institut du végétal (Arvalis)
3, rue Joseph et Marie Hackin
75116 Paris
www.arvalisinstitutduvegetal.fr

Institut français du cheval et de l'équitation (IFCE)
83-85, avenue Vincent Auriol
75013 Paris
www.ifce.fr

Laboratoire de courses hippiques (LCH)
15, rue de Paradis
91370 Verrière le Buisson
http://www.fncf.fr/index.php?id=17

Liste des auteurs

Agabriel Jacques
Inra, Centre de Clermont-Fd/Theix, 63122 St Genès Champanelle

Baumont René
Inra, Centre de Clermont-Fd/Theix, 63122 St Genès Champanelle

Bonnaire Yves
Laboratoire Courses Hippiques, 15 rue du Paradis, 91370 Verrière-le-Buisson

Cabaret Jacques
Inra, Centre de Tours, 37380 Nouzilly

Carrère Pascal
Inra, Centre de Clermont-Fd/Theix, 234 avenue du Brézet,
63100 Clermont-Ferrand

Champciaux Pascal
Inra, Centre de Clermont-Fd /Theix, 63122 Saint Genès Champanelle

Doreau Michel
Inra, Centre de Clermont-Fd/Theix, 63122 St Genès Champanelle

Dumont Bertrand
Inra, Centre de Clermont-Fd/Theix, 63122 St Genès Champanelle

Duncan Patrick
CNRS, Centre d'Études Biologiques de Chizé, 79360 Beauvoir sur Niort

Edouard Nadège
Inra, Centre de Rennes, 35590 Saint Gilles

Farrugia Anne
Inra, Centre de Clermont-Fd/Theix, 63122 St Genès Champanelle

Fleurance Géraldine
IFCE, Centre Inra de Clermont-Fd/Theix, 63122 St Genès Champanelle

Guillaume Daniel
Inra, Centre de Tours, 37380 Nouzilly

Hausberger Martine
CNRS, Université de Rennes 1, Campus de Beaulieu, 35042 Rennes cedex

Henry Severine
CNRS, Université de Rennes 1, Campus de Beaulieu, 35042 Rennes cedex

Jestin Michel
Inra, Centre de Clermont-Fd/Theix, 63122 St Genès Champanelle

Lansade Léa
IFCE, Centre Inra de Tours, 37380 Nouzilly

Lecomte Thierry
Parc Naturel Régional des Boucles de la Seine Normande,
76940 Notre Dame de Bliquetuit

Leconte Daniel
Inra, Station Expérimentale du Pin, 61310 Le Pin au Haras

Magistrini Michèle
Inra, Centre de Tours, 37380 Nouzilly

Martin Lucile
École Nationale Vétérinaire, Agroalimentaire et de l'Alimentation,
Nantes-Atlantique, 44307 Nantes cedex 03

Martin-Rosset William
Inra, Centre de Clermont-Fd/Theix, 63122 St Genès Champanelle

Morhain Bernard
Institut de l'Élevage, Actions Régionales Est, 9 rue de la Vologne,
54520 Laxou

Pottier Éric
Institut de l'Élevage, Station du Mourier, 87800 St Priest Ligoure

Tavernier Luc
Centre d'Enseignement Zootechnique (CEZ), Parc du Château,
78160 Rambouillet

Tisserand Jean-Louis[†]
ENESAD, BP 87999, 26 boulevard Docteur Petitjean, 21079 Dijon cedex

Tran Gilles
Association Française de zootechnie (AFZ), AgroParisTech,
16 rue Claude Bernard, 75231 Parix cedex 05

Trillaud-Geyl Catherine
IFCE, 19231 Arnac Pompadour

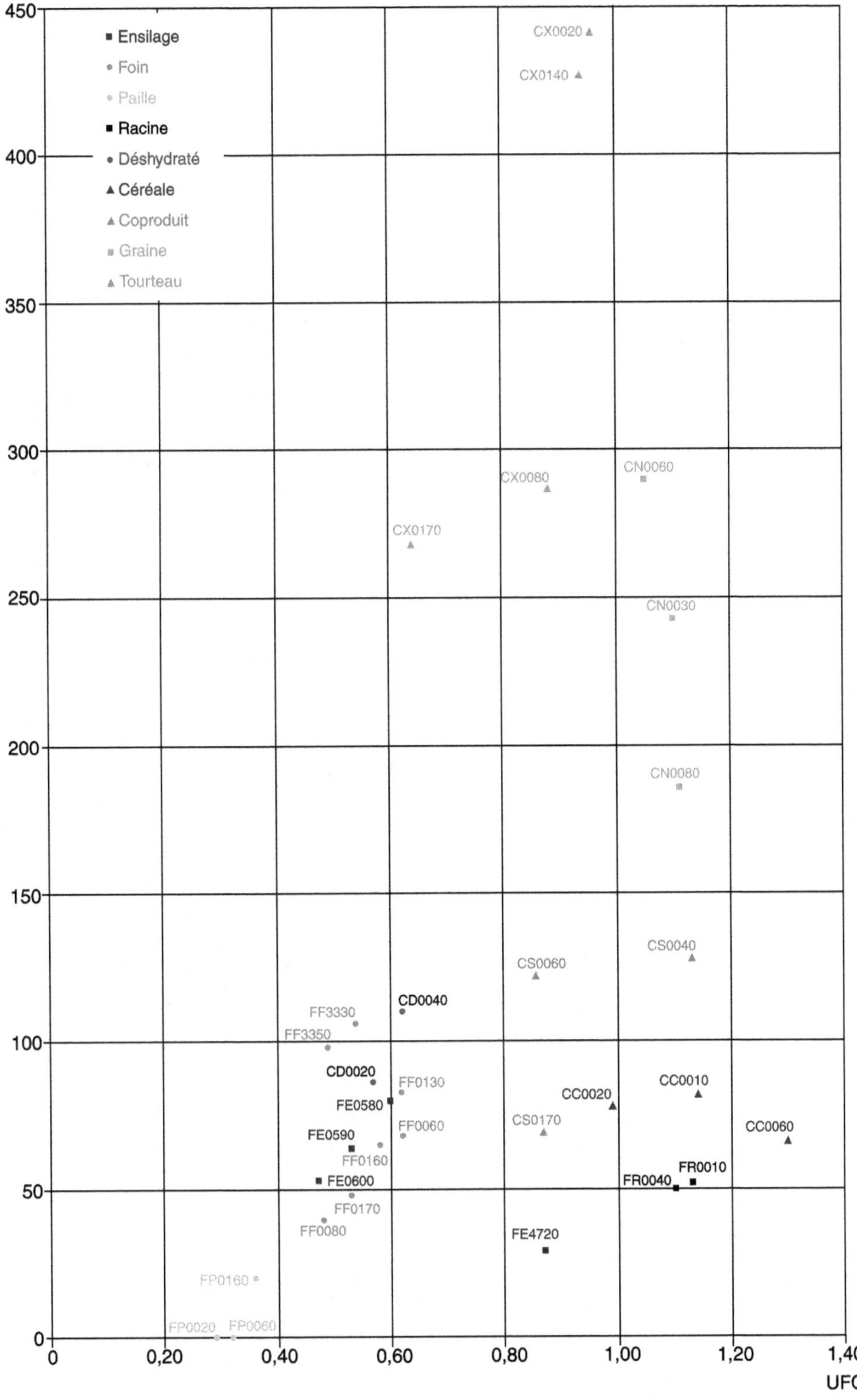

MADC
UFC
450
400
350
300
250
200
150
100
50
0
0
0,20
0,40
0,60
0,80
1,00
1,20
1,40
Ensilage
Foin
Paille
Racine
Déshydraté
Céréale
Coproduit
Graine
Tourteau
CX0020
CX0140
CN0060
CX0080
CX0170
CN0030
CN0080
CS0040
CS0060
CD0040
FF3330
FF3350
CD0020
FF0130
CC0020
CC0010
FE0580
CS0170
FE0590
FF0060
CC0060
FF0160
FE0600
FR0010
FR0040
FF0170
FF0080
FE4720
FP0160
FP0020
FP0060

FICHE DE RATIONNEMENT

Date

Poids vif (kg) :

Âge :   mois   an(s)

N° d'identification ou nom :

Type d'animal :

Partie 1 : Composition de la ration

Aliments*	Quantité (kg MS) (1) =(3) × (2)	Teneur en MS* (2)	Quantités (kg brut) (3) = (1) / (2)	Prix/kg	Prix/jour

Partie 2 : Valeur nutritive aliments par kg MS*

Aliments*	UFC	MADC	P (g)	Ca (g)	Mg (g)	Cu (mg)	Zn (mg)	Quantités de MS (kg MS)	Apports nutritifs des aliments par jour										% de fourrages
									UFC	MADC (g)	P (g)	Ca (g)	Mg (g)	Cu (mg)	Zn (mg)	Vit. A (UI)	Vit. D (UI)	Vit. E (UI)	
																			MADC/UFC obtenu / Ca/P obtenu / Cu/Zn obtenu
(2) Apports journaliers totaux calculés																			

Fichier préparé par Nicolas Perrier, société 4P
Imprimé pour vous par Libri Plureos GmbH (Allemagne)